中国国家标准汇编

459

GB 25106～25121

（2010年制定）

中国标准出版社　编

中国质检出版社
中国标准出版社
北　京

图书在版编目（CIP）数据

中国国家标准汇编：2010 年制定. 459：GB 25106～25121/中国标准出版社编. —北京：中国标准出版社，2012
ISBN 978-7-5066-6470-7

Ⅰ. ①中… Ⅱ. ①中… Ⅲ. ①国家标准-汇编-中国-2010
Ⅳ. ①T-652.1

中国版本图书馆 CIP 数据核字(2011)第 187941 号

中国质检出版社
中国标准出版社 出版发行
北京市朝阳区和平里西街甲 2 号(100013)
北京市西城区三里河北街 16 号(100045)
网址：www.spc.net.cn
总编室：(010)64275323　发行中心：(010)51780235
读者服务部：(010)68523946
中国标准出版社秦皇岛印刷厂印刷
各地新华书店经销
*
开本 880×1230　1/16　印张 36.25　字数 984 千字
2012 年 1 月第一版　　2012 年 1 月第一次印刷
*
定价 220.00 元

出 版 说 明

1.《中国国家标准汇编》是一部大型综合性国家标准全集。自1983年起，按国家标准顺序号以精装本、平装本两种装帧形式陆续分册汇编出版。它在一定程度上反映了我国建国以来标准化事业发展的基本情况和主要成就，是各级标准化管理机构，工矿企事业单位，农林牧副渔系统，科研、设计、教学等部门必不可少的工具书。

2.《中国国家标准汇编》收入我国每年正式发布的全部国家标准，分为"制定"卷和"修订"卷两种编辑版本。

"制定"卷收入上一年度我国发布的、新制定的国家标准，顺延前年度标准编号分成若干分册，封面和书脊上注明"20××年制定"字样及分册号，分册号一直连续。各分册中的标准是按照标准编号顺序连续排列的，如有标准顺序号缺号的，除特殊情况注明外，暂为空号。

"修订"卷收入上一年度我国发布的、修订的国家标准，视篇幅分设若干分册，但与"制定"卷分册号无关联，仅在封面和书脊上注明"20××年修订-1，-2，-3，……"字样。"修订"卷各分册中的标准，仍按标准编号顺序排列（但不连续）；如有遗漏的，均在当年最后一分册中补齐。需提请读者注意的是，个别非顺延前年度标准编号的新制定的国家标准没有收入在"制定"卷中，而是收入在"修订"卷中。

读者配套购买《中国国家标准汇编》"制定"卷和"修订"卷则可收齐上一年度我国制定和修订的全部国家标准。

3. 由于读者需求的变化，自1996年起，《中国国家标准汇编》仅出版精装本。

4. 2010年我国制修订国家标准共2846项。本分册为"2010年制定"卷第459分册，收入国家标准GB 25106～25121的最新版本。

中国标准出版社
2011年8月

出版说明

目　　录

ICS 17.060
N 61

中华人民共和国国家标准

GB/T 25106—2010

扭力天平

Torsion balance

2010-09-02 发布　　2010-12-01 实施

中华人民共和国国家质量监督检验检疫总局
中国国家标准化管理委员会　发布

前　言

本标准由中国机械工业联合会提出。

本标准由中国机械工业联合会归口。

本标准主要起草单位：上海精密科学仪器有限公司、长沙湘仪天平仪器设备有限公司、机械工业仪器仪表综合技术经济研究所、上海良平仪器仪表有限公司、中国仪器仪表行业协会实验室仪器分会、湖南省计量检测研究院。

本标准参加起草单位：长沙湘平科技有限公司、沈阳龙腾电子有限公司、上海民桥精密科学仪器有限公司、上海舜宇恒平科学仪器有限公司、上海菁海仪器有限公司、上海市计量测试技术研究院、沈阳计量研究所、辽宁省计量研究院等。

本标准主要起草人：董莉、周凌嵘、金丽辉、梁辉、王家龙、钟小军、熊一凡、张志、归剑刚、吴群、张柏荣、朱俊、杨秀英、周锦标、邓爱群、冯晓升、戴芳、何棣。

扭力天平

1 范围

本标准规定了扭力天平的基本参数、要求、试验方法、检验规则、标志和包装、运输、贮存。

本标准适用于主要结构由单臂杠杆及平卷簧和片簧两种弹性元件组成，依靠弹性偏转角度所产生的平衡扭力进行测量的扭力天平(以下简称天平)。

2 规范性引用文件

下列文件中的条款通过本标准的引用而成为本标准的条款。凡是注日期的引用文件，其随后所有的修改单(不包括勘误的内容)或修订版均不适用于本标准，然而，鼓励根据本标准达成协议的各方研究是否可使用这些文件的最新版本。凡是不注日期的引用文件，其最新版本适用于本标准。

GB/T 191—2008 包装储运图示标志(ISO 780:1997,MOD)

GB/T 2829—2002 周期检验计数抽样程序及表(适用于对过程稳定性的检验)

GB/T 9969—2008 工业产品使用说明书 总则

JJG 46—2004 扭力天平

3 天平的基本参数

3.1 基本参数

3.1.1 天平的实际分度值

以质量单位表示的天平相邻 2 个示值之差为天平的实际分度值，用 d 表示。

3.1.2 天平的检定分度值

以质量单位表示的天平用于划分等级与进行计量检定的值为检定分度值，用 e 表示。

3.1.3 实际分度值 d 与检定分度值 e 的规定

实际分度值 d 等于检定分度值 e，它应当取 1×10^k 或 2×10^k 或 5×10^k 的形式，其中：k 为正整数、负整数或零。

3.1.4 天平的最大秤量和分度值

天平的最人秤量和分度值应符合表 1 的规定。

表 1

单位为毫克

最大秤量	5	10	25	50	100	250	500	1 000	2 500
分度值	0.01	0.02	0.05	0.1	0.2	0.5	1	2	5

3.2 准确度级别

按天平的分度值和分度数(天平的最大秤量与分度值之比)划分，天平准确度级别为(Ⅱ)级，分度数为 500。

表 2

最大秤量 mg	温度范围 ℃	相对湿度不大于 %
5～10	20±2	75
25～50	20±5	
100～2 500	20±7	85

3.3 正常工作条件

3.3.1 室内的温度、相对湿度应符合表2的规定。

3.3.2 周围应无影响天平计量性能的振动和气流的存在。

3.3.3 天平和砝码应尽量避免阳光直接照射。

4 要求

4.1 外观及结构

4.1.1 天平的外壳与计量盒之间不应有明显的缝隙，表面涂镀层色泽应均匀，无露底、脱皮、毛刺、斑痕及明显的擦痕。

4.1.2 读数指针与刻度盘之间的间隙应小于1.2 mm，针尖部位应垂直于刻度盘平面并能与最短刻线的1/2～3/4重合，针尖部位与刻线的色泽应有明显的区别。

4.1.3 制动机构动作应平稳，开启天平时，不应有横梁扭动、卡针、带针、跳针等现象。

4.1.4 平卷簧的两侧面应平直，被固定后其形成面必须平整，且相邻圈的间距均匀，两端被固定部位不应有松动现象。

4.1.5 片簧的两侧面应平直，2根片簧被装配固定后，相互应成90°，不应有弯曲、侧扭现象。

4.1.6 刻度盘内径相邻刻线间距不应小于0.8 mm，刻线宽度不大于刻度间距的1/5。始末刻线的两侧应加刻不少于2条的辅助线，每隔10，20或50刻度处应标注相应的数字。刻度盘上所盖的玻璃应透明光洁，不应有妨碍读数的缺陷。

4.1.7 具有阻尼装置的天平，核验指针从开始摆动到静止，其摆动时间不应大于8 s。

4.1.8 水准器的灵敏度应高于12′。

4.1.9 天平在前、后、左、右4个方向上依次倾斜45°，同时用手指轻敲外壳后天平应能正常工作。

4.2 计量性能

天平的计量性能最大允许误差应符合表3的规定。

表3

分度值	最大允许误差			
	空载示值重复性	示值误差	加载、卸载示值重复性	灵敏度
0.01 mg～0.02 mg	≤0.5d	±1d	≤1d	≥0.3 mm
0.05 mg～5 mg				≥0.4 mm
注：灵敏度是指读数指针移动一个分度值时，核验指针与核验标线的偏离量。				

4.3 运输、运输贮存适应性

天平在包装条件下，模拟运输、运输贮存基本环境条件，进行高温、低温、跌落和碰撞试验。试验结束后，打开包装，天平应完好无损，计量性能符合表3的规定。

5 试验方法

5.1 试验条件

天平的试验条件应符合3.3的规定。

5.2 试验设备

5.2.1 应配备符合表4规定的标准砝码。

表 4

天平分度值	砝码的准确度等级不低于
$d \leqslant 0.05$	E_2
$0.05 < d \leqslant 0.5$	F_1
$d > 0.5$	F_2

5.2.2 其他有关试验用的器具如下：

a) 秒表；

b) 测量天平水平的水准仪；

c) 分度值不大于 0.2 ℃的温度计；

d) 最大允许误差不大于±5%RH 的湿度计；

e) 钢尺、游标卡尺、准确度为 10 μm 的显微镜。

5.3 外观及结构试验

用目视和手动操作的方法进行检测，其结果应符合 4.1 的规定。

5.4 计量性能试验

天平的计量性能最大允许误差试验按 JJG 46—2004 中 5.3.2、5.3.3、5.3.4、5.3.5 进行检验，其结果应符合表 3 的规定。

5.5 运输、运输贮存适应性试验

5.5.1 高温试验

把外包装好的天平放在常温环境下达到温度平衡后，放入高温试验箱(室)内。将试验温度以不大于 1 ℃/min 的升温速度(不超过 5 min 的平均值)升温到 55 ℃±3 ℃，保持 4 h，再降温，待恢复至常温后将天平取出，在正常工作条件下放置 24 h 后进行计量性能测试，其结果应符合表 3 的规定。

5.5.2 低温试验

把外包装好的天平放在常温环境下达到温度平衡后，放入低温试验箱(室)内。将试验温度以不大于 1 ℃/min 的降温速度(不超过 5 min 的平均值)降温到－40 ℃±3 ℃，保持 4 h，再升温，待其恢复至常温后将天平取出，在正常工作条件下放置 24 h 后进行计量性能测试，其结果应符合表 3 的规定。

5.5.3 跌落试验

将外包装好的天平，包装件底面呈水平状以自由落体方式进行跌落试验。跌落台面为平整坚硬的水泥地面或钢板台面，跌落高度为 50 mm，跌落次数为 4 次。试验后在正常工作条件下放置 24 h 后进行计量性能测试，其结果应符合表 3 的规定。

注：分度值≤0.05 mg 的天平可免于跌落试验。

5.5.4 碰撞试验

5.5.4.1 把外包装好的天平紧固在碰撞台上，过渡结构应具有足够的刚性，以免引起附加的共振。

5.5.4.2 严酷等级如下：

a) 加速度：$100\ m/s^2 \pm 10\ m/s^2$；

b) 相应脉冲持续时间：11 ms±2 ms；

c) 脉冲重复频率：60 次/min～100 次/min；

d) 连续碰撞次数：1 000 次±10 次，脉冲波形近似半正弦波。

5.5.4.3 试验后在正常工作条件下放置 24 h 后进行计量性能测试，其结果应符合表 3 的规定。

5.5.4.4 分度值≤0.05 mg 的天平可免于碰撞试验。

6 检验规则

6.1 检验分类

天平的检验分为：

a) 出厂检验；

b) 定型检验；

c) 周期检验。

6.2 出厂检验

6.2.1 天平的出厂检验由质量检验部门逐台检验，合格后签发产品合格证，方能出厂。

6.2.2 出厂检验的项目、要求及试验方法的条款号见表5。

表5

序号	检验项目	要求的条款号	试验方法的条款号	出厂检验	周期检验
1	外观及结构	4.1	5.3	●	●
2	计量性能	4.2	5.4	●	●
3	运输、运输贮存适应性	4.3	5.5	—	●
注：符号"●"表示应检验的项目，符号"—"表示不必检验的项目。					

6.3 定型检验

6.3.1 天平定型检验的样本为3台，检验项目为4.1～4.3，所有项目应符合规定的要求。

6.3.2 经定型检验合格的天平应整修，更换寿命终了或接近终了的零部件，并重新进行出厂检验。检验合格后签发产品合格证，方能出厂。

6.4 周期检验

6.4.1 检验情况

在下列情况之一时进行周期检验：

a) 正常生产时，应每一年进行不少于一次的检验；

b) 产品停产一年后，恢复生产时；

c) 出厂检验结果与上次周期检验有较大差异时；

d) 质量监督机构要求时。

注：特殊订货或非批量生产的天平除外。

6.4.2 抽样方案及合格或不合格判断

6.4.2.1 周期检验采用GB/T 2829—2002中判别水平Ⅰ的一次抽样方案。周期检验的项目、要求及试验方法的条款号见表5。

6.4.2.2 周期检验项目的不合格分类、不合格质量水平(RQL)、判别水平(DL)及判定数组(Ac,Re)见表6。

6.4.2.3 周期检验按GB/T 2829—2002的规定进行合格或不合格判断，其中批质量以每百单位产品不合格数表示。

表6

序号	不合格分类	检验项目	条款	不合格质量水平(RQL)	判别水平(DL)	抽样方案	
						样本量 n	判定组数(Ac,Re)
1	A	外观及结构	4.1	30	Ⅰ	3	(0,1)
2		计量性能	4.2				
3	B	运输、运输贮存适应性	4.3	65			(1,2)

6.4.3 样本抽取

周期检验的样本应在出厂检验合格品中随机抽取3台。

6.4.4 周期检验后的处置

6.4.4.1 周期检验不合格，应分析原因，找出问题并落实措施，重新进行周期检验。若再次周期检验不合格，则应停产整顿，产品停止出厂检验，待解决问题、周期检验合格后，方可恢复出厂检验。

6.4.4.2 若周期检验合格，经出厂检验合格的批可以作为合格品出厂或入库。

7 标志

7.1 必备标志

下列标志必备：

a) 产品名称及型号；

b) 制造计量器具许可证标志和编号；

c) 生产单位的名称；

d) 最大秤量 Max；

e) 分度值；

f) 准确度级别符号；

g) 出厂编号。

7.2 适当时必备标志

下列标志适当时必备：

a) 出厂日期；

b) 满足正常工作要求时的特殊温度范围：…℃/…℃。

7.3 包装标志

包装标志应含下列内容：

a) 产品名称、型号及商标；

b) 执行产品标准号；

c) 包装储运图示标志(应符合 GB/T 191—2008 中“易碎物品”、“向上”、“怕雨”、“堆码层数极限”等的规定)；

d) 制造计量器具许可证标志和编号；

e) 生产单位名称、地址、邮政编码；

f) 包装箱外型尺寸及重量。

7.4 使用说明书

使用说明书的内容应符合 GB/T 9969—2008 的规定。

8 包装、运输、贮存

8.1 包装

8.1.1 天平的包装应符合设计图纸规定。

8.1.2 天平的随机文件应包括：

a) 装箱单；

b) 合格证；

c) 使用说明书。

8.2 运输

天平在包装完整的条件下，允许用一般交通工具运输。在运输过程中应防止受到剧烈振动、雨淋与暴晒。

8.3 贮存

天平应贮存在－10 ℃～＋55 ℃、相对湿度(RH)不大于85％的通风库房中，库房中不应有腐蚀性气体和腐蚀性化学药品，贮存期不应超过一年。

ICS 17.060
N 61

GB

中华人民共和国国家标准

GB/T 25107—2010

机械天平

Mechanical balance

2010-09-02 发布　　　　2010-12-01 实施

中华人民共和国国家质量监督检验检疫总局
中国国家标准化管理委员会　发布

前　言

本标准由中国机械工业联合会提出。

本标准由中国机械工业联合会归口。

本标准主要起草单位:上海精密科学仪器有限公司、长沙湘仪天平仪器设备有限公司、沈阳计量研究所、中国仪器仪表行业协会实验室仪器分会、机械工业仪器仪表综合技术经济研究所、沈阳龙腾电子有限公司、长沙湘平科技发展有限公司、上海良平仪器仪表有限公司。

本标准参加起草单位:上海市计量测试技术研究院、上海菁海仪器有限公司、上海舜宇恒平科学仪器有限公司、上海民桥精密科学仪器有限公司、湖南省计量检测研究院、辽宁省计量研究院、常州市富月砝码有限公司。

本标准主要起草人:董莉、周凌嵘、杨秀英、王家龙、金丽辉、张志、熊一凡、李沪仓、朱俊、张柏荣、吴群、归剑刚、冯晓升、钟小军、周锦标、忻秀月、邓爱群、戴芳。

机 械 天 平

1 范围

本标准规定了机械天平的分类及基本参数、要求、试验方法、检验规则、标志和包装、运输、贮存。

本标准适用于利用杠杆原理测定物质质量的机械天平(以下简称天平)。

本标准不适用于真空天平、热天平、遥控天平、自动记录天平与上皿式天平和按协议制造的天平。

2 规范性引用文件

下列文件中的条款通过本标准的引用而成为本标准的条款。凡是注日期的引用文件,其随后所有的修改单(不包括勘误的内容)或修订版均不适用于本标准,然而,鼓励根据本标准达成协议的各方研究是否可使用这些文件的最新版本。凡是不注日期的引用文件,其最新版本适用于本标准。

GB/T 191—2008 包装储运图示标志(ISO 780:1997,MOD)

GB/T 2829—2002 周期检验计数抽样程序及表(适用于对过程稳定性的检验)

GB/T 9969—2008 工业产品使用说明书 总则

GB/T 11606—2007 分析仪器环境试验方法

JJG 98—2006 机械天平

3 天平的分类及基本参数

3.1 分类

3.1.1 天平按结构可分为双盘天平和单盘天平。

3.1.2 天平按标尺分类可分为微分标尺天平、数字标尺天平和普通标尺天平。

3.2 基本参数

3.2.1 天平的实际分度值

以质量单位表示的天平相邻两个示值之差为天平的实际分度值,用 d 表示。

3.2.2 天平的检定分度值

以质量单位表示的天平用于划分等级与进行计量检定的值为检定分度值,用 e 表示。它应当取 1×10^k 或 2×10^k 或 5×10^k 的形式,其中:k 为正整数、负整数或零。

3.2.3 实际分度值 d 与检定分度值 e 的规定

3.2.3.1 有刻度、无微读机构的天平,检定分度值 e 等于实际分度值 d。

3.2.3.2 有刻度、有微读机构的天平,检定分度值 e 由生产商根据表 1 的规定选定(同时应满足 $d\leqslant e\leqslant10d$)。

3.3 准确度级别

3.3.1 天平按其检定分度值 e 和检定分度数 n(天平的最大秤量 Max 与检定分度值 e 之比),划分成下列两个准确度级别:

a) 特种准确度级Ⓘ;

b) 高准确度级Ⓘⓘ。

3.3.2 准确度级别与 e、n 的关系应符合表 1 的规定。

3.3.3 属于以上准确度级别的天平,按检定分度数 n 细分成表 2 的准确度级别。

3.4 正常工作条件

3.4.1 天平正常工作时室内的温度、相对湿度应符合表 3 的规定。

3.4.2 周围应无影响天平计量性能的振动和气流的存在。

3.4.3 天平和砝码应尽量避免阳光直接照射。

表 1

准确度级别	检定分度值 e	检定分度数 n		最小秤量
		最小	最大	
特种准确度级别 (Ⅰ)	$e \leqslant 5$ μg	1×10^3	不限制	$100e$
	10 μg $\leqslant e \leqslant$ 500 μg	5×10^4		
	1 mg $\leqslant e$	5×10^4		
高准确度级别 (Ⅱ)	$e \leqslant 50$ mg	1×10^2	1×10^5	$20e$
	0.1 g $\leqslant e$	5×10^3	1×10^5	$50e$

表 2

准确度级别	检定分度数 n
(Ⅰ)$_1$	$1\times10^7 \leqslant n$
(Ⅰ)$_2$	$5\times10^6 \leqslant n < 1\times10^7$
(Ⅰ)$_3$	$2\times10^6 \leqslant n < 5\times10^6$
(Ⅰ)$_4$	$1\times10^6 \leqslant n < 2\times10^6$
(Ⅰ)$_5$	$5\times10^5 \leqslant n < 1\times10^6$
(Ⅰ)$_6$	$2\times10^5 \leqslant n < 5\times10^5$
(Ⅰ)$_7$	$1\times10^5 \leqslant n < 2\times10^5$
(Ⅱ)$_8$	$5\times10^4 \leqslant n < 1\times10^5$
(Ⅱ)$_9$	$2\times10^4 \leqslant n < 5\times10^4$
(Ⅱ)$_{10}$	$1\times10^4 \leqslant n < 2\times10^4$

表 3

准确度级别			温度界限范围/℃	温度波动度不大于/℃/h	相对湿度不大于/%
(Ⅰ)$_1$～(Ⅰ)$_2$			18～23	0.2	70
(Ⅰ)$_3$～(Ⅰ)$_4$	检定分度值	$e \leqslant 0.001$ mg	18～23	0.2	70
		$e > 0.001$ mg	18～26	0.5	75
	最大秤量 1 kg		18～24	0.5	75
(Ⅰ)$_5$～(Ⅰ)$_6$			15～30	1.0	85
(Ⅰ)$_7$～(Ⅱ)$_8$			10～32	2.0	90
(Ⅱ)$_9$～(Ⅱ)$_{10}$			室温	—	—

4 要求

4.1 外观及结构

4.1.1 天平的表面镀层或涂层，色泽应均匀，不应有露底、脱皮、起层、起泡、起毛、水渍、毛刺、斑痕、裂纹及显见的划痕和擦伤。

4.1.2 底脚螺钉的安装应保证天平放置平稳，螺钉与螺母之间的配合应松紧适度，便于调整天平。天平的外罩应严密，不应有明显的缝隙，前门和边门的启闭应轻便灵活。

4.1.3　准确度(Ⅰ)$_1$～(Ⅰ)$_7$级的天平所使用的刀子和刀承工作面接触后，不应有显见的透光。准确度(Ⅱ)$_8$～(Ⅱ)$_{10}$级的天平，其刀子和刀承工作面接触后的透光部位的长度不应超过刀子全长的1/5。

4.1.4　具有挂码装置的天平，应保证实际取放的挂码与其挂码装置的显示值一致，不应出现挂码不落槽、落位不正确或挂码严重摇晃等现象。挂码杆、钩排列高度及每次下落的高度均应一致。天平工作期间，挂码与天平的静止零部件之间，不应碰撞、摩擦，以致妨碍天平的正常摆动和读数。

4.1.5　具有阻尼器的天平，从摆动到静止不应大于2个周期；不具有阻尼器的天平（有链码标尺装置的天平除外），空秤和全秤量时的阻尼减缩系数不应大于1.25。

4.1.6　在正常使用条件下，天平衡量结果的读数应可靠、容易读取而且清晰，读数的视差不应大于0.2个检定分度值。

4.1.7　有光学读数装置的天平应有零位微调装置，并能在天平使用的情况下进行调节，其调节幅度不少于5个分度（间隔）。

4.1.8　对于具有水准器或重锤的天平，应保证通过天平的水平调节螺钉能够调节，使水准器的气泡居中或使调整水平的重锤的上、下锤的尖端相对，且保持在1 mm～3 mm的范围内。此时天平应能正常工作。

4.1.9　安装在指针的重心铊，其调节幅度应在距针尖为指针全长1/2～4/5的范围内。安装在杠杆上的重心铊，其调节幅度应在螺杆中间对称部位3/5范围内。

4.2　计量性能

4.2.1　天平的计量性能最大允许误差

天平的示值重复性、检定分度值误差、横梁不等臂性误差、游码标尺、链码标尺称量误差应符合表4的要求。

表4

<table>
<tr><th rowspan="3">准确度级别</th><th rowspan="3">示值重复性/分度</th><th colspan="4">检定分度值误差</th><th colspan="2">横梁不等臂性误差(分度)</th><th rowspan="3">游码标尺、链码标尺称量误差/分度</th></tr>
<tr><th colspan="2">具有阻尼器微分标尺或数字标尺的天平/分度</th><th colspan="2">普通标尺天平/mg</th><th rowspan="2">具有阻尼器微分标尺或数字标尺的天平</th><th rowspan="2">普通标尺天平</th></tr>
<tr><th>空秤误差
全秤量误差</th><th>左盘与右盘之差</th><th>空秤与全秤量之差</th><th>左盘与右盘之差</th></tr>
<tr><td>(Ⅰ)$_1$～(Ⅰ)$_3$</td><td rowspan="3">1</td><td rowspan="3">空秤±1
全秤量+2/−1</td><td rowspan="3">2</td><td colspan="2">1/8</td><td rowspan="3">±3</td><td rowspan="3">±3</td><td rowspan="3">1</td></tr>
<tr><td>(Ⅰ)$_4$～(Ⅰ)$_7$</td><td colspan="2">1/5</td></tr>
<tr><td>(Ⅱ)$_8$～(Ⅱ)$_{10}$</td><td colspan="2">1/3</td></tr>
</table>

注1：具有阻尼器微分标尺或数字标尺的天平的分度值误差，以分标尺或数字标尺的零位至正式分度末位时的摆幅计。

注2：普通标尺天平分度值的误差，以最大实际分度值计。最大实际分度值不应大于其标称标尺分度值。

注3：天平在运输、运输贮存适应性和耐久性试验后横梁不等臂性误差：具有阻尼器微分标尺或数字标尺的天平为±9分度，普通标尺天平±6分度。

注4：分度值不大于0.001 mg的天平，其游码标尺称量误差不大于2分度。

注5：安设微读机构的天平，微读机构转动一圈，对应微分标尺或数字标尺移动1分度，其误差不得大于微读机构0.1分度。若天平示值重复性不大于该机构的1分度，并且其余计量性能也符合与此机构分度值的相应比例关系时，天平的准确度等级可按微读机构的分度值确定。

注6：对于最大秤量≥500 kg，并具有机械加码装置的天平，不等臂性误差在天平调试时应保证不大于3个分度。出厂和周期检验时不作为计量性能要求。

4.2.2 机械加(减)码

4.2.2.1 天平最小砝码的质量应等于标尺全量之值，对于全机械加(减)码天平，其挂码的全部质量与标尺全量之和，不应小于天平的最大秤量。

4.2.2.2 天平挂砝码的组合误差不应大于表5的要求。

4.2.2.3 具有加码装置的天平，砝码应挂在天平加码装置上进行检测，其结果的最大允许误差不应大于相应挂码组合误差与相应横梁不等臂性误差之和。

注：对于最大秤量≥500 kg 并具有机械加码装置的天平，其作为替代物砝码的最大允许误差不应低于 F_2 等级砝码的最大允许误差。

表 5

检定分度值 mg	挂砝码组合最大允许误差 分度		
	毫克组	克组	全量
1≤e	±1	±1	±1
0.2≤e<1	±1	±2	±2
0.05≤e<0.2	±2	±5	±5
0.01≤e<0.05	±3	±5	±5
e<0.01	±5	±8	±8

4.3 天平水准器

天平水准器的灵敏度不应小于表6的要求。

表 6

准确度级别	水准器灵敏度
(I)$_1$～(I)$_3$	10′
(I)$_4$～(I)$_7$	12′
(II)$_8$～(II)$_{10}$	16′
注：水准器灵敏度≤水准器中水准泡公称角值的15%。	

4.4 标尺与指针

4.4.1 普通标尺天平，其指针与标尺的间隙应符合表7的规定。

表 7

最大秤量	间隙 mm
≤200 g	≤0.8
>200 g 且≤5 kg	≤1.5
>5 kg	≤2.0

4.4.2 普通标尺的刻度不应少于20分度，微分标尺的刻度不应少于100分度。

4.4.3 标尺刻度两端应加辅助线条，普通标尺两端加刻线各不少于2条，微分标尺两端加刻线各不少于10条。

4.4.4 标尺的刻线，其刻线间距不应小于1 mm，刻线的宽度不应大于刻线间距的1/10，各刻线均匀误差不应大于刻线间距1/10。

4.4.5 标尺刻度线逢5或10应加刻线数字，微分标尺的末端需标明质量单位。

4.4.6 指针针尖部位和读数视准线的宽度不应大于标尺刻度宽度。指针和读数视准线应与标尺刻线相平行，天平摆动时针尖应能覆盖标尺短分度线全长的 1/3～3/4，针尖与刻线的色泽，读数视准线与刻线的长度应有明显的区别。

4.5 运输、运输贮存适应性

天平在包装条件下，模拟运输、运输贮存基本环境条件，进行高温、低温、湿热、跌落和碰撞试验。试验结束后，打开包装，天平应完好无损，计量性能最大允许误差符合表 4 的规定。

4.6 耐久性

天平由于机构疲劳、磨损引起的耐久性误差应符合表 4 的规定。

5 试验方法

5.1 试验条件

天平试验条件应符合 3.4 的规定。

5.2 试验设备

5.2.1 应准备一组相应等级的标准砝码，该砝码的质量扩展不确定度不应大于被检天平最大允许误差的 1/3。

5.2.2 等臂天平的试验，还应准备相当天平最大秤量的一对等量砝码。

5.2.3 其他有关试验用的器具如下：

a) 测量天平水平的水准仪；

b) 分度值不大于 0.2 ℃的温度计；

c) 最大允许误差不大于±5%RH 的湿度计；

d) 钢尺、游标卡尺、准确度为 10 μm 的显微镜。

5.3 外观及结构试验

用目视和手动操作的方法进行检测，其结果应符合 4.1 的规定。

5.4 计量性能试验

天平计量性能的试验按 JJG 98—2006 中 5.3.2～5.3.6 的规定进行，其结果应符合 4.2 的规定。

5.5 天平水准器的试验

用水准仪进行检测，其结果应符合 4.3 的规定。

5.6 标尺与指针的试验

用钢尺、游标卡尺、显微镜和目视的方法进行测试，其结果应符合 4.4 的规定。

5.7 运输、运输贮存适应性试验

5.7.1 高温试验

把外包装好的天平放在常温环境下达到温度平衡后，放入高温试验箱(室)内。将试验温度以不大于 1 ℃/min 的升温速度(不超过 5 min 的平均值)升温到 55 ℃±3 ℃，保持 4 h，再降温，待恢复至常温后将天平取出，在正常工作条件下放置 24 h 后进行计量性能最大允许误差测试，其结果应符合表 4 的规定。

5.7.2 低温试验

把外包装好的天平放在常温环境下达到温度平衡后，放入低温试验箱(室)内。将试验温度以不大于 1 ℃/min 的降温速度(不超过 5 min 的平均值)降温到－40 ℃±3 ℃，保持 4 h，再升温，待其恢复至常温后将天平取出，在正常工作条件下放置 24 h 后进行计量性能最大允许误差测试，其结果应符合表 4 的规定。

5.7.3 湿热试验

把外包装好的天平放在常温环境下达到温湿度平衡后，放入湿热试验箱中，按照 GB/T 11606—2007 中第 8 章规定的(温度、相对湿度选贮运条件组)方法进行试验，试验后将天平在正常工作条件下放置 24 h 后进行计量性能最大允许误差测试，其结果应符合表 4 的规定。

注：试验后进行计量性能最大允许误差测试时允许先对天平的重心铊进行调节。

5.7.4 跌落试验

把外包装好的天平，按 GB/T 11606—2007 中第 17 章规定的方法进行试验，试验后在正常工作条件下放置 24 h 后进行计量性能最大允许误差测试，其结果应符合表 4 的规定。

注 1：试验后进行计量性能最大允许误差测试时允许先对天平的重心铊进行调节。

注 2：最大秤量≥20 kg 的天平可免于试验。

5.7.5 碰撞试验

把外包装好的天平，按 GB/T 11606—2007 中第 18 章规定的方法进行试验，试验后在正常工作条件下放置 24 h 后进行计量性能最大允许误差测试，其结果应符合表 4 的规定。

注 1：试验后进行计量性能最大允许误差测试时允许先对天平的重心铊进行调节。

注 2：最大秤量≥20 kg 的天平可免于试验。

5.8 耐久性试验

在正常工作条件下对天平进行计量性能测试，再用天平最大秤量的载荷，以 8 次/min～10 次/min 的速度连续开启天平 10 000 次。试验后在正常工作条件下放置 24 h 后进行计量性能最大允许误差测试，其结果应符合表 4 的规定。

注：试验后进行计量性能最大允许误差测试时允许先对天平的重心铊进行调节。

6 检验规则

6.1 检验分类

天平的检验分为：

a) 出厂检验；

b) 定型检验；

c) 周期检验。

6.2 出厂检验

6.2.1 天平的出厂检验由质量检验部门逐台检验，合格后签发产品合格证，方能出厂。

6.2.2 出厂检验的项目、要求及试验方法的条款号见表 8。

表 8

序号	检 验 项 目	要求的条款号	试验方法的条款号	出厂检验	周期检验
1	外观及结构	4.1	5.3	●	●
2	计量性能	4.2	5.4	●	●
3	水准器	4.3	5.5	●	●
4	指针与标尺	4.4	5.6	●	●
5	运输、运输贮存适应性	4.5	5.7	—	●
注：符号“●”表示应检验的项目，符号“—”表示不必检验的项目。					

6.3 定型检验

6.3.1 天平定型检验的样本为 3 台，检验项目为 4.1～4.6，所有项目应符合规定的要求。

6.3.2 经定型检验合格的天平应整修，更换寿命终了或接近终了的零部件，并重新进行出厂检验。检验合格后签发产品合格证，方能出厂。

6.4 周期检验

6.4.1 检验情况

在下列情况之一时进行周期检验：

a) 正常生产时，应每一年进行不少于一次的检验；

b) 产品停产一年后，恢复生产时；

c) 出厂检验结果与上次周期检验有较大差异时；

d) 质量监督机构要求时。

注：特殊订货或非批量生产的天平除外。

6.4.2 抽样方案及合格或不合格判断

6.4.2.1 周期检验采用GB/T 2829—2002中判别水平Ⅰ的一次抽样方案。周期检验的项目、要求及试验方法的条款号见表8。

6.4.2.2 周期检验项目的不合格分类、不合格质量水平(RQL)、判别水平(DL)及判定数组(Ac,Re)见表9。

6.4.2.3 周期检验按GB/T 2829—2002的规定进行合格或不合格判断，其中批质量以每百单位产品不合格数表示。

6.4.3 样本抽取

周期检验的样本应在出厂检验合格品中随机抽取3台。

表9

序号	不合格分类	检验项目	条款	不合格质量水平(RQL)	判别水平(DL)	抽样方案	
						样本量 n	判定组数(Ac,Re)
1	A	外观	4.1	30	Ⅰ	3	(0,1)
2		计量性能	4.2				
3		水准器	4.3				
4		指针与标尺	4.4				
5	B	运输、运输贮存适应性	4.5	65			(1,2)

6.4.4 周期检验后的处置

6.4.4.1 周期检验不合格，应分析原因，找出问题并落实措施，重新进行周期检验。若再次周期检验不合格，则应停产整顿，产品停止出厂检验，待解决问题、周期检验合格后，方可恢复出厂检验。

6.4.4.2 若周期检验合格，经出厂检验合格的批可以作为合格品出厂或入库。

7 标志

7.1 必备标志

下列标志必备：

a) 产品名称及型号；

b) 制造计量器具许可证标志和编号；

c) 生产单位的名称；

d) 最大秤量Max，最小秤量Min；

e) 实际分度值 d 和检定分度值 e；

f) 准确度级别符号；

g) 出厂编号。

7.2 适当时必备标志

下列标志适当时必备：

a) 出厂日期；

b) 满足正常工作要求时的特殊温度范围：…℃/…℃。

7.3 包装标志

包装标志应含下列内容：

a) 产品名称、型号及商标；

b) 执行产品标准号；

c) 包装储运图示标志(应符合 GB/T 191—2008 中“易碎物品”、“向上”、“怕雨”、“堆码层数极限”、起吊线、重心位置等的规定)；

d) 制造计量器具许可证标志和编号；

e) 生产单位名称、地址、邮政编码；

f) 包装箱外型尺寸及重量。

7.4 使用说明书

使用说明书的内容应符合 GB/T 9969—2008 的规定。

8 包装、运输、贮存

8.1 包装

8.1.1 天平的包装应符合设计图纸规定。

8.1.2 天平的随机文件应包括：

a) 装箱单；

b) 合格证；

c) 使用说明书。

8.2 运输

天平在包装完整的条件下，允许用一般交通工具运输。在运输过程中应防止受到剧烈振动、雨淋与暴晒。

8.3 贮存

天平应贮存在－10 ℃～＋55 ℃、相对湿度(RH)不大于 85％的通风库房中，库房中不应有腐蚀性气体和腐蚀性化学药品，贮存期不应超过一年。

ICS 35.240.50
L 67

GB

中华人民共和国国家标准

GB/T 25108—2010

三维CAD软件功能规范

Function specification for three-dimensional CAD software

2010-09-02 发布　　　　2010-12-01 实施

中华人民共和国国家质量监督检验检疫总局
中国国家标准化管理委员会　发布

前　言

本标准由中国机械工业联合会提出。

本标准由全国自动化系统与集成标准化技术委员会(SAC/TC 159)归口。

本标准主要起草单位:中国标准化研究院、北京数码大方科技有限公司。

本标准主要起草人:李文武、詹俊峰、闫光荣、王志强、刘守华、陈卫东。

三维 CAD 软件功能规范

1 范围

本标准规定了三维 CAD 软件的基本功能、扩展功能等。

本标准适用于三维 CAD 软件的开发、选型和测评。

2 术语、定义和缩略语

2.1 术语和定义

下列术语和定义适用于本标准。

2.1.1

装配 assembling

把组成产品的所有零件和部件按一定顺序组装起来，构成一个满足特定功能要求的产品。

2.1.2

装配约束 assembling restriction

装配零件和部件之间的各种约束，通过对零件和部件之间添加装配约束，使设计好的零件方便地装配在一起。

示例：配合、对准角度、相切、插入等。

2.1.3

布尔运算 boolean operation

用于 CAD 的代数或符号逻辑计算式，以扩充设计规则检查程序和简化几何图形的设计。

2.1.4

有界曲面 bounded surface

描述了一个物体的几何表面，包括表面上相应的孔、型腔、凸台或其他类似形状以及投影在表面上的任何复杂边界曲线。

2.1.5

数据接口 data interface

与另一系统进行数据交换或通信的部分。

2.1.6

标注 dimensioning

在二维图形和三维模型中按国家标准要求，标出形体各部分尺寸和其他属性。

2.1.7

特征造型 feature modeling

在实体造型的基础上，把特征作为产品零件定义的基本单元，将零件描述为特征的集合，包括形状特征、精度特征、材料特征和其他相关特征。

2.1.8

物性分析 mass-properties analysis

CAD 系统的一种功能，它能自动计算正被设计的三维零件的物理工程信息。

示例：周长、面积、重心和惯性矩等。

2.1.9

零件库 part library

能够生成所标识的零件信息的数据集以及与之相关的管理程序。

2.1.10

渲染　rendering

在产品的几何模型上附加一定的材质、纹理、色彩及图案，并加上光源、风力和重力等，通过计算机的计算生成具有真实感效果的图形。

2.1.11

参数化草图　sketch

用一组几何约束和一组参数来约束图形的几何元素之间的关系和尺寸，不同的参数值驱动产生不同大小的、拓扑关系不变的几何图形，通过调整参数来修改和控制图形几何形状。

2.1.12

实体造型　solid modeling

在曲面模型的基础上采用实体的方法表示形体。

2.1.13

曲面　surface

构成零件的基本面称作曲面，它可以伸出零件的实际轮廓之外。该面的边界通常由"简单的"解析曲线构成，一般用作带有复杂边界曲线的有界曲面。

2.1.14

曲面造型　surface modeling

在线框造型的基础上增加面的信息，利用平面和曲面来表示形体。它为形体提供了更多的几何信息，可以实现自动消除隐藏线和隐藏面以及数控加工程序计算。

2.1.15

三维 CAD　three dimension computer aided design；3D-CAD

以三维数据模型为基础的计算机辅助设计。

2.1.16

线框造型　wireframe modeling

由有限个空间点以及满足一定拓扑关系的成对点之间相连的线(直线或曲线)构成的三维几何模型。

2.2　缩略语

下列缩略语适用于本标准：

CAD　计算机辅助设计(Computer Aided Design)

CAE　计算机辅助工程(Computer Aided Engineering)

CAM　计算机辅助制造(Computer Aided Manufacturing)

CAPP　计算机辅助工艺规划(Computer Aided Process Planing)

ERP　企业资源规划(Enterprise Resource Planing)

PDM　产品数据管理(Product Data Management)

RPM　快速原型制造(Rapid Prototyping Manufacturing)

3　基本功能

3.1　系统综合功能

3.1.1　设备驱动功能

能驱动绘图机、打印设备等。

3.1.2　用户界面

用户界面应具备下列功能：

a)　文字或图符菜单、下拉式菜单、动态弹出式菜单、文字或图符菜单面板、对话框、命令语言、数字化仪、鼠标器、功能键、快捷键、提示信息、出错信息、帮助信息；

b) 动态导航功能(关键点提示、辅助线提示、导航模式选择);
c) 资源库窗口、元素操作手柄;
d) 用户界面定制。

3.1.3 图形显示功能

图形显示功能应包括:

a) 视像定义与修改、多视口显示、动态显示、视图的管理、透明命令、图形缩放(ZOOM)、图形曳移;
b) 曲面和线框图显示及轮廓图显示;
c) 实体及特征的真实图与简图显示(简图用于二维及三维布置);
d) 正投影图、轴测图、透视图、剖切图;
e) 消隐图(隐藏线用虚线、其他颜色或不显示);
f) 渲染图(真实感图);
g) 动态显示;
h) 调色板;
i) 图像文件输出(GIF 等光栅文件格式、3D PDF 等三维显示文件格式)。

3.1.4 图形管理功能

图形管理功能应包括:

a) 视图投影 1,3 角设置、二维视图布局、标准视图和自定义视图输出、剖视;
b) 图层控制功能。

3.1.5 绘图输出功能

绘图输出功能应包括:

a) 按比例输出图形及自动按图纸设定输出比例;
b) 输出图形预览及终止预览;
c) 对多张图纸进行编辑打印;
d) 绘图输出控制线型及粗细。

3.2 三维造型及零件设计功能

3.2.1 参数化草图功能

参数化草图功能应包括:

a) 基本绘图应包括 3.5.2 规定的功能;
b) 图形编辑和操作应包括 3.5.3 除 j),m),p)款以外规定的功能;
c) 尺寸约束和结构约束:尺寸约束中的尺寸标注应包括 3.5.4 a)款规定的功能,其还应包括相关几何元素的距离约束、角度约束,单个几何元素的半径约束、长度约束等。结构约束应包括相关几何元素的相联约束、相切约束、平行约束、相等约束和对称约束等,单个几何元素的水平约束、竖直约束和固定约束等。

3.2.2 线框造型功能

线框造型功能应包括:

a) 基本几何元素定义;
b) 曲线插值和逼近;
c) NURBS 曲线;
d) 曲线组合、曲线分解、曲线光顺、曲线延伸、曲线裁剪、曲线打断、曲线拼接、曲线求交、修改曲线的控制顶点及权因子;
e) 过渡曲线、等距曲线和线性变距曲线;
f) 曲线变换(平移、旋转、镜像、阵列等);

g) 单曲线分析与计算(切矢、曲率、坐标值反求参数值、样条曲线的控制顶点及其权因子、控制多边形等);

h) 多曲线间的连续性分析;

i) 用已有的实体边、组合曲线剥离、二维草图生成曲线;

j) 求截面线。

3.2.3 曲面造型功能

曲面造型功能应包括:

a) 曲面求交、延伸;

b) 直纹面、旋转面;

c) 扫成/点阵/由给定边界定义曲面/NURBS 曲面;

d) 曲面等距和曲面变距;

e) 曲面过渡(两曲面间或多曲面间、曲面和曲线过渡)、拼接(两曲面间或多曲面间、曲线和曲面边拼接)、光顺、剪裁、分割、修改曲面的控制顶点位置及权因子、裁剪面的恢复;

f) 单曲面分析与计算(切矢、法矢、各种曲率、坐标值反求 U 和 V 参数值、控制网格及其权因子);

g) 多曲面间的连续性分析;

h) 取子曲面片、曲面的轮廓线、曲面的等参数线、曲线在曲面上的投影线;

i) 测量造型(散乱点插值、数据预处理、特征点提取及光顺);

j) 用抽取实体表面、抽取曲面(组)中的面片生成曲面。

3.2.4 实体造型功能

实体造型功能应包括:

a) 基本体素、用户定义体素、体素库(体素库的建立、体素库的查询、体素库的删除和维护);

b) 实体生成方法[扫成法(Sweeping)生成、旋转法生成、广义扫成法生成、非均匀有理 B 样条法(NURBS)、其他];

c) 几何体间的并交差布尔运算功能,雕塑曲面与实体间的布尔运算功能;

d) 局部操作(剖切、拔模、圆角、倒角、局部拉伸、布尔运算后的实体的过渡圆角);

e) 实体的编辑(拷贝、镜像、阵列、删除、回退(Undo)与重作(Redo)、平移、旋转、缩放、几何元素查询、几何信息的修改、链接);

f) 实体抽壳、曲面模型转换为实体模型、多曲面加厚转换为实体;

g) 三维实体向二维的转换与数据传递(生成轮廓图及消隐);

h) 实体加工信息的提取;

i) 实体表面的直接修改或替换;

j) 用封闭的曲面填充成实体。

3.2.5 特征造型功能

特征造型功能应包括:

a) 基本特征定义[基准、基本形状特征(拉伸、旋转、扫成、放样特征)、特征增料或减料、过渡、倒角、拔模、抽壳];

b) 附加形状特征[孔特征(通孔、盲孔)、圆角特征、槽特征、加强筋特征(旋转加强筋、平面加强筋)、壳体特征、管特征、斜角特征和用户自定义特征]。

3.3 零件库功能

零件库功能应包括:

a) 常用零件库的建立与维护;

b) 具有三维标准件库;

c) 布尔运算功能,即交并差运算、实体间精确定位;

d） 参数化草图功能，即图形生成、图形编辑、约束、图形绘制约束导航；

e） 物性分析功能，即体积、质量、重心、静惯性矩、惯性矩、惯性积等计算。

3.4 装配功能

装配功能应包括：

a） 基本规模装配（满足零部件数量在30～100种的装配要求）；

b） 装配约束（装配约束定义、装配约束求解）；

c） 干涉检查；

d） 爆炸图；

e） 生成装配结构树、BOM表；

f） 装配结构漫游；

g） 装配环境下的零件设计；

h） 物性分析功能，即体积、质量、重心、静惯性矩、惯性矩、惯性积等计算。

3.5 工程图功能

3.5.1 视图生成与编辑功能

视图生成与编辑功能应包括：

a） 三维模型与二维图形的关联功能；

b） 三维模型生成二维图形；

c） 三维模型改变时投影尺寸值和位置的自动更新；

d） 三维模型改变时标注尺寸值和尺寸位置的自动更新；

e） 剖视图随三维自动关联更新；

f） 视图的增、删、改；

g） 形位公差，粗糙度等工程标注随三维自动关联更新。

3.5.2 基本绘图功能

基本绘图功能应包括：

a） 建立坐标系统，如直角坐标系、极坐标系；

b） 点、中心标记（点的绝对直角坐标输入法、点的相对直角坐标输入法、点的绝对极坐标输入法、点的相对极坐标输入法）；

c） 绘制线段、直线、折线[多段连线（折线）、两点连直线、水平线及垂直线、作直线与 X 轴成定角、向已知直线作垂直线、作已知线段的平行线、作直线与已知直线成定角、由圆外一点向圆或圆弧作切线或法线、作两已知圆（弧）的公切线、作已知直线的垂直平分线、过圆心作圆的中心线、由一点向曲线作切线、复杂大图形任意两点间连直线]；

d） 绘制圆弧、圆（给定圆心和半径作图、已知圆心和两点作圆弧、作同心圆、过已知三点作圆或圆弧、过已知两点作圆与给定的直线相切、过一点按给定的半径作圆与直线相切、过两点作圆与已知圆相切、作圆与已知三直线相切、给定圆心作圆与已知圆相切、给定圆心作圆与已知直线相切）；

e） 绘制椭圆、椭圆弧；

f） 绘制二次曲线；

g） 绘制样条曲线（给定控制顶点生成样条曲线、给定插值点生成样条曲线）；

h） 绘制组合曲线；

i） 绘制等距线（平面和空间）。

3.5.3 图形编辑和操作功能

图形编辑和操作功能应包括：

a） 两个图形元素求交并按交点分段（两直线求交、直线与圆弧求交、两圆弧求交、直线与曲线求

交、圆与曲线求交、曲线与曲线求交);

b) 在两相交直线之间给定位置作倒角;

c) 相邻两图形元素之间给定位置作倒圆(用给定半径在两直线之间作过渡圆角、用给定半径在直线与圆弧之间作过渡圆角、用给定半径在两圆弧之间作过渡圆角、用给定半径在直线和曲线之间作过渡圆角、用给定半径在圆与曲线之间作过渡圆角、用给定半径在两曲线之间作过渡圆角);

d) 两个或多个闭合图形之间的逻辑操作(布尔并运算、布尔差运算、布尔交运算);

e) 等分已知线段;

f) 等分已知圆(弧);

g) 等分曲线;

h) 多义线编辑;

i) 修改图形元素的几何数据;

j) 修改图形元素的属性(颜色、所属层、线型、可见性);

k) 平移复制、旋转复制、镜像复制、阵列复制;

l) 图形的平移、旋转、拉伸、图形缩放;

m) 图块之间消隐;

n) 选取图形方式(全部选取、从当前选择集中屏蔽指定元素、只选择符合指定条件的元素、矩形域窗口选择、矩形域交叉窗口选择、多边形域窗口选择、多边形域交叉窗口选择);

o) 剪裁指定域内或外的图形元素(用逐个选取方式剪裁、矩形窗口剪裁、多边形窗口剪裁、封闭环剪裁);

p) 选择集或选择过滤条件(层、几何元素、颜色等)。

3.5.4 标注功能

标注功能应包括:

a) 尺寸标注(线性尺寸标注、圆或圆弧直径的标注、圆柱直径标注、圆或圆弧半径的标注、角度尺寸标注、弧长尺寸标注、尺寸公差标注、修改尺寸数值及标注方式的命令与变量、智能尺寸标注);

b) 粗糙度标注;

c) 形位公差标注(形状公差、位置公差);

d) 公差符号标注(定位基准符号、公差带、直径符号、配合与精度、箭头);

e) 剖面线(选取目标的方式、提供剖面图案的种类、提供给用户开发新剖面符号的方法);

f) 字符(英文、数字、汉字)标注(设定字符型号、给定字符大小参数、颜色、文本字体倾斜角度、给定文本字符位置、输入英文字符、输入汉字、字符串编辑);

g) 其他(焊接、锥度)。

3.5.5 图纸幅面定义功能

图纸幅面定义功能应包括定义图幅格式类型、图纸标题栏、明细表栏、其他表栏。

3.5.6 绘图辅助功能

绘图辅助功能应包括:

a) 目标捕捉(圆及弧的圆心、切点、中点、端点、交点、垂足点、最近点);

b) 提供正交方式绘图;

c) 初始化功能(图形屏幕范围的设定、光标捕捉精度、栅格显示精度);

d) 建立用户坐标系统(在屏幕任意位置设定新原点、任设坐标轴方向、绕 Z 坐标轴旋转);

e) 图形的二维定位;

f) 线型、颜色设定;

g） 专门窗口中滚行显示交互作图的有关信息；

h） 回退(Undo)、重作(Redo)操作；

i） 缺省值表操作；

j） 公制与英制的换算。

3.6 渲染

渲染应包括材质、纹理、图案、色彩、光源的处理。

3.7 数据接口功能

数据接口功能应包括：

a） 支持多种国家或国际标准接口，如 IGES、STEP；

b） 支持多种工业或事实标准接口，如 X_T，SAT，STL，VRML，DXF。

4 扩展功能

4.1 复杂装配功能

复杂装配功能应包括：

a） 运动仿真；

b） 平面副；

c） 圆柱副。

4.2 三维模型与图纸的双向关联

三维模型与图纸的双向关联应包括下列功能：

a） 投影尺寸值和位置改变时三维模型的自动更新；

b） 标注尺寸值和尺寸位置改变时三维模型的自动更新；

c） 图纸尺寸驱动三维数据更改；

d） 在二维图形中插入驱动尺寸实现三维模型更新；

e） 在二维图形中修改驱动尺寸实现三维模型更新。

4.3 渲染

渲染应包括反走样。

4.4 系统集成与数据共享功能

4.4.1 与 PDM 集成

与 PDM 集成应包括下列功能：

a） 提取产品装配结构及 BOM 表信息的功能；

b） 提取产品型号、名称等信息的功能；

c） 提取零部件信息的功能，包括零部件代号、名称、材料、质量、体积、数量等；

d） 提取 CAD 文件版本信息和设计、审批、标准化人员信息的功能；

e） 支持图号与材料编号等数据的共享与控制，实现数据一致性；

f） 支持标准件库的数据共享与控制，实现标准件库的一致性；

g） 支持在 PDM 中修改零部件属性或装配结构信息，并互动到三维 CAD 系统中的功能；

h） 支持在 PDM 系统中增加系列件配置或修改尺寸参数，三维 CAD 系统能按尺寸变化显示的功能；

i） 提供从 PDM 中激活本 CAD 系统的方式，以实现对 CAD 模型文件的浏览及编辑；

j） 提供在不启动 CAD 系统的情况下浏览三维模型的功能；

k） 提供不同权限下三维 CAD 文件的操作控制(如只读方式、可编辑方式)。

4.4.2 与 CAPP/CAM 集成

与 CAPP/CAM 集成应包括下列功能：

a) 提取几何信息(包括几何尺寸、坐标系等)的功能;
b) 提取特征信息的功能;
c) 提取零件信息的功能,包括零件代号、名称、材料、质量、体积、数量等;
d) 提取技术要求信息的功能;
e) 提取几何精度信息的功能,包括尺寸公差、形位公差与表面粗糙度;
f) 支持在 CAPP/CAM 系统中浏览、处理 CAD 三维模型和二维图形的功能。

4.4.3 与 CAE 集成

与 CAE 集成应包括下列功能:
a) 提取几何信息的功能;
b) 提取拓扑信息的功能;
c) 提取零件材料信息的功能;
d) 提取特征信息的功能;
e) 提取载荷信息的功能;
f) 提取约束条件的功能;
g) 提取装配关系的功能;
h) 具有针对 CAE 系统的前处理模块。

4.4.4 与 ERP 集成

与 ERP 集成应包括下列功能:
a) 提取产品装配结构及 BOM 表信息的功能;
b) 提取产品型号、名称等信息的功能;
c) 提取零部件信息的功能,包括零部件代号、名称、材料、质量、体积、数量等;
d) 支持图号与材料编号等数据的共享与控制,实现数据一致性;
e) 支持标准件与材料等数据的共享与控制,实现数据一致性;
f) 与其他 CAD 软件的集成;
g) 可识别并读入其他 CAD 系统文件。

4.4.5 与 RPM 集成

与 RPM 集成应包括下列功能:
a) 提供经过表面离散化处理的三维 CAD 模型;
b) 提供材料信息的提取功能。

4.5 协同设计与网络制造

4.5.1 协同设计

协同设计应包括下列功能:
a) 支持多媒体网络会议提供即时通信功能;
b) 数据发布功能,用户可以基于 Web 方式浏览并进行视图操作(缩放、拖动、旋转);
c) 基于 Web 的审阅和批注,多用户标注信息合并功能;
d) 基于 Web 的属性查询,几何测量及造型编辑修改功能;
e) 模型的压缩编码和渐进传输,网络环境下的快速传输;
f) 基于 Web 的分布式管理实现分层次用户、角色、权限的管理,提供访问控制。

4.5.2 协同制造

协同制造应包括下列功能:
a) 工艺数据和知识的共享管理;
b) 设备的共享与管理;
c) 制造任务的分配。

5 软件可扩展功能

5.1 功能扩充

功能扩充应包括：

a) 能够定制用户需要的图形库；

b) 能够定制用户需要的线型库；

c) 能够定制用户需要的符号库。

5.2 二次开发接口

二次开发接口应包括：

a) 多种语言的开发环境(VC、VB/VBA、宏等)；

b) 可以创建和编辑草图；

c) 可以创建和编辑实体；

d) 可以创建和编辑特征，如孔、凸台、倒角等；

e) 可以创建和编辑曲面；

f) 可以创建和编辑尺寸及符号标注；

g) 可以创建和编辑尺寸公差、形位公差和表面粗糙度；

h) 可以创建和编辑工程图，包括图纸、标题栏、明细栏等项目；

i) 是否可以对开发生成的源代码加密(将开发生成的源代码编译为可执行程序或对脚本语言编写的程序加密)；

j) 可以创建自定义菜单、工具栏。

5.3 与其他程序的共享和数据交流

与其他程序的共享和数据交流应包括：

a) 具有图形浏览接口，即其他系统可以在 CAD 系统之外浏览相关 CAD 系统的图形件。

b) 具有 CAD 工程图管理信息提取接口。具有提取 CAD 数据文件中图纸管理信息的功能，包括图纸幅面、标题栏信息、明细表信息以及装配结构信息。

c) 具有 CAD 工程图管理信息修改接口。提供在本 CAD 系统之外修改 CAD 工程图管理信息的接口。

参 考 文 献

[1] 制造业信息化工程应用软件产品测评规范 第1部分:基本原则.

[2] GB/T 8567—1988 计算机软件产品开发文件编制指南.

[3] GB/T 11457—1995 软件工程术语.

[4] GB/T 16260—1996 信息技术 软件产品评价 质量特性及使用指南(idt ISO/IEC 9126:1991).

[5] GB/T 16680—1996 软件文档管理指南(neq ISO/IEC TR 9294:1990).

[6] GB/T 17544—1998 信息技术 软件包 质量要求和测试(idt ISO/IEC 12119—1994).

[7] GB/T 18229—2000 CAD工程制图规则.

[8] GB/T 18784—2002 CAD/CAM数据质量.

ICS 35.240.50
L 67

中华人民共和国国家标准

GB/T 25109.1—2010

企业资源计划
第1部分:ERP术语

Enterprise resource planning—
Part 1 :ERP terms

2010-09-02 发布　　2010-12-01 实施

中华人民共和国国家质量监督检验检疫总局
中国国家标准化管理委员会　发布

前　言

GB/T 25109《企业资源计划》包括以下部分：

——第1部分：ERP术语；

——第2部分：ERP基础数据；

——第3部分：ERP功能构件规范；

——第4部分：ERP系统体系结构。

本部分是GB/T 25109的第1部分，规定了ERP的术语。

为了有助于本部分中定义的各项术语更易于理解并反应其与ERP功能的关联，本部分将术语按照功能或概念单元进行了分类。然而，许多情况下一个术语与多个功能或概念单元都有关联，本部分只将该项术语归类至关联性最强的功能或概念单元之下，但不代表该项术语与其他功能或概念单元不存在关联。

本部分的附录A为资料性附录。

本部分由中国机械工业联合会提出。

本部分由全国工业自动化系统与集成标准化技术委员会(SAC/TC 159)归口。

本部分起草单位：中国标准化研究院、中机生产力促进中心、北京航空航天大学。

本部分主要起草人：王志强、丁红宇、高连生、刘守华、李文武。

本部分为首次制定。

企业资源计划
第1部分:ERP术语

1 范围

GB/T 25109的本部分规定了ERP的术语及其定义。

本部分适用于ERP的研究、产品开发、咨询、培训与应用。与ERP有关的其他领域亦可参照采用。

2 规范性引用文件

下列文件中的条款通过GB/T 25109的本部分的引用而成为本部分的条款。凡是注日期的引用文件,其随后所有的修改单(不包括勘误的内容)或修订版均不适用于本部分,然而,鼓励根据本部分达成协议的各方研究是否可使用这些文件的最新版本。凡是不注日期的引用文件,其最新版本适用于本部分。

GB/T 18354—2006 物流术语

3 基本术语和定义

3.1 ERP基本概念

3.1.1

物料需求计划 Material Requirements Planning;MRP

利用一系列产品物料清单(BOM)数据、库存数据和主生产计划计算物料需求的一套技术方法。

MRP用于确定在给定的时间段内的:(1)制造这些物料项所需的零件与物料数量;(2)这些零件与物料的需求日期。MRP通过订单或订购数量和适当的提前期来补偿净需求,能给出物料补充订单的建议及未完成订单物料需求的重排建议。

3.1.2

闭环物料需求计划 closed-loop MRP

在MRP基础上,综合考虑产能需求计划以及MRP执行过程中的反馈信息,建立的物料需求计划系统,该系统能够根据执行过程的反馈调整MRP,进而确保MRP能够有效执行。这些执行过程包含投入/产出(能力)测定的生产控制过程、详细排程与派工,以及来自工厂及供应商双方的预期延迟报告、供货商排程等。

3.1.3

制造资源计划 Manufacturing Resource Planning;MRPⅡ

对制造企业所有资源有效计划的方法。在理想的状况下,量化经营规划和财务计划,并能够通过模拟回答what-if的问题。MRPⅡ由多种相互联系的过程组成:经营规划、生产规划(销售和运营规划)、主生产排程、物料需求计划、能力需求计划和能力与材料的执行支持系统。这些系统的输出数据与诸如商业计划、采购承诺报告、装运预算和资金表示的库存映射等财务报告相集成。制造资源计划是闭环MRP的直接延伸和扩展。

3.1.4

企业资源计划 Enterprise Resource Planning;ERP

管理、定义和标准化必要经营流程以有效计划和控制企业的一种框架,ERP是建立在信息技术的基础上,融合现代企业的先进管理思想,全面集成企业物流、信息流和资金流,为企业提供经营、计划、控制与业绩评估等的管理模式。

注1：ERP理论与系统是从MRPⅡ发展而来，它继承了MRPⅡ的基本思想和功能，不断扩展管理的范围及深度，跨越了物料、加工工作地、设备、劳动力等制造资源的范围，覆盖了供应商资源、客户资源、企业多个工厂之间的制造资源、多个分销地点的销售资源、企业人力资源、管理会计资源、设备预维修资源等管理资源，将客户需求、企业内部的生产经营活动以及供应商的资源整合在一起进行统一规划和管理。

注2：目前，ERP系统支持离散制造、流程制造以及混合制造环境，应用范围从制造业扩展到了零售业、服务业、银行业、电信业、政府机关和学校等事业部门，通过融合数据库技术、图形用户界面、第四代查询语言、客户服务器结构、计算机辅助开发工具、可移植的开放系统等对企业资源进行了有效的集成。

3.1.5

供应链　supply chain

生产及流通过程中，涉及将产品或服务提供给最终用户所形成的网链结构。

[GB/T 18354—2006，定义2.5]

3.1.6

供应链管理　Supply Chain Management；SCM

对供应链涉及的全部活动进行计划、组织、协调与控制。

[GB/T 18354—2006，定义2.6]

3.1.7

客户关系管理　Customer Relationship Management；CRM

是遵循客户导向战略，利用现代信息技术，实现客户信息的搜集、跟踪和分析、客户联系渠道的拓展的管理模式。

3.1.8

主生产计划　Master Production Schedule；MPS

面向产品，以独立需求为对象的生产计划。它反映了指派给主计划排程人员的产品预期生产计划。该计划驱动物料需求计划。它代表了企业计划生产什么，以详细的配置、数量和时间表示出来。主生产计划不是反映需求状态的产品销售预测。它必须考虑预测、生产计划和包括未结订单、物料可用性、产能可用性及管理政策和目标在内的其他重要因素。

3.1.9

能力需求计划　Capacity Requirements Planning；CRP

是建立、衡量和调整产能范围或水平的功能。CRP详细确定需要多少人和机器资源以完成生产任务的过程。MRP系统中的开放车间订单与计划订单会输入到CRP中，CRP通过使用零件工艺路线和时间标准将这些订单转换成工作中心在一定时期内的工作小时。尽管粗能力计划可能显示有足够的产能执行MPS，但CRP也可能显示生产能力在某一特定时段存在不足。

3.1.10

ERP子系统　ERP subsystem

ERP系统中完成特定相对独立业务功能的应用模块组合。如生产制造管理子系统、资金流管理子系统、物流管理子系统。

3.1.11

ERP功能模块　ERP modular

ERP系统中从用户视角可明确区分的、完成业务功能方面独立的功能构件组成。

3.1.12

ERP功能构件　ERP component

ERP系统中从业务视角可明确区分的、业务功能方面的独立的构成成分。

3.2 制造业基本概念

3.2.1

离散制造 discrete manufacturing

将原材料加工成零件,经过部件组装和总体组装成为产品,完全是按照装配方式加工的过程。离散制造按生产工艺流程分为间歇制造和重复制造。

3.2.2

流程制造 process manufacturing

从原材料的投入到最终成为产品,完全是按照不间断地流程进行的生产方式的过程。流程制造中物料经过混合、分离、成型或者化学反应,物料大多连续地通过相同路径,生产出有价值的产品。它又分为连续流程、批流程和混合流程几种类型。

3.2.3

混合制造 hybrid manufacturing

生产制造中既有离散制造方式,也存在流程制造方式。

3.2.4

重复制造 repetitive manufacturing

离散制造中,同一离散产品或产品组的反复生产。重复制造缩小了生产线、装配线或加工单元的生产准备、库存和制造提前期,工作单不再是必需的,产品排程和控制建立在生产速率之上。产品可能是标准的或模块组装。

3.2.5

间歇制造 intermittent manufacturing

离散制造中,几个物料需要在同一时段使用同一个工作中心,出现物料等待加工现象的生产方式。

3.2.6

按库存生产 Make-To-Stock;MTS

备货型生产

现货生产

一种产品可以而且经常在收到客户订单之前就已经完成的生产环境。客户订单一般用已有库存来提供,而生产订单则用于补充这些库存。

3.2.7

按订单生产 Make-To-Orde;MTO

订货型生产

订货生产

一种产品或服务可以在客户订单到达后进行生产或实施的生产环境。最终产品通常是标准件和客户设计的满足客户特殊要求的部件的组合。当可选件和附件在客户订单到来之前就存在时通常采用按订单装配方式。

3.2.8

按订单装配 Assemble-To-Order;ATO

订单组装

在收到客户订单后装配产品或服务的生产环境。用于装配和完工过程的关键部件(散件、半成品、中间产品、组件、加工件、采购件、包装等)根据预期客户订单进行计划并存储。接到订单后开始定制化产品的装配。该战略在大量最终产品(基于可选件和附件的选择)可由通用部件组装时有效。

3.2.9

按订单设计 Engineer-to-Order:ETO

订单设计

接到客户订单后按客户的订单要求进行产品设计和组织生产的方式，一般适用于复杂结构或个性化要求较高的产品的生产。

3.2.10

大规模定制　mass customization

大批量多品种生产方式的产生使得客户可能在大量可能产品以外指定其想要的准确型号，同时享有大批量带来的低制造成本。例如，订购个人电脑，客户可以指定处理器速度、内存大小、硬盘大小及速度、可移动存储设备的特性及许多其他选项，而PC机则是在同一条生产线以低成本进行装配。

4　制造管理体系

4.1　基本术语

4.1.1

基本件　basis

产品必须具备、影响产品主要性能且变化少的零部件，如汽车产品中的发动机等。

4.1.2

特征件　feature

有多种选择但必选其一的零部件，如汽车的座椅、车门钥匙等。

4.1.3

可选件　option

可选用也可不选用的零部件，如汽车上的VCD等。

4.1.4

虚拟件　phantom

为了业务管理或简化产品结构，在物料清单中会产生一种实物并不存在的零部件，它在图纸与加工过程都不出现。

4.1.5

子件/母件　component/parent item

物料和由物料组成的“单层结构”是产品结构的基本单元。任何一个产品都是由若干个“单层结构”组成的，单层结构中的上层物料称为“母件”，下层物料称为“子件”。如果对应设计图纸，母件指的是组装图上的装配件，子件是零件明细表上的众多零件和部件。

4.1.6

低层码　low-level code

用以标识物料在物料清单中出现的最低层次的代码。只有当所有毛需求的计算都达到该层次时，给定零件的净需求才得以计算。低层码通常由计算机软件直接自动计算并保存。

4.1.7

时区　time zone

MRP软件提供把计划期划分为若干个时区的功能。通常把计划期分为执行期、准备期和展望期三个时区。

4.1.8

时段　time bucket

时区内的时间单位。常用的时间单位有天、周、旬、月等，也可以用小时、分钟，视计划的要求而定。

4.1.9

时界　time fence

时区与时区的分界。进入准备时区，表示计划通过能力平衡，已经确认。进入执行时区，表示任务已经下达或已投产。

4.1.10

提前期　lead time

以交货日期为基准倒排计划，推算出工作的开始日期或者订单下达日期，这个期间的时间跨度称为提前期。

4.1.11

提前期偏置　lead-time offset

MRP的一项技术，一段时间内接受的已计划订单需要在物料提前期的基础上更早的一段时间内发出。

4.1.12

加工提前期　manufacturing lead time

生产物料所需要的全部时间，不包括底层采购提前期。对于按订单生产的产品，是指从向生产过程发放订单到把货物送到最终客户手中所经过的时间。对于按库存生产的产品，是指从生产过程发放订单到产品到达仓库的时间。包括订单准备时间，排队时间、换模时间、运行时间、移动时间、检验时间及入库软件。

4.1.13

计划期　planning horizon

计划展望期

计划延伸到未来时间量。主计划中，通常涵盖了最小累积提前期加上底层组件批量设置时间及主要工作中心或主要供应商能力变化时间，对长期计划，计划期必须足够长以允许任何能力状况的发生。

4.1.14

维修与作业耗材　Maintenance, Repair, and Operation Supplies; MRO

用于支持一般操作和维护的物品。例如，生产过程和支持操作中用到的维修供应件、备用件和耗材。

4.1.15

工艺路线　routing

产品及零部件的加工方法及加工次序的信息。包括要进行的加工及其顺序、涉及到的工作中心以及准备和加工所需的工时定额。某些情况下，工艺路线还包括工具、操作工技术水平、检验及测试的需求等。

4.1.16

工序　operation

一个或一组工人在同一工作地对同一个或同时对几个工件所连续完成的那一部分工艺过程被称为工序。

4.1.17

配方　recipe

在流程生产企业中描述产品生产过程中物料之间的配比关系、先后顺序以及配比条件的信息集合。在配方中会包括中间产品，还可能细分为主产品、副产品、协产品、回流物和废物。

4.1.18

工作中心　work center

由一个或多个相同能力的工人和/或机器组成的，可被看做是一个单元以实现能力需求计划和详细排程目标的特定生产区域。

4.2 主生产计划

4.2.1

MPS 报表 MPS report forms

主生产计划报表

以订单量与预测量为输入，计算得出的主生产计划，常以表格形式表示，它与 MRP 报表类似，两者的区别是 MPS 计算的对象是最终产品，而 MRP 计算的是需要制造的各种零配件和采购件。

4.2.2

计划产出量 planned order receipt

作为计划订单下达的结果，在未来时间内计划接收的数量。计划产出量不同于还没有下达的产出量。MRP 系统根据设置的批量规则计算得到计划产出量。

4.2.3

计划投入量 planned order release

根据计划产出量、物品的提前期及物品的合格率等计算出的投入数量称为计划投入量。

4.2.4

计划接受量 scheduled receipt

计划接受量指前期已经下达的正在执行中的订单，将在某一时段的产出数量。

4.2.5

可供销售量 Available To Promise；ATP

可签约量

在某一时段内，物品的产出数量可能会大于订单与合同数量，这个差值就是可供销售数量。

可供销售量也可以指一个公司的库存量和生产计划量中扣除已签合同的剩余部分。它是通过主生产计划和合同数据产生的，可以作为签订合同的依据。

4.2.6

计划时界 Planning Time fence；PTF

主计划过程计划期内的一个时点，它确定了一个边界，该点之内的计划变化可能对部件计划、能力计划、客户交付和成本造成不利影响。计划时界之外客户订单可以预订，以能够在生产计划的限制范围内对主计划进行调整。计划时界之内的调整必须由主计划员手动进行。

4.2.7

生产规划 production planning

一个企业在一段时期内总的活动，它将整个生产产出及其他活动调整至最佳以满足现行销售计划的功能，同时能实现整个业务计划中的效益、生产率及具有竞争力的交货期等目标。

4.2.8

生产计划 production plan

主生产计划，物料需求计划，采购计划等的 ERP 各种计划的总称。生产计划以经营计划为前提，它确定产品产出的整体生产水平，最终确定生产速率，同时试图保持生产的均衡。生产计划通常是按产品系列（产品组，项目，选择项等）说明的月度生产速率，可以使用各种计量单位说明。

4.2.9

销售预测单 sales forecast list

根据市场需求信息，进行产品销售的分析与预测，从而得到企业的生产活动，它包括最终产品的名称、数量、需求时间等属性。

4.2.10

工作日历 manufacturing calendar

也称为生产日历或工厂日历，是专门用于安排计划的日历。它标识了工厂的节假日等非工作日，说明企业各部门、车间或者工作中心可以工作或者生产的有效日期。

4.3 **物料需求计划**

4.3.1

物料 material;item;part

任何单独制造或采购的原材料、中间原料、零部件或产品。物料是指为了产品出厂,需要列入计划的一切不可缺少的物质的统称。物料的范围很广,不仅是通常理解的原材料或者零件,而且包括套件、毛坯、在制品、半成品、成品、包装材料、产品说明书,甚至工装工具、能源等一切与生产系统有直接或间接数量依存关系的物质。在ERP系统中也称为"项"。

4.3.2

物料类别 material type

通过对物料状态的描述对物料进行分类,例如,成品、半成品(在制品)、毛坯、原材料等。

4.3.3

物料来源类别 material procurement type

用于描述物料产生和获取的方法,如自制、外协、外购等。

4.3.4

物料代码 material number;item number

物料号

标识物料的唯一代码。

4.3.5

物料清单 Bill of Material;BOM

描述产品所需零部件明细及其结构的技术文件。物料清单把产品的层次结构转化成某种数据格式。一般包括:(1)列出构成母件装配所需的子件、半成品、零件和原材料及每一物料所需数量的清单。它和主生产计划关联,以决定要发出采购和生产订单的物料。物料清单有多种表达格式,如,单层物料清单、多层物料清单、模块化(计划)物料清单、瞬时物料清单和矩阵物料清单等。(2)完成一个产品生产轮次所需的所有物料的列表。该列表由合同制造方为客户提供,是一份零件/组件清单。在某些流程工业中,物料清单也称为处方、配方或成份表。

4.3.6

物料主文件 item master file

包含了产品、生产线、厂房以及所有物料主记录的文件。

4.3.7

物料主记录 item master record;item record

对某物料的主记录,通常包括识别和描述型数据、控制值(如提前期、批量等),还可能包括库存状态、需求、计划订单、费用等数据。物料主记录与BOM记录(或产品结构记录)相连,就定义了物料清单。

4.3.8

相关需求 dependent demand

与其他物料或最终产品的物料清单结构直接相关或从中导出的需求。因此,这种需求经计算得出,不需要也不应该由预测得出。给定库存物品在任一给定时间可同时具有独立与相关需求。例如一种零件可以作为组装部件,同时也可作为备件用于销售。

4.3.9

独立需求 independent demand

当对某项物料的需求与对其他物料的需求无关时,称这种需求为独立需求。例如,最终产品的需求,用于进行破坏性测试的零部件需求,以及维修零部件的需求都是独立需求。

4.3.10

毛需求 gross requirement

在去除现有库存和预计入库量之前，对一个部件的独立和相关需求的总和。

4.3.11

净需求 net requirement

根据零件毛需求量、现有库存状况所定的实际需求数量，是毛需求减去现有库存量和预计入库量计算出来的物料需求量。

净需求量＝本时段毛需求量－时段末可用库存量－本时段计划接受量＋安全库存

4.3.12

需求时界 Demand Time Fence;DTF

(1)总需求和预计可用库存计算之中不再包含预测的时间点；在该时间点内，只考虑客户订单。在该时间点外，总需求为实际订单和预测的综合。取决于预测冲减技术的选择。(2)某些情况下，需求时界对应未来的一个时间点。该时间点内，主计划的变动必须得到主计划员上一层负责人的批准。然而，必须注意，如果有大量的可承诺量(ATP)，则顾客订单仍可在需求时界内进行承诺，而不需要高层批准。需求时界之外，主计划员可在已建立的重排规则限制下变动 MPS，无需高层负责人批准。

4.3.13

需求周期 demand cycle

从客户签订销售合同开始，到客户收到订购的产品或货物为止的时期。

4.3.14

净改变式 MRP net change MRP

计算机处理物料需求计划的一种方法。将物料需求计划连续保存在计算机中，当需求、未结订单、库存状态或物料清单等变化时，仅对那些受这些变化影响的零件进行部分展开进行计算。又称它是“变化驱动”的系统。

4.3.15

再生成式 MRP regeneration MRP

一种 MRP 处理方法，把主生产计划沿所有物料清单全部重现展开，以维护优先权的有效性。此时，新需求和计划订单是完全重新计算或“重新生成的”。

4.3.16

临界比率 critical ratio

紧迫系数

是指计算优先指数的派工规则，用到交货期的剩余时间除以预期的完工所需时间。例如：

$$临界比率=\frac{剩余时间}{剩余工作}=\frac{30}{40}=0.75$$

比率小于 1.0 说明工作落后于计划，比率大于 1.0 说明工作超前于计划，比率等于 1.0 说明工作进度正常。

4.3.17

全重排法 regeneration

物料需求计划或生产计划在执行过程中出现偏差或新情况后，重新生成一份新的物料需要计划或生产计划。

4.3.18

关键路线法 Critical Path Method

CPM

在多零件、多产品的生产过程中需要制定某个管理目标，如时间，每个产品、零件的生产过程可视为一条路线，整个产品、零件的生产过程所需要的时间是由耗时最多的那条路线决定的，该条耗时最长的路线为关键路线，关键路线法就是寻找关键路线的方法。

4.3.19

无时段系统　bucketless system

所有时段化数据都以发生日期的记录而非确定周期来处理、存储并来显示的 MRP、DRP 或其他的分时段系统。

4.3.20

时段系统　bucketed system

所有时段化数据都累积到一段时期（或称时段）的 MRP、DRP 或其他分时段系统。如果累积的时间以周为单位，此系统就称之为周时段。

4.4　**库存管理**

4.4.1

库存　inventory

储存作为今后按预定的目的使用而处于闲置或非生产状态的物品。广义的库存还包括处于制造加工状态和运输状态的物品。

[GB/T 18354—2006，定义 3.19]

4.4.2

经常库存　cycle stock

在正常的经营环境下，企业为满足需要而建立的库存。

[GB/T 18354—2006，定义 4.15]

4.4.3

安全库存　safety stock

用于应对不确定因素（如大量突发性订货、交货期突然延期等）而准备的缓冲库存。

[GB/T 18354—2006，定义 6.3]

4.4.4

安全提前期　safety lead time

加载正常提前期之上的时间元素，用以规避提前期波动，以便订单可以在实际需求日期前完成。当用于前置提前期时，MRP 系统将为订单下达和订单完成都计划一个比实际要早的日期。

4.4.5

囤积库存　hedge inventory

库存的一种形式，用来缓冲可能不会发生的某事件所带来的影响。囤积库存计划涉及对潜在的罢工、物价上涨、政府动荡以及会严重影响公司的战略等的事件有关的推测。囤积库存的风险与后果不同寻常的大，通常需要管理层的批准。

4.4.6

最低库存　minimum inventory

物料的最低计划库存数量或水平。

4.4.7

季节性库存　seasonal inventory

为平滑生产中预期的季节性需求高峰所建立的库存。

4.4.8

在途库存　transportation inventory

对企业内来讲，在途库存是工序之间因传递、等待、缓冲而形成的在制品库存。对企业外来讲，在途库存是为了保持连续满足本厂需求，在运输途中保有一定数量的物件。

4.4.9

ABC 分类法　ABC classification

将库存物品按照设定的分类标准和要求分为特别重要的库存(A 类)、一般重要的库存(B 类)和不重要的库存(C 类)三个等级,然后针对不同等级分别进行控制的管理方法。

[GB/T 18354—2006,定义 6.2]

4.4.10

库存周期　inventory cycle time

库存物品从入库到出库的平均时间。

[GB/T 18354—2006,定义 3.51]

4.4.11

倒冲法　backflush

一种库存记账方法,根据物料清单中列出的应使用物料以及分配记录,在该组件的上层母件作业完成时,从账本(或计算机)部件库存中自动冲减。该方法的缺点是账面记录与实际库存之间存在固有差异。

4.4.12

批量　lot

同时生产的产品数量,具有相同的生产成本和规格。

4.4.13

直接批量法　lot-for-lot

使每期计划订单数量等于净需求量的一种批量订货技术。

4.4.14

动态调整批量　dynamic lot sizing

根据连续反复核算确定订单数量的批量调整技术。

4.4.15

静态调整批量　static lot sizing

静态订货量是订货量一经计算得到后,便可延续用于计划订货的时间表中。

4.4.16

订货策略　order policy

决定批量大小和其他订货相关因素的一些列程序。

4.4.17

订货点　order point

设置的存货水平,如果总的现有库存加上已订货库存量降低到或者低于该点,就要求采取措施补充存货。订货点通常按补贷提前期内预计使用库存加上安全库存计算。

4.4.18

经济订货批量　Economic Order Quantity;EOQ

通过平衡采购进货成本和保管仓储成本核算,以实现总库存成本最低的最佳订货量。

[GB/T 18354—2006,定义 6.10]

4.4.19

定量订货方式　Fixed-Quantity System;FQS

当库存量下降到预定的库存数量(订货点)时,立即按经济订货批量进行订货的一种库存管理方式。

[GB/T 18354—2006,定义 6.8]

4.4.20

定期订货方式　Fixed-Interval System；FIS

按预先确定的订货间隔期间进行订货的一种库存管理方式。

[GB/T 18354—2006，定义 6.9]

4.4.21

周期盘点　cycle counting

周期性进行而不是每年进行库存盘点的库存准确性审核技术。周期库存盘点通常以定期、固定基础执行(高价值及流动快的项目通常盘点较为频繁，低价值流动慢的项目盘点次数较不频繁)。多数有效的周期盘点系统要求每个工作日都对某些库存物品进行盘点，并对每种库存物品依照规定频率来盘点。周期盘点的主要目的在于识别出错产品以引起对错误发生原因的研究、辨认及消除。

4.4.22

期末盘点　final counting

期末盘点是每隔一定的时间间隔对库存物料盘点一次，在制定的时间日期，对库存盘点一次，补充批量大小决定于该时间库存量。

4.4.23

库存周转次数　inventory turnover

一年中库存周转的次数。计算库存周转率的常用方法是：年销售成本除以平均库存水平。例如，平均库存量为 300 万美元，年销售成本为了 2 100 万美元，则库存周转了 7 次。

4.4.24

预计入库量　scheduled receipt

在 MRP 中，未完成的生产订单及未到货的采购订单都被认为是到货日期预计入库量，并作为届时可用的库存的一部分来处理。计划接收日期和数量一般不会被计算机自动改变。而且不对预计入库量展开，因为根据 MRP 的逻辑，已假定制造这些项目所需要的零部件已分配好了，或者是已事先到达了车间的。

4.4.25

批量库存　lot size inventory

受供应、加工、包装、运输或享受折扣优惠等因素的影响，必须按照一定的批量生产或采购。由此形成可能超出实际需要的库存称为批量库存。当批量规则是采用固定批量法时，这类库存尤为突出。

4.4.26

现有库存量　on-hand balance

也叫库存余额，库存清单上记录的实际存在的库存数量。

4.4.27

预计可用库存量　projected available balance

预计未来可用的库存余额。它是在库存减需求再加上计划接收量与计划订单量的总和。

4.4.28

库存已分配量　quantity allocations

保存在仓库中但是已经被分配的物料数量。

4.4.29

补库单　resupply order

在库存量控制中，在库存量需要补充时向相关单位发出的某种形式的“订单”。

4.5 能力需求计划

4.5.1

资源清单 Bill of Resource;BOR

制造一个选定项目或产品族的一个单元所需要的要求产能和关键资源的清单。粗能力计划利用资源清单来计算主生产计划中大致的产能要求。

4.5.2

制造资源 manufacturing resource

生产制造过程中需要的资源,如加工设备、工装、量检具、加工中心等。

4.5.3

生产瓶颈 bottleneck

产能低于需求的设施、功能、部门或资源。例如,工作以低于需求的速度处理的地方存在瓶颈机器或工作中心。

4.5.4

关键工作中心 critical work center

容易形成生产瓶颈的工作中心。它可能由于以下因素造成:经常满负荷,加班加点运转、需要熟练技术工人操作,不能任意替代或随时招聘、工艺独特的专用设备、不能替代或分包外协、设备昂贵且不可能随时增添、受成本或生产周期限制。

4.5.5

粗能力计划 Rough-Cut Capacity Planning;RCCP

将生产规划或主生产计划转换成对主要资源的能力需求的过程,包括劳动力、设备、库存空间及供应商的能力,有时还要考虑资金能力。它只是用于评估销售计划和生产计划或 MPS 的方法之一。

4.5.6

CRP 报表 CRP report forms

以 MRP 订单任务、工作中心工作日历及工艺路线为输入,输出信息显示工作中心各个时段的负荷情况的报表称之为 CRP 报表,即能力需要报表。该报表可以按照设定时段、按照超负荷百分比等不同条件作出不同报告。

4.5.7

计划能力 planned capacity

运行能力计划时,根据计划期内工作中心的具体情况进行调整的能力。

4.5.8

额定能力 rated capacity

在正常生产条件下工作中心的计划能力,是资源或系统期望的产出能力。

4.5.9

需用能力 required capacity

一定时期内生产预期产出需要的系统或资源能力。

4.5.10

能力利用水平 capacity level

实际生产能力与设计生产能力之比。

4.5.11

实际能力 actual capacity

历史能力

通过记录某工作中心在某一生产周期内的产出而决定的能力。

4.6 生产作业控制

4.6.1

生产作业控制　production activity control

安排与调度需要通过生产设备完成的工作以及进行供应商控制的功能。生产作业控制包含了调度,控制,测量和评估生产操作的效果需要的原则、方法和技巧。

4.6.2

生产周期　production cycle

生产物料所需要的全部时间,不包括低层采购提前期。对于按订单生产的产品,生产周期是指从向生产过程发放订单到把货物送到最终客户手中所经过的时间。对于按库存生产的产品,生产周期是指从向生产过程发放订单到产品到达仓库的时间。

4.6.3

批量规则　lot sizing

决定批量大小的过程或技术。

4.6.4

顺排计划　forward scheduling

一种排产技术,它从一个已知开始日期开始计算订单的结束日期,通常从第一项操作到达最后一项操作。由这个技术产生的日期通常是作业的最早开始日期。

4.6.5

倒排计划　back scheduling

计算作业开始日期和结束日期的一种排产技术。它从订单交货期开始计算,从后向前计算给定作业必需的开始日期和/或每项作业的结束日期。

4.6.6

有限排产　finite loading

按照一个工作中心给定时期内的期望能力限制分配工作的技术。通常是指为平衡作业负荷而修订车间优先权的计算机技术。

4.6.7

无限排产　infinite loading

不考虑可用生产能力的前提下,计算给定时间内工作中心完成某项工作需要的生产能力。

4.6.8

排队时间　queue time

一项工作在安装或实施作业前在工作中心等待的时间。排队时间是总制造提前期的构成要素之一。排队时间的增加会直接导致制造提前期和在制品库存的增加。

4.6.9

准备时间　set up time

某机器、资源、加工中心、过程或生产线从生产最后一件良好产品 A 转换到生产另一件良好产品 B 需要的时间。

4.6.10

加工时间　run time

在特定作业上加工一件产品或一批产品需要的时间。运行时间不包括设备调整时间。

4.6.11

等待时间　wait time

工作在操作后仍然留在工作中心直到运到下一项操作的时间。

4.6.12

传送时间　transit time

工件从一个操作向下一个操作移动花费的时间。

4.6.13

车间订单　shop order

加工单　work order

在建立车间工作任务后，系统生成该任务的工序作业计划，即面向物料的加工说明文件。它说明了某任务的加工工序、工作中心、工作进度及使用工装设备等。

4.6.14

派工单　dispatch list

生产任务单

对生产订单按照优先权排序的列表。派工单经常用于与生产车间进行交流，可以通过书面或者电子媒体的方式传送关于优先权、场地、数量和安排生产订单所需要的生产能力等详细信息。派工单一般由工作中心每天导出。

4.6.15

投入/产出控制　input/output control

对工作中心的计划和实际投入与计划和实际产出进行监控的生产能力控制技术。各工作中心的计划投入和产出由能力需求计划产生并由生产部门批准。实际投入与计划投入进行对比以发现何时工作中心产出会由于工作未达工作中心而发生变化。同样也要比较实际产出和计划产出以发现工作中心内部的问题。

5　企业物流体系

5.1　采购管理

5.1.1

固定提前期　fixed lead time

不论批量大小，都以一定的时间为提前期，它适合于用作采购零部件和原材料的提前期。

5.1.2

变动提前期　fluctuant lead time

提前时间的长短随着每批加工量的大小而变动的，它适合于用作自制件的提前期。

5.1.3

总提前期　total lead time

从签订客户订单到把商品交到客户手里的时间。

5.1.4

累计提前期　cumulative lead time

从采购开始到完成产品装配和测试的时间叫做累计提前期，也是指完成某项活动的最长时间。对于任一 MRP 计划物料项目来说，其累计提前期可以通过遍历该项物料的物料清单中各条路径来得到，即将各路径上所有低层项目提前期的最大累计值定义为该项目的累计提前期。也称为合成提前期或关键路径提前期。

5.1.5

一次性订货规则　one order rule

为了一次性事件而编制单个计划订单的规则。订单日期即是最早不满足需求的日期，订单数量即是需求的数量。

5.1.6

采购计划法 vendor scheduling

一种采购方法,它提供给供应商一份采购计划而不是多份订单。通常,采购计划系统包括与每个供应商的合同、按周期表述的对每个供应商未来一段时间的采购计划及采购计划员。使用这种方法,定期向供应商提供有效的交货日期是至关重要的,所以这是一个正规的优先级系统。

5.1.7

请购单 purchase requisition

企业生产与经营中,描述需采购的物料或商品内容的清单,以便得到主管的确认。

5.1.8

采购订单 purchase order

采购方向供货商发出的需要物料或产品的要约。采购订单包括未结订单(未完成订单)、已完成订单、下达的订单、计划订单等。

5.2 销售管理

5.2.1

预测 forecast

运用科学的方法和模型,根据历史数据,对未来的需求作出定性和定量的估计。

5.2.2

时间序列分析法 analysis of time series

基于时间序列的预测技术,通过对预测目标本身时间序列的处理,来研究目标依时间变化的规律,用以预测未来的分析方法。

5.2.3

德尔菲法 Delphi method

将专家意见经过多次反复后综合起来的定性预测技术,每次反复的结果均用于下一次,以便整合使专家意见。

5.2.4

销售计划 sales plan

按照客户订单、市场预测情况和企业生产情况,对某一段时期内的企业销售品种、各品种的销售量与销售价格作出安排。销售计划指定期望达到的整体销售水平。销售计划规定了销售和市场经营的准则,即采用必要的合理步骤力争使实际的用户订单达到预测水平。销售计划是生产计划过程(或销售和运营计划过程)的必要输入。它与生产计划使用相同的单位进行表达(除了销售金额外)。

5.2.5

报价单 quotation

供应商提供给准购买者关于其产品或服务的价格、销售条款、产品描述的陈述文件。如果是对询价的回应,报价通常被认为是销售要约。

5.2.6

计划订单 planned order

当 MRP 展开得到净需求时,由计划系统逻辑产生的建议订单数量、订单下达日期及交货期。有时也可由主计划模块来生成。计划订单由计算机生成,只存在于计算机中,并可在随后的处理中根据情况变化进行修改或删除。一级计划订单可分解为下一级零部件总需求。计划订单与已下达订单一起作为能力需求计划的输入,以反映未来一段时期内工作中心的总能力需求。

5.2.7

未完成订单 backlog

所有已经收到但尚未出货给客户的订单。有时用以指代已下达订单或是订货板。

5.2.8

下达订单 released order;open order

已发出的生产订单或采购订单。

5.2.9

销售订单 sales order

根据客户的需求信息、交货信息、产品的相关信息及其他注意事项制定的订单,是企业生产、销售发货和销售存款结算的依据。对销售订单的管理是销售工作的核心。

5.2.10

已完成订单 finished order

所有有关订单的工作已经完成,对于已完成的订单,客户已经收到货物,货款已收到。

5.2.11

拖期订单 back order

未按期完成的客户订单。

5.3 分销资源管理

5.3.1

分销 distribution

在经济合理区域范围内,根据用户要求,对物品进行拣选、加工、包装、分割、组配等作业,并按时送达指定地点的物流活动。

[GB/T 18354—2006,定义 2.13]

5.3.2

分销需求计划 Distribution Requirements Planning;DRP

一种既保证有效地满足市场需要,又使得物流资源配置费用最省的计划方法,是物料需求计划(MRP)原理与方法在物品配送中的运用。

[GB/T 18354—2006,定义 6.21]

5.3.3

分销资源计划 Distribution Resource Planning;DRP Ⅱ

在配送需求计划(DRP)的基础上提高配送各环节的物流能力,达到系统优化运行目的的企业内物品配送计划管理方法。

[GB/T 18354—2006,定义 6.22]

6 企业资金流体系

6.1 成本核算

6.1.1

成本 cost

企业为实现一定经济目的而耗费的本钱,是企业为生产商品和提供劳务等所耗费物化劳动或劳动中必要劳动的价值的货币表现,是商品价值的重要组成部分。成本是商品经济的一个经济范畴。成本是评价 ERP 实施效益的尺度之一,也是说明企业技术和管理水平的主要指标。

6.1.2

直接成本 direct cost

(1)传统成本核算中,直接成本是指直接应用于某一具体作业的变动成本。直接材料成本和直接人工成本就被认为是直接成本。(2)作业成本法认为:直接成本就是指能够经济可行地应用于某一具体对象的成本,例如,一个单位的产成品、一条产品的生产线、一个部门或一个生产车间。相反,如果成本被分配到多个不同的交叉的成本对象里,就是间接成本。基于对不同成本对象的考虑,直接成本和间接成本的划分不是唯一的。根据作业成本法，很多传统成本预算方法认为是固定成本的成本实际上是变动成本，可以被对于具体的成本对象。

6.1.3

直接人工成本　direct labor

直接改变原料的形态或性质所用的人工产生的成本，包括各种工人工资。

6.1.4

直接材料成本　direct material

制成产品的原料及其零件部分的成本，它是构成产品的基本因素。

6.1.5

间接成本　indirect cost

不是由特定工作或作业直接产生的成本。某些公用成本，如工厂供热，通常是间接成本。通常间接成本通过企业一般管理费用率分摊到产品中。

6.1.6

实际成本　practice cost

应用成本

理论成本的具体化，是按照现行制度规定的成本开支范围，以正常生产经营活动为前提，根据生产过程中实际消耗的物化劳动的转移价值和活动所创造价值中应纳入成本范围的那部分价值的货币表现。

6.1.7

标准成本　standard cost

预先确定的某个时期(如会计年度)的不变成本。它是通过对历史资料的分析研究、经过反复测算，估计未来某个时期内各种生产条件(如生产规模、生产技术水平、能力资源利用等)处于正常状态下确定的计划成本或目标成本。

6.1.8

标准成本体系　standard cost system

标准成本是经过反复认真的分析、模拟和测算后才确定的成本，这种确立标准成本的方法与规则称为标准成本体系。

6.1.9

成本差异　cost variance

实际成本与标准成本之间的差异称为成本差异。

6.1.10

固定成本　fixed cost

固定费用

成本总额在一定时期和一定业务量范围内，不受业务量增减变动影响而能保持不变的成本。单位业务量的固定成本却因业务量的增加而减少。

6.1.11

变动成本　variable cost

指那些成本的总发生额在相关范围内随着业务量的变动而呈线性变动的成本。直接人工、直接材料都是典型的变动成本，在一定期间内它们的发生总额随着业务量的增减而成正比例变动，但单位产品的耗费则保持不变。

6.1.12

预计成本　future cost

未来成本

尚未发生的成本,是在特定条件下可以合理地预测在未来某个时期或未来某几个时期将会发生的成本。

6.1.13

模拟成本　simulated cost

为在成本模拟或者预计时不影响现行运行数据,专门设置的成本。

6.1.14

最小单位成本　least unit cost

一种动态批量确定技术,把试验批量的订单费用和库存维持费用进行加总,再除以该批产品数量,从中挑选出最低单位成本的批量作为订货批量。

6.1.15

制造费用　manufacturing overhead

企业为生产产品和提供劳务而发生的各项间接成本。制造费用包括产品生产成本中除直接材料和直接工资以外的其余一切生产成本,主要包括企业各个生产单位(车间、分厂)为组织和管理生产所发生的一切费用,以及各个生产单位所发生的固定资产使用费和维修费。

6.1.16

订货成本　order cost

进货费用

从发出订单到收到存货整个过程中所付出的成本。如订单处理成本(包括办公成本和文书成本)、运输费、保险费以及装卸费等。

6.1.17

作业成本法　Activity-Based Costing

ABC成本法

一种成本会计体系,它根据作业表现将成本累积起来,再用成本动因把这些成本分配到产品或其他基础之上,如客户、市场或项目。该方法尝试将间接成本分配到更现实的基础之上,而不是分配到直接人工或机时上。

6.2　成本控制

6.2.1

成本控制　cost control

企业根据一定时期预先建立的成本管理目标,由成本控制主体在其职权范围内,在生产耗费发生以前和成本控制过程中,对各种影响成本的因素和条件采取的一系列预防和调节措施,以保证成本管理目标实现的管理行为。

6.2.2

间接费分配　overhead apportionment/allocation

会计中根据预定的间接费用分配率把间接成本分配到产品上的过程。

6.2.3

间接费率　overhead rate;burden factor;absorption rate

生产的间接费用需要分配到产品中,间接费率是考虑各个间接成本因素的分配率,用于确定成本结构中的间接费用的比重。

6.3　总账管理

6.3.1

会计报表　accounting report

会计报表是根据日常会计核算资料定期编制的,综合反映企业某一特定日期财务状况和某一会计期间经营成果、现金流量的总结性书面文件。它是企业财务报告的主要部分,是企业向外传递会计信息的主要手段。我国现行制度规定，企业向外提供的会计报表包括资产负债表、利润表、现金流量表、资产减值准备明细表、利润分配表、股东权益增减变动表、分部报表和其他有关附表。

6.3.2

总账　general ledger

总分类账

根据总分类科目开设账户，用来登记全部经济业务，进行总分类核算，提供总括核算资料的分类账簿。总分类账所提供的核算资料，是编制会计报表的主要依据，任何单位都必须设置总分类账。

6.3.3

明细分类账　subsidiary ledger

明细分类账簿

明细账

根据二级会计科目或明细子目开设账页、明细登记某一类经济业务的账簿，明细分类账簿是根据企业单位经营管理的需要由企业单位自主设置。一般说来，企业单位对各种财产物资、费用成本和收入成果、债权债务等往来款项，都应在有关总账科目下设置明细分类账，进行明细分类核算。是提供各类会计要素明细核算资料和金额，这类账簿是根据企业单位的需要，经济资源阶性质。

6.3.4

日记账　journal

序时账簿

一种原始分录簿。它按时间顺序，根据原始凭证，依次记录每一交易与事项，所以它又被称为日记簿。记录时，日记账要为每一交易与事项指出应借账户、应贷账户和金额。

6.3.5

原始凭证　source document

原始凭证是指经办单位或人员在经济业务发生时取得或填制的，用以记录经济业务发牛或完成的情况、明确经济责任的会计凭证。例如购物取得的发票。

6.3.6

记账凭证　voucher

会计人员根据审核无误后的原始凭证或汇总原始凭证，按照经济业务的内容加以归类，用来确定会计分录而填制的直接作为登记账簿依据的会计凭证。

6.4　应收账管理

6.4.1

应收账账龄　age of accounts receivable

资产负债表中的应收账款从销售实现、产生应收账款之日起，至资产负债表日止所经历的时间，即应收账款在账面上未收回的时间。

6.4.2

应收账款　accounts receivable

会计原理中，因出售商品或劳务，进而对顾客所发生的债权，且该债权且尚未接受任何形式的书面承诺。

6.5　应付账管理

6.5.1

应付账款　accounts payable

企业因购买材料、物资和接受劳务供应等而付给供货单位的账款。应付账款是企业应付购货款账，它是处理从发票审核、批准、支付直到检查和对账的业务，它可以问什么时候付款，是否付全额，或是否现金折扣提供决策信息。应付账款模块与采购模块、库存模块完全集成。

6.6 固定资产管理

6.6.1

固定资产 fixed assets

同时具有下列特征的有形资产:(1)为生产商品、提供劳务、出租或经营管理而持有的;(2)使用寿命超过一个会计年度。

6.6.2

无形资产 intangible assets

企业拥有或者控制的没有实物形态的可辨认非货币性资产。

6.6.3

有形资产 tangible asset;phsical assets

有一定实物形态的资产。狭义的有形资产通常是指企业的固定资产和流动资金。广义的有形资产则包括企业的资金、资源、产品、设备、装置、厂房、人才信息等一切生产要素在内。

6.7 工资管理

6.7.1

工资 wages

指基于劳动关系,用人单位根据劳动者提供的劳动数量和质量,按照法律规定或劳动合同约定,以货币形式直接支付给劳动者的劳动报酬。

6.8 外币管理

6.8.1

外币折算 foreign currency conversion

指在交易和结算中将所使用的外币折算为统一度量的功能货币。它是指一种外币计量单位重新折价为另一种功能货币计量单位。

6.8.2

外币汇率 foreign exchange rates

外汇行市

汇价

一国货币兑换另一国货币的比率,是以一种货币表示的另一种货币的价格。

6.8.3

外币兑换 foreign currency exchange

在外币债务结算中,功能货币与外币之间的兑换交易。

6.8.4

功能货币 functional currency

一个经营主体从事经营活动,在主要环境所使用的货币称为功能货币。

6.9 财务管理

6.9.1

财务 finance

企业为达到既定目标所进行的筹集资金和运用资金的活动。泛指财务活动和财务关系,它体现企业和各方面的关系。

6.9.2

财务管理 financial Management

在一定的整体目标下,关于资产的购置(投资),资本的融通(筹资)和经营中现金流量(营运资金),以及利润分配的管理。

6.9.3

管理会计　management accounting

从传统会计中分离出来与财务会计并列的、着重为企业改善经营管理、提高经济效益服务的一个企业会计分支。

6.9.4

财务会计　financial accounting

以货币为主要量度，对企业已发生的交易或事项，运用专门的方法进行确认、计量，并以财务会计报告为主要形式，定期向各经济利益相关者提供会计信息的企业外部会计。

6.9.5

会计凭证　accounting documents

简称凭证，是记录经济活动，明确经济责任的书面证明。

6.9.6

会计期间　accounting period

会计上将连续不断的经营过程人为地划分为若干相等的时段，分段进行结算，分段编制财务会计报告，分段反映单位的财务状况和经营成果。这种分段进行会计核算的时间区间，会计上称为会计期间。

6.9.7

会计年度　accounting year

会计年度是以年度为单位进行会计核算的时间区间，是反映单位财务状况、核算经营成果的时间界限。

7　企业其他资源管理

7.1　人力资源管理

7.1.1

人力资源　Human Resource；HR

能够推动国民经济和社会发展的、具有智力劳动和体力劳动能力的人们的总和。

7.1.2

人力资源计划　Human Resource Planning；HRP

企业从战略规划和发展目标出发，根据其内外部环境的变化，预测企业未来发展对人力资源的需求，以及为满足这种需要所提供人力资源的活动过程。

7.2　设备资源管理

7.2.1

设备资产管理　equipment asset management

通过对设备分类、建账进行的资产性管理。

7.2.2

设备运行管理　equipment operation management

对设备的运行、维护、故障信息等设备的日常运行状况进行记录与管理。

7.2.3

设备维修管理　equipment maintanance management

对设备的维修计划、维修内容、维修档案进行管理。设备维修管理常与设备备件管理相关。

7.2.4

设备备件管理　equipment spare part management

对设备的备件采购计划、备件库存、备件使用进行记录与管理。

8 企业质量管理体系

8.1 质量管理

8.1.1

质量标准 quality standards

建立质量管理系统所需的基本参数和技术标准。这些标准有质量等级、质量缺陷分类、检测方法、检测项目类别、抽样标准与检测标准文件。

8.1.2

废品率 scrap

废品所占的比例，是一种可以设法通过质量保证体系来减少或者避免的损耗。

8.1.3

损耗 shrink age

库存、在制品或运输的物品实际数量的减少，损失可能由废料、失窃、腐化、挥发造成。

8.1.4

损耗率 shrinkage rate

用于补偿产品生产周期中预期损失的百分比系数。该系数不同于报废系数，它影响产品的所有部件，而废品率只与一个部件的使用相关。

8.1.5

全面质量管理 Total Quality Management；TQM

是一个组织以质量为中心，以全员参与为基础，目的在于通过让顾客满意和本组织所有成员及社会受益而达到长期成功的管理途径。是为了能够在最经济的水平上，并考虑到充分满足客户要求的条件下进行生产和提供服务，把企业各部门在研制质量、维持质量和提高质量的活动中构成为一体的一种有效体系。

附 录 A
（资料性附录）
ERP 相关术语

A.1 制造业先进管理模式

A.1.1

敏捷制造 Agile Manufacturing;AM

企业为了在无法预测、持续且快速变化的市场环境中保持并不断提高竞争能力，迅速响应市场和用户的需求，利用协同设计、虚拟制造等信息和通讯技术手段，采用扁平化、虚拟企业等灵活的动态组织形式，应用并行工程、柔性制造等先进制造技术，集成企业内部和外部不同企业的资源与能力，力求在最短的时间内以最小的投资完成产品的设计制造过程，并快速把产品推向市场的新型制造模式。

A.1.2

准时制生产 Just In Time Manufacturing;JIT

通过有效运用看板管理等多种方法和手段，消除各种无效劳动和浪费，确保在必要的时间和地点生产出必要数量和质量的必要产品，从而实现以最少的投入得到最大产出的目的的一种生产模式和综合管理体系。其特征是：只在需要的时候，才要求有库存；要求零废品；要求减少准备时间、排队长度和批量；减少提前期；增加自身的校正操作；要以最小的成本实现上述要求等。目前，准时制生产模式已扩展至物流体系中。

A.1.3

精益生产 lean production

又称精良生产，是一种以最大限度地减少企业生产所占用的资源和降低企业管理和运营成本为目标，以准时制生产、消灭故障、消除一切浪费、全员参与改善活动为手段，追求零缺陷、零库存、低成本的生产管理模式。精益生产综合了大量生产与单件生产方式的优点，在大量生产中实现多品种和高质量产品的低成本生产。

A.1.4

业务流程重组 Business Process Reengineering;BPR

以企业业务流程为改造对象，从顾客需求出发，对企业的业务流程进行根本性的思考和分析，根据企业的战略目标和理想的流程模式，对流程进行彻底的重新设计和重新设置，使得企业能最大限度地适应以顾客、竞争、变化为特征的现代企业经营环境。

A.1.5

虚拟企业 virtual enterprise

为了适应市场快速变化而出现的一种新型的组织形态，是为了一个共同目标，由两个或两个以上的企业，通过通信技术组成的临时性组织，构成互相协作的企业。虚拟企业的最大特点在于：突破企业的有形界限，强调通过对外部资源的系统整合实现企业目标，这些外部资源包括：竞争者、供应商、客户及传统价值链之外的其他企业和个人。

A.1.6

现代集成制造 Contemporary Integrated Manufacturing;CIM

一种组织、管理和运行企业的理念。它将传统的制造技术与现代信息技术、管理技术、自动化技术、系统工程技术等有机地结合，借助计算机，使企业产品全生命周期，即市场需求分析、产品定义、研究开发、设计、生产、支持（包括质量、销售、采购、发送、服务）及产品最后报废、环境处理等各阶段活动中有关的人/组织、经营管理和技术三要素及其信息流、物流和价值流（以产品 TQCSE 等价值指标所体现的企业业务过程流,如成本流等)有机集成,并优化运行,以达到产品上市快、高质、低耗、服务好、环境清洁,进而提高企业的柔性、健壮性、敏捷性,使企业赢得市场竞争。

这里的制造是"广义制造"的概念,它包括了产品全生命周期各类活动的集合。

A.1.7

现代集成制造系统　Contemporary Integrated Manufacturing System;CIMS

一种基于CIM理念构成的计算机化、信息化、智能化、绿色化、集成优化的制造系统。

A.2　ERP软件相关技术

A.2.1

企业建模　enterprise modeling

以企业为研究对象,引入模型理论,采用分析方法和建模工具,建立经过抽象化的数学的、非数学的、仿真的反映企业实际的各种模型的技术。企业建模的目的是要发现企业存在的问题,实现企业经营、生产某一方面或全方面的优化。企业建模是企业诊断和优化的基础,是企业集成的基础,为分析现有企业问题,找出差距,提供描述和分析手段,并支持进行具体实现。

A.2.2

软构件　component

组件

可复用的软件组成成分,是软件重用过程中可以明确辨识的部分,是语义描述、通讯接口和实现代码的复合体。它可以体现为符合某种规范的、被封装的对象类、类树、一些功能模块、软件框架、软件架构体系结构、文档、分析件、设计模式等。

A.2.3

通用对象请求代理体系结构　Common Object Request Broker Architecture;CORBA

由OMG(Object Management Group)对象管理组织提出的应用软件体系结构和对象技术规范,其核心是一套标准的语言、接口和协议,以支持异构分布应用程序间的互操作性及独立于平台和编程语言的对象重用。

A.2.4

中间件　middleware

一种独立的系统软件或服务程序,分布式应用软件借助这种软件在不同的技术之间共享资源,中间件位于客户机、服务器的操作系统之上,管理计算资源和网络通信。中间件可有多种类型,如数据访问中间件、远程过程调用中间件、消息中间件、交易中间件、对象中间件等。

面向对象的中间件是具有面向对象软件设计特性的中间件,这些特性包括封装、多态性、动态联编、继承性等。面向对象中间件的还具有和语言的无关特性,即无论一个中间件是采用什么语言实现的,支持这种中间件的任何其他语言都可以在运行代码的级别上使用它,而不是使用其源代码。

A.2.5

工作流　process;work flow

在计算机支持下的全自动或半自动化实现的全部或部分业务流程,在此过程中,文档、信息或任务按一定的过程规则流转,实现组织成员间的协调工作以达到业务的整体目标。

A.2.6

软件体系结构　software architecture

软件系统结构、行为和属性的高级抽象的表现形式,它由构成系统的元素的描述、这些元素的相互作用、指导元素集成的模式以及这些模式的约束组成。软件体系结构不仅指定了系统的组织结构和拓扑结构,而且显示了系统需求和构成系统的元素之间的对应关系,提供了一些设计决策的基本原理。

A.2.7

客户/服务器模式 Client/Server

C/S

一种软件的体系结构。它将计算机应用任务合理的分配到客户端和服务器端，由客户端完成应用前台的逻辑表示任务，服务器端完成应用后台的逻辑管理、数据存取任务，并通过""服务请求/服务响应""进行通讯，共同完成联机事物处理。

A.2.8

浏览器/服务器模式 Browser/Server

B/S

随着Internet技术的兴起，对C/S结构的一种变化或者改进的结构。在这种结构下，用户工作界面是通过WWW浏览器来实现的，客户端只负责进行数据展现和人机交互操作，而主要业务逻辑都在服务器端实现。

A.2.9

三层架构 three tiers architecture

软件的三层体系结构是指由表示层、逻辑层和数据层组成的一种软件结构。典型的三层架构中，客户端一般仅负责客户与系统交互和显示工作，不承担任何与业务逻辑、商业逻辑有关的工作；业务逻辑与商业逻辑被作为中间服务层；而数据库则是作为数据服务层。这种三层结构提供了软件开发的灵活性、更好的支持基于构件的、分布式的软件结构。在三层结构中，一层的改变，一般不会影响到其他层，这有助于实现所谓的瘦客户端的软件实现模式。

A.2.10

多层结构 N-tiers architecture

软件的多层体系结构是在三层体系结构的基础上发展而来的。将三层体系结构中的某层再扩展为更多的层就形成了软件的多层体系结构。例如可以把表示层再细分为客户端表示层和服务器端表示层就形成了所谓的B/S四层结构。

A.2.11

可扩展标记语言 Extensible Markup Langange;XML

一种元标记语言，即它是一种定义标记的标记语言，是标准通用标记语言（Standard Generic Markup Language，SGML）的一个子集。其目的在于使得在Web上能以现有超文本标记语言（Hypertext Markup Language—Hyper Text Markup Language，HTML）的使用方式提供，接收和处理通用的SGML成为可能。XML的设计既考虑了实现的方便性，同时也顾及了与SGML和HTML的互操作性。

在XML基础上，针对具体行业或应用环境，目前已形成了一些行业性的XML标记语言。如ebXML，Biztalk等。

A.2.12

电子数据交换 Electronic Data Interchange;EDI

一种利用计算机进行商务处理的方法。它将贸易、运输、保险、银行和海关等行业的信息，用一种国际公认的标准格式，通过计算机通信网络，在各有关部门、公司与企业之间进行数据交换与处理，并完成以贸易为中心的全部业务过程。

A.2.13

Web服务 Web Services

由W3C（World Wide Web Consortium）定义的由URI（统一资源标识符）标识的部署在Web上的对象/组件，其接口和绑定可以通过XML构件进行定义、描述和发现，网络服务支持通过基于因特网的协议使用基于XML的消息与其他软件应用程序直接交互。网络服务具有以下特征：完好的封装性，松散耦合，使用协议的规范性，高度的可集成能力，是建立松散耦合的，基于开放标准的分布式应用架构的一种新手段。

A.3 ERP 集成的相关软件术语

A.3.1

计算机辅助设计 Computer-Aided Design; CAD

利用计算机技术辅助人们对产品或工程进行设计的软件系统。它为设计、绘图、工程分析与文档制作等设计活动提供支持。

A.3.2

计算机辅助制造 Computer-Aided Manufacturing; CAM

有狭义和广义的两个概念。

狭义上，CAM 指的是利用计算机技术辅助完成从产品设计到加工制造之间的一切生产准备活动，包括 CAPP、NC 编程、工时定额计算、生产计划制订、资源需求计划制订等的软件系统。CAM 系统的狭义概念有时进一步缩小为 NC 编程的同义词，因为 CAPP 已被作为一个专门的子系统，而工时定额计算、生产计划制订、资源需求计划制订则划分给 MRP/ERP 系统来完成。广义上，CAM 系统除了上述所有内容之外，还包括制造活动中物流相关所有过程（加工、装配、检验、存贮、输送）的监视、控制和管理的功能。

A.3.3

计算机辅助工艺设计 Computer-Aided Process Planning; CAPP

利用计算机技术辅助工艺人员设计产品加工方法和制造过程的软件系统。它具有自动或半自动的工艺设计、工艺数据和知识的管理以及工艺设计流程的控制等功能。

A.3.4

产品数据管理 Product Data Management; PDM

产品数据管理系统是利用计算机技术管理所有与产品相关信息（包括零件信息、配置、文档、CAD 文件、结构、权限信息等）和所有与产品相关过程（包括过程定义和管理）的软件系统。它为企业提供了产品全生命周期的信息集成化管理工具，并支持建立一个并行化运作的产品开发协作环境。

A.3.5

制造执行系统 Manufacturing Executive System; MES

位于企业上层计划管理系统与底层工业控制之间的面向车间层的管理信息系统，是管理和优化从任务下达到完成加工整个生产活动的硬件和软件的集合。它在 MRP /ERP 与制造单元的设备控制系统之间构筑一座桥梁，连接企业上层管理与工作地之间的信息，实现生产活动与管理活动间的及时沟通。

A.3.6

办公自动化系统 Office Automation; OA

利用计算机技术、通信技术以及系统科学、管理科学等先进的科学技术，为实现办公业务活动自动化或半自动化而设计开发的各种人机交互的应用系统。按其职能可分为三个层次：事务处理级办公自动化系统、信息管理级办公自动化系统和决策支持级办公自动化系统。

A.3.7

决策支持系统 Decision Support System; DSS

以管理科学、运筹学、控制论和行为科学为基础，以计算机技术、仿真技术和信息技术为手段，支持决策活动的具有智能作用的人机系统。该系统能够为决策者提供决策所需的数据、信息和背景材料，协助明确决策目标和进行问题的识别，建立或修改决策模型，提供各种备选方案，并且对各种方案进行评价和优选，通过人机交互功能进行分析、比较和判断，为正确决策提供必要的支持。

A.3.8

电子商务 e-commerce

利用计算机技术、网络技术和远程通信技术，实现整个商务过程中的电子化、数字化和网络化。广义电子商务指具有共享企业信息、维护企业间关系、及产生企业交易行为等三大功能的远程通讯网络系统。一般电子商务分为B2B(Business To Business)和B2C(Business To Consumer)两种方式，B2B指企业与企业之间的交易行为，B2C指企业与个人之间的交易行为。

A.3.9

计算机辅助工程 Computer Aided Engineering;CAE

利用计算机技术辅助人们在产品或工程设计过程中进行工程分析的软件。

A.3.10

计算机辅助质量管理系统 Computer Aided Quality management system;CAQ

利用计算机技术辅助人们对产品的设计、生产等过程进行质量管理与控制的软件系统。

参 考 文 献

[1] John H. Blackstone Jr. APICS dictionary,APICS professional bookstore,2008.

[2] Gartner Group 公司词汇表. http://www.gartner.com/6_help/glossary/GlossaryMain.jsp.

[3] 陈启申.ERP——从内部集成起步(第2版).北京:电子工业出版社,2005.

[4] GB/Z 18728—2002 制造业企业资源计划(ERP)系统功能结构技术规范.

[5] JB/T 6987—1993 制造资源计划 MRPⅡ系统原型法软件开发规范.

[6] JB/T 8422—1996 机械工业(制造业)MRPⅡ系统结构.

[7] 陈黎明.IT术语现用现查.北京:石油工业出版社,2001.

[8] 企业会计准则学习组.企业会计准则(2006年修订).北京:中国经济出版社,2006.

汉语拼音索引

英文对应词索引

A

B

C

D

E

F

G

H

I

J

L

M

N

O

P

Q

R

S

T

V

W

X

ICS 35.240.50
L 67

GB

中华人民共和国国家标准

GB/T 25109.2—2010

企业资源计划 第2部分:ERP基础数据

Enterprise resource planning—Part 2:ERP foundational data

2010-09-02 发布 2010-12-01 实施

中华人民共和国国家质量监督检验检疫总局
中国国家标准化管理委员会 发布

前　言

GB/T 25109《企业资源计划》包括以下部分：

——第1部分：ERP术语；

——第2部分：ERP基础数据；

——第3部分：ERP功能构件规范；

——第4部分：ERP系统体系结构。

本部分是GB/T 25109的第2部分。

本部分由中国机械工业联合会提出。

本部分由全国自动化系统与集成标准化技术委员会(SAC/TC 159)归口。

本部分主要起草单位：中国标准化研究院、中机生产力促进中心、金思维信息技术有限公司、大连交通大学、北京航空航天大学。

本部分主要起草人：李文武、宋旭东、王志强、刘守华、高连生、柳青、刘阳、杨东拜。

企业资源计划
第 2 部分:ERP 基础数据

1 范围

GB/T 25109 的本部分规定了 ERP 基础数据的描述格式和表示方法,规定了基础数据的数据字典。

本部分适用于 ERP 及其相关领域。也可作为建立 ERP 的指导性文件。

2 规范性引用文件

下列文件中的条款通过 GB/T 25109 的本部分的引用而成为本部分的条款。凡是注日期的引用文件,其随后所有的修改单(不包括勘误的内容)或修订版均不适用于本部分,然而,鼓励根据本部分达成协议的各方研究是否可使用这些文件的最新版本。凡是不注日期的引用文件,其最新版本适用于本部分。

GB 2312 信息交换用汉字编码字符集 基本集

GB/T 7408 数据元和交换格式 信息交换 日期和时间表示法(GB/T 7408—2005,ISO 8601:2000,IDT)

GB/T 19488.1—2004 电子政务数据元 第 1 部分:设计和管理规范

GB/T 25109.1—2010 企业资源计划 第 1 部分:ERP 术语

3 术语、定义和缩略语

3.1 术语和定义

下列术语和定义适用于本部分。

3.1.1

基础数据 foundational data

指 ERP 系统运行过程中所依赖的、需要设置或输入,与 ERP 业务无关的基本数据的总称。

3.2 缩略语

ERP 企业资源计划 (Enterprise Resource Planning)

4 基础数据的描述格式

ERP 基础数据的编制遵循 GB/T 19488.1—2004 中的规定。下面列出了用于描述 ERP 基础数据的所有属性。它们分别是:中文名称、中文全拼、内部标识符、同义名称、定义(说明)、数据类型、计量单位、备注(参见表 1)。

表 1 属性列表

属 性	是否采用
中文名称	是
中文全拼	是
内部标识符	是

表 1（续）

属　　性	是否采用
同义名称	是
定义(说明)	是
数据类型	是
备注	是

基础数据的内部标识符采用三位流水码。

5　基础数据的表示方法

数据元的数据类型采用表 2 所示的方法表示。

表 2　数据类型表示法

表示符	数据类型	说　明
C	字符型	可以包含汉字(中、国……)、字母字符(a～z,A～Z)、数字字符等。(默认 GB 2312 信息交换用汉字编码字符集　基本集)
N	数值型	用数字形式表示的十进制数值。
D	日期型	采用 GB/T 7408 中规定的 YYD8 或 YYD8Thhmmss 格式
B	布尔型	

6　基础数据集

6.1　基础数据的分类

本部分规定的 ERP 基础数据包括下列几个部分：

——第 1 类：系统类基础数据；

——第 2 类：生产类基础数据；

——第 3 类：采购类基础数据；

——第 4 类：库存类基础数据；

——第 5 类：销售类基础数据；

——第 6 类：财务类基础数据；

——第 7 类：质量类基础数据；

——第 8 类：设备类基础数据；

——第 9 类：人力资源类基础数据；

——第 10 类：产品类基础数据。

其分类如图 1 所示。

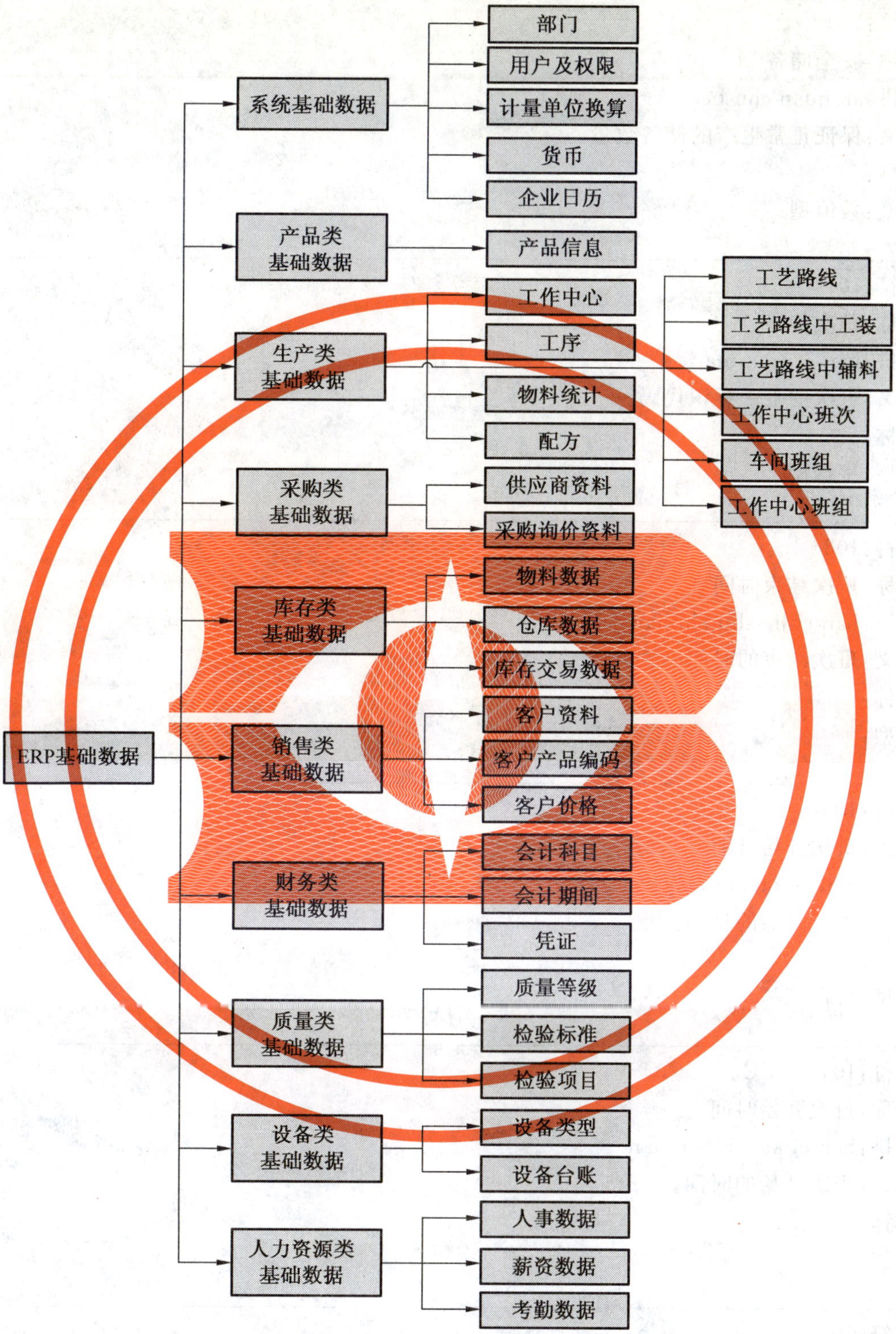

图 1　ERP 基础数据的分类

6.2 基础数据的数据元素

内部标识符:100
中文名称:安全储备
中文全拼:an-quan-chu-bei
定义:保证正常生产的储备数量。
同义名称:
数据类型:数值型

内部标识符:101
中文名称:班次编码
中文全拼:ban-ci-bian-ma
定义:班次的唯一标识代码。
同义名称:
数据类型:字符型

内部标识符:102
中文名称:班次结束时间
中文全拼:ban-ci-jie-shu-shi-jian
定义:班次结束的时间。
同义名称:
数据类型:

内部标识符:103
中文名称:班次开始日期
中文全拼:ban-ci-kai-shi-ri-qi
定义:班次开始的日期。
同义名称:
数据类型:日期型

内部标识符:104
中文名称:班次开始时间
中文全拼:ban-ci-kai-shi-shi-jian
定义:班次开始的时间。
同义名称:
数据类型:

内部标识符:105
中文名称:标准代码
中文全拼:biao-zhun-dai-ma
定义:检验标准的标识代码。
同义名称:
数据类型:字符型

内部标识符:106
中文名称:标准名称
中文全拼:biao-zhun-ming-cheng
定义:检验标准的名称。
同义名称:
数据类型:字符型

内部标识符:107
中文名称:部门编码
中文全拼:bu-men-bian-ma
定义:唯一标识企业内一特定部门的关键域。
同义名称:部门正式编号
数据类型:字符型

内部标识符:108
中文名称:部门类别
中文全拼:bu-men-lei-bie
定义:一指定部门工作范畴的归属。
同义名称:部门种类
数据类型:字符型

内部标识符:109
中文名称:部门名称
中文全拼:bu-men-ming-cheng
定义:描述部门属性的基本形式。
同义名称:部门名字
数据类型:字符型

内部标识符:110
中文名称:部门职能
中文全拼:bu-men-zhi-neng
定义:企业中一特定部门的工作范畴。
同义名称:部门工作范畴
数据类型:字符型

内部标识符:111
中文名称:采购单价
中文全拼:cai-gou-dan-jia
定义:采购方采购单件物料的价格。
同义名称:
数据类型:数值型

内部标识符:112
中文名称:采购单位
中文全拼:cai-gou-dan-wei
定义:采购物料的单位名称。
同义名称:
数据类型:字符型

内部标识符:113
中文名称:采购批量
中文全拼:cai-gou-pi-liang
定义:采购方一批次采购物料的数量。
同义名称:
数据类型:数值型

内部标识符:114
中文名称:采购员编码
中文全拼:cai-gou-yuan-bian-ma
定义:采购人员的唯一标识代码。
同义名称:
数据类型:字符型

内部标识符:115
中文名称:采购员名称
中文全拼:cai-gou-yuan-ming-cheng
定义:采购人员的姓名。
同义名称:
数据类型:字符型

内部标识符:116
中文名称:仓库编码
中文全拼:cang-ku-bian-ma
定义:仓库的唯一标识代码。
同义名称:仓库编号
数据类型:字符型

内部标识符:117
中文名称:仓库名称
中文全拼:cang-ku-ming-cheng
定义:仓库的名字。
同义名称:仓库名字
数据类型:字符型

内部标识符:118
中文名称:仓库人员编码
中文全拼:cang-ku-ren-yuan-bian-ma
定义:仓库管理人员的唯一标识代码。
同义名称:仓库人员编号
数据类型:字符型

内部标识符:119
中文名称:操作人员编码
中文全拼:cao-zuo-ren-yuan-bian-ma
定义:与库存变化有关的操作人员的唯一标识。
同义名称:操作人员编号
数据类型:字符型

内部标识符:120
中文名称:操作时间
中文全拼:cao-zuo-shi-jian
定义:指操作货币的时间。
同义名称:
数据类型:日期型

内部标识符:121
中文名称:操作员代码
中文全拼:cao-zuo-yuan-dai-ma
定义:指管理货币的人员编码。
同义名称:
数据类型:字符型

内部标识符:122
中文名称:产品编码
中文全拼:chan-pin-bian-ma
定义:产品的唯一标识符。
同义名称:
数据类型:字符型

内部标识符:123
中文名称:产品标准号
中文全拼:chan-pin-biao-zhun-hao
定义:国家颁发的强制执行的由标准代号、标准发布顺序和标准发布年代号构成的产品唯一标识代码。
同义名称:
数据类型:字符型

内部标识符:124

中文名称:产品规格

中文全拼:chan-pin-gui-ge

定义:企业或生产单位对自己所生产的产品与所使用的原材料等所规定的标准。

同义名称:

数据类型:字符型

内部标识符:125

中文名称:产品价格

中文全拼:chan-pin-jia-ge

定义:产品的价格。

同义名称:

数据类型:数值型

内部标识符:126

中文名称:产品名称

中文全拼:chan-pin-ming-cheng

定义:企业或生产单位用于描述产品的字符串。

同义名称:

数据类型:字符型

内部标识符:127

中文名称:车间班组代码

中文全拼:che-jian-ban-zu-dai-ma

定义:企业内部最基层的劳动和管理组织班组的唯一标识代码。

同义名称:

数据类型:字符型

内部标识符:128

中文名称:车间班组名称

中文全拼:che-jian-ban-zu-ming-cheng

定义:企业内部最基层的劳动和管理组织班组的名称。

同义名称:

数据类型:字符型

内部标识符:129

中文名称:传真号码

中文全拼:chuan-zhen-hao-ma

定义:电话管理部门为传真机设定的号码。

同义名称:

数据类型:字符型

内部标识符:130

中文名称:当前凭证号

中文全拼:dang-qian-ping-zheng-hao

定义:指当前凭证的唯一标识代码。

同义名称:

数据类型:字符型

内部标识符:131

中文名称:等待工时

中文全拼:deng-dai-gong-shi

定义:等待下一个工序所用的时间。

同义名称:

数据类型:数值型

内部标识符:132

中文名称:地区编码

中文全拼:di-qu-bian-ma

定义:地区的行政区划代码。

同义名称:

数据类型:字符型

内部标识符:133

中文名称:电话号码

中文全拼:dian-hua-hao-ma

定义:电话管理部门为电话机设定的号码。

同义名称:

数据类型:字符型

内部标识符:134

中文名称:兑换率

中文全拼:dui-huan-lv

定义:执行货币转换的的比率。

同义名称:转换比率

数据类型:数值型

内部标识符:135

中文名称:福利金

中文全拼:fu-li-jin

定义:工资以外的,公司为了鼓励和保留员工而给出的额外报酬。

同义名称:

数据类型:数值型

内部标识符:136

中文名称:付款方式

中文全拼:fu-kuan-fang-shi

定义:采购方付给供应商款项的方式。

同义名称:

数据类型:字符型

内部标识符:137

中文名称:辅料代码

中文全拼:fu-liao-dai-ma

定义:生产过程所用辅料的唯一标识代码。

同义名称:

数据类型:字符型

内部标识符:138

中文名称:辅料名称

中文全拼:fu-liao-ming-cheng

定义:生产过程所用辅料的名称。

同义名称:

数据类型:字符型

内部标识符:139

中文名称:负责销售员

中文全拼:fu-ze-xiao-shou-yuan

定义:负责此次销售的销售员。

同义名称:

数据类型:字符型

内部标识符:140

中文名称:负责销售组别

中文全拼:fu-ze-xiao-shou-zu-bie

定义:负责此次销售的组别。

同义名称:

数据类型:字符型

内部标识符:141

中文名称:工位号

中文全拼:gong-wei-hao

定义:由某个人或某一设备完成某一道工序的工作位置的标识代码。

同义名称:工位代码

数据类型:字符型

内部标识符:142
中文名称:工序代码
中文全拼:gong-xu-dai-ma
定义:工序的唯一标识代码。
同义名称:工序号
数据类型:字符型

内部标识符:143
中文名称:工序类别
中文全拼:gong-xu-lei-bie
定义:生产中的每道工序所属的类别。
同义名称:
数据类型:字符型

内部标识符:144
中文名称:工序类别名称
中文全拼:gong-xu-lei-bie-ming-cheng
定义:生产中的每道工序所属类别的名称。
同义名称:
数据类型:字符型

内部标识符:145
中文名称:工序名称
中文全拼:gong-xu-ming-cheng
定义:生产中的每道工序的名称。
同义名称:
数据类型:字符型

内部标识符:146
中文名称:工艺路线代码
中文全拼:gong-yi-lu-xian-dai-ma
定义:用于描述生产过程中某产品的生产工艺流程,即工艺路线的标识代码。
同义名称:
数据类型:字符型

内部标识符:147
中文名称:供应商编码
中文全拼:gong-ying-shang-bian-ma
定义:向采购方提供商品及相应服务的企业及其分支机构、个体工商户,包括制造商、经销商和其他中介商的唯一识别代码。
同义名称:
数据类型:字符型

内部标识符:148

中文名称:供应商级别

中文全拼:gong-ying-shang-ji-bie

定义:向采购方提供商品及相应服务的企业及其分支机构、个体工商户,包括制造商、经销商和其他中介商级别的标识代码。

同义名称:

数据类型:字符型

内部标识符:149

中文名称:供应商简称

中文全拼:gong-ying-shang-jian-cheng

定义:向采购方提供商品及相应服务的企业及其分支机构、个体工商户,包括制造商、经销商和其他中介商的简单名称。

同义名称:

数据类型:字符型

内部标识符:150

中文名称:供应商名称

中文全拼:gong-ying-shang-ming-cheng

定义:向采购方提供商品及相应服务的企业及其分支机构、个体工商户,包括制造商、经销商和其他中介商的名称。

同义名称:

数据类型:字符型

内部标识符:151

中文名称:工种

中文全拼:gong-zhong

定义:指企业根据生产中不同的工艺特点和工人的操作技术内容划分的工作种类。

同义名称:工作种类

数据类型:字符型

内部标识符:152

中文名称:工装代码

中文全拼:gong-zhuang-dai-ma

定义:制造过程中所用的各种工具的总称的标识代码。

同义名称:

数据类型:字符型

内部标识符:153

中文名称:工装名称

中文全拼:gong-zhuang-ming-cheng

定义:制造过程中所用的各种工具的名称。

同义名称：

数据类型：字符型

内部标识符：154

中文名称：工装时间单位

中文全拼：gong-zhuang-shi-jian-dan-wei

定义：工装的时间单位。

同义名称：

数据类型：字符型

内部标识符：155

中文名称：工装用时

中文全拼：gong-zhuang-yong-shi

定义：一个工装所用的时间。

同义名称：

数据类型：数值型

内部标识符：156

中文名称：工作中心班组代码

中文全拼：gong-zuo-zhong-xin-ban-zu-dai-ma

定义：企业内部最基层的劳动和管理组织班组的唯一标识代码。

同义名称：

数据类型：字符型

内部标识符：157

中文名称：工作中心班组名称

中文全拼：gong-zuo-zhong-xin-ban-zu-ming-cheng

定义：企业内部最基层的劳动和管理组织班组的名称。

同义名称：

数据类型：字符型

内部标识符：158

中文名称：工作中心代码

中文全拼：gong-zuo-zhong-xin-dai-ma

定义：生产车间内执行工序和作业场所的编码，即工作中心的唯一标识代码。

同义名称：

数据类型：字符型

内部标识符：159

中文名称：工作中心类别

中文全拼：gong-zuo-zhong-xin-lei-bie

定义：工作中心的所属类别。

同义名称：

数据类型:字符型

内部标识符:160

中文名称:工作中心名称

中文全拼:gong-zuo-zhong-xin-ming-cheng

定义:生产车间内执行工序和作业场所的名称。

同义名称:

数据类型:字符型

内部标识符:161

中文名称:工作中心效率

中文全拼:gong-zuo-zhong-xin-xiao-lv

定义:描述单位时间内工作中心的工作量。

同义名称:

数据类型:数值型

内部标识符:162

中文名称:固定提前期

中文全拼:gu-ding-ti-qian-qi

定义:生产采购不受批量调整的提前期部分。

同义名称:

数据类型:数值型

备注:包括产品设计、生产准备和设备调整、工艺准备等必须用到的时间。

内部标识符:163

中文名称:关键工作中心

中文全拼:guan-jian-gong-zuo-zhong-xin

定义:生产车间内执行工序和作业的关键场所。

同义名称:

数据类型:字符型

内部标识符:164

中文名称:换算后单位

中文全拼:huan-suan-hou-dan-wei

定义:换算后的计量单位名称。

同义名称:换算后计量单位

数据类型:字符型

内部标识符:165

中文名称:换算前单位

中文全拼:huan-suan-qian-dan-wei

定义:换算前的计量单位名称。

同义名称:换算前计量单位

数据类型:字符型

内部标识符:166

中文名称:换算因子

中文全拼:huan-suan-yin-zi

定义:计量单位之间的比例系数。

同义名称:换算系数

数据类型:数值型

内部标识符:167

中文名称:货币编码

中文全拼:huo-bi-bian-ma

定义:货币的唯一标识代码。

同义名称:货币正式编号

数据类型:字符型

内部标识符:168

中文名称:货币名称

中文全拼:huo-bi-ming-cheng

定义:每个国家法定货币名称。

同义名称:

数据类型:字符型

内部标识符:169

中文名称:货位编码

中文全拼:huo-wei-bian-ma

定义:物料的具体存放地点的唯一标识代码。

同义名称:储位编码

数据类型:字符型

内部标识符:170

中文名称:计划价格

中文全拼:ji-hua-jia-ge

定义:国家统一制定的价格。

同义名称:

数据类型:数值型

内部标识符:171

中文名称:计量单位

中文全拼:ji-liang-dan-wei

定义:度量物料数量的单位。

同义名称:

数据类型:字符型

内部标识符:172
中文名称:计量单位编码
中文全拼:ji-liang-dan-wei-bian-ma
定义:企业中所涉及的计量单位的正式编码。
同义名称:计量单位代码
数据类型:字符型

内部标识符:173
中文名称:计量单位名称
中文全拼:ji-liang-dan-wei-ming-cheng
定义:描述计量单位属性的基本形式。
同义名称:计量单位名字
数据类型:字符型

内部标识符:174
中文名称:计量单位说明
中文全拼:ji-liang-dan-wei-shuo-ming
定义:关于计量单位的诠释。
同义名称:计量单位备注
数据类型:字符型

内部标识符:175
中文名称:加班工数
中文全拼:jia-ban-gong-shu
定义:员工由于工作需要超出正常作业的时间。
同义名称:
数据类型:数值型

内部标识符:176
中文名称:价格标识
中文全拼:jia-ge-biao-shi
定义:标注物料价格的标识。
同义名称:
数据类型:字符型

内部标识符:177
中文名称:加工工时
中文全拼:jia-gong-gong-shi
定义:加工产品时所用的时间。
同义名称:
数据类型:数值型

内部标识符:178

中文名称:加工时间单位

中文全拼:jia-gong-shi-jian-dan-wei

定义:加工产品所用时间的单位。

同义名称:

数据类型:字符型

内部标识符:179

中文名称:检验项目代码

中文全拼:jian-yan-xiang-mu-dai-ma

定义:检验项目的标识代码。

同义名称:

数据类型:字符型

内部标识符:180

中文名称:检验项目名称

中文全拼:jian-yan-xiang-mu-ming-cheng

定义:检验项目的名称。

同义名称:

数据类型:字符型

内部标识符:181

中文名称:检验状态代码

中文全拼:jian-yan-zhuang-tai-dai-ma

定义:表明工序是否已检验的唯一标识代码。

同义名称:

数据类型:布尔型

内部标识符:182

中文名称:奖惩

中文全拼:jiang-cheng

定义:人事管理的手段之一,奖励和惩罚额度。

同义名称:

数据类型:数值型

内部标识符:183

中文名称:交货地址

中文全拼:jiao-huo-di-zhi

定义:交付货物的地址。

同义名称:

数据类型:字符型

内部标识符:184
中文名称:交易订单号
中文全拼:jiao-yi-ding-dan-hao
定义:仓库内物料进出的唯一标识代码。
同义名称:
数据类型:字符型

内部标识符:185
中文名称:交易量
中文全拼:jiao-yi-liang
定义:物料交易的数量或价值。
同义名称:
数据类型:数值型

内部标识符:186
中文名称:借贷方向
中文全拼:jie-dai-fang-xiang
定义:指经济学中的一些概念词,如固定资产的借贷方向为借,累计折旧的借贷方向为贷。
同义名称:余额方向
数据类型:字符型

内部标识符:187
中文名称:津贴
中文全拼:jin-tie
定义:指根据国家或企业规定发给职工的物质补贴。
同义名称:补助
数据类型:数值型

内部标识符:188
中文名称:开户银行
中文全拼:kai-hu-yin-hang
定义:供应商银行卡或者存折的具体银行网点名称。
同义名称:
数据类型:字符型

内部标识符:189
中文名称:客户编码
中文全拼:ke-hu-bian-ma
定义:客户的唯一标识代码。
同义名称:
数据类型:字符型

内部标识符:190
中文名称:客户级别
中文全拼:ke-hu-ji-bie
定义:客户的等级。
同义名称:
数据类型:字符型

内部标识符:191
中文名称:客户联系方式
中文全拼:ke-hu-lian-xi-fang-shi
定义:与客户联系的方式。
同义名称:
数据类型:字符型

内部标识符:192
中文名称:科目代码
中文全拼:ke-mu-dai-ma
定义:科目的唯一标识代码。
同义名称:科目正式编号
数据类型:字符型

内部标识符:193
中文名称:科目类别
中文全拼:ke-mu-lei-bie
定义:指科目按照某种标准所分的类。
同义名称:科目种类
数据类型:字符型

内部标识符:194
中文名称:科目名称
中文全拼:ke-mu-ming-cheng
定义:对会计要素的具体内容进行分类核算的科目的名称。
同义名称:
数据类型:字符型

内部标识符:195
中文名称:库存操作原因
中文全拼:ku-cun-cao-zuo-yuan-yin
定义:导致库存发生变化的原因。
同义名称:
数据类型:字符型

内部标识符:196
中文名称:库存交易类型
中文全拼:ku-cun-jiao-yi-lei-xing
定义:库存交易的种类。
同义名称:
数据类型:字符型

内部标识符:197
中文名称:会计核算期
中文全拼:kuai-ji-he-suan-qi
定义:会计核算的日期。
同义名称:会计核算日期
数据类型:日期型

内部标识符:198
中文名称:类别名称
中文全拼:lei-bie-ming-cheng
定义:类别的名称。
同义名称:
数据类型:字符型

内部标识符:199
中文名称:利用率
中文全拼:li-yong-lv
定义:指每年度工作中心实际的工作时间占计划工作时间的百分比,反映工作状态及生产效率的技术经济指标。
同义名称:
数据类型:数值型

内部标识符:200
中文名称:联系人
中文全拼:lian-xi-ren
定义:供应商方面的联络人名称。
同义名称:联络人
数据类型:字符型

内部标识符:201
中文名称:末道工序代码
中文全拼:mo-dao-gong-xu-dai-ma
定义:末道工序的唯一标识代码。
同义名称:
数据类型:字符型

内部标识符:202

中文名称:年假天数

中文全拼:nian-jia-tian-shu

定义:员工一年内假期的天数。

同义名称:

数据类型:数值型

内部标识符:203

中文名称:配方代码

中文全拼:pei-fang-dai-ma

定义:生产中各配料的唯一标识代码。

同义名称:

数据类型:字符型

内部标识符:204

中文名称:配方名称

中文全拼:pei-fang-ming-cheng

定义:生产中各配料的名称。

同义名称:

数据类型:字符型

内部标识符:205

中文名称:配料比例

中文全拼:pei-liao-bi-li

定义:配料比例的描述。

同义名称:

数据类型:数值型

内部标识符:206

中文名称:配料代码

中文全拼:pei-liao-dai-ma

定义:配料的唯一标识符。

同义名称:

数据类型:字符型

内部标识符:207

中文名称:配料名称

中文全拼:pei-liao-ming-cheng

定义:配料的正式名称。

同义名称:

数据类型:字符型

内部标识符:208
中文名称:批量政策
中文全拼:pi-liang-zheng-ce
定义:确定物料在给定的计划范围 T 内的每一个时间段的批量。
同义名称:批量计划
数据类型:数值型

内部标识符:209
中文名称:票据类型
中文全拼:piao-ju-lei-xing
定义:发票人依据票据法签发的、由自己无条件支付一定金额给受款人或持票人的一种有价证券的种类。
同义名称:
数据类型:字符型

内部标识符:210
中文名称:凭证类型
中文全拼:ping-zheng-lei-xing
定义:指能够用来证明经济业务事项发生、明确经济责任并据以登记账簿、具有法律效力的书面证明的类型。
同义名称:
数据类型:字符型

内部标识符:211
中文名称:凭证名称
中文全拼:ping-zheng-ming-cheng
定义:指能够用来证明经济业务事项发生、明确经济责任并据以登记账簿、具有法律效力的书面证明的名称。
同义名称:
数据类型:字符型

内部标识符:212
中文名称:启用时间
中文全拼:qi-yong-shi-jian
定义:班组的启用时间。
同义名称:
数据类型:日期型

内部标识符:213
中文名称:起始日期
中文全拼:qi-shi-ri-qi
定义:各种活动所在的开始日期。

同义名称：
数据类型：日期型

内部标识符：214
中文名称：前置日期
中文全拼：qian-zhi-ri-qi
定义：从发出订货单到货物到的时间间隔。
同义名称：提前日期
数据类型：数值型

内部标识符：215
中文名称：请假天数
中文全拼：qing-jia-tian-shu
定义：员工未出勤的天数。
同义名称：
数据类型：数值型

内部标识符：216
中文名称：区域编码
中文全拼：qu-yu-bian-ma
定义：物料存储区域的唯一标识代码。
同义名称：区域编号
数据类型：字符型
备注：(P:计划价；A:加权平均价；N:最新价)

内部标识符：217
中文名称：缺勤工数
中文全拼：que-qin-gong-shu
定义：员工每个月缺席的作业时间。
同义名称：

内部标识符：218
中文名称：人员数
中文全拼：ren-yuan-shu
定义：工作中心的工作人员的总数。
同义名称：
数据类型：数值型

内部标识符：219
中文名称：日历代码
中文全拼：ri-li-dai-ma
定义：日历的唯一标识代码。
同义名称：

数据类型:字符型

内部标识符:220

中文名称:入厂日期

中文全拼:ru-chang-ri-qi

定义:进入工厂的日期。

同义名称:

数据类型:日期型

内部标识符:221

中文名称:上级设备类代码

中文全拼:shang-ji-she-bei-lei-dai-ma

定义:由生产厂家规定一个特定设备的上级设备的唯一标识。

同义名称:上级设备类编号

数据类型:字符型

内部标识符:222

中文名称:设备代码

中文全拼:she-bei-dai-ma

定义:唯一地标识部门设备清单中一个特定设备的关键域。

同义名称:设备编码

数据类型:字符型

内部标识符:223

中文名称:设备类名

中文全拼:she-bei-lei-ming

定义:由生产厂家规定的一特定设备的类别。

同义名称:类别

数据类型:字符型

内部标识符:224

中文名称:设备名称

中文全拼:she-bei-ming-cheng

定义:描述一特定设备的一种形式。

同义名称:设备名字

数据类型:字符型

内部标识符:225

中文名称:设备数

中文全拼:she-bei-shu

定义:工作中心的设备的总数。

同义名称:

数据类型:数值型

内部标识符:226

中文名称:身份证号

中文全拼:shen-fen-zheng-hao

定义:按照国家的标准编制的,由18位数字组成的公民的一个唯一的、不变的法定号码。

同义名称:

数据类型:字符型

内部标识符:227

中文名称:生产部门

中文全拼:sheng-chan-bu-men

定义:物料的生产单位。

同义名称:生产单位

数据类型:字符型

内部标识符:228

中文名称:生产车间名称

中文全拼:sheng-chan-che-jian-ming-cheng

定义:生产产品的车间名称。

同义名称:

数据类型:字符型

内部标识符:229

中文名称:是否为本位货币

中文全拼:shi-fou-wei-ben-wei-huo-bi

定义:是否为一国货币制度制订的标准货币。

同义名称:是否为标准货币

数据类型:布尔型

内部标识符:230

中文名称:实际出工数

中文全拼:shi-ji-chu-gong-shu

定义:员工每个月的实际作业时间。

同义名称:

数据类型:数值型

内部标识符:231

中文名称:使用部门

中文全拼:shi-yong-bu-men

定义:一个指定设备的服务地点。

同义名称:设备所服务的部门

数据类型:字符型

内部标识符:232
中文名称:适用范围
中文全拼:shi-yong-fan-wei
定义:检验项目适合应用的范围。
同义名称:
数据类型:字符型

内部标识符:233
中文名称:使用状态
中文全拼:shi-yong-zhuang-tai
定义:工序是否被使用。
同义名称:
数据类型:布尔型

内部标识符:234
中文名称:首道工序代码
中文全拼:shou-dao-gong-xu-dai-ma
定义:首道工序的唯一标识代码。
同义名称:
数据类型:字符型

内部标识符:235
中文名称:手机号码
中文全拼:shou-ji-hao-ma
定义:电话管理部门为手机设定的号码。
同义名称:
数据类型:字符型

内部标识符:236
中文名称:税费
中文全拼:shui-fei
定义:指税收和费用。
同义名称:
数据类型:数值型

内部标识符:237
中文名称:税号
中文全拼:shui-hao
定义:供应商的纳税人识别号。
同义名称:税务登记号
数据类型:字符型

内部标识符:238
中文名称:所属车间
中文全拼:suo-shu-che-jian
定义:工作中心所归属的车间。
同义名称:
数据类型:字符型

内部标识符:239
中文名称:所在部门编码
中文全拼:suo-zai-bu-men-bian-ma
定义:采购员所在部门的唯一标识代码。
同义名称:
数据类型:字符型

内部标识符:240
中文名称:所在车间
中文全拼:suo-zai-che-jian
定义:班组所在车间的标识代码。
同义名称:
数据类型:字符型

内部标识符:241
中文名称:统计类型代码
中文全拼:tong-ji-lei-xing-dai-ma
定义:统计类型的唯一标识代码。
同义名称:
数据类型:字符型

内部标识符:242
中文名称:统计类型名称
中文全拼:tong-ji-lei-xing-ming-cheng
定义:统计类型的名称。
同义名称:
数据类型:字符型

内部标识符:243
中文名称:往来单位
中文全拼:wang-lai-dan-wei
定义:与物料交易有关系的机构。
同义名称:交易客户
数据类型:字符型

内部标识符:244
中文名称:物料编码
中文全拼:wu-liao-bian-ma
定义:物料的唯一标识代码。
同义名称:
数据类型:字符型

内部标识符:245
中文名称:物料代码
中文全拼:wu-liao-dai-ma
定义:物料的唯一标识代码。
同义名称:
数据类型:字符型

内部标识符:246
中文名称:物料类别
中文全拼:wu-liao-lei-bie
定义:物料所属的类别。
同义名称:
数据类型:字符型

内部标识符:247
中文名称:物料名称
中文全拼:wu-liao-ming-cheng
定义:物料的名称。
同义名称:
数据类型:字符型

内部标识符:248
中文名称:详细地址(1)
中文全拼:xiang-xi-di-zhi-yi
定义:供应商所在地的详细地址。
同义名称:
数据类型:字符型

内部标识符:249
中文名称:详细地址(2)
中文全拼:xiang-xi-di-zhi-er
定义:供应商所在地的详细地址。
同义名称:
数据类型:字符型

内部标识符:250

中文名称:销售员编码

中文全拼:xiao-shou-yuan-bian-ma

定义:销售员的唯一标识代码。

同义名称:

数据类型:字符型

内部标识符:251

中文名称:销售员名称

中文全拼:xiao-shou-yuan-ming-cheng

定义:销售员的姓名。

同义名称:

数据类型:字符型

内部标识符:252

中文名称:薪资基数

中文全拼:xin-jin-ji-shu

定义:所谓薪资基数就是上一年度全年工资平均数。

同义名称:工资基数

数据类型:数值型

内部标识符:253

中文名称:休息结束时间

中文全拼:xiu-xi-jie-shu-shi-jian

定义:休息结束的时间。

同义名称:

数据类型:日期型

内部标识符:254

中文名称:休息开始时间

中文全拼:xiu-xi-kai-shi-shi-jian

定义:休息开始的时间。

同义名称:

数据类型:日期型

内部标识符:255

中文名称:应出工数

中文全拼:ying-chu-gong-shu

定义:员工每个月应该达到的作业时间。

同义名称:

数据类型:数值型

内部标识符:256

中文名称:用户权限

中文全拼:yong-hu-quan-xian

定义:描述了用户在系统中拥有的操作权限。

同义名称:职能

数据类型:字符型

内部标识符:257

中文名称:佣金率

中文全拼:yong-jin-lv

定义:企业在销售业务发生时支付给中间人的报酬的比率。

同义名称:

数据类型:数值型

内部标识符:258

中文名称:邮政编码

中文全拼:you-zheng-bian-ma

定义:供应商所在地的邮政编码。

同义名称:

数据类型:字符型

内部标识符:259

中文名称:员工编码

中文全拼:yuan-gong-bian-ma

定义:员工的唯一标识代码。

同义名称:员工代号、员工代码

数据类型:字符型

内部标识符:260

中文名称:员工姓名

中文全拼:yuan-gong-xing-ming

定义:用于标识员工个人的字符串,特指员工的现用姓名。

同义名称:员工名称

数据类型:字符型

内部标识符:261

中文名称:账号

中文全拼:zhang-hao

定义:供应商开户银行的账号。

同义名称:

数据类型:字符型

内部标识符:262

中文名称:质量等级代码

中文全拼:zhi-liang-deng-ji-dai-ma

定义:质量等级的标识代码。

同义名称:

数据类型:字符型

内部标识符:263

中文名称:质量等级名称

中文全拼:zhi-liang-deng-ji-ming-cheng

定义:质量等级的名称。

同义名称:

数据类型:字符型

内部标识符:264

中文名称:职位

中文全拼:zhi-wei

定义:是以一定职务和责任为要素,需要一定条件的工作人员来实施的工作岗位。

同义名称:

数据类型:字符型

内部标识符:265

中文名称:终止日期

中文全拼:zhong-zhi-ri-qi

定义:指各种活动所在的终止日期。

同义名称:

数据类型:日期型

内部标识符:266

中文名称:终止时间

中文全拼:zhong-zhi-shi-jian

定义:指各种活动所在的终止时间。

同义名称:

数据类型:日期型

内部标识符:267

中文名称:住址

中文全拼:zhu-zhi

定义:住宿地址。

同义名称:

数据类型:字符型

内部标识符:268
中文名称:准备工时
中文全拼:zhun-bei-gong-shi
定义:准备开始下一个工序所花费的时间。
同义名称:
数据类型:数值型

内部标识符:269
中文名称:自动计算标志
中文全拼:zi-dong-ji-suan-biao-zhi
定义:是否自动计算的标识。
同义名称:
数据类型:布尔型

内部标识符:270
中文名称:资金所在月份
中文全拼:zi-jin-suo-zai-yue-fen
定义:指会计部门各笔资金所在月份。
同义名称:
数据类型:数值型

内部标识符:271
中文名称:总账
中文全拼:zong-zhang
定义:指收入或支出的金钱总数。
同义名称:
数据类型:数值型

内部标识符:272
中文名称:组别
中文全拼:zu-bie
定义:销售员所属的组。
同义名称:
数据类型:字符型

内部标识符:273
中文名称:组别编码
中文全拼:zu-bie-bian-ma
定义:供应商所在组的唯一识别代码。
同义名称:
数据类型:字符型

内部标识符:274

中文名称:最低储备

中文全拼:zui-di-chu-bei

定义:仓库的最低储备数量。

同义名称:最少储备

数据类型:数值型

内部标识符:275

中文名称:最高储备

中文全拼:zui-gao-chu-bei

定义:仓库的最高储备数量。

同义名称:最大储备

数据类型:数值型

参 考 文 献

［1］ 陈启申.ERP——从内部集成起步.北京:电子工业出版社,2004.

［2］ 陈庄,杨立星,刘永梅,等.ERP原理与应用教程.北京:电子工业出版社,2003.

［3］ 宋卫.企业资源计划(ERP)原理与实施.北京:机械工业出版社,2006.

［4］ 用友软件股份有限公司.ERP生产管理系统应用专家实验教程.北京:机械工业出版社,2003.

［5］ 傅湘玲.企业信息化集成管理——理论与案例.北京:北京邮电大学出版社,2006.

［6］ 周玉清,刘伯莹,周强.ERP与企业管理——理论、方法、系统.北京:清华大学出版社,2005.

［7］ 夏安邦.制造业信息化工程原理和案例.南京:东南大学出版社,2002.

ICS 35.240.50
L 67

中华人民共和国国家标准

GB/T 25109.3—2010

企业资源计划 第3部分:ERP功能构件规范

Enterprise resource planning—Part 3: Functional component of ERP

2010-09-02 发布　　2010-12-01 实施

中华人民共和国国家质量监督检验检疫总局
中国国家标准化管理委员会　发布

前　言

GB/T 25109《企业资源计划》包括以下部分：

——第 1 部分：ERP 术语；

——第 2 部分：ERP 基础数据；

——第 3 部分：ERP 功能构件规范；

——第 4 部分：ERP 系统体系结构。

本部分是 GB/T 25109 的第 3 部分，规定了 ERP 的功能构件。

本部分的附录 A、附录 B、附录 C、附录 D、附录 E、附录 F 和附录 G 为规范性附录。

本部分由中国机械工业联合会提出。

本部分由全国自动化系统与集成标准化技术委员会(SAC/TC 159)归口。

本部分主要起草单位：中国标准化研究院、哈尔滨工业大学。

本部分主要起草人：刘守华、徐晓飞、战德臣、何霆、王志强、徐汉川、乔立民、刘旭东、邓胜春、李文武。

企业资源计划
第3部分:ERP功能构件规范

1 范围

GB/T 25109的本部分规定了ERP系统的功能构件及其内容要求。

本部分适用于ERP的研究、产品开发、咨询、培训与应用。与ERP有关的其他领域亦可参照采用。

2 规范性引用文件

下列文件中的条款通过GB/T 25109的本部分的引用而成为本部分的条款。凡是注日期的引用文件,其随后所有的修改单(不包括勘误的内容)或修订版均不适用于本部分,然而,鼓励根据本部分达成协议的各方研究是否可使用这些文件的最新版本。凡是不注日期的引用文件,其最新版本适用于本部分。

GB/T 25109.1　企业资源计划　第1部分:ERP术语

GB/T 25109.2—2010　企业资源计划　第2部分:ERP基础数据

3 术语和定义

3.1 GB/T 25109.1定义的术语

GB/T 25109.1定义的所有术语和定义均适用于本部分。

3.2 GB/T 25109.2—2010定义的术语

GB/T 25109.2—2010定义的下列术语适用于本部分。

——基础数据　foundational data

3.3 其他术语和定义

下列术语和定义适用于本部分。

3.3.1

构件　component

也叫组件,是指一个系统内可明确区分的独立构成成分,它是具有一定集成度并可以重复使用的系统组成单元。

3.3.2

ERP功能构件　functional component of ERP

ERP系统中从用户视角可明确区分的、业务功能方面的独立的构成成分。

注:它不同于软件构件、软件组件、软构件,后者是指语意完整、语法正确、具有一定集成度并可以重复使用的软件组成单元。

4 ERP系统功能构件建立

4.1 ERP系统的功能构成

ERP是体现先进管理思想和管理理念、采用先进软件实现技术、支持企业经营管理的应用软件系统。图1为ERP系统的功能构成示意图,包括生产制造管理、财务管理、人力资源管理、质量管理等。其中虚线框内部分为MRPII子系统配置图,是ERP系统的核心部分。

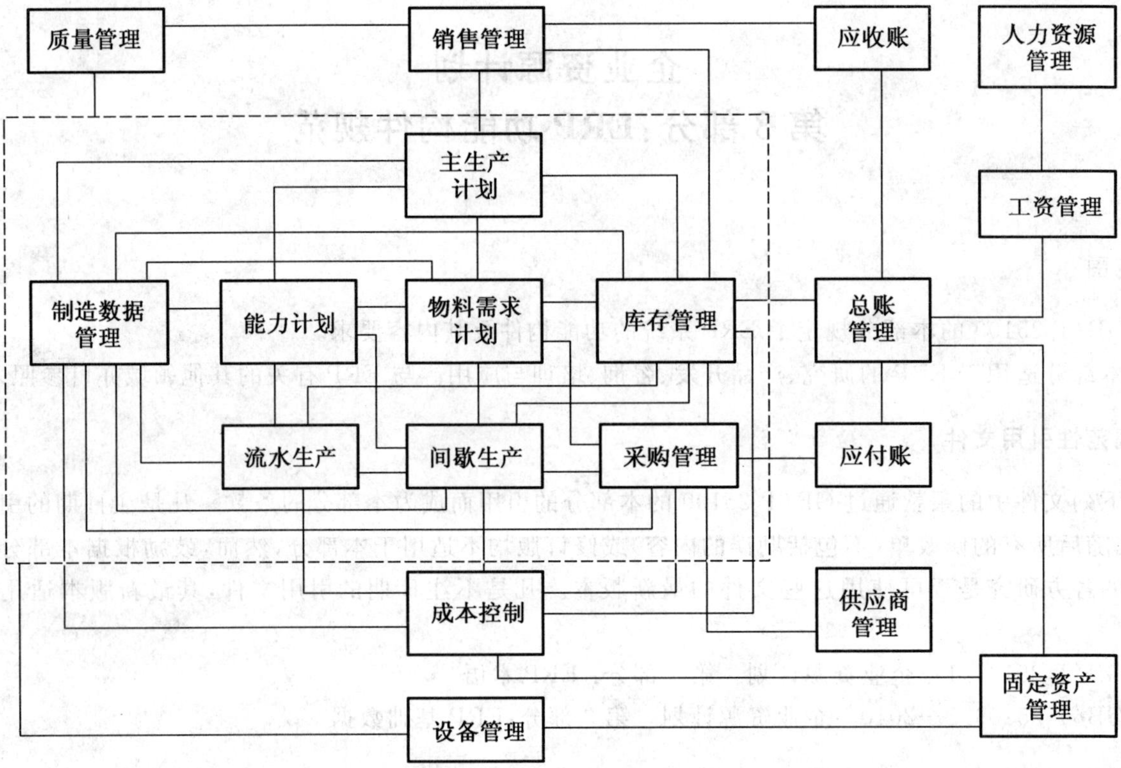

图 1 ERP 系统功能构成示意图

4.2 构建方法

图 2 从应用软件系统的设计开发过程角度表示了功能构件和软件构件映射关系示意图。

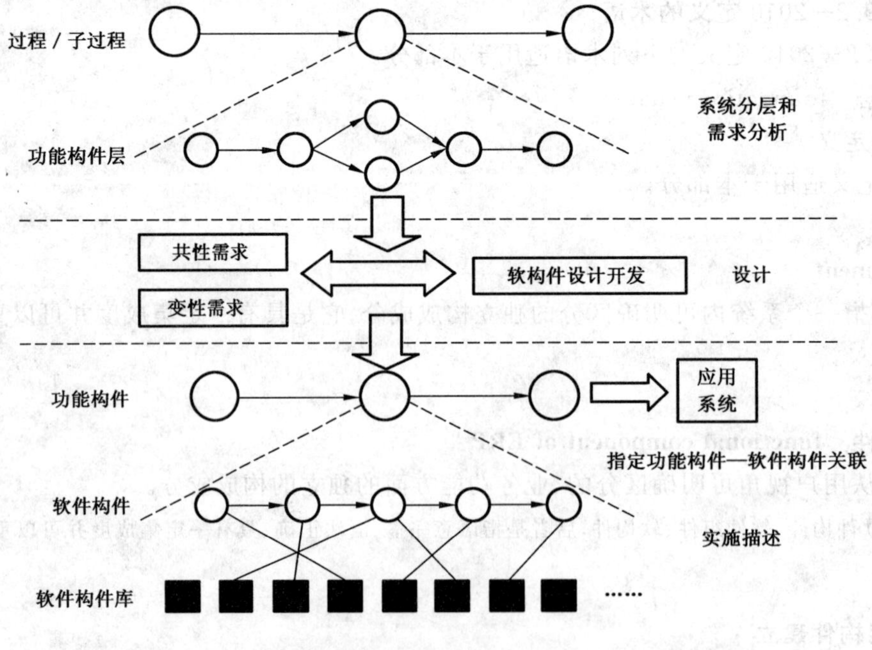

图 2 ERP 系统功能构件与软件构件映射关系示意图

ERP 系统功能构件与软件构件映射关系示意图可由应用软件系统的形成过程说明：

1) 面向企业业务过程，分析企业需求；
2) 业务需求分析形成功能构件；

3) 提取共性需求、处理变性需求形成软件构件；

4) 软件构件开发，形成软件构件库；

5) 提取软件构件，建立功能构件与软件构件的映射；

6) 配置实现面向业务过程的应用软件系统。

5 ERP 系统功能构件组成

本部分从 ERP 功能及实现方式的高度相似性与大量可重用性，将 ERP 系统的功能和业务进行分类与抽象，总体上分为 7 个子系统，见图 3。

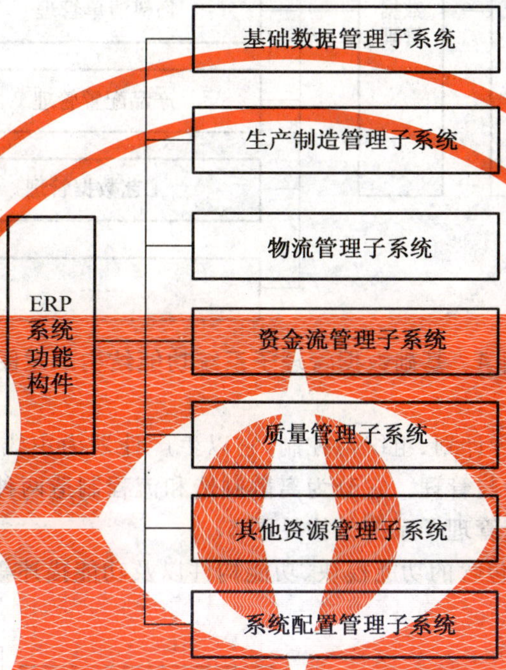

图 3 ERP 系统功能构件结构图

各子系统编码类别如下：

1) 基础数据管理子系统功能构件编码类为 A；

2) 生产制造管理子系统功能构件编码类为 B；

3) 物流管理子系统功能构件编码类为 C；

4) 资金流管理子系统功能构件编码类为 D；

5) 质量管理子系统功能构件编码类为 E；

6) 企业其他资源管理子系统功能构件编码类为 F；

7) 系统配置管理子系统功能构件编码类为 G。

这七个子系统形成了 ERP 功能构件标准体系，以子系统—功能模块—功能构件的方式来表示不同粒度的功能构件(见附录 A～附录 G)，建立的 ERP 系统功能构件体系，其内容基本满足离散制造和流程制造两大行业类型企业的主要管理和运作业务的各个方面。

5.1 基础数据管理子系统

ERP 基础数据是指在 ERP 投入运行前需要设置或输入的数据，这部分数据是 ERP 运行的前提数据，基础数据往往是静态的。

基础数据管理子系统结构见图 4。

附录 A 给出了该子系统所包含的功能模块、功能构件以及功能描述等。

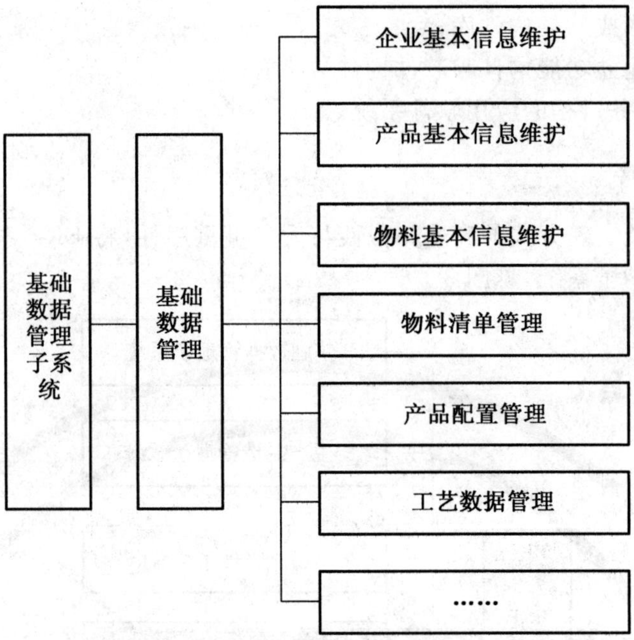

图 4　基础数据管理子系统功能结构示意图

5.2　生产制造管理子系统

生产制造管理指对生产进行计划、组织与控制，它以生产计划为主线，使各种资源按计划所规定的流程、时间和地点进行合理配置与管理。它分为离散制造和流程制造两种。主要包括主生产计划、物料需求计划等功能模块，生产制造管理子系统结构见图 5。

附录 B 给出了该子系统所包含的功能模块、功能构件以及功能描述等。

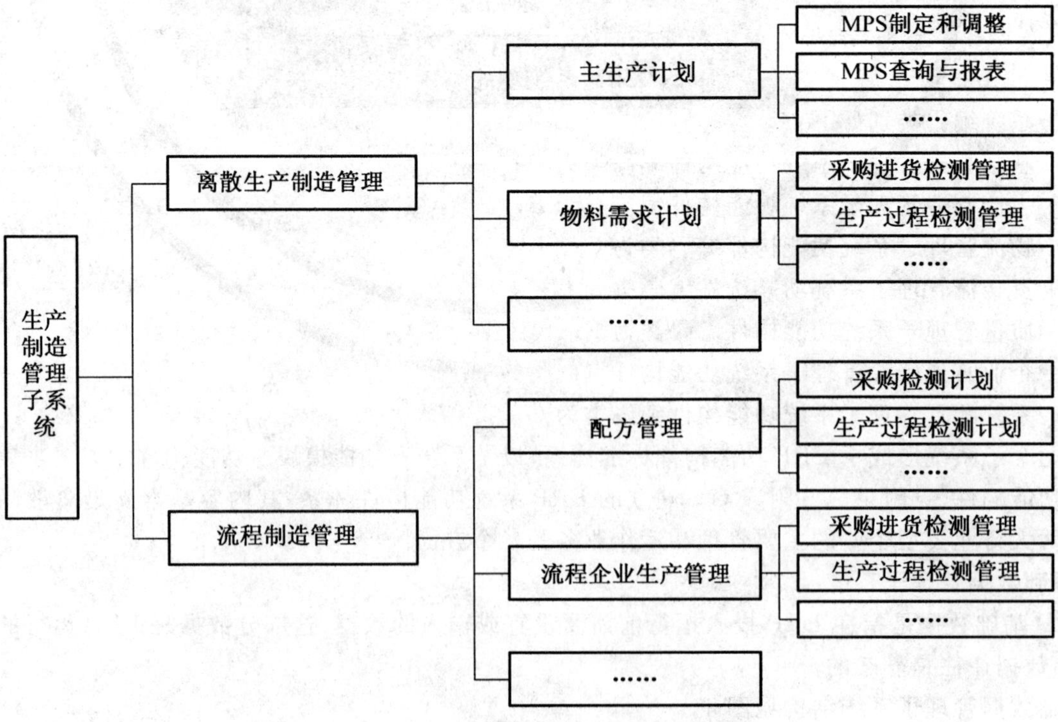

图 5　生产制造管理子系统结构示意图

5.3 物流管理子系统

物流管理是指生产过程中，根据物质资料实体流动的规律，应用管理的基本原理和科学方法，对物流活动进行计划、组织、指挥、协调、控制和监督，使各项物流活动实现最佳的协调与配合。主要包括采购管理、销售管理以及客户关系管理等功能模块。

物流管理子系统结构见图6。

附录C给出了该子系统所包含的功能模块、功能构件以及功能描述等。

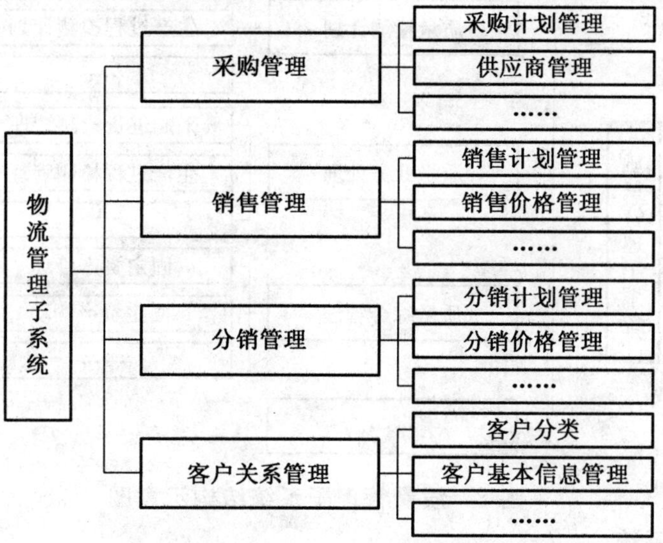

图6 物流管理子系统结构示意图

5.4 资金流管理子系统

资金流管理是企业为了达到既定的经营目标和实现预期的利润目标，对于生产经营过程中所需要的资金的筹集和形成、投放和分配、运用和周转、受益和成本，以及贯穿于全过程的计划安排、预算控制、分析考核等所进行的全面管理。包括总账、应收账款、应付账款等功能模块。

资金流管理子系统结构见图7。

附录D给出了该子系统所包含的功能模块、功能构件以及功能描述等。

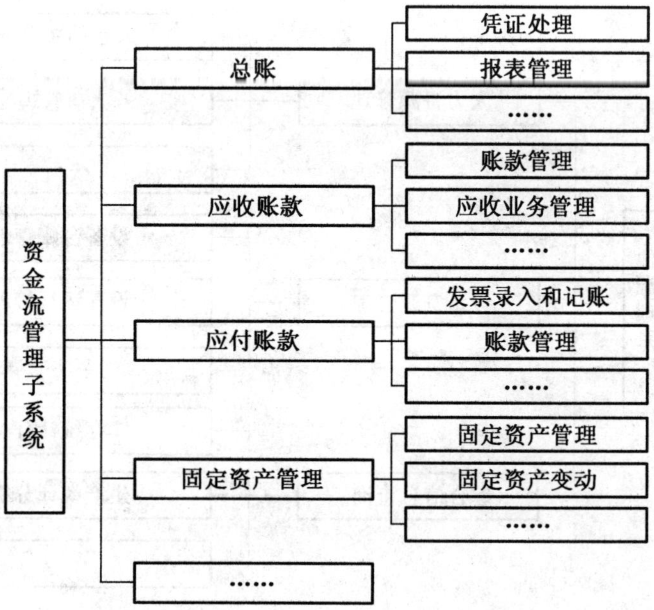

图7 资金流管理子系统结构示意图

5.5 质量管理子系统

质量管理是以产品为中心来描述的，是指在产品从市场调研到设计开发、制造、销售一直到售后和报废的全生命周期中都要加以质量控制。

质量管理子系统结构见图8。

附录E给出了该子系统所包含的功能模块、功能构件以及功能描述等。

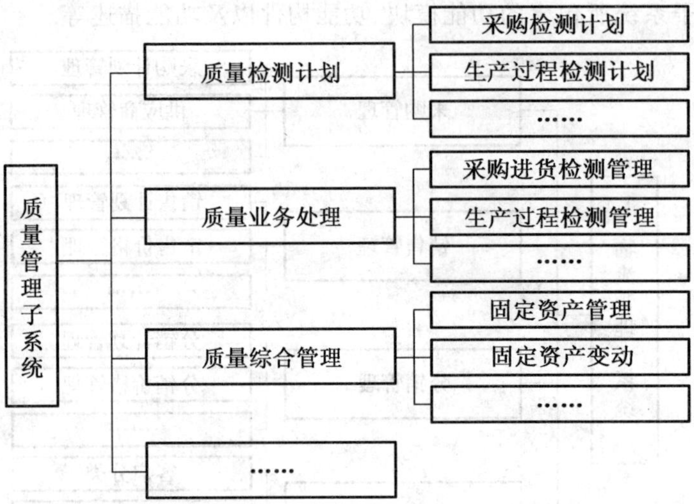

图8 质量管理子系统结构示意图

5.6 其他资源管理子系统

包括人力资源管理、设备管理、综合信息查询等，人力资源管理是指企业的一系列人力资源政策以及相应的管理活动。这些活动主要包括企业人力资源战略的制定，员工的招募与选拔，培训与开发，绩效管理，薪酬管理，员工流动管理，员工关系管理，员工安全与健康管理等。设备管理是对企业主要生产设备的设计、制造、购置、安装、使用、报废等全过程进行管理，以获得设备寿命周期费用最经济、设备综合产能最高的理想目标。综合信息查询包括各种信息的统计分析等。

其他资源管理子系统结构见图9。

附录F给出了该子系统所包含的功能模块、功能构件以及功能描述等。

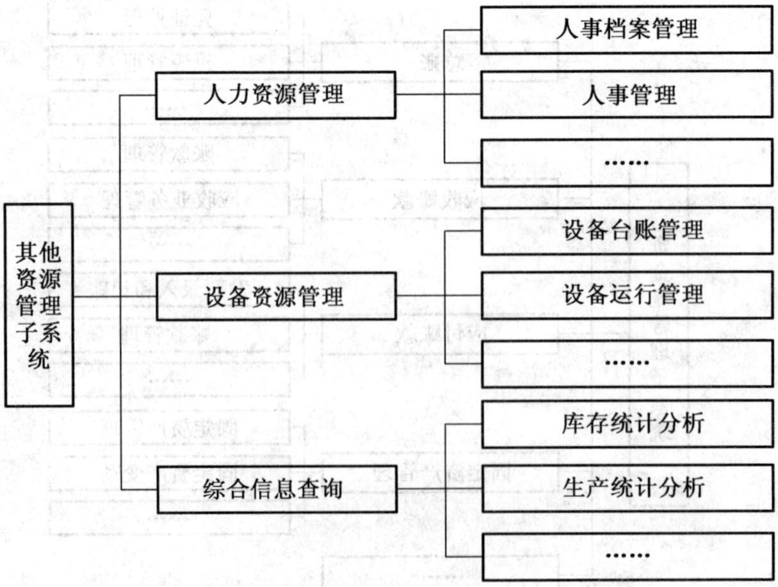

图9 其他资源管理子系统结构示意图

5.7 系统配置管理子系统

包括系统运行管理、系统建模管理和系统配置管理等。用以对用户权限、建模工具等进行管理。

系统配置管理子系统结构见图 10。

附录 G 给出了该子系统所包含的功能模块、功能构件以及功能描述等。

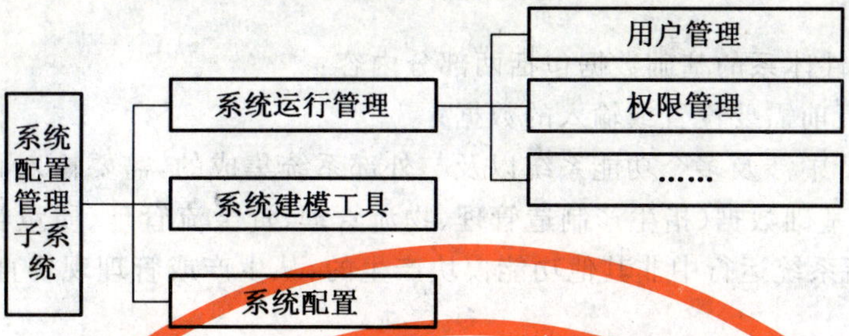

图 10　系统配置管理子系统结构示意图

附 录 A
（规范性附录）
基础数据管理子系统

ERP 系统功能构件体系的基础数据包括两部分内容：

- ERP 系统运行前需要设置或输入的数据；
- ERP 系统运行中涉及多个功能系统以及与外部系统集成的，需要输入而非生成的数据。

ERP 系统的应用基础数据（指生产制造管理、物流管理、资金流管理、质量管理、其他资源体系管理系统的基础数据）是指系统运行中非其他功能模块产生的，从生产或管理现场直接采集并局限于自身系统应用的数据。

表 A.1 给出了基础数据管理子系统的功能模块、功能构件以及功能描述等。

注：表 A.1 中带（*）的为扩展功能指标，不加标示的为基本功能指标。

表 A.1 基础数据管理子系统

模块	功能构件	功能单元	功能描述
A1 基础数据管理	A1-1 企业基本信息维护	A1-1-1（*）定义集团基本信息	定义和维护集团的基本信息，如集团名称、性质、与下属企业关系等
		A1-1-2 定义企业基本信息	定义和维护企业基本信息，如企业名称、法人、性质、银行账号等
		A1-1-3 定义组织类型	定义和维护企业不同的组织（部门）类型，如生产、管理、辅助类型等
		A1-1-4 定义组织	定义和维护企业中各个组织（部门）的基本属性信息以及各个组织（部门）之间的隶属关系
		A1-1-5 定义生产线	定义和维护各种生产线的基本信息，如编码、名称、产能等
		A1-1-6 定义班组	定义和维护企业不同组织（部门）下属班组的基本属性信息，如班组名称、岗位人员构成等
		A1-1-7 定义岗位类型（或定义工种类型）	定义和维护企业的不同岗位类型、不同工种类型，及其岗位等级，如八级焊工、车间主任、部长、副部长等
		A1-1-8 定义岗位（或定义工种）	定义和维护企业中各个岗位/工种的基本属性信息，如销售部长、机加车间主任，岗位职能等
		A1-1-9 定义企业员工	定义和维护企业员工的基本信息，如姓名、编码、组织、岗位等
	A1-2（*）产品基本信息维护		定义企业各种产品（如产品、联产品、副产品等）的基本信息，如名称、编码、物理化学特点、计量特点等
	A1-3 物料基本信息维护	A1-3-1 定义物料类别	定义和维护各种物料类别的编码、名称及其相关基本信息
		A1-3-2 定义物料	定义各种物料编码、名称、规格型号、计量单位及其相关基本属性信息，如库存属性信息、计划属性信息、成本属性信息、采购属性信息、销售属性信息等

表 A.1（续）

模块	功能构件	功能单元	功能描述
A1 基础数据管理	A1-3 物料基本信息维护	A1-3-3(*)定义替代物料	针对不同物料，定义和维护其替代物料信息
		A1-3-4(*)物料属性项目维护	用户可自定义物料的属性项目
		A1-3-5(*)物料属性值维护	维护用户自定义物料属性项目的值信息
	A1-4 物料清单（BOM）管理	A1-4-1 物料清单维护或BOM维护	产品物料结构数据的生成和维护，包括生产BOM、计划BOM等
		A1-4-2 BOM的展开和查询	物料清单的明细和汇总查询，包括单级查询、多级缩排查询、单级反查、多级缩排反查、末项反查等
		A1-4-3(*)BOM版本管理	BOM的不同版本管理
	A1-5(*)产品配置管理	A1-5-1 定义配置条件	设定配置有效的条件，例如，时间有效、批次有效、参数有效、条件有效等
		A1-5-2 产品配置	根据不同的需求，配置相应的产品结构
		A1-5-3 产品配置查询	按条件查询产品的配置信息
	A1-6 工艺数据管理	A1-6-1 工艺路线维护	维护工艺路线的基本信息，如工艺名称、工艺顺序、部门等
		A1-6-2 工艺过程维护	维护工艺过程中工序的相关信息，如名称、加工顺序、工作中心、部门等，以及该工序加工过程中所需工装、刀具、辅料等信息
		A1-6-3 工时定额维护	维护工艺过程中各道工序的工时定额信息
		A1-6-3 材料定额维护	维护生产零部件所需的材料定额信息
		A1-6-4(*)替代工艺路线维护	维护产品工艺路线相应的替代工艺路线
	A1-7 能力数据管理	A1-7-1 定义能力类别	定义和维护能力类别及其相关信息。能力类别是指需要平衡的各种资源类别，如设备、工种等
		A1-7-2(*)定义工作中心类别	维护工作中心分类信息
		A1-7-3 定义工作中心	定义和维护工作中心信息，如工作中心编码、所属部门、工作中心能力及其所包含的设备等
		A1-7-4 定义设备	定义和维护设备基本信息，如设备编码、设备能力、设备制度台时等
		A1-7-5 定义制度工时	定义工作中心年或月应执行的工时工作量信息
		A1-7-6(*)替代工作中心维护	维护工作中心相应的替代工作中心
	A1-8 期量批量标准维护	A1-8-1 定义批量规则	定义和维护物料批量规则信息，如采购批量、生产批量规则等
		A1-8-2 定义提前期	定义和维护物料提前期信息，如采购提前期、生产提前期等

表 A.1(续)

模块	功能构件	功能单元	功能描述
A1 基础数据管理	A1-9 生产日历维护	A1-9-1 生产日历定义	定义企业、部门的生产日历，如节假日、工作日等
		A1-9-2 定义轮班制度	定义企业的轮班制度信息，如轮班规则等
		A1-9-3 班组班次维护	维护轮班的班组、班次信息
	A1-10 计量单位维护		维护系统所使用的计量单位，特定的计量单位的小数位数、数量转换方法(四舍五入、最后一位进1、截断等)，以及对应多于一种的计量单位之间的换算方法等信息
	A1-11 财务成本基本信息	A1-11-1 定义会计期间	定义和维护企业会计期间信息
		A1-11-2 定义会计科目	设置和维护会计科目体系
		A1-11-3 定义核算对象	定义和维护产品财务、成本的核算对象
		A1-11-4 定义责任对象	定义和维护产品成本的责任对象
		A1-11-5 货币维护	定义和维护企业使用的货币的基本信息，如货币类别、名称、编码、单位、汇率等
	A1-12(*)编码管理	A1-12-1 编码规则维护	定义和维护企业的各种编码规则，如物料编码规则、员工编码规则、组织编码规则、设备编码规则等
		A1-12-2 编码生成	根据编码规则对新编码对象生成相应的编码

附 录 B
（规范性附录）
生产制造管理子系统

表 B.1 给出了生产制造管理子系统的功能模块、功能构件以及功能描述等。

注：表 B.1 中带（＊）的为扩展功能指标，不加标示的为基本功能指标。

表 B.1 生产制造管理子系统

	模块	功能构件	功能单元	功能描述
离散生产制造管理体系	B1 主生产计划(MPS)	B1-1(＊)经营与生产规划维护	B1-1-1 经营规划维护	制订企业的经营规划，供企业制订生产大纲参考
			B1-1-2 生产大纲维护	根据企业经营规划信息，制订和维护一段时期内产品或产品类的投入产出安排，即生产大纲
		B1-2 MPS 制订和调整	B1-2-1 预测与需求维护	企业一段时期内的所有需求，如订单需求、预测需求等信息的维护以及订单与预测之间冲销、合并等处理
			B1-2-2 MPS 制订和维护	依据一定策略编制 MPS 并对其进行维护
			B1-2-3 MPS 状态维护	维护 MPS 状态，如编制、审批、下达、撤销、冻结/解冻、结案等
			B1-2-4(＊) MPS 转车间订单	MPS 计划直接转换生成车间订单，并可以进行维护
			B1-2-5(＊) 车间订单状态维护	维护车间订单状态信息，如审核、确认、下达和状态跟踪等
		B1-3 MPS 查询和报表	B1-3-1 MPS 清单查询	根据 MPS 状态信息进行 MPS 计划的分类查询，如已下达 MPS 清单、未下达 MPS 清单、冻结 MPS 清单查询等
			B1-3-2 MPS 需求来源反查	追溯 MPS 计划的需求来源，如来自订单、来自预测及相应的订单/合同信息等
			B1-3-3 MPS 计划执行报表	产生 MPS 计划执行报表，如各时段的投入、产出、在制的计划数量和实际完成数量等
			B1-3-4(＊) 可供订货量查询	根据某段时间内预计入库、现有库存、预分配等信息查询可以承诺的销售量
	B2 粗能力需求计划(RCCP)	B2-1 粗能力清单维护	B2-1-1 定义粗能力	定义需要平衡的各种关键资源信息，如关键工作中心等
			B2-1-2 产品粗能力清单维护(或产品资源清单维护)	定义产品对各类粗能力的标准需求量
		B2-2 粗能力需求计划生成		依据 MPS 计算各种粗能力的负荷情况，并与可用粗能力进行对比
		B2-3 粗能力需求计划查询		以时间段、粗能力等作为查询条件查询粗能力需求计划

表 B.1(续)

	模块	功能构件	功能单元	功能描述
离散生产制造管理体系	B3 物料需求计划(MRP)	B3-1 MPS 计划接收		接收 MPS 系统下达的计划并进行维护
		B3-2 再生式 MRP 生成		针对计划期内所有 MPS 需求的可调整内容重新进行 MRP 计算,产生 MRP 计划
		B3-3 净改变式 MRP 生成		针对计划期内所有发生变化的 MPS 需求,进行 MRP 计算,产生 MRP 计划
		B3-4(*)选择式 MRP 生成		根据用户选择的特定 MPS 需求,进行 MRP 计算,产生 MRP 计划
		B3-5 MRP 计划调整		对自动生成的 MRP 进行手工维护与调整
		B3-6 MRP 采购需求单生成		由编制出的 MRP 计划生成采购需求单,含外购件、外购原材料
		B3-7 MRP 自制订单生成		由编制出的 MRP 计划生成自制订单
		B3-8(*)其他生产辅助计划编制		编制由 MRP 产生的其他生产辅助计划,如辅助物资、工装等
		B3-9 MRP 查询和报表	B3-9-1 MRP 清单查询	根据 MRP 计划,进行采购需求单、自制订单的查询
			B3-9-2 MRP 计划执行报表	根据 MRP 计划和实际生产情况,产生出 MRP 计划的投入、在制、产出的计划数量和实际数量
			B3-9-3 MRP 需求来源反查	查询 MRP 计划的 MPS 计划来源
			B3-9-4(*)MRP 配套性查询	以 MPS 为目标,查询生产配套性信息
			B3-9-5 拖期订单报告生成	根据车间生产实际情况生成拖期订单报告
	B4 能力需求计划(CRP)	B4-1 能力需求计划生成		依据 MRP 计划,计算出各车间(部门)、各工作中心的能力需求
		B4-2 车间负荷能力平衡		通过调整各车间的任务分配,平衡各车间的工作中心能力
		B4-3 车间负荷信息查询		查询各车间、各工作中心的能力负荷
	B5 车间订单管理(或车间任务管理)	B5-1 车间订单维护		接收 MRP 或 MPS 产生的车间订单信息,并设置订单优先级信息,并可按一定的条件查询
		B5-2 车间临时订单维护		零星、急件等车间任务的录入和维护
		B5-3 车间领退料管理	B5-3-1 领料、退料管理	正常和计划外车间订单所需物料(能够做到限额领料)、车间退还物料情况的管理
			B5-3-2 车间缺料报告	生成车间订单缺料报告
		B5-4 转包工序管理		对外转包工序的管理(工件及工序数量、外协厂家、费用等信息的管理)
		B5-5(*)车间订单结算		依据车间订单对公司进行结算

表 B.1（续）

	模块	功能构件	功能单元	功能描述
离散生产制造管理体系	B6 车间作业管理	B6-1 车间作业计划		车间作业计划的编制、调整和下达
		B6-2 车间作业调度	B6-2-1 派工单维护	依据车间作业计划生成、调整并下达派工单
			B6-2-2 加工路线单维护	依据车间作业计划生成、调整并下达加工路线单
		B6-3 车间转序		记录零部件在各车间之间进行流转的数量和日期
		B6-3 车间数据采集	B6-3-1 工序状态管理	工序转移、启停和完工状态信息管理
			B6-3-2 工票录入（完工）	完工工票信息的录入（如实做工时、完工数量等），工票即已填入实际发生数据的派工单
			B6-3-3 工票录入（质检）	质检人员录入完工工票信息，入合格数、不合格数等
		B6-4 车间完工入库		记录车间完工入库信息，如半成品完工入库、零件工序完工入库、成品完工入库等
		B6-5（*）工序异常处理	B6-6-1 返工处理	需要返工的工件工序返工过程的处理
			B6-6-2 拖期处理	加工工件工序出现拖期情况时进行的诸如加班、正常进行等情况的处理
			B6-6-3 废品处理	生产过程出现废品时采取一定的措施（报废、处罚措施等）进行处理
			B6-6-4 停工处理	生产过程停工情况的处理
	B7（*）JIT 管理（适用重复生产类型）	B7-1 基础数据管理	B7-1-1 定义生产线	定义生产线编码、名称、节拍、工位及可生产的产品等信息
			B7-1-2 定义工位物料清单	定义生产线上在生产某产品时，各工位上需要的各种物料及数量
			B7-1-3 定义看板	定义各类看板及其相关属性，如看板名称、类型等
		B7-2 生产计划管理	B7-2-1 生产计划编制	编制或从 MPS 系统导入产品生产计划
			B7-2-2 生产计划状态管理	对生产计划进行调整、审核、下达
		B7-3 产品生产线计划	B7-3-1 生产线计划编制	依据产品生产计划对产品进行分生产线处理，并安排其投入产出的时间和数量
			B7-3-2 计划平准化处理	安排各生产线上产品的投产顺序，确保均衡生产
			B7-3-3 生产线计划状态维护	对生产线计划进行审批、下达等处理
		B7-4 零件生产线计划	B7-4-1 零件生产线计划编制	对产品生产线计划按物料清单进行分解，并安排零部件的生产线计划
			B7-4-2 零件生产线计划状态维护	对零件生产线计划进行审批、下达等处理

表 B.1（续）

	模块	功能构件	功能单元	功能描述
离散生产制造管理体系	B7（＊）JIT管理（适用重复生产类型）	B7-5 生产线日计划		根据产品、零部件生产线计划、节拍、班次等信息编制生产线的日生产计划并下达
		B7-6 领发料计划		根据生产计划或车间任务制订相应的领料、发料计划
		B7-7 看板管理	B7-7-1 看板生成	生成生产线看板信息
			B7-7-2 看板调度	看板的调度
			B7-7-3 看板记账	看板要求的工作执行完毕，对看板进行记账处理
		B7-8 完工记录		根据工位记录产品、零部件上线、下线日期及数量等信息
		B7-9 在线物料管理		处于生产中的各种物料状态信息进行实盘并记录
		B7-10 倒冲管理		利用物料完工的成品与产品报废数量，倒冲物料出库数量、倒冲人工或其他资源（工时、机时、费用）
	B8 生产统计和查询	B8-1 生产任务指标查询		查询各车间计划指标量和实际指标量
		B8-2 生产进度查询		查询各车间订单各工序的完工进度情况
		B8-3 生产完工统计		统计各车间订单完工、入库、在制等信息
		B8-5 生产实做工时统计		统计生产过程的设备实做工时和劳动力实做工时
		B8-6 返工报告		车间返工信息的记录和统计
		B8-7 废品统计		车间生产过程废品信息的记录和统计
		B8-4 设备工况统计		设备工作能力状况统计、查询（工况数据从设备系统来或手工录入）
		B8-8（＊）工作中心效率/利用率报告		根据生产过程信息生成工作中心效率/利用率报告
	B9（＊）网络计划（适用 ETO 类型）	B9-1 网络图绘制		绘制产品的网络图
		B9-2 网络图参数设置		设置网络图参数，如提前期、可用工作中心、工序类别等
		B9-3 网络计划与关键资源平衡		网络计划与关键资源的能力平衡，可按交货期倒排计划或顺排计划、工期压缩、关键资源平衡等
		B9-4 网络图与 BOM 映射		建立网络图与产品 BOM 的映射关系
		B9-5 网络计划与 MPS/MRP 映射		将网络计划映射为 MPS、MRP 可处理的计划
	B10（＊）项目管理	B10-1 项目定义		定义项目，如名称、内容等
		B10-2 项目 WBS 维护		维护项目的工作分解结构
		B10-3 项目资源管理	B10-3-1 项目资源定义	项目资源定义（人力、设备等资源）
			B10-3-2 项目资源调整	项目资源调整

表 B.1（续）

	模块	功能构件	功能单元	功能描述
离散生产制造管理体系	B10(＊)项目管理	B10-4 项目招投标管理		项目招投标过程管理，如招标方案制订、投标报价等
		B10-5 项目进度计划		项目进度计划的生成，可处理项目资源分配、资源平衡等内容
		B10-6 项目成本预算		编制项目的成本预算
		B10-7 项目数据采集		采集项目执行过程中的进度、费用等数据信息
		B10-8 项目采购管理		管理项目采购，如项目采购计划、项目采购过程管理等
		B10-9 项目外包管理		确定项目的外包任务，进行外包追踪和结算
流程制造管理体系能耗	B11 配方管理	B11-1(＊)主配方标题维护		根据企业实际情况，定义产品主配方和半成品主配方标题，如题目、产品、有效期等
		B11-2 主配方过程维护		定义和维护每个主配方的工艺过程，及其实现该过程的生产线
		B11-3 主配方过程标准维护		定义和维护主配方工艺过程的投入标准、产出标准、质量标准、能耗标准、工艺参数标准等信息
		B11-4(＊)批次生产管理		每种产品的批次生产过程的管理
		B11-5 实际产出管理		记录生产线实际产出的产品信息并可针对生产过程出现的偏差对生产工艺、配方进行调整以控制产出水平
		B11-6 实际投入管理		记录生产线实际投入的原材料或其他物料的信息并可针对生产过程出现的偏差对生产投入进行调整
		B11-7 实际质量指标管理		维护和控制实际生产过程物料质量检验指标值在合理范围内
		B11-8 实际工艺参数管理		根据实际生产过程信息，维护和控制生产线的实际工艺参数在合理范围内
		B11-9 实际能耗管理		根据实际生产过程信息，维护和控制生产线的实际能耗在合理范围内
	B12 流程企业生产管理	B12-1 生产计划管理	B12-1-1 流程主生产计划管理	编制、调整和下达产品流程主生产计划
			B12-1-2 投入产出计划管理	编制、调整和下达产品投入产出计划
			B12-1-3 辅助生产计划管理	根据投入产出计划制订对应的辅助生产计划
		B12-2 生产统计报表	B12-2-1 产成品生产统计报表	统计日、月、年产成品产量、质量信息及与计划对比信息
			B12-2-2 投入产出报表	统计日、月、年投入产出信息及与计划对比信息

表 B.1(续)

	模块	功能构件	功能单元	功能描述
流程制造管理体系能耗	B12 流程企业生产管理	B12-2 生产统计报表	B12-2-3 能耗统计报表	统计日、月、年的水、电、气等能源消耗信息及与计划对比信息
			B12-2-4 工艺指标报表	统计工艺指标数据
	B13 车间管理	B13-1 车间订单管理		管理下达给车间的生产批次、生产配方号、生产指令等信息
		B13-2 车间调度		在生产过程中对任务、资源和员工进行调度,下达调度命令并监控执行情况
		B13-3 车间领退料管理		正常和计划外车间订单所需物料、车间退还物料情况的管理
	B14 计量管理	B14-1 计量装置台账维护		计量装置台账信息维护,如名称、编号、类别、精度、检定周期等
		B14-2 计量装置检定管理	B14-2-1 检定计划制订	制订、调整、下达计量装置检定计划(年计划、月计划等)
			B14-2-2 检定记录管理	记录相应计量装置检定的结果,对检定结果的审核、查询等
			B14-2-3 检定结果报表	生成计量装置检定结果的各种报表
		B14-3 计量点管理	B14-3-1 定义计量点	定义计量点的基本信息(如计量点编号、计量方法、计量频度、计量对象等)及其所对应的计量装置
			B14-3-2 计量数据管理	实现不同过程(采购、生产、库存等环节)计量点(如仪表累计示数类、人工类、容积类计量点等)数据的采集、处理、分发、追踪、核对、裁定等功能
			B14-3-3 计量数据报表	按需要对计量数据进行统计并生成报表
B15 库存管理		B15-1 库存基础数据	B15-1-1 定义库房	定义和维护库房名称、库房类型、库位划分等信息
			B15-1-2 定义盘点规则	定义和维护盘点规则和盘点周期信息
			B15-1-3 定义库存事务类型	定义和维护不同库存事务类型(入库、出库、调拨等)
			B15-1-4 定义库存操作原因或用途定义	定义和维护库存操作原因,通过库存操作原因可设置相应的库存操作单据(入/出/移/盘类型)、操作来源、是否生成凭证等
			B15-1-5 定义仓库人员	定义仓库人员的基础信息,如保管员、所属仓库等)
		B15-2 库存维护	B15-2-1 库存初始化	仓库物料期初的初始化(包括手工的、自动的初始化)
			B15-2-2 库存盘点	对库存物料实际数量的清点记录和盘赢、盘亏的结果处理
			B15-5-3 库存结转	物料库存年终、月终的结算处理
			B15-5-4 库存调拨	仓库之间物料的转移记录

表 B.1（续）

模块	功能构件	功能单元	功能描述
B15 库存管理	B15-3 原材料库管理	B15-3-1 原材料入库	外购的原材料入库登记、记账（包含采购退料处理）
		B15-3-2 原材料出库	原材料领用出库登记、记账（包含生产退料处理）
		B15-3-3 原材料出入库单据查询	原材料出入库单据的查询
	B15-4 半成品库管理	B15-4-1 半成品入库	生产完工、委外完工等形式的半成品入库登记、记账
		B15-4-2 半成品出库	半成品领用出库登记、记账
		B15-4-3 半成品出入库单据查询	半成品出入库单据的查询
	B15-5 产成品库管理	B15-5-1 产成品入库	产品生产完工入库登记、记账
		B15-5-1 产成品出库	产成品销售出库登记、记账
		B15-5-3 产成品出入库单据查询	产成品出入库单据的查询
	B15-6 工具工装库管理	B15-6-1 工具工装登记	登记新进的工具工装并记账
		B15-6-2 工具工装借出	工具、工装的生产借用并记账
		B15-6-3 工具工装返还	工具、工装的借用返还
		B15-6-4 工具工装状态管理	维护工具工装状态信息，如停用、启用、报废等
	B15-7 库存报表	B15-7-1 库存物料查询	对物料进行各种分类查询
		B15-7-2 物料收发台账查询	以物料为线索的入库和出库的台账信息查询
		B15-7-3 库存总账查询	查询仓库内各种物料的账簿信息
		B15-7-4 仓库收发存月报表	生成并查询库存物料每月的收发存汇总信息
		B15-7-5 库存资金占用分析报表	一段时期库存物料资金占用和变动情况的分析
		B15-7-6 库存账龄分析报表	对库存物料进行在库时间的分析报表
		B15-7-7(*) 库存周转率分析报表	计算一段时期库存物料的周转率并对其结果进行分析，以辅助企业领导进行生产经营决策
		B15-7-8 库存 ABC 分析	通过分析确定物料的 ABC 分类
		B15-7-9(*) 订货点分析	通过分析确定物料的订货点
		B15-7-10 库存短缺超储分析	根据设定的库存储备限额、安全库存量对库存数量自动监控并给出短缺、超储预警信息
	B15-8(*) 限额发料	B15-8-1 限额发料计划	依据 MRP 制订物料的限额发料计划
		B15-8-2 限额发料单发放	发放限额发料单

附　录　C
（规范性附录）
物流管理子系统

表C.1给出了物流管理子系统的功能模块、功能构件以及功能描述等。

注：表C.1中带（*）的为扩展功能指标，不加标示的为基本功能指标。

表 C.1　物流管理子系统

模块	功能构件	功能单元	功能描述
C1 采购管理	C1-1 采购基础数据管理		定义采购管理系统的基础信息，如采购人员、采购组、采购配额规则、合同类型、退货原因、交货方式等
	C1-2 采购计划管理	C1-2-1 采购申请	录入、审核、提交采购申请
		C1-2-2 采购需求管理	汇总各部门采购需求（MRP计划结果、采购申请等）并对其进行处理，并确认下达
		C1-2-3 采购期间时段维护	以日、月、季、年等为时间间隔，生成和维护物料采购计划期间时段
		C1-2-4 采购计划生成与下达	根据下达的采购需求生成、审核并下达采购计划
		C1-2-5（*）采购代料管理	采购计划代料管理
	C1-3 供应商管理	C1-3-1（*）供应商类型定义	设置不同供应商类型，如按采购的原材料、标准件或其他企业自定义等方式对不同供应商进行分类
		C1-3-2 定义供应商	定义和维护不同供应商信息，如地区、类别、名称、编号等
		C1-3-3（*）供应商评估	结合多方面信息（如采购到货情况、资信等）对供应商进行评估
		C1-3-4（*）供应商资信管理	供应商资信评定管理
	C1-4 比价采购	C1-4-1 报价管理	不同供应商不同物料的报价管理，如询价、报价记录等
		C1-4-2 比价采购	通过定义比价规则、比价指标等因素，对不同供应商进行综合评价，最终生成不同物料的采购方案
		C1-4-3（*）定义最高单价	定义和维护物料的采购限价
	C1-5 采购合同管理	C1-5-1（*）采购配额制订	制订不同物料的采购配额
		C1-5-2 采购订单生成	对已经下达的采购计划生成采购订单
		C1-5-3（*）采购订单分派	将生成的采购订单下达到指定的采购员
		C1-5-4 采购合同管理	采购合同的编制、审核、生效等过程的管理
		C1-5-5（*）采购合同状态跟踪	跟踪合同执行过程信息，并进行记录

表 C.1（续）

模块	功能构件	功能单元	功能描述
C1 采购管理	C1-5 采购合同管理	C1-5-6 采购合同变更管理	合同信息的变更管理
		C1-5-7 采购合同结案	合同结案管理
	C1-6 到货管理	C1-6-1 采购合同到货管理	合同订购货物的到货处理，如生成入库通知单、验收、入库等
		C1-6-2 无合同到货管理	没有采购合同而采购的物料的到货处理
		C1-6-3 退货、折让、降级、扣重、换货处理	对采购的不合格物料进行退货、折让、降级、扣重、换货等方式的处理
		C1-6-4(＊) 进口到货管理	进口货物的到货处理
	C1-7(＊) 采购结算管理		物料的采购结算管理（采购到货物料的数量、价格、时间等信息的汇总并进行统一结算）
	C1-8 采购付款和发票管理	采购付款申请	采购预付/付款申请、审核
		接收采购发票	采购发票的接收
	C1-9(＊) 集中采购管理		集团多组织的集中采购管理（采购计划的合并、采购配额的制订等）
	C1-10 采购系统报表		采购系统信息（如供应商、计划、订单、到货、采购付款等信息）查询统计
C2 销售管理	C2-1 销售基础数据管理		定义和维护销售系统的基础管理信息（如销售人员、销售组织、销售区域、报价规则、报价方式等）
	C2-2 销售计划管理	C2-2-1(＊) 销售预测	根据企业经营规划、市场等情况对未来一段时期产品的销售数量、价格等方面进行预测
		C2-2-2 销售计划编制和维护	编制与维护相关方面（如区域、部门、产品、销售人员、销售费用等）不同时间段的销售计划
	C2-3 销售价格管理	C2-3-1 定义和维护产品价格	考虑不同定价因素（如日期、数量、价格条件、付款条件、区域）和定价、调价策略定义和维护产品价格
		C2-3-2 报价	不同情况下（如新品估价、分量报价、历史报价、现行售价、不同客户）产品的报价
	C2-4 销售合同管理	C2-4-1 销售合同制订	接受（内销、外销、现销、合约、样品、内部订单）类别的销售订单并制订销售合同
		C2-4-2 销售合同变更管理	销售合同信息的变更管理（变更、审核、下达等）
		C2-4-3 销售合同状态跟踪	销售合同执行情况的跟踪并反馈相关跟踪信息
	C2-5 发货管理	C2-5-1 发货管理	根据实际合同信息进行的发货过程管理（提货、出口质检、发货等）
		C2-5-2 非合同销售发货管理	非合同销售业务的发货信息管理
	C2-6(＊) 销售结算管理		不同时段的销售物料的结算管理（销售物料的数量、价格等信息的汇总并进行统一结算）
	C2-7 销售结案	C2-7-1 申请销售发票	申请开具销售发票
		C2-7-2 销售结案	销售结案（合同正常执行情况下的结案）

表 C.1（续）

模块	功能构件	功能单元	功能描述
C2 销售管理	C2-8 出口管理(＊)		出口业务和过程信息管理
	C2-9(＊)销售异常和结案		销售过程异常业务管理(退货、换货、降级、折让等)和结案
	C2-10 销售系统报表		销售系统的各种信息(如客户、销售计划、合同、回款等信息)查询和统计
C3 分销管理	C3-1 分销基础数据管理		分销网络系统基本信息(如销售产品基本信息、分销组织模式、分销中心、办事处、经销商和销售点等)的定义
	C3-2 分销计划管理	C3-2-1 分销预测	分销产品数量、区域等方面的预测
		C3-2-2 分销计划制订	编制和维护不同产品不同方面的(区域、分销组织等因素)的分销计划
		C3-2-3 分销计划执行结果查询	分销计划执行情况信息查询
	C3-3 分销价格管理	C3-3-1 分销价格制订	分销网络的分销产品价格体系的制订
		C3-3-2 集中价格管理	价格的集中、下发和分散管理
		C3-3-3 价格保护管理	定义价格保护政策并对价格保护执行状况进行管理
	C3-4 分销业务管理	C3-4-1 销售过程管理	企业分销过程的管理(接受采购订单、开具发票、代销寄售、零售、退货处理等)
		C3-4-2 库存管理	分销网点的库存管理(一般出入库、调拨、借入借出、超储短缺、盘点调整等)
		C3-4-3 配送管理	分销配送的管理(配送资源信息管理、编制和下达分销配送计划、分销配送过程信息管理等)
		C3-4-4 采购管理	不同分销组织采购过程的管理(制订采购计划、发送采购订单、接受发票、采购退货等)
		C3-4-5 应收应付管理	企业应收、应付的处理和相关信息的查询
		C3-4-6 客户档案维护	建立和维护客户档案信息
		C3-4-7 供应商档案维护	不同分销组织建立和维护供应商档案信息
	C3-5 分销结算管理	C3-5-1 结算管理	一段时期物料的结算管理(销售物料的数量、价格、时间等信息的汇总并进行统一结算)
		C3-5-2 返利管理	定义分销返利政策并对返利执行结果进行记录
	C3-6 分销商绩效管理		分销商激励政策的制定、业绩考核和执行结果记录
	C3-7 分销系统报表		分销系统相关信息查询和统计分析(各种库存、应收应付、销售、客户、业绩报表等)
C4 客户关系管理	C4-1 客户分类		按照不同分类条件(如地域、重要性等)对客户进行分类
	C4-2 客户基本信息管理		建立和维护客户基本信息(地区、类别、名称等信息)

表 C.1（续）

模块	功能构件	功能单元	功能描述
C4 客户关系管理	C4-3(＊)市场机会、线索管理	C4-3-1 市场机会、线索信息	捕捉市场上的各种销售机会和线索并进行记录
		C4-3-2 市场机会、线索跟踪、升迁	跟踪捕捉的各种销售机会和线索，并对其进行是否升迁的处理
	C4-4(＊)潜在客户管理	C4-4-1 潜在客户信息	建立和维护潜在客户档案信息
		C4-4-2 潜在客户跟踪、接触记录	跟踪和接触潜在客户的需求信息并进行记录、分析
	C4-5(＊)客户信用额度		不同情况下不同客户信用额度控制时间、控制方式、控制层级等内容信息维护
	C4-6(＊)客户信誉信息		客户信誉信息维护
	C4-7(＊)客户满意度信息		客户满意度信息维护
	C4-8 客户关怀	C4-8-1 客户反馈记录	客户反馈信息的记录
		C4-8-2 客户关怀	支持解决各种问题、抱怨、反馈，以及以专用服务水准协议为基础的各种活动
	C4-9(＊)多渠道销售管理	C4-9-1 在线营销	互联网上实时营销活动的实施和执行管理
		C4-9-2 网上商店	网上商店
		C4-9-3 在线付款	在线付款管理
		C4-9-4 电话销售	利用交互中心来管理接入和输出的销售信息
	C4-10 多渠道服务管理	C4-10-1 电话服务	电话服务信息管理
		C4-10-2 在线服务	在线服务
		C4-10-3 网上支持	通过互联网访问专用信息（如产品目录）和进行自助式服务（如订单录入、解决方案数据库、常见问题解答和请求跟踪等）
		C4-10-4 返库维修	返库维修管理（返库确认、维修结果、维修费用等方面的管理）
		C4-10-5 备件管理	服务维修等方面所用备件的管理（申请、审核、领用等）
		C4-10-6 服务排程	服务计划排程（人、工具等方面的时间进度等方面的安排）
	C4-11(＊)市场活动信息管理		市场各种营销活动过程和结果的信息管理
	C4-12(＊)竞争对手信息管理	C4-12-1 竞争对手信息维护	建立和维护市场竞争对手信息（产品、市场、销量等）档案
		C4-12-2 竞争对手报价	记录市场竞争对手价格、报价策略等相关信息

附 录 D
（规范性附录）
资金流管理子系统

表D.1给出了资金流管理子系统的功能模块、功能构件以及功能描述等。

注：表D.1中带(*)的为扩展功能指标，不加标示的为基本功能指标。

表D.1 资金流管理子系统

模块	功能构件	功能单元	功能描述
D1 总账	D1-1 基础数据维护	D1-1-1 定义会计项目	定义和维护会计项目(客户、供应商、利润中心等项目)
		D1-1-2 定义凭证类别	设置和维护各种凭证类别
		D1-1-3 定义财务控制参数	定义和维护财务相同的控制参数(账龄范围设置、应收应付余额初始化、信用等级等的设置)
		D1-1-4 定义其他往来账目	定义和维护其他往来账目
		D1-1-5 定义现金流量项目	定义和维护现金流量项目
		D1-1-6 定义收付款单据类别	定义和维护收付款单据类别
		D1-1-7(*)定义利润中心和责任中心	定义和维护企业的利润中心和责任中心
		D1-1-8 定义往来账户维护	定义和维护各种往来账户
		D1-1-9(*)多企业账簿管理	不同企业账簿设置及其财务报表合并管理
		D1-1-10(*)多套账簿管理	同一企业内多套账簿管理
	D1-2 凭证处理	D1-2-1 凭证录入	各种原始凭证的录入
		D1-2-2 记账处理	由原始凭证生成记账凭证
	D1-3 期末处理	D1-3-1 期末结转	会计期末结转
		D1-3-2 年度结转	会计年度结转
		D1-3-3 期末计提	期末计提
	D1-4 报表管理	D1-4-1 凭证/账册	各种凭证/账册业务处理
		D1-4-2 财务报表	编制财务报表
		D1-4-3(*)财务管理报表	编制财务管理报表
	D1-5(*)汇兑损益		汇兑损益计算
	D1-6 总账期末结账		总账期末结账
	D1-7(*)网上银行	D1-7-1 基本信息维护	网上银行基本信息维护
		D1-7-2 日常业务处理	日常网上银行业务处理
		D1-7-3 统计查询	统计查询
		D1-7-4 资金管理	管理与银行方面的资金往来业务
	D1-8(*)外币管理		外币管理

表 D.1（续）

模块	功能构件	功能单元	功能描述
D2 应收账款	D2-1 账款管理	D2-1-1 发票管理	销售发票的管理(生成、打印等)
		D2-1-2 退货和折让	销售的退货和折让账款业务处理
		D2-1-3 应收账款	根据销售合同执行情况生成应收账款
		D2-1-3 回款管理	销售回款业务处理
		D2-1-4 退货和折让	销售的退货和折让账款业务处理
	D2-2 应收业务处理	D2-2-1 收款方式设置	不同收款方式设置
		D2-2-2 预收款	预收账款处理
		D2-2-3 冲账	冲账业务处理
	D2-3 账款催收		根据不同账龄进行各种应收账款的催收
	D2-4 坏账处理		坏账业务的处理
	D2-5(*) 信用管理		不同客户信用信息的管理
	D2-6 报表管理	D2-6-1 应收账龄报表	应收账龄报表生成
		D2-6-2 客户账款明细	客户账款明细表生成
		D2-6-3 回款周转分析	回款周转分析
		D2-6-4 坏账分析管理	坏账的分析管理
D3 应付账款	D3-1 发票录入和记账		采购发票的录入和记账
	D3-2 账款管理	D3-2-1 结账方式设置	设置不同类型结账方式
		D3-2-2 应付账款	形成应付账款
	D3-3 付款冲账管理	D3-3-1 付款方式设置	不同付款方式设置(如现金、票据、外币等)
		D3-3-2 预付款	预付款业务的处理
		D3-3-3 付款计划	付款计划生成
		D3-3-3 退款处理	退款业务的处理
		D3-3-4 冲账	冲账业务的处理
	D3-4 台账管理		台账汇总
	D3-5 供应商管理		供应商信息管理，如供应商的名称、经营范围、联系人等
	D3-6 报表管理	D3-6-1 应付账龄报表	应付账龄报表统计和分析
		D3-6-2 应付账款统计	应付账款统计和查询
D4 固定资产管理	D4-1 基础数据维护	D4-1-1 固定资产类别维护	固定资产类别维护
		D4-1-2 固定资产增减原因维护	固定资产增减原因维护
		D4-1-3 固定资产使用科目维护	固定资产使用科目维护
		D4-1-4 固定资产记账科目维护	固定资产记账科目维护
	D4-2 固定资产管理	D4-2-1 资产购入管理	购入资产的管理

表 D.1（续）

模块	功能构件	功能单元	功能描述
D4 固定资产管理	D4-2 固定资产管理	D4-2-2 固定资产基本信息维护	固定资产基本信息的维护
		D4-2-3(＊)资产减值准备	资产减值准备业务处理
	D4-3 固定资产变动	D4-3-1 资产改良	资产改良业务处理
		D4-3-2 资产评估	资产评估业务处理
		D4-3-3 资产报废	资产报废业务处理
		D4-3-4 资产出售	资产出售业务处理
		D4-3-5 资产转移	资产转移业务处理
		D4-3-6(＊)资产送修/外借	资产送修/外借业务处理
	D4-4 固定资产折旧管理	D4-4-1 折旧方法设置	根据不通资产类型设置不同的折旧方法
		D4-4-2 折旧	计提折旧业务处理
	D4-5 报表管理	D4-5-1 固定资产台账维护	固定资产台账维护
		D4-5-2 固定资产账表分类统计	固定资产账表分类统计
D5 存货核算管理	D5-1 存货入库核算	D5-1-1 采购入库核算	采购(包括实价、估价等形式)物料入库核算
		D5-1-2 自制入库核算	自制半成品、产品等的入库核算
		D5-1-3 其他入库核算	其他(如委外加工)入库核算
	D5-2 存货出库核算	D5-2-1 材料出库核算	各种形式(生产、办公等领用)的物料出库核算
		D5-2-2 产成品出库核算	对外销售的产成品出库核算
		D5-2-3 自制出库核算	生产用半成品出库核算
		D5-2-4 其他出库核算	其他(如委外加工)出库核算
	D5-3(＊)存货跌价准备		存货跌价准备
	D5-4(＊)记账凭证管理		生成入库、出库、销售收入和其他业务凭证
	D5-5 期初、期末管理		系统期初、期末业务功能(期初余额调整、期末结账等)
	D5-6 定义核算期		定义库存核算期
	D5-7 账簿、报表管理		存货核算业务信息的综合查询
D6(＊)现金管理	D6-1 收付款业务处理		收付款业务处理
	D6-2 借还款管理		借还款管理
	D6-3 银行对账		银行对账
	D6-4 账目查询		账目查询
D7(＊)薪资福利	D7-1 工资类别管理		工资类别管理
	D7-2 部门及职员管理		部门及职员管理
	D7-3 币别和银行设置		币别和银行设置
	D7-4 工资项目和核算方法设置		工资项目和核算方法设置

表 D.1(续)

模块	功能构件	功能单元	功能描述
D7(*)薪资福利	D7-5 工资变动管理		工资变动管理
	D7-6 工资管理		工资管理
	D7-7 工资报表管理		工资报表管理
	D7-8 福利管理		福利管理
D8(*)预算管理	D8-1 预算项目维护		预算项目维护
	D8-2 财务预算		财务预算计划管理(如利润计划、投资计划等)
	D8-3 销售预算		销售预算计划管理
	D8-4 生产预算		生产预算计划管理
	D8-5 采购预算		生产预算计划管理
	D8-6 成本预算		生产预算计划管理
	D8-7 资金预算		资金预算计划管理
	D8-8 预算执行报表分析		预算执行报表分析
D9 财务报表	D9-1 资产负债表		资产负债表
	D9-2 损益表		损益表
	D9-3 利润分配表		利润分配表
	D9-4 现金流量表		现金流量表
	D9-5 财务分析		各种财务指标分析
D10(*)集团财务管理	D10-1 集团财务标准管理		集团财务标准管理
	D10-2 结算中心		结算中心
	D10-3 对账中心		对账中心
	D10-4 内部交易协同		协同产生集团内部交易凭证/单据
	D10-5 报账中心		报账中心
	D10-6 信贷中心		信贷中心
	D10-7 合并报表管理		合并报表
D11 成本管理	D11-1 成本基础数据管理		成本基础数据(例如成本科日、责任对象、结转关系、核算对象等)信息管理
	D11-2 成本类型设置	D11-2-1 标准成本计算方法设置	标准成本计算方法设置
		D11-2-2 实际成本计算方法设置	实际成本计算方法设置
		D11-2-3(*)模拟成本计算方法设置	模拟成本计算方法设置
		D11-2-4(*)其他成本计算方法设置	其他成本计算方法设置
	D11-3 成本支持	D11-3-1 成本标准定额管理	成本标准定额(工作中心、产成品、半成品等成本定额的制订和发布)管理
		D11-3-2 价格体系管理	材料、工时、能源、产成品、半成品等的价格体系管理

表 D.1(续)

模块	功能构件	功能单元	功能描述
D11 成本管理	D11-4 成本核算	D11-4-1 材料成本归集	直接材料成本的归集,材料价格差异的处理
		D11-4-2 加工成本归集	依据实做工时和成本标准归集加工成本(包括人工成本、工作中心成本),并分摊费用差异
		D11-4-3 费用核算	对费用发生进行管理和核算,例如工人工资、制造费用等费用的核算
		D11-4-4 基本生产成本核算	基本生产车间核算对象成本的核算
		D11-4-5 辅助生产成本核算	辅助生产成本的核算,包括成本动因管理和辅助成本的分配和核算
		D11-4-6 成本转入转出处理	处理生产车间核算对象的转入转出
		D11-4-7 成本结转处理	产成品成本和销售成本结转
		D11-4-8(*)联副产品处理	联副产品处理
	D11-5 成本差异分析与考核	D11-5-1 成本计划	制定分车间、分时段、分科目的成本/费用计划
		D11-5-1 成本差异分析	计算并分析成本差异,例如分车间、分时段、分科目的成本差异
		D11-5-2(*)量本利分析	量本利分析
		D11-5-3(*)成本考核	依据计划成本和实际成本对相关责任对象进行成本方面的考核和评价
	D11-6 成本报表		产品成本形成过程中相关信息的(材料消耗明细/汇总、材料数量/价格差异、费用实际分配率变动、成本差异变动、单位产品实际成本变动、部门费用变动等)的查询和分析

附　录　E
（规范性附录）
质量管理子系统

表 E.1 给出了质量管理子系统的功能模块、功能构件以及功能描述等。

注：表 E.1 中带(＊)的为扩展功能指标，不加标示的为基本功能指标。

表 E.1　质量管理子系统

模块	功能构件	功能单元	功能描述
E1 质量基础数据定义	E1-1 质量标准维护		产品质量检验标准信息维护
	E1-2 质量抽样标准维护		质量抽样标准信息维护
	E1-3(＊) 质量等级定义		维护质量等级代码、名称等信息
	E1-4 质量缺陷等级定义		维护质量缺陷等级的代码、名称等信息
	E1-5(＊) 质量统计期定义		对质量统计的时间范围进行定义
	E1-6 质量检验项目定义		定义企业质量检验项目类型及其相关信息
	E1-7 质量检验方法定义		维护检验方法代码、名称、手段等信息
	E1-8(＊) 检验物料的重要度定义		定义和维护不同种类检验物料的重要度
	E1-9(＊) 检验单紧急程度定义		定义和维护不同种类检验单的紧急程度
E2 质量检测计划	E2-1 采购检测计划		制订采购物料的质量检验计划，如检验物料名称、检验项目、检验标准等
	E2-2 生产过程检测计划		制订生产(含装配)过程质量检验计划
	E2-3 成品检验计划		制订产品质量检验计划，如合格品入库、出厂等检验
	E2-4(＊) 存货检验计划		制订存货质量检验计划
E3 质量业务处理	E3-1(＊) 质量检验任务制订		制订质量检验任务
	E3-2 采购进货检测管理		依据采购检验计划对采购进货进行检测，记录检测信息和检测结果
	E3-3 生产过程检测管理		依据生产检验计划对生产工序检测对象进行检测，记录检测信息和检测结果
	E3-4 成品检测		依据产品检验计划对产品检测对象进行检测，记录检测信息和检测结果
	E3-5(＊) 产品出厂质量业务处理		产品出厂质量业务处理信息管理，如检测信息记录、检测结果归档等
	E3-6(＊) 外协收货检测		外协收货的检测信息管理
	E3-7 销售退货检测		销售退货检测信息管理
	E3-8 不合格品处理	E3-8-1 不合格品评审	根据不合格品检测结果组织有关人员和组织对其进行评审和会签

表 E.1(续)

模块	功能构件	功能单元	功能描述
E3 质量业务处理	E3-8 不合格品处理	E3-8-2 不合格品处理	处理产成品、原材料及生产过程中的不合格物料,处理结果包括返工、返修、报废、让步接收、降级等
E4(*)质量监督管理	E4-1 质量监督管理		质量检验过程监督管理(一般适用流程企业质检过程的监督管理)
E5 质量综合管理	E5-1(*)计量器具质量管理		计量器具质量检验计划和检验管理
	E5-2 产成品合格率统计		统计产成品合格率
	E5-3 产成品不合格率统计		产成品不合格率统计和原因分析
	E5-4 返修率统计		返修率统计和原因分析
	E5-5 废品率统计		废品率统计和原因分析
	E5-6 质量指标综合统计与分析		产成品质量指标综合统计与分析,如合格率、废品率、返修率等
	E5-7(*)进货及供货商质量评价与控制		进货及供货商质量评价与控制
	E5-8(*)生产过程评价与控制		根据生产过程的统计信息对相关生产过程进行分析,并给出评价结果与相应的控制建议或指令

附 录 F
（规范性附录）
其他资源管理子系统

表F.1给出了其他资源管理子系统的功能模块、功能构件以及功能描述等。

注：表F.1中带(*)的为扩展功能指标，不加标示的为基本功能指标。

表F.1 其他资源管理子系统

模块	功能构件	功能单元	功能描述
F1 人力资源管理	F1-1 人事档案管理	F1-1-1 员工基本信息	建立企业员工的基本档案
		F1-1-2 档案变动管理	员工工资、素质、考核、培训、岗位、离职等档案信息的管理
	F1-2 人事管理	F1-2-1 劳动合同管理	企业劳动合同及其过程管理
		F1-2-2 奖惩管理	组织机构和员工奖惩信息管理
		F1-2-3 人事变动管理	记录企业组织机构人事岗位变动信息管理
	F1-3(*)人力资源计划	F1-3-1 人力资源计划编制	根据企业发展规划，编制未来一段时期的人力资源计划(人力成本、招聘数量、辞退数量等)
		F1-3-2 人力资源计划下达与实施	人力资源计划下达与实施结果统计、分析
		F1-3-3 招聘管理	招聘、录用和录用结果管理(招聘流程及内容制订的执行、录用后一段时期的结果分析等)
	F1-4(*)培训管理	F1-4-1 培训计划	制订企业培训计划
		F1-4-2 培训信息管理	企业培训信息管理
	F1-5(*)绩效考核	F1-5-1 绩效考评管理	绩效考评指标、考评对象、考评规则等内容的制订
		F1-5-2 绩效结果计算	计算绩效考评结果
	F1-6 考勤管理	F1-6-1 班别设置	设置不同的轮班制度和规则
		F1-6-2 考勤对象定义	为企业定义考勤对象及其考勤方式信息
		F1-6-3 定义考勤项目	定义考勤的项目类型，类型包括正常、请假、迟到、早退等
		F1-6-4(*)考勤机连接	考勤机一段时期考勤结果信息自动输入
		F1-6-5 人员考勤信息管理	人员考勤信息及其处理结果信息管理
	F1-7 工资管理	F1-7-1 工资表项目定义	定义企业员工工资表中的项目及相关的工资类型
		F1-7-2 保险管理	根据工资情况，定义各种保险项目及建立保险档案
		F1-7-3 工资核算	根据相关统计报表和考核项目进行员工薪资的核算
	F1-8 人事管理系统报表		有关人事管理信息的统计分析和查询
	F1-9(*)员工健康和安全环境保障		有关员工健康信息和安全环境保障措施信息的管理

表 F.1（续）

模块	功能构件	功能单元	功能描述
F2(＊)设备资源管理	F2-1 基础数据管理		建立和维护设备管理系统的基础数据信息，如(设备管理组织、人员、设备类别、缺陷、故障、事故类型等)
	F2-2 设备台账管理		建立设备台账并对其进行维护管理。如设备编号、设备名称、使用状态信息、厂商信息等
	F2-3 设备运行管理	F2-3-1 设备运行档案管理	设备运行过程的档案信息管理
		F2-3-2 设备日常运行管理	日常检查、精度检测等信息管理
		F2-3-3 设备缺陷、故障、事故登记	设备运行过程中的缺陷、故障、事故登记
	F2-4 设备维修管理	F2-4-1 维修定额管理	维修定额管理，如维修对象的维修工时、费用标准等
		F2-4-2 维修计划制订	制订年度、月度及滚动维修计划
		F2-4-3 维修过程信息记录	设备维修过程及完工信息记录
		F2-4-4 维修档案管理	对于记录维修信息的档案的维护和管理
		F2-4-5 维修材料/备件需求计划	根据设备维修计划制订维修材料和备件需求计划
	F2-5 设备备件管理	F2-5-1 设备备件库存管理	设备备件库存管理
		F2-5-2 备件需求计划	制订备件需求计划
		F2-5-3 备件采购管理	备件采购过程管理
		F2-5-4 备件更换管理	备件更换信息管理
		F2-5-5 备件维修管理	备件维修过程管理
	F2-6 设备变更管理	F2-6-1 设备移装	设备移装信息管理
		F2-6-2 设备调拨	设备调拨信息管理
		F2-6-3 设备租借	设备租借信息管理
		F2-6-4 设备停用	设备停用信息管理
		F2-6-5 设备启封与封存	设备启封和封存信息管理
		F2-6-6 设备闲置	设备闲置信息管理
		F2-6-7 设备报废	设备报废信息管理
		F2-6-8 设备添置	设备添置信息管理
	F2-7 设备润滑管理	F2-7-1 设备润滑计划	制订设备润滑年度、月度计划
		F2-7-2 设备润滑油计划	制订润滑油需求计划
		F2-7-3 设备润滑档案	记录设备润滑计划、计划执行等信息
	F2-8 外租工具管理		外租设备工具的信息管理
	F2-9 设备管理系统报表		设备管理系统的各种统计报表和查询，如设备三率(运转率、故障率、完好率)统计表、设备台数统计等

表 F.1（续）

模块	功能构件	功能单元	功能描述
F3 综合信息查询	F3-1 销售信息统计分析		销售系统信息统计分析
	F3-2 采购系统信息统计分析		采购系统信息统计分析
	F3-3 库存统计分析		库存统计分析
	F3-4 生产统计分析		生产统计分析
	F3-5 人事信息分析		人事信息分析
	F3-6 设备统计分析		设备统计分析
	F3-7 质量统计分析		质量统计分析
	F3-8 财务统计分析		财务统计分析
	F3-9 成本统计分析		成本统计分析
	F3-10 其他统计分析		其他方面信息资源的统计分析

附 录 G
（规范性附录）
系统配置管理子系统

表 G.1 给出了系统配置管理子系统的功能模块、功能构件以及功能描述等。

注：表 G.1 中带（＊）的为扩展功能指标，不加标示的为基本功能指标。

表 G.1 系统配置管理子系统

模块	功能构件	功能单元	功能描述
G1 系统运行管理	G1-1 用户管理		安装系统的计算机用户管理
	G1-2 权限管理		定义和管理系统各种权限用户（例如集团、公司、系统各种权限用户）
	G1-3 菜单管理	G1-3-1 子系统定义	定义系统中子系统的名称、代码等
		G1-3-2 程序定义	定义系统中的程序名称、代码、所属子系统等
		G1-3-3 菜单定义	定义菜单的级别、所属子系统、名称、代码
	G1-4（＊）数据备份与恢复		数据库中数据的备份和恢复
G2（＊）系统建模工具	G2-1 系统建模管理		基于业务活动、支持工作流管理的企业动态建模工具
G3（＊）系统配置	G3-1 系统配置管理		从构件库中识别、提取构件配置和构建不同类型企业的 ERP 系统

参 考 文 献

[1] 陈启申. ERP——从内部集成起步. 北京：电子工业出版社，2006.
[2] GB/Z 18728—2002 制造业企业资源管理计划(ERP)功能体系结构技术规范.
[3] 程国卿，吉国力. 企业资源计划 ERP 教程. 北京：清华大学出版社，2008.

ICS 35.240.50
L 67

GB

中华人民共和国国家标准

GB/T 25109.4—2010

企业资源计划
第4部分:ERP系统体系结构

Enterprise Resource Planning—Part 4:ERP system architecture

2011-01-14 发布 2011-06-01 实施

中华人民共和国国家质量监督检验检疫总局
中国国家标准化管理委员会 发布

前　言

GB/T 25109《企业资源计划》分为如下4部分：

——第1部分：ERP术语；

——第2部分：ERP基础数据；

——第3部分：ERP功能构件规范；

——第4部分：ERP系统体系结构。

本部分是GB/T 25109的第4部分。

本部分由中国机械工业联合会提出。

本部分由全国自动化系统与集成标准化技术委员会（SAC/TC 159）归口。

本部分起草单位：北京机械工业自动化研究所、金蝶软件（中国）有限公司。

本部分主要起草人：胡锦敏、林中伟、孙洁香、高雪芹。

引　　言

软件系统体系结构是联系业务需求和系统实现之间的桥梁。软件系统体系结构给出了软件系统的组织方式和运行管理机制，是指导软件系统设计开发的基础。

GB/T 25109 的本部分给出了企业资源计划 ERP(Enterprise Resource Planning)系统的体系结构，说明了 ERP 系统的组成部分和内外关系。为企业实施 ERP 系统提供了业务、应用框架和技术框架方面的参考和标准。

本部分为企业实施 ERP 系统提供了参考指南，即根据不同需要确定 ERP 的选型及体系结构。本部分适用于指导 ERP 系统功能评价指标体系的建立。

本部分为体系结构标准，不涉及 ERP 系统实现的具体细节。

建议本部分与 GB/T 25109 的其他部分标准“ERP 术语”、“ERP 基础数据”以及“ERP 功能构件规范”等配套使用。

企业资源计划
第4部分:ERP系统体系结构

1 范围

GB/T 25109的本部分规定了ERP系统的体系结构,规范了ERP系统的业务及信息架构。

本部分适用于ERP系统的最终用户、系统的提供商业选型、开发及实施过程中所使用的相应数据,同时,还可以根据不同的实施需求,确定ERP系统的结构、层次,并支持ERP系统的选型、实施和评价。

本部分适用于ERP的开发商、最终用户、系统提供商。

2 术语和定义

下列术语和定义适用于本部分。

2.1

软件体系结构 software architecture

软件系统结构、行为和属性的高级抽象的表现形式,它由构成系统的元素的描述、这些元素的相互作用、指导元素集成的模式以及这些模式的约束组成。软件体系结构不仅指定了系统的组织结构和拓扑结构,而且显示了系统需求和构成系统的元素之间的对应关系,提供了一些设计决策的基本原理。

[GB/T 25109.1—2010,定义A.2.6]

2.2

工作流 work flow

在计算机支持下的全自动或半自动化实现的全部或部分业务流程,在此过程中,文档、信息或任务按一定的过程规则流转,实现组织成员间的协调工作以达到业务的整体目标。

[GB/T 25109.1—2010,定义A.2.5]

2.3

办公自动化 office automation

为了帮助办公室工作人员简化他们日常任务和职责而设计的各种交互的应用系统,通常包括文字处理、电子邮件以及日程安排。

[GB/T 18725—2008,定义3.189]

2.4

Web服务 Web services

W3C(World Wide Web Consortium)定义的由统一资源标识符URI(Uniform Resource Identifier)标识的软件应用程序,其接口和绑定可以通过XML构件进行定义、描述和发现,网络服务支持通过基于因特网的协议使用基于XML的消息与其他软件应用程序直接交互。网络服务具有以下特征:完好的封装性、松散耦合、使用协议的规范性、高度的可集成能力,是建立松散耦合的、基于开放标准的分布式应用架构的一种新手段。

[改写GB/T 25109.1—2010,定义A.2.13]

2.5

客户关系管理 customer relationship management;CRM

遵循客户导向战略,利用现代信息技术,实现客户信息的搜集、跟踪和分析、客户联系渠道的拓展的管理模式。

[GB/T 25109.1—2010,定义 3.1.7]

2.6

供应链管理　supply chain management;SCM

利用计算机网络技术全面规划供应链中的商流、物流、信息流、资金流等,并进行计划、组织、协调与控制。

[GB/T 18354—2006,定义 6.21]

2.7

供应商关系管理　supplier relationship management;SRM

企业供应链上的一个基本环节,它建立在对企业的供方(包括原料供应商、设备及其他资源供应商、服务供应商等)以及与供应相关信息完整有效的管理与运用的基础上,对供应商的现状、历史、提供的产品或服务进行管理和评价,并且通过高效的信息交流与合作,改善与供应链上游的供应商关系,实现与供应商建立和维持长久、紧密的伙伴关系,共同提高在市场中的竞争力。

2.8

三层体系结构　Three-tiers architecture

由表示层、逻辑层和数据层组成的一种软件结构。典型的三层架构中,客户端一般仅负责客户与系统交互和显示工作,不承担任何与业务逻辑、商业逻辑有关的工作;业务逻辑与商业逻辑被作为中间服务层;而数据库则是作为数据服务层。这种三层结构提供了软件开发的灵活性,更好地支持基于构件的、分布式的软件结构。在三层结构中,一层的改变,一般不会影响到其他层,这有助于实现所谓的瘦客户端的软件实现模式。

[GB/T 25109.1—2010,定义 A.2.9]

2.9

多层体系结构　Multi-tiers architecture

在三层体系结构的基础上发展而来的。将三层体系结构中的某层再扩展为更多的层就形成了软件的多层体系结构。例如可以把表示层再细分为用户浏览器端表示层和服务器端表示层就形成了所谓的B/S四层结构。

[GB/T 25109.1—2010,定义 A.2.10]

2.10

软件构件　software component

语义完整、语法正确和有可重用价值的单位软件,是软件重用过程中可以明确辨识的系统;在结构上,它是语义描述、通讯接口和实现代码的复合体。

2.11

ERP 系统功能构件　ERP systems function component

ERP 系统中从用户视角可明确区分的、业务功能独立的构成成分。

2.12

客户机/服务器结构　client/server architecture

一种软件的体系结构,通过将计算任务合理的分配到客户端和服务器端,从而降低系统的通讯开销、增强系统资源的利用率。

2.13

浏览器/服务器结构　browser/server architecture

随着 Internet 技术的兴起,对 C/S 结构的一种变化或者改进的结构。在这种结构下,用户工作界面是通过 WWW 浏览器来实现的，客户端只负责进行数据展现和人机交互操作，而主要业务逻辑都在服务器端实现。这样就大大简化了客户端电脑载荷，减轻了系统维护与升级的成本和工作量，降低了用户的总体成本(TCO)。

2.14

面向对象的中间件　object-oriented middleware

具有面向对象软件设计特性的中间件，这些特性包括封装、多态性、动态联编、继承性等。面向对象中间件的还具有和语言的无关特性，即无论一个中间件是采用什么语言实现的，支持这种中间件的任何其他语言都可以在运行代码的级别上使用它，而不是使用其源码。

[GB/T 25109.1—2010，定义 A.2.4]

2.15

构件对象模型　component object model;COM

由微软提出的面向对象的中间件标准，它定义了中间件程序之间进行交互的标准和所需的运行环境。

2.16

公共对象请求代理体系　common object request broker architecture;CORBA

由对象管理组织 OMG(Object Management Group)提出的应用软件体系结构和对象技术规范，其核心是一套标准的语言、接口和协议，以支持异构分布应用程序间的互操作性及独立于平台和编程语言的对象重用。

[改写 GB/T 25109.1—2010，定义 A.2.3]

2.17

企业级构件　enterprise javabean;EJB

由 JCP(Java Community Process)定义的 J2EE 规范中的面向对象的中间件标准，它只能在基于 Java 的平台上运行。

2.18

电子商务　electric business;EB

electronic commercial;EC

利用计算机技术、网络技术和远程通信技术，实现整个商务过程中的电子化、数字化和网络化。广义电子商务指具有共享企业信息、维护企业间关系及产生企业交易行为等三大功能的远程通讯网络系统。一般电子商务分为 B2B(Business To Business)和 B2C(Business To Consumer)两种方式，B2B 指企业与企业之间的交易行为，B2C 指企业与个人之间的交易行为。

[GB/T 25109.1—2010，定义 A.3.8]

2.19

ebXML

一组支持模块化电子商务框架的规范。ebXML 支持一个全球化的电子市场，它使得任意规模的企业通过交换基于 XML 的信息，不受地域限制地接洽和处理生意。ebXML 是联合国贸易促进和电子商务中心(UN/CEFACT)和结构化信息标准发展组织 OASIS(Organization for the Advancement of Structured Information Standards)共同倡导、全球参与开发和使用的规范。

2.20

电子数据交换　electronic data interchange;EDI

一种利用计算机进行商务处理的方法。它将贸易、运输、保险、银行和海关等行业的信息，用一种国际公认的标准格式，通过计算机通信网络，在各有关部门、公司与企业之间进行数据交换与处理，并完成以贸易为中心的全部业务过程。

[GB/T 25109.1—2010,定义 A.2.12]

2.21

企业资源计划 Enterprise Resource Planning

管理、定义和标准化必要经营流程以有效计划和控制企业的一种框架,ERP 是建立在信息技术的基础上,融合现代企业的先进管理思想,全面集成企业物流、信息流和资金流,为企业提供经营、计划、控制与业绩评估等的管理模式。

注 1:ERP 理论与系统是从 MRPⅡ发展而来,它继承了 MRPⅡ的基本思想和功能,不断扩展管理的范围及深度,跨越了物料、加工工作地、设备、劳动力等制造资源的范围,覆盖了供应商资源、客户资源、企业多个工厂之间的制造资源、多个分销地点的销售资源、企业人力资源、管理会计资源、设备预维修资源等管理资源,将客户需求、企业内部的生产经营活动以及供应商的资源整合在一起进行统一规划和管理。

注 2:目前,ERP 系统支持离散制造、流程制造以及混合制造环境,应用范围从制造业扩展到了零售业、服务业、银行业、电信业、政府机关和学校等事业部门,通过融合数据库技术、图形用户界面、第四代查询语言、客户服务器结构、计算机辅助开发工具、可移植的开放系统等对企业资源进行了有效的集成。

[GB/T 25109.1—2010,定义 3.1.4]

3 缩略语

下列缩略语适用于本部分。

ERP	企业资源计划	Enterprise Resource Planning
UI	用户界面	User Interface
UIP	用户界面流程	UI Process

4 体系结构模型

体系结构是通过构件、构件之间的关系、构件与环境之间的关系来描述系统的基本组织结构以及指导系统设计与演化的规则。

ERP 系统体系架构可以在不同架构上来描述 ERP 系统的业务职能、系统实现及技术支撑。

ERP 系统体系结构通过三个架构来描述:

a) 业务架构:定义业务战略、业务驱动因素、治理、组织结构、角色定义和重要的业务流程与功能。

b) 应用架构:应用架构对重要部署的业务构件,提供一个蓝图。其定义业务构件的具体实现与表现方式,描述了应用构件间的相互关系,以及应用构件与核心业务流程之间的关系。

c) 技术架构:描述用来支持业务、数据、应用服务部署的基础设施能力,包括中间件、网络、通信等软硬件以及相关的平台和技术标准等。

GB/T 25109 的本部分基于上述三个架构定义 ERP 系统体系结构中的业务架构、应用架构及技术架构。

5 ERP 系统体系结构

5.1 ERP 系统业务架构

5.1.1 ERP 系统业务架构模型

业务架构是业务系统的基本组织,体现的是构件与构件之间关系、构件与环境关系,以及管理其设计和演进的原则,是应用架构、技术架构的基础。图 1 给出了业务架构模型框架。业务架构模型包括动机、组织、功能三大部分。

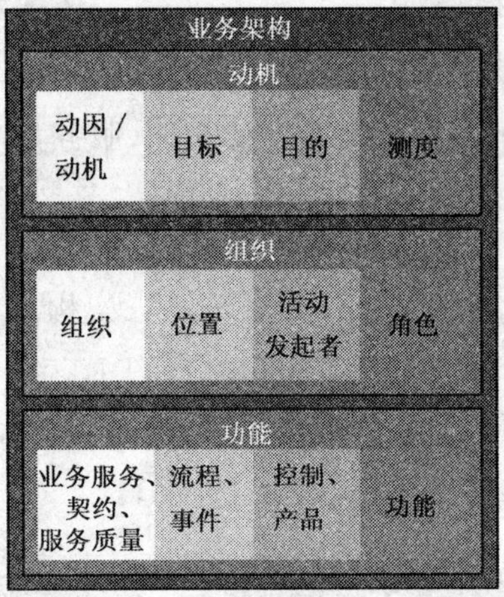

图 1 业务架构内容元模型框架

业务架构模型中的模型元素描述如下：

a) 动因/动机：驱动业务目标产生和实现的内在/外在因素。如“快速、高质量满足客户需求，赢得竞争优势”。

b) 目标：企业的业务流程都是为业务目标服务的，为了完成业务目标，企业的业务流程都有可能进行适当的调整。如“到2009年底，市场占有率增加20%”。

c) 目的：目标通过目的达成或实现。目的是一个时间界限的里程碑，组织用来示范向目标前进的进度。如“到2009年底，产能利用率增加30%，或增加两条新的汽车生产线，以支持计划增加的市场占有率”。

d) 度量/测度：目的采用测度进行跟踪；测度为目的设定绩效准则，如计划达成率。

e) 组织：自容纳的资源的单元，拥有直线的管理职责、目的、目标和措施。组织包括外部各方和业务合作伙伴组织。

f) 位置：存放的物理要素，是企业进行业务运营或提供建筑物给架构相关的资产。

g) 活动发起者：一个人员、组织或系统，具有开始活动或者与活动交互的角色；例如，出访客户的销售代表。施动者可以是组织内部的，也可以是组织外部的。

h) 角色：一个施动者所担任的履行任务的角色。施动者通常的或期望的功能，或在某一特殊行动或事件中某人或某事扮演的角色。一个施动者可以有很多角色。

i) 业务服务：是一种/项业务所做的事情，拥有定义好的、有规则的接口并且拥有与服务使用者的契约。业务服务是人、流程和技术的组合。

j) 契约：服务提供者和消费者之间的双向协议（涵盖服务质量的协议、服务接口和编排的协议以及业务协议等资料性契约），描述了服务交互各方的需求和预期的断言。业务服务及其服务契约之间的联系是重要的，组织中业务战略和愿景的变更将会触发这些契约的变更，并且需要考虑它们对企业架构的影响。

k) 服务质量：描述行为的承诺，如适应性或可管理性。服务质量对多数或所有服务类别的操作，有无处不在的影响。在架构开发时，必须知道希望得到的质量，和它们对构件块选择的影响程度。

l) 流程：显示活动之间按次序的控制流，描述了所有的有关流程元模型实体的模型和映射。

m) 事件：是位于施动者、流程、服务之间的载体，由施动者或流程或服务所产生或触发。

n) 控制：保证流程正确执行而采取的自我调整、约束、规划、评价和控制的一系列方法、手续与措施的总称。如箱重误差率不能超过5%,否则暂停传送带并进行声音告警。

o) 产品:用于连接组织和流程,是二者产出的主体。必须详细了解在业务架构的开发过程中的产品生命周期,以确保严格的设计控制、流程和程序。

p) 功能:是指一种业务所作的事情。服务支持功能,服务是功能并且拥有功能。但是功能不一定是服务。服务具有比功能更多的明确约束表现。

5.1.2 ERP系统业务架构层次

根据业务架构模型,给出如图2所示的ERP系统业务架构。其中,顶端的决策层与业务架构模型中动机层的动因/动机、目标、目的相匹配,度量则在流程中予以体现;中间和右侧部分对应的管理层与运营层参考则与业务架构模型中的功能部分相互匹配架构进行设计;左侧组织层部分与参考业务架构模型中的组织架构部分相互匹配进行设计。

图2 ERP系统的业务架构

从业务架构层次上,ERP系统可分为运营层、管理层、决策层。其中,运营层覆盖了企业日常运营的核心业务流程以及管理和支持流程;管理层通过管控模式的设计,实现业务、财务和人力资源的管理监控,使得业务过程达到高效、协同运作的目的;决策层通过提供企业战略管理和战略规划的各种工具与方法,来实现战略目标管理、业务规划、投资者关系管理等功能。业务层在管理层的指导下,为决策层提供决策依据,从而实现企业经营过程的闭环管理。

核心业务流程按照价值链区分为研发、供应、生产、销售、服务等领域;管理和支持流程包括财务、人力资源以及协同等领域。

5.2 ERP系统应用架构

5.2.1 概述

ERP系统应用架构是一个分层结构,见图3所示。其核心层次分为三层:业务展现层(或称业务表示层)、业务逻辑层、数据访问层。而数据架构主要描述了业务实体在其上述应用架构中不同层次的表现形式和作用以及它们间的关系,本架构标准把数据对象分为:值对象(领域对象)VO(Value Object)、业务对象 BO(Business Object) 和持久对象 PO(Persistence Object)。

除了上述的三层核心层次外,在顶层定义了用户与访问接入设备层次,用于定义接入 ERP 系统应用的支持标准。底层的数据库的是指存储 ERP 相关业务信息的关系数据库;底层服务是指非当前 ERP 系统实现的其他企业服务,可以来自企业的其他系统或其他企业系统提供的服务。

图 3 右侧基础设施模块是指提供实现 ERP 系统运行的通用基础技术和设施、如通信技术和平台、系统中间件基础功能、操作系统等;安全体系模块是指针对 ERP 系统的安全体系,包括安全标准、安全机制、策略和功能;运营管理模块是指管理系统运行的技术体系,如系统备份、部署等。

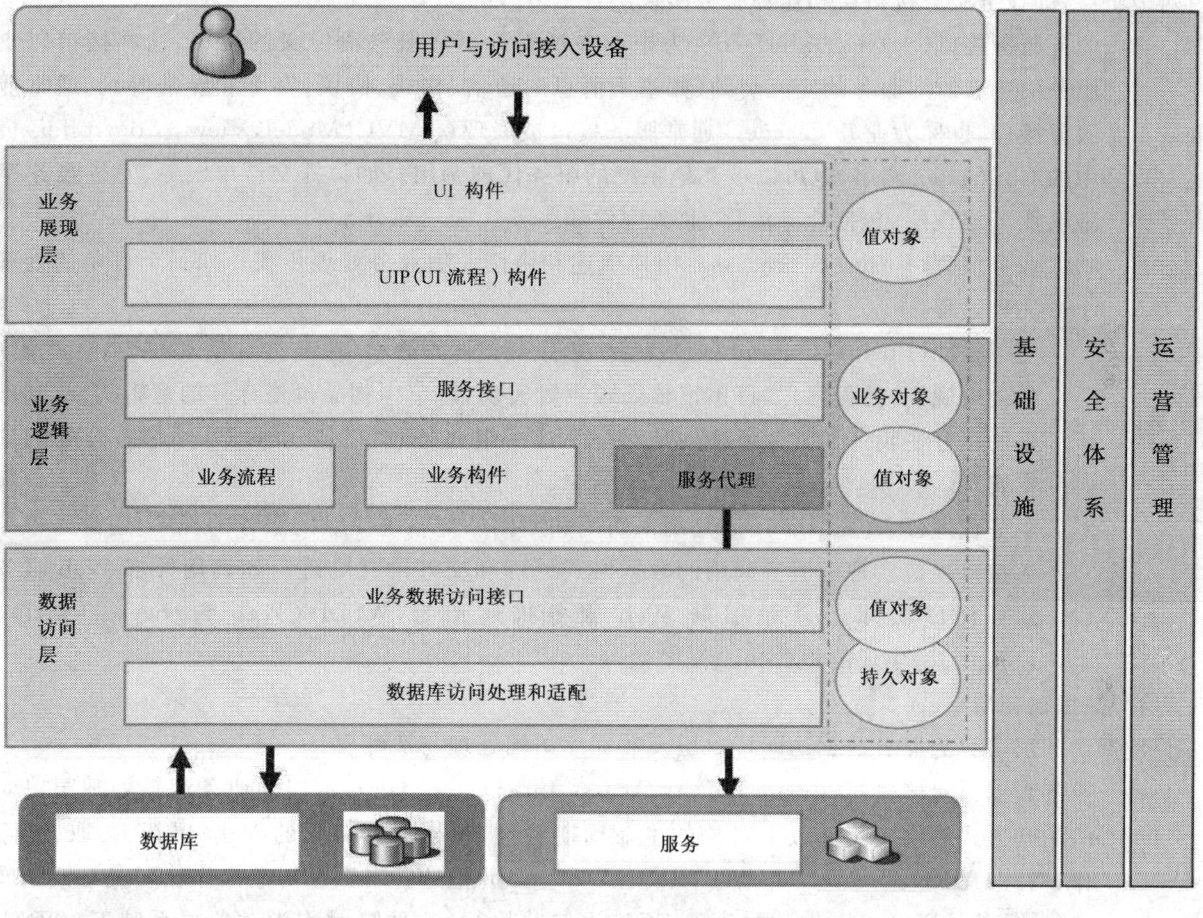

图 3 ERP 系统应用架构

5.2.2 业务展现层

业务展现层是针对系统与用户的交互的架构设计。在 GB/T 25109 的本部分中,业务展现层被定义为由两个核心构件组成,即用户界面 UI(User Interface)及用户界面流程 UIP(UI Process):

a) UI:是通过窗口、表单、页面、控件或其他技术对数据进行格式化和渲染展现给用户,同时采集数据和按照格式校验这些采集的数据。ERP 系统的 UI 类型有 GUI(Graphical UI,通常指传统客户机上非 Web 页面的界面),Web UI (指在浏览器中展示和操作的界面),一些智能设备的接入界面(如手机短信回复的界面,运行在智能手机终端的程序界面)。

b) UIP:是描述一组 UI 与用户交互的顺序的过程。通过把驱动一组 UI 的流程和管理其状态的逻辑从硬代码实现中分离出来,大大增强了业务展现的配置性。UIP 构件是一个构建用户界面构件的框架,这些构件主要负责:

   1) 通过用户界面构件管理信息流;

2） 在用户界面进程的活动中管理事务；

3） 在出现异常时修改用户进程；

4） 把用户交互流程从其在实现中分离出来；

5） 维护相关业务状态，通常保持一个或多个用户交互所影响的业务实体。

5.2.3 业务逻辑层

业务逻辑层(Business Logic Layer)负责业务规则的制定、业务流程的实现等与业务需求有关的系统设计。它是与系统所应对的领域(Domain)逻辑有关。在GB/T 25109的本部分中，业务逻辑层被分为两个子层，即业务服务接口层和业务服务实现层：

a） 业务服务接口(Service Interface)：为把业务逻辑暴露成服务而定义的接口，这些接口以支持服务消费者访问服务的交互契约(如基于消息的通信、格式、协议、安全和异常等)。通常业务服务接口，也称为业务Facade。通常服务接口被展现层MVC(Model，View，Controller)模型中的Controller调用，也可以被其他系统的服务代理调用。如订提交订单服务、发货服务等。

b） 业务服务实现层：包括业务流程、业务构件和服务代理三部分：

1） 业务流程(Business process)：用来描述和协调一组业务处理步骤。如一个订单的处理的完整过程。

2） 业务构件(Business compnent)：是实现了一个业务活动(业务处理活动)的业务逻辑(业务处理规则)的程序，如订单审核处理逻辑实现，订单中物品价格计算的逻辑实现，基础数据的保存逻辑。通常业务构件是对一个或一组业务对象(Buiness Object)进行处的理逻辑实现。

3） 服务代理(Service agent)：是用来访问和调用外部系统提供的服务的程序，通常其根据服务接口规范实现对服务调用的数据格式处理和交互语义处理。如调用外部Web服务的服务代理实际上就是根据Web服务描述语言WSDL(Web Services Description Language)生成的桩(Stub)程序。

5.2.4 数据访问层

数据访问层可分为业务数据访问接口层及数据库访问处理与适配层：

a） 业务数据访问接口层(Business Data Acesss Interface Layer)：本层为业务逻辑处理层以对象的访问方式提供对业务数据对象的生命周期管理，包括数据对象的创建、更新、读取、删除操作，俗称CURD(Create，Update ，Read，Delete)，并把这些对数据对象操作映射成对数据库的操作，也就是说形成操作数据库的SQL语句并执行，这种映射称为对象关系映射(ORMapping)。

b） 数据库访问处理和适配层(Database Access and Adaption Layer)，本层为业务数据访问接口层提供对具体数据库的访问处理。包括建立和获取数据库连接、执行SQL语句返回结果集以及为实现对不同数据库的支持实现的SQL语句的翻译处理等功能。

5.3 ERP系统技术架构

5.3.1 概述

ERP系统技术架构描述用来支持业务、数据、应用构件部署的基础设施能力，包括中间件、网络、通信等软硬件，及相关的平台和技术标准等。

ERP系统技术架构应采用多层技术架构的形式，包含以下几个基本的技术层次：

a） 信息门户层：将企业不同角色的相关人员通过Internet紧密地结合在一起协同工作，并能有效整合第三方的系统。

b） 业务流程层：可灵活配置的流程引擎。其中业务流程和工作流都是可视的，企业可以随时查阅每一项业务的流程规则、路线、处理状态及参与者,用户的操作也变得更加简单和直观。

c) 业务服务层:提供统一的接口标准,使所有的业务都作为功能插件连接在业务流程上,这些服务可以根据用户的需要来决定是否使用甚至更换。

d) 基础平台层:将包含各种底层存储、计算和传输的技术细节,通过封装进行屏蔽,有效降低系统集成、应用部署的复杂度。

5.3.2 信息门户层

信息门户实现 ERP 系统的“访问服务”。信息门户将企业不同角色的相关人员通过一个统一的界面紧密地结合在一起协同工作,并能有效整合第三方的系统。

信息门户可以根据不同的岗位、职责进行个性化定制,使最终用户在短时间内找到自己所需的内容和操作。

信息门户使用单点登录 SSO(Single Sign On)技术来提高用户操作的便捷性。单点登录技术是一种认证和授权机制,它允许用户一次性登录到系统上,然后,授权访问并连接其他系统。

通过信息门户,可以使企业实现业务协作、业务操作、业务分析及管理。

5.3.3 业务流程层

业务流程是由各类业务构件按照特定的规则组装而成。企业用户可以通过可配置的流程引擎、可视化的流程展现进行流程的管理。

业务流程包括了对流程控制的管理,还包含流程中数据状态转换、管理与展现。

ERP 系统可以管理业务流程的规则、路线、处理状态及参与者,并根据实际的业务的变化对流程进行调整。可以通过对业务工作量、人员配置、工作效率的分析,为企业进行工作负荷分析、流程重组、人员优化提供科学的依据。

通过流程可视化管理,可以对各业务处理流程进行监控和优化。

5.3.4 业务服务层

业务服务层提供了统一的业务构件标准,规定了业务构件的用户访问行为、数据组织方式、功能封装方式、业务处理逻辑的标准“语法”。

在 ERP 系统中,业务服务的标准是面向应用的。业务服务提供了一整套规范化的标准和严格的要求,为构件之间通过接口进行通信提供了有效的保障。

业务服务不仅保障了遵循其标准的应用程序,在针对具体的应用需求,可以将不同的业务作为功能插件连接在业务流程上,并可以根据用户的需要来决定是否使用甚至更换。同时实现了应用程序与数据服务的分离。

5.3.5 基础平台层

基础平台层实现系统的“部署服务”(Deployment Services)以及安全性和管理服务(Security and Management Services)。ERP 基础平台包含有各种底层存储、计算和传输的技术细节通过封装进行屏蔽,有效降低系统集成、应用部署的复杂度。

ERP 基础平台主要包括用以支撑业务服务所定义的构件标准:

a) 多通道访问引擎:用以解决如何通过手机、个人数码助理 PDA(Personal Digital Assistant)、邮件等多种访问方式来访问业务构件所提供的功能和获取存储在数据库中的信息。

b) 消息引擎:解决流程驱动下人机交互过程中,将各流程节点的操作提示和系统通知、预警等信息发送到用户的消息中;解决应用之间基于消息通信机制的数据交换和集成。消息引擎通常实现类似 Java 消息服务 JMS(Java Message Service)、消息队列 MQ(Message Queue)、微软消息队列 MSMQ(MicroSoft Message Queue)等消息通信标准。

c) 流程引擎:是业务流程中的控制流程,根据已定义的流程路线依据不同的规则,将任务有效地分配给人工处理或者交由预定义的自动节点进行处理。流程引擎同时提供对流程运行状况的监控与管理。

d) 集成引擎:集成引擎更像一个信息的路由器,它能根据已定义的异构系统之间数据交换的映射规则,将数据中转和路由到需要集成的系统中。集成引擎是可以通过业务操作触发驱动或者按照时间规则进行调度执行。

e) 规则引擎:规则引擎可以用来定义复杂的业务逻辑,流程跳转规则、数据转换规则、数据筛选规则、事务预警规则、任务调度规则等多种包含复杂逻辑关系的处理,都可以统一的通过规则引擎进行解析。

f) 分析引擎:能够提供对数据库数据进行报表展现前的数据加工,分析引擎可以将多个相关的二维数据表转换成三维数据表结构,同时也可以提供结果及级别的分类汇总、小记、汇总和数据筛选等特性。

g) 安全引擎:解决应用程序功能的访问权限,数据记录访问权限,组织架构隔离权限等数据安全性问题。

h) 数据访问引擎:解决 SQL Server,DB2,Oracle 等主流数据库 SQL 语法差异的屏蔽层,按照一定语法编写的 SQL 语句能够自动翻译成不同数据库的 SQL 语句。

参 考 文 献

[1] GB/T 18354—2006 物流术语
[2] GB/T 18725—2008 制造业信息化 技术术语
[3] GB/T 25109.1—2010 企业资源计划 第1部分:ERP术语

ICS 25.040.01
N 10

中华人民共和国国家标准

GB/T 25110.1—2010/ISO 23570-1:2005

工业自动化系统与集成 工业应用中的分布式安装 第1部分:传感器和执行器

Industrial automation systems and integration—Distributed installation in industrial applications—Part 1:Sensors and actuators

(ISO 23570-1:2005,IDT)

2010-09-02 发布　　2010-12-01 实施

中华人民共和国国家质量监督检验检疫总局
中国国家标准化管理委员会　发布

前　言

GB/T 25110《工业自动化系统与集成　工业应用中的分布式安装》包含下列部分：

第1部分：传感器和执行器；

第2部分：混合通信总线；

第3部分：配电总线。

本部分是GB/T 25110的第1部分。

本部分等同采用ISO 23570-1:2005《工业自动化系统与集成　工业应用中的分布式安装　第1部分：传感器和执行器》(英文版)，采用等同翻译法起草。

本部分的技术内容和组成结构与ISO 23570-1:2005《工业自动化系统与集成　工业应用中的分布式安装　第1部分：传感器和执行器》(英文版)相一致。

本部分只做了以下编辑性修改：

——将“ISO 23570”改为“GB/T 25110”，把“ISO 23570-1”改成“GB/T 25110第1部分”或GB/T 25110.1或“GB/T 25110的本部分”；

——删除了ISO 23570-1:2005的前言，并根据我国国家标准编制要求重新起草了前言；

——本部分出现的国际标准已转化为国家标准的，将其编号改为国家标准编号，未转化的国际标准保留。

本部分的附录A是资料性附录。

本部分由中国机械工业联合会提出。

本部分由全国自动化系统与集成标准化技术委员会(SAC/TC 159)归口。

本部分负责起草单位：北京机械工业自动化研究所。

本部分参加起草单位：北京机床研究所。

主要起草人：赖维德、梁若琼。

引　　言

用于离散的零部件制造工业中的现代机床是复杂的系统，它包括材料制备(金属切除、材料成型等)、材料搬运、装夹和把零部件从一个站移到另一个站的传送线的分系统。每个分系统本身又是一个复杂的系统，它含有许多传感器、执行器和控制元件，它们接收及传送电信号和/或需要电源。为减少故障情况下的停机时间，它们中的大多数使用可快速更换的电缆组件。系统作为一个整体，其恰当操作需要各分系统的协调，这需要更多的电缆和连接器。由于这种复杂性，恰当地操作这样一种机床就需要大量的电缆和连接器。增加传感器、执行器及控制元件的数量导致这种电缆组件种类的增加。由于其复杂性，电缆组件种类的增加又会导致增加维护成本、大量备品库存和增加维护人员培训成本。

说明：

1——具有集成的电子元件的电机(例如步进电机)；

2——具有分离的电机控制器的固定转速电机；

3——配电控制柜；

4——具有相连的电机控制器的固定转速电机；

5——具有集成的 I/O 模块和设置在一起的传感器及执行器的可变转速电机；

6——具有一组传感器的 I/O 模块；

7——具有集成的电子元件的电机(例如步进电机)；

8——连接于一组传感器和含液压/气动阀的执行器的 I/O 模块；

9——遥控终端。

图 1　GB/T 25110 中表述的系统部件

GB/T 25110 规定了对电缆、连接器和在这些元件范围内选择参数的一组要求，如果完全得到满足，这将大大地减小线路复杂性和这种机器系统的维护成本。对于这种系统的制造商将以降低复杂性成本这种方式获利，而对于这种系统的用户，由于减少零部件库存和简化维护培训将以减少停机时间方式获利。

GB/T 25110 中描述的技术对其他工业及工艺具有适用性；对于离散的零部件制造，不限制它的适用性。

在 GB/T 25110 中表述了 3 个重要方面：

——传感器及执行器与系统架构的互连；

——含有信息通路(现场总线)及供给现场装置的电源的混合系统架构；

——能为系统中的所有辅助电机提供电力的电力中继线。

GB/T 25110 未涵盖诸如金属切削用的主轴电机的大功率装置。

GB/T 25110 中描述的机床受到国家及国际安全标准的约束。GB/T 25110 打算详细说明支持符合这种标准的系统元件。

在图 1 中,"实心"电缆代表为电机提供 3 相交流电的配电总线。"空心"电缆代表含有现场总线通信通道及低压电的混合通信总线。

图 1 中间的(3)显示用于 3 组配电总线的控制柜。这个柜含有现场总线通信的前端部、低压电源及 3 相电源。

控制柜左方的(1)是具有集成的电子元件的电机,而(2)是具有分离的电机控制器的固定转速电机。两个单元通过通信总线及配电总线连接于控制柜。

控制柜右方的(4)是具有连接的电机控制器的固定转速电机,(5)是具有连接于若干传感器及执行器的集成的 I/O 模块的可变转速电机,而(6)是连接于若干传感器及包含液压/气动阀的执行器的另一个 I/O 模块。I/O 模块(6)仅通过混合通信总线连接于控制柜。

控制柜前方还有 3 个单元,(7)是具有集成的电子元件的电机,(8)是连接于若干传感器及包含液压/气动阀的执行器的另一个 I/O 模块,而(9)是遥控终端。

图 1 用来解释可能用到 GB/T 25110 的各种部件的互连。

GB/T 25110 的本部分提供了对于支持这个系统要求的传感器、执行器及 I/O 模块的要求。GB/T 25110.2 提供了对于共享的通信及低电压配电系统的要求。GB/T 25110.3 提供了对于小功率电机系统的配电的要求。

虽然通过单独使用本标准的某一部分,或许可以显著减少维护及操作成本,但是要获取最大利益,只有执行本标准所有的部分。

GB/T 25110 的本部分提供了对于支持这个系统要求的传感器、执行器及 I/O 模块的要求。

工业自动化系统与集成 工业应用中的分布式安装 第1部分:传感器和执行器

1 范围

GB/T 25110 的本部分规定了机床以及工业自动化领域里的类似大型设备中的控制系统元件之间的互连。这个规范包含:电缆类型、尺寸和护套颜色、连接器类型和接触件赋值以及适用于传感器及执行器的诊断功能。

GB/T 25110 的本部分规定了传感器及执行器与使用其输入或直接控制其输出的 I/O 模块之间的互连,以及适于传感器及执行器使用的诊断功能。

GB/T 25110 的本部分没有表述这种设备操作的有关安全问题。这种要求应咨询相应的安全标准。

2 一致性

如果传感器、执行器、电缆组件和 I/O 模块满足第 5 条的要求,其生产商就可声明符合GB/T 25110 的本部分。

如果离散零部件制造装备的所有部件满足第 5 条的要求,该装备的生产商就可声明符合 GB/T 25110 的本部分。

3 规范性引用文件

下列文件中的条款通过 GB/T 25110 的本部分的引用而成为本部分的条款。凡是注日期的引用文件,其随后所有的修改单(不包括勘误的内容)或修订版均不适用于本部分,然而,鼓励根据本部分达成协议的各方研究是否可使用这些文件的最新版本。凡是不注日期的引用文件,其最新版本适用于本部分。

GB 4208—2008 外壳保护等级(IP 代码)(IEC 60529:2001,IDT)

GB/T 25110.2—2010 工业自动化系统与集成 在工业应用中的分布式安装 混合通信总线(ISO 23570-2:2005,IDT)

IEC 61076-2-104:2008 电子设备用连接器产品要求 第 2-104 部分:圆形连接器 带 M8 螺纹锁紧或咬接锁紧的圆形连接器用详细规范(Connectors for electronic equipment—Product requirements—Part 2-104: Circular connectors—Detail specification for circular connectors with M8 screw—locking or snap-locking)

4 术语和定义

下列术语和定义适用于 GB/T 25110 的本部分。

4.1

IP 代码 IP code

表明人接近危险部件、防止固体异物或水进入外壳的防护等级以及与这些防护等级有关的附加信息的代码系统。

[GB 4208—2008]

4.2

M12

满足 IEC 61076-2-104:2008 要求的连接器，其直径为 12 mm。

4.3

M12×1

连接器的连接螺纹为 12 mm，螺距为 1 mm。

5 要求

5.1 通则

由 GB/T 25110 的本部分规定的所有部件应列为 GB 4208—2008 定义的 IP65 及 IP67。

GB/T 25110 的本部分涉及的是 24 V 直流电源。对这些电源的要求可在 GB/T 25110.2—2010 的 5.5 中找到。

5.2 连接器

传感器及执行器与相应系统元件之间的所有连接器应该是 IEC 61076-2-104:2008 规定的 5 接触件 M12×1 连接器。因为符合 GB/T 25110 本部分规定的系统不使用第 5 接触件，所以阳连接器有可能使用 4 接触件 M12×1 连接器。但是，所有阴连接器均应是 5 接触件的。

5.3 电缆组件

传感器/执行器电缆应具有 4 股线，每股线的横截面积为 0.34 mm^2。电缆组件的每个端头按 5.2 中规定应为 M12×1 连接器端接，一个是阳的，另一个是阴的。连接器可以是直插的或是弯头连接器。只允许使用 IEC 61076-2-104:2008 的表 2 中描述的 LM、LF、MM 及 MF 类型。

电缆组件的供应商应提供与电缆相适应的润滑剂及冷却剂的清单。

电缆组件应加工成以下标准长度：0.3 m、0.6 m、1.0 m、1.6 m 及 2.0 m。其他长度为任选。

电缆组件不应含有任何状态指示器，如发光二极管(LED)。

如果电缆是屏蔽的，护套颜色应是绿色；如果是非屏蔽的，应为黄色。这些颜色的参考值见附录 A。

在 GB/T 25110 的本部分中，未另外说明的所有低电压控制电缆应具有灰色护套。

5.4 传感器

5.4.1 通则

按 5.2 所规定，传感器应该用 M12×1 连接器进行安装。连接器应是阳的，且如 IEC 61076-2-104:2008 的表 1 中说明的 B、D、E、F、G 或 H 型。

5.4.2 模拟式传感器

传感器上的连接器的接触件赋值应如表 1 说明。

表 1 模拟式传感器的接触件赋值

接触件	赋 值
接触件 1	供应电压+24 V(dc)
接触件 2	模拟式传感器的输出 4 mA～20 mA
接触件 3	供应电压 0 V
接触件 4	数字信号，为以后规定用
接触件 5	不使用

5.4.3 数字式传感器

传感器上的连接器的接触件赋值应如表 2 说明。传感器应包括显示传感器输出的黄色发光二极管指示器。

表 2 数字式传感器的接触件赋值

接触件	赋 值
接触件 1	供应电压+24 V(dc)
接触件 2	诊断信号(见正文)
接触件 3	供应电压 0 V
接触件 4	数字式传感器的输出(见正文)
接触件 5	不使用

传感器应在接触件 2 上提供诊断信息。传感器的正常工作状态应通过接触件 2 以+24 V(dc)指示。非正常工作的指示留待以后说明。

某些数字式传感器可使用接触件 2 作为第二数字输出信号，而不是诊断信号。

数字式传感器的输出应是一个开关闭合(0 Ω)或是一个电压值(名义值为 24 V(dc))。

5.5 执行器

5.5.1 通则

执行器应该用按 5.2 中说明的 M12×1 连接器进行安装。连接器应是阳的，且为 IEC 61076-2-104：2008 的表 1 中规定的 B、D、E、F、G 或 H 型。

5.5.2 模拟式执行器

执行器上的连接器的接触件赋值应如表 3 所示。

表 3 模拟式执行器的接触件赋值

接触件	赋 值
接触件 1	供应电压+24 V(dc)
接触件 2	到模拟式执行器的输入 4 mA～20 mA
接触件 3	供给电压 0 V
接触件 4	数字信号，为以后规定用
接触件 5	不使用

5.5.3 数字式执行器

执行器上的连接器的接触件赋值应如表 4 所示。

执行器应包括显示执行器状态的黄色发光二极管指示器。

表 4 数字式执行器的接触件赋值

接触件	赋 值
接触件 1	供应电压+24 V(dc)
接触件 2	诊断信号(见正文)
接触件 3	供应电压 0 V
接触件 4	到数字式执行器的输入
接触件 5	不使用

执行器应在接触件 2 上提供诊断信号。执行器的正常工作状态应在接触件 2 上指示为+24 V(dc)。非正常工作的指示留待以后说明。

执行器应含有适当的抑制功能，以防止接触件 4 上的负压小于−50 V。

5.6 I/O 模块

对于传感器及执行器，I/O 模块是主要的控制元件。它提供驱动执行器的输出，并读取传感器的输入。I/O 模块提供 24 V dc 电源,供应至传感器及执行器。

I/O 模块应为连接于模块的每个传感器及执行器提供 M12×1 连接器。连接器应满足 5.2 的要求。连接器应是阴的,且如 IEC 61076-2-104:2008 表 1 中规定的 B、D、E、F、G 或 H 型。输入或输出信号(接触件 2 及 4)应被连接于固态电路,即不连接于继电器触点。

注 1:GB/T 25110.2 表述了传感器/执行器通道的编号和关于 I/O 模块的进一步要求。

I/O 模块应如表 5 中说明的为连接于模块的每个通道提供两个指示器。第一个指示器应是黄色的发光二极管;第二个应是双色(黄色和红色)的发光二极管。

表 5 I/O 通道指示器

指示器 LED	信号	模拟式装置	数字式装置
接触件 4	黄色	可选的数字驱动信号	已激活
	黑色	未激活	未激活
接触件 2	黄色	电流 4 mA～20 mA	如果被配置成次级输入,就已激活
	红色	电流超范围	如果被配置成诊断输入,就成诊断问题
	黑色	没有意义	输入或诊断未激活

注 2:接触件 2 指示器可做成两个分开的发光二极管,一个黄色,一个红色,但在任何给定的时刻,只有一个指示器点亮。

附 录 A
（资料性附录）
参 考 颜 色

为使颜色要求精确，下列表 A.1 提供了颜色的参考值。

表 A.1 参考颜色[1)]

颜色	RAL 码	CMYK[a] %
橙	RAL2003	0,52,100,0
绿	RAL6018	70,0,90,0
紫	RAL4001	60,70,5,10
黄	RAL1021	0,10,100,0
黑	RAL9005	100,100,100,95
灰	RAL7040	20,5,10,40
[a] 宝石蓝、洋红、黄和黑。		

1) RAL 颜色由德国质量与标牌研究所(RAL)确定并且负责全球的技术支持。

索　引

ICS 25.040.01
N 10

中华人民共和国国家标准

GB/T 25110.2—2010/ISO 23570-2:2005

工业自动化系统与集成 工业应用中的分布式安装 第2部分:混合通信总线

Industrial automation systems and integration—Distributed installation in industrial application—Part 2: Hybrid communication bus

(ISO 23570-2:2005, IDT)

2010-09-02 发布 2010-12-01 实施

中华人民共和国国家质量监督检验检疫总局
中国国家标准化管理委员会 发布

前　言

GB/T 25110《工业自动化系统与集成　工业应用中的分布式安装》包含下列部分：

第1部分：传感器和执行器；

第2部分：混合通信总线；

第3部分：配电总线。

本部分是GB/T 25110的第2部分。

本部分等同采用ISO 23570-2:2005《工业自动化系统与集成　工业应用中的分布式安装　第2部分：混合通信总线》(英文版)，采用等同翻译法起草。

本部分的技术内容和组成结构与ISO 23570-2:2005《工业自动化系统与集成　工业应用中的分布式安装　第2部分：混合通信总线》(英文版)相一致。

本部分只做了以下编辑性修改：

——将"ISO 23570"改为"GB/T 25110"，把"ISO 23570-2"改成"GB/T 25110 第2部分"或GB/T 25110.2或"GB/T 25110的本部分"；

——删除了ISO 23570-2:2005的前言，并根据我国国家标准编制要求重新起草了前言；

——本标准中出现的国际标准已转化为国家标准的，将其编号改为国家标准编号，未转化的国际标准保留。

本部分的附录A是资料性附录，附录B、附录C是规范性附录。

本部分由中国机械工业联合会提出。

本部分由全国自动化系统与集成标准化技术委员会(SAC/TC 159)归口。

本部分负责起草单位：北京机械工业自动化研究所。

本部分参加起草单位：北京机床研究所。

本部分主要起草人：赖维德、梁若琼。

引　言

用于离散的零部件制造工业中的现代机床是复杂的系统,它包括材料制备(金属切除、材料成型等)、材料搬运、装夹和把零部件从一个站移到另一个站的传送线的分系统。每个分系统本身又是一个复杂的系统,它含有许多传感器、执行器和控制元件,它们接收及传送电信号和/或需要电源。为减少故障情况下的停机时间,它们中的大多数使用可快速更换的电缆组件。系统作为一个整体,其恰当操作需要各分系统的协调,这需要更多的电缆和连接器。由于这种复杂性,恰当地操作这样一种机床就需要大量的电缆和连接器。增加传感器、执行器及控制元件的数量导致这种电缆组件种类的增加。由于其复杂性,电缆组件种类的增加又会导致增加维护成本、大量备品库存和增加维护人员培训成本。

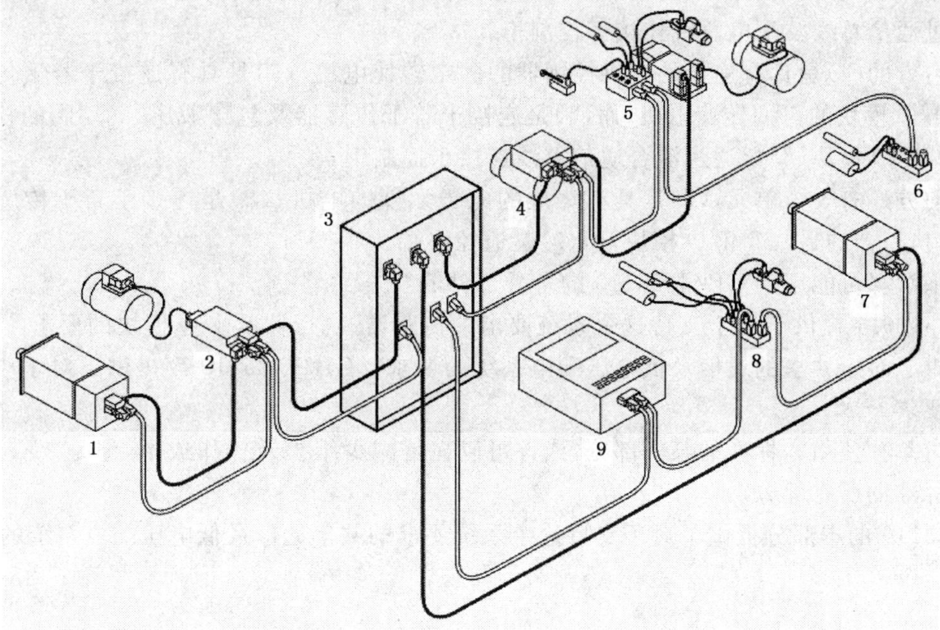

说明:

1——具有集成的电子元件的电机(例如步进电机);

2——具有分离的电机控制器的固定转速电机;

3——配电控制柜;

4——具有相连的电机控制器的固定转速电机;

5——具有集成的I/O模块和设置在一起的传感器及执行器的可变转速电机;

6——具有一组传感器的I/O模块;

7——具有集成的电子元件的电机(例如步进电机);

8——连接于一组传感器和含液压/气动阀的执行器的I/O模块;

9——遥控终端。

图1　GB/T 25110中表述的系统部件

GB/T 25110规定了对电缆、连接器和在这些元件范围内选择参数的一组要求,如果完全得到满足,这将大大地减小线路复杂性和这种机器系统的维护成本。对于这种系统的制造商将以降低复杂性成本这种方式获利,而对于这种系统的用户,由于减少零部件库存和简化维护培训将以减少停机时间方式获利。

GB/T 25110中描述的技术对其他工业及工艺具有适用性;对于离散的零部件制造,不限制它的适用性。

在 GB/T 25110 中表述了 3 个重要方面：

——传感器及执行器与系统架构的互连；

——含有信息通路(现场总线)及供给现场装置的电源的混合系统架构；

——能为系统中的所有辅助电机提供电力的电力中继线。

GB/T 25110 未涵盖诸如金属切削用的主轴电机的大功率装置。

GB/T 25110 中描述的机床受到国家及国际安全标准的约束。GB/T 25110 打算详细说明支持符合这种标准的系统元件。

在图 1 中，"实心"电缆代表为电机提供 3 相交流电的配电总线。"空心"电缆代表含有现场总线通信通道及低压电的混合通信总线。

图 1 中间的(3)显示用于 3 组配电总线的控制柜。这个柜含有现场总线通信的前端部、低压电源及 3 相电源。

控制柜左方的(1)是具有集成的电子元件的电机，而(2)是具有分离的电机控制器的固定转速电机。两个单元通过通信总线及配电总线连接于控制柜。

控制柜右方的(4)是具有连接的电机控制器的固定转速电机，(5)是具有连接于若干传感器及执行器的集成的 I/O 模块的可变转速电机，而(6)是连接于若干传感器及包含液压/气动阀的执行器的另一个 I/O 模块。I/O 模块(6)仅通过混合通信总线连接于控制柜。

控制柜前方还有 3 个单元，(7)是具有集成的电子元件的电机，(8)是连接于若干传感器及包含液压/气动阀的执行器的另一个 I/O 模块，而(9)是遥控终端。

图 1 用来解释可能用到 GB/T 25110 的各种部件的互连。

GB/T 25110.1 提供了对于支持这个系统要求的传感器、执行器及 I/O 模块的要求。GB/T 25110 的本部分提供了对于共享的通信及低电压配电系统的要求。GB/T 25110.3 提供了对于小功率电机系统的配电的要求。

虽然通过单独使用本标准的某一部分，或许可以显著减少维护及操作成本，但是要获取最大利益，只有执行本标准的所有部分。

GB/T 25110 的本部分提供了对于支持这个系统要求的共享通信及低电压配电系统的要求。

工业自动化系统与集成 工业应用中的分布式安装 第2部分:混合通信总线

1 范围

GB/T 25110的本部分规定了机床以及工业自动化领域里的类似大型设备中的控制系统元件之间的互连。这个规范包含:电缆类型、尺寸和护套颜色、连接器类型及接触件赋值以及适用于传感器及执行器的诊断功能。

GB/T 25110的本部分规定了现场总线通信的布线和这个通信总线上的模块的功率分布。

GB/T 25110的本部分没有表述这种设备操作的有关安全问题。这种要求应咨询相应的安全标准。

2 一致性

如果模块、连接器、电缆及电缆组件满足包含5.2或5.3的第5条的要求,其生产商就可声明符合GB/T 25110的本部分。

3 规范性引用文件

下列文件中的条款通过GB/T 25110的本部分的引用而成为本部分的条款。凡是注日期的引用文件,其随后所有的修改单(不包括勘误的内容)或修订版均不适用于本部分,然而,鼓励根据本部分达成协议的各方研究是否可使用这些文件的最新版本。凡是不注日期的引用文件,其最新版本适用于本部分。

GB 4208—2008 外壳保护等级(IP代码)(IEC 60529:2001,IDT)

GB 5226.1—2008 机械电气安全 机械电气设备 第1部分:通用技术条件(IEC 60204-1:2005,IDT)

GB/T 12357.4—2004 通信用多模光纤 第4部分:A4类多模光纤特性(IEC 60793-2-40:2002,MOD)

IEC 61076-2-104:2008 电子设备用连接器 产品要求 第2-104部分:圆形连接器 带M8螺纹锁紧或咬接锁紧的圆形连接器用详细规范(Connectors for electronic equipment—Product requirements—Part 2-104:Circular connectors—Detail specification for circular connectors with M8 screw-locking or snap-locking)

4 术语和定义

下列术语和定义适用于GB/T 25110的本部分。

4.1

IP代码 IP code

对系统进行编码,以指示由外壳提供的抵御有害物件进入、固体异物侵入、水浸入的防护等级,并给出与这种防护相关联的附加信息。

[GB 4208—2008]

4.2

模块 module

能够在通信总线上进行通信的网络单元。

4.3

网络单元 network unit

混合通信总线上具有的单元，它从该总线的一个电源电路引出其电源。

4.4

M12

满足 IEC 61076-2-101 要求的连接器，其直径为 12 mm。

4.5

M12×1

连接器的连接螺纹为 12 mm，螺距为 1 mm。

4.6

POF

塑料光学纤维。

4.7

LED

发光二极管。

5 要求

5.1 通则

由 GB/T 25110 的本部分规定的混合电缆系统，它能支持现场总线通信和能为总线上的部件提供辅助电源。提供了通到通信通道的两个途径，一个基于光纤，而另一个基于双绞式导线。

GB/T 25110 的本部分还要求该系统支持两个独立的 24VDC 电源系统。

注：规定这些双电源系统的背后意图是为系统设计者提供便利，利用这种便利，相关装置的安全问题可彼此独立地被分开。

对于 GB/T 25110 的本部分，双电源将被标注为 A 及 B。电源 A 设定为不断开的电源；电源 B 设定为可被切换。

由 GB/T 25110 的本部分支持的网络技术是菊链式的多压降系统的技术。这些网络元件可被结合入星形技术中；但是星形技术网络的要求不在 GB/T 25110 本部分的范围内。

网络上的每个单元应装设两个连接器，一个朝向电源的上游，另一个朝向下游。

GB/T 25110 规定的所有部件应列为 GB 4208—2008 定义的 IP65 及 IP67 等级。

GB/T 25110 中未另外规定的所有低电压控制电缆的护套将是灰色的。

5.2 基于光纤的系统

5.2.1 电缆及电缆组件

每根电缆应含有两个 POF 波导管，一个用于传输，而另一个用于接收。光纤器件应具有 GB/T 12357.4—2004 中 A4 型纤维给出的公称规格。

每根电缆应含有 4 股铜导线，其横截面积为 1.5 mm^2～2.5 mm^2。电缆护套应能抗御所有的普通工业润滑剂及冷却剂。电缆组件的供货商应提供与电缆相适应的润滑剂及冷却剂的清单。护套颜色应是紫色。

注：为进一步精确决定颜色规格，见附录 A。

满足 5.2.2 要求的网络连接器应终结于电缆组件的每一个端部。电缆组件的一个端部应有用于铜线路的阳连接件，另一个端部应有铜线路的阴连接件。光纤通道的连接器在电缆组件的两个端部应是阴连接器。

诸如应用于牵引链作业的某些用途的这种电缆，可能要求经常弯曲。所述电缆的特点应是不论是否这样一种作业都适用。

5.2.2 **连接器**

连接器应规定极性，以避免不正确的接配。

铜连接器的每个接触件应具有 5 A 或更大的电流承载量。

注：附录 B 提供了满足这些要求的连接器的其他技术规范。

连接器的接触件 1～4 应被用于传输表 1 规定的电源电压。

表 1 基于光纤的混合电缆的接触件赋值

接触件	电 路
接触件 1	电源 A +24 V(dc)
接触件 2	电源 A 0 V
接触件 3	电源 B 0 V
接触件 4	电源 B +24 V(dc)
接触件 T-R	光纤通道

5.2.3 **网络单元**

每个网络单元应设置两个固定的连接器，每个连接器满足 5.2.2 的要求。一个是用于铜电路的阳连接器，而另一个应是用于铜电路的阴连接器。在光纤通路上的两个连接器应是阴连接器。每个连接器应带有一个接收器和一个发送器作为有效的光纤元件。

注：意图是网络单元将置于混合总线中，使得电力被供输至网络单元的铜电路的阳连接器。严格遵守 GB/T 25110 的本部分提供的对于网络单元、电缆组件和电源的要求，将能保证做到这点。

在某些应用中，可能要求为了节约而使网络单元能从网络中去除而不中断网络或电源的工作。为满足这种要求，网络单元应设置两个分离的部件，一个可被中断，而一个保持网络连接。如何实现这点的细节不在 GB/T 25110 的本部分的范围内。网络单元的特点应是不论是否这样一种作业都应能适应。

5.2.4 **网络终端**

在网络下游插头上，网络的最后节点应有外罩，以满足环境上的要求。

5.3 **基于双绞式电缆的系统**

5.3.1 **电缆与电缆组件**

每根电缆应含用于网络通信的屏蔽的双绞式导线。该导线应适于所使用的总线技术。每根电缆应含 4 根铜导线，其横截面积为 1.5 mm^2～2.5 mm^2 之间，以传送电力。

电缆护套应能抵御所有的普通工业润滑剂及冷却剂。电缆组件的供应商应提供与电缆相适应的润滑剂及冷却剂的清单。护套颜色应是紫色。

注：为进一步精确决定颜色规格，可参见附录 A。

满足 5.3.2 要求的网络连接器将终结于电缆组件的每个端部。电缆组件的一个端部应具有阳连接器；而另一个端部应具有阴连接器。

诸如应用于牵引链作业的某些用途的这种电缆可能要求经常弯曲。该电缆的特点应是不论是否这样一种作业都适用。

5.3.2 **连接器**

连接器应具有有效耦合的方便性，闭合或打开时既不要工具也不要简单的手动工具。

连接器应规定极性，以避免不正确的接配。

动力导线接头的每个接触件应具有 5 A 或更大的电流承载量。

注 1：附录 C 提供了满足这些要求的连接器的其他技术规范。

连接器的接触件1～4应被用于传输电源电压，而接触件A及B应如表2规定的将提供对双绞式通信导线的连接。

独立的接触件应为通至双绞导线的屏蔽线提供连接。这个接触件应通过把连接器分隔成两部分的金属板来实现，一个部分用于电源，另一个部分用于信号。

注2：这样一种接触件在图C.1中用厚度尺寸BJ表示。在阴连接器中的相应接触件，在图C.4中以尺寸CV表示，和在图C.5及图C.6中以三角形接触件表示。

表2 基于双绞式的混合电缆的接触件赋值

接触件	电　路
接触件1	电源A+24 V(dc)
接触件2	电源A　0 V
接触件3	电源B　0 V
接触件4	电源B+24 V(dc)
接触件A-B	屏蔽的双铰式电缆

5.3.3 网络单元

每个网络单元应设置两个固定的连接器，每个连接器满足5.2.2要求。一个连接器应是阳的，而另一个应是阴的。

注：意图是网络单元将置于混合总线中，使得电力被供输至网络单元的铜电路的阳连接器。严格遵守GB/T 25110的本部分提供的对于网络单元、电缆组件及电源的要求，将保证能做到这点。

在某些应用中，可能要求为了节约而能从网络中去除网络单元而不中断网络或电源的工作。为满足这种要求，网络单元应设置两个分离的部件，一个可被中断，而一个保持网络连接。如何实现这点的细节不在GB/T 25110的本部分的范围内。网络单元的特点应是不论是否这样一种作业都能适应。

5.3.4 网络终端

在网络下游插头上，网络的最后节点应有适合于所使用的总线技术的网络终端连接器。

5.4 模块

5.4.1 通则

每个模块应含有按5.2或5.3规定的两个连接器。

示例：模块含有连接现场总线上的传感器及致动器的I/O模块。模块还含有电机控制器和能够在现场总线上通信的其他辅助设备。

每个模块应能由电源A向自身的工作提供电能。

每个模块应设置M12×18接触式阴连接器，后者应与IEC 61076-2-104:2008中规定的M12×18接触式阳连接器相配合，它将被用于规定在现场总线上的7位的模块地址。

5.4.2 地址插头

为在现场总线上的寻址模块中提供透明度，GB/T 25110的本部分要求应用可编程插头去识别5.4中规定的模块。

上述插头应含有：如IEC 61076-2-104:2008中规定的M12×18接触式阳连接器和用于接地的装置。对于所选择的每个位，插头的相应接触件(1～7)应接地和连接于接触件8。接触件1应对应于地址的最低有效位(LSB)；接触件7应对应于最高有效位(MSB)。接地的电路应被解释为“1”，开放电路应被解释为“0”。

地址插头应有安装环，使得它可以临时连接于它所识别的系统部件(非模块)。

注：意图是为保持对系统部件的现场总线识别提供便利(如图1中所解释)，即使是由于工作中对机器提供接口的模块需要更换亦然。

5.4.3 I/O模块

I/O模块是对传感器及执行器提供网络接口的模块。GB/T 25110.1中提供了对传感器及执行器的总的要求。GB/T 25110 的本部分提供了对于与这些传感器及执行器有关的 I/O 模块的要求。

每个传感器/执行器通道应标注通道号码。编号应从“1”开始。根据应用的现场总线技术，这个通道号码可以是传感器/执行器的现场总线地址的一部分。

其通道号码为奇数的每个传感器/执行器应从电源 B(即网络电缆组件的接触件 3 及 4)获得电力，其通道号码为偶数的传感器/执行器应从电源 A(即网络电缆组件的接触件 1 及 2)获得电源力。

I/O 模块应含有指示系统状态的 4 个 LED(发光二极管)。表 3 给出了这些 LED 的条件及颜色。

注：表 3 中标示的 LED 是除 GB/T 25110.1 描述的用于指示通道状态的 LED 以外的 LED。

表 3　I/O 模块工作指示器

LED	指　示	条　　件
第 1　LED	绿	电源 A 接通
	暗	电源 A 断开
第 2　LED	绿	电源 B 接通
	暗	电源 B 断开
第 3　LED	红	模块出错
	暗	模块正常
第 4　LED	绿	通信总线工作正常
	暗	通信总线出故障

5.5　电源

本应用中使用的电源应遵守如 GB 5226.1—2008 的 6.4 中描述的 PELV(超低电压保护)的要求。电源的额定值应为：24 V(dc)，允差 −15%～+20%，脉动值小于 5%。

电源应在 5.2 中规定的固定式阴连接器上提供电源输出。

附 录 A
（资料性附录）
参 考 颜 色

为使颜色要求精确，下列表 A.1 提供了颜色的参考值。

表 A.1 参考颜色[1)]

颜 色	RAL 码	CMYK[a] %
橙	RAL2003	0,52,100,0
绿	RAL6018	70,0,90,0
紫	RAL4001	60,70,5,10
黄	RAL1021	0,10,100,0
黑	RAL9005	100,100,100,95
灰	RAL7040	20,5,10,40
[a] 宝石蓝、洋红、黄和黑。		

1) RAL 颜色由德国质量与标牌研究所(RAL)确定并且负责全球的技术支持。

附 录 B
（规范性附录）
光纤混合电缆连接器的设计规范

B.1 光纤混合电缆连接器

B.1.1 通则

所有光纤混合电缆连接器具有用于光纤路径的阳连接件。连接器具有用于电源电路的阳或阴连接件。B.1.2 及 B.1.3 中的术语“阳”及“阴”涉及电源电路。

B.1.2 光纤电缆的阳连接器

图 B.1 提供的是阳连接器图。两个光波引导件位于图的下部。在连接器上半部分的中心接触件未被使用。其他 4 个接触件构成电源电路。

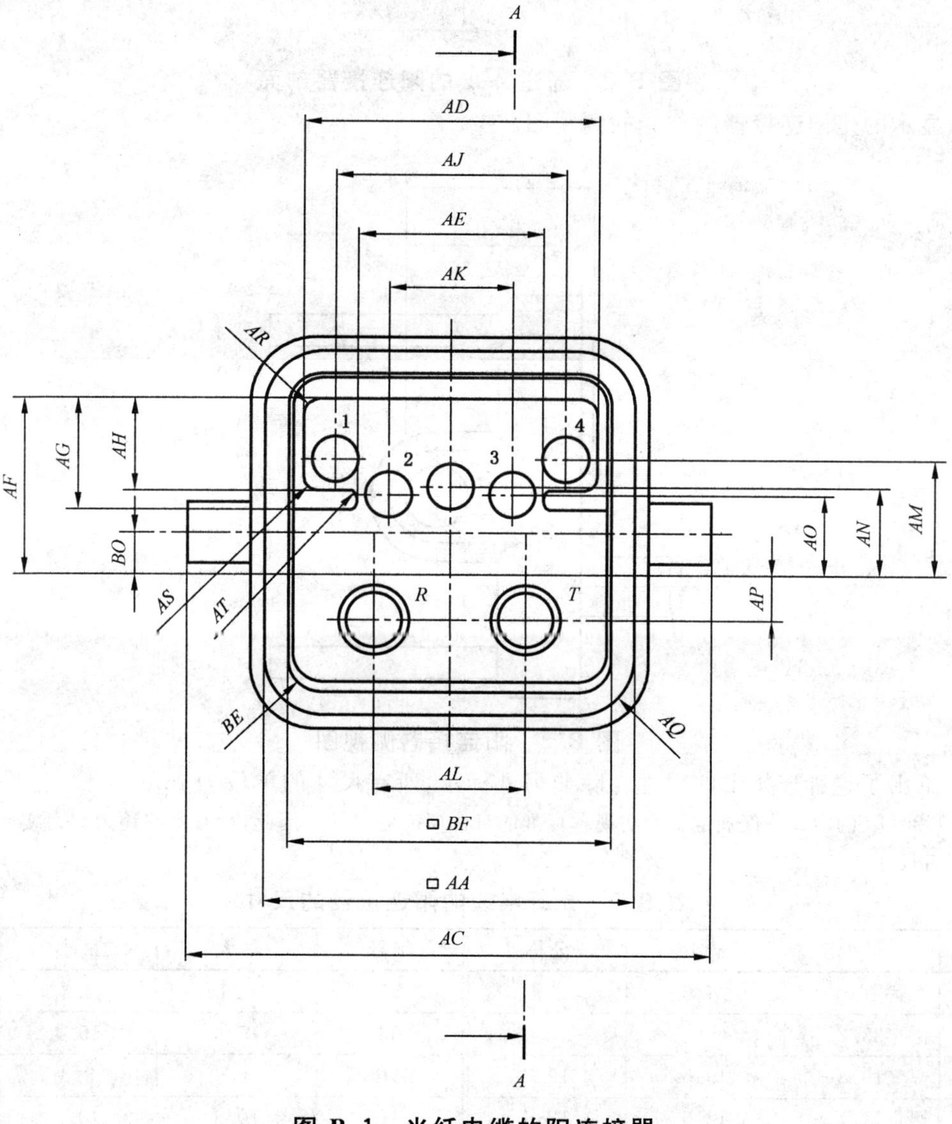

图 B.1 光纤电缆的阳连接器

图 B.2 显示的是通过剖面 A-A 的连接器的侧视图。注意这个剖视图是阶梯剖，以便通过接触件 3 和通过光波引导件 T。

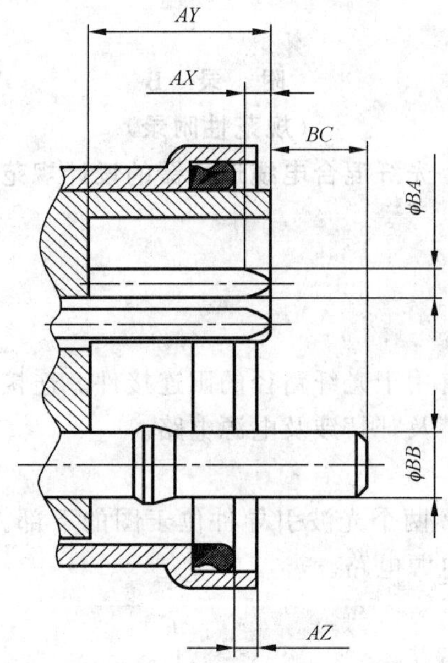

图 B.2 通过 *A-A* 的阳连接器剖面

图 B.3 显示的是阳连接器的外壳的侧视图。

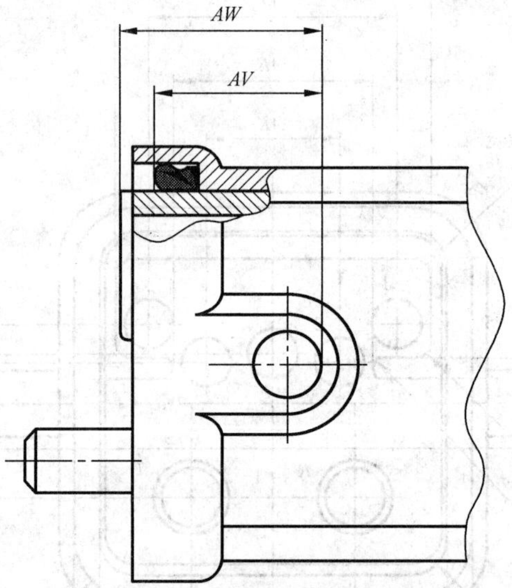

图 B.3 阳连接器侧视图

表 B.1 给出了这种连接器的尺寸。除非另外标示，所有尺寸的单位为 mm。

注：GB/T 25110 的本部分仅规定了为实现本标准的目标所需的尺寸。因此，没有某些输入口。实际装置将需要规定所有尺寸。

表 B.1 光纤电缆的阳连接器的尺寸

字母	最大	最小	公称	字母	最大	最小	公称
AA		24.6		*AH*	6.4	6.3	6.3
AC	35.2			*AJ*	15.6	15.4	15.5
AD	19.8	19.5	19.7	*AK*	8.5	8.3	8.4
AE	12.7	12.5	12.6	*AL*	10.3	10.1	10.2
AF	12.05	11.85	11.9	*AM*	7.9	7.7	7.8
AG	7.5	7.4	7.5	*AN*	6.0	5.8	5.9

表 B.1(续)

字母	最大	最小	公称	字母	最大	最小	公称
AO	5.5	5.3	5.4	*AY*		10.7	
AP	3.2	3.0	3.1	*AZ*		0.5	
AQ	4.1			*BA*	1.62	1.54	1.6
AR	1.1	0.9	1.1	*BB*	3.85	3.75	3.8
AS	1.1	0.9	1.1	*BC*	5.8	5.5	5.65
AT	0.6	0.4	0.4	*BD*	3.0	2.6	2.8
AV	10.3	9.7	10.0	*BE*	2.6		
AW	12.35	11.75	12.0	*BF*		21.2	
AX	1.6						

B.1.3 光纤电缆的阴连接器

图 B.4 提供的是插孔式连接器。两个光波引导件位于图的下部。连接器上半部的中心接触件未被使用。其他 4 个接触件用于电源电路。

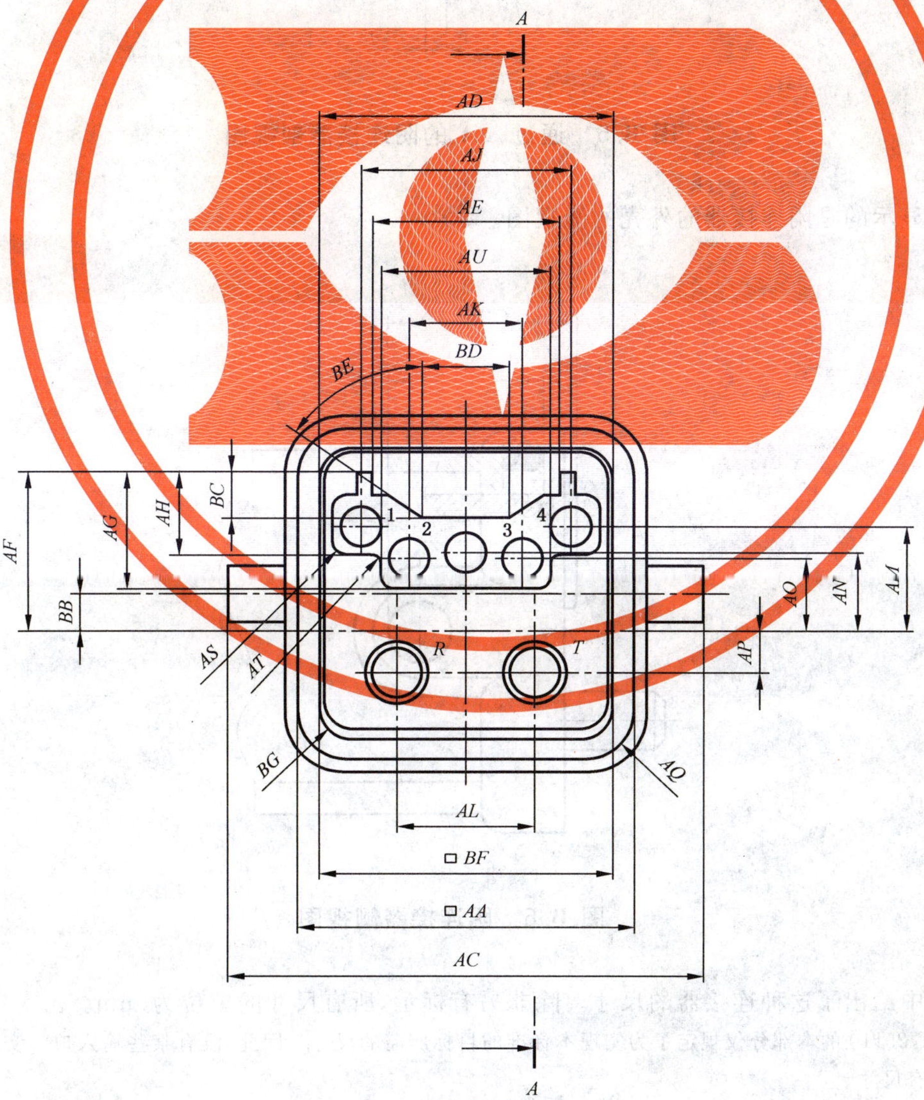

图 B.4 光纤电缆的阴连接器

图 B.5 显示的是通过剖面 *A-A* 的连接器侧视图。注意这个剖视图是阶梯剖,以便通过接触件 3 和光波引导件 T。

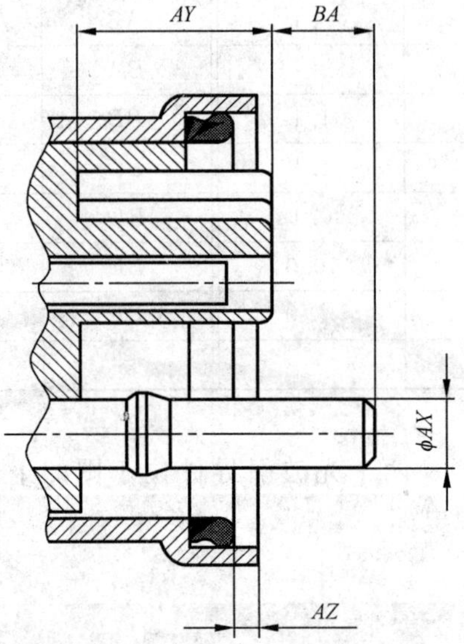

图 B.5 通过 *A-A* 的阴连接器剖视图

图 B.6 显示的是阴连接器的外壳的侧视图。

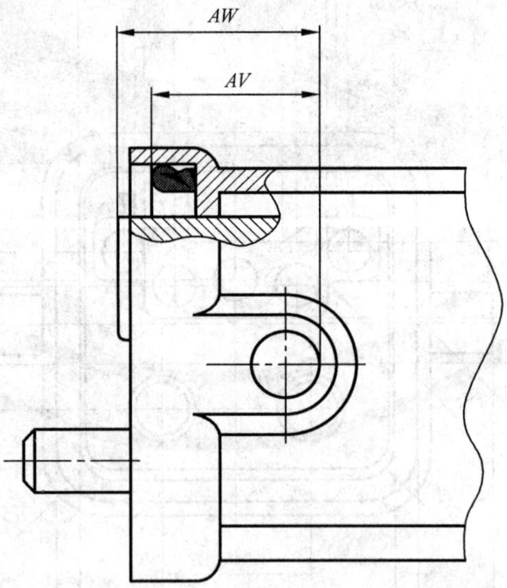

图 B.6 阴连接器侧视图

表 B.2 中给出了这种连接器的尺寸。除非另有标示,所有尺寸的单位为 mm。

注:GB/T 25110 的本部分仅规定了为实现本标准的目标所需的尺寸。因此,没有某些输入口。实际装置将需要规定所有尺寸。

表 B.2 光纤电缆的阴连接器的尺寸

字母	最大	最小	公称	字母	最大	最小	公称
AA		24.6		*AS*	1.0	0.8	1.0
AC	35.2			*AT*	1.0		
AD	19.4	19.1	19.4	*AU*	12.4	12.2	12.4
AE	14.1	13.9	14.0	*AV*	10.3	9.7	10.0
AF	11.85	11.65	11.8	*AW*	11.9	11.5	11.8
AG	8.6			*AX*	3.85	3.75	3.8
AH	6.0	5.9	6.0	*AY*		10.3	
AJ	15.6	15.4	15.5	*AZ*		0.5	
AK	8.5	8.3	8.4	*BA*	6.1	5.8	5.95
AL	10.3	10.1	10.2	*BB*	3.0	2.6	2.8
AM	7.9	7.7	7.8	*BC*	3.6	3.2	3.4
AN	6.0	5.8	5.9	*BD*	6.8	6.3	6.5
AO	5.5	5.3	5.4	*BE*	56°	54°	55°
AP	3.2	3.0	3.1	*BF*		21.2	
AQ	4.1			*BG*	2.6		

B.2 光纤混合电缆固定式连接器

B.2.1 通则

固定式连接器用于安装在网络单元上。所有光纤混合电缆固定式连接器具有用于光纤路径的阴连接件。连接器具有电源电路的阳或阴连接件。B.2.2 及 B.2.3 中的术语“阳”及“阴”涉及电源电路。

固定式连接器也含有用于光纤信号的有源传输器单元及接收器单元。

B.2.2 光纤固定式阳连接器

图 B.7 提供的是阳连接器图。两个光波引导件位于图的下部。连接器上半部的中心接触件未被使用。其他 4 个接触件用于电源电路。

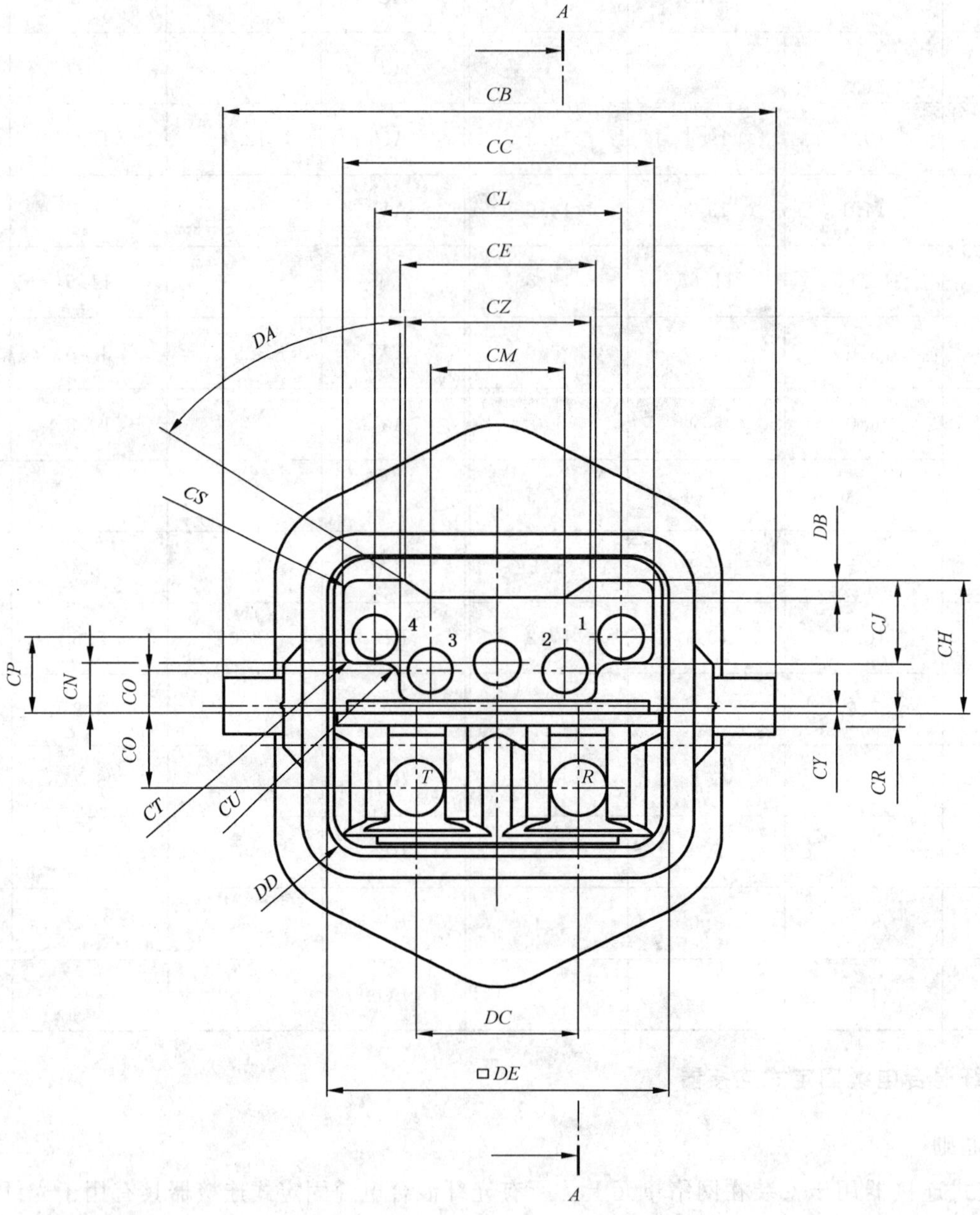

图 B.7　光纤固定式阳连接器

图 B.8 显示的是通过剖面 *A-A* 的连接器侧视图。注意这个剖视图是阶梯剖，以便通过接触件 2 和通过光波引导件 R。

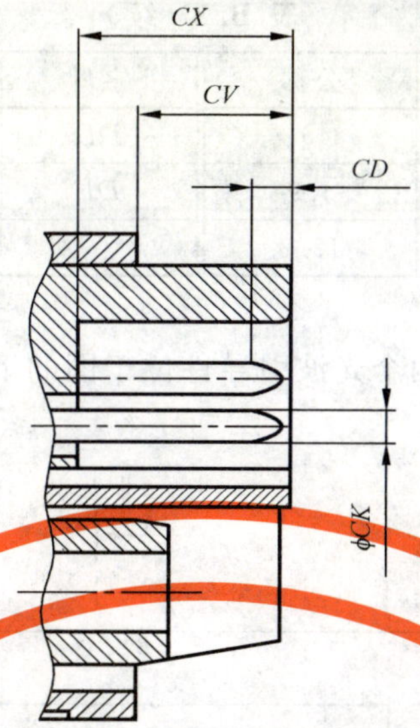

图 B.8 通过 *A-A* 的阳连接器剖视图

图 B.9 显示的是阳连接器的外壳的侧视图。

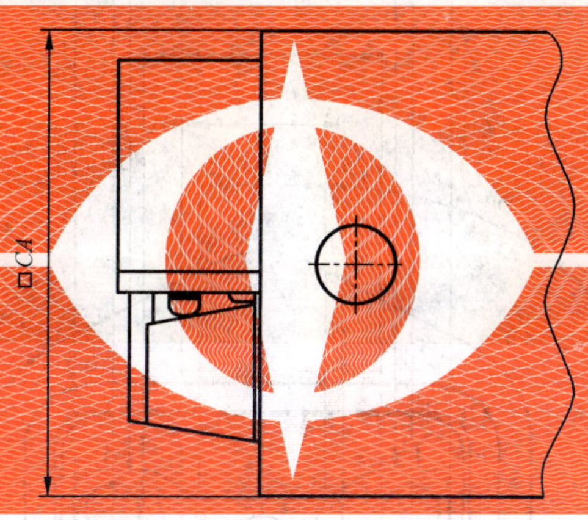

图 B.9 阳连接器侧视图

表 B.3 给出了这种连接器的尺寸。除非另有标示，所有尺寸的单位为 mm。

注：GB/T 25110 的本部分仅规定了为实现本标准的目标所需的尺寸。因此，没有某些输入口。实际装置需要规定所有尺寸。

表 B.3 光纤固定式阳连接器的尺寸

字母	最大	最小	公称	字母	最大	最小	公称
CA	24.2	23.7		*CO*	3.1	2.9	3.0
CB	35.2			*CP*	5.5	5.3	5.4
CC	19.8	19.5	19.7	*CQ*	5.85	4.85	5.5
CD	1.9			*CR*	1.1	0.9	1.0
CE	12.7	12.6	12.6	*CS*	1.1	0.9	1.1
CH	9.55	9.45	9.55	*CT*	1.1	0.9	1.1
CJ	6.4	6.3	6.3	*CU*	1.1	0.9	0.9
CK	1.62	1.54	1.60	*CV*	7.6	7.3	7.55
CL	15.6	15.4	15.5	*CX*		10.4	
CM	8.5	8.3	8.4	*CY*	0.6	0.2	0.4
CN	3.6	3.4	3.5	*CZ*	12.0	11.0	11.5

表 B.3（续）

字母	最大	最小	公称	字母	最大	最小	公称
DA	46°	44°	45°	*DD*	2.6		
DB	2.1	1.7	1.9	*DE*		21.2	
DC	10.3	10.1	10.2				

B.2.3 光纤固定式阴连接器

图 B.10 提供的是阴连接器图。两个光波引导件位于图的下方。连接器上半部的中心接触件未被使用。其他 4 个接触件用于电源电路。

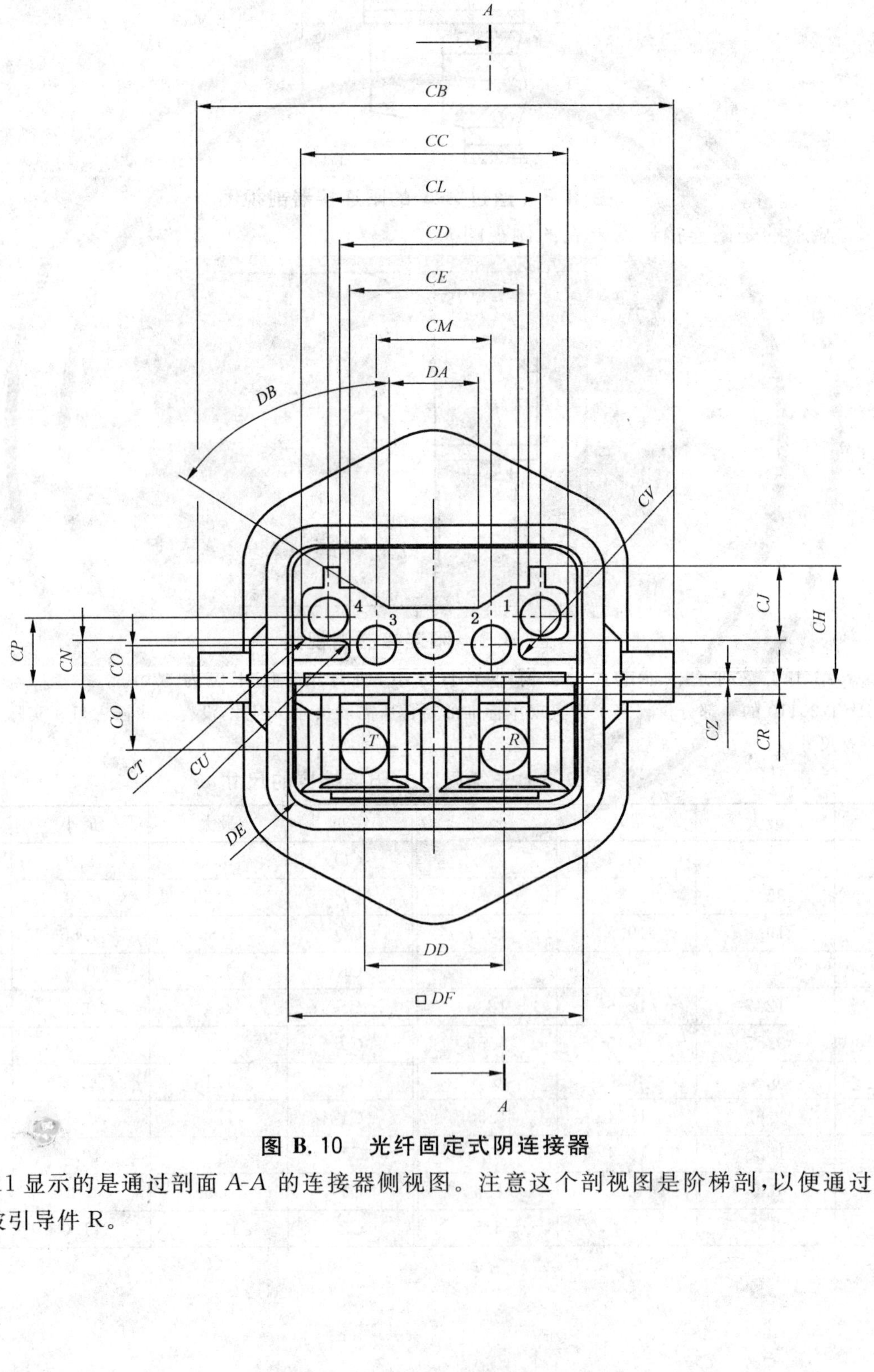

图 B.10 光纤固定式阴连接器

图 B.11 显示的是通过剖面 *A-A* 的连接器侧视图。注意这个剖视图是阶梯剖，以便通过接触件 2 和通过光波引导件 R。

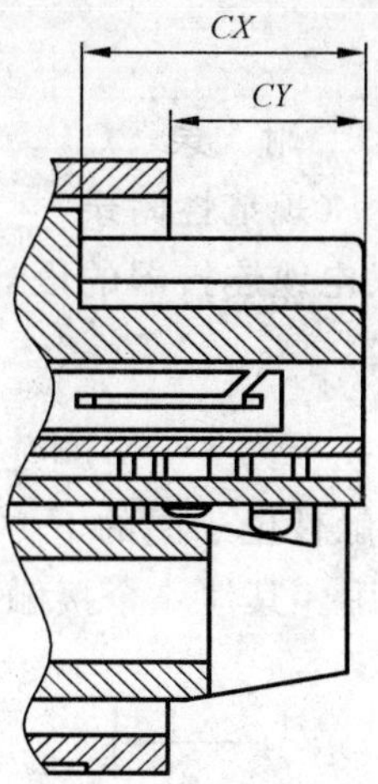

图 B.11 通过 A-A 的阴连接器剖视图

图 B.12 显示的是阴连接器的外壳的侧视图。

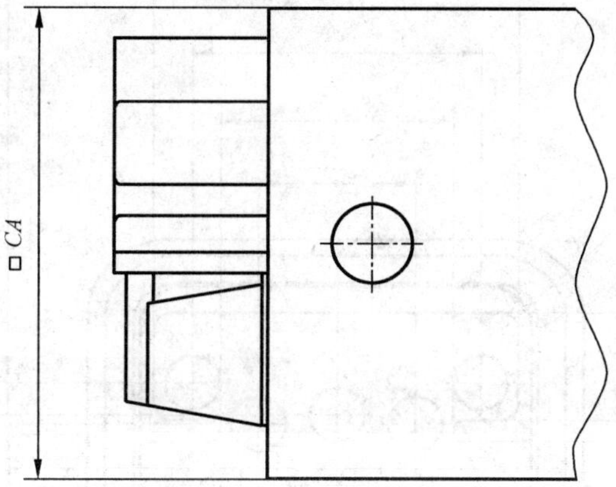

图 B.12 阴连接器侧视图

表 B.4 给出了这种连接器的尺寸。除非另有标示，所有尺寸的单位为 mm。

注：GB/T 25110 的本部分仅规定了为实现本标准的目标所需的尺寸。因此，没有某些输入口。实际装置将需要规定所有尺寸。

表 B.4 光纤固定式阴连接器的尺寸

字母	最大	最小	公称	字母	最大	最小	公称
CA	24.2	23.7		*CR*	1.1	0.9	1.0
CB	35.2			*CT*	1.2	1.0	1.0
CC	19.4	19.1	19.4	*CU*	0.5	0.3	0.5
CD	14.1	13.9	14.0	*CV*	0.5	0.3	0.5
CE	12.4	12.2	12.4	*CX*		10.77	
CH	9.55	9.35	9.45	*CY*	7.6	7.3	7.55
CJ	6.0	5.9	6.0	*CZ*	0.6	0.2	0.4
CL	15.6	15.4	15.5	*DA*	6.7	6.3	6.5
CM	8.5	8.3	8.4	*DB*	56°	54°	55°
CN	3.6	3.4	3.5	*DC*	3.6	3.2	3.4
CO	3.1	2.9	3.0	*DD*	10.3	10.1	10.2
CP	5.5	5.3	5.4	*DE*	2.6		
CQ	5.85	4.85	5.5	*DF*		21.2	

附 录 C
（规范性附录）
双绞式电缆连接器的设计规范

C.1 双绞式电缆的阳连接器

图 C.1 提供的是阳连接器图。两个接触件位于图的下方，接触件 5 及 6 承载双绞式电缆上的通信信号。连接器上半部的中心接触件未被使用。其他 4 个接触件用于电源电路。

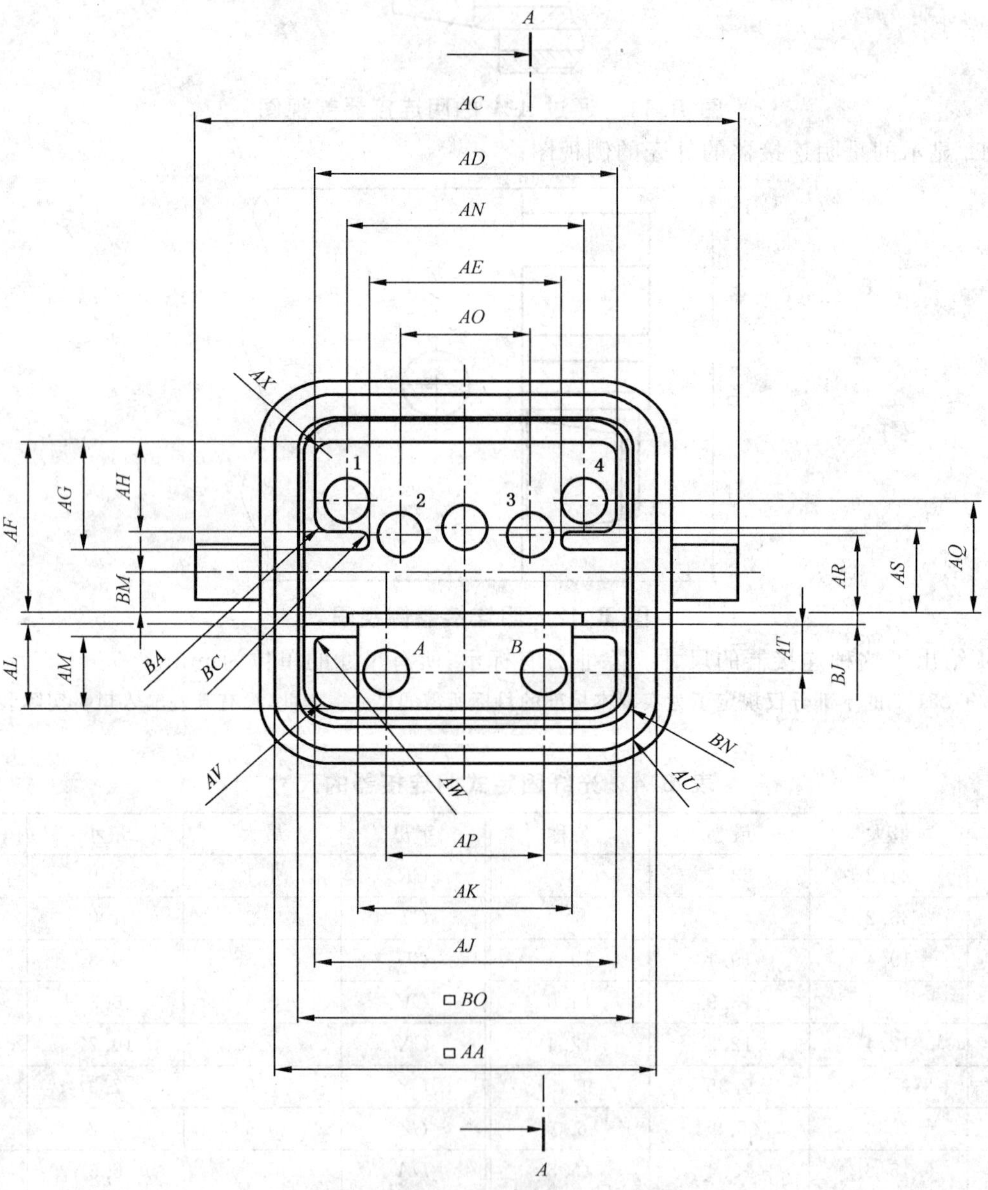

图 C.1 双绞式电缆的阳连接器

图 C.2 显示的是通过剖面 A-A 的连接器侧视图。注意这个剖视图是阶梯剖，以便通过接触件 3 和通过接触件 B。

注：标注了 A 的金属板为通信终端与电源终端之间提供屏蔽。

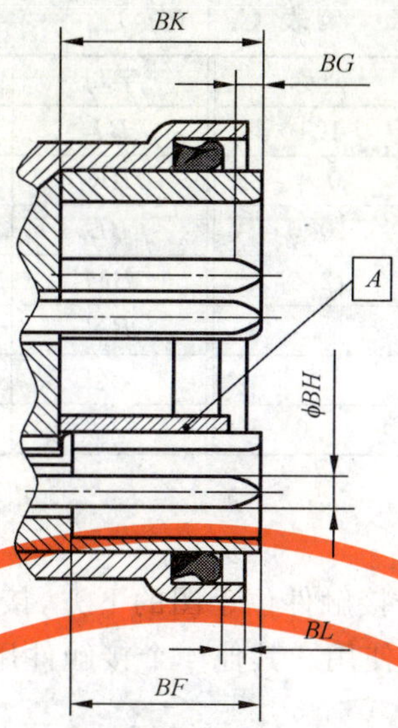

图 C.2 通过 *A-A* 的阳连接器剖视图

图 C.3 显示的是阳连接器的外壳的侧视图。

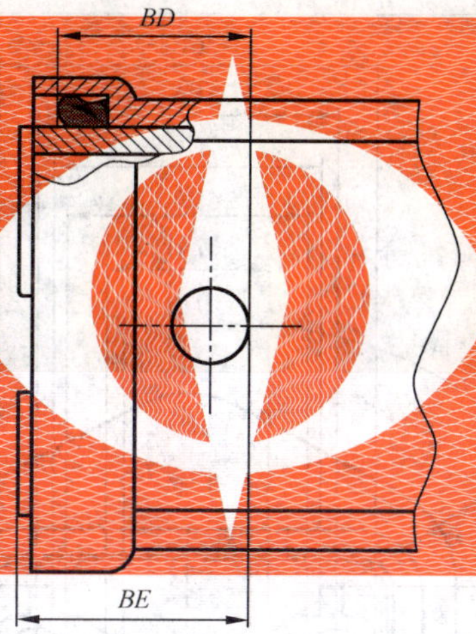

图 C.3 阳连接器侧视图

表 C.1 给出了这种连接器的尺寸。除非另有标示，所有尺寸的单位为 mm。

注：GB/T 25110 的本部分仅规定了为实现本标准的目标所需的尺寸。因此，没有某些输入口。实际装置将需要规定所有尺寸。

表 C.1 双铰式电缆的阳连接器的尺寸

字母	最大	最小	公称	字母	最大	最小	公称
AA		24.6		*AN*	15.6	15.4	15.5
AC	35.2			*AO*	8.5	8.3	8.4
AD	19.8	19.5	19.7	*AP*	10.3	10.1	10.2
AE	12.7	12.5	12.6	*AQ*	7.9	7.7	7.8
AF	12.05	11.85	11.9	*AR*	5.5	5.3	5.4
AG	7.5	7.4	7.5	*AS*	6.0	5.8	5.9
AH	6.4	6.3	6.3	*AT*	3.35	3.0	3.05
AJ	19.8	19.7	19.7	*AU*	4.1		
AK	14.2	14.0	14.1	*AV*	1.7	1.5	1.7
AL	6.05	5.95	5.95	*AW*	0.5	0.3	0.5
AM	5.15	5.05	5.05	*AX*	1.1	0.9	1.1

表 C.1（续）

字母	最大	最小	公称	字母	最大	最小	公称
BA	1.1	0.9	1.1	*BJ*	0.85	0.75	0.8
BC	0.6	0.4	0.4	*BK*		10.7	
BD	10.3	9.7	10.0	*BL*		0.5	
BE	12.35	11.75	12.0	*BM*	3.0	2.6	2.8
BF		10.0		*BN*	2.6		
BG	1.6			*BO*		21.2	
BH	1.62	1.54	1.6				

C.2 双绞式电缆的固定式阴连接器

图 C.4 提供的是阴连接器图。两个接触件位于图的下方，接触件 5 及 6 承载双绞式电缆上的通信信号。连接器上半部的中心接触件未被使用。其他 4 个接触件用于电源电路。

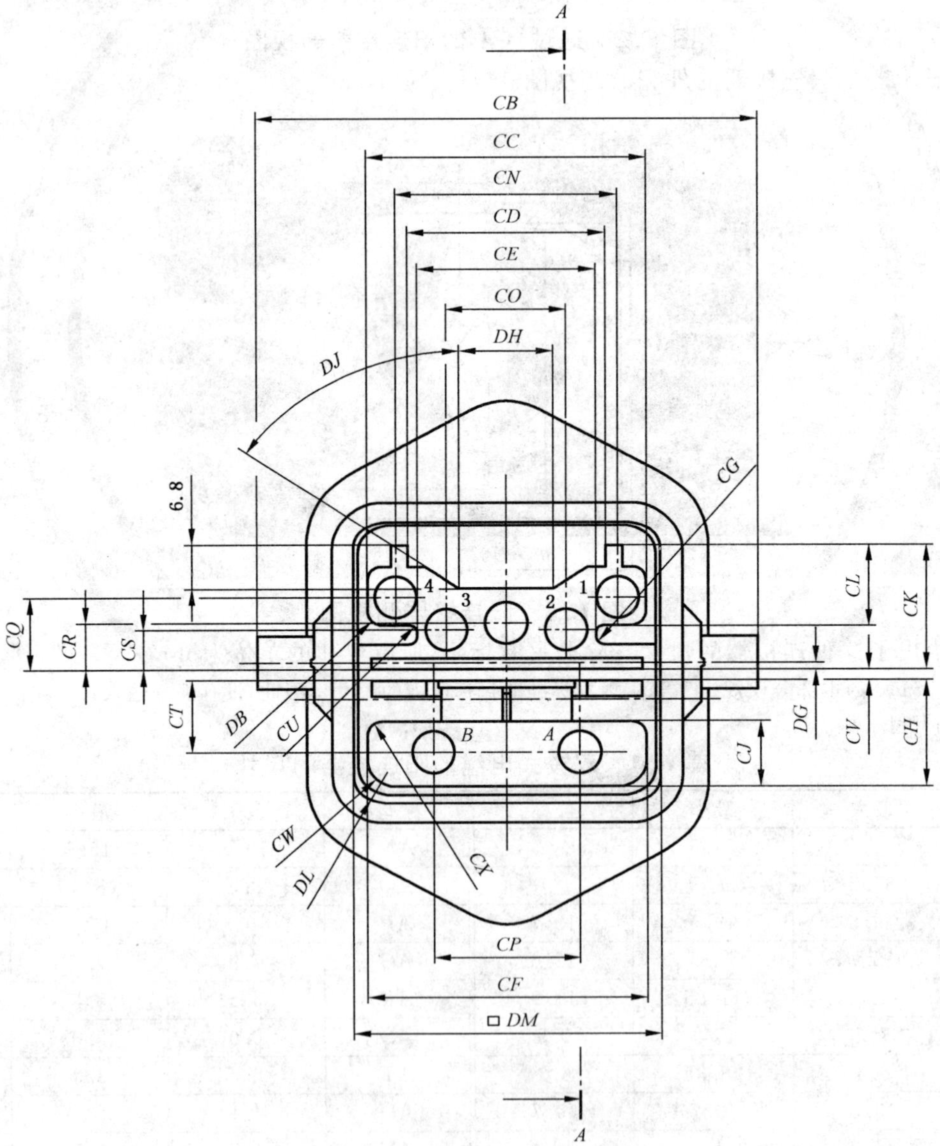

图 C.4 双绞式电缆的固定式阴连接器

图 C.5 显示的是通过剖面 *A-A* 的连接器侧视图。注意这个剖视图是阶梯剖，以便通过接触件 2 和通过接触件 A。

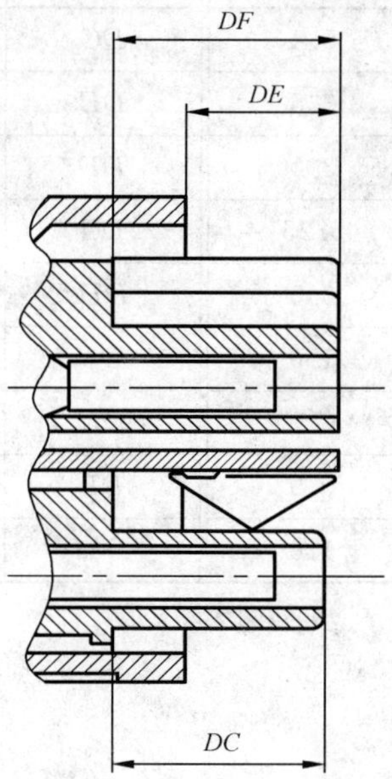

图 C.5 通过 *A-A* 的阴连接器剖视图

图 C.6 显示的是阴连接器的外壳的侧视图。

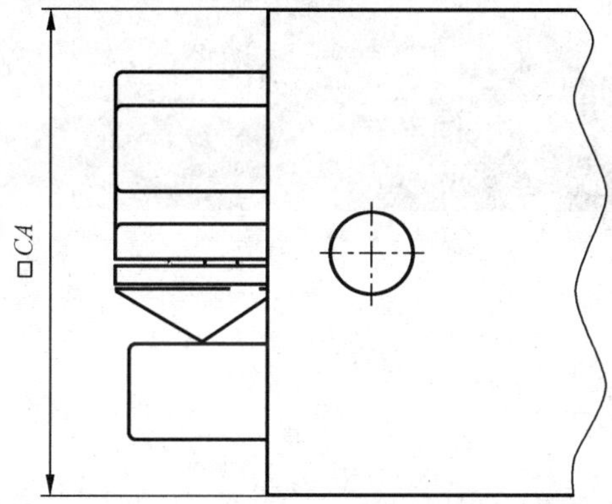

图 C.6 阴连接器侧视图

表 C.2 给出了这种连接器的尺寸。除非另有标示，所有尺寸的单位为 mm。

注：GB/T 25110 的本部分仅规定了为实现本标准的目标所需的尺寸。因此，没有某些输入口。实际装置将需要规定所有尺寸。

表 C.2 双绞式电缆的固定式阴连接器的尺寸

字母	最大	最小	公称	字母	最大	最小	公称
CA	24.2	23.7		*CH*	7.8	7.7	7.8
CB	35.2			*CJ*	4.85	4.75	4.85
CC	19.4	19.1	19.4	*CK*	9.55	9.35	9.45
CD	14.1	13.9	14.0	*CL*	6.0	5.9	6.0
CE	12.4	12.2	12.4	*CN*	15.6	15.4	15.5
CF	19.4	19.1	19.4	*CO*	8.5	8.3	8.4
CG	0.5	0.3	0.5	*CP*	10.3	10.1	10.2

表 C.2（续）

字母	最大	最小	公称	字母	最大	最小	公称
CQ	5.5	5.3	5.4	*DC*		10.3	
CR	3.6	3.4	3.5	*DE*	7.6	7.3	7.55
CS	3.1	2.9	3.0	*DF*		10.77	
CT	5.3	5.2	5.25	*DG*	0.6	0.2	0.4
CU	0.5	0.3	0.5	*DH*	6.7	6.3	6.5
CV	1.1	0.9	1.0	*DJ*	56°	54°	55°
CW	2.2	2.0	2.1	*DK*	3.6	3.2	3.4
CX	1.1	0.9	0.9	*DL*	2.6		
DB	1.2	1.0	1.0	*DM*		21.2	

索　引

ICS 25.040.01
N 10

中华人民共和国国家标准

GB/T 25110.3—2010/ISO 23570-3:2006

工业自动化系统与集成 工业应用中的分布式安装 第3部分:配电总线

Industrial automation systems and integration—Distributed installation in industrial application—Part 3: Power distribution bus

(ISO 23570-3:2006,IDT)

2010-09-02 发布　　2010-12-01 实施

中华人民共和国国家质量监督检验检疫总局
中国国家标准化管理委员会　发布

前　言

GB/T 25110《工业自动化系统与集成　工业应用中的分布式安装》包含下列部分：

第1部分：传感器和执行器；

第2部分：混合通信总线；

第3部分：配电总线。

本部分是GB/T 25110的第3部分。

本部分等同采用ISO 23570-3:2006《工业自动化系统与集成　工业应用中的分布式安装　第3部分：配电总线》(英文版)，采用等同翻译法起草。

本部分的技术内容和组成结构与ISO 23570-3:2006《工业自动化系统与集成　工业应用中的分布式安装　第3部分：配电总线》(英文版)相一致。

本部分只做了以下编辑性修改：

——将"ISO 23570"改为"GB/T 25110"，把"ISO 23570-3"改成"GB/T 25110第3部分"或GB/T 25110.3或"GB/T 25110的本部分"；

——删除了ISO 23570-3:2006的前言，并根据我国国家标准编制要求重新起草了前言；

——本标准中出现的国际标准已转化为国家标准的，将其编号改为国家标准编号，未转化的国际标准保留。

本部分的附录A是资料性附录，附录B、附录C是规范性附录。

本部分由中国机械工业联合会提出。

本部分由全国自动化系统与集成标准化技术委员会(SAC/TC 159)归口。

本部分负责起草单位：北京机械工业自动化研究所。

本部分参加起草单位：北京机床研究所。

本部分主要起草人：赖维德、梁若琼。

引　言

用于离散的零部件制造工业中的现代机床是复杂的系统，它包括材料制备（金属切除、材料成型等）、材料搬运、装夹和把零部件从一个站移到另一个站的传送线的分系统。每个分系统本身又是一个复杂的系统，它含有许多传感器、执行器和控制元件，它们接收及传送电信号和/或需要电源。为减少故障情况下的停机时间，它们中的大多数使用可快速更换的电缆组件。系统作为一个整体，其恰当操作需要各分系统的协调，这需要更多的电缆和连接器。由于这种复杂性，恰当地操作这样一种机床就需要大量的电缆和连接器。增加传感器、执行器及控制元件的数量导致这种电缆组件种类的增加。由于其复杂性，电缆组件种类的增加又会导致增加维护成本、大量备品库存和增加维护人员培训成本。

说明：

1——具有集成的电子元件的电机（例如步进电机）；

2——具有分离的电机控制器的固定转速电机；

3——配电控制柜；

4——具有相连的电机控制器的固定转速电机；

5——具有集成的 I/O 模块和设置在一起的传感器及执行器的可变转速电机；

6——具有一组传感器的 I/O 模块；

7——具有集成的电子元件的电机（例如步进电机）；

8——连接于一组传感器和含液压/气动阀的执行器的 I/O 模块；

9——遥控终端。

图 1　GB/T 25110 中表述的系统部件

GB/T 25110 规定了对电缆、连接器和在这些元件范围内选择参数的一组要求，如果完全得到满足，这将大大地减小线路复杂性和这种机器系统的维护成本。对于这种系统的制造商将以降低复杂性成本这种方式获利，而对于这种系统的用户，由于减少零部件库存和简化维护培训将以减少停机时间方式获利。

GB/T 25110 中描述的技术对其他工业及工艺具有适用性；对于离散的零部件制造，不限制它的适用性。

在 GB/T 25110 中表述了 3 个重要方面：

——传感器及执行器与系统架构的互连；

——含有信息通路(现场总线)及供给现场装置的电源的混合系统架构；

——能为系统中的所有辅助电机提供电力的电力中继线。

GB/T 25110 未涵盖诸如金属切削用的主轴电机的大功率装置。

GB/T 25110 中描述的机床受到国家及国际安全标准的约束。GB/T 25110 打算详细说明支持符合这种标准的系统元件。

在图 1 中,"实心"电缆代表为电机提供 3 相交流电的配电总线。"空心"电缆代表含有现场总线通信通道及低压电的混合通信总线。

图 1 中间的(3)显示用于 3 组配电总线的控制柜。这个柜含有现场总线通信的前端部、低压电源及 3 相电源。

控制柜左方的(1)是具有集成的电子元件的电机,而(2)是具有分离的电机控制器的固定转速电机。两个单元通过通信总线及配电总线连接于控制柜。

控制柜右方的(4)是具有连接的电机控制器的固定转速电机,(5)是具有连接于若干传感器及执行器的集成的 I/O 模块的可变转速电机,而(6)是连接于若干传感器及包含液压/气动阀的执行器的另一个 I/O 模块。I/O 模块(6)仅通过混合通信总线连接于控制柜。

控制柜前方还有 3 个单元,(7)是具有集成的电子元件的电机,(8)是连接于若干传感器及包含液压/气动阀的执行器的另一个 I/O 模块,而(9)是遥控终端。

图 1 用来解释可能用到 GB/T 25110 的各种部件的互连。

GB/T 25110.1 提供了对于支持这个系统要求的传感器、执行器及 I/O 模块的要求。GB/T 25110.2 提供了对于共享的通信及低电压配电系统的要求。GB/T 25110 的本部分提供了对于小功率电机系统的配电的要求。

虽然通过单独使用本标准的某一部分,或许可以显著减少维护及操作成本,但是要获取最大利益,只有执行本标准的所有部分。

GB/T 25110 的本部分提供了对于支持这个系统要求的小功率电机系统的配电要求。

工业自动化系统与集成 工业应用中的分布式安装 第3部分:配电总线

1 范围

GB/T 25110 的本部分规定了机床以及工业自动化领域里的类似大型设备中的控制系统元件之间的互连。这个规范包含:电缆类型、尺寸和护套颜色,连接器类型及接触件分配以及适用于传感器及执行器的诊断功能。

GB/T 25110 的本部分规定了 3 相辅助电机与其电源的互连。

注:GB/T 25110 的本部分没有表述这种设备设计/操作的有关安全问题。这种要求应咨询相应的安全标准。

2 一致性

如果满足第 5 章要求,配电总线电缆组件的生产商就可声明符合 GB/T 25110 的本部分。

如果满足第 5 章要求及第 6 章要求,连接器生产商就可声明符合 GB/T 25110 的本部分。

如果满足第 5 章要求或第 6 章要求,电机控制器生产商就可声明符合 GB/T 25110 的本部分。

如果满足第 6 章要求,电机及电机电缆组件生产商就可声明符合 GB/T 25110 的本部分。

如果涉及第 5 章和/或第 6 章的离散零部件制造装备的所有元件满足那些要求,离散零部件制造装备的生产商就可声明符合 GB/T 25110 的本部分。

3 规范性引用文件

下列文件中的条款通过 GB/T 25110 的本部分的引用而成为本部分的条款。凡是注日期的引用文件,其随后所有的修改单(不包括勘误的内容)或修订版均不适用于本部分,然而,鼓励根据本部分达成协议的各方研究是否可使用这些文件的最新版本。凡是不注日期的引用文件,其最新版本适用于本部分。

GB 4208—2008 外壳保护等级(IP 代码)(IEC 60529:2001,IDT)

4 术语和定义

下列术语和定义适用于 GB/T 25110 的本部分。

4.1

IP 代码 IP code

对系统进行编码,以指示由外壳提供的抵御有害物件进入、固体异物侵入、水浸入的防护等级,并给出与这种防护相关联的附加信息。

[GB 4208—2008]

5 对配电总线的要求

5.1 通则

GB/T 25110 的本部分规定了能够向系统中的辅助电机供应 3 相电源的电缆系统。作为切削主轴动力的电机不属于 GB/T 25110 的本部分的范围。

GB/T 25110 规定的所有部件应列为 GB 4208—2008 定义的 IP65 及 IP67 等级。

注 1：GB/T 25110 的本部分涵盖的部件及系统还可涉及关于 EMC 的要求。

注 2：对于 GB/T 25110 的本部分，辅助电机被定义为能提供 5.5 kW 或更小输出的电机。

5.2 电缆和电缆组件

配电总线的电缆应含 7 股导线。导线的最小横截面积应是 2.5 mm^2。

电缆应具有外护套，其材料能抵御所有的普通工业冷却液。电缆组件的供应商应提供与电缆相适应的润滑剂和冷却液清单。护套颜色应是黑色。

注：为进一步精确决定颜色规格，见附录 D。

满足 5.3 要求的电缆连接器应终结于电缆组件的每一个端部。电缆组件的一个端部应具有阳连接器，而另一个端部应具有阴连接器。

这种电缆的某些用途，诸如牵引链作业中的应用，可能要求经常的弯曲。电缆的特点应是不论是否为这样一种操作都可适用。

未在 GB/T 25110 中另外说明的所有低电压控制电缆应具有灰色的护套颜色。

5.3 连接器

连接器应具有保证充分接配的有效连接便利性。连接便利性应不要求使用工具或不要求使用简单的手动工具来连接或脱开连接。连接器应标注极性，以避免不正确的接配。

导线的接触件在尺寸上应与电缆导线相配，以保证连接的物理一体性和足够的导电性。导线的接触件应具有每接触件 10 A 或更大的电流承载量。

连接器应具有 6 个接触件加上保护性接地。表 1 提供了这些连接器的接触件分配。

表 1 配电总线连接器接触件分配

接触件	分配
1	相 1 功率
2	相 2 功率
3	相 3 功率
4	中线
11	制动
12	制动
PE	接地保护

注：附录 A 提供了满足这些要求的连接器的其他技术规范。

5.4 电机控制器

每个电机控制器应设置两个连接器，一个是阳连接器，而另一个是阴连接器，每个连接器都应满足 5.3 的要求。

注 1：原意是电机控制器将被置于配电总线中，以使电力被供至阳连接器。严格遵守由 GB/T 25110 的本部分提供的对电缆组件和对电源的要求，将保证做到这点。

根据对被控制的电机的要求，中性电路的使用和 5.3 中说明的制动电路是任选的。

注 2：本条说明配电总线方面对电机控制器的要求。对电机控制器的其他要求在 6.1 中说明。

在一些应用中，为在不中断对其他单元的供电情况下工作，可能要求电机控制器能够从配电总线中断开。如何实现这点的细节不在 GB/T 25110 的本部分的范围内。电机控制器的特点应是不论是否为这样一种操作都可适用。

5.5 电源

每个电源输出端应设置满足 5.3 要求的阴连接器，以把电源输送至辅助电机。

注：如果电源可表述为现场总线网络的一部分，则这个电源的其他要求在 GB/T 25110.2 中说明。

5.6 电缆组件终端

配电总线上的最末端的电机控制器在其下游插头上应含有盖子，以满足环境上的要求。

6 电机至电机控制器的连接

6.1 连接器

6.1.1 通则

连接器应具有保证充分接配的有效连接便利性。连接便利性应不要求使用工具或不要求使用简单的手动工具来连接或脱开连接。连接器应标注极性，以避免不正确的接配。

导线的接触件在尺寸上应与电缆导线相配，以保证连接的物理一体性和足够的导电性。导线的接触件应具有每接触件 10 A 或更大的电流承载量。

6.1.2 电机连接器

电机应含有具有 11 个接触件(10 个接触件加保护性接地接触件)的阴连接器。表 2 提供了这种连接器的接触件分配。

表 2 电机连接器的接触件赋值

接触件	分　配
1	绕组 U1-L1
2	绕组 V1-L1
3	绕组 W1-L3
4	制动
5	制动
6	绕组 W2
7	绕组 U2
8	绕组 V2
9	温度传感器
10	温度传感器
PE	保护性接地

注 1：附录 B 提供了满足这些要求的连接器的其他技术规范。

注 2：通过这种连接器的恰当应用，电机可以星形的或三角形的配置去工作，或者任选地完成速度控制。

6.1.3 电机控制器连接器

电机控制器应通过下列 3 种方法中的一种方法来提供对电机的连接。

a) 控制器应提供如 6.2a)中说明的电缆组件，是通至控制器的固定线路。

b) 控制器应提供满足 6.1.2 的连接器要求的有 11 个接触件(10 接触件加保护性接地接触件)的安装在控制器上的阴连接器。应提供如 6.2b)中说明的电缆组件。

c) 控制器应提供安装在控制器上的 9 个接触件(8 个接触件加保护性接地接触件)的阴连接器。应提供如 6.2c)中说明的电缆组件。

表 3 提供了这些 9 接触件连接器的接触件分配。

表 3 电机控制器连接器的接触件分配

接触件	分　配
1	相 L1 电力
2	
3	相 L3 电力

表 3（续）

接触件	分　配
4	制动
5	温度传感器
6	制动
7	相 L2 电力
8	温度传感器
PE	保护性接地

注：附录 C 提供了满足这些要求的 9 接触件连接器的其他技术规范。

图 2 解释了这个次条款的 a)～c)项中说明的三种形式的连接器电缆组件。电机具有如 6.1.2 中说明的连接器。在电机控制器中，电缆可能是固定线路的[6.2a)]，使用如[6.2b)]说明的连接器，或使用如[6.2c)]说明的连接器。

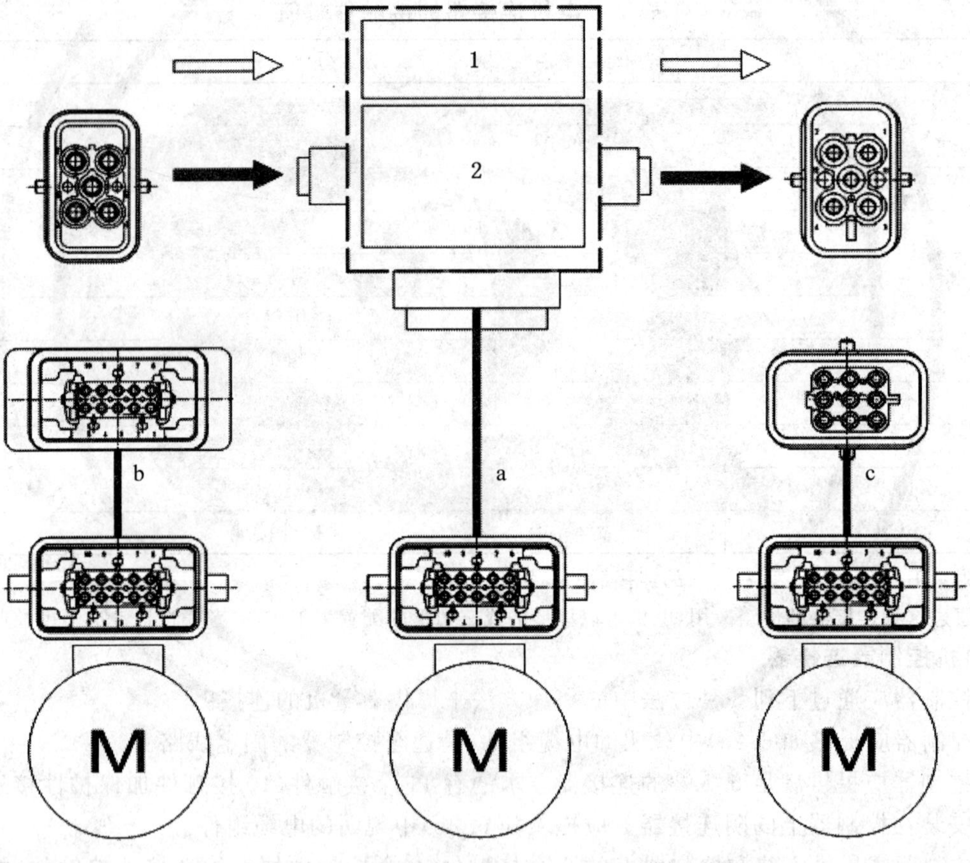

说明：

1——通信装置。

2——电力电子装置。

a——具有电缆组件的电机控制器，该电缆组件具有 11 个接触件(10 个接触件加保护性接地接触件)的阴连接器[见 6.2a)]。

b——具有 11 个接触件(10 个接触件加保护性接地接触件)的连接器的电机控制器，该 11 接触件连接器把控制器与电机电缆组件连接起来[见 6.2b)]。

c——具有 9 个接触件(8 个接触件加保护性接地接触件)的连接器的电机控制器，该 9 接触件连接器把控制器与电机电缆组件连接起来[见 6.2c)]。

图 2　三种形式的连接器的应用

6.2 电缆

电缆应具有外护套，其材料能抵御所有普通工业冷却剂。电缆组件的供应商应提供与电缆相适应的润滑剂和冷却剂的清单。电缆可以是屏蔽的或非屏蔽的。屏蔽的电缆应具有橙色的护套颜色；非屏蔽的电缆应具有黑色的护套颜色。

注 1：为进一步精确决定颜色规格，见附录 D。

制动控制电路的导线应被屏蔽。温度传感器的导线应被屏蔽。为实现这点，对根据以上配置选择的电缆作进一步说明：

a) 电缆组件是电机控制器的集成部分。电缆应具有 11 股导线(10 股加 PE)。它应终结于满足 6.1.2 要求的阴连接器。表 4 的 a)栏提供了这种选择的连接器布线分配。

b) 电缆应具有 11 股导线(10 股加 PE)。它应终结于具有满足 6.1.2 要求的插针式连接器的一个端部，而另一个端部上具有满足 6.1.2 要求的阴连接器。表 4 的 b)栏提供了这种选择的连接器布线分配。

c) 电缆应具有 8 股导线(7 股加 PE)。它应终结于具有满足 6.1.3 要求的阳连接器的一个端部，而另一个端部上具有满足 6.1.2 要求的阴连接器。表 4 的 c)栏提供了这种选择的连接器布线分配。

注 2：电机的星形与三角形运转之间的切换，可通过在这种电缆组件的阴连接器内的分流来完成。

表 4 电缆布线的分配值

功 能	a)		b)		c)	
	控制器	电机	控制器	电机	控制器	电机
	固定的	附录 B 连接器	附录 B 连接器	附录 B 连接器	附录 C 连接器	附录 B 连接器
绕组 U1-L1	—	1	1	1	1	1
绕组 V1-L2	—	2	2	2	7	2
绕组 W1-L3	—	3	3	3	3	3
制动	—	4	4	4	4	4
制动	—	5	5	5	6	5
绕组 W2	—	6	6	6	—	6
绕组 U2	—	7	7	7	—	7
绕组 V2	—	8	8	8	—	8
温度传感器	—	9	9	9	5	9
温度传感器	—	10	10	10	8	10
保护性接地	—	PE	PE	PE	PE	PE

附 录 A
（规范性附录）
配电总线连接器的设计规范

A.1 配电总线的阳连接器

图 A.1 是配电总线的阳连接器图。中心接触件(未编号)提供的是 PE 接触件。

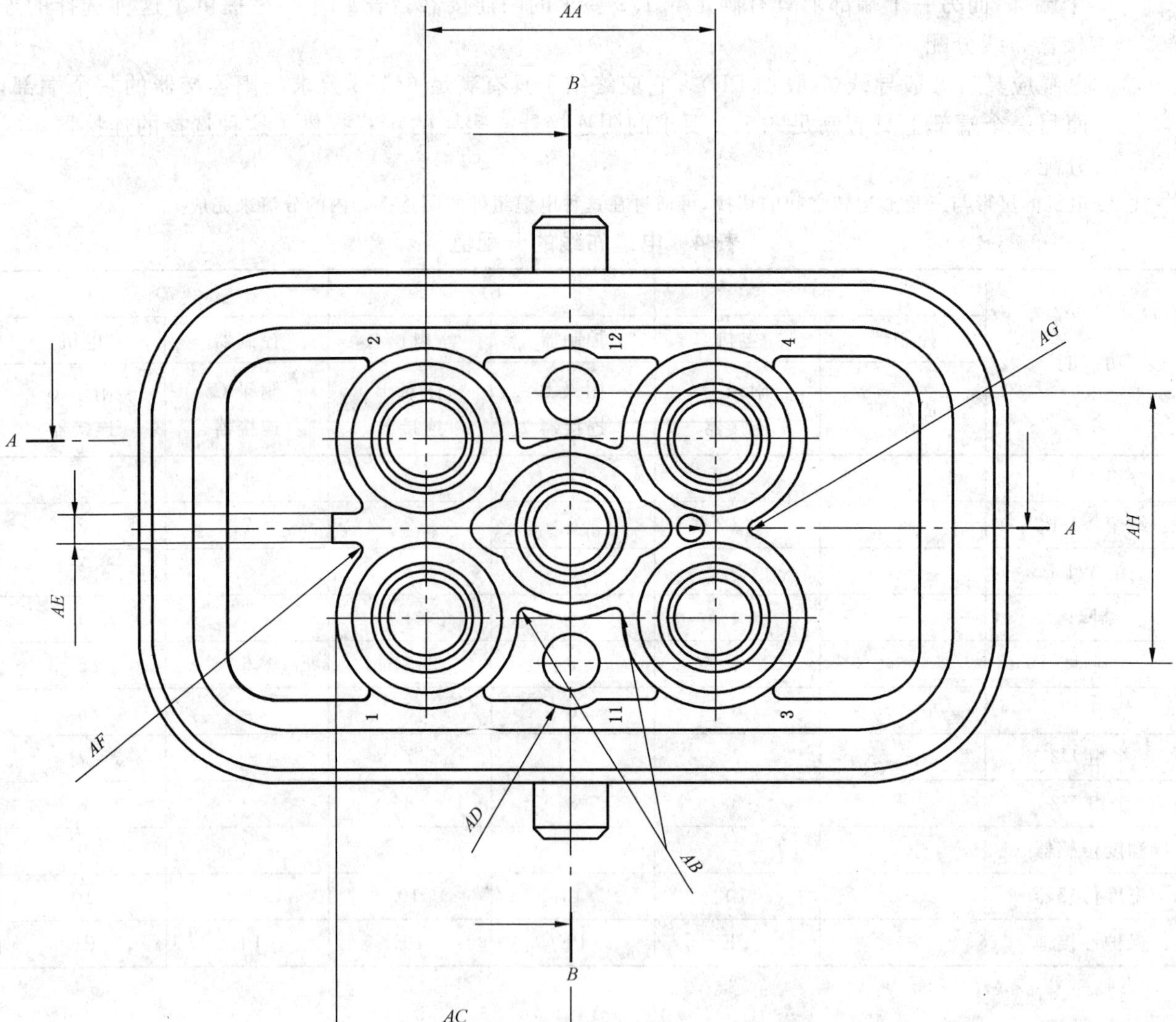

图 A.1 配电总线的阳连接器

图 A.2 提供的是通过连接器的 *B*—*B* 剖面的剖视图。

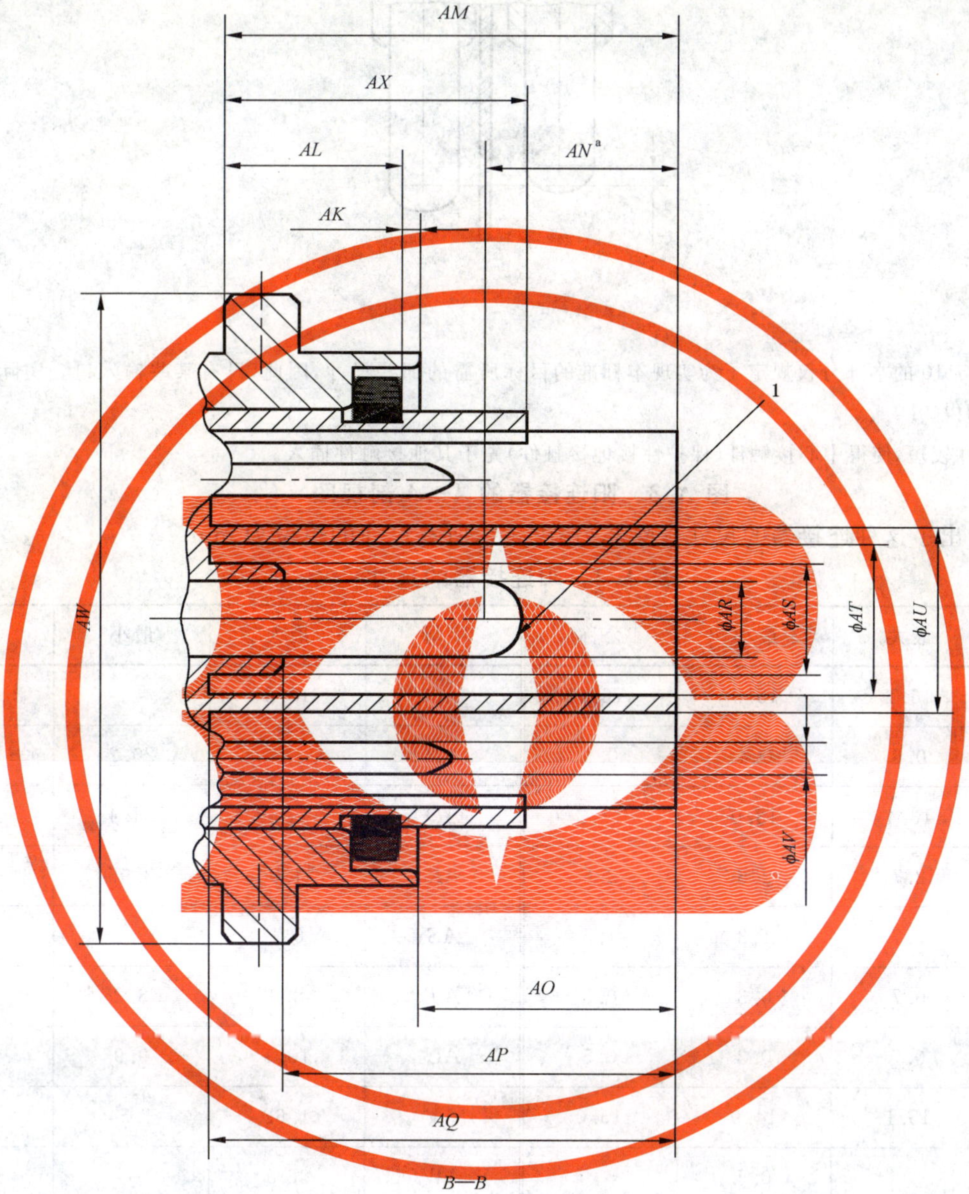

B—*B*

注：尺寸 *AK* 与固定式阳连接器无关。

说明：

1——PE 接触件。

[a] 中心接触件长于电源接触件，使得它先于其他接触件插入。

图 A.2　阳连接器的 *B*—*B* 剖视图

图 A.3 提供的是通过 $A—A$ 剖面的连接器剖视图。注意:这个剖视图是阶梯剖,以便通过接触件 2 及中心接触件。

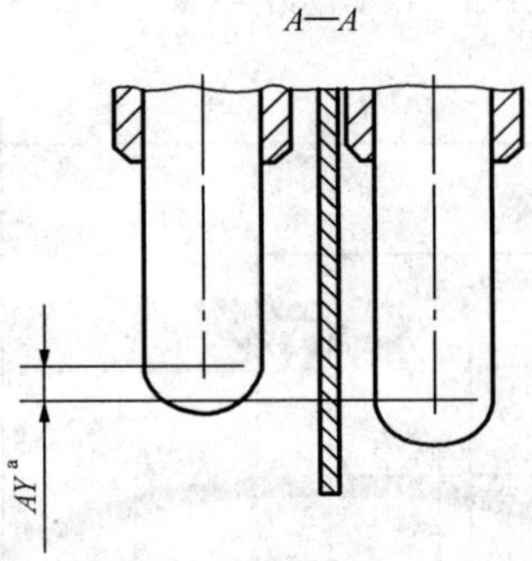

注:GB/T 25110 的本部分仅规定了为实现本标准的目标所需的那些尺寸,因此,没有某些输入口。实际装置需要规定所有尺寸。

[a] 电源接触件较短,使得中心接触件(保护性接地接触件)先于其他接触件插入。

图 A.3 阳连接器的 A—A 剖视图

表 A.1 给出了这种连接器的尺寸。除非另有标示,所有尺寸的单位为 mm。

表 A.1 阳连接器的尺寸

字母	最大	最小	公称	字母	最大	最小	公称
AA	16.1	15.9	16.0	*AO*	13.6		
AB	0.6	0.4	0.5	*AP*		20.2	
AC	13.4	13.0	13.2	*AQ*		24.4	
AD	2.7	2.6	2.6	*AR*	4.0	3.95	4.0
AE	1.7	1.3	1.5	*AS*	6.1		
AF	0.7	0.3	0.5	*AT*	8.3	8.2	8.2
AG	0.7	0.3	0.5	*AU*	10.1	9.9	10.0
AH	15.1	14.9	15.0	*AV*	1.62	1.54	1.6
AK		0.5		*AW*	36.1		
AL	10.1	9.6	9.85	*AX*	16.2	15.6	15.9
AM	24.2	23.6	23.9	*AY*		1.2	
AN	10.3						

各尺寸为电缆阳连接器的尺寸。对于固定式阳连接器,$AK=0$。

A.2 配电总线的阴连接器

图 A.4 是配电总线的阴连接器。

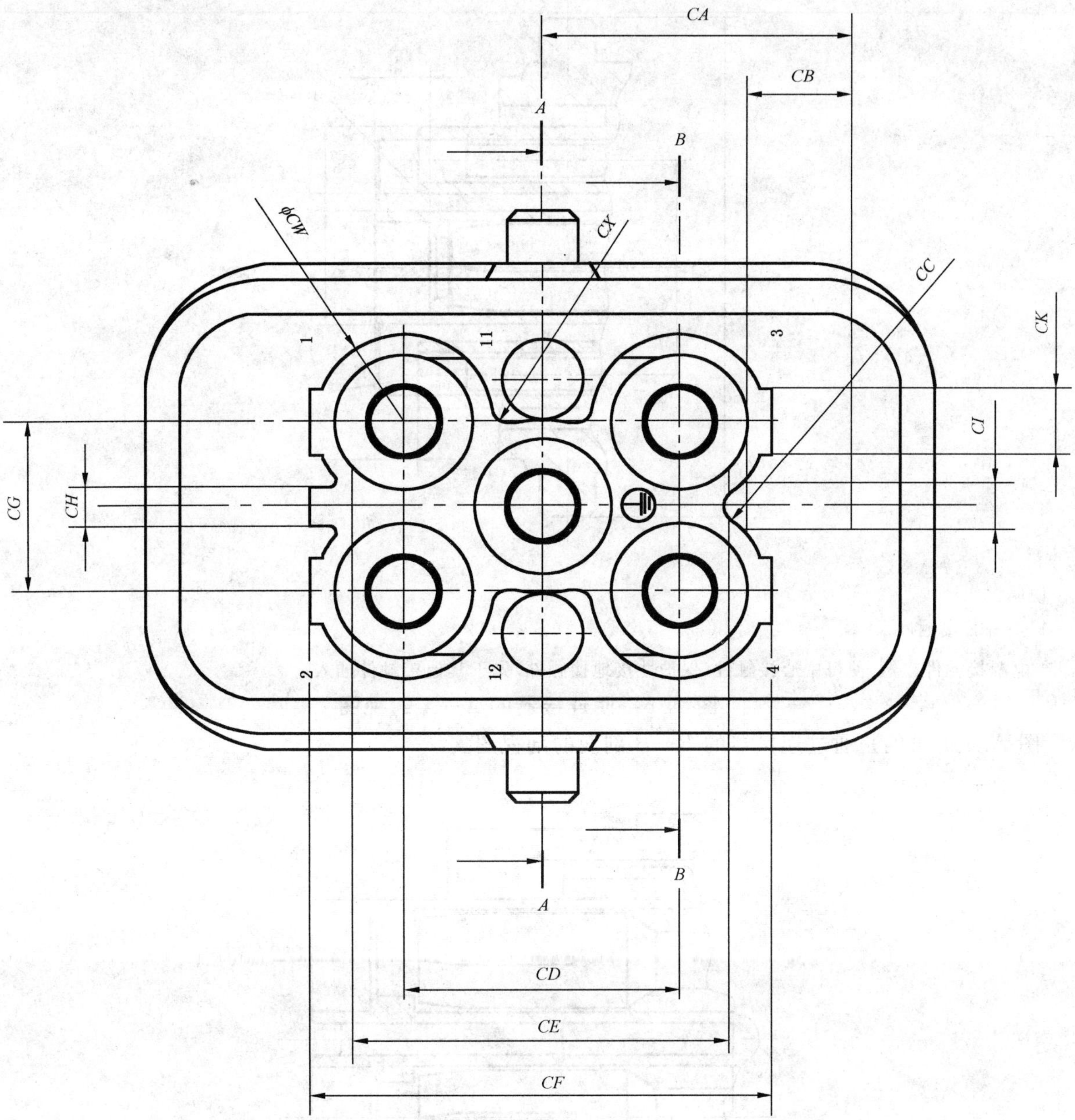

图 A.4 配电总线的阴连接器

图 A.5 提供的是通过连接器的 *A*—*A* 剖面的剖视图。

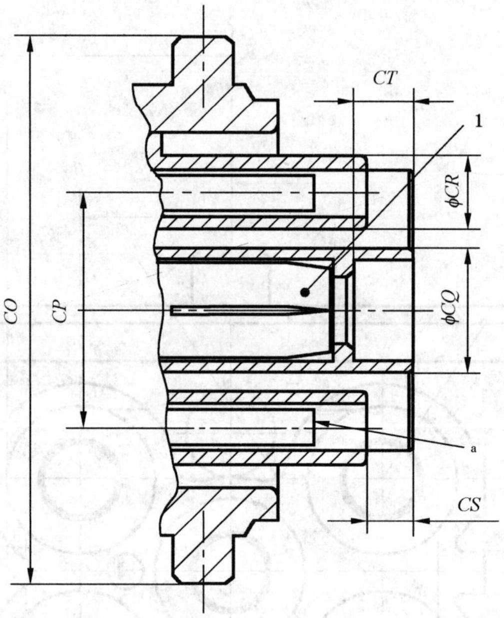

说明：

1——PE 接触件。

[a] 电源接触件较短，使得中心接触件(保护性接地接触件)先于其他接触件插入。

图 A.5　阴连接器的 *A*—*A* 剖视图

图 A.6 提供的是通过连接器的 *B*—*B* 剖面的剖视图。

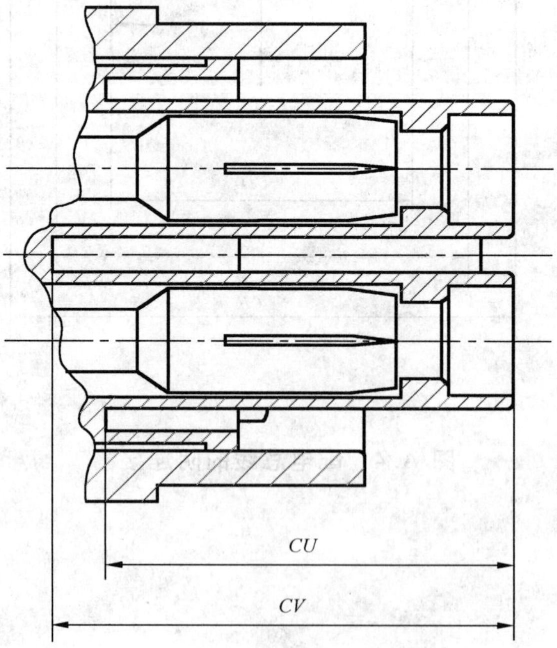

图 A.6　阴连接器的 *B*—*B* 剖视图

图 A.7 提供的是连接器的侧视图。

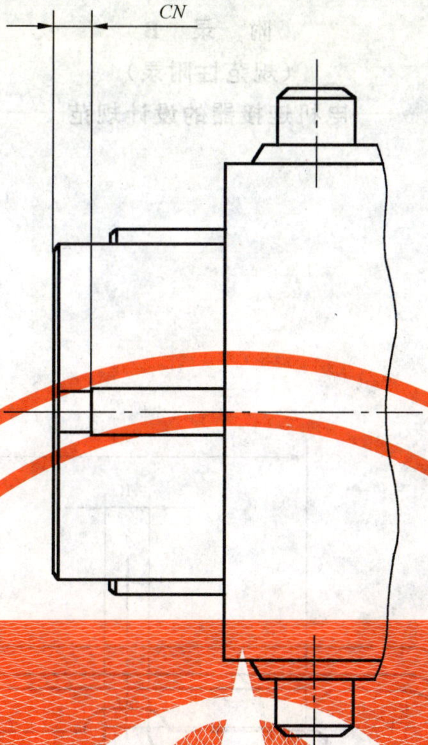

图 A.7 阴连接器的侧视图

表 A.2 给出了这种连接器的尺寸。除非另有标示，所有尺寸的单位为 mm。

注：GB/T 25110 的本部分仅规定了为实现本标准的目标所需的那些尺寸，因此，没有某些输入口。实际装置需要规定所有尺寸。

表 A.2 阴连接器的尺寸

字母	最大	最小	公称	字母	最大	最小	公称
CA	18.4	18.0	18.2	*CO*	36.1		
CB	6.2	6.0	6.0	*CP*	15.1	14.9	15.0
CC	1.2	0.8	1.0	*CQ*	8.0	7.8	7.9
CD	16.1	15.9	16.0	*CR*	4.7	4.5	4.6
CE	22.1	21.9	22.0	*CS*	3.3	2.7	3.0
CF	27.1	26.8	26.8	*CT*	4.1	3.7	3.9
CG	10.1	9.9	10.0	*CU*		24.3	
CH	2.7	2.3	2.5	*CV*		27.5	
CI	2.7	2.3	2.5	*CW*	10.5	10.3	10.4
CK	4.2	3.8	4.0	*CX*	11.2	0.8	1.0
CN	2.3	1.7	2.0				

附 录 B
（规范性附录）
电机连接器的设计规范

B.1 电机电缆的阳连接器

图 B.1 是电机的阳连接器图。

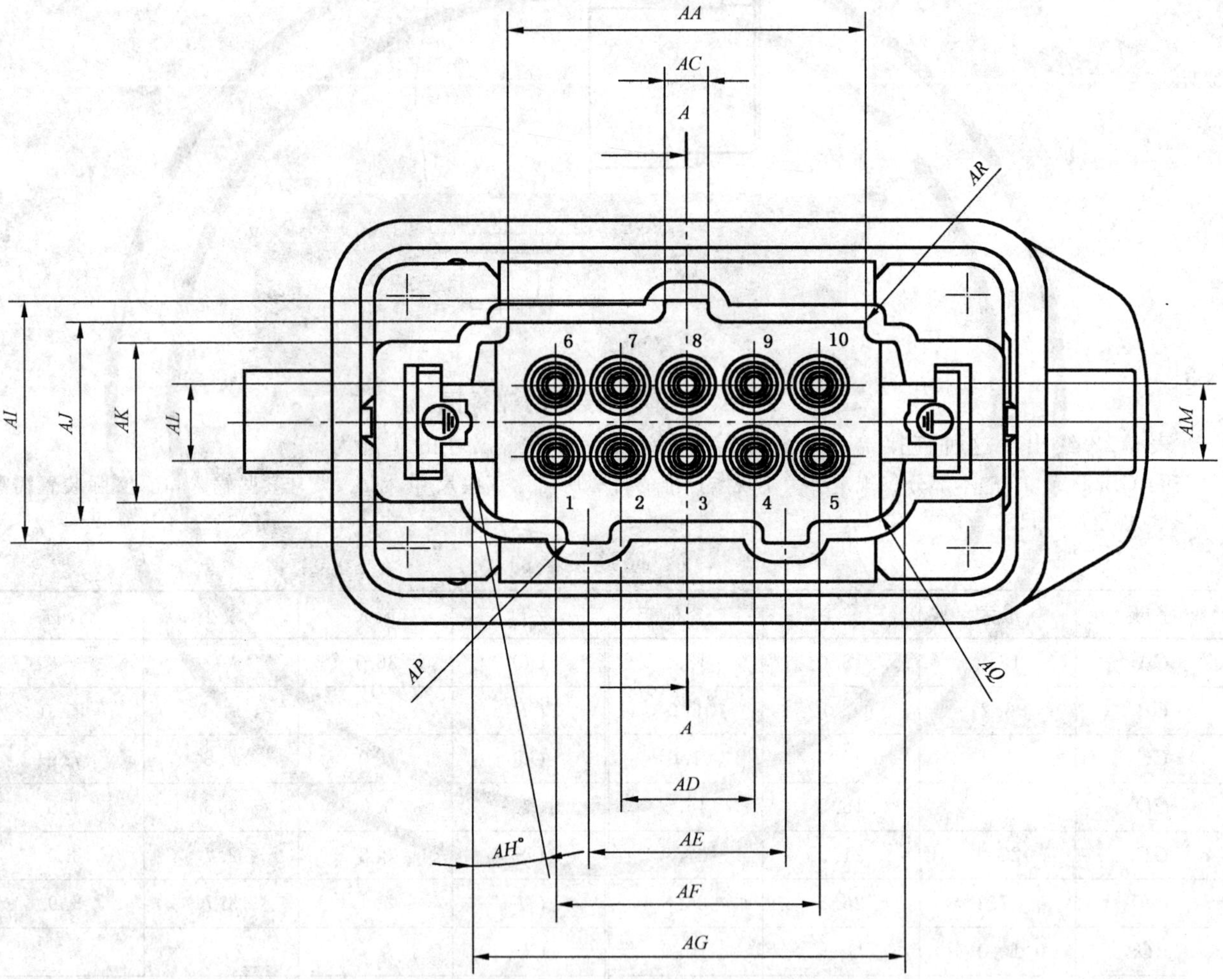

图 B.1 电机电缆的阳连接器

图 B.2 提供的是通过连接器的中点的剖视图。

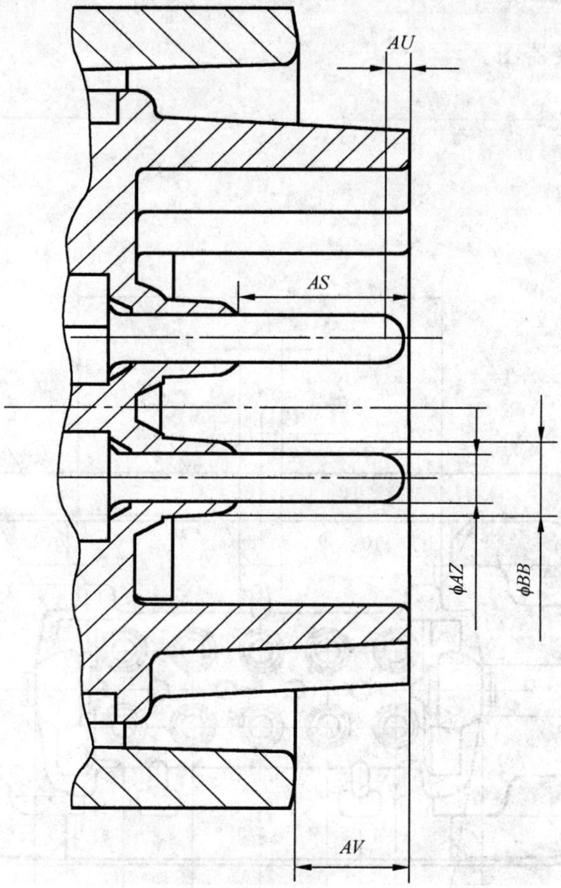

图 B.2 阳连接器的剖视图

表 B.1 给出的是这种连接器的尺寸。除非另有标示,所有尺寸的单位为 mm。

注:GB/T 25110 的本部分仅规定了为实现本标准的目标所需的那些尺寸,因此,没有某些输入口。实际装置需要规定所有尺寸。

表 B.1 电缆的阳式连接器的尺寸

字母	最大	最小	公称	字母	最大	最小	公称
AA	37.1	36.3	36.3	*AL*	7.6	7.4	7.5
AC	4.8	4.5	4.5	*AM*	8.2	7.9	8.0
AD	13.5	13.3	13.4	*AP*	0.7	0.3	0.5
AE	20.1	19.9	20.0	*AQ*	3.2		
AF	26.9	26.7	26.8	*AR*	0.7	0.3	0.5
AG		44.0		*AS*	9.5	8.9	9.3
AH	15.0			*AU*	1.85		
AI	26.1	25.8	25.8	*AV*	6.05	5.45	6.0
AJ	21.4	21.2	21.2	*AZ*	2.5	2.45	2.5
AK	19.2	18.7	19.0	*BB*	4.2		

B.2 电机的固定式阴连接器

图 B.3 是电机的阴连接器图。

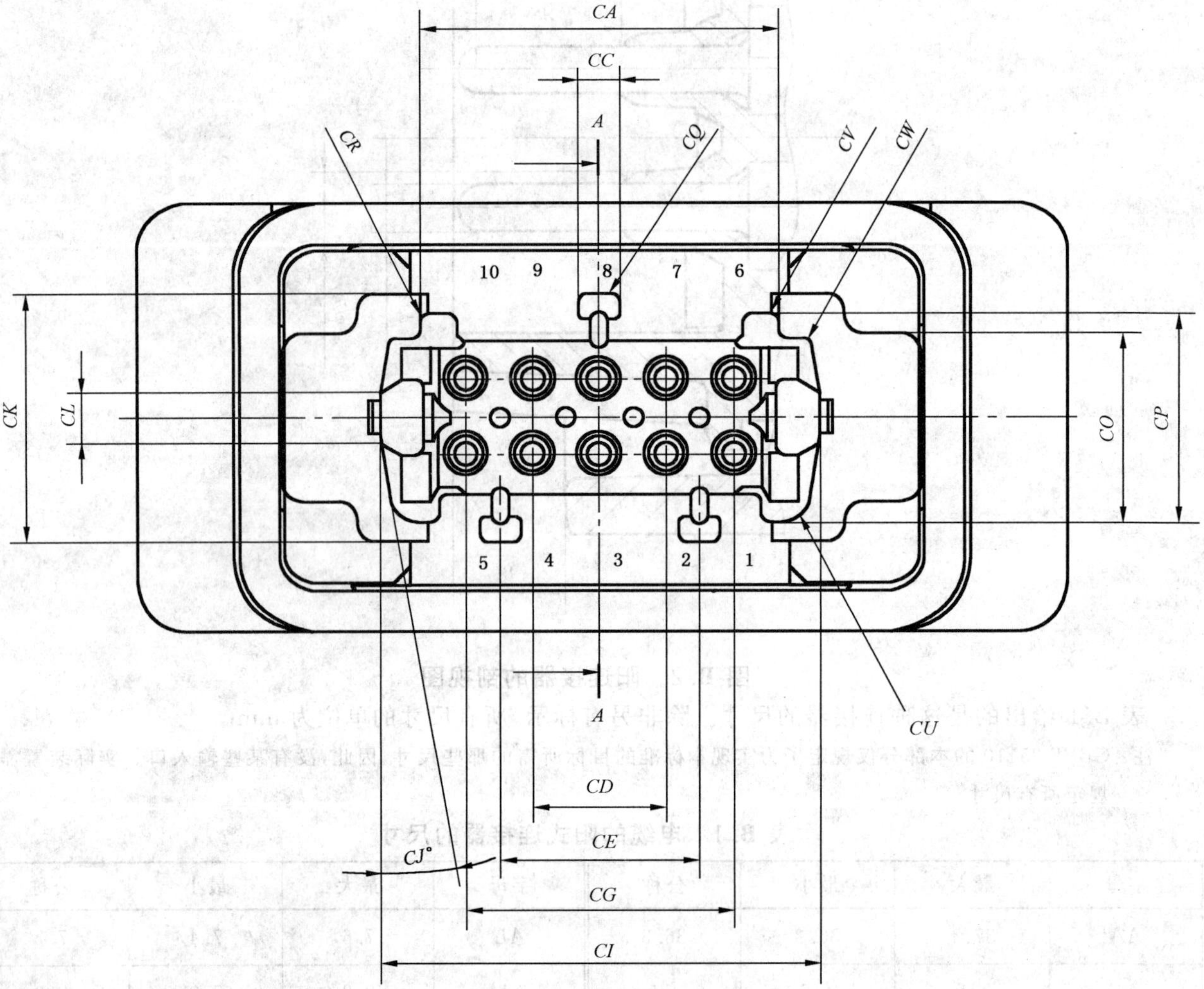

图 B.3 电机的固定式阴连接器

图 B.4 提供的是通过连接器的中点的剖视图。

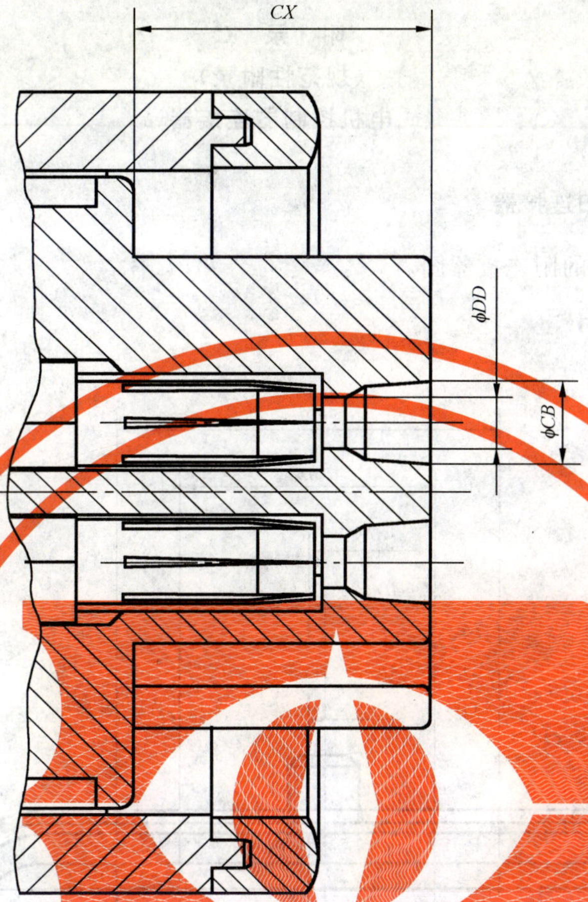

图 B.4 阴连接器剖视图

表 B.2 给出的是这种连接器的尺寸。除非另有标示，所有尺寸的单位为 mm。

注：GB/T 25110 的本部分仅规定了为实现本标准的目标所需的那些尺寸，因此，没有某些输入口。实际装置需要规定所有尺寸。

表 B.2 固定式阴连接器的尺寸

字母	最大	最小	公称	字母	最大	最小	公称
CA	36.0	35.8	36.0	*CL*	5.1		
CB		4.4		*CO*	18.5	18.0	18.5
CC	4.2	3.8	4.0	*CP*	21.0	20.8	21.0
CD	13.5	13.3	13.4	*CQ*		0.5	
CE	20.1	19.9	20.0	*CR*		0.5	
CG	26.9	26.7	26.8	*CU*		2.5	
CI	44.0			*CV*		0.5	
CJ	15.0°	10.0°	10.0°	*CW*		0.8	
CK	25.3	25.0	25.3	*CX*		13.5	

附　录　C
（规范性附录）
电机控制器连接器

C.1　电机控制器电缆的阳连接器

图 C.1 是电机控制器的阳连接器图。

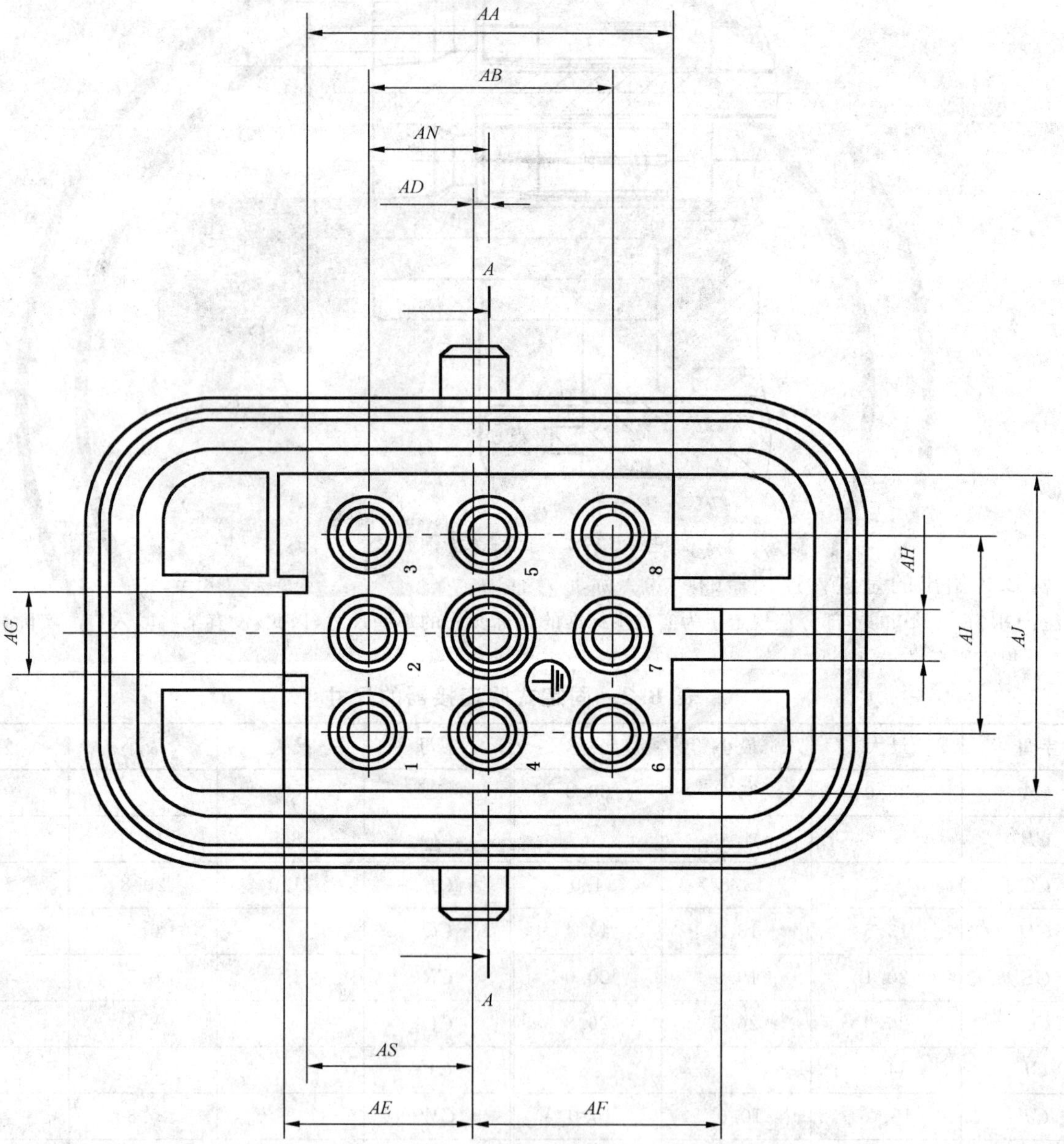

图 C.1　电机控制器电缆的阳连接器

图 C.2 提供的是通过这种连接器的中点的剖视图。

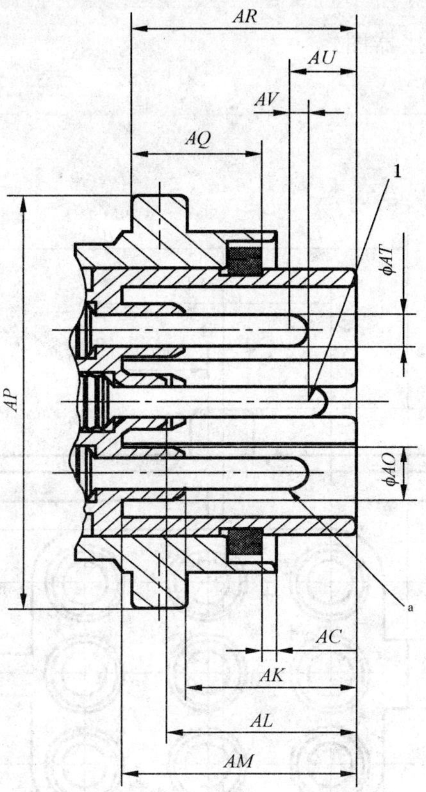

说明：

1——PE 接触件。

[a] 电源接触件较短，使得中心接触件(保护性接地接触件)先于其他接触件插入。

图 C.2　阳连接器剖视图

表 C.1 给出的是这种连接器的尺寸。除非另有标示，所有尺寸的单位为 mm。

注：GB/T 25110 的本部分仅规定了为实现本标准的目标所需的那些尺寸，因此，没有某些输入口。实际装置需要规定所有尺寸。

表 C.1　电缆的阳连接器的尺寸

字母	最大	最小	公称	字母	最大	最小	公称
AA	23.0	22.4	22.4	*AL*		13.4	
AB	15.1	14.9	15.0	*AM*		16.7	
AC		0.5		*AN*	7.6	7.4	7.5
AD	1.0	0.8	0.9	*AO*	4.7		
AE	12.1	11.8	11.8	*AP*	36.1		
AF	15.4	15.1	15.1	*AQ*	10.1	9.6	9.85
AG	5.4	5.0	5.0	*AR*	16.2	15.6	15.9
AH	3.4	3.0	3.0	*AS*	10.6	10.3	10.3
AI	12.1	11.9	12.0	*AT*	2.5	2.45	2.5
AJ	19.5	19.3	19.4	*AU*	5.15		
AK		12.1		*AV*	1.55	0.95	1.25

C.2 电机控制器的固定式阴式连接器

图 C.3 是电机控制器的阴连接器图。

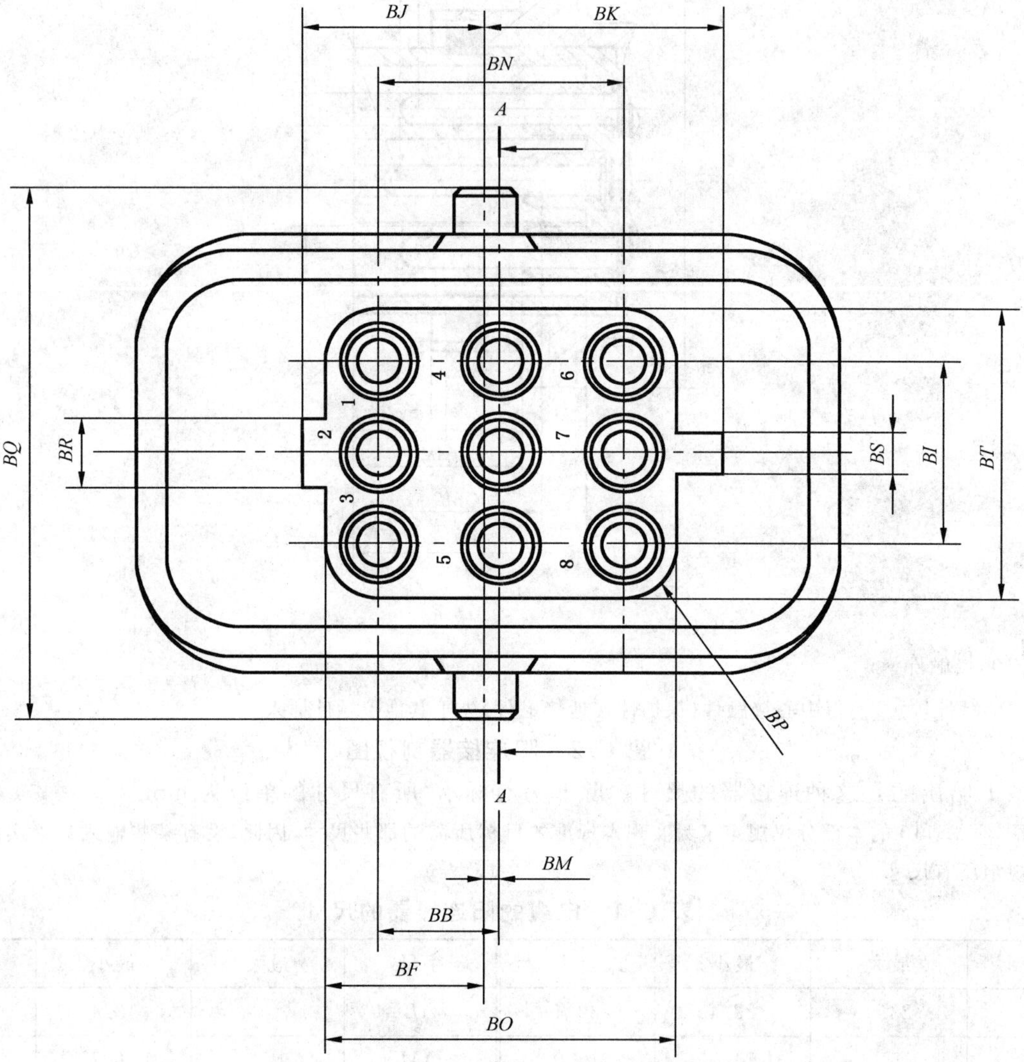

图 C.3 电机控制器的固定式阴连接器

图 C.4 提供的是通过这种连接器的中点的剖视图。

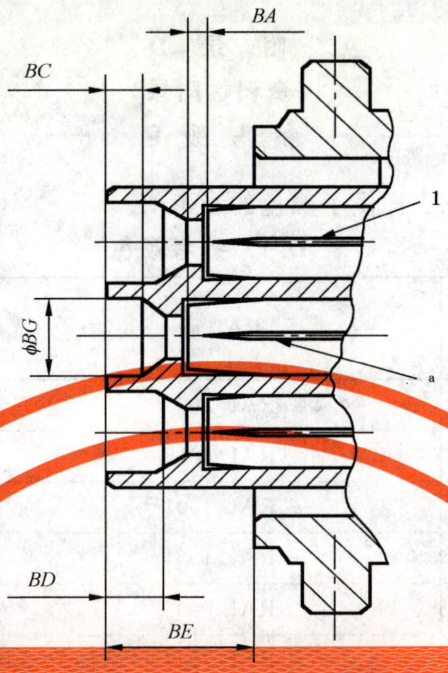

说明：

1——PE 接触件

[a] 电源接触件较短，使得中心接头(保护性接地接触件)先于其他接触件插入。

图 C.4 阴连接器剖视图

表 C.2 给出的是这种连接器的尺寸。除非另有标示，所有尺寸的单位为 mm。

注：GB/T 25110 的本部分仅规定了为实现本标准的目标所需的那些尺寸，因此，没有某些输入口。实际装置需要规定所有尺寸。

表 C.2 固定式阴连接器的尺寸

字母	最大	最小	公称	字母	最大	最小	公称
BA	1.55	0.95	1.25	*BK*	15.0	14.8	14.9
BB	7.51	7.49	7.5	*BM*	1.0	0.8	0.9
BC		2.15		*BN*	15.1	14.9	15.0
BD		3.4		*BO*	22.1	22.0	22.0
BE	9.0	8.2	8.5	*BP*	3.7	3.5	3.5
BF	10.1			*BQ*	36.1		
BG		4.8		*BR*	4.6	4.5	4.6
BI	12.1	11.9	12.0	*BS*	2.6	2.5	2.6
BJ	11.7	11.5	11.6	*BT*	19.0	18.8	19.0

附 录 D
（资料性附录）
参 考 颜 色

为使颜色要求精确，下列表 D.1 提供了颜色的参考值。

表 D.1 参考颜色[1)]

颜色	RAL 码	CMYK[a] %
橙	RAL 2003	0,52,100,0
绿	RAL 6018	70,0,90,0
紫	RAL 4001	60,70,5,10
黄	RAL 1021	0,10,100,0
黑	RAL 9005	100,100,100,95
灰	RAL 7040	20,5,10,40
[a] 宝石蓝，洋红，黄和黑。		

1) RAL 颜色由德国质量与标牌研究所(RAL)确定并且负责全球的技术支持。

ICS 35.240.50
J 07

中华人民共和国国家标准

GB/T 25111—2010

网络化制造环境下的制造资源分类

Networked manufacturing environment—Manufacturing resource class

2010-09-02 发布　　2010-12-01 实施

中华人民共和国国家质量监督检验检疫总局
中国国家标准化管理委员会　发布

前　言

本标准由中国机械工业联合会提出。

本标准由全国自动化系统与集成标准化技术委员会(SAC/TC 159)归口。

本标准负责起草单位:北京机械工业自动化研究所,同济大学 CIMS 研究中心。

本标准主要起草人:王坚,戴毅茹,孙洁香。

引　言

本标准按照网络化制造所涉及的产品全生命周期来定义其资源。网络化制造环境下的资源包括：物能资源(物料、产品、设备、能源等)、信息资源、人力资源、技术资源、资金资源和其他资源。与传统制造下的资源相比，网络化制造环境下的资源范围有所扩大，资源内容增加了网络化成分。

本标准所涉及的资源只在网络化制造环境的范围之内，网络化制造的范围涉及：现代集成制造系统(CIMS)、柔性制造、先进制造(AM)、自动化制造、分散网络化制造、敏捷制造、虚拟企业及制造、大规模定制生产与工作流。与网络化制造资源相关的标准有：GB/T 5271《信息技术　词汇》，GB/T 15312《制造业自动化　术语》，GB/T 16978《工业自动化　词汇》。

本标准第2章给出术语和定义共39条；第3章给出网络化制造及其资源的相关概念和特点；第4章给出资源分类的方法和依据；最后列出了部分相关的参考文献。

本标准的编排方式，按网络化制造环境下的制造资源进行分类，每种分类里按资源的重要性顺序排队。随着制造技术和网络技术的发展，网络化制造环境下的资源日益丰富，按类别排序利于资源查找和将来的扩充。

网络化制造环境下的制造资源分类

1 范围

本标准描述了网络化制造及其环境下的资源特点，分析了网络化制造环境下资源管理的重要性和特点以及资源管理与资源分类的相互关系，提出了几种分类方法和分类依据。

本标准适用于企业实施网络化制造过程中进行网络化环境下制造资源的分类与资源管理。

2 术语和定义

下列术语和定义适用于本标准。

2.1

原材料　raw material

原料及主要材料的总称。在生产过程中经加工改变其形态或性质并构成产品主要实体的各种物资。包括：原材料及主要材料、辅助材料、外购半成品、修理用备件、包装材料、燃料。

2.2

毛坯　semi-finished materials

一种经过加工的原料，同原材料一样用于生产过程。其属性与原材料基本相同，但时效比原材料短，只能用于某一类产品的生产。

2.3

半成品　semi-manufactured goods

工业企业内已完成某一个车间或几个车间的生产过程、已验收合格入库，但仍需继续在本企业其他车间进行加工或装配的产品。

2.4

产品　product

企业的最终产品广义上讲也属于企业的资源，这一资源的数量和价值均可计算，但时效为零，因为它在企业内部不再需要经过任何流通。技术含量由生产所涉及的工序以及技术决定。其他属性指标可忽略。一般企业的产品不会只有一种，而是多种，根据具体情况具体细分。

2.5

机床　machine

对金属或其他材料的坯料或工件进行加工，使之获得所要求的几何形状、尺寸精度和表面质量的机器。时效较长，流动性小，技术含量高。

2.6

生产线　product line

产品生产过程所经过的路线，即从原料进入生产现场开始，经过加工、运送、装配、检验等一系列生产活动所构成的路线。

2.7

网络硬件　network hardware

协同设计、协同制造以及信息共享都离不开企业的网络环境，网络环境由硬件和软件共同组成，硬件设备主要包括电脑、路由器/交换机、电缆和其他外设。技术含量高，价值高，流动性相对较大，发展潜力大。

2.8

电能　electrical energy

电以各种形式做功(即产生能量)的能力。其主要的属性是价值和耗电量。

2.9

燃料　fuel

燃烧时能产生热能或动力和光能的可燃物质,主要是含碳物质或碳氢化合物。按形态可以分成固体燃料、液体燃料和气体燃料。

2.10

其他能源　other energy

其他能源,如水,以及用于生产之外的如天然气,石油等。其属性主要是价值和数量,由于其消耗没有与产品直接挂钩,其管理相对来说较为复杂。企业必须将这一类能源的消耗合理地纳入产品的成本当中。

2.11

土地　land

土地资源对企业来说是一般是一次性买断使用权,其价值是平均分摊在产品成本当中的,在企业生产经营当中,基本上不涉及土地资源的管理,除非是因此发生的经济纠纷。土地资源的时效较长,价值和数量确定。

2.12

厂房　workshop building

厂房的3个属性:时效、价值和数量,与土地类似。但是厂房在使用过程中会发生维护和装修,因此与企业的生产经营过程有直接联系。但企业管理这一类资源主要是从那3个属性出发的。

2.13

运输工具　conveyance

包括货运和客运两种,这类资源本身在使用过程中需要消耗能源,因而较特殊。该类资源的管理主要从数量、价值、时效和流动性4个属性展开,其他属性较为次要。

2.14

市场信息　market information

包含内容较多,有市场需求信息、产品销售信息等。这些信息的价值属性和数量属性无法定量,时效性、安全性和重要性是企业关心的。对这类信息资源的管理需要借助庞大的网络数据库软件支持。

2.15

供应商信息　supplier information

直接向零售商提供商品及相应服务的企业及其分支机构、个体工商户,包括制造商、经销商和其他中介商。

2.16

客户信息　client information

包括合作企业、银行、消费者等信息,是企业管理的重点之一。在网络化制造环境下,合作是企业的一种重要经营方式,企业必须与客户处理好各种关系。其中,消费者信息是最为重要的,因为产品最终是需要消费者认可的。客户信息的主要属性包括时效性、重要性、安全性以及流动性。

2.17

管理信息　management information

企业在发展过程中所累积的一些管理知识信息。特点有流动性小,时效长,发展潜力大。这类信息有一定的安全级别。

2.18

技术信息　technology information

企业的核心竞争力之所在。这类信息要绝对保密，安全级别最高。对该类信息的管理最为复杂，管理者必须是企业高级技术工程师和决策者。技术信息的发展潜力最大，流动性小，时效长。对其价值估算很困难，但其价值毫无疑问最大。

2.19

加工信息　machining information

这类信息应隶属于技术信息，这里把它单独拿出来，是方便以后的管理，因为加工信息涉及很多精确的数据，对于复杂的技术信息来说，加入这些信息会加大管理的难度。加工信息安全级别较高，流动性小，时效长，发展潜力却是随着技术信息而定的。

2.20

质量信息　quality information

该类信息一般从客户反馈到客户服务部门，再从客服部反馈到设计部门或生产部门，然后又从生产部门流到质管部门。质量信息一般是最新的，时效短，流动性大，产品质量出现的任何问题企业都应以最快的速度解决。

2.21

软件信息　software information

网络化制造下的一类特殊信息，包括用于生产和管理的各种软件在安装、维护、使用以及管理中所累积的信息。该类信息的处理技术含量较高。时效短，流动性不大，重要性级别较大。

2.22

管理人才　manager

从CEO到股东(股份制企业)，总经理到部门经理，这些管理人才是企业最宝贵的财富。管理人才的流动性大，时效短，价值和数量可以计算，技术含量高，发展潜力大。这一资源直接关系着企业的发展。

2.23

技术人才　technician

包括产品开发技术人才、生产技术人才、管理技术人才、网络技术人才等。技术人才专业性极强，但发展潜力有限，时效和流动性则由企业自身的管理决定。技术人才的知识必须不断更新才能有利于企业的技术进步，这也是人力资源管理当中不可忽视的一项内容。

2.24

市场人才　market manager

负责市场调研、策划、市场推广等工作，人员的流动性小，发展空间大，所要求的技术性较强，但更多的是要发挥人员的主观能动性，与市场打交道，直接影响着企业产品的生命周期。

2.25

公关人才　negotiator

代表本企业与合作者进行谈判、磋商，以及为企业寻找合作伙伴。

2.26

销售人才　seller

销售人才面对的客户一般是销售代理和其他企业客户，而个人客户是通过代理来购买企业产品的。销售人才需要与企业内部的其他人员之间有更多的交流，对产品有更多的了解以及和客户更多地沟通。

2.27

生产人员 worker

主要是生产部门的工人,生产人员的数量在企业中占较大的比重,但价值比重较小。对生产人员这类资源的管理比较简单,主要涉及薪金、福利、工时等方面。

2.28

信息技术 information technology

有关信息的收集、识别、提取、变换、存贮、传递、处理、检索、检测、分析和利用等技术,对于网络化制造企业而言,信息技术是企业网络化实施水平的一个重要因素。信息技术有一部分是需要保密的,它的时效性很强,发展潜力巨大,技术含量很高,对其管理也需要较强的专业性。

2.29

管理技术 management technology

涉及信息管理技术、物流管理技术、财务管理技术、人力资源管理技术等。先进的管理技术能提高企业的运营效率,管理技术有较长时效性,技术含量高,具有企业针对性的属性。这类资源是企业所特有的,在实际资源管理中是不可见的,但渗透在企业的日常经营活动当中。

2.30

决策技术 decision-making technology

属于管理学的范畴,分为定性分析法和定量分析法,具体操作方法与企业选择相关。这类资源与管理技术相似,在直接的资源管理当中不可见,但时刻体现在企业经营当中。

2.31

设计技术 design technology

企业产品竞争力的一个组成部分,体现了企业产品的技术含量。这类资源是以数据信息形式存在的,具有很高的安全级别,更新很快、时效性短,发展潜力很大,同时技术含量高,价值可以估算。

2.32

加工技术 machining technology

企业的每一种产品都有一套相应的加工技术,它是和企业的生产线以及相关设备相对应的软件设施,加工技术的精细程度也体现了产品技术的含量。这类资源时效性较长,更新较快,对保密性有要求。

2.33

后勤技术 logistics technology

企业的后勤管理技术,这类技术与物流管理技术相似,较成熟,时效较长。

2.34

营销技术 sale technology

企业营销的一整套方案,从市场分析、广告策划、广告投放到产品推广。营销技术有时效性,不同的时期有不同的营销方式,而且营销方式与媒体的发展齐步。这类属性类似于管理技术资源。

2.35

网络技术 network technology

在网络化时代,网络技术的更新换代总是最快的,无论硬件还是软件,企业必须不断地对自身软硬件资源更新才能跟上时代的脚步,掌握最前沿的科技。网络技术主要包括硬件和软件的安装、维护、排错等技术。网络化制造环境下,网络技术对企业的生产支持作用很大,这些技术价值含量高,占企业投入的比重较大,是资源管理当中的重点。

2.36

自有资金 capital

凡属于企业(单位)所有者权益范围内所包括的资金,是按财务制度规定归企业支配的各种自有资金。包括企业折旧资金、资本金、资本公积金、企业盈余公积金及其他自有资金,也包括通过发行股票筹集的资金。企业的自有资金主要是以存款的形式存在银行,对这部分的资金可以委托银行代为管理。

2.37

贷款资金　loan

包括贷入资金和借出的资金,企业在与银行和其他企业发生合作的过程中,这部分资金自然产生,在企业资金中占有较大的份额。主要属性是利息和数量。

2.38

股份资金　stock

股份资金的流动性很大,是企业经营状况的晴雨表。对于上市企业,股份资金是其重点管理的内容之一。

2.39

品牌资源　brand

是所有资源当中价值量最高的。企业的品牌象征着企业的公众形象,极大地影响着企业产品的销售,关系企业的健康发展。

3　网络化制造资源相关概念

3.1　资源分类与资源管理

将资源分类之后,可以通过网络,利用不同的模块,对资源进行分布式管理,这将大大提高管理的效率。资源分类对资源管理的作用体现在以下几个方面:

资源分类使资源管理的对象简化。这一点是显而易见的。分类之后的资源对象,被进行了细化和分析,更容易被认识和理解,这对管理者来说,管理工作将大大简单化。

资源分类使资源管理工作能分散进行。资源被分类之后,遵循一定的分类标准,因而可以利用统一的界面对资源进行模块化管理,在网络化制造中,资源管理不是单独进行的,而是由企业的各个部门甚至企业之外的合作者共同参与。

资源分类能突出资源管理中的重点。企业资源中,有价值量较高的,也有技术含量较高的,这两类资源在企业中占主导地位,可以将其视为企业的核心资源,核心资源的最优化利用,能为企业节约成本以及提高产品竞争力。资源通过分类之后,核心资源的位置较突出,是企业资源管理的重点对象。

3.2　分类方法的基本要求

资源分类之后,资源要便于管理,还要对资源种类的更新有一定的前瞻性。因此对资源分类所采用的方法,就必然有所限制和要求:

a)　分类方法要成熟。

成熟的分类方法可以减少分类当中由于分类本身的技术原因引起的错误。分类的方法有很多种,从不同的角度有不同的分法,但不是每一种分类方法都适用于网络化制造的资源。必须采用一种较为成熟或者适用于网络化制造资源分类的方法,这样才能有效保证分类的合理性和科学性。

b)　分类方法要通用。

资源分类,不是为方便个别企业服务的,而是面向整个制造行业。所以采用的分类方法必须具有一定的通用性,即分类以制造行业通用的资源为对象,并对它们进行抽象。分类之后的资源描述应能适用于大多数的制造企业,可以为他们借鉴。通用性表现在几个方面,首先分类对象应能囊括网络制造的各种资源,其次分类之后的资源结构具有可读性,再者分类当中采用的各种方法具有兼容性。

c)　分类方法要先进。

资源分类方法的先进性与成熟性是相互制约的,但也是相互促进的。成熟的分类方法中有其科学的一面，也有较强的可更新余地，但是却不一定是最先进的。资源分类方法的先进性要求分类方法的创新速度走在其他方法的前面，而不能落后于其他分类方法，导致分类之后的资源结构不能匹配新的环境下的资源结构。

4 资源分类

4.1 几种网络化制造环境

利用信息技术与计算机网络技术，改造过的制造环境都属于网络制造环境，这里存在企业内的网络化制造，企业与企业间的网络化制造，包括区域性的网络化制造以及全球性的网络化制造。处在这些制造环境中的资源都具有网络化的特点，归属于网络制造资源。这些资源既有网络化制造的共性，也有自身的特性。对这些资源采用分层分类，逐层细化。

4.2 分类系统

4.2.1 分类方法一

根据上文提出来的资源分类要求和分类角度，采取典型的区域性网络化制造特点对资源进行层次划分，资源的分布呈树状结构(见图1)。

第一层

在整个网络化制造大环境中，主要有物流、资金流、信息流来动态地连接各个企业。涉及到物流的企业有原料供应商，半成品供应商，最终产品供应商以及提供物流服务的企业；涉及到信息流的企业主要是参与产品协同开发的企业；而资金流就是通过电子信息技术、互联网技术等现代通讯手段，使得供应链上的购销企业各方借助电子方式联系达成交易，简而言之，就是整个资金交易过程的电子化，即电子商务。由于电子商务是信息社会各个行业的共同特点，而非网络化制造所独有的特点，并且资金流主要涉及金融行业的业务活动，因此在此可以不考虑资金流。结合物流、信息流将整个动态链中的企业进行分类。

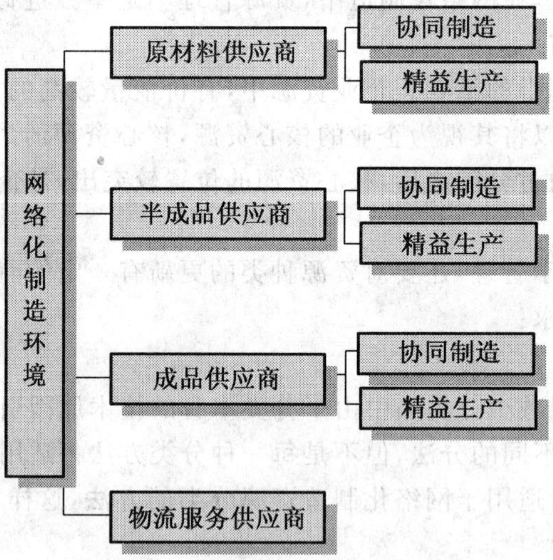

图1 企业级资源分类视图

在网络化制造环境下，主要分为5类企业，原材料供应商，半成品供应商，成品供应商以及物流服务供应商，其中物流服务供应商通过物流、资金流将其他3个供应商连接在一起。原材料供应商在制造，生产原材料时，需要和其他企业进行协同制造，以达到信息的流动。同样，半成品供应商，成品供应商也是如此。这里给出了网络化制造环境下，资源分类的第一层，分层的主要目的在于：能使各个企业能明白自身在网络化制造环境下的位置，以提供企业的核心竞争力，体现出网络化制造的本质。

第二层

在网络化制造企业之间的合作表现为企业动态联盟，企业集团内部部门之间的合作则表现为供应链。在这一层，研究的对象是资源网络层中的网络化资源，资源以归属划分。对一个企业而言，网络化资源包括企业内部的网络化资源和企业共享的外来网络化资源。对于外来网络化资源，企业的操作受资源所有者限制，往往不具有完全的权限。同样，企业内部的网络化资源则对外有限制。无论是外部资源还是内部资源，均按企业生产的全生命周期加以表述。

在市场调研阶段的资源包括市场信息资源、人力资源、调研所需的资金等。其中，市场信息是最主要的资源，是这一阶段资源管理的核心，对市场信息进行深入分析和发掘得到企业所需的有用信息。这些资源为其他企业共享，是其他企业的外部资源。

在产品设计和试验阶段，企业与企业之间可以通过网络进行协同设计，需要调动企业的大批设计人员，技术人员，管理人员，需要企业的网络软硬件支持，CAD 等使能软件支持，数据库支持等，同时，设计要耗费大量物力的财力。涉及的资源主要是人力资源、网络软硬件资源、信息资源、资金资源。这部分资源具有保密性的特点。同样，根据资源归属，将这一阶段的资源也分成内部和外部资源。这一阶段的核心资源是企业的网络环境、辅助设计软件和设计人员。企业必须将设计人员合理分工，并利用网络的实时性与共享性，使设计人员最大程度地协同工作，同时发挥辅助设计软件的功能，提高设计人员的效率，保证设计的专业性和科学性。

在产品生产阶段，企业可以外包，也可以自己组织生产。但两者涉及的资源有所差别。外包给其他企业组织生产，涉及的企业内部资源包括产品的各种数据信息、人力、网络设备和资金，而生产方的设备、能源、源料等资源是企业的外部资源。反之，如果企业自己组织生产或者受第三方委托进行生产，那么企业需要管理设备、能源和源料等内部资源。

在产品销售阶段以及售后服务阶段，主要资源是市场信息资源，包括代理商信息、客户信息、市场信息、产品反馈信息等，此外就资金资源和产品资源。在网络化制造中，某一企业可以借助其他合作企业的销售网销售本企业产品，其他企业所提供的则是外部资源。

这一层的资源分类可以用如图 2 表示。本层的分层目的在于使企业对其产品整个生命周期有一个详细的了解，以便于协调部门间的合作关系，缩短产品的开发周期。

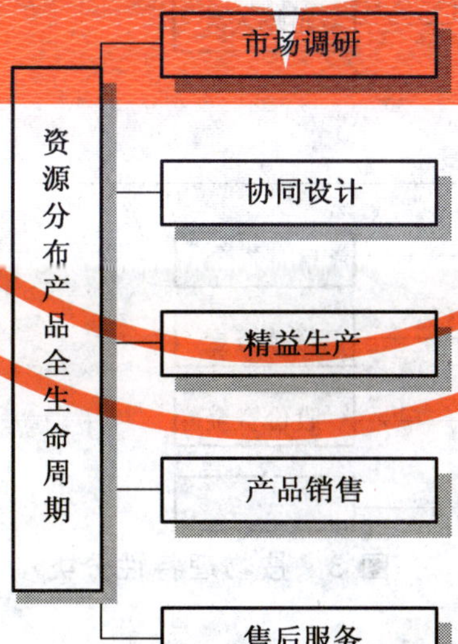

图 2　企业层资源分类视图

4.2.2　分类方法二

按资源物理特性细分，可以分为 5 大类，物能资源、技术资源、信息资源、资金资源和人力资源。如图 3 所示。

物能资源主要包括物料、设备、能源、土地、厂房、工具等，与传统企业的物能资源构成基本一致，其中具备网络化资源特性的主要有网络设施，生产设备，软件资源等，它们是满足虚拟、敏捷特性的必要条件。

网络化制造的信息资源有市场信息、客户信息、技术信息、管理信息、加工信息、质量信息等。信息是网络化制造的灵魂。

网络化制造企业的建立和运行需要各种技术的支持，如信息技术、管理技术、决策技术、设计技术、加工技术、后勤技术、营销技术等。

网络化制造企业的人力资源包括需要各种各样的人才，包括管理、技术、市场、公关等各方面的人才，这些人才可以分布在各成员企业中，也可以从人才市场上招聘，还可以是高等院校、科研机构和其他企业的兼职人才，虽然人力资源与网络化制造相关甚少，但人力资源是一个企业非常重要的一个组成部分。

网络化制造的资金来源可以有多种，可以是盟主和成员企业的自有资金，也可以是银行贷款或来自证券市场的资金等。

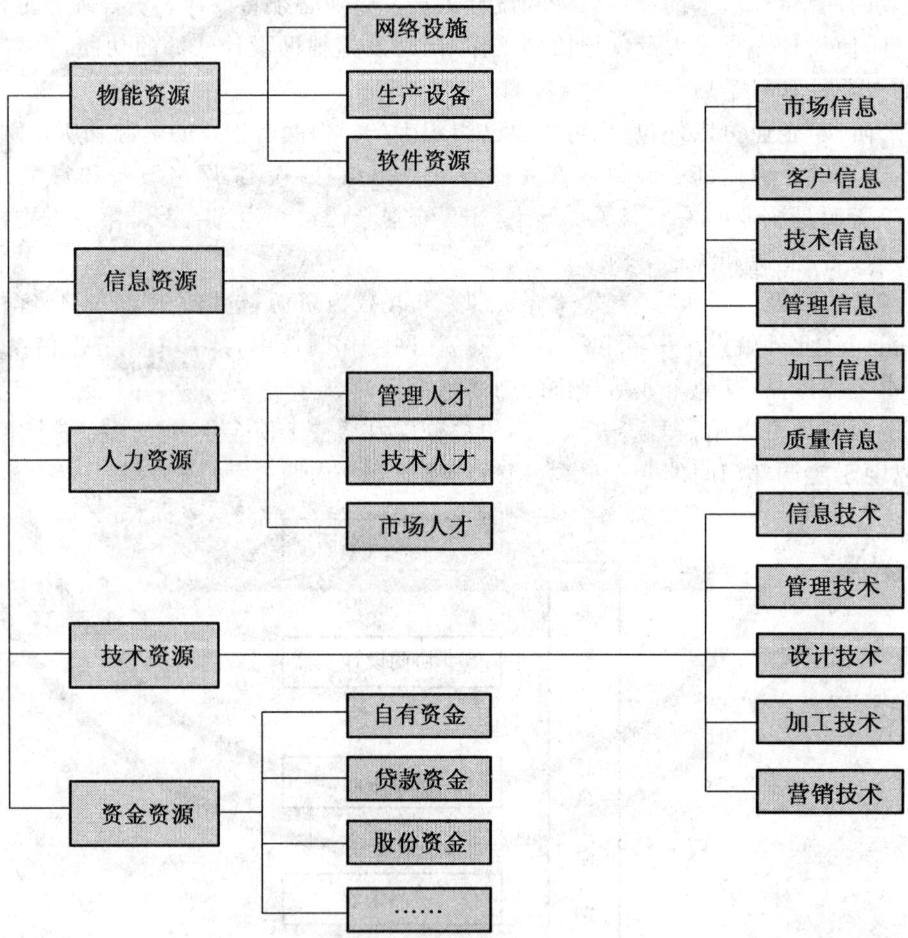

图 3 按物理特性分类

附　录　A
（资料性附录）
网络化制造

A.1　网络化制造概念

网络化制造是企业为应对知识经济和制造全球化的挑战，实施的以快速响应市场需求和提高企业（企业群体）竞争力为主要目标的一种先进制造模式。通过采用先进的网络技术、制造技术和其他相关技术，构建面向企业特定需求的基于网络的制造系统，并在该系统的支持下，突破空间地域对企业生产经营范围和方式的约束，开展覆盖产品整个生命周期部分或全部环节的企业业务活动（如产品设计、制造、销售、采购、管理等），实现企业间的协同和各种社会资源的共享与集成，高速度、高质量、低成本地为市场提供所需的产品和服务。

网络化制造的概念指出了其网络化制造产生的背景、实施的主要内容以及实施后所期望达到的目标。

A.2　网络化制造的特点

a)　敏捷性

这一特点包含了3个方面的内容。第一是指通过实施网络化制造能提高产品的创新能力、缩短新产品的开发周期，从而使企业以最快的速度响应市场和客户需求。第二，实施网络化制造的企业本身的改造是根据自身以及市场需求来不断完善的，这个改造过程也必须具有敏捷性，即企业能对网络化制造系统的功能和运行方式进行快速重构。第三，企业的网络化制造往往是建立在动态联盟的基础之上的，整个联盟的各成员和供应链的组成部分都必须对市场和客户需求的变化以及自身改造具有相当的敏捷性。

b)　集成性

网络化制造的特点之一是资源共享，因此，网络化制造不仅仅是通过企业内部流程重组来实现企业内部资源的集成，而且需要通过网络将分布在不同区域不同企业各种资源集成起来协同运作，这涉及到合作伙伴之间信息流、物流、资金流和工作流的集成。

c)　数字化

由于网络化制造是一种基于网络的制造系统，通过网络传递涉及产品设计、制造、管理、商务、设备、控制等各种信息，网络所能处理的都是数字化的信息，因此，数字化是网络化制造的重要特征，也是实施网络化制造的重要基础。

d)　协同性

网络化制造系统实施应用的核心就是协同，通过协同的方法来提高企业的生产效率，缩短产品开发周期和交货周期，降低制造成本，从而快速响应市场。按照网络化制造系统支持的协同层次，可以将协同分为供应链层协同、企业层协同、车间层协同，不同层次的协同有不同的技术内涵、实施目标和支持环境。

e)　多样性

网络化制造系统具有多样性的特点。尽管网络化制造具有相对通用的理论基础和方法，但是在结合具体企业实践的基础上设计实施的网络化制造系统却具有多种多样的形式。针对具体的企业需求，或者在一个区域内，可以实施不同的系统。比如可以实施网络化产品定制系统、产品协同设计系统、协同制造系统等，也可以实施旨在提高整个产业供应链竞争力的区域供应链与网络化物流配送管理系统等。

f) 最优性

网络化制造所追求的目标就是系统资源的最大化利用,以及资源的快速流动。力求技术、信息和物流都达到一种最优的状态。实施网络化制造的动态联盟企业利用各合作伙伴处于领先地位的技术和领域,能达到优势互补和整体最优。

网络化制造与传统制造的不同特点决定了网络化制造环境下的资源也与传统制造中的资源有所不同。

A.3 网络化制造环境下的资源

网络化制造环境下的资源包括两部分,既包括企业生产系统的内部资源要素,如生产设备、人力资源、生产能源等,生产系统的非结构化要素以及相应的管理体制,也包括与生产系统发生联系的企业内部和外部资源,如产品销售和原料供应的市场资源、企业筹集资金的财政资源、企业产品开发能力和工艺加工水平的技术资源等。这些资源分布在整个制造企业流程的全过程当中,分散在供应链各个环节上,它们是动态变化的。这些资源中绝大部分由于共享的需要,会被数字化或者增加信息化的附加成分,使之能在网络上流通。企业在制造过程中必须对资源进行优化利用、灵活配置和动态更新,才能提高产品的质量,降低价格,从而在性价比方面取得某种优势。所以,资源的管理是网络化制造企业参与竞争时的一个重要内容。为方便对资源的管理,先行对网络化制造环境下复杂的资源进行分类细化是必要的。

网络化制造的资源与传统制造方式下的资源相比较,其资源内容里增加了网络化的成分。网络化制造资源也有一些自身的特点。最大的特点之一就是共享。网络化制造模式下,企业之间,企业内部各部门之间,借助于网络实施高度协作,资源达到高度共享,这也是基于网络化的制造最能发挥和体现的优势。其二就是动态性。网络化制造模式下,资源不是一成不变的,企业要时刻关注市场反应,不断满足用户新的需求,资源计划的周期缩短,不确定性因素加大;同时借助于网络信息的流通,资源的更新也加快。第三个特点就是复杂性。跟传统的制造模式下的资源相比,网络化制造模式下要管理的资源不仅仅来自企业自身,还有整个供应链上的各种资源。同时资源的种类也因为网络信息传递的加快以及技术的飞速发展而更加丰富,尤其是信息资源这一项,对各种累积的信息数据进行分析统计等工作的复杂性大大增加。其四就是数字化。网络化制造环境下的资源是以数字化的形式参与共享的,传统制造方式下的各种资源必须数字化或者增加数字化成分,转变成资源信息才能在网上实时流通,被其他成员共享。

A.4 网络化制造环境下资源的范围

网络化制造环境下的资源与传统制造业里的资源不同,这种差别的主要表现除了部分资源本身的属性会发生变化之外,资源的范围也会扩大。

网络制造环境下的资源,由于网络化制造的一些特点,资源本身增加了网络成分,比如资源要被共享,就必须数字化,以计算机能读懂的数据格式出现在网络中。否则,将满足不了网络化制造的要求。而一些资源,本身就是电子文档的形式存在,但是由于格式的原因不能被共享,那么也必须将其进行格式转化,录入到新的数据库中去,参与网络共享。

网络化制造环境下的资源范围与传统方式下的资源相比,淘汰了一些资源也增加了一些新的资源。比如产品设计部门,在传统方式环境下,产品设计主要通过人工绘图并以纸质设计图纸的方式进行信息交流,而在网络化环境下,通过计算机辅助设计系统,完全可以实施无纸化设计,产品设计信息在网络上共享,提高了产品的设计质量和创新水平。传统方式下的绘图工具已经在网络化设计的条件下被淘汰了,取而代之的是网络硬件环境、高性能计算机和各种计算机辅助设计系统。企业网络化改造本身是一项系统工程,这其中主要涉及到各种软硬件的安装实施。网络化制造环境下,所增加的资源大部分就是支持企业网络化制造运作的硬件集和软件工具集。

A.5 网络化制造环境下资源的管理

不管是在传统的制造模式下还是在网络化制造环境下，资源利用的最优化都是企业所追求的目标之一。要达到这一目标，就必须对资源进行科学便捷的管理。这其中涉及到资源的各种属性。必须对资源有一个全面的认识，从资源自身以及与之相关联的其他资源，从资源的来源到去处，从资源的横向到纵向等各个方面加以研究。事实上，资源的管理是从资源的分类入手，这两者在很大程度上是一致的。毕竟，资源的分类层次与深度，直接导致了资源管理的水平。资源管理的另一个着重点就是资源的范围，在网络化制造环境下，企业间的合作日益加强，为了保证其产品的核心竞争力，他们必须将很多非核心业务以第三方物流或者外包的形式转给其他企业，这样，企业本身所管理的资源层面必然拓展，企业要管理的不仅仅有自身资源，还有与之有合作关系的其他企业的资源，这种资源的共享级管理较之单纯企业自身的资源管理，难度上加大。存在安全性、时实性、多变性等特点。

一个企业如果没有完善的资源管理体系，该企业无法在竞争中占据优势。面对多变的市场以及个性化要求越来越高的客户，企业必须重点关注其核心竞争力，加强对市场和客户需求反应的灵敏度。而资源的快速流通是保证竞争力的一个不可缺少的重要方面，尤其当一个企业的资源深度和广度都在不断地延伸和扩展时，更是如此。资源分类管理的重要性主要表现在3点：

a) 企业资源的日益复杂性要求企业对资源进行分类管理

随着市场需求的日益扩大，行业的进一步分化，导致资源也进一步细分，资源内容更加丰富，同时，技术在资源中的含量增加，也使资源的结构变成更加复杂。企业要管理的资源不仅仅有企业内部的，还有供应链上其他企业的资源。这些导致了企业对资源管理的难度加大，企业必须在分类的基础上，对资源进行模块化管理。企业的资源管理成为企业管理中的重要内容之一。

b) 资源管理对企业竞争力的影响

当企业的资源基础适应其业务战略时，就可以提高企业的运营率和加强企业的市场竞争力。企业的业务战略是长远的，关系着企业的发展能走多远。资源管理能对企业资源结构进行优化，从而调整企业资源基础。资源更新与技术进步对企业发展的影响是同步的，企业的资源基础必须跟上技术的步伐，否则将直接削弱企业的市场竞争力。

c) 资源管理对提高技术的影响

技术进步是一个企业不断发展的最有力保证和推动力。企业要想在这个全球化的市场上保证竞争优势，必须拥有其自身的核心技术，必须对自身的技术研究和储备投入足够的人力物力和财力，保证技术的不断更新。技术的前进不是单个人的发明创造，更多的是合作参与研发的结果，在合作的大前提下，企业如何调配和管理研发部门的资源，从时间和空间上给予研发团队足够的支持，以及为研发队伍提供最及时的各种信息，保证技术进步不出现断层。资源管理将是企业解决这一问题的关键之一。

参 考 文 献

[1] GB/T 18725—2002 制造业信息化 技术术语[S].北京:中国标准出版社,2002.
[2] 刘丽兰.制造网格及其基于QoS的资源管理系统研究[D].上海大学,2004(6).
[3] 范玉顺,刘飞,祁国宁.网络化制造系统及其应用实践[M].北京:机械工业出版社,2004.
[4] 席丹,李培根,黄培.制造业信息化战略、管理与实施[M].北京:电子工业出版社,2003.

ICS 17.100
N 11

中华人民共和国国家标准

GB/T 25112—2010

焊接、切割及类似工艺用压力表

Pressure gauge used in welding, cutting and allied processes

(ISO 5171:1995,MOD)

2010-09-02 发布　　2010-12-01 实施

中华人民共和国国家质量监督检验检疫总局
中国国家标准化管理委员会　发布

前　言

本标准修改采用 ISO 5171:1995《焊接、切割及相似工艺用压力表》。

考虑到我国法律及国情，本标准在采用国际标准时进行了修改，这些技术性差异用垂直单线标识在它们所涉及的条款的页边空白处，并在附录 A 中列出了技术性差异及其原因一览表以供参考。

为了便于使用，本标准还做了下列编辑性修改：

——“本国际标准”一词改为“本标准”；

——用小数点“.”代替作为小数点的逗号“,”；

——删除了国际标准的前言。

本标准的附录 A 为资料性附录。

本标准由中国机械工业联合会提出。

本标准由全国工业过程测量和控制标准化技术委员会(SAC/TC 124)归口。

本标准负责起草单位:西安工业自动化仪表研究所。

本标准参加起草单位:雷尔达仪表有限公司、宁波市江北兴达焊割减压仪表厂、宁波隆兴焊割科技股份有限公司、上海减压器厂有限公司。

本标准主要起草人:罗娟、黄世澄、刘耀武、吴伟杰、李正华。

本标准为首次发布。

焊接、切割及类似工艺用压力表

1 范围

本标准规定了焊接、切割及类似工艺用压力表的术语和定义、技术要求、安全、标志及试验等要求。

本标准适用于压力达到 30 MPa 的压缩气体、液化乙炔及液化气焊接、切割及相关工艺的弹簧管压力表。本标准不适用于乙炔生产商在乙炔生产过程中所使用的压力表。

2 规范性引用文件

下列文件中的条款通过本标准的引用而成为本标准的条款。凡是注日期的引用文件，其随后所有的修改单(不包括勘误的内容)或修订版均不适用于本标准，然而，鼓励根据本标准达成协议的各方研究是否可使用这些文件的最新版本。凡是不注日期的引用文件，其最新版本适用于本标准。

GB/T 196　普通螺纹　基本尺寸(GB/T 196—2003,ISO 724:1993,MOD)

GB/T 2406.2—2009　塑料　用氧指数法测定燃烧行为　第2部分:室温试验(ISO 4589-2:1996,IDT)

GB/T 7306.1　55°密封管螺纹　第1部分:圆柱内螺纹与圆锥外螺纹(GB/T 7306.1—2000,eqv ISO 7-1:1994)

GB/T 7306.2　55°密封管螺纹　第2部分:圆锥内螺纹与圆锥外螺纹(GB/T 7306.2—2000,eqv ISO 7-1:1994)

GB/T 7307　55°非密封管螺纹(GB/T 7307—2001,eqv ISO 228-1:1994)

GB/T 19764　优先数和优先数化整值系列的选用指南(GB/T 19764—2005,ISO 497:1973,IDT)

3 术语和定义

下列术语和定义适用于本标准。

3.1

弹簧管压力表　bourdon tube pressure gauge

利用弹簧管的形变，通过指针和标度盘直接指示被测压力的装置。

3.2

表壳　case

容纳弹簧管和传动机构等部件的外罩。

3.3

泄压装置　vent or blowout device

位于表壳或后盖上的一种安全装置，以快速释放因弹簧管破裂后表壳内部所积蓄的压力。

3.4

表玻璃　window

可以对标度盘进行观察的透明表面。

3.5

标度盘　dial

用于标示标度的板或面。

3.6

标度 scale

在指针可以指示位置上的数字和标记的排列。

3.7

指针 pointer

指示器。位置与标度有关,用于指示测量压力的值。

3.8

指针挡销 pointer stop

控制指针移动的装置。

4 压力

4.1 压力的单位

压力单位为 Pa,也可用 kPa,MPa。

4.2 测量上限值

压力表的测量上限值可在表 1 中选取。表 1 中未包含的测量上限值,应从优先数 R10 系列中选取,或在 GB/T 19764 中所给出的圆整数值中选取。

表 1 测量上限值

单位为兆帕

压力级别	乙炔	氧气及其他气体
低压 (LP)	0.1 0.16 0.25	0.25 0.4 0.6 1 1.6 2.5 4
高压 (HP)	4	25[a] 31.5[b] 40[c]

a 25 MPa 压力表用于二氧化碳或压缩气体钢瓶时,在 15 ℃时的最大充气压力值为 18.5 MPa。

b 31.5 MPa 压力表用于压缩气体钢瓶时,在 15 ℃时最大充气压力值为 23 MPa。

c 40 MPa 压力表在用于压缩气体钢瓶时,在 15 ℃时最大充气压力值为 30 MPa。

4.3 最大压力标记

最大正常工作压力应在压力表标度盘上用标记或彩色符号标示,且不可超过压力表测量上限值的 3/4。

注:与焊接、切割工艺用减压器配套的压力表,根据 GB/T 7899—2006 的规定,最大压力标记通常是低压表为 p_2,高压表为 p_1,在 GB/T 7899—2006(表 3)中列有相关解释。

5 技术要求

5.1 材料

5.1.1 概述

在工作条件下,有可能与气体接触的压力表零部件,其材料必须足够抵抗与气体的化学反应。

与乙炔或具有相似化学性能气体接触的弹簧管及其他金属零部件材料,其含铜量不得超过 70%。

金属阻燃件(包括烧结金属件)应用不含铜的材料加工而成。

当使用银焊时,焊料中银含量不得超过46%,铜含量不得超过37%。

5.1.2　氧气压力表

弹簧管和其他零部件必须具有抵抗氧化反应的能力,且在正常工作条件下不易燃。

螺纹密封剂和密封环也必须具有足够抵抗氧化反应的能力,且在正常工作条件下不易燃。

与氧气接触的零部件不得含油脂。

应使用在工作压力和温度下适合氧气中使用的润滑剂。

5.2　要求

5.2.1　工作要求

5.2.1.1　精确度等级

压力表精确度等级至少要达到2.5级,即允许误差应不大于±2.5%。

5.2.1.2　强度

凡是与气体有接触的压力表零件,在测量上限值的1.5倍的压力下进行试验时,应无爆裂和漏气发生。

5.2.1.3　扭矩

按照8.4.1规定的方法,对表壳施加10 N·m的力矩,时间不少于30 s,压力表的精确度等级仍然要满足5.2.1.1。

按照8.4.2规定的方法,对表壳施加25 N·m的力矩,时间不少于30 s,压力表在承受测量上限压力时应能密封,无泄漏现象发生。

5.2.1.4　弯曲

按照8.5规定的方法,给压力表施加1 kN的力后,压力表在承受测量上限压力时应能密封,无泄漏现象。

5.2.2　尺寸

压力表的尺寸以表壳直径为准(图1和表2中的尺寸A),规格为50和63。

径向和轴向压力表尺寸分别按照图1和表2、图2和表3所示。螺纹连接尺寸如图3所示。

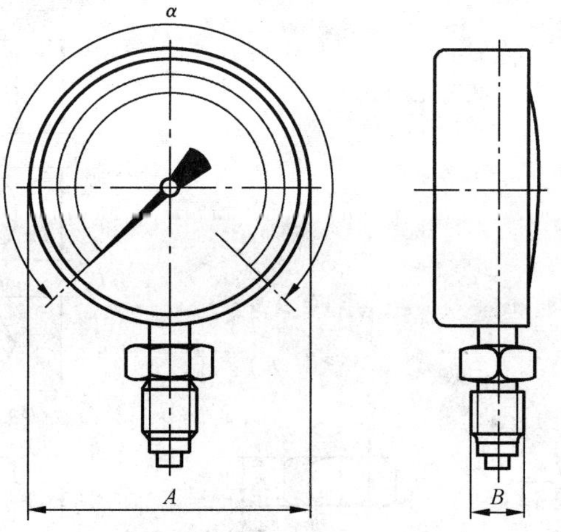

图1　径向压力表

表2　径向压力表尺寸

规格	α/(°)	A/mm	B
50	270	50^{+7}_{-2}	R 1/4 或 G 1/4 A、M 14×1.5
63	270	63^{+7}_{-2}	R 1/4 或 G 1/4 A、M 14×1.5

表 3 轴向压力表尺寸

规格	α/(°)	A_{max} mm	B	C_{max} mm	D mm	F_{min} mm
50	270	52	R 1/4 或 G 1/4 A、M 14×1.5	68	60	3.6
63	270	67	R 1/4 或 G 1/4 A、M 14×1.5	81	75	3.6

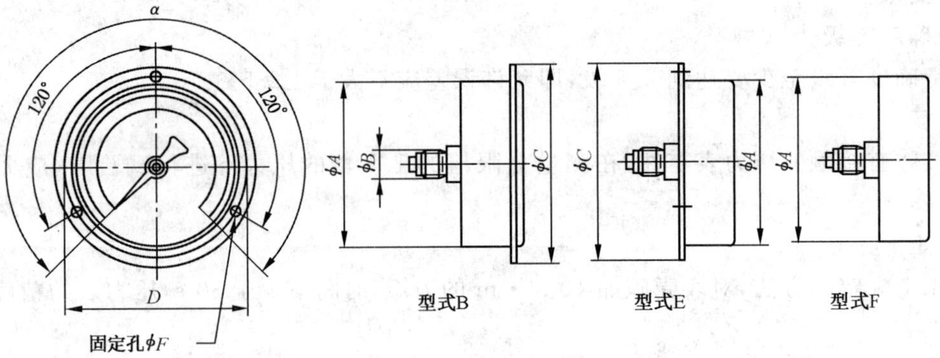

图 2 轴向压力表

螺纹接口(见图 3)有普通螺纹、管螺纹或锥管螺纹三种类型，应分别符合 GB/T 196、GB/T 7307 A 级、GB/T 7306.1 及 GB/T 7306.2 的规定。

扳手的宽度尺寸如图 3 所示。

注：一些焊接和切割设备制造商使用 1/4 NPT 锥管螺纹。而 1/4 NPT 和 GB/T 7306 锥管螺纹在螺距和直径上都十分相似，但在螺纹的形状(牙形角)上有很大差别。出于安全因素搭配不合适的螺纹不可使用。

单位为毫米

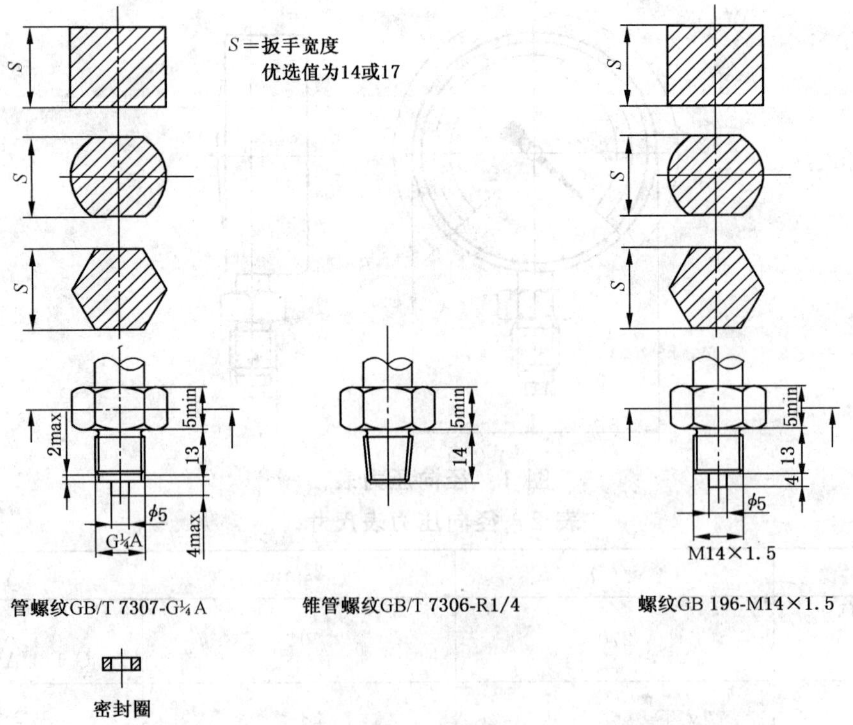

图 3 螺纹连接

表 4 和图 4 给出了旋转半径 R 的最大值。

表 4　旋转半径 R 的最大值

规格	R_{max} mm
50	37
63	45

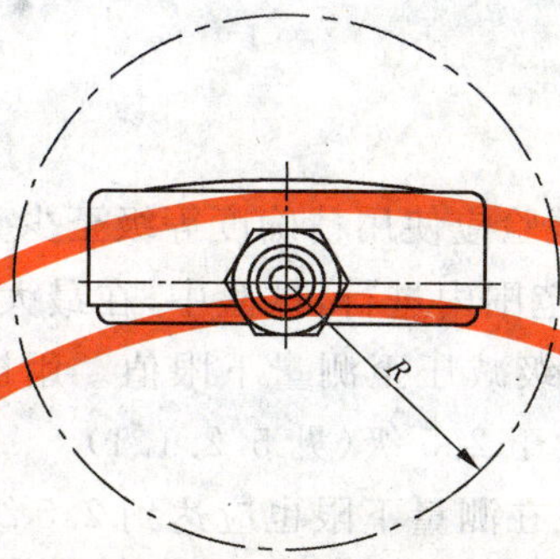

图 4　旋转半径

5.2.3　标度盘和指针

标度应清楚易读，容易辨认出指示压力。

标度盘的底板应该为白色。标度和指针应该为黑色。

至少每 10 个标度线有一个数字标记，在整个标度范围内至少要有 4 个数字标记。

指针的尖端必须尽可能地接近标度盘，距离不得大于 2 mm。

6　安全

所有压力表必须去掉油脂。

在测试时，不得使用与氧气接触反应强烈的介质，例如：烃基溶剂和油。

压力表测量上限值不超过 0.4 MPa 时，压力入口的最大直径为 0.5 mm（最大面积为 0.2 mm^2）。压力表的测量上限值等于或大于 4 MPa 时，压力入口的最大直径为 0.35 mm（面积为 0.1 mm^2）。

若压力过大或疲劳等原因使弹簧管发生破裂，压力表上的泄压装置不应使泄漏气体沿压力表表面的方向排出（见 8.6），压力表的正面不能发生爆裂，不能有任何零部件从压力表上任一方向弹出。

压力表外部的所有非金属材料应具有阻燃性（见 8.8）。

在正常工作条件下，泄压装置应该使用可以经受正常操作的隔膜、圆板或相似物封堵。

7　标志

压力表的标度盘上应标有：

a)　压力的单位；

b)　生产商的名称或商标；

c)　乙炔压力表应标明“乙炔”或大写字母“A”；

d)　氧气压力表应标明“氧气”或大写字母“O”和“禁油”字样或如图 5 标志。

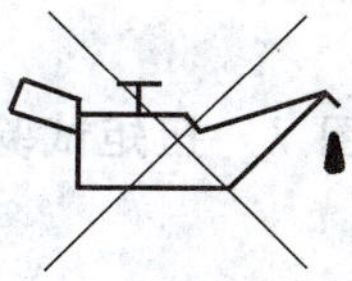

图 5　禁油标志

使用 GB/T 7306 密封管螺纹的压力表，在表盘上或接口部位应有“R 1/4”标示。使用 GB/T 7307

非密封管螺纹的压力表，在表盘上或接口部位应有“G 1/4 A”标示。

8 试验

8.1 概述

本标准的试验为压力表的型式试验，不作出厂检验要求。

注：出厂检验建议按本标准 8.3 进行。

8.2 设计和制造标准

压力表必须符合设计图纸及本标准。

8.3 精确度等级试验

试验的环境温度：23 ℃±2 ℃。试验应使用精确度等级至少为 0.6 级的压力表作为标准表。每一台被检压力表的试验应该在整个测量范围内进行，试验中，在最大工作压力范围内均匀选取 5 个点，逐级加压至测量上限值（见图 6），然后逐级减压至测量下限值。用被检压力表在每点轻敲后的示值与标准表进行比较，计算其精确度等级不大于 2.5 级（见 5.2.1.1）。

如果包括指针挡销，则精确度等级在测量下限也应达到 2.5 级。

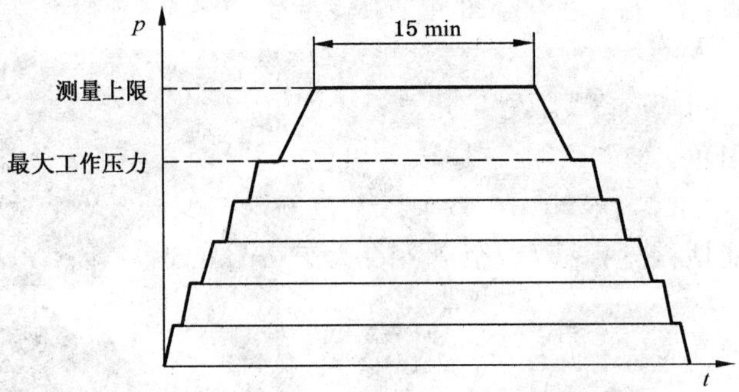

图 6 精确度等级试验

8.4 扭矩（扭转）试验

8.4.1 用压力表的螺纹接头进行安装（见图 7），使用适当的装置，朝着拧紧压力表的方向施加 10 N·m 力矩（见图 7），历时不少于 30 s。卸荷后，立刻检测压力表的精确度等级，应符合 5.2.1.1 的要求。

8.4.2 用与 8.4.1 同样的方法，给压力表施加扭矩为 25 N·m 的力矩。之后，立即检查仪表在测量上限压力下的气体密封性。

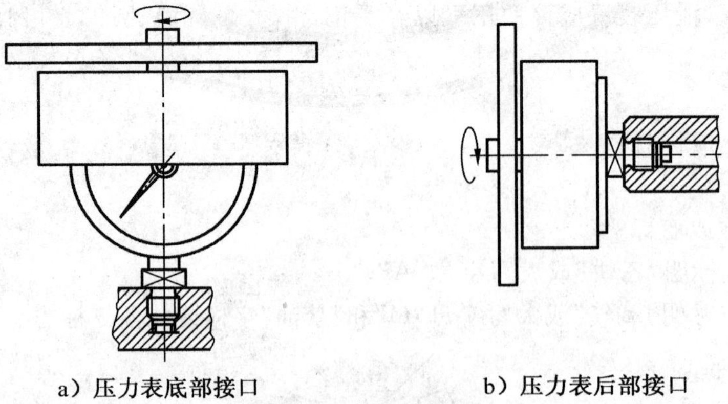

a）压力表底部接口　　b）压力表后部接口

图 7 扭矩试验

8.5 弯曲试验

压力表用螺纹接头固定后，用适当的装置连续施加 1 kN 的力于压力表正面、背面和侧面（见图 8）。瞬间卸荷后，立即检查仪表在测量上限压力下的气体密封性。试验中允许压力表表玻璃破损。

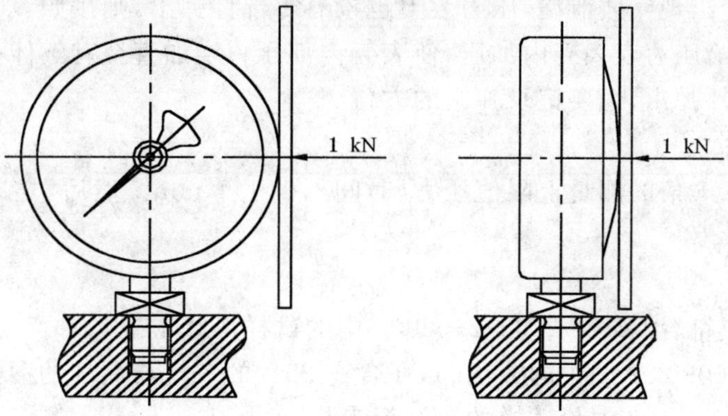

a）底部接口压力表

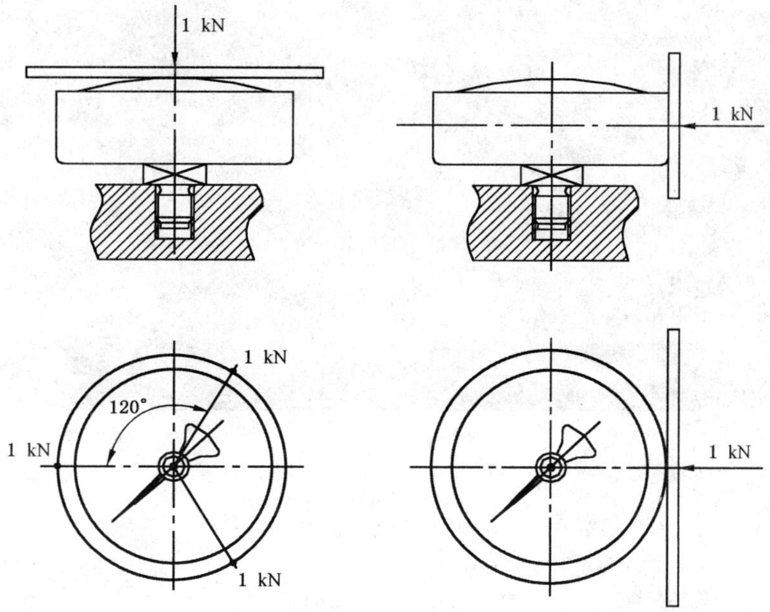

b）后部接口压力表

图 8　弯曲试验

8.6　泄压装置试验(能量释放试验)

8.6.1　将(完整的)压力表与气源相连，气源压力为等同于测量上限值或 20 MPa 两者之中最高的压力。然后将压力骤然释放到压力表入口连接处。

如果试验时出现气体泄漏，则记录气体泄漏的方位；如果有零部件从压力表上弹出，也要记录弹出的方位，并停止试验。

如果试验过程中并没有出现气体泄漏，也没有零部件从压力表上弹出，则按照 8.6.2 进行下面的试验。

8.6.2　将压力表安装在瞬时压力释放装置上，使之聚集气体能量 $E=pV$(p——压力表的测量上限值，V——弹簧管和接头内部气体容量)，然后在表壳内骤然排气。pV 的乘积即压力测量系统的最高能量含量。能量 E 应可以瞬间释放到压力表表壳内。

如果此项试验的气体能量 E 是从表壳外引入，则压力表的进气口直径不小于 5 mm，而且在试验过程中，在有可能的情况下，气源应该尽可能地接近压力表的表壳。

如果试验时出现气体泄漏，则记录气体泄漏的方位；如果压力表有零部件弹出，也要记录弹出的方位，并停止试验。

如果试验过程中没有出现气体泄漏，压力表上也没有零部件弹出，则按照8.6.3进行下面的试验。

8.6.3 用高压气源直接给压力表表壳内加压，使表壳内部压力增加直至有气体排出。记录气体排出的方位，如果压力表有零部件弹出，也要记录弹出的方位。

8.7 强度试验

给被检压力表施加1.5倍的测量上限值压力，时间不少于1 min。然后，立即检查压力表在承受最大压力下的密封性。

8.8 阻燃性试验

试验用的材料试样应符合GB/T 2406.2—2009中的试样形状Ⅰ。

按GB/T 2406.2—2009 8.2.2中的方法A，在含有25%的氧气与氮气的混合气体中点燃试样。

按GB/T 2406.2—2009 8.3评价试样的燃烧行为。

如果试样燃烧行为为"O"反应，则为阻燃材料。

附　录　A
（资料性附录）
本标准与 ISO 5171:1995 技术性差异及其原因

表 A.1　本标准与 ISO 5171:1995 技术性差异及其原因一览表

本标准章、条编号	技术性差异	原　因
2	直接引用了与国际标准相对应的我国标准。直接引用了 ISO 9539:1988 中的相关内容。增加引用了 GB/T 196—2003。	便于标准的实施。
3	未将 ISO 5171:1995 中的 3.9 条纳入本标准。	标准正文中未出现该术语。
4	用“MPa”代替“bar”。	MPa 是我国的法定计量单位。1 MPa=10 bar。
5.1	直接引用 ISO 9539:1988 中的相关内容。	方便使用。
5.2.2	增加了普通螺纹连接尺寸要求。	根据我国国情。
7	删除了 ISO 5171:1995 中“‘acetylene’和‘oxyen’不可翻译成其他语言”的表述，增加了中文标记。	方便使用。
8.1	增加了出厂检验要求。	根据我国国情。

参 考 文 献

[1] GB/T 7899—2006 焊接、切割及类似工艺用气瓶减压器(ISO 2503:1998,MOD).

ICS 13.220.10
C 81

中华人民共和国国家标准

GB 25113—2010

移动消防指挥中心通用技术要求

General technical requirement for mobile fire command center

2009-09-02 发布 2011-05-01 实施

中华人民共和国国家质量监督检验检疫总局
中国国家标准化管理委员会 发布

前　言

本标准第 5 章内容为强制性，其余为推荐性。

本标准由中华人民共和国公安部提出。

本标准由全国消防标准化技术委员会消防通信分技术委员会(SAC/TC 113/SC 14)归口。

本标准负责起草单位：公安部沈阳消防研究所。

本标准参加起草单位：北京市公安消防总队、上海市公安消防总队、广东省公安消防总队、湖南公安消防总队、新疆公安消防总队、北京兆恒科技发展有限公司、电信科学技术第一研究所。

本标准主要起草人：吕欣驰、张春华、金京涛、陈剑、张昊、滕波、朱春玲、马青波、盛建国、楼兰、王湘新、乔雅平、谷光敏、陈春东。

移动消防指挥中心通用技术要求

1 范围

本标准规定了移动消防指挥中心的术语和定义、构成、技术要求、设备配置要求。

本标准适用于以车辆为载体的移动消防指挥中心。以船舶等为载体的移动消防指挥中心以及独立方舱式移动消防指挥中心的技术要求可参照本标准。

2 规范性引用文件

下列文件中的条款通过本标准的引用而成为本标准的条款。凡是注日期的引用文件，其随后所有的修改单(不包括勘误的内容)或修订版不适用于本标准。然而，鼓励根据本标准达成协议的各方研究是否可使用这些文件的最新版本。凡是不注日期的引用文件，其最新版本适用于本标准。

GB 1589 道路车辆外廓尺寸、轴荷及质量限值

GB 4785 汽车及挂车外部照明和光信号装置的安装规定

GB/T 4798.5 电工电子产品应用环境条件 第5部分：地面车辆使用

GB 7258 机动车运行安全技术条件

GB 8410 汽车内饰材料的燃烧特性

GB 12638 微波和超短波通信设备辐射安全要求

GB 14050 系统接地的型式及安全技术要求

GB 50313 消防通信指挥系统设计规范

GB 50401 消防通信指挥系统施工及验收规范

3 术语和定义

下列术语和定义适用于本标准。

3.1

消防通信指挥中心 fire communication and command center

设在省(自治区)、市消防指挥机构，具有受理火灾及其他灾害事故报警、灭火救援指挥调度、消防情报信息支持等功能的部分。

3.2

移动消防指挥中心 mobile fire command center

设在消防通信指挥车等移动载体上，具有在火场及其他灾害事故现场和消防勤务现场通信组网、指挥通信、情报信息支持等功能的部分，是消防通信指挥中心的延伸。

3.3

现场通信组网 communication network construction at scene

在火场及其他灾害事故现场，建立通信传输链路，连通各个通信节点的交换设备和通信终端设备，构成信息传输的通信网络。

4 构成

4.1 移动消防指挥中心选用的车辆，根据灭火救援作战要求，可由一辆通信指挥综合功能车或多辆专项功能车(如通信指挥车、卫星通信车、大型会议车等)组合构成。

4.2 移动消防指挥中心配置的设备可由通信终端设备、现场通信组网设备、作战指挥室设备、附属供电

保障设备等组合构成。

5 技术要求

5.1 一般要求

5.1.1 移动消防指挥中心(以下简称移动中心)应具有下列通用性能:

a) 具有较高机动性能,应能快速到达火场及其他灾害事故现场;

b) 建立通信链路时间不应大于 10 min;

c) 应符合国家有关电磁兼容技术规范标准,各种技术设备不得相互干扰;

d) 车内设备布局合理,应有减振、降噪、隔音、防静电、防雷等措施,具有良好、舒适工作环境;

e) 采用集成化操作平台,工作界面应设计合理,操作简单、方便;

f) 应采用模块化设计,具有良好的共享性和可扩展性;

g) 应采用北京时间计时,计时最小量度为秒,系统内保持时钟同步;

h) 应与消防通信指挥中心的数据保持一致。

5.1.2 移动中心应具有下列接口:

a) 与消防通信指挥中心的语音、数据、图像传输接口;

b) 相关公网和专网的通信接入接口;

c) 外接电源、电话、网络、光纤和视音频信号接入(出)接口。

5.1.3 移动中心与外网通信应具有信息传输和接入的安全措施。

5.1.4 移动中心的软硬件设备应符合下列要求:

a) 计算机等信息技术设备应符合 GB 50401 的规定;

b) 有线通信设备、无线通信设备、卫星通信设备等产品应符合 GB 50401 的规定;

c) 开关插座、电线电缆等电器材料应采用符合国家有关标准的产品;

d) 商业软件应具有软件使用(授权)许可证;

e) 专业应用软件应具有安装程序和程序结构说明、安装使用维护手册;

f) 软件应具有防病毒、漏洞修补功能;

g) 软件应具有配置数据备份导出功能。

5.2 现场通信组网要求

5.2.1 移动中心应能通过外接电话接口或卫星通信链路,开通市话等有线电话。

5.2.2 移动中心可通过车载电话交换机和有线电话通信线路,开通现场有线电话指挥通信网络。

5.2.3 移动中心应具有现场指挥广播扩音功能。

5.2.4 移动中心应能通过车载电台、手持电台等无线用户终端设备进行下列无线语音指挥通信:

a) 与消防通信指挥中心通信;

b) 现场内各级指挥员之间通信;

c) 与多种形式消防队伍协同通信;

d) 与灭火救援应急联动队伍协同通信。

5.2.5 移动中心应能在发生自然灾害或突发技术故障造成大范围通信中断时,通过卫星电话、短波电台、广播通信等无线用户终端设备,提供应急通信保障。

5.2.6 移动中心应具有撤退、遇险等紧急呼叫信号的发送功能。

5.2.7 移动中心可通过移动通信基站,采用通信中继等方式,保证无线通信盲区的语音通信不间断。

5.2.8 移动中心可采用地下无线中继等方式,实现与地铁、隧道、地下室等地下空间内的语音通信。

5.2.9 移动中心可通过移动卫星站(车载或便携)双向传输语音、数据、图像信息。

5.2.10 移动中心应具有内部计算机网络,并可在现场范围内建立无线局域网。

5.3 现场情报信息要求

5.3.1 移动中心应能接收以下指令：

a) 消防通信指挥中心的指挥调度指令；

b) 公安机关指挥中心、政府相关部门的指挥调度指令。

5.3.2 移动中心应能接收、显示火灾及其他灾害事故信息。

5.3.3 移动中心应能查询以下信息：

a) 基于地理信息的各类灭火救援信息；

b) 预案、现场水源、周边建(构)筑物、消防实力、战勤保障、现场气象等信息；

c) 危险化学品、各类火灾和灾害事故的特性及技战术措施、抢险救援勤务规程、特种装备使用说明、典型案例、专家资料等信息。

5.3.4 移动中心应能采集录入火灾及其他灾害事故有关数据、现场环境条件和灾情态势。

5.3.5 移动中心应能跟踪、显示出动消防车辆行进、到场等实时状态信息，并具有分级、分区域和特定车辆监控功能。

5.3.6 移动中心应能向出动消防车辆、人员下达灭火救援行动命令。

5.3.7 移动中心应能向灭火救援有关单位发出灾情通报和联合作战要求。

5.3.8 移动中心应能上传灾害事故现场情况、临机灾害处置方案和灭火救援作战部署。

5.3.9 移动中心应能通过无线图像传输等设备，采集现场实况图像，并能将图像传输到消防通信指挥中心。

5.3.10 移动中心应能接入消防通信指挥中心传输的消防监控图像、公安监控图像。

5.3.11 移动中心应能召开现场视频指挥会议，并能参加公安、政府等召开的视频会议。

5.3.12 移动中心可通过气象信息采集(接收)设备，实时采集(接收)现场风速、风向、温度和湿度等常规气象要素。

5.3.13 移动中心地理信息平台应满足以下要求：

a) 应能定位显示火灾及其他灾害事故地理位置；

b) 应能显示灾害事故地点周边的建(构)筑物、道路、消防水源等信息；

c) 应能显示现场消防车辆的实时位置和动态轨迹；

d) 应能检索显示消防实力、消防装备器材、公安警力、灭火救援有关单位等分布信息；

e) 应能检索显示消防和公安监控图像系统的摄像站点分布信息；

f) 应能标绘显示火灾及其他灾害事故影响范围及趋势、灭火救援态势、临机灾害处置方案、灭火救援作战部署等；

g) 应具有地图放大、缩小、平移、漫游等功能；

h) 应具有道路、建(构)筑物等目标的距离、面积测量功能；

i) 应具有最佳行车路径分析功能；

j) 应能打印输出专题地图。

5.3.14 移动中心应能实时记录现场指挥通信全过程的文字、语音、图像(图片)等信息。

5.3.15 移动中心应能自动生成有关的统计报表。

5.4 现场辅助决策要求

5.4.1 移动中心应能对当前灾害事故的发展趋势和可能造成的后果进行评估。

5.4.2 移动中心应能根据灾害事故评估结果，提供相应的解决对策及决策参考数据。

5.4.3 移动中心应能计算现场需要的消防车辆、装备、器材、药剂，并能下达调集命令。

5.4.4 移动中心应能现场标绘作战部署，编制临机灾害事故处置方案。

5.4.5 移动中心应能进行临机灾害事故处置方案的推演和修订。

5.4.6 移动中心应能启动临机灾害事故处置方案。

5.5 现场通信控制要求

5.5.1 移动中心应能显示呼入电话号码。

5.5.2 移动中心应能进行电话呼叫、应答、转接。

5.5.3 移动中心应能进行无线通信信道(通话组)监听,显示呼入无线电台的身份码。

5.5.4 移动中心应能进行无线电台的呼叫、应答、转接。

5.5.5 移动中心应能配置无线常规通信终端的信道频率,对终端进行动态分组、收发状态控制等。

5.5.6 移动中心应能进行卫星通信链路的建立和撤收。

5.5.7 移动中心应能进行现场有线、无线录音和选择回放指定录音,录音录时功能应符合 GB 50313 的规定。

5.5.8 移动中心应能进行现场图像的预显、存储、检索和选择回放。

5.5.9 移动中心应能进行现场图文信息的切换、显示。

5.5.10 移动中心应能进行交互多媒体作战会议操作。

5.5.11 移动中心应能进行现场指挥广播扩音操作。

5.5.12 移动中心可对载体内的各种电气设备进行集中控制和监测。

5.6 图文显示要求

5.6.1 移动中心显示设备应能显示下列消防实力信息:

a) 消防指挥机关的值班领导、值班电话;

b) 消防站的值班领导、车辆和人员数量、通信联络方法;

c) 消防车辆属地、类型、状态、位置、通信联络方法。

5.6.2 移动中心显示设备应能显示下列时间、气象、火警信息:

a) 日期、时钟;

b) 天气情况、温度、湿度、风向、风速等;

c) 灭火救援统计数据;

d) 当前灾害事故的地址、类型、等级、态势、出动力量等。

5.6.3 移动中心显示设备应能显示下列视音频信息:

a) 现场图像;

b) 消防监控图像和公安监控图像;

c) 视频会议图像。

5.6.4 移动中心显示设备应能显示下列计算机网络传输的信息:

a) 作战指挥工作界面;

b) 通信组网管理工作界面;

c) 现场地理信息;

d) 出动消防车辆的位置等状态信息。

5.7 装载与保障要求

5.7.1 移动中心应根据功能需求合理选择大、中、小型车辆底盘,车辆底盘应为专业汽车厂家的定型产品,具有中国强制性产品质量认证证书。

5.7.2 移动中心车辆底盘离地间隙、接近角、离去角应保持原车参数。

5.7.3 移动中心车辆改装应由专业汽车改装厂承担。

5.7.4 移动中心车辆改装不应更改原车底盘的发动机、传动系、制动系、行驶系和转向系等关键总成。

5.7.5 移动中心车辆运行安全技术条件应符合 GB 7258 的规定。

5.7.6 移动中心车辆外廓尺寸应符合 GB 1589 的规定。

5.7.7 移动中心整车最大总质量不应大于原车最大允许总质量。

5.7.8 移动中心车辆在空载和满载状态下,装备质量和总质量应在各轴之间合理分配,轴荷应在左右车轮之间均衡分配。

5.7.9 移动中心车载通信设备应用环境条件应符合 GB 4798.5 的规定。

5.7.10 移动中心车内有关设备的微波和超短波辐射强度应符合 GB 12638 的规定。

5.7.11 移动中心车辆车顶应预设各类无线通信天线安装位置和馈线穿管(防灌水设计)。

5.7.12 移动中心应提供足够的物品存放空间。

5.7.13 移动中心应具有隔音、保温、防水、通风措施。

5.7.14 移动中心车内装饰材料应符合环保要求,其燃烧特性应符合 GB 8410 的规定。

5.7.15 移动中心车内高度应能使人员进出方便。

5.7.16 移动中心车内地板应防静电、防滑、耐磨损。

5.7.17 移动中心车内温度应控制在 18 ℃~26 ℃。

5.7.18 移动中心的照明应满足以下要求:

a) 车辆外部照明和光信号装置应符合 GB 4785 的规定;

b) 可采用交、直流照明设备;

c) 应提供车内外设备检修照明;

d) 作战指挥室照明应符合召开多媒体会议的相关标准;

e) 车内照明应采用光滑无尖锐角度的灯具,台面光照度不应小于 300 lx。

5.7.19 移动中心的线缆布设应满足以下要求:

a) 应有线槽(管)保护;

b) 电源线、信号线应分开布设;

c) 布线应布局合理、捆扎整齐,走线标识齐全;

d) 车外应按照隐蔽、美观、防雨、密封的原则布线。

5.7.20 移动中心的供电系统应满足以下要求:

a) 可分为照明供电、设备供电、空调供电;

b) 可采用自动切换外接电源和自备发(供)电两种供电方式;

c) 自备发(供)电可采用车载发电机、取力发电、车用电瓶等方式;

d) 应能保证 24 h 不停机满负荷运行;

e) 车载发电机额定功率应大于整车用电功耗的 20%;

f) 车载发电机安装应有减振、降噪、强制排风换气等措施,并便于维护检修。距离车载发电机 7 m 处,噪音不应大于 65 dB(A);

g) 车载发电机工作时,作战指挥室内噪音不应大于 75 dB(A);

h) 一次配电单元应由电源接口板、发电机、配电盘等组成,提供空调、照明等用电;

i) 二次配电单元应由 UPS 电源、交直流配电盘等组成,提供电子设备用电;

j) UPS 电源应采用在线式,并保证电子设备正常使用 30 min;

k) 应具有完善的短路保护、过载保护、漏电保护装置和稳压装置。

5.7.21 移动中心的接地应满足以下要求:

a) 接地技术安全应符合 GB 14050 的规定;

b) 应有临时接地装置。

5.7.22 作战指挥室型移动消防指挥中心宜设置相对独立的作战指挥室和通信控制室,也可由通信保障车和作战指挥室车组合组成,采用通信线缆或无线网络设备联网。

5.7.23 移动中心作战指挥室可设置综合显示屏和配套音响,显示播放通用格式的图像、语音和文本信息。

5.7.24 移动中心作战指挥室或通信控制室的桌椅和机柜应满足以下要求:

a) 应具有减振、散热措施,与车体连接牢固可靠,在行驶过程中不应产生任何松动和噪音;

b） 布局应便于设备的安装、操作和检修。

5.7.25 设置附属设备仓的大、中型移动消防指挥中心，附属设备仓与其他工作区应隔离。

6 设备配置要求

移动中心设备配置应符合表1要求。

表1 移动中心设备配置表

序号	设备名称	规格、描述	数量
1	电话交换设备	根据需要选定电话交换机(集团电话)、语音网关等	选配
2	电话机	总机，配置在作战指挥室、通信控制室、火场其他分指挥部等电话	≥5
3	车外广播扩音设备	麦克、功放、高音喇叭等	1
4	无线移动通信基站	根据需要选定常规或集群网设备	选配
5	无线车载电台	根据需要选定具体设备和技术参数	≥1
6	无线手持电台、充电器	根据需要选定具体设备和技术参数	≥10
7	无线地下中继设备	用于地下空间语音通信，根据需要选定技术参数	选配
8	无线数据网设备	数据终端、无线接入网等设备	选配
9	无线图像传输设备	接收机、发射机、便携式摄像机等	≥1
10	短波电台	用于应急语音通信，车载或便携，根据需要选定技术参数	选配
11	移动卫星站	车载或便携；含天线、室内单元、室外单元等设备	1
12	卫星电话终端	车载或便携，语音及数据通信	≥1
13	网络交换机及路由器	根据需要选定技术参数	1
14	紧急信号发送设备	撤退、遇险等紧急呼叫信号的发送通信	1
15	通信组网管理设备	通信接入、交换、管理、集中控制	1
16	车载计算机	含显示屏、通信卡等	≥2
17	便携式计算机	含通信卡等	≥1
18	作战指挥业务软件	灾情接收、信息查询、指挥决策、作战指挥等	1
19	车辆状态监控软件	接收并显示出动消防车辆实时状态信息	1
20	便携式消防作战指挥终端	集成多种功能的灭火救援指挥箱，能实现信息查询、预案检索、临机方案编制、地理信息GPS导航、现场态势标绘、语音警示、数据传输、现场全程记录等功能	1
21	视音频会议系统终端	视音频编码器、会议摄像头、云台等	1
22	车内音响系统	麦克、调音台、功放、音箱等	1
23	打印、复印、传真机	多功能一体机	1
24	现场图像采集设备	车顶(外)摄像机等	≥1
25	气象采集设备	小型气象站	选配
26	标准时钟	GPS时钟、显示屏	1
27	综合显示屏及附件	选用LED、LCD、液晶等显示屏或投影机等	1
28	显示控制设备	音视频矩阵切换器、音视频分配器、图像分割器	1

表 1(续)

序号	设备名称	规格、描述	数量
29	音视频存储设备	硬盘录像机、录音录时工作站及软件	1
30	定制车厢	作战指挥室、通信控制室、附属设备仓、附属卫生间、车顶平台、车梯等	选配
31	会议桌、椅	会议桌可电动或手动折叠	选配
32	指挥通信坐席	操作台、工作椅	选配
33	通信机柜	标准机柜、二次减振系统	≥1
34	储物柜	根据实际需要配置	选配
35	外接口面板仓和接口	电源、网络、光纤、电话、视音频接口,防水 6 级	1
36	升降杆	电(气)动折叠(伸缩)式,可安装云台、摄像机、强光灯等	选配
37	电缆盘、盘架、线缆	电源、网络、电话、视音频线缆;野战光纤等	选配
38	综合布线	电源、网络、电话、视音频、照明等布线;多功能插座组;防雷接地等	选配
39	行车设备	车辆导航终端、倒车后视器等	选配
40	警示设备	长排警灯、警报器、前/后部爆闪警灯	1
41	供电设备	车载发电机或取力,20%裕量、发电机静音及减振处理	1
42	配电盘柜	一体化配电控制,内外电源自动切换	1
43	隔离变压器	根据需要选定技术参数	1
44	UPS 电源	支持 30 min	1
45	驻车空调	驻车专用空调,有制冷、制热、换风、除湿功能	选配
46	车内照明	各仓室、台面照明	1
47	车外照明	车外环境照明、强光照明	选配
48	卫生间设备	洗手池、坐(蹲)便器、淋浴器、清/污水箱	选配
49	饮用水设备	车载饮水机	选配
50	食品加热设备	车载微波炉	选配
51	食品冷藏设备	车载专用冰箱	选配

ICS 35.040
A 24

中华人民共和国国家标准化指导性技术文件

GB/Z 25114.1—2010

基于ebXML的商业报文 第1部分：贸易项目

ebXML based business message—
Part 1: Core item

2010-09-02 发布　　　　2010-12-01 实施

中华人民共和国国家质量监督检验检疫总局
中国国家标准化管理委员会　发布

前　言

《基于 ebXML 的商业报文》目前分为 3 个部分：

——第 1 部分：贸易项目；

——第 2 部分：参与方信息；

——第 3 部分：订单。

将来还有可能增加新的部分。

本部分为《基于 ebXML 的商业报文》的第 1 部分。

本部分修改采用 GS1(国际物品编码协会)发布的 ebXML 商业报文系列标准 1.0 版本中的核心贸易项目部分。给出了基于 ebXML 的商业报文交换中传输的贸易项目报文。

本部分与原国际标准的主要差异如下：

——GS1 标准中报文编写规则作为本部分的附录 A；

——增加了规范性引用文件；

——增加了术语和定义、缩略语。

本部分的附录 A、附录 B 和附录 C 为规范性附录，附录 D 为资料性附录。

本部分由全国物流信息管理标准化技术委员会提出并归口。

本部分起草单位：中国物品编码中心。

本部分主要起草人：李颖、张楠。

基于 ebXML 的商业报文 第 1 部分:贸易项目

1 范围

本部分规定了基于 ebXML 的商业报文编写规则,以及商业报文中传输的贸易项目报文。

本部分适用于贸易项目的商业报文编制。

2 规范性引用文件

下列文件中的条款通过本部分的引用而成为本部分的条款。凡是注日期的引用文件,其随后所有的修改单(不包括勘误的内容)或修订版均不适用于本部分,然而,鼓励根据本部分达成协议的各方研究是否可使用这些文件的最新版本。凡是不注日期的引用文件,其最新版本适用于部分。

GB/T 2659—2000 世界各国和地区名称代码(eqv ISO 3166-1:1997)

GB/T 4880.1—2005 语种名称代码 第 1 部分:2 字母代码

GB/T 7408—2005 数据元和交换格式 信息交换 日期和时间表示法

GB/T 12406—2008 表示货币和资金的代码

GB/T 16828—2007 商品条码 参与位置编码与条码表示

GB/T 19251—2003 贸易项目的编码与符号表示导则

GB/Z 25114.2—2010 基于 ebXML 的商业报文 第 2 部分:参与方信息

3 术语和定义、缩略语

3.1 术语和定义

下列术语和定义适用于本部分。

3.1.1

核心贸易项目 core item

贸易项目是指一项产品或服务,对于这些产品或服务需要获取预先定义的信息,并且可以在供应链的任意一点进行标价、定购或开据发票,以便所有贸易伙伴进行交易。它包括各种单个项目及其不同包装类型的各种形式。

贸易伙伴间贸易项目信息一致的必备属性。这些数据属性保持了主要产品标识及贸易项目或服务标识的完整性。

3.1.2

全球贸易项目代码 global trade item number;GTIN

用于世界范围内贸易项目的唯一标识。

3.1.3

全球贸易参与方位置代码 global location number;GLN

对法律实体、功能实体、物理实体进行标识的代码。

3.2 缩略语

FMCG fast moving consumer goods 快速消费品

GLN global location number 全球贸易参与方位置代码

GTIN global trade item number 全球贸易项目代码

UML unified modeling language 统一建模语言

4 ebXML 商业报文编写规则

4.1 业务过程架构

业务过程架构见 A.1。

4.2 编写规则

编写规则见 A.2。

4.3 报文架构

报文架构见 A.3。

5 核心贸易项目报文细目

核心贸易项目报文的内容包括产品标识代码、贸易项目描述、计量单元和贸易项目分类等必备型数据元。

报文中的数据格式应符合附录 A 中的规定。

5.1 通用信息

贸易项目报文开始时传输的对所有报文通用的信息。

5.1.1 Document(文档)类

用来说明报文内容的基本信息,包括版本号、生成日期和时间。

contentVersion——文档内容的版本号。contentVersion 是必备项。

creationDate——报文创建的日期。格式为:"YYYYMMDDTHHMMSS"。creationDate 是必备项。

documentStructureVersion——文档结构的版本号。documentStructureVersion 是必备项。

1astUpdateDate——最新更新日期。格式为:"YYYYMMDD"。lastUpdateDate 是必备项。

5.1.1.1 DocumentStatus(文档状态)类

用来说明文档是源文档还是副本。

COPY——源文档的副本。

ORIGINAL——文档的源版本。

5.2 ItemInformation(贸易项目信息)类

ItemInformation 描述贸易伙伴间贸易项目信息一致要求的属性。对于核心贸易项目,使用三个层级的类:ItemDescription,PartyIdentification 和 ItemIdentification。

5.3 ItemDescription(贸易项目描述)类

ItemDescription 的属性包括:brandName、discriptionShort、itemName 等。每一个属性都由语言代码和文本组成。文本语言使用 GB/T 4880.1—2005 两字母代码。

additionalAttributeDescription——自由文本,用来记录附加的产品属性。它可以用来标识信息提供者需要传送的任何附加信息,如制造商名称等。additionalAttributeDescription 是可选项。

brandName——品名。brandName 是可选项。

descriptionShort——贸易项目的简要描述,用于 POS 系统中的产品。descriptionShort 是必备项。

itemDescription——信息提供者提供的产品描述。itemDescription 是可选项。

itemName——比品名更完整的产品名称。itemName 是可选项。

5.3.1 Classification(分类)类

贸易项目的 Classification 是必备项,根据需要可重复。Classification 包括以下属性:

classificationAgency——负责分类代码的团体。classificationAgency 是必备项。

5.3.1.1 ClassificationCategory(分类目录)类

classificationCategoryCode——提供由负责分类的机构分配的,用于贸易项目分类的代码。classificationCategoryCode 是必备项。

classificationName——分类名称的文本描述，包括用 ISO 代码表示的语言指示符。classificationName 是必备项。

5.3.1.2 **ClassificationAttribute(分类属性)类**

ClassificationAttribute 提供贸易项目或服务分类的代码和文本描述。

classificationItemCode——由分类管理机构分配的贸易项目分类代码。classificationItemCode 是必备项。

classificationItemName——贸易项目或服务分类的文本描述。classificationItemName 是必备项。

5.4 **PartyIdentification(参与方标识)类**

全球贸易参与方位置代码(GlobalLocationNumber,GLN)或者 AlternatePartyIdentification 可用来标识一个贸易参与方。每个参与方仅能使用一个主要的参与方标识符。参与方报文数据格式参见 GB/Z 25114.2。

5.4.1 **GlobalLocationNumber(全球贸易参与方位置代码)类**

GlobalLocationNumber(GLN)是一个 13 位数字，用于唯一的标识位置。具体的编码结构见 GB/T 16828—2007。

gln——具体的 GlobalLocationNumber。gln 或 AlternatePartyIdentificationType 是必备项。

5.4.2 **AlternatePartyIdentification(其他参与方标识)类**

value——AlternatePartyIdentification 定义其他的参与方标识。

5.4.2.1 **AlternatePartyIdentificationType(其他参与方标识类型)类**

AlternatePartyIdentificationType 描述其他参与方标识的类型并使用 AlternatePartyIdentificationTypeList。

5.5 **ItemIdentification(贸易项目标识)类**

对贸易项目或服务的标识。贸易项目可以使用 GlobalTradeItemNumber(GTIN)或 AlternateItemIdentification，但二者不同时使用。

5.5.1 **GlobalTradeItemNumber(全球贸易项目代码)类**

GlobalTradeItemNumber 是贸易项目的主要标识符。当被分配了 GlobalTradeItemNumber (GTIN)代码之后，就必须使用它。而且仅能使用一个主要的贸易项目标识。具体的编码结构见 GB/T 19251—2003。

gtin——具体的 GlobalTradeItemNumber。gtin 或 AlternateItemIdentification 是必备项。

5.5.2 **AlternateItemIdentification(其他的贸易项目标识)类**

AlternateItemIdentification 其他的贸易项目标识。当没有 GTIN 时，使用 AlternateItemIdentification。

见附录 B 中 B.2.5。

5.5.3 **UnitOfMeasure(计量单元)类**

UnitOfMeasure 描述了贸易项目(如每个、每对、每箱、每卷、每套和每盒等)的物理特征。一个贸易项目仅能有一个 UnitOfMeasure，必备项。

netContent——贸易项目的净容量，必备项。

grossWeight——贸易项目的毛重，包括包装，必备项。

packagingWeight——贸易项目的包装重量，必备项。

depth——贸易项目的长度，可选项。

diameter——贸易项目的直径，可选项。

height——贸易项目的高度,可选项。

pegHorizontal——栓子的水平距离。当贸易项目固定在展板上时,贸易项目的边缘到塞入栓子洞的中心的水平距离,可选项。

pegVertical——栓子的垂直距离。当贸易项目固定在展板上时,贸易项目的边缘到塞入栓子洞的中心的垂直距离,可选项。

width——贸易项目的宽度,可选项。

6 核心贸易项目文档类图

根据贸易项目报文的定义,使用统一建模语言(UML)的方法,建立的静态类图,核心贸易项目文档类图见图1。

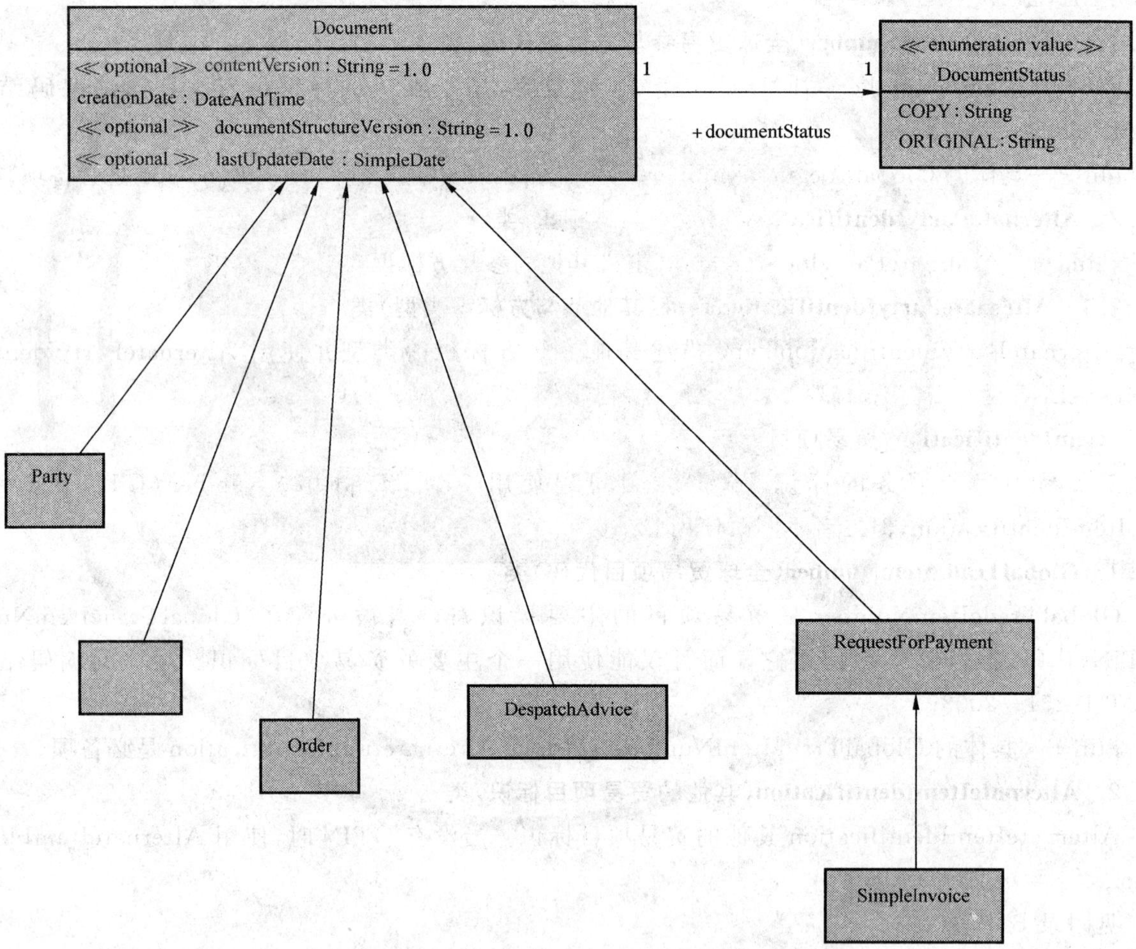

图1 核心贸易项目文档类图

7 核心贸易项目高层类图

根据贸易项目报文的定义，使用统一建模语言(UML)的方法，建立的静态类图，核心贸易项目高层类图见图2。

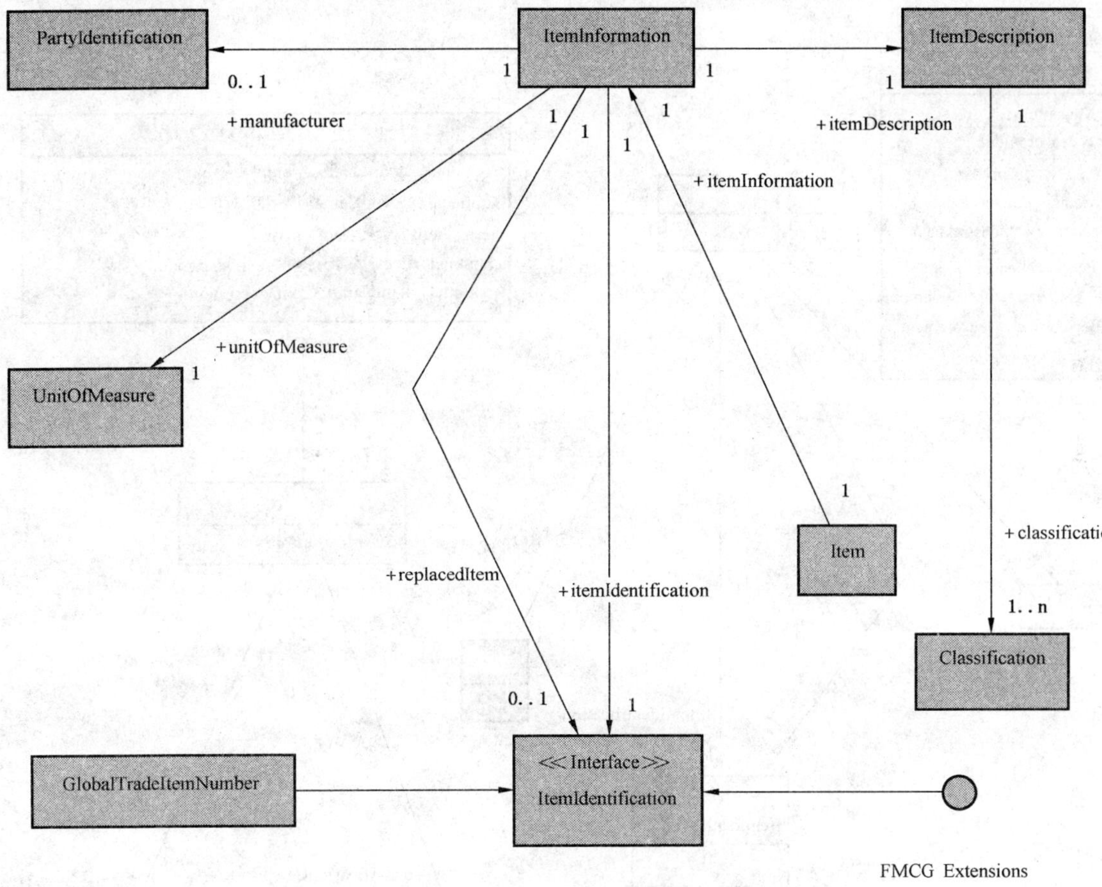

图2 核心贸易项目高层类图

8 核心贸易项目细目层类图

8.1 核心贸易项目细目层类图

根据贸易项目报文的定义，使用统一建模语言(UML)的方法，建立的静态类图，核心贸易项目细目层类图见图3。

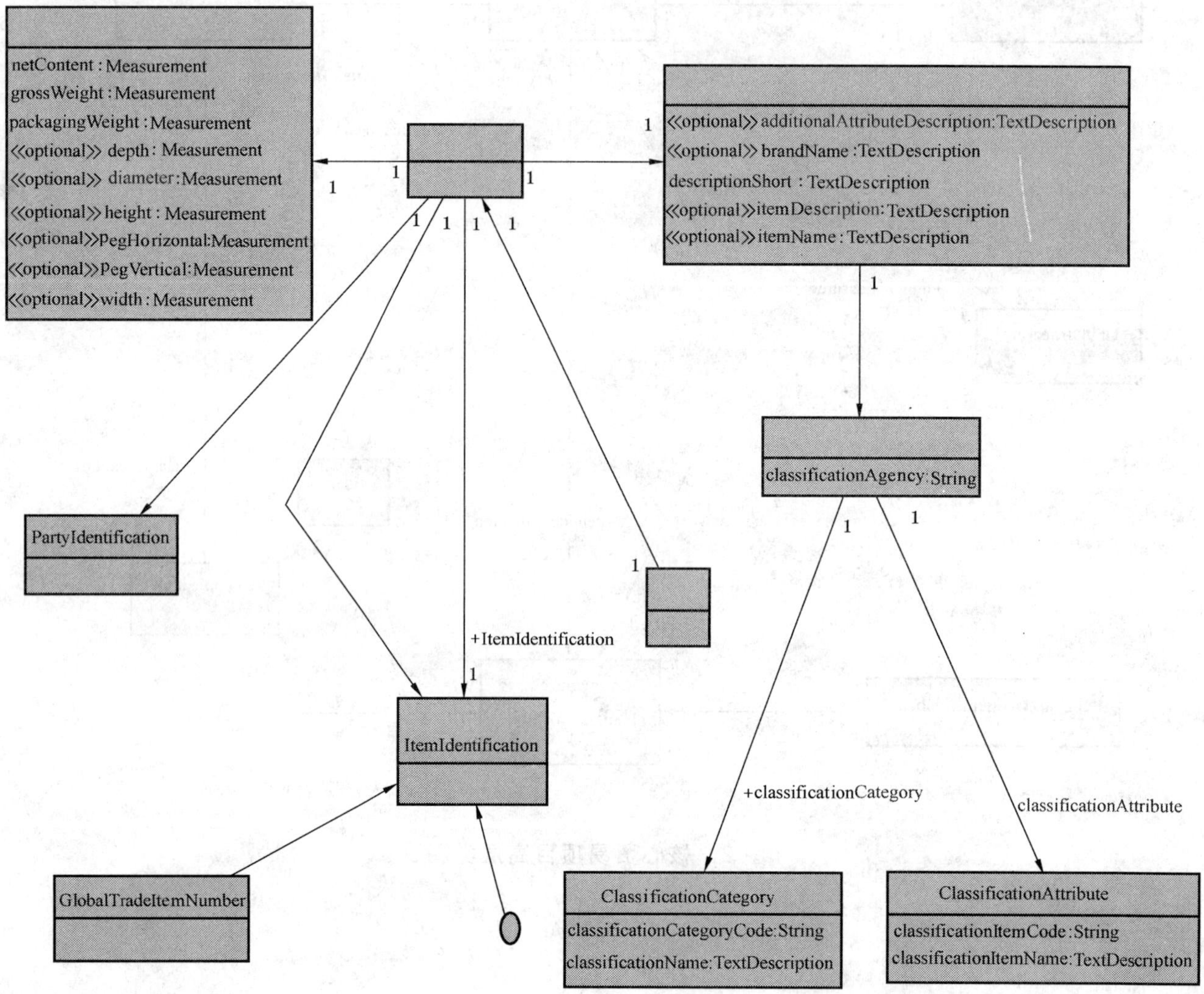

图3 核心贸易项目细目层类图

8.2 参与方标识类图

根据贸易项目报文的定义，使用统一建模语言(UML)的方法，建立的静态类图，参与方标识类图见图4。

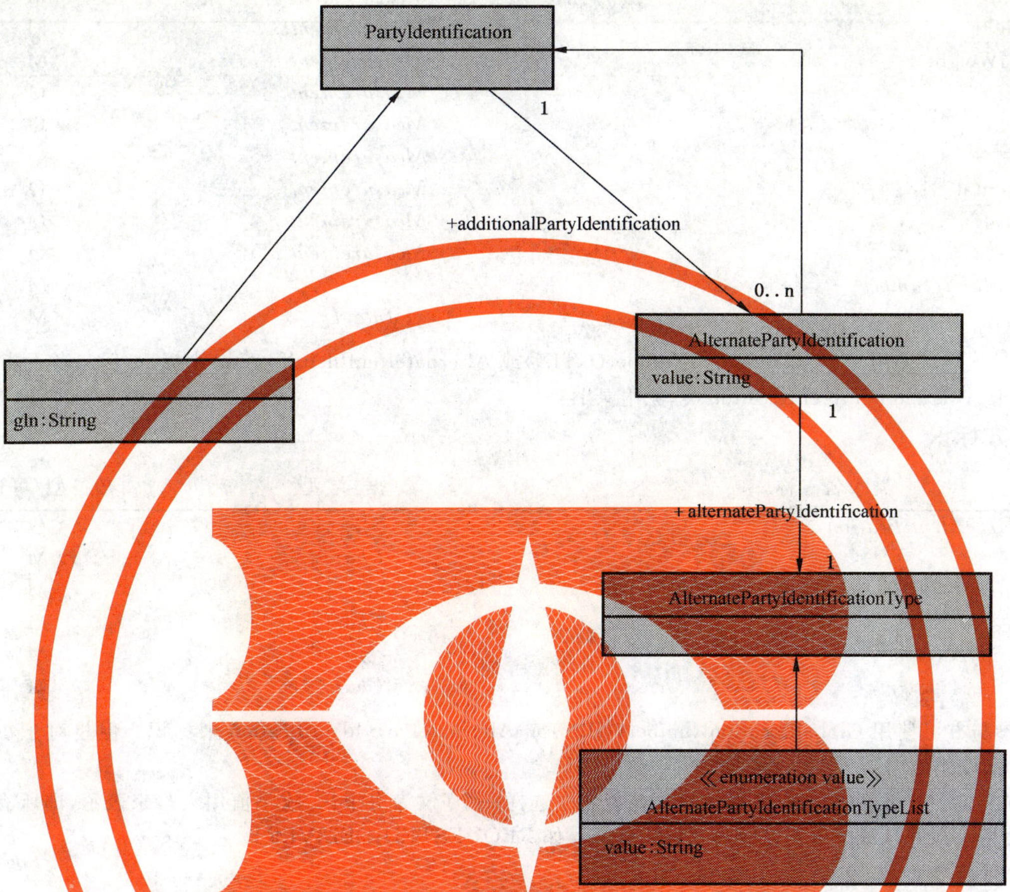

图4 参与方标识类图

9 数据字典

9.1 贸易项目信息

类 名 称	数据类型	必备型/可选型
Classification		*M*
classificationAgency	*Char*	M
ClassificationAttribute		*O*
classificationItemCode	*Char*	M
classificationItemName	*Char*	M
ClassificationCategory		*M*
classificationCategoryCode	*Char*	M
classificationName	*Char*	M
ItemDescription		*M*
additionalAttributeDescription	*Char*	O
brandName	*Char*	O
descriptionShort	*Char*	M
itemDescription	*Char*	O
itemName	*Char*	O

9.2 贸易项目标识

类 名 称	数据类型	必备型/可选型
UnitOfMeasure		*M*
netContent	*Measurement*	M
grossWeight	*Measurement*	M
packagingWeight	*Measurement*	M
depth	*Measurement*	O
diameter	*Measurement*	O
height	*Measurement*	O
pegHorizontal	*Measurement*	O
pegVertical	*Measurement*	O
width	*Measurement*	O
GlobalTradeItemNumber		*M*
gtin	*Integer*	M

注：贸易项目可使用 GlobalTradeItemNumber(GTIN)或 AlternateItemIdentification 来标识，但二者不能同时使用。对于 AlternateItemIdentificaiton 类，见附录 B。

9.3 参与方标识

类 名 称	数据类型	必备型/可选型
AlternatePartyIdentification		*O*
value	*Char*	M
AlternatePartyIdentificationType		*M*
value	*Char*	M
GlobalLocationNumber		*M*
gln	*Char*	M

注 1：参与方可使用 GlobalLocationNumber(GLN)或 AlternatePartyIdentification 来标识。但是对于每一个参与方，仅能使用一个主要的标识符。

注 2：在类包含枚举值的情况下，必须在这些值之中选择一个(仅为一个)。枚举值用大写来表示，即所有的字母都使用大写并且每个单词之间用下划线分隔。如 REQUESTED_DELIVERY。

9.4 贸易项目文档信息

类 名 称	数据类型	必备型/可选型
Document		*M*
contentVersion	*Char*	O
creationDate	*DateAndTime*	M
documentStructureVersion	*Char*	O
lastUpdateDate	*Date*	O
DocumentStatus		*M*
COPY	*Char*	M
ORIGINAL	*Char*	M

注 3：在类包含枚举值的情况下，必须在这些值之中选择一个(仅为一个)。枚举值用大写来表示，即所有的字母都使用大写并且每个单词之间用下划线分隔。如 REQUESTED_DELIVERY。

10 FMCG 贸易项目扩展

FMCG 贸易项目扩展的内容见附录 B。

11 贸易项目关联数据扩展

贸易项目关联数据扩展包括核心贸易项目之外的贸易项目属性，见附录 C。

12 基于 ebXML 商业报文的贸易项目报文示例

本部分给出了一个报文示例，内容见附录 D。

附 录 A
（规范性附录）
ebXML 商业报文的编写规则

A.1 业务过程架构

使用 UML 的方法来完成业务过程建模和逻辑设计可以在标准和软件之间提供连接通道，其中业务过程建模用来标识和分解商业需求，逻辑设计用来考虑每一项的实际商业需求，逻辑设计包括基于 XML Schema 的 UML 类图和数据字典。在数据字典中提供了属性定义和技术特征，重点是基础数据需求及其详细的描述。业务过程建模和逻辑设计为业务过程建立了清晰的框架，同时为建立全球统一的标准化技术解决方案奠定了基础。

业务过程架构由 4 个要素组成：构建模块、核心业务模型、扩展和接口。

A.1.1 构建模块

构建模块提供了建立业务过程模型的一个通用的、可重用的对象，可以在任何业务过程中使用。在一个具体的业务过程中，根据需求可选择使用相应的构建模块，有些模块是必备的，有些模块是可选的。基本构建模块如“日期”和“名称”等。

A.1.2 核心业务模型

在业务过程中使用的业务功能通用元素组成。核心业务模型在范围上非常有限，必须加以扩展才能完成一个业务过程。但扩展不能改变核心业务模型中定义的通用元素。

A.1.3 扩展

包括完成业务过程所需要的特殊元素。核心业务过程可以应用多重扩展来增加功能。扩展也可用于容纳具有相同核心业务功能的不同业务过程。

A.1.4 接口

表示在模型结构上一个可以被应用的扩展点。每一个具体的商业报文都包括高层和细目层的类图，用来描述报文的涉及范围以及元素之间彼此的联系。这些类图可以使参与方看到数据关系，以确定在一项业务功能中接口的位置和使用方法。

A.2 编写规则

说明编制 ebXML 商业报文使用的各种规则。

A.2.1 名称

A.2.1.1 类

对于一个特定的业务过程，每个类必须标明是必备项还是可选项。类可以包含：

a) 一个单一值；

b) 一个或多个属性；

c) 一个枚举值或一个枚举列表；

d) 一个或多个子类。（包括空类）

类名采用首字母大写的规定，即第一个字母和类名中每一个单词的首字母都是大写的形式。类名不含内嵌单词间的空格。一个类名视为一个单词。

示例 1：

类：OrderPartyIdentification

在引用类名的时候，以黑体显示。

示例 2：

类：ItemDescription

ItemDescription 的属性包括 brandName 等。每一个属性都由一个语言代码和文本组成。指定文本语言时使用 GB/T 4880.1 的 2 位字母代码，例如：EN 表示英语，FR 表示法语。

A.2.1.2 角色

角色是类增加了相应的含义或语境时产生的。角色使得相同的类在同一个报文中多次使用。例如，对 Reference 类可能分配了几个角色，使得可以在同一报文内传送不同的参考标识符，如可在同一报文中传送订单号或提单号。

一个角色名被映射为一个 XML Schema 的元素。当一个 UML 类有一个角色要分配时，这个角色成为这个类在 XML 标记的名称。当类没有角色时，这个 XML 标记名称就是类的名称。

A.2.1.3 属性

属性名使用"骆驼式"的书写规定，即第一个单词的第一个字母是小写的形式，后面每个单词的首字母为大写。属性名称中不能包含空格。

示例：

lineItemNumber（行项号）

streetAddress （街区地址）

buyer （买方）

gtin （物品编码）

countryOfOrigin（原产国）

当属性名出现在句子的开头或文本行的开头时，要标以下划线。属性名和它的描述以破折号（——）分隔。

在一个给定的类中，每个属性可以为必备项或可选项。

示例：

additionalAttributeDescription——附加属性描述，用来记录附加的产品属性。可以用来标记信息提供者需要传送的任何附加信息。可包括制造商名称。additionalAttributeDescription 是可选项。

brandName——商品的商标名称。brandName 是可选项。

A.2.1.4 枚举值

枚举值使用"大写"的规定，所有的字母都是大写并且单词与单词之间用下划线分隔。枚举值和它的描述之间用破折号（——）分隔。

当一个类包含一个枚举值列表时，只能从列表中选择一个值。

A.2.2 数据类型

数据项目报告中所列的每个数据元素和属性都被分配了一个数据类型。

- 字符型（Character，char）——一个字符型的串；
- 整数型（Integer）——一个数字或数字串；
- 日期型（Date）——使用 YYYYMMDD 格式的值；
- 时间型（Time）——使用 HHMMSS 格式的值，可包含时差。

UML 类图中的每一个属性都有一个类型。在 UML 里，属性的类型可能和数据项目报告中的不同。在数据项目报告中 UML 中的某些属性类型具有自己的数据类型。如在数据项目报告中，UML 属性类型可以表示为单个的元素。包括：

- 字符串（String）——由一串字母组成，如 character。
- 系列货运包装箱代码（SSCC）——数字字符串，整数型，是对每一个物流单元的唯一标识。
- 百分比（Percentage）——数字值表示一个比率或每 100 中占有的份额。
- 计量（Measurement）——数字值及其相关的计量单位。
- 货币金额（MonetaryAmount）——数字值及其相关的 ISO 货币代码（见 GB/T 12406）。

- 文本描述(TextDescription)——自由格式文本及其相关的 ISO 语言代码(见 GB/T 4880.1)。
- 简单日期(SimpleDate)——日期。
- 日期和时间(DateAndTime)——包括日期、时间,时间包括时差。
- 日期选择(DateChoice)——简单日期/日期和时间。
- 参考(Reference)——时间选择(日期或日期时间)及其相关的参考号或标识号。

A.2.3　在 Schema 文档中使用的项目名称

数据项目名称在 Schema 文档中是以父/子关系来表示的。

示例:

在一个实例文档中,数据字典中的 CompanyName 在 Schema 文档中定义和表示为:

〈Company〉

　　〈Name〉Some Name〈/Name〉

〈/Company〉

A.2.4　日期和时间的表示

为了满足不同的业务过程需要以不同的格式来说明日期和时间,商业报文标准采用 GB/T 7408 的基本格式。

A.2.4.1　日期

采用 GB/T 7408 完整日期表示的基本格式,表示格式:

YYYYMMDD

其中:

YYYY——4 位数字表示年份;

MM——2 位数字表示月份(01=一月,依此类推);

DD——2 位数字表示日期(01～31)。

示例:

20010716 代表 2001 年 7 月 16 日。

A.2.4.2　时间

不包括日期的时间表示格式:

HHMMSS,其中:

HH=2 位数表示小时(00～23)(不允许使用 am/pm);

MM=2 位数表示分钟(00～59);

SS=2 位数表示秒(00～59)。

时间不使用下划线或连字号。

示例:

134500 表示下午一点四十五分。

A.2.4.3　时区

在时间表述中可以选择加入时区信息。时间是以本地时间表示的,后面跟着时区信息以表示时差。一个"+HH"时区表示时区在世界时间前"HH"小时,世界时间也称为格林尼治标准时间。一个"—HH"时区表示时区在世界时间后"HH"小时。

A.2.4.4　日期和时间

包括日期和时间的格式:

YYYYMMDDTHHMMSS

其中:

YYYY=4 位数字表示年份;

MM=2 位数字表示月份(01～12);

DD＝2 位数字表示日期(01～31)；

T 表示字符串内时间元素的开始；

HH＝2 位数字表示小时(00～23)(不允许使用 am/pm)；

MM＝2 位数字表示分钟(00～59)；

SS＝2 位数字表示秒(00～59)。

日期和时间不使用分隔符(/,－)或下划线。关于时区差,参照 A.2.4.3 中的内容。

A.2.4.5 日期的星期表示

一星期中各天的列表(按首字母顺序排序)：

FRIDAY

MONDAY

SATURDAY

SUNDAY

THURSDAY

TUESDAY

WEDNESDAY

A.2.5 文本描述

文本描述具有两个属性:文本(描述)和语言代码。指定文本语言时使用 GB/T 4880.1 的 2 位字母代码,如英语是 EN,法语是 FR。

A.2.6 数值

数值是一个整体,根据它的用途可以表示不同的属性。

A.2.6.1 货币金额

所有的货币金额包括两个属性:两位小数的货币值和货币类型。

金额包括小数形式规定的值和货币类型的标识符。值的长度可以是 1 到 18 位字符。

货币类型使用 GB/T 12406 代码表中的 3 位字母代码来标识。

示例：

〈totalAmount〉

　　〈amount currencyISOcode＝"USD"〉121〈/amount〉

〈/totalAmount〉

〈netPrice〉

　　〈amount currencyISOcode＝"USD"〉123.12〈/amount〉

〈/netPrice〉

A.2.6.2 百分比

百分比表示在一百份中所占的份额数或比率的数值。值的长度可以是 1～10 位字符。

A.2.6.3 数量

数量是一个代表量的数字。值的长度可以是 1～15 位字符。

A.2.6.4 带有正负符号的数值

负值必须带有符号。从一个相关的值里减去的数量或总数必须带有符号。相关描述(如费用或折扣)不能确定数值的正负时必须带有符号。当计算一个属性的域长最大值时,不应当将负号计算在内。

示例：

零下 20℃表示为：－20

减少 5 美元表示为：－5

A.2.6.5 小数点

小数点必须和它的小数部分一起发送,不能随着整数部分发送。当计算一个属性的域长最大值时,小数点不应当计算在内。

示例：

4 美分表示为 0.04，可以表示为.04

10 美元表示为 10，不能表示为 10.

A.2.6.6 计量

计量由计量值和计量单位两个属性构成。

示例：

```
<fmcg:drainedWeight>
    <measurementValue unitOfMeasure="kg">3.2</measurementValue>
</fmcg:drainedWeight>
```

A.2.7 参考

参考包括两个属性：日期或日期时间的选择和参考标识符。一个角色，如 orderNumber 或 deliveryNote（订单号、发货单），经常作为一个参考。

A.2.8 XML Schema 的解释和使用

通过链接可以访问到命名空间中定义的各种 Schema 文件，用户可以在应用程序中使用这些 Schema 文档进行测试和开发。

A.3 报文架构

在商业报文通信架构中提供了安全传输 XML 报文的必要组件，包括使用的传输（Transport）和封装（Enveloping）。

A.3.1 传输

传输基于 XML 的商业报文时推荐使用 EDIINT AS2（基于 Internet 电子数据交换的 AS2 协议），EDIINT AS2 提供了在 Internet 上使用 HTTP 能共同操作的、可靠的数据传输方式，它还提供了：

- 接收和发送方的抗抵赖性；
- 数据完整性和发送方鉴别；
- 使用公钥/私钥的加密；
- 报文处理通知（MDNs）。

本部分的 XML Schema 文档经过了 EDIINT AS2 数据传送和封装标准的测试和验证。

A.3.2 封装

封装就是将一次发送的信息打包，产生报文内容时的报文集和版本允许由报文的接收方来确定。在“封装”的标识中，必须包含用来描述产生 XML 内容的 Schema 版本的属性，即传输版本。

推荐使用 EDIINT AS2 的报文头，用户也可以使用 SOAP 和 ebXML 传输和路由。

附　录　B
（规范性附录）
FMCG 贸易项目扩展

B.1　FMCG 贸易项目扩展总览

FMCG 贸易项目数据的一致性是基于通用数据字典中的定义。

在贸易伙伴之间的 B2B 信息交换中，FMCG 贸易项目报文包含 FMCG 贸易项目通用的基本商业信息。FMCG 贸易项目报文是从核心贸易项目报文中扩展的，包含了附加的商业数据如 FMCGTradeItemCharacteristics，FMCGTradeItemMeasures，FMCGPackagingMarking，StrengthIndicator 和 FMCGAlternateItemIdentification。这些业务过程是贸易伙伴间协调一致的，作为共同的数据资源。

B.2　FMCG 贸易项目扩展报文细目

B.2.1　FMCGTradeItemCharacteristics 类

FMCGTradeItemCharacteristics 是一个必备类，它从另一个更通用的 TradeItemCharacteristics 类中继承属性和操作。TradeItemCharacteristics 是父类而 FMCGTradeItemCharacteristics 是子类。

form——（格式缩写）在制药行业中使用，用来说明产品的简洁描述。form 是可选项。

freshnessDateProduct——说明贸易项目的包装是否有一个保鲜的盖章或盖印的日期。这是一个布尔值（Y/N），"Y"代表贸易项目是一个有保鲜日期的产品，比如一个贸易项目在产品的包装上印有上架期限、最短期限、未开包或填充日期。freshnessDateProduct 是必备项。

geneticModificationIndicator——用来说明产品是否含有转基因的内容。这是一个布尔值（Y/N），"Y"表示这个贸易项目是转基因的产品。geneticModificationIndicator 是必备项。

minimumProductLifespanFromTimeOfProduction——由制造商提供，产品有效期。minimumProductLifespanFromTimeOfProduction 是可选项。

organicItemCode——用来说明产品是否是有机产品。这是一个布尔值（Y/N），"Y"表示贸易项目是有机的产品。organicItemCode 是必备项。

B.2.2　FMCGTradeItemMeasures 类

FMCGTradeItemMeasures 从更通用的 TradeItemMeasures 类继承属性和操作。TradeItemMeasures 是父类，FMCGTradeItemMeasures 是子类。所有的计量，除了麦芽汁等级和酒精百分含量之外，都包括一个计量单元和一个值。

drainedWeight——除去液体，产品的重量。drainedWeight 是可选项。

fatContent——一个基本产品中包含的脂肪含量。fatContent 是可选项。

percentageOfAlcoholByVolume——基本产品单元中包含的酒精比例。percentageOfAlcoholByVolume 是可选项。

B.2.3　FMCGPackagingMarking 类

FMCGPackagingMarking 是一个必备类。

markedWithIngredients——产品中有关成分的信息。产品成分需要在产品上标明。这是一个布尔值（Y/N），"Y"表示标识了成分。markedWithIngredients 是必备项。

packagingMarkedAsRecyclable——标记有可回收包装指示符的产品包装。一些欧洲国家的法律要求可回收包装指示符。这是一个布尔值（Y/N），"Y"表示使用可回收包装指示符标记。packagingMarkedAsRecyclable 是必备项。

packagingMarkedReturnable——产品具有可返还的包装。这是一个布尔值（Y/N），"Y"代表包装可以退还。packagingMarkedReturnable 是必备项。

productMarkedAsRecyclable——产品上是否标记可回收标识符。这是一个布尔值(Y/N),“Y”表示产品使用可回收标识符。productMarkedAsRecyclable 是必备项。

B.2.4 StrengthIndicator 类

产品的 StrengthIndicator 用来描述药品的重量。StrengthIndicator 是可选项。

strength——在医药行业中使用,用来说明药品的重量。它包含一个计量单元和值。strength 是必备项。

strengthBasis——产品重量的主要成分。它可以使用公制的、英制的或美国基本度量单位。例如,如果产品的重量为 125 g,产品的净含量测量单元为升,那么产品重量的主要成分为每升 125 g。它包含一个计量单元和值。strengthBasis 是必备项。

B.2.5 AlternateItemIdentification 类

AlternateItemIdentification 类包含分配给贸易项目的字母数字标识符,而不是 GTIN 代码,按 AlternateIdentificationType 的定义。

value——AlternateItemIdentification 的标识。value 是必备项。

B.2.5.1 AlternateItemIdentificationType 类

AlternateItemIdentification 标识了其他的贸易项目标识类型和与 FMCGAlternateItemIdentificationType 枚举列表的关联。

B.2.5.1.1 FMCGAlternateItemIdentificationType 类

FMCGAlternateIdentificationType 的枚举列表是:

COUPON_FAMILY_CODE——标识附着在产品上的优惠券号码。

LOTTERY_GAME_NUMBER——抽奖游戏号码。

LOTTERY_PACK_BOOK_NUMBER——抽奖包装/名册号码。

NABCA_PRODUCT_CODE——国家酒精饮料管理委员会产品代码(National Alcohol Beverage Control Association Product Code)。

SUPPLIER_NUMBER——由贸易项目供应者分配给物品的号码。

B.2.6 角色:additionalItemIdentification

主要贸易项目标识(如目录、样式和部件号码)的扩展。除主要标识符或 AlternateItemIdentification 之外,可使用 additionalItemIdentification。可以是多于一个附加的项类型和标识符。

该角色使用从属类 AlternateItemIdentification 的属性和枚举列表。

B.3 FMCG 的高层类图

根据附录 B 用于 FMCG 贸易项目扩展的定义,使用统一建模语言(UML)的方法,建立的静态类图,FMCG 的高层类图见图 B.1。

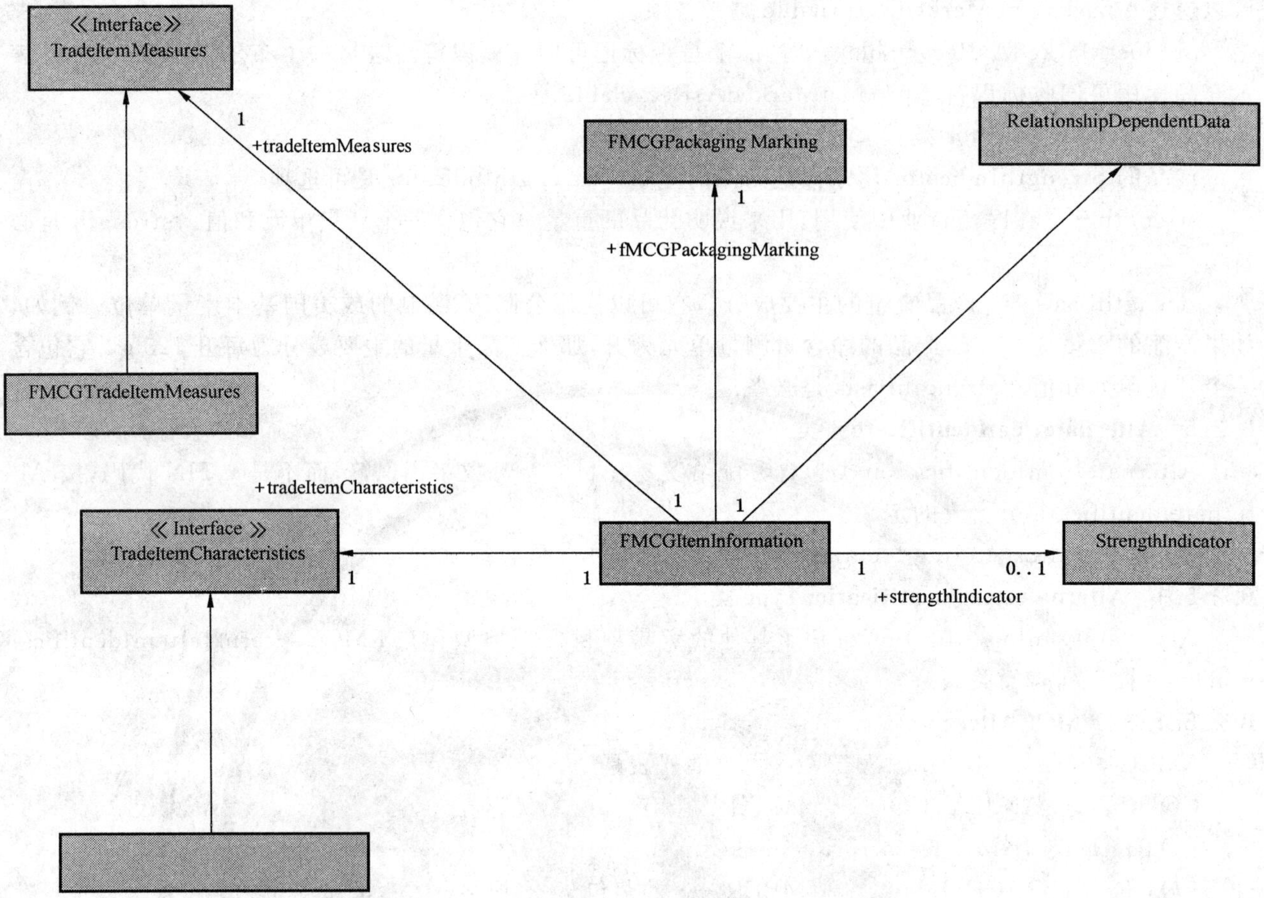

图 B.1 高层类图

B.4 FMCG 贸易项目扩展的细目层类图

B.4.1 细目层类图

根据附录 B 用于 FMCG 贸易项目扩展的定义，使用统一建模语言(UML)的方法，建立的静态类图，细目层类图见图 B.2。

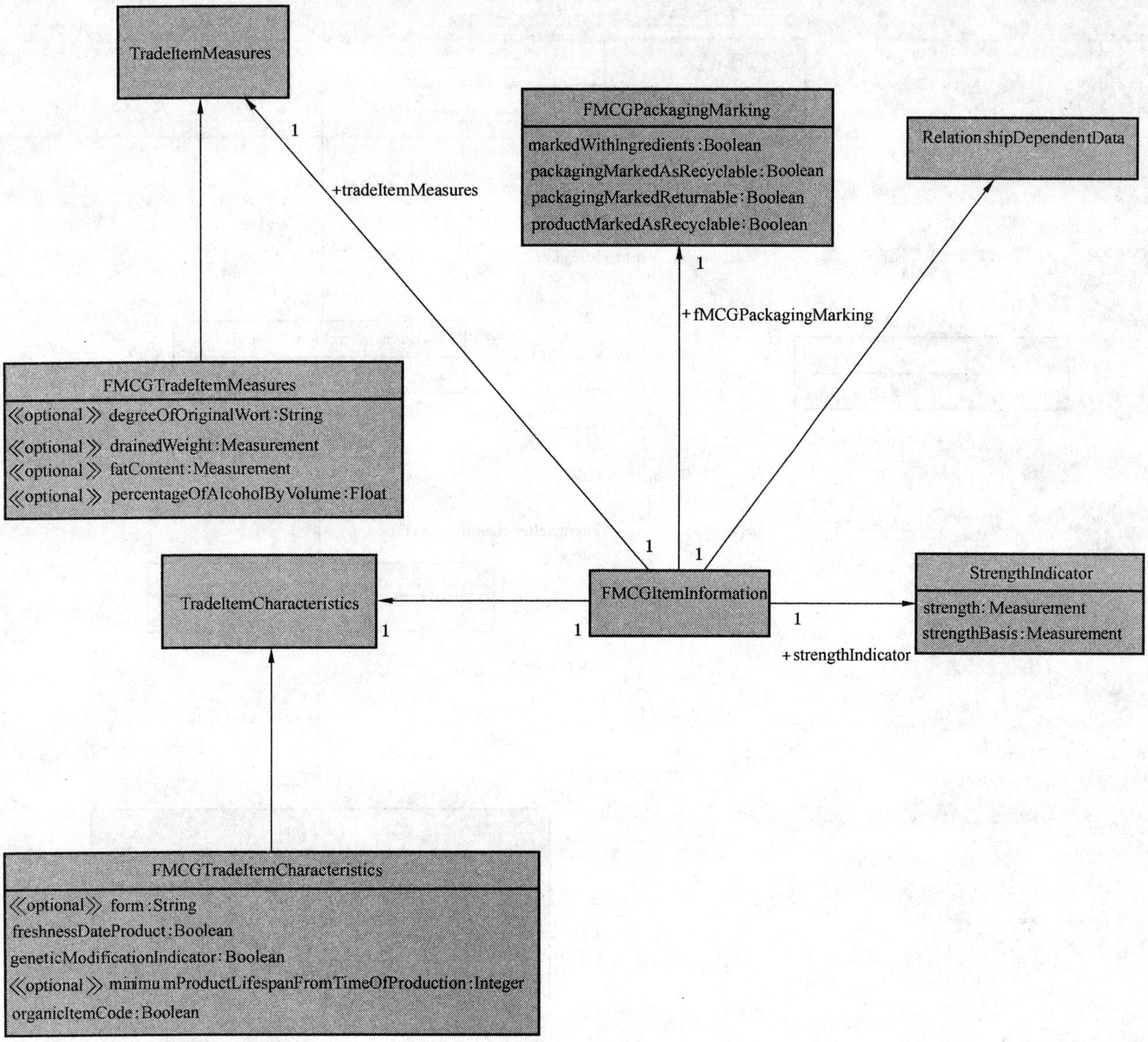

图 B.2 细目层类图

B.4.2 贸易项目标识类图

根据附录B用于FMCG贸易项目扩展的定义,使用统一建模语言(UML)的方法,建立的静态类图,贸易项目标识类图见图B.3。

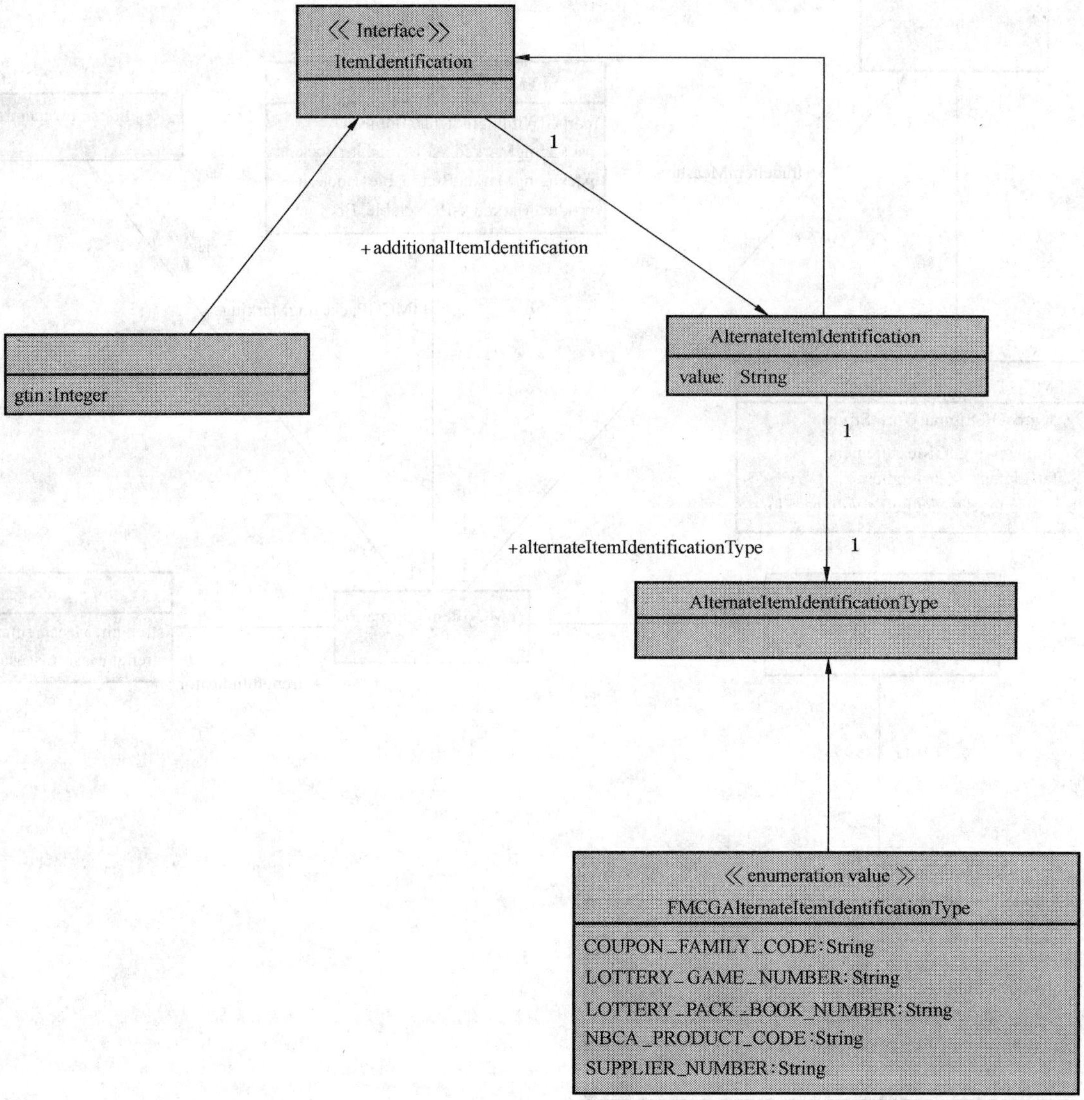

图 B.3 贸易项目标识类图

B.5 数据字典

B.5.1 FMCG 贸易项目信息

类 名 称	数据类型	必备型/可选型
FMCGPackagingMarking		*M*
markedWithIngredients	*Char*	M
packagingMarkedAsRecyclable	*Char*	M
packagingMarkedReturnable	*Char*	M
productMarkedAsRecyclable	*Char*	M
FMCGTradeItemCharacteristics		*M*
form	*Char*	O
freshnessDateProduct	*Char*	M
geneticModificationIndicator	*Char*	M
minimumProductLifespanFromTimeOfProduction	*Integer*	O
organicItemCode	*Char*	M
FMCGTradeItemMeasures		*M*
degreeOfOriginalWort	*Char*	O
drainedWeight	*Measurement*	O
fatContent	*Measurement*	O
percentageOfAlcoholByVolume	*Integer*	O
StrengthIndicator		O
strength	*Measurement*	M
strengthBasis	*Measurement*	M

B.5.2 FMCG 贸易项目标识

类 名 称	数据类型	必备型/可选型
AlternateItemIdentification		*O*
value	*Char*	M
FMCGAlternateItemIdentificationType		*M*
COUPON_FAMILY_CODE	*Char*	M
LOTTERY_GAME_NUMBER	*Char*	M
LOTTERY_PACK_BOOK_NUMBER	*Char*	M
NBCA_PRODUCT_CODE	*Char*	M
SUPPLIER_NUMBER	*Char*	M

注：在类包含枚举值的情况下，必须在这些值之中选择一个(且仅为一个)。枚举值用大写来表示，即所有的字母都使用大写并且每个单词之间用下划线分隔。例如 REQUESTED_DELIVERY。

附 录 C
（规范性附录）
贸易项目关联数据扩展

C.1 贸易项目关联数据总览

贸易项目关联数据扩展包括核心贸易项目之外的贸易项目属性。扩展的数据加入到核心贸易项目属性中组成了一个完整的贸易项目报文。作为扩展，贸易项目关联数据属性不能单独使用而需要建立核心贸易项目报文。在贸易项目关联数据报文中通用贸易项目标识和信息属性都是必备项。

C.2 贸易项目关联报文细目

C.2.1 ItemInformation 类

ItemInformation 描述在贸易伙伴之间，使贸易项目信息一致所需的属性，见 4.2。

C.2.2 ColorCharacteristic 类

ColorCharacteristic 是一个可选属性组。

color——产品颜色的描述。color 是必备项。

colorCodeListAgency——管理颜色代码的参与方。colorCodeListAgency 取决于 colorCodeValue。colorCodeListAgency 是必备项。

colorCodeValue——标识产品颜色的代码表。colorCodeValue 是必备项。

C.2.3 MaterialSafetyDataSheet 类

MaterialSafetyDataSheet 用来指明贸易项目是否存在一个材料安全数据表（Material Safety Data Sheet）。当处理该贸易项目时，该数据包括应遵守的重要特性、防护计量和规则，它一般与危险物品有关。这是一个布尔值（Y/N），“Y”代表有这一数据表，MaterialSafetyDataSheet 是必备项。

C.2.4 PackagingCharacteristic 类

PackagingCharacteristic 表示产品集装运输的实体结构。

numberOfCompleteLayersContainedInATradeItem——在贸易项目中产品的层数，不适用于基本产品单元。numberOfCompleteLayersContainedInATradeItem 是可选项。

numberOfLayersPerPallet——每个托盘的层数，仅当托盘没有 GTIN 时使用。根据供应商或零售商的选择，表示一个托盘包含的层数。numberOfLayersPerPallet 是可选项。

numberOfTradeItemsContainedInACompleteLayer——整个层中包含的贸易项目数量，在产品的层次包装结构中使用，不能用于产品的基本单元。numberOfTradeItemContainedInACompleteLayer 是可选项。

numberOfTradeItemPerPallet——每个托盘包含的贸易项目数量，仅当托盘没有 GTIN 时才使用。根据供应商或零售商的选择表示托盘中的贸易项目数量。numberOFTradeItemPerPallet 是可选项。

numberTradeItemsPerPalletLayer——每个托盘层包含的贸易项目的数量，仅当托盘没有 GTIN 时才使用。根据供应商或零售商的选择表示托盘放置在托盘层的贸易项目数量。numberTradeItem-sPerPalletLayer 是可选项。

C.2.5 PackagingMaterial 类

PackagingMaterial 是描述产品包装材料的可选项组。

packagingMaterialCode——标识产品包装材料的代码表。目前有欧盟代码表。packagingMaterialCode 是必备项。

packagingMaterialCodeListMaintenanceAgency——管理包装材料代码表的机构。如果有包装材

料代码，packagingMaterialCodeListMaintenanceAgency 是必备项。

packagingMaterialComposition——包装贸易项目的各材料成分(百分比)。当标记了包装材料类型时，packagingMaterialComposition 是必备项。

packagingMaterialDescription——产品包装材料的描述。如果使用了产品包装代码，packagingMaterialDescription 是必备项。

packagingMaterialType——包装使用的材料类型。例如纹状的纸板、压制的塑料等。需要时，用它来表示包装是否易处理。packagingMaterialType 是必备项。

packagingType——产品使用的包装类型。例如盒或箱。packagingType 是必备项。

C.2.6 SizeCharacteristics 类

SizeCharacteristics 是一个可选项组，可多次使用。

size——产品尺寸的描述。size 是必备项。

sizeCodeListAgency——尺寸代码表的管理机构。sizeCodeListAgency 依据 sizeCodeValue。sizeCodeListAgency 是必备项。

sizeCodeValue——标识产品尺寸的代码表。sizeCodeValue 是必备项。

C.2.7 TradeItemCharacteristics 类

这些属性是进一步描述贸易项目的附加指示符。所有的布尔值属性都是必备项。

countryOfOrigin——源产国，代码可用于关税、数量限额或其他任何有关贸易的计量应用。使用 GB/T 2659—2000 中的国家代码。countryOfOrigin 是必备项。

nonpublicIndicator——用来限定产品信息是否对任何查询者公开或者仅限于特定的私人用户的指示符。nonpublicIndicator 是布尔值(Y/N)，"Y"表示非公开。如果是"Y"，它必须有一个希望得到信息的相关参与方的 ID。nonpublicIndicator 是必备项。

prepricedAmount——在贸易项目的产品包装上或附着在包装上的实际价格。prepricedAmount 是必备项。

pricingOnTheProduct——指明价格是否在贸易项目包装上或附着在贸易项目包装上。pricingOnTheProduct 是布尔值(Y/N)，"Y"指明贸易项目已定价。如果是"Y"则必须有一个预定的价格。pricingOnTheProduct 是必备项。

rightOfReturnForNonSoldTradeItem——表示买方可以退回没有售出的物品。例如杂志和面包。rightOfReturnForNonSoldTradeItem 是布尔值(Y/N)，"Y"等于退货权。rightOfReturnForNonSoldTradeItem 是必备项。

tradeItemBarCoded——表示是否贸易项目的主要产品标识用 GTIN 条码符号标识。tradeItemBarCoded 是布尔值(Y/N)，"Y"表示贸易项目使用条码标识。tradeItemBarCoded 是必备项。

variableWeightTradeItem——表示一个物品不是定量的，数量是可变的。例如，干酪的片数或汽油的加仑数。variableWeightTradeItem 是布尔值(Y/N)，"Y"表示可变计量的贸易项目。variableWeightTradeItem 是必备项。

C.2.7.1 TargetMarketCode 类

市场或国家代码表示本地数据池目录信息。例如，它可能表示一个国家的市场或一组国家的市场信息。这是一个可选项类，可以根据需要重复多次，它由一个目标市场代码类型或一个目标市场代码描述组成。例如，目标市场类型可以是国家，它的值可以是 FR 用来代表法国。

targetMarketCodeDescription——标识 targetMarketCodeType 的名称。targetMarketCodeDescription 是必备项。

targetMarketCodeType——说明产品销售或想要销售的地点。targetMarketCodeType 是必备项。

C.2.8 TradeItemDate 类

TradeItemDate 包含产品有关的日期。原则上使用 YYYYMMDD 或 YYYYMMDDTHHMMSS

的格式。在时间未知的情况下可以用 0 表示小时和分钟。

effectiveChangeDate——有效变更日期。effectiveChangeDate 是可选项。

endAvailabilityDate——产品终止日期和时间。endAvailabilityDate 是可选项。

firstSaleDate——允许买方向消费者卖出产品的初始日期。firstSaleDate 是可选项。

orderingLeadTimeDays——订货所需的间隔时间。这是一个整数值,不是一个日期。orderingLeadTimeDays 是可选项。

startAvailabilityDate——产品开始可获得的日期和时间。startAvailabilityDate 是必备项。

C.2.9 TradeItemHandlingInformation 类

当 TradeItemUnitIndicator、despatchUnitIndicator 对贸易项目的标记为"Y"的时候,需要使用 TradeItemHandlingInformation。

handlingInstructions——定义了需要安全装卸产品的信息和流程。装卸指示由文本和语言代码两部分组成。文本的语言使用两位字母的 GB/T 4880—1991 代码表的规定。例如英语是 EN,法语是 FR。handlingInstructions 是必备项。

palletDataPalletHandlingOneWayReusable——说明托盘数据中给出的托盘是一次性使用的还是可重复使用 palletDataPalletHandlingOneWayReusable 是必备项。如果托盘类型代码的范围在代码集中列出,说明所描述的发送单元使用托盘交货。

stackingFactor——决定产品堆放最大数量的因数。表示产品可以堆放的层数(比如 2 表示托盘可以堆放两层)。stackingFactor 是必备项。

stackingWeightMaximum——产品堆放所允许的最大重量。它使用一个包括计量单元和值的计量。stackingWeightMaximum 是必备项。

storageHandlingTemperatureMaximum——产品存储或装卸的最高温度。它包括计量单元和值。storageHandlingTemperatureMaximum 是必备项。

storageHandlingTemperatureMinimum——产品存储或装卸的最低温度。它包括计量单元和值。storageHandlingTeraperatureMinimum 是必备项。

C.2.10 TradeItemHazardousInformation 类

危险信息包含在一个可选的可根据需要重复多次的贸易项目组里。

dangerousGoodsItemNumberLetter——在单独目录中说明产品潜在危险的编码和文字。dangerousGoodsItemNumberLetter 是必备项。

dangerousGoodsSubstanceIdentificacationNumber——根据铁路运输的 ADR 协议(1957 年 9 月 30 日,在国际危险物品公路运输(International Transportation of Dangerous Goods on Roads)的欧洲协议)及相关规则和法规,每一个危险物品都给出了一个 4 位数字的标识代码。同义词:UN-number。dangerousGoodsSubstanceIdentificationNumber 是必备项。

dangerousGoodsTechnicalName——危险品技术名称,GGVS(Dangerous Goods Ordinance for Roads,危险物品公路运输条例)或 GGVE(Dangerous Goods Ordinance for Rail,危险物品铁路运输条例)列表中允许出现的贸易项目的化学条款。它由文本和语言代码组成。文本的语言使用两位字母的 GB/T 4880—1991 代码表标识。dangerousGoodsTechnicalName 是必备项。

flashpointTemperature——闪点温度。它包括计量单元和值。flashPointTemperature 是必备项。

hazardCode——危险品代码。hazardCode 是必备项。

C.2.11 TradeItemMeasures 类

TradeItemMeasures 描述产品物理特征的贸易项目计量。为了说明多个计量单元,任何计量属性都可以根据需要重复。

measureCode——使用 UN/ECE 355 代码表的计量单元代码。measureCode 是必备项。

measureValue——数字标识符,列出了测量和计算的数值。测量和计算出的数量必须参考计量代码。measureValue 是必备项。

C.2.12 TradeItemQuantities 类

TradeItemQuantities 描述贸易项目的订购数量，如果 TradeItemUnitIndicator，orederingUnitIndicator 是"Y"，那么它就是必备项。

orderQuantityMaximum——可订购产品的最大数量。orderQuantityMaximum 是必备项。

orderQuantityMinimum——可订购产品的最小数量。orderQuantityMinimum 是必备项。

orderQuantityMultiple——可订购产品的订购数量倍数。如果订购最小数量是 100，订购数量倍数是 20，那么产品被订购的数量仅可能是那些可以被订购数量倍数 20 整除的数量，如 100、120、140、200 等。orderQuantityMultiple 是必备项。

orderSizingFactor——产品的规格，不是指毛重、净重或体积，用于规模订购和定价的目的。order-SizingFactor 是必备项。

C.2.13 TradeItemUnitIndicator 类

TradeItemUnitIndicator 描述了在贸易过程中贸易项目是怎样管理的。每一个这种指示符必须以"Y"或"N"回答。

baseUnitIndicator——标识产品层基本单元层级贸易项目的指示符。baseUnitIndicator 是布尔值(Y/N)，"Y"表示贸易项目是一个基本单元。baseUnitIndicator 是必备项。

despatchUnitIndicator——标识发货(运送)单元贸易项目的指示符。despatchUnitIndicator 是布尔值(Y/N)，"Y"表示贸易项目是一个发送单元。despatchUnitIndicator 是必备项。

invoiceUnitIndicator——标识发票单元贸易项目的指示符。invoiceUnitIndicator 是布尔值(Y/N)，"Y"表示这个贸易项目是一个发票单元。invoiceUnitIndicator 是必备项。

orderingUnitIndicator——标识订购单元贸易项目的指示符。orderingUnitIndicator 是布尔值(Y/N)，"Y"表示贸易项目是一个订购单元。orderingUnitIndicator 是必备项。

C.3 ItemLinksOrDetails 类

贸易项目内部内容的包装层与消费单元的 GTIN 标识方法不同。必须定义每一个潜在包装层级的所有成分。

贸易项目的内部内容和包装过程可由贸易项目描述符、贸易项目单元指示符和计量单元确定。

对于一个给定的贸易项目，在内部内容层级上，子(下属)贸易项目的连接指向下一个更低层级的贸易项目。例如，一个包含着 12 个消费贸易项目的箱子，没有中间包装，它将直接指向消费贸易项目作为子(下属)贸易项目。对于每一个子贸易项目，包含的数量和贸易项目标识是必备项。在这个例子中，对于消费项可能有单独的"12"个 GTIN。必要时，对一个父项可以列出多个子贸易项目。

连接第 2 级的构成，叫做 ItemLinksDetailsRecursive，遵从同样的格式。该格式增加了每个子项的全部贸易项目信息，在内部内容层级中可向下多个层级。

C.3.1 ItemLinksDetailsRecursive 类

在内部内容层级中，与子(下属)项目的连接指向下一个更低层级的所有贸易项目信息。

C.3.2 ChildItem 类

ChildItem 是在内部内容层级中，与子(下属)项的连接指向下一个更低层级的项。

C.3.3 ItemIdentification 类

ChildItem 的 GTIN。

C.4 贸易项目关联数据的高层类图

根据附录 C 贸易项目关联数据扩展的定义，使用统一建模语言(UML)的方法，建立的静态类图，贸易项目关联数据的高层类图见图 C.1。

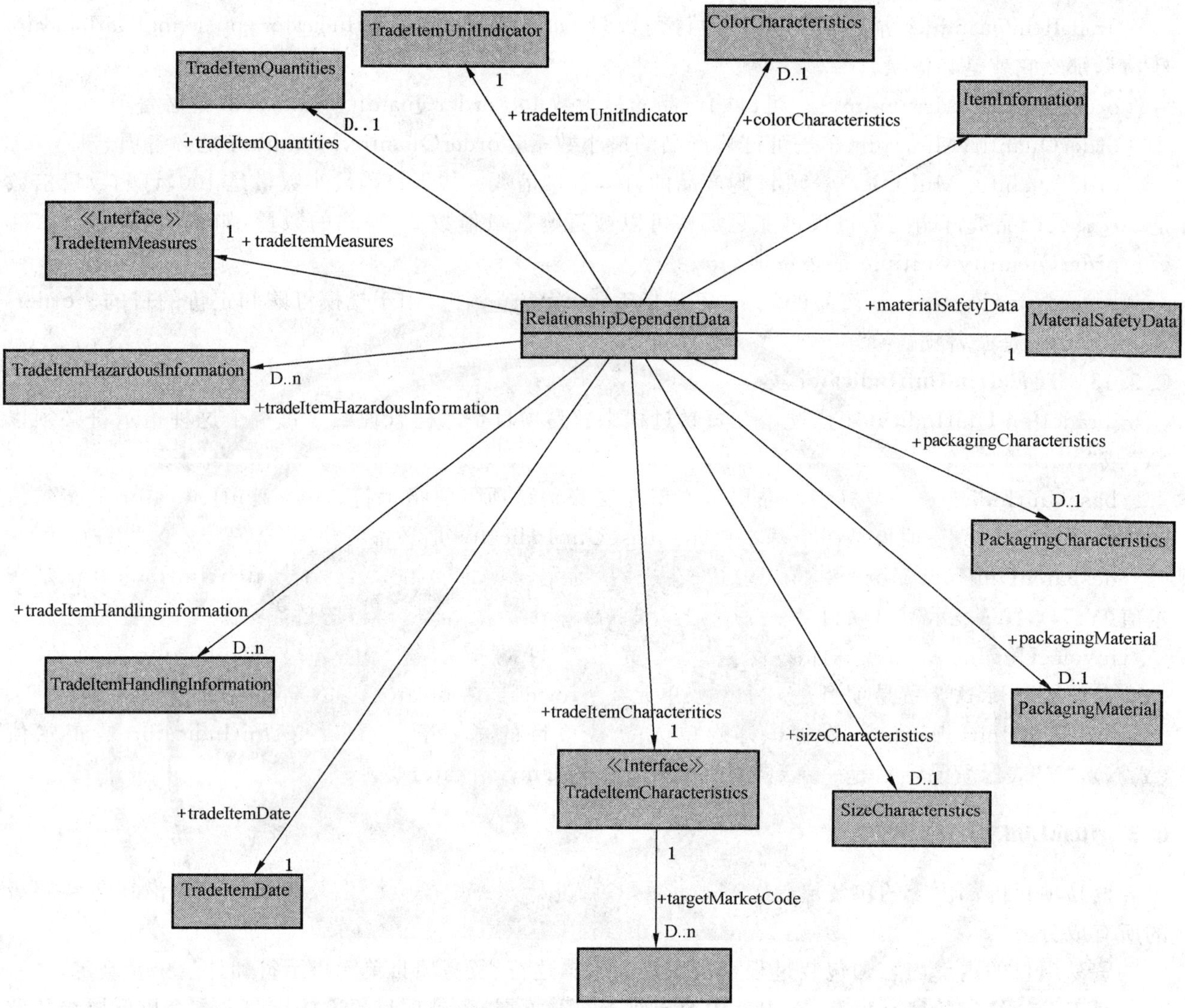

图 C.1 贸易项目关联数据的高层类图

C.5 贸易项目关联数据细目层类图

C.5.1 贸易项目关联数据

贸易项目关联数据见图 C.2。

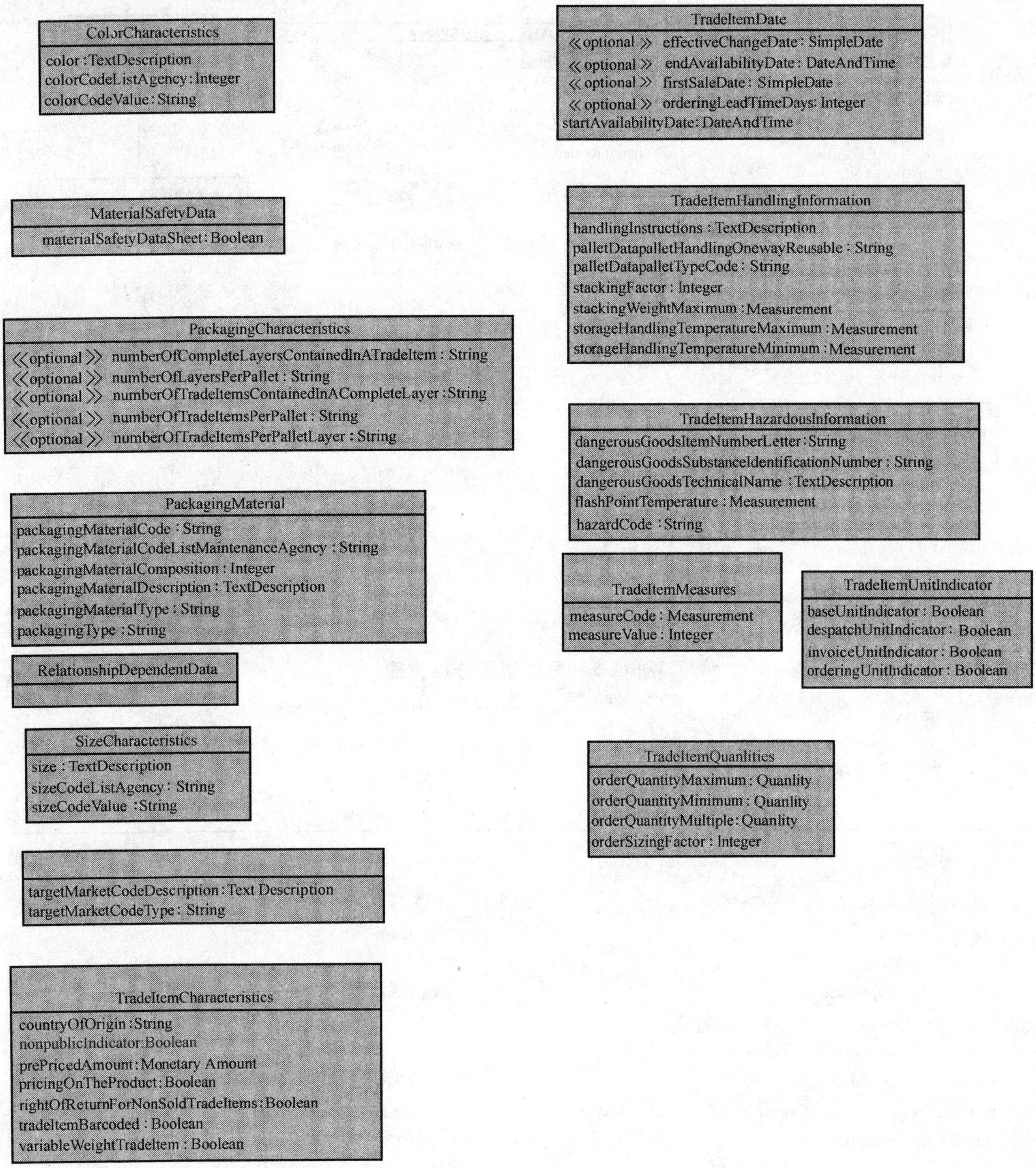

图 C.2 贸易项目关联数据

C.5.2 贸易项目分层类图

根据附录C贸易项目关联数据扩展的定义，使用统一建模语言(UML)的方法，建立的静态类图，贸易项目分层类图见图C.3。

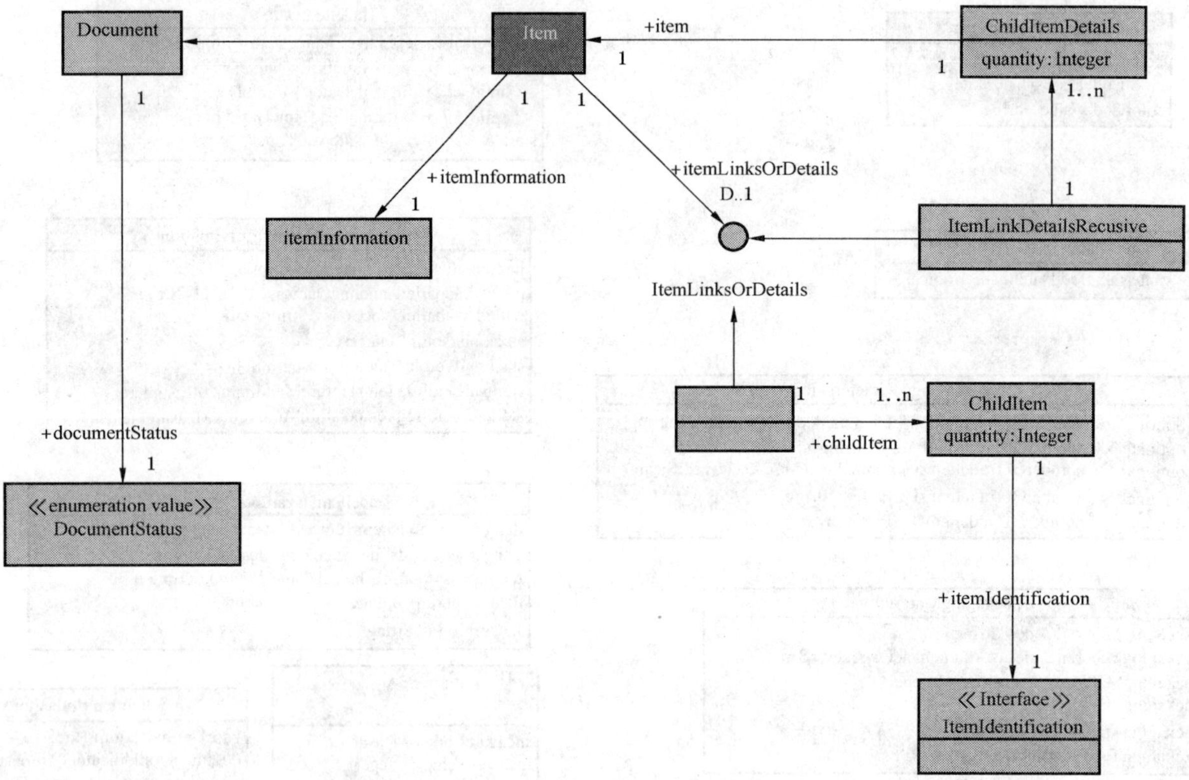

图C.3 贸易项目分层类图

C.6 数据字典

C.6.1 贸易项目关联数据扩展

类名称	数据类型	必备型/可选型
ColorCharacteristics		*O*
color	*Char*	M
colorCodeListAgency	*Integer*	M
colorCodeValue	*Char*	M
MaterialSafetyData		*M*
materialSafetyDataSheet	*Char*	M
PackagingCharacteristics		*O*
numberOfCompleteLayersContainedInATradeItem	*Char*	O
numberOfLayersPerPallet	*Char*	O
numberOfTradeItemsContainedInACompleteLayer	*Char*	O
numberOfTradeItemsPerPallet	*Char*	O
numberOfTradeItemsPerPalletLayer	*Char*	O
PackagingMaterial		*O*
packagingMaterialCode	*Char*	M
packagingMaterialCodeListMaintenanceAgency	*Char*	M
packagingMaterialComposition	*Integer*	M
packagingMaterialDescription	*Char*	M

类 名 称	数 据 类 型	必备型/可选型
packagingMaterialType	*Char*	M
packagingType	*Char*	M
SizeCharacteristics		*O*
size	*Char*	M
sizeCodeListAgency	*Char*	M
sizeCodeValue	*Char*	M
TargetMarketCode		*O*
targetMarketCodeDescription	*Text*	M
targetMarketCodeType	*Char*	M
TradeItemCharacteristics		*M*
countryOfOrigin	*Char*	M
nonPublicIndicator	*Char*	M
prePricedAmount	*MonetaryAmount*	M
pricingOnTheProduct	*Char*	M
rightOfReturnForNonSoldTradeItems	*Char*	M
tradeItemBarcoded	*Char*	M
variableWeightTradeItem	*Char*	M
TradeItemDate		*M*
effectiveChangeDate	*Date*	O
endAvailabilityDate	*DateAndTime*	O
firstSaleDate	*Date*	O
orderingLeadTimeDays	*Integer*	O
startAvailabilityDate	*DateAndTime*	M
TradeItemHandlingInformation		O
handlingInstructions	*Char*	M
palletDataPalletHandlingOnewayReusable	*Char*	M
palletDataPalletTypeCode	*Char*	M
stackingFactor	*Integer*	M
stackingWeightMaximum	*Measurement*	M
storageHandlingTemperatureMaximum	*Measurement*	M
storageHandlingTemperatureMinimum	*Measurement*	M
TradeItemHazardousInformation		*O*
dangerousGoodsItemNumberLetter	*Char*	M
dangerousGoodsSubstanceIdentificationNumber	*Char*	M
dangerousGoodsTechnicalName	*Char*	M
flashPointTemperature	*Measurement*	M
hazardCode	*Char*	M
TradeItemMeasures		*M*
measureCode	*Measurement*	M
measureValue	*Integer*	M
TradeItemQuantities		*O*
orderQuantityMaximum	*Integer*	M
orderQuantityMinimum	*Integer*	M
orderQuantityMultiple	*Integer*	M
orderSizingFactor	*Integer*	M
TradeItemUnitIndicator		*M*
baseUnitIndicator	*Char*	M
despatchUnitIndicator	*Char*	M
invoiceUnitIndicator	*Char*	M
orderingUnitIndicator	*Char*	M

C.6.2 贸易项目内部内容

类　名　称	数据类型	必备型/可选型
ChildItem		*M*
quantity	*integer*	M
ChildItemDetails		*M*
quantity	*integer*	M

附 录 D
（资料性附录）
基于 ebXML 的贸易项目报文示例(Item. xsd)

```
〈? xml version = "1.0" encoding = "UTF-8"?〉
〈xsd:schema xmlns:xsd = "http://www.w3.org/2001/XMLSchema" targetNamespace = "http://www.uc-council.org/smp/schemas/core"
xmlns = "http://www.uccouncil.
org/smp/schemas/core"elementFormDefault = "unqualified"attributeFormDefault = "unqualified"〉
〈xsd:annotation〉
〈xsd:documentation〉
© Uniform Code Council,Inc. and EAN International,Inc. 2001
The Uniform Code Council,Inc. (UCC) is providing this XML Schema Definition file and resultant XML file as a service to interested industries.
This XML Schema Definition file and resultant XML file were developed through a consensus process of interested parties.
Although efforts have been made to assure that the XML Schema Definition file and resultant XML file are correct, reliable,and technically accurate,the UCC makes NO WARRANTY,EXPRESS OR IMPLIED,THAT THIS XML Schema Definition file and resultant XML file ARE CORRECT,WILL NOT REQUIRE MODIFICATION AS EXPERIENCE AND TECHNOLOGICAL ADVANCES DICTATE,OR WILL BE SUITABLE FOR ANY PURPOSE OR WORKABLE IN ANY APPLICATION,OR OTHERWISE. Use of the XML Schema Definition file and resultant XML file are with the understanding that the UCC has no liability for any claim to the contrary,or for any damage or loss of any kind or nature.
Version Information:
Version Number:1.0
Date of creation:July 2001.
The schema and subsequent updates will be provided on the GS1 websites.
〈/xsd:documentation〉
〈/xsd:annotation〉
〈xsd:complexType name = "ItemType"abstract = "true"〉
〈xsd:complexContent〉
〈xsd:extension base = "DocumentType"/〉
〈/xsd:complexContent〉
〈/xsd:complexType〉
〈xsd:complexType name = "ltemInformationType"abstract = "true"〉
〈xsd:sequence〉
〈xsd:group ref = "TermsGroupType"/〉
〈xsd:element name = "manufacturer"type = "PartyldentificationType"minOccurs = "0"maxOccurs = "1"/〉
〈xsd:element name = "itemDescription"type = "ltemDescriptionType"minOccurs = "1"maxOccurs = "1"/〉
〈xsd:element name = "unitOfMeasure"type = "UnitOfMeasureType"minOccurs = "1"maxOccurs = "1"/〉
〈/xsd:sequence〉
〈/xsd:complexType〉
〈xsd:complexType name = "Item DescriptionType"〉
〈xsd:sequence〉
〈xsd:element name = "additionalAttributeDescription" type = "TextDescriptionType" minOccurs = "0" maxOccurs = "1"/〉
〈xsd:element name = "brandName"type = "TextDescriptionType"minOccurs = "0"maxOccurs = "1"/〉
〈xsd:element name = "descriptionShort"type = "TextDescriptionType"minOccurs = "1"maxOccurs = "1"/〉
〈xsd:element name = "itemDescription"type = "TextDescriptionType"minOccurs = "0"maxOccurs = "1"/〉
〈xsd:element name = "itemName"type = "TextDescriptionType"minOccurs = "0"maxOccurs = "1"/〉
〈xsd:element name = "itemClassification"type = "ClassificationType"minOccurs = "1"maxOccurs = "unbounded"/〉
〈/xsd:sequence〉
〈/xsd:complexType〉
〈xsd:complexType name = "ClassificationType"〉
```

```
〈xsd:sequence〉
〈xsd:element name = "agency"type = "String1to35Type"minOccurs = "1"maxOccurs = "1"/〉
〈xsd:element name = "attribute"type = "ClassificationAttributeType"minOccurs = "0"maxOccurs = "unbounded"/〉
〈xsd:element name = "category"type = "ClassificationCategoryType"minOccurs = "1"maxOccurs = "unbounded"/〉
〈/xsd:sequence〉
〈/xsd:complexType〉
〈xsd:complexType name = "ClassificationCategoryType"〉
〈xsd:sequence〉
〈xsd:element name = "code"type = "String1to35Type"minOccurs = "1"maxOccurs = "1"/〉
〈xsd:element name = "classificationName"type = "TextDescriptionType"minOccurs = "1"maxOccurs = "1"/〉
〈/xsd:sequence〉
〈/xsd:complexType〉
〈xsd:complexType name = "ClassificationAttributeType"〉
〈xsd:sequence〉
〈xsd:element name = "classificationItemCode"type = "String1to35Type"minOccurs = "1"maxOccurs = "1"/〉
〈xsd:element name = "classificationItemName"type = "TextDescriptionType"minOccurs = "1"maxOccurs = "1"/〉
〈/xsd:sequence〉
〈/xsd:complexType〉
〈xsd:complexType name = "RelationshipDependentDataType"abstract = "true"〉
〈xsd:complexContent〉
〈xsd:extension base = "ItemInformationType"〉
〈xsd:sequence〉
〈xsd:element name = "colorCharacteristics"type = "ColorCharacteristicsType"minOccurs = "0"maxOccurs = "1"/〉
〈xsd:element name = "tradeItemHandlingInformation"type = "TradeItemHandlingInformationType"minOccurs = "0"max-
Occurs = "unbounded"/〉
〈xsd:element name = "tradeItemHazardousInformation" type = "TradeItemHazardousInformationType" minOccurs = "0"
maxOccurs = "unbounded"/〉
〈xsd:element name = "tradeItemDate"type = "TradeItemDateType"minOccurs = "1"maxOccurs = "1"/〉
〈xsd:element name = "materialSafetyData"type = "MaterialSafetyDataType"minOccurs = "1"maxOccurs = "1"/〉
〈xsd:element name = "packagingCharacteristics"type = "PackagingCharacteristicsType"minOccurs = "0"maxOccurs = "
1"/〉
〈xsd:element name = "packagingMaterial"type = "PackagingMaterialType"minOccurs = "0"maxOccurs = "1"/〉
〈xsd:element name = "sizeCharacteristics"type = "SizeCharacteristicsType"minOccurs = "0"maxOccurs = "1"/〉
〈xsd:element name = "tradeItemQuantities"type = "TradeItemQuantitiesType"minOccurs = "0"maxOccurs = "1"/〉
〈xsd:element name = "unitIndicator"type = "TradeItemUnitIndicatorType"minOccurs = "1"maxOccurs = "1"/〉
〈/xsd:sequence〉
〈/xsd:extension〉
〈/xsd:complexContent〉
〈/xsd:complexType〉
〈xsd:complexType name = "ColorCharacteristicsType"〉
〈xsd:sequence〉
〈xsd:element name = "color"type = "TextDescriptionType"minOccurs = "1"maxOccurs = "1"/〉
〈xsd:element name = "colorCodeListAgency"type = "Integer1to3Type"minOccurs = "1"maxOccurs = "1"/〉
〈xsd:element name = "colorCodeValue"type = "String1to17Type"minOccurs = "1"maxOccurs = "1"/〉
〈/xsd:sequence〉
〈/xsd:complexType〉
〈xsd:complexType name = "TradeItemHandlingInformationType"〉
〈xsd:sequence〉
〈xsd:element name = "handlingInstructions"type = "TextDescriptionType"minOccurs = "1"maxOccurs = "1"/〉
〈xsd:element name = "palletDataPalletHandlingOnewayReusable"type = "String1to35Type"minOccurs = "1"maxOccurs
= "1"/〉
〈xsd:element name = "palletDataPalletTypeCode"type = "String1to3Type"minOccurs = "1"maxOccurs = "1"/〉
〈xsd:element name = "stackingFactor"type = "Integer1to6Type"minOccurs = "1"maxOccurs = "1"/〉
〈xsd:element name = "stackingWeightMaximum"type = "MeasurementType"minOccurs = "1"maxOccurs = "1"/〉
〈xsd:element name = "storageHandlingTemperatureMaximum"type = "MeasurementType"minOccurs = "1"maxOccurs = "1"/〉
〈xsd:element name = "storageHandlingTemperatureMinimum"type = "MeasurementType"minOccurs = "1"maxOccurs = "1"/〉
```

```xml
</xsd:sequence>
</xsd:complexType>
<xsd:complexType name="TradeItemHazardousInformationType">
<xsd:sequence>
<xsd:element name="dangerousGoodsItemNumberLetter" type="String1to6Type" minOccurs="1" maxOccurs="1"/>
<xsd:element name="dangerousGoodsSubstanceIdentificationNumber" type="String1to4Type" minOccurs="1" maxOccurs="1"/>
<xsd:element name="dangerousGoodsTechnicalName" type="TextDescriptionType" minOccurs="1" maxOccurs="1"/>
<xsd:element name="fiashPointTemperature" type="MeasurementType" minOccurs="1" maxOccurs="1"/>
<xsd:element name="hazardCode" type="String1Type" minOccurs="1" maxOccurs="1"/>
</xsd:sequence>
</xsd:complexType>
<xsd:complexType name="TradeltemDateType">
<xsd:sequence>
<xsd:element name="effectiveChangeDate" type="DateType" minOccurs="0" maxOccurs="1"/>
<xsd:element name="endAvailabilityDate" type="DateAndTimeType" minOccurs="0" maxOccurs="1"/>
<xsd:element name="firstSaleDate" type="DateType" minOccurs="0" maxOccurs="1"/>
<xsd:element name="orderingLeadTimeDays" type="Integer1to12Type" minOccurs="0" maxOccurs="1"/>
<xsd:element name="startAvailabilityDate" type="DateAndTimeType" minOccurs="1" maxOccurs="1"/>
</xsd:sequence>
</xsd:complexType>
<xsd:complexType name="MaterialSafetyDataType">
<xsd:sequence>
<xsd:element name="materialSafetyDataSheet" type="xsd:boolean" minOccurs="1" maxOccurs="1"/>
</xsd:sequence>
</xsd:complexType>
<xsd:complexType name="PackagingCharacteristicsType">
<xsd:sequence>
<xsd:element name="numberOfCompleteLayersContainedInATradeItem" type="String1to6Type" minOccurs="0" maxOccurs="1"/>
<xsd:element name="numberOfTradeItemsContainedInACompleteLayer" type="String1to6Type" minOccurs="0" maxOccurs="1"/>
<xsd:element name="numberOfTradeItemsPerPallet" type="String1to6Type" minOccurs="0" maxOccurs="1"/>
<xsd:eiement name="numberOfTradeItemsPerPalletLayer" type="String1to6Type" minOccurs="0" maxOccurs="1"/>
<xsd:element name="numberOfLayersPerPallet" type="String1to6Type" minOccurs="0" maxOccurs="1"/>
</xsd:sequence>
</xsd:complexType>
<xsd:complexType name="PackagingMaterialType">
<xsd:sequence>
<xsd:element name="code" type="String1to3Type" minOccurs="1" maxOccurs="1"/>
<xsd:element name="codeListMaintenanceAgency" type="String1to3Type" minOccurs="1" maxOccurs="1"/>
<xsd:element name="composition" type="PercentageType" minOccurs="1" maxOccurs="1"/>
<xsd:element name="description" type="TextDescriptionType" minOccurs="1" maxOccurs="1"/>
<xsd:element name="type" type="String1to3Type" minOccurs="1" maxOccurs="1"/>
<xsd:element name="packagingType" type="String1to3Type" minOccurs="1" maxOccurs="1"/>
</xsd:sequence>
</xsd:complexType>
<xsd:complexType name="SizeCharacteristicsType">
<xsd:sequence>
<xsd:element name="size" type="TextDescriptionType" minOccurs="1" maxOccurs="1"/>
<xsd:element name="sizeCodeListAgency" type="String1to3Type" minOccurs="1" maxOccurs="1"/>
<xsd:element name="sizeCodeValue" type="String1to3Type" minOccurs="1" maxOccurs="1"/>
</xsd:sequence>
</xsd:complexType>
<xsd:complexType name="TradeltemQuantitiesType">
<xsd:sequence>
```

```
〈xsd:element name="orderQuantityMaximum"type="QuantityType"minOccurs="1"maxOccurs="1"/〉
〈xsd:element name="orderQuantityMinimum"type="QuantityType"minOccurs="1"maxOccurs="1"/〉
〈xsd:element name="orderQuantityMultiple"type="QuantityType"minOccurs="1"maxOccurs="1"/〉
〈xsd:element name="orderSizingFactor"type="lnteger1to15Type"minOccurs="1"maxOccurs="1"/〉
〈/xsd:sequence〉
〈/xsd:complexType〉
〈xsd:complexType name="TradeltemUnitlndicatorType"〉
〈xsd:sequence〉
〈xsd:element name="baseUnitIndicator"type="xsd:boolean"minOccurs="1"maxOccurs="1"/〉
〈xsd:element name="despatchUnitIndicator"type="xsd:boolean"minOccurs="1"maxOccurs="1"/〉
〈xsd:element name="invoiceUnitIndicator"type="xsd:boolean"minOccurs="1"maxOccurs="1"/〉
〈xsd:element name="orderingUnitIndicator"type="xsd:boolean"minOccurs="1"maxOccurs="1"/〉
〈/xsd:sequence〉
〈/xsd:complexType〉
〈xsd:complexType name="TradeItemCharacteristicsType"〉
〈xsd:sequence〉
〈xsd:element name="countryOfOrigin"type="CountryISOCodeType"minOccurs="1"maxOccurs="1"/〉
〈xsd:element name="nonPublicIndicator"type="xsd:boolean"minOccurs="1"maxOccurs="1"/〉
〈xsd:element name="prePricedAmount"type="MonetaryAmountType"minOccurs="1"maxOccurs="1"/〉
〈xsd:element name="pricingOnTheProduct"type="xsd:boolean"minOccurs="1"maxOccurs="1"/〉
〈xsd:element name="rightOfReturnForNonSoldTradeItems"type="xsd:boolean"minOccurs="1"maxOccurs="1"/〉
〈xsd:element name="tradeltemBarcoded"type="xsd:boolean"minOccurs="1"maxOccurs="1"/〉
〈xsd:element name="variableWeightTradeItem"type="xsd:boolean"minOccurs="1"maxOccurs="1"/〉
〈xsd:element name="targetMarketCode"type="TargetMarketCodeType"minOccurs="0"maxOccurs="unbounded"/〉
〈/xsd:sequence〉
〈/xsd:complexType〉
〈xsd:complexType name="TargetMarketCodeType"〉
〈xsd:sequence〉
〈xsd:element name="description"type="TextDescriptionType"minOccurs="1"maxOccurs="1"/〉
〈xsd:element name="type"type="String1to35Type"minOccurs="1"maxOccurs="1"/〉
〈/xsd:sequence〉
〈/xsd:complexType〉
〈xsd:complexType name="TradeltemMeasuresType"abstract="true"〉
〈xsd:sequence〉
〈xsd:element name="measureCode"type="MeasurementType"minOccurs="1"maxOccurs="1"/〉
〈xsd:element name="measureValue"type="lnteger1to6Type"minOccurs="1"maxOccurs="1"/〉
〈/xsd:sequence〉
〈/xsd:complexType〉
〈xsd:group name="ItemLinksOrDetailsGroupType"〉
〈xsd:sequence/〉
〈/xsd:group〉
〈xsd:complexType name="ItemLinkDetailsRecursiveType"abstract="true"/〉
〈xsd:complexType name="ItemLinksType"abstract="true"/〉
〈xsd:complexType name="ChildItemType"abstract="true"〉
〈xsd:attribute name="quantity"type="Integer1to6Type"use="required"/〉
〈/xsd:complexType〉
〈xsd:complexType name="ChildItemDetailsType"〉
〈xsd:attribute name="quantity"type="Integer1to6Type"use="required"/〉
〈/xsd:complexType〉
〈xsd:complexType name="UnitOfMeasureType"〉
〈xsd:sequence〉
〈xsd:element name="netContent"type="MeasurementType"minOccurs="1"maxOccurs="1"/〉
〈xsd:element name="grossWeight"type="MeasurementType"minOccurs="1"maxOccurs="1"/〉
〈xsd:element name="packagingWeight"type="MeasurementType"minOccurs="1"maxOccurs="1"/〉
〈xsd:element name="depth"type="MeasurementType"minOccurs="0"maxOccurs="1"/〉
〈xsd:element name="diameter"type="MeasurementType"minOccurs="0"maxOccurs="1"/〉
```

```
〈xsd:element name = "height"type = "MeasurementType"minOccurs = "0"maxOccurs = "1"/〉
〈xsd:element name = "pegHorizontal"type = "MeasurementType"minOccurs = "0"maxOccurs = "1"/〉
〈xsd:element name = "pegVertical"type = "MeasurementType"minOccurs = "0"maxOccurs = "1"/〉
〈xsd:element name = "width"type = "MeasurementType"minOccurs = "0"maxOccurs = "1"/〉
〈/xsd:sequence〉
〈/xsd:complexType〉
〈/xsd:schema〉
```

ICS 35.040
A 24

中华人民共和国国家标准化指导性技术文件

GB/Z 25114.2—2010

基于 ebXML 的商业报文
第 2 部分：参与方信息

ebXML based business message—
Part 2: Core party

2010-09-02 发布　　2010-12-01 实施

中华人民共和国国家质量监督检验检疫总局
中国国家标准化管理委员会
发布

前　言

《基于 ebXML 的商业报文》包括下列 3 部分：

——第 1 部分：贸易项目；

——第 2 部分：参与方信息；

——第 3 部分：订单。

将来还有可能增加新的部分。

本部分为《基于 ebXML 的商业报文》的第 2 部分。

本部分修改采用 GS1(国际物品编码协会)发布的 ebXML 商业报文系列标准 1.0 版本中的核心参与方信息部分。给出了基于 ebXML 的商业报文交换中传输的参与方信息报文。

本部分与原国际标准的主要区别如下：

——增加了第 4 章 ebXML 商业报文编写规则；

——增加了规范性引用文件；

——增加了术语和定义、缩略语。

本部分附录 A 为资料性附录。

本部分由全国物流信息管理标准化技术委员会提出并归口。

本部分起草单位：中国物品编码中心。

本部分主要起草人：张楠、李颖。

基于 ebXML 的商业报文
第 2 部分：参与方信息

1 范围

本部分规定了基于 ebXML 电子数据传输贸易参与方信息的报文。

本部分适用于参与方信息的商业报文编制。

2 规范性引用文件

下列文件中的条款通过本部分的引用而成为本部分的条款。凡是注日期的引用文件，其随后所有的修改单(不包括勘误的内容)或修订版均不适用于本部分，然而，鼓励根据本部分达成协议的各方研究是否可使用这些文件的最新版本。凡是不注日期的引用文件，其最新版本适用于本部分。

GB/T 2659—2000 世界各国和地区名称代码(eqv ISO 3166-1:1997)

GB/T 12406—2008 表示货币和资金的代码

GB/T 4880.1—2005 语种名称代码 第 1 部分:2 字母代码

GB/T 16828—2007 商品条码 参与方位置编码与条码表示

GB/Z 25114.1—2010 基于 ebXML 的商业报文 第 1 部分:贸易项目

3 术语和定义、缩略语

3.1 术语和定义

下列术语和定义适用于本指导性技术文件。

3.1.1

核心参与方信息 core party

基本的商业数据，这些数据对所有贸易伙伴的 B2B 信息交换参与方都是通用的，如参与方标识、相关组织和关联角色、名称、地址和财务信息等基本的商业数据。这些信息可用来支持许多不同的业务流程，如数据一致性、订购单、发货通知和支付请求。参与方或位置是在供应链任何给定点的任何一个合法的、功能的或物理的实体，并需要检索预定义信息。GlobalLocationNumber(GLN)用来表示参与方。

3.1.2

全球贸易项目标识代码 global trade item number;GTIN

世界范围内贸易项目的唯一标识代码，其结构为 14 位数字。

贸易项目是指一项产品或服务，对于这些产品或服务需要获取预先定义的信息，并且可以在供应链的任意一点进行标价、定购或开据发票，以便所有贸易伙伴进行交易。它包括各种单个项目及其不同包装类型的各种形式。

3.1.3

全球贸易参与方位置代码 global location number;GLN

对法律实体、功能实体、物理实体进行标识的代码。

3.2 缩略语

下列缩略语适用于本指导性技术文件。

GLN global location number 全球贸易参与方位置代码

GTIN global trade item number 全球贸易项目标识代码

UML unified modeling language 统一建模语言

4 ebXML 商业报文编写规则

ebXML 商业报文编写规则见 GB/Z 25114.1—2010 第 4 章。

5 核心参与方信息报文

核心参与方报文的内容包括参与方标识信息等必备型数据元。

报文中的数据格式符合 GB/Z 25114.1—2010 中的规定。

5.1 通用信息

报文开始时传输的对所有报文通用的信息。

5.1.1 Document(文档)类

用来规定有关报文内容的基本信息,包括版本号、建立日期与时间。

contentVersion——文档内容的版本号。contenVersion 是必备项。

creationDate——报文建立的日期。格式为:"YYYYMMDDTHHMMSS"。creationDate 是必备项。

documentStructureVersion——文档结构的版本号。documentStructureVersion 是必备项。

lastUpdateDate——具体文档的最新更新日期。格式为"YYYYMMDD"。lastUpdateDate 是必备项。

5.1.1.1 DocumentStatus(文档状态)类

DocumentStatus 用来表示文档是源文档还是副本。

COPY——源文档的副本。

ORIGINAL——文档的源版本。

5.2 参与方信息

核心参与方报文包括初始的核心参与方数据元,这些数据元用来描述贸易关系中卖方、买方和其他任何参与方。

5.2.1 PartyRole(参与方角色)角色

买方、卖方、分销中心、商店等元素用来描述参与方的角色和关系。PartyRole 的枚举值列表如下:

BILL_TO——收到支付请求的参与方。

BUYER——购买商品的参与方。

CORPORATE_IDENTITY——联系相关商业组织的实体。

DELIVERY_PARTY——交付货物的参与方。

INFORMATION_PROVIDER——提供信息的参与方。

INVOICEE——开给发票的参与方。

ISSUER_OF_INVOICE——开具发票的参与方。

LOGISTICS_SERVICE_PROVIDER——给其他参与方提供物流服务的一方。

MANUFACTURING_PLANT——使用适当的设备和装置生产货物的企业部门。

MARK_FOR——表示贸易项目的最终参与方或目的地。例如,当交叉配送时,"mark for"表示贸易项目分销和交货的商店号码。

MESSAGE_FROM——发送报文的参与方。

MESSAGE_RECIPIENT——接收报文的参与方。

PARTY_TO_RECEIVE_COMMERCIAL_INVOICE——汇给商业发票或账单的一方。

PAYER——支付的一方。

SELLER——向买方销售产品或服务的一方。

SHIP_FROM——将要或已经运送货物的一方。

SHIP_TO——接收货物的一方。

SUPPLIER——提供服务、产品或其他拥有产品和托运或使产品在贸易中有效的一方。在贸易中提供产品的一方。

WAREHOUSE_DEPOT——装配有适当设备和装置的企业部门,使货物在适宜的条件下贮存。

5.3 PartyIdentification(参与方标识)类

GlobalLocationNumber(GLN)或 AlternatePartyIdentification 可用来标识一个贸易参与方。每个参与方仅用一个主要的参与方标识。

5.3.1 GlobalLocationNumber(全球贸易参与方位置代码)类

GlobalLocationNumber(GLN)是一个13位的数字代码,用来唯一标识位置。具体的编码结构见 GB/T 16828—2007。

gln——具体的 GlobalLocationNumber。gln 或 AlternatePartyIdentificationType 是必备项。

5.3.2 AlternatePartyIdentification(其他参与方标识)类

value——AlternatePartyIdentification 定义了其他的参与方标识。

5.3.2.1 AlternatePartyIdentificationType(其他参与方标识类型)类

AlternatePartyIdentificationType 用来描述其他参与方标识符的类型并使用 AlternatePartyIdentificationTypeList。

5.4 PartyFinancialInformation(参与方财务信息)类

每个参与方都需要标识支付流程必备的财务信息。包括下列属性:

standardTermsOfPayment——参与方适用的支付条款。standardTermsOfPayment 是必备项。

taxAuthority——税务机构或权限标识。taxAuthority 是必备项。

taxRegistrationNumber——由相关的税务机构分配的标识参与方的唯一号码。taxRegistrationNumber 是必备项。

transactionCurrency——使用 GB/T 12406—2008 三位字母的代码。transactionCurrency 是必备项。

typeOfTaxRegistration——税收注册类型。typeOfTaxRegistration 是必备项。

5.5 PartyDates(参与方日期)类

PartyDates 表示参与方相关的日期。包括下列属性:

effectiveChangeDate——信息提供者对参与方数据的任何元素施加变化的日期。格式为:YYYYMMDD。effectiveChangeDate 是可选项。

partyEndDate——参与方结束交易的日期。格式为:YYYYMMDD。partyEndDate 是可选项。

partyStartDate——参与方开始交易的日期。格式为:YYYYMMDD。partyStartDate 是必备项。

5.6 NameAndAddress(名称和地址)类

NameAndAddress 表示参与方的名称和地址。包括下列的属性:

city——城市或自治市。city 是必备项。

countryISOCode——使用 GB/T 2659—2000 两位字母的代码。countryISOCode 是必备项。

languageOfTheParty——使用 GB/T 4880.1—2005 2位字母的代码。languageOfTheParty 是必备项。

name——参与方名称。name 是必备项。

postalCode——参与方的国家邮政编码,由邮政管理局分配。postalCode 是可选项。

state——国内的州、省或地域性实体,由政府机构分配。state 是可选项。

streetAddress——详细地址或邮政信箱。streetAddress 是可选项。

5.7 FacilitySpecification(辅助规定)类

FacilitySpecification 规定了贸易伙伴的有关细目。包括工作日期(从 monday 到 Sunday)、工作时间(from 和 to)和指定是否必要的说明(Y/N)。

appointmentRequired——一个布尔值(Y/N),"Y"表示是必要的。appointmentRequired 是必备项。

operatingDayFrom——参与方星期的第一个工作日。operatingDayFrom 是必备项。

DaysOfTheWeekType 有以下的取值:

MONDAY

TUESDAY

WEDNESDAY

THURSDAY

FRIDAY

SATURDAY

SUNDAY

operatingDayTo——参与方星期的最后工作日。operatingDayTo 是必备项。

DaysOfTheWeekType 有以下的取值:

MONDAY

TUESDAY

WEDNESDAY

THURSDAY

FRIDAY

SATURDAY

SUNDAY

operatingTimeFrom——开始工作的时间。格式以 24 h 制表示为:HHMMSS。operatingTimeFrom 是必备项。

operatingTimerTo——结束工作的时间。格式以 24 h 制表示为:HHMMSS。operatingTimeTo 是必备项。

5.8 Contact(联系)类

Contact 提供了参与方个人或部门的联系名称。

personOrDepartmentName——需要联系的部门或个人的名称。personOrDepartmentName 是必备项。

5.8.1 CommunicationChannel(通信渠道)类

每个 Contact 可有零个或多个通信渠道。CommunicationChannel 类型可用电子信箱、传真号码、电话号码或网址来表示。

channelType——信道的类型。channelType 是必备项。

下面的枚举值标识了 CommunicationChannel 的类型:

EMAIL——表示一个电子信箱的地址。

TELEFAX——表示一个传真号码。

TELEPHONE——表示一个电话号码。

WEBSITE——表示一个 URL 地址。

communicationNumber——与 channelType 相关的通信号码。communicationNumber 是必备项。

5.9 参与方内部内容

参与方内部内容提供了一个标识参与方层级(如总部、分销中心、商店和商店的部门)的方法。为了在参与方内部内容中使用,参与方的各层级都必须用 GLN 定义。

对于一个给定的参与方,在组织层级中,子节点的连接指向下一个更低层级的参与方。子参与方可以用 PartyIdentification 简单标识,也可包括完整的参与方信息。必要时,对于给定的参与方,可以列出多个子参与方。例如,一个商店(父节点)可以指向多个商店的部门(子节点)。

5.9.1 **PartyLinkDetails(参与方连接细目)类**

将一个子参与方的 PartyIdentification 连到父参与方的一个抽象的类。

5.9.2 **PartyLinks(参与方连接)类**

将 PartyIdentification 和完整的子参与方 PartyInformation 连接到父节点的一个抽象的类。

6 核心参与方文档类图

根据参与方报文的定义,使用统一建模语言(UML)的方法,建立的静态类图,核心参与方信息文档类图见图 1。

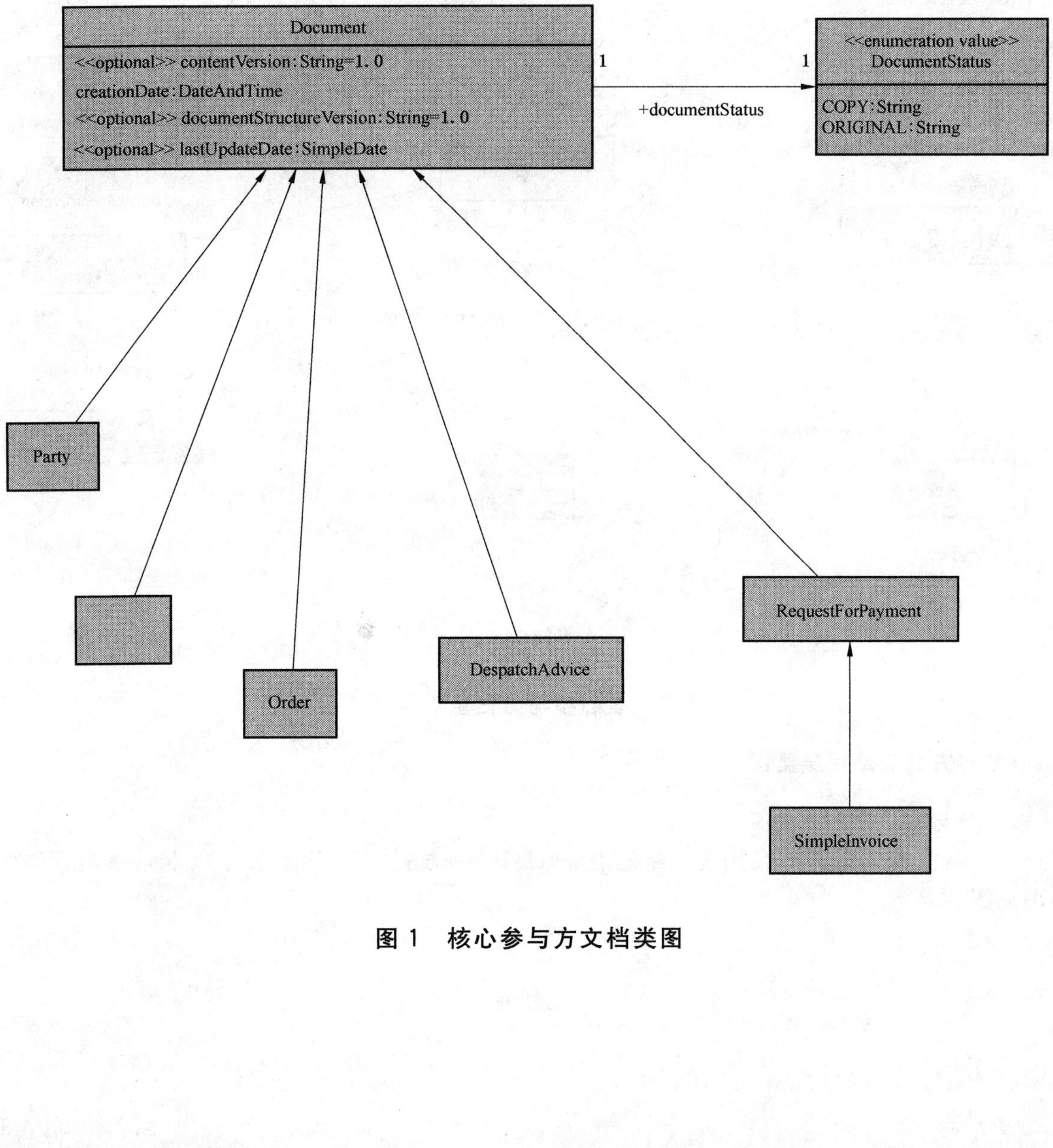

图 1 核心参与方文档类图

7 核心参与方信息高层类图

根据参与方报文的定义，使用统一建模语言（UML）的方法，建立的静态类图，核心参与方信息高层类图见图 2。

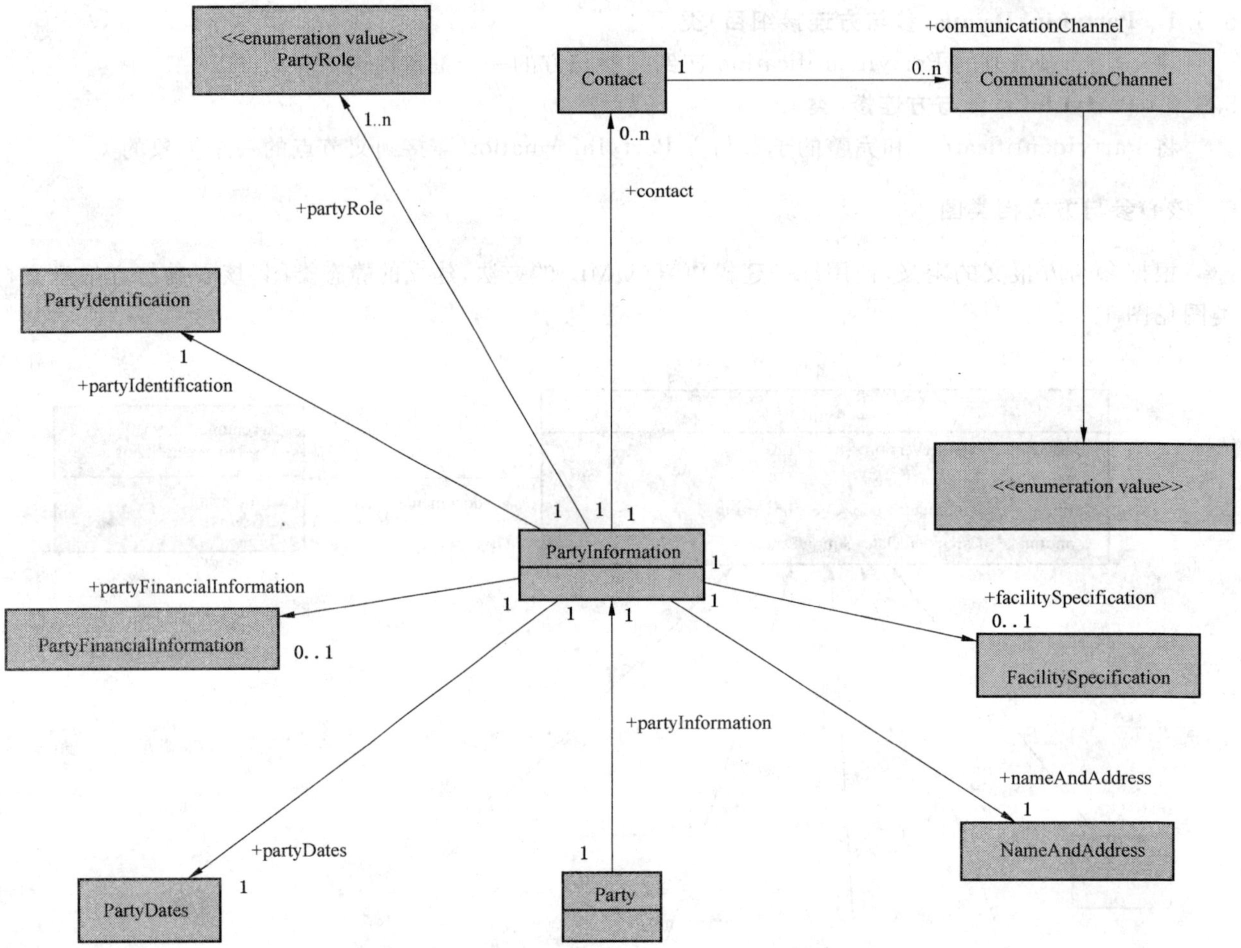

图 2 核心参与方信息高层类图

8 核心参与方信息细目层类图

8.1 核心参与方信息细目类图

根据参与方报文的定义，使用统一建模语言（UML）的方法，建立的静态类图，核心参与方信息细目层类图见图 3。

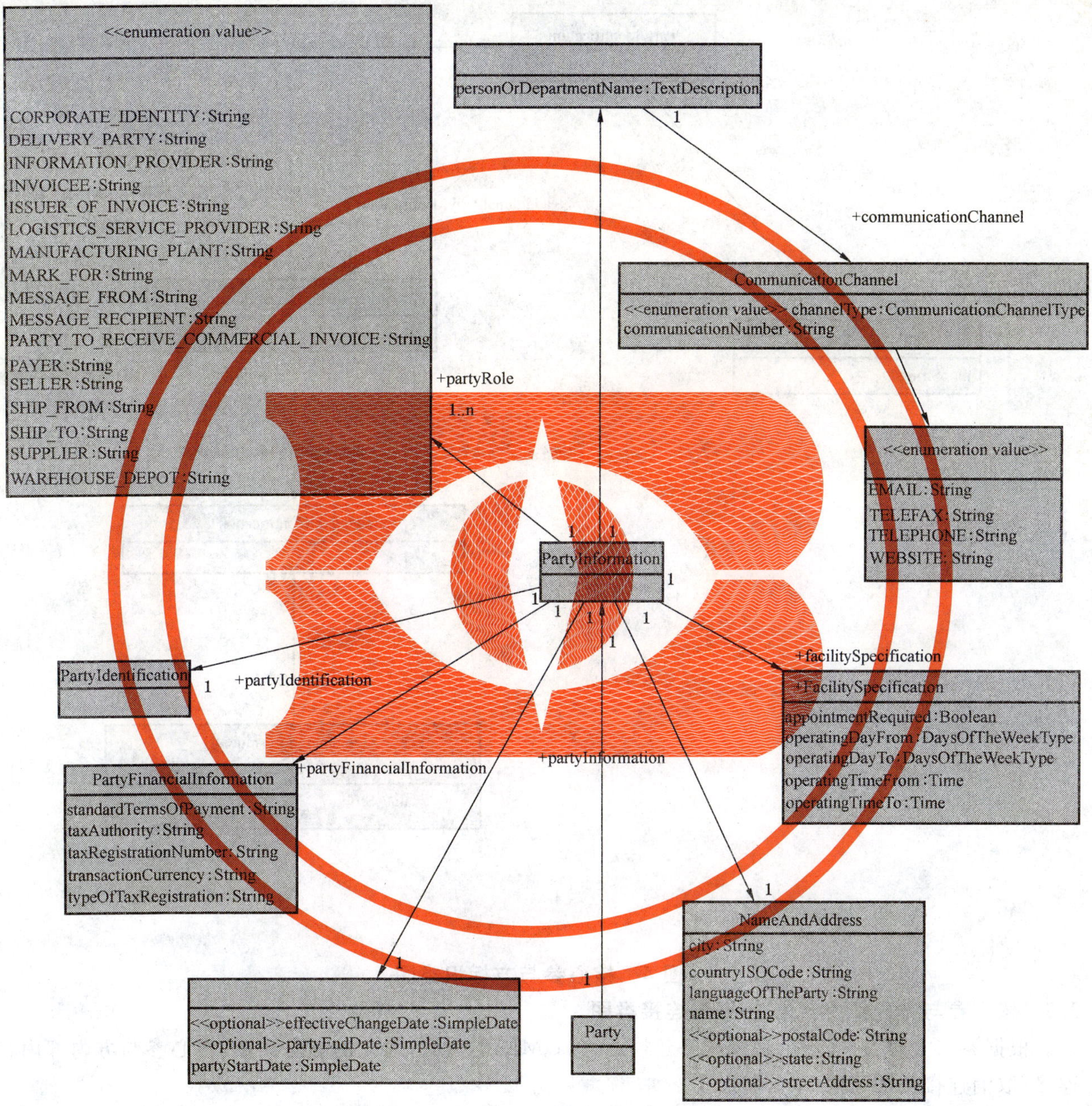

图3　核心参与方信息细目层类图

8.2　核心参与方标识类图

根据参与方报文的定义，使用统一建模语言(UML)的方法，建立的静态类图，核心参与方标识类图见图4。

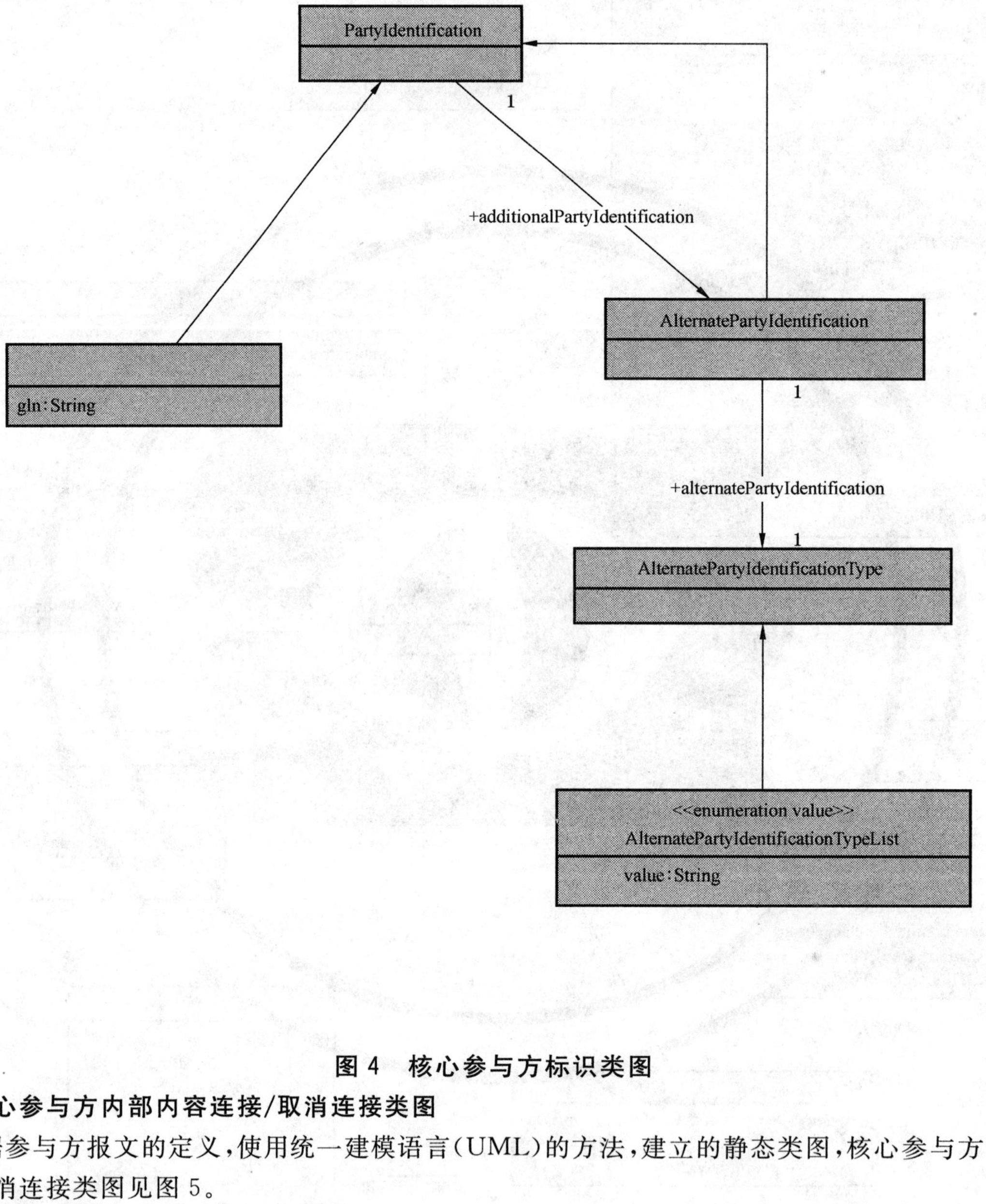

图4 核心参与方标识类图

8.3 核心参与方内部内容连接/取消连接类图

根据参与方报文的定义，使用统一建模语言(UML)的方法，建立的静态类图，核心参与方内部内容连接/取消连接类图见图5。

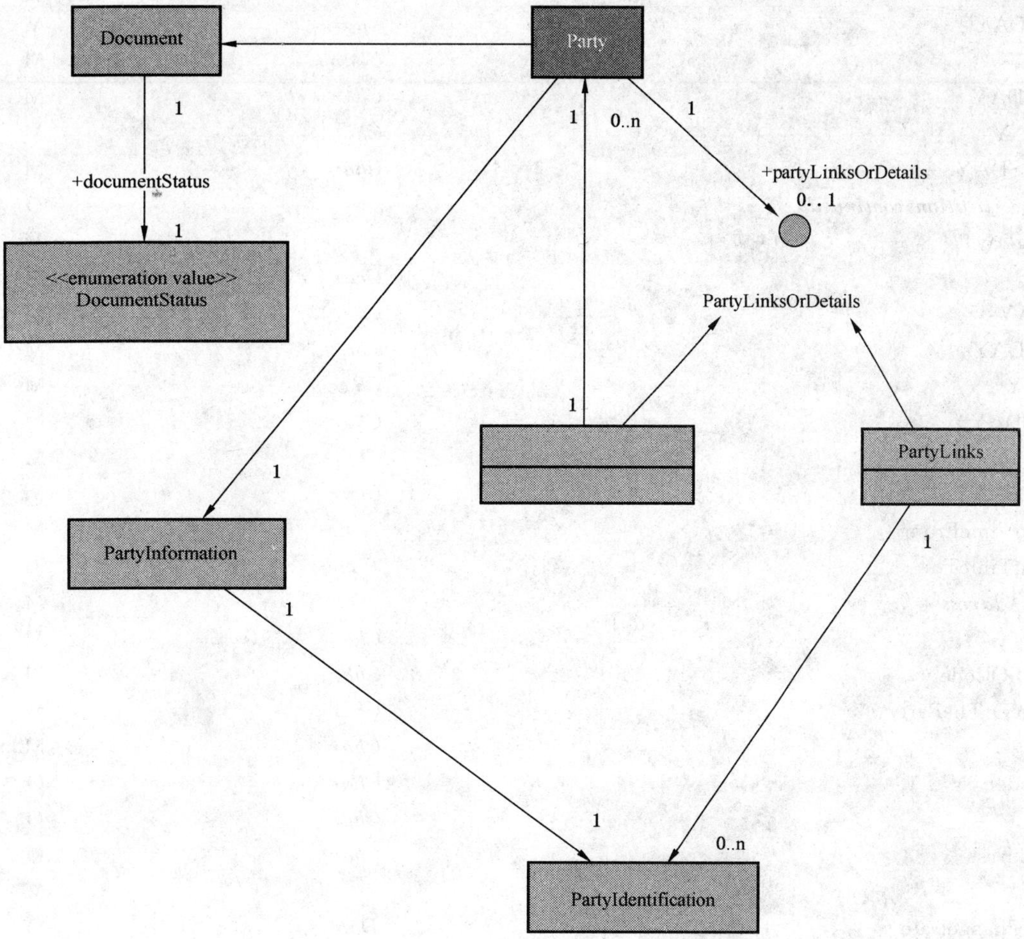

图 5　核心参与方内部内容连接/取消连接类图

9　数据字典

9.1　参与方信息

类　名　称	数据类型	必备型/可选型
CommunicationChannel		*O*
channelType	*Communication*	M
EMAIL	*Char*	M
TELEFAX	*Char*	M
TELEPHONE	*Char*	M
WEBSITE	*Char*	M
communicationNumber	*Char*	M
Contact		*O*
personOrDepartmentName	*Char*	M
FacilitySpecification		*O*
appointmentRequired	*Char*	M
operatingDayFrom		*M*
FRIDAY	*Char*	M

类 名 称	数据类型	必备型/可选型
MONDAY	*Char*	M
SATURDAY	*Char*	M
SUNDAY	*Char*	M
THURSDAY	*Char*	M
TUESDAY	*Char*	M
WEDNESDAY	*Char*	M
FacilitySpecification(continued)		*O*
operatingDayTo		*M*
FRIDAY	*Char*	M
MONDAY	*Char*	M
SATURDAY	*Char*	M
SUNDAY	*Char*	M
THURSDAY	*Char*	M
TUESDAY	*Char*	M
WEDNESDAY	*Char*	M
operatingTimeFrom	*Time*	M
operatingTimeTo	*Time*	M
NameAndAddress		*M*
city	*Char*	M
countryISOCode	*Char*	M
LanguageOfTheParty	*Char*	M
name	*Char*	M
postalCode	*Char*	O
state	*Char*	O
streetAddress	*Char*	O
PartyDates		*M*
effectiveChangeDate	*Date*	O
effectiveEndDate	*Date*	O
effectiveStartDate	*Date*	M
PartyFinancialInformation		*O*
standardTermsOfPayment	*Char*	M
taxAuthority	*Char*	M
taxRegistrationNumber	*Char*	M
transactionCurrency	*Char*	M
typeOfTaxRegistration	*Char*	M
Party Role		*M*
BILL_TO	*Char*	M
BUYER	*Char*	M
CORPORATE_IDENTITY	*Char*	M
PartyRole(continued)		*M*
DELIVERY_PARTY	*Char*	M
INFORMATION_PROVIDER	*Char*	M
INVOICEE	*Char*	M
ISSUER_OF_INVOICE	*Char*	M
LOGISTICS_SERVICE_PROVIDER	*Char*	M
MANUFACTURING_PLANT	*Char*	M
MARK_FOR	*Char*	M
MESSAGE_FROM	*Char*	M

类　名　称	数据类型	必备型/可选型
MESSAGE_RECIPIENT	*Char*	M
PARTY_TO_RECEIVE_COMMERCIAL_INVOICE	*Char*	M
PAYER	*Char*	M
SELLER	*Char*	M
SHIP_FROM	*Char*	M
SHIP_TO	*Char*	M
SUPPLIER	*Char*	M
WAREHOUSE_DEPOT	*Char*	M

注：在类包含枚举值的情况下，必须在这些值之中选择一个(且仅为一个)。枚举值用大写来表示，即所有的字母都使用大写并且每个单词之间用下划线分隔。如 REQUESTED_DELIVERY。

9.2 参与方信息

类　名　称	数据类型	必备型/可选型
AlternatePartyIdentification		*O*
value	*Char*	M
AlternatePartyIdentificationTypeList		*M*
value	*Char*	M
GlobalLocationNumber		*M*
gln	*Char*	M

注 1：参与方可用 GlobalLocationNumber(GLN)或 AlternatePartyIdentification 来标识。但是对于每一个参与方，仅能使用一个主要的参与方标识符。

注 2：在类包含枚举值的情况下，必须在这些值之中选择一个(且仅为一个)。枚举值用大写来表示，即所有的字母都使用大写并且每个单词之间用下划线分隔。如 REQUESTED_DELIVERY。

9.3 参与方内部内容

类　名　称	数据类型	必备型/可选型
Document		*M*
contentVersion	*Char*	O
creationDate	*DateAndTime*	M
documentsStructureVersion	*Char*	O
lastUpdateDate	*Date*	O
DocumentStatus		*M*
COPY	*Char*	M
ORIGINAL	*Char*	M

注：在类包含枚举值的情况下，必须在这些值之中选择一个(且仅为一个)。枚举值用大写来表示，即所有的字母都使用大写并且每个单词之间用下划线分隔。如 REQUESTED_DELIVERY。

10 基于 ebXML 商业报文贸易项目报文示例

本部分给出了一个报文示例，内容见附录 A。

附 录 A
（资料性附录）
基于 ebXML 的参与方信息报文示例(Party. xsd)

〈? xml version = "1.0" encoding = "UTF-8"?〉
〈xsd:schema xmlns:xsd = "http://www.w3.org/2001/XMLSchema" targetNamespace = "http://www.uc-council.org/smp/schemas/core" xmlns = "http://www.uccouncil.
org/smp/schemas/core" elementFormDefault = "unqualified" attributeFormDefault = "unqualified"〉
〈xsd:annotation〉
〈xsd:documentation〉
© Uniform Code Council, Inc. and EAN International, Inc. 2001
The Uniform Code Council, Inc. (UCC) is providing this XML Schema Definition file and resultant XML file as a service to interested industries.
This XML Schema Definition file and resultant XML file were developed through a consensus process of interested parties.
Although efforts have been made to assure that the XML Schema Definition file and resultant XML file are correct, reliable, and technically accurate, the UCC
makes NO WARRANTY, EXPRESS OR IMPLIED, THAT THIS XML Schema Definition file and resultant XML file ARE CORRECT, WILL NOT REQUIRE
MODIFICATION AS EXPERIENCE AND TECHNOLOGICAL ADVANCES DICTATE, OR WILL BE SUITABLE FOR ANY PURPOSE OR WORKABLE IN ANY APPLICATION, OR OTHERWISE. Use of the XML Schema Definition file and resultant XML file are with the understanding that the UCC has no liability for any claim to the contrary, or for any damage or loss of any kind or nature.
Version Information:
Version Number: 1.0
Date of creation: July 2001.
The schema and subsequent updates will be provided on the GS1 websites.
〈/xsd:documentation〉
〈/xsd:annotation〉
〈xsd:complexType name = "PartyType" abstract = "true"〉
〈xsd:complexContent〉
〈xsd:extension base = "DocumentType"/〉
〈/xsd:complexContent〉
〈/xsd:complexType〉
〈xsd:group name = "PartyLinksOrDetailsGroupType"〉
〈xsd:sequence/〉
〈/xsd:group〉
〈xsd:complexType name = "PartyLinksType"〉
〈xsd:sequence〉
〈xsd:element name = "partyIdentification" type = "PartyIdentificationType" minOccurs = "0" maxOccurs = "unbounded"/〉
〈/xsd:sequence〉
〈/xsd:complexType〉
〈xsd:complexType name = "PartyLinkDetailsType" abstract = "true"/〉
〈xsd:complexType name = "PartyInformationType" abstract = "true"〉
〈xsd:sequence〉
〈xsd:group ref = "TermsGroupType"/〉
〈xsd:element name = "contact" type = "ContactType" minOccurs = "0" maxOccurs = "unbounded"/〉
〈xsd:element name = "facilitySpecification" type = "FacilitySpecificationType" minOccurs = "0" maxOccurs = "1"/〉
〈xsd:element name = "nameAndAddress" type = "NameAndAddressType" minOccurs = "1" maxOccurs = "1"/〉
〈xsd:element name = "partyDates" type = "PartyDatesType" minOccurs = "1" maxOccurs = "1"/〉
〈xsd:element name = "financialInformation" type = "PartyFinancialInformationType" minOccurs = "0" maxOccurs = "1"/〉
〈xsd:element name = "partyIdentification" type = "PartyIdentificationType" minOccurs = "1" maxOccurs = "1"/〉

```
</xsd:sequence>
<xsd:attribute name="partyRole" type="PartyRoleListType" use="required"/>
</xsd:complexType>
<xsd:simpleType name="PartyRoleListType">
<xsd:restriction base="String1to80Type">
<xsd:enumeration value="BILL_TO"/>
<xsd:enumeration value="BUYER"/>
<xsd:enumeration value="CORPORATE_IDENTITY"/>
<xsd:enumeration value="DELIVERY_PARTY"/>
<xsd:enumeration value="INFORMATION_PROVIDER"/>
<xsd:enumeration value="INVOICEE"/>
<xsd:enumeration value="ISSUER_OF_INVOICE"/>
<xsd:enumeration value="LOGISTICS_SERVICE_PROVIDER"/>
<xsd:enumeration value="MANUFACTURING_PLANT"/>
<xsd:enumeration value="MARK_FOR"/>
<xsd:enumeration value="MESSAGE_FROM"/>
<xsd:enumeration value="MESSAGE_RECIPIENT"/>
<xsd:enumeration value="PARTY_TO_RECEIVE_COMMERCIAL_INVOICE"/>
<xsd:enumeration value="PAYER"/>
<xsd:enumeration value="SELLER"/>
<xsd:enumeration value="SHIP_FROM"/>
<xsd:enumeration value="SHIP_TO"/>
<xsd:enumeration value="SUPPLIER"/>
<xsd:enumeration value="WAREHOUSE_DEPOT"/>
</xsd:restriction>
</xsd:simpleType>
<xsd:complexType name="PartyFinancialInformationType">
<xsd:sequence>
<xsd:element name="standardTermsOfPayment" type="String1to80Type" minOccurs="1" maxOccurs="1"/>
<xsd:element name="taxAuthority" type="String1to70Type" minOccurs="1" maxOccurs="1"/>
<xsd:element name="taxRegistrationNumber" type="String1to35Type" minOccurs="1" maxOccurs="1"/>
<xsd:element name="transactionCurrency" type="CurrencyISOCodeType" minOccurs="1" maxOccurs="1"/>
<xsd:element name="typeOfTaxRegistration" type="String1to3Type" minOccurs="1" maxOccurs="1"/>
</xsd:sequence>
</xsd:complexType>
<xsd:complexType name="PartyDatesType">
<xsd:sequence>
<xsd:element name="effectiveChangeDate" type="DateType" minOccurs="0" maxOccurs="1"/>
<xsd:element name="partyEndDate" type="DateType" minOccurs="0" maxOccurs="1"/>
<xsd:element name="partyStartDate" type="DateType" minOccurs="1" maxOccurs="1"/>
</xsd:sequence>
</xsd:complexType>
<xsd:complexType name="NameAndAddressType">
<xsd:sequence>
<xsd:element name="city" type="String1to35Type" minOccurs="1" maxOccurs="1"/>
<xsd:element name="countryISOcode" type="CountryISOCodeType" minOccurs="1" maxOccurs="1"/>
<xsd:element name="languageOfTheParty" type="xsd:language" minOccurs="1" maxOccurs="1"/>
<xsd:element name="name" type="String1to35Type" minOccurs="1" maxOccurs="1"/>
<xsd:element name="postalCode" type="String1to10Type" minOccurs="0" maxOccurs="1"/>
<xsd:element name="state" type="String1to9Type" minOccurs="0" maxOccurs="1"/>
<xsd:element name="streetAddress" type="String1to35Type" minOccurs="0" maxOccurs="1"/>
</xsd:sequence>
</xsd:complexType>
<xsd:complexType name="FacilitySpecificationType">
<xsd:sequence>
<xsd:element name="appointmentRequired" type="xsd:boolean" minOccurs="1" maxOccurs="1"/>
```

```
<xsd:element name="operatingDayFrom" type="DaysOfTheWeekListType" minOccurs="1" maxOccurs="1"/>
<xsd:element name="operatingDayTo" type="DaysOfTheWeekListType" minOccurs="1" maxOccurs="1"/>
<xsd:element name="operatingTimeFrom" type="xsd:time" minOccurs="1" maxOccurs="1"/>
<xsd:element name="operatingTimeTo" type="xsd:time" minOccurs="1" maxOccurs="1"/>
</xsd:sequence>
</xsd:complexType>
<xsd:complexType name="CommunicationChannelType">
<xsd:attribute name="type" type="CommunicationChannelListType" use="required"/>
<xsd:attribute name="communicationNumber" type="String1to70Type" use="required"/>
</xsd:complexType>
<xsd:complexType name="ContactType">
<xsd:sequence>
<xsd:element name="communicationChannel" type="CommunicationChannelType" minOccurs="1" maxOccurs="unbounded"/>
<xsd:element name="personOrDepartmentName" type="TextDescriptionType" minOccurs="1" maxOccurs="1"/>
</xsd:sequence>
</xsd:complexType>
<xsd:simpleType name="CommunicationChannelListType">
<xsd:restriction base="String1to80Type">
<xsd:enumeration value="EMAIL"/>
<xsd:enumeration value="TELEFAX"/>
<xsd:enumeration value="TELEPHONE"/>
<xsd:enumeration value="WEBSITE"/>
</xsd:restriction>
</xsd:simpleType>
<xsd:complexType name="PalletSystemType">
<xsd:sequence>
<xsd:element name="acceptPallets" type="xsd:boolean" minOccurs="1" maxOccurs="1"/>
<xsd:element name="shipPallets" type="xsd:boolean" minOccurs="1" maxOccurs="1"/>
</xsd:sequence>
</xsd:complexType>
<xsd:complexType name="FinancialInstitutionalInformationType">
<xsd:sequence>
<xsd:element name="accountHolderName" type="String1to35Type" minOccurs="1" maxOccurs="1"/>
<xsd:element name="financialInstitutionAccountNumber" type="String1to35Type" minOccurs="1" maxOccurs="1"/>
<xsd:element name="financialInstitutionCode" type="String1to35Type" minOccurs="1" maxOccurs="1"/>
<xsd:element name="financialInstitutionName" type="String1to35Type" minOccurs="1" maxOccurs="1"/>
<xsd:element name="transactionCurrency" type="CurrencyISOCodeType" minOccurs="1" maxOccurs="1"/>
</xsd:sequence>
</xsd:complexType>
</xsd:schema>
```

ICS 35.040
A 24

中华人民共和国国家标准

GB/T 25114.3—2010

基于ebXML的商业报文
第3部分：订单

ebXML based business message—
Part 3:Core order

2010-09-02发布 2010-12-01实施

中华人民共和国国家质量监督检验检疫总局
中国国家标准化管理委员会 发布

前　言

《基于 ebXML 的商业报文》分为三个部分：

——第 1 部分：贸易项目

——第 2 部分：参与方信息

——第 3 部分：订单

将来还有可能增加新的部分。

本部分为《基于 ebXML 的商业报文》的第 3 部分。

本部分修改采用 GS1（国际物品编码协会）发布的 ebXML 商业报文系列标准 1.0 版本中的主订单部分。给出了基于 ebXML 的商业报文交换中传输的订单报文。

本部分与原国际标准的主要区别如下：

——增加了第 3 章 ebXML 商业报文编写规则；

——增加了规范性引用文件；

——增加了术语和定义、缩略语。

本部分的附录 A、附录 B 和附录 C 为资料性附录。

本部分由全国物流信息管理标准化技术委员会提出并归口。

本部分起草单位：中国物品编码中心。

本部分主要起草人：李颖、张楠。

基于 ebXML 的商业报文 第3部分:订单

1 范围

本部分规定了基于 ebXML 标准传输商业文件的贸易参与方主订单报文的结构和编制方法。

本部分适用于贸易参与方基于 ebXML 的电子数据交换。

2 规范性引用文件

下列文件中的条款通过本部分的引用而成为本部分的条款。凡是注日期的引用文件,其随后所有的修改单(不包括勘误的内容)或修订版均不适用于本部分,然而,鼓励根据本部分达成协议的各方研究是否可使用这些文件的最新版本。凡是不注日期的引用文件,其最新版本适用于本部分。

GB/T 16828—2007 商品条码 参与方位置编码与条码表示

GB/Z 25114.1—2010 基于 ebXML 的商业报文 第1部分:贸易项目

3 ebXML 商业报文编写规则

ebXML 商业报文编写规则见 GB/Z 25114.1—2010 的第4章。

4 主订单报文

主订单提供了在一单贸易中买方从卖方订购指定数量的商品或服务并将其运抵某一位置的信息。

订单生成前,买方和卖方在参与方信息、贸易项目信息、价格和支付条款等信息取得一致时,可仅交换主订单。如果没有上述相关信息一致性的过程,主订单可包含一个或多个扩展来提供必要的信息。

4.1 通用信息

主订单报文开始时传输的对所有报文通用的信息。

4.1.1 **Document**(文档)类

用来说明报文内容的基本信息,包括版本号、生成日期和时间。

contentVersion——文档内容的版本号。contenVersion 是必备项。

creationDate——报文创建的日期。格式为:"YYYYMMDDTHHMMSS"。creationDate 是必备项。

documentStructureVersion——文档结构的版本号。documentStructureVersion 是必备项。

lastUpdateDate——最新更新日期。格式为"YYYYMMDD"。lastUpdateDate 是必备项。

4.1.1.1 **DocumentStatus**(文档状态)类

用来说明文档是源文档还是副本。

COPY——源文档的副本。

ORIGINAL——文档的源版本。

4.2 订单信息

4.2.1 **Order**(订单)类

包括由 **MovementDateType** 定义的实际接货或交货日期。格式为:YYYYMMDD。

movementDate——接货或交货日期。movementDate 是必备项。

4.2.2 **MovementDateType(接货或交货时间类型)类**

用来规定订购要求的接货或交货时间。

REQUESTED_DELIVERY——订单要求交货至目标地点的日期标识。

REQUESTED_PICKUP——订单要求从货运位置接货的日期标识。

4.2.3 **TypeEntityIdentification(实体类型标识)类**

用于标识实体的类型并提供唯一的标识。

4.2.3.1 **EntityType(实体类型)类**

包含值 ORDER。

DESPATCH_ADVICE——发货通知的实体类型。

ORDER——订单的实体类型。

REQUEST_FOR_PAYMENT——支付请求的实体类型。

4.2.3.2 **EntityIdentification(实体标识)类**

由签发方分配的唯一的号码或标识符。

uniqueCreatorIdentification 表示一个唯一的订单号。uniqueCreatorIdentification 是必备项。

4.3 **主订单参与方信息**

在主订单内有三个参与方应标识:买方、卖方和货运目的地或启运地(两者择一,不同时使用)。

4.3.1 **OrderPartyIdentification(订单参与方标识)类**

OrderPartyIdentification 订单的买方和卖方标识。两者都是必备项。

BUYER——购买商品或服务的一方。

SELLER——销售商品或服务的一方。

4.3.2 **ShipPartyIdentification(发货方标识)类**

用来说明货运目的地或启运地。

SHIP_FROM——货物启运的位置和参与方。当 **MovementDateType** 是 REQUESTED_PICKUP 时,**ShipPartyIdentification** 应包含 SHIP_FROM。

SHIP_TO——货物运至的位置(目的地)或参与方。当 **MovementDateType** 是 REQUESTED_DELIVERY 时,**ShipPartyIdentification** 应包含 SHIP_TO。

4.3.3 **PartyIdentification(参与方标识)类**

与 **OrderPartyIdentification** 和 **ShipPartyIdentification** 同时使用来规定一个具体的参与方标识符和类型。参与方可以使用 **GlobalLocationNumber** 或 **AlternatePartyIdentification** 来标识。但每个参与方仅能使用一个主要标识符。

4.3.3.1 **GlobalLocationNumber(全球位置代码)类**

全球贸易参与方与位置代码 **GlobalLocationNumber**(GLN)是一个 13 位数字,用于唯一标识参与方与位置。具体的编码结构见 GB/T 16828。

gln——具体的 **GlobalLocationNumber**。gln 或 **AlternatePartyIdentificationType** 是必备项。

4.3.3.2 **AlternatePartyIdentification(其他参与方标识)类**

value——**AlternatePartyIdentification** 定义了其他的参与方标识。

4.4 **订单行项信息**

每个订单都包含一个或多个行项信息。

4.4.1 **OrderLineItem(订单行贸易项目)类**

用来标识每个订单行贸易项目代码。

lineItemNumber——订单行贸易项目代码。lineItemNumber 是必备项。

4.4.2 **ItemIdentification(贸易项目标识)类**

对贸易项目或服务的标识。贸易项目使用 **GlobalTradeItemNumber**(GTIN)或 **AlternateItemIdenti-**

fication 标识。

4.4.2.1 **GlobalTradeItemNumber(全球贸易项目代码)类**

GlobalTradeItemNumber 是贸易项目的主要标识符。当被分配了 **GlobalTradeItemNumber**(GTIN)代码之后,就应使用它。而且仅能使用一个主要的贸易项目标识。

gtin——具体的 **GlobalTradeItemNumber**。gtin 或 **AlternateItemIdentification** 是必备项。

4.4.3 **Quantity(数量)类**

行项中已订购的数量信息。**Quantity** 应指定相同的计量单位,例如箱或个等。

number——数字或计数。number 是必备项。

4.4.4 **Price(价格)类**

包括行项信息中的净价和货币代码。净价应使用相同的计量单位,如个等。贸易项目的净价包括所有的折让和费用,但不包括税,是可选项。

price——净价包括所有的折让和费用,不包括税。price 是必备项。

5 主订单的文档类图

主订单的文档类图见图 1

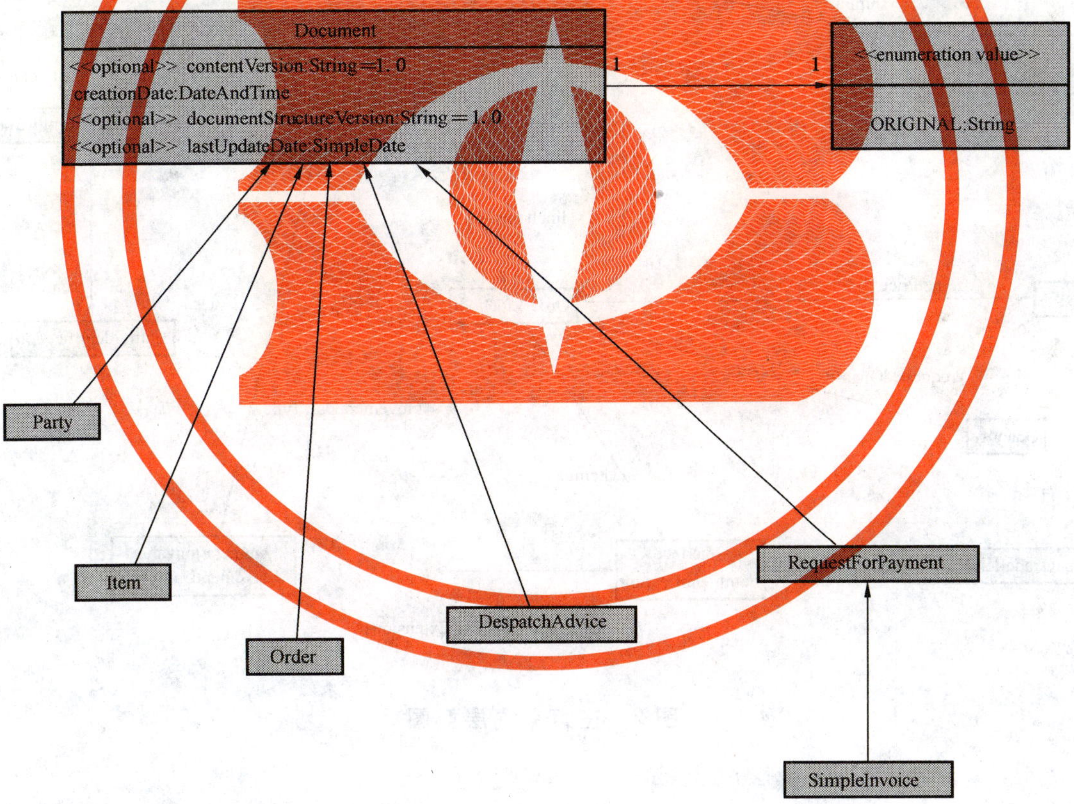

图 1 主订单的文档类图

6 主订单的高层类图

主订单的高层类图见图2

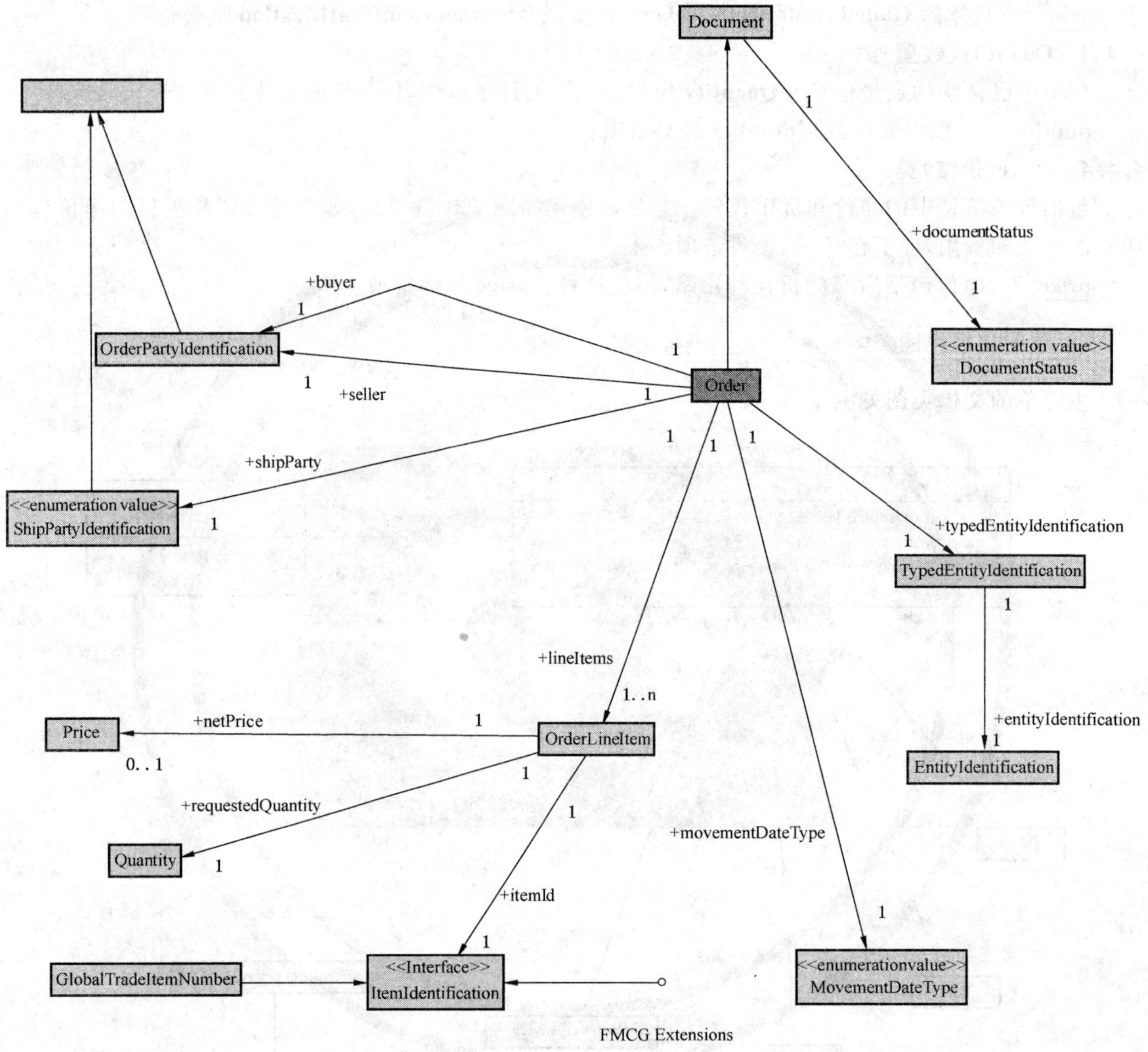

图2 主订单高层类图

7 主订单的细目层类图

7.1 主订单细目类图

主订单细目类图见图 3。

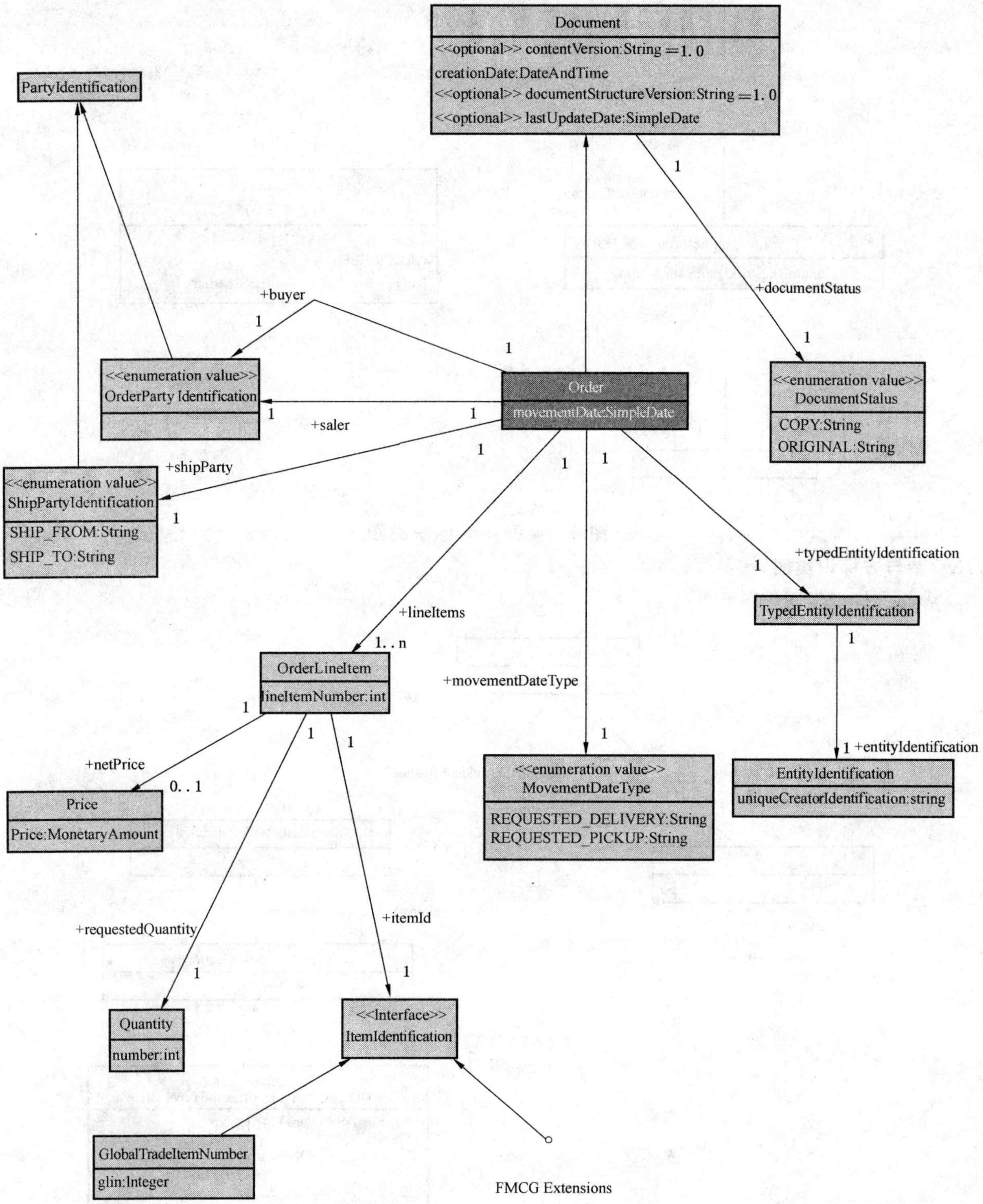

图 3 主订单细目类图

7.2 典型实体标识类图

典型实体标识类图见图 4

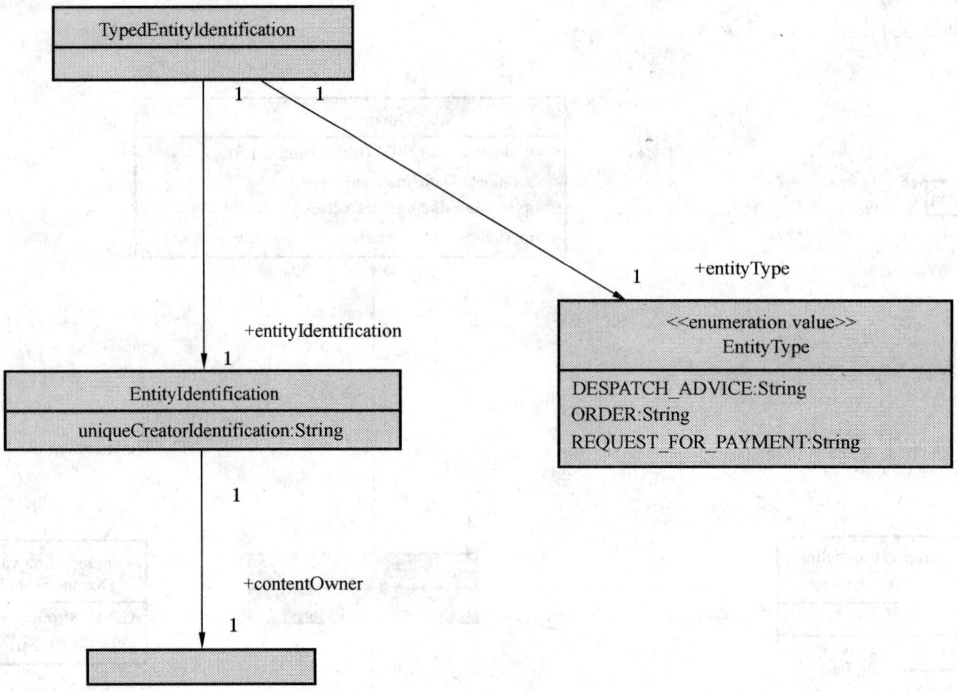

图 4 典型实体标识类图

7.3 参与方标识类图

参与方标识类图见图 5

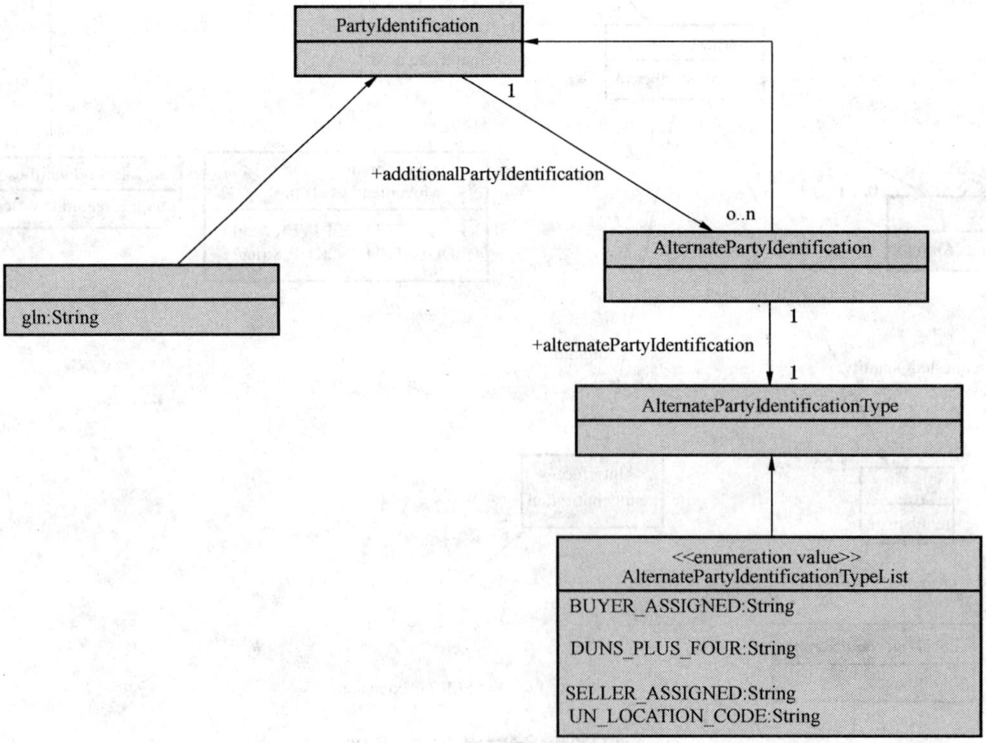

图 5 参与方标识类图

8 数据字典

8.1 主订单

类 名 称	数据类型	必备型/可选型
Document		*M*
contentVersion	*Char*	O
creationDate	*DateAndTime*	M
documentStructureVersion	*Char*	O
lastUpdateDate	*Date*	O
DocumentStatus		*M*
COPY	*Char*	M
ORIGINAL	*Char*	M
EntityIdentification		*M*
uniqueCreatorIdentification	*Char*	M
Entity Type		*M*
DESPATCH_ADVICE	*Char*	M
ORDER	*Char*	M
REQUEST_FOR_PAYMENT	*Char*	M
MovementDateType		*M*
REQUESTED_DELIVERY	*Char*	M
REQUESTED_PICKUP	*Char*	M
Order		*M*
movementDate	*Date*	M
OrderLineItem		*M*
lineItemNumber	*Integer*	M
OrderPartyIdentification		*M*
buyer	*Char*	M
seller	*Char*	M
Price		*O*
price	*Monetary Amount*	M
Quantity		*M*
number	*Integer*	M
ShipPartyIdentification		*M*
SHIP_FROM	*Char*	M
SHIP_TO	*Char*	M

8.2 参与方标识

类 名 称	数据类型	必备型/可选型
AlternatePartyIdentification		*O*
value	*Char*	M
AlternatePartyIdentificationTypeList		*M*
BUYER_ASSIGNED	*Char*	M
DUNS	*Char*	M
DUNS_PLUS_FOUR	*Char*	M
SCAC	*Char*	M
SELLER_ASSIGNED	*Char*	M
UN_LOCATION_CODE	*Char*	M
GlobalLocationNumber		*M*
gln	*Char*	M

8.3 贸易项目标识

类 名 称	数据类型	必备型/可选型
GlobalTradeItemNumber		*M*
gtin	*Integer*	M

9 订单应用图、序列图

订单应用图、序列图参见附录A。

10 订单的XML示例文件

订单的XML示例文件,参见附录B。

11 FMCG订单的XML示例文件

FMCG订单的XML示例文件,参见附录C。

附 录 A
（资料性附录）
订单应用图、序列图

A.1 应用图

应用图见图 A.1。

图 A.1 订单应用图

A.2 序列图

序列图见图 A.2。

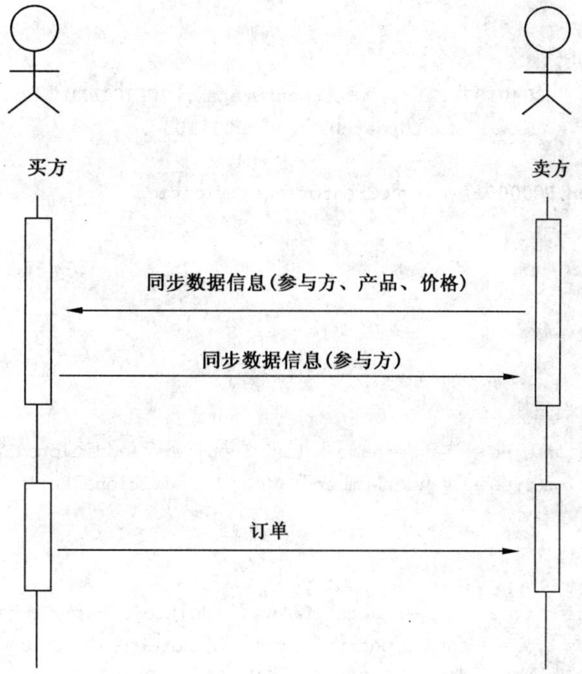

图 A.2 序列图

附 录 B
（资料性附录）
订单的 XML 示例文件


```
〈? xml version = "1.0" encoding = "UTF-8" ?〉
- 〈eanucc:envelope xmlns:xsi = "http://www.w3.org/2001/XMLSchema-instance"
    xmlns:eanucc = "http://www.ean-ucc.org/schemas/1.3.1/eanucc"
    xsi:schemaLocation = "http://www.ean-ucc.org/schemas/1.3.1/eanucc OrderProxy.xsd" communicationVersion
= "1.3.1"〉
+ 〈messageHeader creationDate = "20040107T123000"〉
- 〈body〉
- 〈eanucc:transaction〉
+ 〈entityIdentification〉
- 〈command〉
- 〈eanucc:documentCommand〉
- 〈documentCommandHeader type = "ADD"〉
- 〈entityIdentification〉
  〈uniqueCreatorIdentification〉5412345000013〈/uniqueCreatorIdentification〉
- 〈contentOwner〉
  〈gln〉5412345000013〈/gln〉
    〈/contentOwner〉
    〈/entityIdentification〉
    〈/documentCommandHeader〉
- 〈documentCommandOperand〉
- 〈eanucc:order creationDate = "20040107T121314" documentStatus = "ORIGINAL" contentVersion = "1.3.1"
    documentStructureVersion = "1.3.1" lastUpdateDate = "20031103"〉
- 〈orderIdentification〉
  〈uniqueCreatorIdentification〉P000001〈/uniqueCreatorIdentification〉
- 〈contentOwner〉
  〈gln〉5412345000013〈/gln〉
    〈/contentOwner〉
    〈/orderIdentification〉
- 〈orderPartyInformation〉
- 〈seller〉
  〈gln〉4012345500004〈/gln〉
  〈additionalPartyIdentification type = "VenderName"〉Test Supplier〈/additionalPartyIdentification〉
  〈additionalPartyIdentification type = "VenderNumber"〉000001〈/additionalPartyIdentification〉
    〈/seller〉
- 〈buyer〉
  〈gln〉5412345000013〈/gln〉
  〈additionalPartyIdentification type = "Buyer_Name"〉Lotus〈/additionalPartyIdentification〉
  〈additionalPartyIdentification type = "Contact_person"〉Mr. xxx〈/additionalPartyIdentification〉
  〈additionalPartyIdentification type = "Tel"〉62000001〈/additionalPartyIdentification〉
  〈additionalPartyIdentification type = "Email"〉xxx@lotus.com〈/additionalPartyIdentification〉
    〈/buyer〉
    〈/orderPartyInformation〉
- 〈OrderDate〉
  〈date〉20040107〈/date〉
    〈/OrderDate〉
- 〈CancellationTimePeriod〉
  〈date〉20040109〈/date〉
    〈/CancellationTimePeriod〉
- 〈orderLogisticalInformation〉
```

```
- 〈shipToLogistics〉
- 〈shipTo〉
  〈gln〉5412345000235〈/gln〉
  〈additionalPartyIdentification type = "Ship_to_location_name "〉Test location 〈/additionalPartyIdentification〉
  〈additionalPartyIdentification type = "Ship_to_location_address "〉Tian shan Rd. No. 600〈/additionalPartyIdentification〉
    〈/shipTo〉
    〈/shipToLogistics〉
- 〈orderLogisticalDateGroup〉
- 〈orderDeliveryInformation〉
  〈requestedDeliveryDate〉20040317〈/requestedDeliveryDate〉
    〈/orderDeliveryInformation〉
    〈/orderLogisticalDateGroup〉
    〈/orderLogisticalInformation〉
- 〈lineItem number = "1"〉
  〈requestedQuantity〉7〈/requestedQuantity〉
  〈freeQuantity〉0〈/freeQuantity〉
- 〈netPrice〉
  〈amount currencyISOCode = "RMB "〉14.00〈/amount〉
    〈/netPrice〉
- 〈UnitOfMeasurecode〉
- 〈description language = "gb-cn "〉
  〈text〉case 〈/text〉
    〈/description〉
    〈/UnitOfMeasurecode〉
- 〈tradeItemIdentification〉
  〈gtin〉40008621414004〈/gtin〉
  〈/tradeItemIdentification〉
- 〈allowanceCharge allowanceChargeType = "ALLOWANCE_GLOBAL " allowanceOrChargeType = "ALLOWANCE "
   settlementType = "BILL_BACK "〉
- 〈monetaryAmountOrPercentage〉
- 〈ratePerUnit〉
  〈allowanceOrChargeRatePerUnit〉2.00〈/allowanceOrChargeRatePerUnit〉
    〈/ratePerUnit〉
    〈/monetaryAmountOrPercentage〉
- 〈baseAmount〉
  〈amount currencyISOCode = "RMB "〉14.00〈/amount〉
    〈/baseAmount〉
  〈Packsize〉1〈/Packsize〉
- 〈description〉
- 〈description language = "gb-cn "〉
  〈text〉Test product01〈/text〉
    〈/description〉
    〈/description〉
- 〈SpeAllowcode〉
- 〈description language = "gb-cn "〉
 〈text〉SPE001〈/text〉
    〈/description〉
    〈/SpeAllowcode〉
    〈/allowanceCharge〉
- 〈allowanceCharge allowanceChargeType = "ALLOWANCE_GLOBAL " allowanceOrChargeType = "ALLOWANCE "
    settlementType = "BILL_BACK "〉
- 〈monetaryAmountOrPercentage〉
  〈amount currencyISOCode = "RMB "〉0.00〈/amount〉
    〈/monetaryAmountOrPercentage〉
```

- 〈description〉
- 〈description language = "gb-cn "〉
〈text〉Discount per case〈/text〉
〈/description〉
〈/description〉
〈/allowanceCharge〉
〈/lineItem〉
〈/eanucc:order〉
〈/documentCommandOperand〉
〈/eanucc:documentCommand〉
〈/command〉
〈/eanucc:transaction〉
〈/body〉
〈/eanucc:envelope〉

附 录 C
（资料性附录）
FMCG 订单的 XML 示例文件

```
<?xml version="1.0" encoding="UTF-8"?>
<xsd:schema xmlns:xsd="http://www.w3.org/2001/XMLSchema" targetNamespace="http://www.uc-council.org/smp/schemas/fmcg"
xmlns="http://www.uccouncil.
org/smp/schemas/fmcg" xmlns:fmcg="http://www.uc-council.org/smp/schemas/fmcg" xmlns:core="http://www.uc-council.org/smp/schemas/core"
elementFormDefault="qualified" attributeFormDefault="unqualified">
<xsd:annotation>
<xsd:documentation>
© Uniform Code Council, Inc. and EAN International, Inc. 2001
The Uniform Code Council, Inc. (UCC) is providing this XML Schema Definition file and resultant XML file as a service to interested industries.
This XML Schema Definition file and resultant XML file were developed through a consensus process of interested parties.
Although efforts have been made to assure that the XML Schema Definition file and resultant XML file are correct, reliable, and technically accurate, the UCC makes NO WARRANTY, EXPRESS OR IMPLIED, THAT THIS XML Schema Definition file and resultant XML file ARE CORRECT, WILL NOT REQUIRE MODIFICATION AS EXPERIENCE AND TECHNOLOGICAL ADVANCES DICTATE, OR WILL BE SUITABLE FOR ANY PURPOSE OR WORKABLE IN ANY APPLICATION, OR OTHERWISE. Use of the XML Schema Definition file and resultant XML file are with the understanding that the UCC has no liability for any claim to the contrary, or for any damage or loss of any kind or nature.
Version Information:
Version Number: 1.0
Date of creation: July 2001.
The schema and subsequent updates will be provided on the EAN and UCC websites.
</xsd:documentation>
</xsd:annotation>
<xsd:complexType name="OrderType">
<xsd:complexContent>
<xsd:extension base="core:OrderType">
<xsd:sequence>
<xsd:element name="lineItem" type="OrderLineItemType" minOccurs="1" maxOccurs="unbounded"/>
</xsd:sequence>
</xsd:extension>
</xsd:complexContent>
</xsd:complexType>
<xsd:complexType name="OrderLineItemType">
<xsd:complexContent>
<xsd:extension base="core:OrderLineItemType">
<xsd:sequence>
<xsd:element name="itemID" type="ItemIdentificationType" minOccurs="1" maxOccurs="1"/>
</xsd:sequence>
</xsd:extension>
</xsd:complexContent>
</xsd:complexType>
</xsd:schema>
```

ICS 97.060
C 68

中华人民共和国国家标准

GB 25115.1—2010/ISO 10472-1:1997

工业洗涤机械的安全要求 第1部分:通用要求

Safety requirements for industrial laundry machinery—Part 1:Commom requirements

(ISO 10472-1:1997,IDT)

2010-09-02 发布　　2011-07-01 实施

中华人民共和国国家质量监督检验检疫总局
中国国家标准化管理委员会　发布

前　言

本部分的第5章、第6章、第7章为强制性条文，其余为推荐性条文。

GB 25115《工业洗涤机械的安全要求》分为六个部分：

——第1部分：通用要求；

——第2部分：洗衣机和洗脱机；

——第3部分：隧道式洗涤机组和相关机械；

——第4部分：烘干机；

——第5部分：熨平机、送料机和折叠机；

——第6部分：整烫机和粘合机。

本部分为 GB 25115 的第1部分。

本部分等同采用 ISO 10472-1:1997《工业洗涤机械的安全要求　第1部分：通用要求》(英文版)。

为便于使用，本部分做了下列编辑性修改：

——将“ISO 10472 的本部分”修改为“GB 25115 的本部分”；

——按照汉语习惯对一些编排格式进行了修改；

——删除了国际标准的前言和引言；

——规范性引用文件按 GB/T 1.1—2000《标准化工作导则　第1部分：标准的结构和编写规则》的要求进行了编写；

——用小数点“.”代替作为小数点的逗号“,”；

——删除了国际标准的参考文献。

本部分的附录A为规范性附录，附录B为资料性附录。

本部分由中国轻工业联合会提出。

本部分由全国服装洗涤机械标准化技术委员会归口。

本部分起草单位：成都美联利华电气有限公司、三河洁神洗涤设备有限公司、蓬莱市大成洗涤机械有限公司、上海弘飞洗涤设备有限公司、青岛海尔洗衣机有限公司。

本部分主要起草人：陈振海、孙寿杰、王益平、游浩、阮振勇。

工业洗涤机械的安全要求
第1部分:通用要求

1 范围

GB 25115 的本部分给出了所有与洗涤机械有关的重要危险。洗涤机械是指设计用在包括宾馆、医院、疗养院、监狱等工业洗衣场所以及类似场所的机械以及自助式洗涤设施中的机器,也包括干洗机和服装整烫机械。

本部分不适用于制衣行业的某些专用整理机。

本部分不适用于家用和类似用途的电器。

本部分引用了 GB/T 15706.1 和 GB/T 15706.2 中规定的基本要求,并根据工业洗涤机械的要求作了补充,以指导设计者对危险作出危险性评价(见 EN 1050)以及如何选择措施以达到所要求的安全级别。

本部分对下面的内容没有给出具体的技术建议:

——机器的生命期而不是使用期;

——噪声;

——激光;

——维修以及运行中故障的排除;

——人类工效学;

——爆炸;

——能源的隔离;

——压力容器;

——在生产过程中应暴露的热表面(见 GB 25115.6—2010 中整烫机的模压工作表面)。

本部分不涉及电磁兼容性。

本部分不适用由于在某种机械内使用气体而导致的危险,这种机械不包括在本部分 5.5.2 所描述的范围之内。

在附录 B 中给出了一个大规模洗衣厂和一个中等规模洗衣厂布局的例子,以展示 GB 25115 的第 2 部分到第 6 部分所描述的机械。

本部分适用于在相关的国家标准发布之后而制造的机械。

注:对于与制造、运输、使用、报废、拆除和处理机械相关的危险见 GB/T 15706.1—2007 中的 3.19,3.22 和 GB/T 15706.2—2007 中的 6.5。

本部分所包括的指导,是基于假定设计者已经完成了对正在考虑的机械的危险分析,这些指导使设计者能够识别和执行本部分对机械所作的规定。

2 规范性引用文件

下列文件中的条款通过 GB 25115 的本部分的引用而成为本部分的条款。凡是注日期的引用文件,其随后所有的修改单(不包括勘误的内容)或修订版均不适用于本部分,然而,鼓励根据本部分达成协议的各方研究是否可使用这些文件的最新版本。凡是不注日期的引用文件,其最新版本适用于本部分。

GB 4706.1 家用和类似用途电器的安全 第 1 部分:通用要求[GB 4706.1—2005,IEC 60335-1:2004(Ed4.1),IDT]

GB 4706.20　家用和类似用途电器的安全　滚筒式干衣机的特殊要求(GB 4706.20—2004,IEC 60335-2-11:2002,IDT)

GB 5226.1—2008　机械安全　机械电气设备　第1部分:通用技术条件(IEC 60204-1:2005,IDT)

GB/T 15706.1—2007　机械安全　基本概念与设计通则　第1部分:基本术语和方法(ISO 12100-1:2003,IDT)

GB/T 15706.2—2007　机械安全　基本概念与设计通则　第2部分:技术原则(ISO 12100-2:2003,IDT)

GB 16754—2008　机械安全　急停　设计原则(ISO 13850:2006,IDT)

GB/T 16855.1—2008　机械安全　控制系统有关安全部件　第1部分:设计通则(ISO 13849-1:2006,IDT)

GB 25115.2—2010　工业洗涤机械的安全要求　第2部分:洗衣机和洗脱机(ISO 10472-2:1997,IDT)

GB 25115.3　工业洗涤机械的安全要求　第3部分:隧道式洗涤机组和相关机械(GB/T 25115.3—2010,ISO 10472-3:1997,IDT)

GB 25115.4—2010　工业洗涤机械的安全要求　第4部分:烘干机(ISO 10472-4:1997,IDT)

GB 25115.5—2010　工业洗涤机械的安全要求　第5部分:熨平机、送料机和折叠机(ISO 10472-5:1997,IDT)

GB 25115.6—2010　工业洗涤机械的安全要求　第6部分:整烫机和粘合机(ISO 10472-6:1997,IDT)

ISO 5232　纺织机械图形符号

ISO 9398-1　工业洗涤机械的规范　容量及能耗的定义　第1部分:熨平机

ISO 9398-2　工业洗涤机械的规范　容量及能耗的定义　第2部分:滚筒式烘干机

ISO 9398-3　工业洗涤机械的规范　容量及能耗的定义　第3部分:隧道式洗涤机

ISO 9398-4:1993　工业洗涤机械的规范　容量及能耗的定义　第4部分:洗涤脱水机

ISO/TR 11688-1　声学　低噪声机器和设备设计的推荐实用规程　第1部分:规划

ISO 13851:2002　机械安全　双手控制器　功能问题和设计原则

ISO 13852:1996　机械安全　防止上肢触及危险区的安全距离

ISO 13853　机械安全　防止下肢触及危险区的安全距离

ISO 14119:1998　机械安全　带防护装置的联锁装置　设计和选择原则

IEC 60335-2-7　家用和类似用途电器的安全　第2-7部分:洗衣机的特殊要求

IEC 60335-2-44　家用和类似用途电器的安全　第2-44部分:熨烫机的特殊要求

EN 563　机械安全　可接触表面的温度　确定热表面温度限值的工效学数据

EN 614-1:1995　机械安全　人类工效学设计原则　第1部分:术语和总原则

EN 626-1　机械安全　减少机械产生的危险物质对健康造成的危害　第1部分:机械制造原则和规范

EN 746-2:1997　工业热处理设备　第2部分:燃烧和燃料处理系统的安全要求

EN 953:1997　机械安全　防护装置(固定式和活动式)设计和安装的一般要求

EN 999:1998　机械安全　有关与人体部分接近速度的保护装置的位置

EN 1037:1995　机械安全　避免意外启动

EN 1050　机械安全　危害评估原则

EN 1760-1:1997　机械安全　压敏防护装置　第1部分:压敏垫与压敏地板设计和试验通则

EN 1760-2:2001　机械安全　压敏防护装置　第2部分:压敏边缘和压敏棒设计和试验通则

EN 50100-1:1994 机械安全 电子传感保护装置 第1部分:通用安全要求和测试

3 术语和定义

下列术语和定义适用于GB 25115的本部分。

3.1

工业洗涤机械 industrial laundry machinery

工业洗衣场所用于对成形和未成形的织物进行清洗、脱液、烘干和熨烫整理的机械。

注:包括用于洗衣店、宾馆、医院、疗养院、监狱和类似场所的机械。

4 大多数工业洗涤机械有关的重要危险

4.1 机械危险

——挤压;

——剪切;

——缠绕;

——扯入或者夹住;

——碰撞;

——高压液体喷射;

——滑倒、绊倒和跌倒。

4.2 电气危险

——直接或间接的电气接触。

4.3 热危险

——有意或无意地接触热表面、火焰、爆炸或热辐射;

——热或冷的工作环境对身体健康的不良影响。

4.4 噪声引起的危险

——失去听力(致聋);

——其他生理疾病(如失去平衡、失去意识)。

4.5 与洗涤机械所使用、消耗及废弃的材料和物质有关的危险

——接触和吸入有害液体、气体、雾、烟和灰尘;

——燃烧和爆炸;

——物质的分解(如通过裸露的燃烧);

——生物危险。

4.6 机械设计中忽视人类工效学原理而引起的危险

——机器进料和卸料装置的不适高度所造成的影响健康的姿势。

4.7 能量供应失效、机器部件损坏和其他故障引起的危险

——能量供应失效(和/或控制电路失效);

——控制系统失效或故障(意外的启动、意外超速)。

4.8 机器维护或故障排除过程中引起的危险

5 对于第4章所列危险的安全要求和/或措施

5.1 机械危险

5.1.1 被困的人脱险和营救

对于那些容易发生被困危险的地方,如由于安全装置的失效或者维修期间,机器制造商应提供摆脱危险的方法和指导,以便使遇险人脱险并将伤害降到最低限度。

示例1:

——熨平机滚筒倒转;

——滚筒和机身分离;

——压合式整烫机机构的拆除。

5.1.2 防护和安全装置

应具有下列安全要求和/或措施:

对于防护装置,见表1。对于安全装置,见表2。

指导手册应注明:在防护装置没有被正确地安装到位前,不应操作机械。

表1 防护装置的安全要求和/或措施

安全要求和/或措施	应 符 合
防护的选择,除非在 GB 25115.2~GB 25115.6 已规定	GB/T 15706.2—2007 中的 5.2 EN 953:1997 中的第5章
防护装置的设计和构造	GB/T 15706.2—2007 中的 5.3 EN 953:1997 中的第6章和第7章
防护装置的固定	EN 953:1997 中的 5.4,7.2 和 7.3
防护的排列,除非在 GB 25115.2~GB 25115.6 已规定[a]	ISO 13852:1996 中的表1和表4 ISO 13853
防护装置的互锁,除非在 GB 25115.2~GB 25115.6 已规定	ISO 14119:1998 中的第5章
栅栏防护装置	附录A
[a] 防护装置的安全距离应适用于正常操作以及设置、调整、维护和故障排除等所有工作位置。	

表2 安全装置的安全要求和/或措施

安全要求和/或措施	应 符 合
安全装置的选择,除非在 GB 25115.2~GB 25115.6 中已指定	GB/T 15706.2—2007 中的 5.2
安全装置的技术特点	GB/T 15706.2—2007 中的 5.3.3 EN 50100-1:1994 中的第4章
安全装置的定位,除非在 GB 17202.2~GB 17202.6 中已指定	EN 999:1998 中的第5章~第7章
互锁防护[a] 选择 设计	ISO 14119:1998 中的 3.2 ISO 14119:1998 中的 7.5 ISO 14119:1998 中的第5章和第6章
具有防护锁的互锁防护 选择 设计	ISO 14119:1998 中的 3.3 ISO 14119:1998 中的 7.5 ISO 14119:1998 中的 5.3 EN 50100-1:1994 中的第 A5 章,第 A6 章,第 A7 章
电感防护装置 ——选择[b] ——安装 ——用于启动的时候	 EN 50100-1:1994 中的第4章 ISO 13849-1:1999 中的 4.3 EN 50100-1:1994 中的附录C EN 50100-1:1994 中的第 A5 章

表 2（续）

安全要求和/或措施	应符合
光电防护装置 ——选择[b] ——定位	 EN 50100-1:1994 中的第 4 章 EN 999:1998 中的 6.1～6.4
双手控制 ——选择[c]	ISO 13851：2002 中的第 5 章 GB 5226.1—2008 中的 9.2.5.7 ISO 13849-1:1999 中的 4.3
压敏防护装置	EN 1760-1:1997 中的第 4 章 EN 1760-2:2001 中的第 4 章
止-动操作装置[d]	GB/T 15706.1—2007 中的 3.26.3 GB 5226.1—2008 中的 9.2.5.6

[a] 防护的安全距离应适用于正常的操作以及设置、调整、维修和故障排除等所有工作位置。

[b] 应用第 2 个类型，除非在 GB 25115.2～25115.6 中已规定。

[c] 应用第Ⅱ个类型，除非在 GB 25115.2～25115.6 中已规定。

[d] 装置应定位在使操作者能清楚地看到，但是不会接触危险区域的位置。

5.1.3 **故障检查、清除或维修**

应采取安全措施按 GB/T 15706.2—2007 中的 4.11.9 进行故障检查、清理或维修（如清除堵塞物），并在指导手册中说明。

5.1.4 **联合安装**

联合安装使机械和辅助设备组合成一个生产单位并受整个控制系统控制，同时应采取下面的安全要求和/或者措施：

a） 对于整个复杂的系统，应有一个电源切断装置（主开关），而每个机械或者部件应有单独的电源切断装置，以便能单独操作（见 EN 1037:1995 中的 4.1）；

b） 整套机械或单个附属机械以及指定的机械与相邻的机械的接口处应安装附加的防护罩和安全装置；

c） 在启动整套联合设备之前，所有可移动的防护罩和安全装置都应安装到位并起作用。当附属机械处于静止状态时，允许它的防护罩和安全装置不在位置或不起作用，但防止进入相邻运转机械危险部件的防护罩和安全装置除外；

d） 如果一个机械或者组合机械的部件由两个或两个以上厂家提供，那么整个机械的安全措施应由进行总装的厂家来负责，并在合同中确定。应注意机械之间接口的安全防护。

注：没有对总装过程中产生的危险进行全面评估，会对整个安装过程的安全水平产生不良影响。

5.2 **电气危险**

根据机械的用途，设计机械电气时应符合 GB 5226.1 中选项 1 或 GB 25115.2—2010、GB 25115.4—2010 和 GB 25115.5—2010 中 5.3 指定的 GB 4706 或 IEC 60335[见 b)]的规定。

a） 如果应用 GB 5226.1，则应采用表 3 内给定的适当条款。

除非在 GB 25115.2～GB 25115.6 另外指明，根据 GB 16754—2008 中 4.1.5 的 0 类，机械应配置紧急停止装置。按照 GB 16754—2008 中 4.4 的要求，机械制造商应在装料或卸载处安装紧急停止装置。

另外，制造商应确保有足够的装置，使操作者在距离机械 2 m 的范围之内，至少可以看到一个装置，并且每个装置安装在操作者所处的位置 8 m 的范围之内。如果该装置是一个紧急停止的按钮，那么它应该安装在距工作地面或操作平台 700 mm～1 700 mm 的高度上。

投币式或类似操作的自助式机械，可以不安装紧急停止装置。在这种情况下，指导手册应说明：要求用户应自行安装一个远控的紧急停止装置，并将其连接到每个机械上。

表 3　机械中电气设备的安全要求(GB 5226.1)

安全要求和/或措施	应符合 GB 5226.1—2008 条款
电击	第 4、6、7、8、11、13、14 和 16 章
过载电流、超速、过载	第 7、8 章
环境影响	第 4、11、14 章
电磁兼容性	第 4、8、9 章
电压下降或供应中断后重新启动	7.5
控制设备的可接近性、布局和识别	第 10、11、16 章
手工操作的人类工效学	第 10、11 章
电缆和电线	第 12、13 章
附件和照明	第 15 章
文件和指导手册	第 17 章
测试	第 18 章
保护等级	11.3

b)　如果采用 GB 4706 或 IEC 60335 则下面的部分应该使用：

——GB 4706.1 对于所有的机器；

——GB 4706.20 对于滚筒烘干机；

——IEC 60335-2-7 对于洗衣机；

——IEC 60335-2-44 对于整烫机。

设计者应选择适当的标准，并符合相关的电气安全条款。对于 GB 4706 或 IEC 60335 应采用表 4 中给出的适当条款。

表 4　机械中电气设备的安全要求(GB 4706，IEC 60335)

安全要求和/或措施	GB 4706.1 中的条款	GB 4706.20 中的条款	IEC 60335-2-7 中的条款	IEC 60335-2-44 中的条款
电击	第 8 章	第 8 章	第 8 章	第 8 章
起动/输入功率/电流	第 9、10 章	第 9、10 章	第 9、10 章	第 9、10 章
发热	第 11 章	第 11 章	第 11 章	第 11 章
绝缘	第 13、15、16 章	第 13、15、16 章	第 13、15、16 章	第 13、15、16 章
过载	第 17 章	第 17 章	第 17 章	第 17 章
线路	第 23 章	第 23 章	第 23 章	第 23 章
元件	第 24 章	第 24 章	第 24 章	第 24 章
连接，接线端子，接地	第 25、26、27 章	第 25、26、27 章	第 25、26、27 章	第 25、26、27 章
绝缘距离	第 29 章	第 29 章	第 29 章	第 29 章
注 1：也应符合 GB 5226.1—2008 中第 17 章和第 18 章的要求。 注 2：设计者应注意符合与这一范围机械相关的电气设备的国家规定。				

5.3 热危险

当机器含有能造成烫伤危险的零件时，设计时应尽可能降低由于接触或接近机械，考虑高温零件所引起的烫伤危险。除非在 GB 25115.2～GB 25115.6 中另外规定，在正常工作条件下偶然接触（接触时间不超过 1 s）的表面温度不超过下面的值：

——无涂层金属 70 ℃
——涂层金属（例如：涂层厚度 60 μm）： 80 ℃ 不包括处理表面
——玻璃 85 ℃

对于偶然在高温下工作的机械，制造商应在指导手册中说明这些特殊情况，并在人员培训和安全指导方面给予建议。

对于裸露的工作表面，如熨槽或上模头，没有要求特殊的措施。

对于接触的表面，如手动阀和门把手，应提供措施以确保表面温度不超过 EN 563 中给定的可接触 10 s 的表面温度值。

指导手册应特别说明当防护装置或护罩去掉后，暴露的热表面对维修人员有伤害的危险。

5.4 噪声引起的危险

GB 25115 没有包含降低噪声的具体措施。在设计的早期阶段，应考虑噪声可能产生的危险，以最新技术选择合适的措施（见 ISO/TR 11688-1）。

5.5 与材料和/或物质有关的危险

5.5.1 接触或吸入有害的流体、气体、雾、烟和灰尘

指导手册应包含正确使用机械以防止接触有害物质的信息（见 EN 626-1）。指导手册也应要求用户与化学品供应商咨询有关使用的产品及其化合物的危险，并给出正确的使用方法和使用规范。具体措施见 GB 25115 的相关部分。

5.5.2 燃烧与爆炸

对下列机械，应符合 EN 746-2：

——在 GB 25115.2 中描述的转笼净容积（见 ISO 9398-4:1993 中的 3.2）不小于 150 L 的机械；
——在 GB 25115.3 中描述的所有机械；
——在 GB 25115.4 中描述的转笼净容积（见 ISO 9398-4:1993 中的 3.2）不小于 350 L 的机械；
——在 GB 25115.5 中描述（在熨槽承压状态下）的工作接触面积不小于 1.2 m^2 的机械；
——在 GB 25115.6 中描述的所有机械。

对于这些机械，应符合表 5 中的适当条款。

表 5 加热设备的安全要求

安全要求	应符合 EN 746-2:1997 中的条款
用气体燃料加热	5.1
用液体燃料加热	5.2
验证	第 5 章
指导手册和标志	第 6 章

对于采用直燃式加热方式的机械的空气净化应符合 EN 746-2:1997 中的 5.2.1.9、5.2.3.2、5.3.1.9 和 5.3.3.2，但其净化容积至少不低于在机械内空气容积的 3 倍，与其相关的排放管道不应计算在内。

制造商应在指导手册中说明，由于管道中未完全燃烧的气体和遗留在排气管道中的绒毛产生的可能危险，并根据管道的设计特点，给出用户可以采取的措施。

如果排气系统阻塞时，制造商应提供关掉燃料供应的方法，以防危险情况的发生（如在排气系统中与压力传感器互锁的截止阀）。在指导手册中应详细说明将废气排放到外部安全位置的排气管道，以及

长输送管道要求附加的净化时间。

注：对于小于上面所描述的尺寸限制的机械，可以采用与燃气器具安全相关的国家法规。

5.5.3 物质的分解

对于燃气和燃油的机械，制造商应在指导手册中给出警告：某些物质，如干洗溶剂如果进入燃烧器，可能分解成有毒的和/或腐蚀性的物质。燃气和燃油机械的排气管道应通向外部安全的位置。

5.5.4 生物危险

制造商应在指导手册中提醒用户有关没有完成消毒循环所带来的生物方面的危险。

注：可参照有关消毒的国家法规。

5.6 机械设计中忽视人类工效学原理引起的危险

本部分不包含关于消除或减少在机械设计中忽略人类工效学原理引起危险的具体措施。在 EN 614-1:1995 中的附录 A 中有关于避免不健康姿势的建议。

5.7 能量供应和控制系统故障引起的危险

5.7.1 能量供应的故障

应提供措施，防止能量供应故障造成的危险。

示例：

——在有危险的转动中，弹簧制动机构的弹簧力失效的能量释放故障；

——弹簧加载装置防护锁的弹簧力失效[见 ISO 14119:1998 中的图 4a)]。

5.7.2 控制系统的故障

设计控制系统中与安全有关的零件时应使用可靠的元件和原则(1 类)，除非在 GB 25115.2～GB 25115.6 中指明更高的类别(见 GB/T 16855.1—2008 中的第 6 章)。

5.8 维护和/或排除故障过程中引起的危险

维护操作和排除过程故障(如去除缠绕的布草)应符合 GB/T 15706.2—2007 中 4.11.8、4.11.9、4.11和 5.2.4 的安全要求和/或措施。

调节、润滑和维护点应尽可能设置在危险区之外。设计机械时，应使调节、维护、修理、调整、设置、清洁、服务操作和消除过程故障的操作只能在机械处于停止和完全隔离了所有的危险的动力源的条件下进行。GB 25115 中的有关部分具体描述，不能在机械停止工作时进行的特殊操作的安全要求和/或措施(如熨平机熨辊护层)。

6 安全要求和/或措施的验证

应符合 GB 25115.2～GB 25115.6 和其他规范性引用文件的验证条款。

通过检查、计算和测试，对机械的设计与结构方面进行验证，最终的验证应在产品交付状态下通过全面检查下列项目来完成：

——对第 5 章中提到的有关标准进行正确解释；

——已正确地完成规范性引用文件所要求的所有验证步骤；

——特殊的参数(如速度、力、*G* 因子计算)均正确无误；

——所有防护和安全装置都安装到位、有效，且尺寸合适；

——指导手册包含所有要求的信息。

验证项目见表 6。

表 6 验证项目

本部分条款	项　目	依　据	检　验　方　法
5.1	机械危险		
5.1.1	被困的人	指导手册	确认内容和准确性
5.1.2	防护装置	GB/T 15706.2	检查和测试

表 6（续）

本部分条款	项　目	依　据	检验方法
5.1.2		EN 953	目测
		ISO 13852	测量
		ISO 13853	测量
		指导手册	确认内容和准确性
	互锁装置	ISO 14119	测试和检查
	安全装置	GB/T 15706.2	检查和测试
		ISO 13851	示例演示
		EN 50100-1	示例演示
		EN 999	测量和演示
5.1.3	故障检查	GB/T 15706.2	确认内容和准确性
		指导手册	
5.1.4	联合安装		
	a)　主开关	EN 1037	检查和测试
	b)　防护罩和安全装置		检查
	c)　联合安装设备的启动		功能测试
	d)　总体安装	合同	确认内容和准确性
5.2	电气危险		
	表 3 中提到的项目	GB 5226.1	
	紧急停止装置	ISO 13850	直观检查、测量、功能测试
	自动及摇控装置的紧急停止	指导手册	确认内容和准确性
	表 4 中提到的项目	GB 4706，IEC 60335	
5.3	热危险		
	热表面的温度		测量
	较高的温度	指导手册	确认内容和准确性
	接触表面	EN 563	测量
	维护人员	指导手册	确认内容和准确性
5.5.1	有害的流体、气体、雾、烟和灰尘		
	机械的正确使用	指导手册	确认内容和准确性
	咨询化学品供应商	指导手册	确认内容和准确性
5.5.2	燃烧与爆炸		
	燃烧装置	EN 746-2:1997 中的第 6 章	
	直燃式机械的空气净化	EN 746-2:1997 中的 5.2.1.9，5.2.3.2，5.3.1.9 和 5.3.3.2	计算净容积
	未燃烧的气体和绒毛	指导手册	确认内容和准确性 示例
	关闭方法	指导手册	确认内容和准确性
5.5.3	物质的分解		
	警告	指导手册	确认内容和准确性
5.5.4	生物危险	指导手册	确认内容和准确性
5.7.1	能源供应的故障	ISO 14119	断开能源供应 检查安全功能
5.7.2	控制系统的故障		
	类别	GB/T 16855.1—2008 中的第 6 章	检查制造商的技术文件

表 6（续）

本部分条款	项　　目	依　　据	检　验　方　法
5.8	维护和排除故障 维护操作 润滑和维护点的位置	 GB/T 15706.2 	 直观检查
7.1	指导手册	GB/T 15706.2—2007 中的 6.5	检查完整性
7.2	警示符号	GB/T 15706.2—2007 中的 6.4 ISO 5232	目测
附录 A	栅栏防护装置 尺寸 高度和间隙 互锁的门 ——进入时间和停止时间 重新启动 ——复位控制 限位装置 ——类别 只从内部开门	 ISO 13852 ISO 13853 ISO 14119 5.1.2，表 2 5.7.2 	 测量 测量 测量 示例 测量 检查控制板的位置和功能 检查锁定装置的位置和功能 检查制造商的技术文件 说明

7　关于机械使用的信息

7.1　指导手册

制造商应按 GB/T 15706.2—2007 中的 6.5 提供指导手册。

除了 GB/T 15706.2 中需要的内容外，还应按其中 A.1.7.4 的要求提供有关噪声源的内容，制造商还需提供如下详细内容：

——明确地陈述机械的应用范围和使用限制，尤其是机械允许或不允许使用的过程；

——明确陈述提供给机械能源供应的最大和最小压力值、速率、性质；

——充分描述正常安全操作机械的程序，如需要附图解释，应考虑操作者的动作以减少疲劳，如重复动作引起的疲劳和伤害（见 EN 614-1）；

——有关日常维护、设置和故障排除工作的安全系统的描述（如机械的物料装卸、堵塞物清除）；

——有关用于通风、排气、排水等排放有害物质装置的特殊要求的描述；

——当机械成为生产流水线的一个组成部分时，制造商应说明可能产生的其他危险，并给出与其他设备衔接的指导意见。

制造商应提供在第 5 章中要求的涉及下面内容的详细指导：

——5.1.1，对被困人的脱险和解救的安全措施；

——5.1.2，不能操作没有固定防护装置的机械；

——5.1.3，故障检查、排除或维护的方法；

——5.2，遥控紧急停止；

——5.3，热危险；

——5.5.1，危险的泄漏物；

——5.5.2，排出废气的管道；

——5.5.3，有毒气体警示；

——5.5.4，生物危险。

制造商应提供其他规范性引用文件所要求的信息，如：

GB 5226.1—2008 中的：

——第 17 章，指导手册；

——第 18 章，安全检查程序。

EN 746-2:1997 中的：

——第 5 章，安全检查程序；

——第 6 章，指导手册。

制造商应描述在安装和拆除期间操作机械的安全方法。

7.2 警示符号

制造商应提供与下列标准相一致的机械标志：GB/T 15706.2—2007 中的 6.4，GB 5226.1—2008 中的第 16 章和第 17 章，EN 746-2，ISO 9398-1～ISO 9398-4。

图形符号应符合 ISO 5253 的规定。

应清楚标志机械的总质量、吊装点和重心。

附 录 A
(规范性附录)
对栅栏的附加说明

为防止进入危险点,栅栏防护装置的尺寸应符合 ISO 13852 和 ISO 13853 的规定。另外,栅栏防护装置高度至少为 1 800 mm,底边与地面的间隙不超过 180 mm,以减少未经许可进入的可能性。

应在允许进入的栅栏门上设置互锁装置,见 ISO 14119。当机械完全停止的时间超过进入所需要的时间时,应提供防护锁。

按动控制面板上的启动按钮才能重新启动机械。为防止未经许可的人重新启动机械,在能够观察所有危险区的门附近设置复位控制。只有按动复位控制,才能重新启动机械。

可以使用限位装置,如压敏垫或压敏地板(见表 2)和电子敏感保护装置(见表 2),以防止人在栅栏防护区内重新启动机械。这些限位装置和栅栏防护装置中与安全有关的控制系统应处于同一类别。

门应设计成可以从内部打开。

如果有两个或更多的门可进入栅栏防护区,那么每个门应安装一个独立的复位控制,即只能通过主控面板才能重新启动机械。

每个在防护区内的操作者都应有独立的锁定复位控制的方法,只能在每个操作者都未锁定复位控制时才能重新启动机械。

附 录 B
(资料性附录)
洗衣厂布局

B.1 中等规模洗衣厂布局见图 B.1。

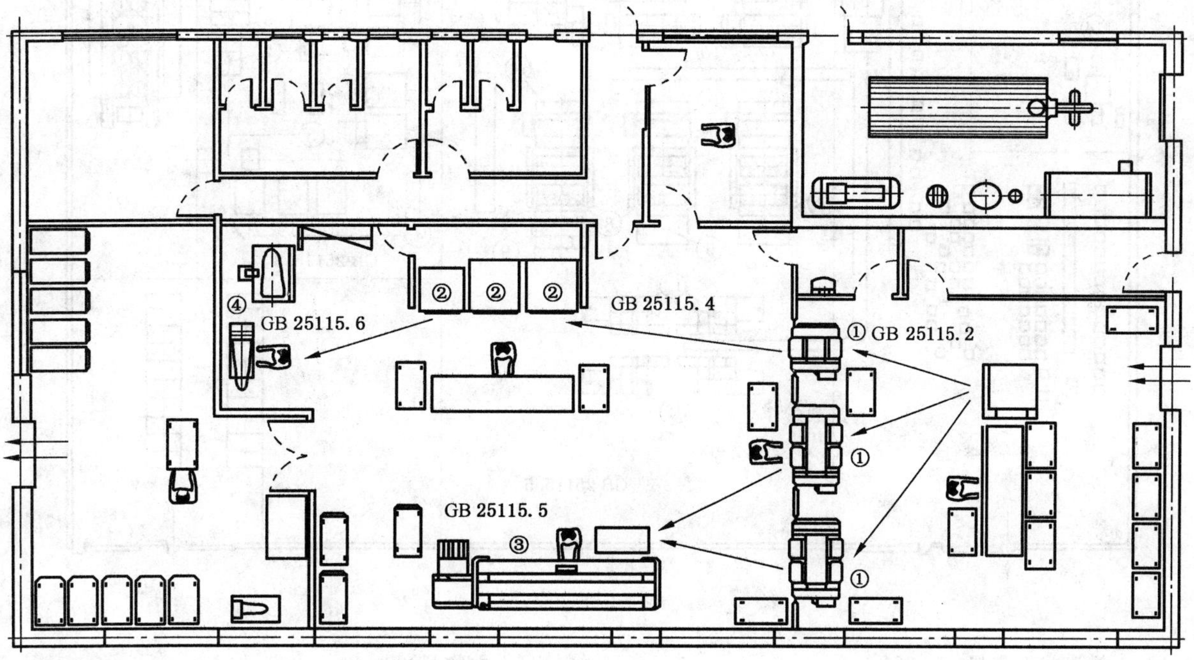

1——洗衣机脱水机(隔离式机器);
2——滚筒式烘干机;
3——滚筒式熨平机(多功能机器);
4——整烫机(熨烫机)。

图 B.1 中等规模洗衣厂布局

B.2 大规模洗衣厂布局见图 B.2。

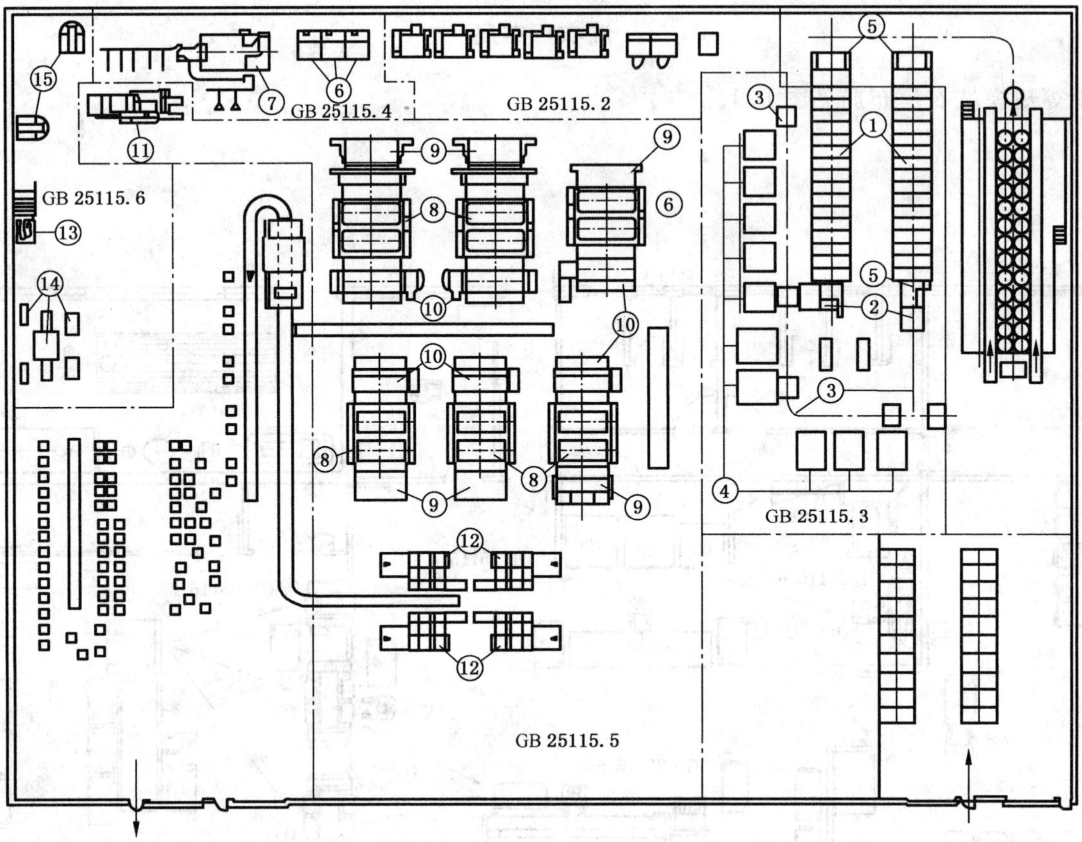

1——隧道式洗衣机；
2——压干机；
3——自动传输机；
4——滚筒式烘干机；
5——加料与卸料界面；
6——滚筒式干衣机；
7——隧道式后处理机和相关的传送机；
8——槽式熨平机；
9——送料机(平面物料)；
10——折叠机(平面物料)；
11——折叠机(衣服)；
12——折叠机(毛巾)；
13——夹压式整烫机；
14——橱柜式整烫机；
15——转动式整烫机。

图 B.2　大规模洗衣厂布局

ICS 97.060
C 68

中华人民共和国国家标准

GB 25115.2—2010/ISO 10472-2:1997

工业洗涤机械的安全要求 第2部分:洗衣机和洗脱机

Safety requirements for industrial laundry machinery— Part 2:Washing machines and washer-extractors

(ISO 10472-2:1997,IDT)

2010-09-02 发布　　2011-07-01 实施

中华人民共和国国家质量监督检验检疫总局
中国国家标准化管理委员会　发布

前　言

本部分的第5章、第6章、第7章为强制性条文，其余为推荐性条文。

GB 25115《工业洗涤机械的安全要求》分为六个部分：

——第1部分：通用要求；

——第2部分：洗衣机和洗脱机；

——第3部分：隧道式洗涤机组和相关机械；

——第4部分：烘干机；

——第5部分：熨平机、送料机和折叠机；

——第6部分：整烫机和粘合机。

本部分为GB 25115的第2部分。

本部分等同采用ISO 10472-2:1997《工业洗涤机械的安全要求　第2部分：洗衣机和洗脱机》(英文版)。

为便于使用，本部分做了下列编辑性修改：

——将"ISO 10472的本部分"修改为"GB 25115的本部分"；

——按照汉语习惯对一些编排格式进行了修改；

——删除了国际标准中的前言和引言；

——规范性引用文件按GB/T 1.1—2000《标准化工作导则　第1部分：标准的结构和编写规则》的要求进行了编写；

——用小数点"."代替作为小数点的逗号","。

本部分由中国轻工业联合会提出。

本部分由全国服装洗涤机械标准化技术委员会归口。

本部分起草单位：上海航星机械(集团)有限公司、山东蓬莱小鸭洗涤设备有限公司、江苏海狮机械集团有限公司、上海弘飞洗涤设备有限公司、蓬莱市大成洗涤机械有限公司。

本部分主要起草人：王益平、孙寿杰、邬士新、廖明、张郁利。

工业洗涤机械的安全要求
第2部分:洗衣机和洗脱机

1 范围

GB 25115 的本部分和第1部分给出了有关净容积大于60 L的洗衣机和洗涤脱水机的重要危险。

本部分不适用于抽屉式洗衣机和洗脱机的特殊危险规定。

本部分不适用于被洗涤物料可能在机器内部产生爆炸或者可燃气体的危险规定。

本部分引用了GB/T 15706.1和GB/T 15706.2中规定的基本要求,并根据工业洗涤机械的要求作了补充,以指导设计者对危险作出危险性评价(见EN 1050)以及如何选择措施以达到所要求的安全级别。

本部分不适用于化学品供应泵、蒸气阀和供给管道、通风系统、物料进给系统、卸载系统和排气系统等辅助设备。

2 规范性引用文件

下列文件中的条款通过GB 25115的本部分的引用而成为本部分的条款,凡是注日期的引用文件,其随后所有的修改单(不包括勘误的内容)或修订版均不适用于本部分,然而,鼓励根据本部分达成协议的各方研究是否可使用这些文件的最新版本。凡是不注日期的引用文件,其最新版本适用于本部分。

GB 4706.1 家用和类似用途电器的安全 第1部分:通用要求[GB 4706.1—2005,IEC 60335-1:2004(Ed4.1),IDT]

GB 5226.1 机械安全 机械电气设备 第1部分:通用技术条件(GB 5226.1—2008,IEC 60204-1:2005,IDT)

GB/T 15706.1—2007 机械安全 基本概念与设计通则 第1部分:基本术语和方法(ISO 12100-1:2003,IDT)

GB/T 15706.2 机械安全 基本概念与设计通则 第2部分:技术原则(GB/T 15706.2—2007,ISO 12100-2:2003,IDT)

GB/T 16855.1—2008 机械安全 控制系统有关安全部件 第1部分:设计通则(ISO 13849-1:2006,IDT)

GB 25115.1—2010 工业洗涤机械的安全要求 第1部分:通用要求(ISO 10472-1:1997,IDT)

ISO 13852:1996 机械安全 防止上肢触及危险区的安全距离

ISO 13853 机械安全 防止下肢触及危险区的安全距离

ISO 14119:1998 机械安全 带防护装置的联锁装置 设计和选择原则

IEC 60335-2-7 家用和类似用途电器的安全 第2-7部分:洗衣机的特殊要求

EN 349:1993 机械安全 避免挤压人体部分的最小间隙

EN 953:1997 机械安全 防护装置(固定式和活动式)设计和安装的一般要求

EN 1037 机械安全 避免意外启动

EN 1050 机械安全 危害评估原则

EN 1760-1 机械安全 压敏防护装置 第1部分:压敏垫与压敏地板设计和试验通则

EN 1760-2 机械安全 压敏防护装置 第2部分:压敏边缘和压敏棒设计和试验通则

3 术语和定义

下列术语和定义适用于 GB 25115 的本部分。

3.1

洗衣机 washing machine

仅用来完成洗涤物料操作的机器。

3.2

洗脱机 washing-extractor

具有物料清洗和利用离心运动脱水功能的机器。

3.2.1

固定式洗脱机 fixed washer-extractor

外筒刚性固定安装在框架上的洗脱水机。

3.2.2

悬浮式洗脱机 suspended washer-extractor

外筒不是刚性固定而是通过减振系统与框架连接的洗脱机。

3.2.3

倾斜式洗脱机 tilting washer-extractor

在装料和/或卸料过程中,外筒可以呈倾斜状态的固定或悬浮式洗脱机。

3.2.4

抽屉式洗脱机 drawer-type washer-extractor

可以在框架上水平移动的两个抽屉仓,从低位仓口装料,高位仓口卸料的固定或悬浮式洗脱机。

3.2.5

顶部装料、垂直轴式洗脱机 top-loading,vertical axis washer-extractor

装料门平面与竖直的转笼轴线成直角的洗脱机。

3.3

前部装料式机器 front-loading machine

装料门平面与水平的转笼轴线成直角的洗衣机和洗脱机。

3.4

侧面装载式机器 side-loading machine

装料门平面平行于转笼水平旋转轴的洗衣机或洗脱机。

3.5

隔离式机器 barrier machine

装料和卸料位置没有直接接触(如有隔离墙)的洗衣机或洗脱机。

3.6

无菌型机器 aseptic machine

用于处理被传染物料的洗衣机或洗脱机。

3.7

被传染物料 infected work

有传染疾病或怀疑有传染疾病的人接触过的物料。

3.8

转笼(内筒) cage(basket)

在洗涤过程中装载物料的旋转容器。

注:一般情况下,转笼由带网孔的不锈钢制成,并由刚性或柔性轴承支撑。转笼既可以不分仓(单仓机器)也可以分割为两仓或多仓(多仓机器)。

3.9

外筒 drum

通常和门组成一个整体，是转笼在其内部旋转的容器。

3.10

***G* 因子 *G*-factor**

是转笼外径测点的离心加速度和重力加速度构成的常数，用 G 表示，由式(1)求得：

$$G = 5.6 \times \left(\frac{n}{1\ 000}\right)^2 \times d \qquad \cdots\cdots (1)$$

式中：

n——每分钟转动的次数，单位为转每分(r/min)；

d——转笼直径，单位为厘米(cm)。

4 危险

4.1 总则

对大多数工业洗涤机械的共有危险性见 GB 25115.1，针对洗衣机和洗脱机的特殊危险见本部分 4.2～4.11 的规定。

4.2 机械危险

4.2.1 旋转转笼：挤压、剪切、缠绕、扯入和夹住。

4.2.2 手动的外筒门：门下落时的挤压和夹住。

4.2.3 门(转笼和外筒)：在装料和卸料过程中转笼有意或无意的旋转而引起的扯入、夹住和剪切(如转笼复位时)。

4.2.4 转笼门：由于转笼门没有锁紧导致机器零件弹出进而发生冲撞、剪切和挤压。

4.2.5 动力外筒门：由于关闭或打开时引起的冲撞、剪切和挤压。

4.2.6 失稳(由于不平衡)：冲撞。

4.2.7 悬浮式洗涤脱水机：悬浮的外筒或连接件与机器固定件(如框架)之间的挤压。

4.2.8 落料和装料设备：挤压、冲撞。

4.3 电气危险

见 GB 25115.1—2010 中的 4.2 规定。

4.4 热危险

4.4.1 炙热液体：由于液体飞溅或溢出导致烫伤。

4.4.2 装料和卸料门周围的热表面：烫伤。

4.4.3 热能：当门打开或水量不足时，无意中供给的装料而导致灼伤和烫伤。

4.4.4 观察窗：由于视镜破裂而被炙热液体烫伤。

4.5 噪声危险

脱水时可能产生噪声危险。

4.6 与材料和/或物质有关的危险

4.6.1 腐蚀性化学反应

机器的有害故障。

4.6.2 燃烧与爆炸

4.6.2.1 在物料中含有可爆炸气体：灼伤。

4.6.2.2 燃气或燃油加热：灼伤。

4.6.3 生物危险

4.6.3.1 接触被传染物料。

4.6.3.2 机器倒灌对公共水源的生物或化学的污染。

4.7 机器设计中忽视人类工效学原理引起的危险

因洗衣机和洗脱机装料门和化学物品添加料斗不适当的高度,导致操作者采用影响健康的姿势操作,以及卸料时过度费力。

4.8 因能源供应和控制系统故障引起的危险

如果操作者在机器停车期间(如机器保养时)触及转笼或机器倾斜时,进入危险区而发生的机械危险。

注:本条删除了原国际标准中标题中的重复内容。

4.9 机器零件意外弹出引起的危险

如动力传送过速。

4.10 与隔离式机器的特殊危险

分别处于隔离墙两侧的两个操作者交互操作时,转笼引起的缠绕、扯入和夹住或自动门关闭引起的剪切和挤压。

当用作无菌机器时的污染(见4.6.3.1)。

4.11 倾斜式机器的特殊危险

4.11.1 手动控制的倾斜:倾斜机器和固定件之间的挤压和剪切。

4.11.2 自动倾斜(意外启动):倾斜机器和固定件之间的挤压和剪切。

4.11.3 装料和卸料:缠绕。

4.11.4 倾覆:挤压。

4.11.5 维护:扯入或夹住。

5 对第4章所列危险的安全要求和/或措施

5.1 总则

设计者需要考虑GB 25115.1—2010规定的通用安全要求和措施,以及由本部分规定的特殊危险和措施。

5.2 机械危险

5.2.1 旋转的转笼

水平和垂直轴式洗衣机和洗脱机的装料门应能阻止操作者接近旋转的转笼,并且安装互锁防护门锁(见GB 25115.1—2010中的5.1.2)。门锁的作用应确保转笼旋转时门不应被打开。这种防护锁装置可包括驱动电机、时间延时器、动力弹簧驱动机械制动器和运动传感器。

当使用时间延时器与制动器连接时,指导手册应包括制动测试和维护说明的细节。

必须有合适的结构防止手动添加化学洗涤剂的加料斗进入旋转的转笼。采取的任何措施应与ISO 13852:1996表4中的规定一致(如在加料斗的底部设置安全栏或固定防护装置,允许液体流入但加料斗不应掉入)。

5.2.2 手动外筒门

向上打开的门应有合适的装置(采用挂钩或圆形阻尼器)防止门意外落下导致挤压和夹住的危险。该装置要求在动力部分出现故障时能正常操作。

这项措施不适用于门重小于2 kg且在中间打开的顶部装料垂直轴式洗脱机。

5.2.3 门(外筒和转笼)

外筒门处于打开位置时,不允许使用动力对多仓转笼或侧面装料机器的转笼进行定位。机器在自动装料或卸料以及能完全阻止靠近危险区时,这项要求可不予考虑。

对于多仓机器,重力引起的旋转将会导致危险,当转笼和外筒门打开时应采取措施阻止其旋转(如机械制动、最大载荷工况下对静态偏载有足够的支撑)。

5.2.4 转笼门

应采取措施防止外筒门已关闭和/或机器已启动后转笼门被打开。

这些措施可以包括,如:

——确保机器足够的刚性以防止组件弯曲变形;

——提供一个在锁定机构正确入位之前不应从转笼门移开的机械锁定保护装置。

指导手册应包括关于转笼门锁定装置检查和维护的详细方法。

5.2.5 动力外筒门

5.2.5.1 关门

应通过如下方法之一避免门自动关闭所引起的危险：

a) 在门的闭合间隙小于 8 mm 之前，门的闭合力小于 150 N，动能小于 10 J 和压力小于 0.5 N/mm^2（见 EN 953:1997 中的 6.2.5）。

b) 采用防护装置避免接近（见 GB 25115.1—2010 中的 5.1.2），如：

——根据 GB 25115.1—2010 中的附录 A；

——防护罩或盖。

c) 用只在关门过程中有效的安全装置停止门的运动（见 GB 25115.1—2010 中的 5.1.2），如：

——电敏保护装置；

——压敏垫或压敏地板（见 EN 1760-1）；

——考虑停止时间的行程杆（见 EN 1760-2）。

d) 采用止-动控制方式关门时（见 GB/T 15706.1—2007 中的 3.26.3），该控制方式应位于操作者能清楚看到危险区域但不能触及的位置。

5.2.5.2 开门

如操作者能进入危险区域和/或在开门过程中，门的任何部位最大速度大于 0.3 m/s 时，指导手册应给出设计和安装防护栏防止产生冲击危险的信息，该防护栏不应产生新的危险。

作为另一种选择，制造商可提供止-动控制来打开门（见 GB/T 15706.1—2007 中的 3.26.3）。该控制方式应位于操作者能清楚看到危险区域但不能触及的位置。

5.2.6 失稳

对于 *G* 因子大于 150 的固定式洗衣机和洗脱机及所有悬浮式洗衣机和洗脱机，应安装检测负载旋转转笼不平衡状态的装置。该装置应设置在一个可接受的不平衡状态范围内，当超过此范围时，旋转速度应降下来（如降到洗涤速度）。

应安装未被授权的人不能使它失效的感应装置。

制造商应在指导手册中描述试验不平衡状态控制系统的方法。

示例：

在外筒上固定一个带有长孔的刚性支架，传感器刚性固定在机器框架上并使其开关臂穿入孔中。外筒任何不正常的运动都将导致传感器开关触点闭合，并使旋转速度降到安全的范围内（见图 1）。

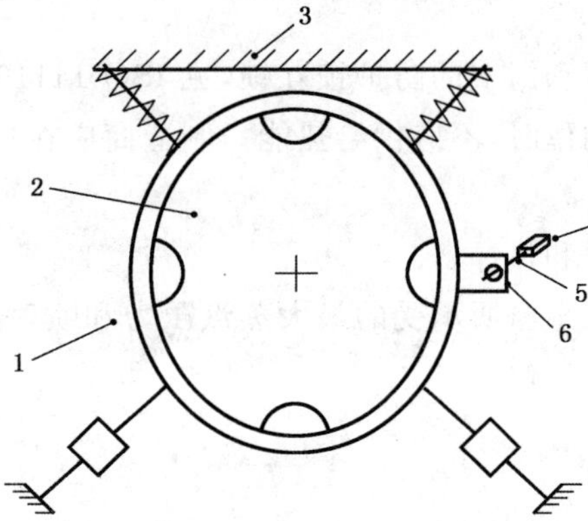

1——外筒；

2——转笼；

3——框架；

4——传感器；

5——开关臂；

6——孔。

图 1 不平衡感应装置

5.2.7 悬浮式洗衣机和洗脱机

悬浮外筒与固定件之间的最小距离应符合 EN 349:1993 中 4.2 的要求，以避免挤手。或者，挤压区域由刚性或者柔性的保护装置加以保护(见 GB 25115.1—2010 中的 5.1.2)。

5.2.8 装料和装料设备的跌落

为了避免在操作者上方装载物料或装载设备的意外掉落带来的危险(如倾斜式洗衣机和洗脱机装料时用的高于操作者头部的装料袋或输送斜槽)，应提供防护和/或安全装置(见 GB 25115.1—2010 中的 5.1.2)。当用户自备装料设备时，制造商应在指导手册中描述危险和合适的附加安全措施。斜槽应设计成当失去动力时，物料不会落下。

5.3 电气危险

对于净容积不小于 150 L 的机器，电气设计应符合 GB 25115.1—2010 中 5.2 所指定的 GB 5226.1 的要求。

对于净容积在 60 L～150 L 的机器，制造商自己决定是采用 GB 4706.1 和 IEC 60335-2-7，还是采用 GB 25115.1—2010 中 5.2 所指定的 GB 5226.1 的要求，制造商应在指导手册中明确以上选择。

5.4 热危险

5.4.1 炙热液体

所有自带加热设备的机器应有泄压孔以防止压力或者真空带来的危险，如由未受控制的能源供应引起。对蒸汽加热的机器，泄压孔的最小直径应是蒸汽供应管直径的 2.5 倍，但不小于 30 mm，泄压孔的整个排气系统不应对人体造成危险。

所有机器应有防止机器过满的溢流口。溢流口的尺寸应保证排除最大流量的进水，溢流口位置应将水排到安全地方。

当液面高度超过门沿时不应打开外筒门(如通过外筒门锁与液位传感器或排水阀门互锁来实现)。

对于侧面装料的洗衣机和洗脱机，应限制装料侧面炙热液体的溅射(如通过安装金属屏障)。

添加洗涤化学剂的开口应设计成能够防止炙热液体的排出或者飞溅。

5.4.2 热表面

关于装料或卸料门周围的热表面，见 GB 25115.1—2010 中的 5.3。

对门把手应采取技术措施。

5.4.3 热能

热能供给应与水位控制传感器和门上的防护锁互锁，见 ISO 14119:1998 中的第 5 章。

当外筒门打开或者水位还没到位时，不应供给热能。制造商应在指导手册中注明最低水位高度。

5.4.4 观察窗

观察窗应能成承受预期的压力和热冲击。

制造商应在指导手册中说明观察窗所承受的最大蒸汽压力和喷射速率或最大液体温度变化率。观察窗应设计成能够承受可能的最高液位。

5.5 噪声引起的危险

见 GB 25115.1—2010 中的 5.4。

5.6 与材料和/或物质相关的危险

制造商应在指导手册中说明机器的洗涤适用范围(如对含有高挥发性溶剂的物料处理，见 GB 25115.1—2010 中的 7.1)。

5.6.1 腐蚀性化学反应

机器应用合适的材料制造以适应预期的处理过程(如石磨蓝洗、化学染色)。

在指导手册中，应注明在一定情况下次氯酸盐类洗涤剂将可能造成部件腐蚀失效。

5.6.2 燃烧与爆炸

5.6.2.1 爆炸性气体

本部分没有给出关于防爆措施的技术建议。

制造商应在指导手册中申明，除非专门设计，洗衣机和洗脱机不应用于洗涤可能产生爆炸性气体的物料。

5.6.2.2 燃气和燃油加热

应使用 GB 25115.1—2010 中 5.5.2 的安全要求和/或措施。

对于净容积小于 150 L 的机器，见 GB 25115.1—2010 中的 5.5.2 要求。

5.6.3 生物危险

5.6.3.1 接触被传染的物料

无菌机器应装有互锁装置以保证消毒过程的实施，见 ISO 14119:1998 中的第 5 章。互锁装置应保证在消毒过程完成后才能打开外筒门(对于隔离式机器的卸料门见 GB 25115.1—2010 中的 5.5.4)。

制造商应在指导手册中给出有关用户测试消毒效果的方法。

注：对消毒过程的要求，可参照国家有关法规。

5.6.3.2 水源的生化污染

制造商应提供防止由于污水虹吸作用污染主要供水系统的方法，在指导手册中说明以引起用户注意有关供水的地方或国家法规。

5.7 机器设计中忽视人类工效学原理引起的危险

有关设计装、卸料门以及化学制品的加料斗高度的指导，见 GB 25115.1—2010 中的 5.6。

注：如果风险评估表明，装、卸料时太费力，制造商应提供方法以协助操作(如便携式卸料装置)，并在指导手册中说明。

5.8 能源供应和控制系统故障引起的危险

5.8.1 能源供应故障

见 GB 25115.1—2010 中的 5.7.1。

应提供措施防止由于不可控制的摆动、倾斜导致能源供应故障(如在维护操作时用圆木支撑机器)，指导手册应包括关于如何使用的方法。

5.8.2 控制系统故障

除了倾斜控制系统中有关安全的部件要求不低于 2 类以外(见 GB/T 16855.1—2008 中的第6 章)，其他有关安全控制系统的部件要求不低于 1 类。启动时应提供自动测试。

5.9 机器零件意外弹出引起的危险

对于有两个或两个以上电动机的洗衣机和洗脱机，所有传动部件都能承受在机器允许的最高转速下运转，否则，对于那些超速运行的低速部件应提供保护措施。如带有两个以上电机和离合器的洗衣机和洗脱机，应有超速感应装置，以便机器遇到此类情况时停机(如脉冲发电机或离心开关)。

5.10 隔离式机器的特殊危险

不应在装、卸料侧面同时打开外筒门，应采取以下措施：

——两个门要互锁，使机器只能在两个门同时关闭时才能运行(见 ISO 14119:1998 中的第 5 章)；

——机器应装有显示机器两边的交互信号的装置；

——外筒门的控制与相应门应位于隔离墙的同侧。

5.11 倾斜式机器的特殊危险

5.11.1 手动控制倾斜

机器除需要人员靠近进行装料和卸料的位置外，应进行防护。对这些需要防护的位置，应提供安全防护装置。如机器的倾斜用止-动按钮进行控制，该装置应位于对操作者可见但不能触及的任何可能造成挤压和剪切的未防护的区域(见图 2)。

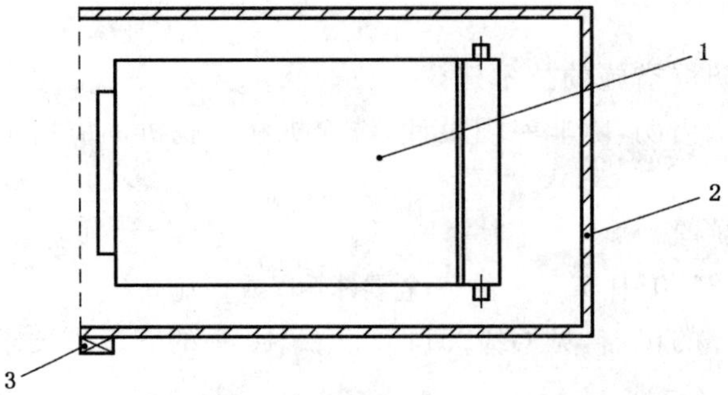

1——倾斜式机器；

2——防护装置；

3——止-动控制。

图 2　手动控制倾斜式机器的安全防护

5.11.2　自动控制倾斜

对独立的机器，应对机器的固定和倾斜部件之间的挤压和剪切点进行防护（见 GB 25115.1—2010 中的 5.1.2），制造商应在指导手册中告知用户关于在倾斜部件和其他机器或者建筑物结构之间挤压和剪切的危险。

对安装包括装卸料均全自动完成的机器，应通过互锁防护装置防止进入危险区域。

5.11.3　装料和卸料

对于动力操作的外筒门，见 5.2.5。

对于必须在转笼旋转时装、卸料的动力驱动自动倾斜机器，应通过保护和/或安全装置排除转笼旋转时引起的危险（如栅栏、压敏垫或压敏地板或电敏的保护装置，见 GB 25115.1—2010 中的 5.1.2）。

对于手动控制倾斜的机器，制造商应提供方法，防止在装、卸料时使用止-动控制因转笼旋转而产生的缠绕危险。

5.11.4　倾覆

如有可能，应通过设计提高机器自身的稳定性，即机器所有倾斜位置的重心投影应落在支撑点形成的多边形内。

制造商应考虑到在潮湿状态下的最大负载质量、未排放的水、倾斜部件的动能和开门产生的倾覆力矩。当地脚螺栓作为防止倾覆的措施时，制造商应在指导手册中说明地脚螺栓和地基的具体要求。

5.11.5　维护

在维护或排除故障时，应为机器提供装置防止由于重力使机器的部件下落而产生的危险。

6　安全要求和/或措施的验证

按照 GB 25115.1 的通用安全要求和本部分第 5 章的特殊要求进行验证，表 1 给出了验证项目。

表 1　验证项目

本部分条款	项　　目	依　　据	检　验　方　法
5.2.1	旋转的转笼 ——门的互锁锁紧装置 ——制动装置 ——加料斗的防护装置	 GB 25115.1—2010 中的 5.1.2 指导手册 ISO 13852	 物理测试 注：这项检测不应在液位高于门沿时使用 按指导手册检验和维护 目测和测量

表 1（续）

本部分条款	项　目	依　据	检 验 方 法
5.2.2	手动外筒门		
	外筒门的防落装置		功能检验和目测
5.2.3	门(外筒和转笼)		
	——通过动力确定转笼的位置	EN 1037	功能检验
	——互锁外筒门	ISO 14119	打开外筒门并尝试通过动力使转笼旋转
	——因重力旋转		关掉电源，打开外筒门和转笼门并尝试用手转动转笼
5.2.4	转笼门		
	——在关上外筒门之后，防止转笼门打开的措施		功能检验
	——维护	指导手册	确认内容和正确性
5.2.5.1	自动关闭		
5.2.5.1a)	力的限制	EN 953	测量
5.2.5.1b)	防护装置	GB 25115.1—2010 中的 5.1.2	
	——防护栏	ISO 13852	测量
		ISO 13853	测量
5.2.5.1c)	限位装置	GB 25115.1—2010 中的 5.1.2	
		EN 1760-1	演示
		EN 1760-2	演示
5.2.5.1d)	止-动控制	GB/T 15706.1	演示
5.2.5.2	开门		
	——防护栏	指导手册	测量及确认内容和正确性
	——止-动控制	GB/T 15706.1	演示
5.2.6	失稳		
	——G 因子		计算
	——检测不平衡的装置	制造商的技术文件	最大值计算和演示
	——未被授权的人导致装置失灵		检查装置没有失灵
	——检验方法	指导手册	确认内容和正确性
5.2.7	悬浮式洗衣机和洗脱机		
	——外筒和固定零件之间的间隙	EN 349	测量
	——保护间隙的罩	GB 25115.1—2010 中的 5.1.2	检查存在和功能
5.2.8	落料和装料设备的跌落		
	——物料掉落	GB 25115.1—2010 中的 5.1.2	目测和/或功能检验
		指导手册	确认内容和正确性
	——输送斜槽掉落		功能检验
5.3	电气危险		
	——机器容积大于 150 L	GB 5226.1	
		GB 25115.1—2010 中的 5.1.2	
	——机器容积在 60 L～150 L	GB 4706.1	
		IEC 60335-2-7	
	——制造商的选择	指导手册	确认内容和正确性

表 1(续)

本部分条款	项　　目	依　　据	检　验　方　法
5.4.1	炙热液体 ——泄压孔 ——溢流 ——门、水位传感器、排水阀门的互锁 ——限制飞溅方法 ——防止有危险的液体排出	 ISO 14119	 测量尺寸和检查位置 关闭排水阀门并按制造商说明的最大进水流量加水、检查溢流功能 加冷水、尝试打开外筒门并且检查排水阀门的位置 检查存在和效果 检查存在和效果
5.4.2	热表面	GB 25115.1—2010 中的 5.3	在一次或多次最高温度洗涤循环之后测量表面温度
5.4.3	热能 ——门、水位传感器、能源供应的互锁 ——最低水位	 ISO 14119 指导手册	 在开始循环时,外筒没有进水并打开或关闭门时,检查是否供应热能 确认内容和正确性
5.4.4	观察窗		检查制造商的文件
5.6	与材料和/或物质相关的危险	指导手册	确认内容和正确性
5.6.1	腐蚀性化学反应 使用次氯酸盐	 指导手册	 确认内容和正确性
5.6.2.1	爆炸性气体	指导手册	确认内容和正确性
5.6.2.2	燃气和燃油加热	GB 25115.1—2010 中的 5.5.2	
5.6.3.1	接触被传染的物料 ——消毒循环控制与卸料门的互锁 ——消毒效果	 ISO 14119 指导手册	 检查功能:消毒循环完成以前尝试打开卸料门 确认内容和正确性
5.6.3.2	水源的生化污染 防止回流	指导手册	确认内容和正确性 演示
5.7	机器设计中忽视人类工效学原理引起的危险 辅助设备的使用	GB 25115.1—2010 中的 5.6 指导手册	目测和测量 确认内容和正确性
5.8.1	能源供应故障 因摆动倾斜	 GB 25115.1—2010 中的 5.7.1 指导手册	 按照说明断开能源供应 确认内容和正确性
5.8.2	控制系统故障	GB/T 16855.1—2008 中的第 6 章	检查制造商的技术文件
5.9	机器零件意外弹出引起的危险 ——电动机、防止超速的方法 ——试验方法和可接受的超速	 指导手册	 演示 确认内容和正确性

表 1（续）

本部分条款	项　　目	依　　据	检　验　方　法
5.10	隔离式机器的特殊危险 ——在装、卸料外筒门之间的互锁 ——在门和机器之间互锁 ——信号装置 ——打开外筒门的控制	 ISO 14119 ISO 14119	 演示 演示 检查存在和位置 检查存在和位置
5.11.1	手动控制倾斜 ——防护和安全装置 ——止-动控制	 GB 25115.1—2010 中的第 5 章 GB 25115.1—2010 中的第 5 章	 目测和/或功能测试 目测和/或功能测试
5.11.2	自动控制倾斜 机器固定件或建筑物与倾斜部件之间的挤压和剪切点： ——防护 ——关于倾斜部件和建筑物之间危险的说明 ——互锁防护	 GB 25115.1—2010 中的 5.1.2 指导手册 GB 25115.1—2010 中的 5.1.2	 检查存在和功能 确认内容和正确性 检查存在和功能
5.11.3	装料和卸料 ——隔离栏 ——限位装置 ——止-动控制	 GB 25115.1—2010 中的 5.1.2 GB 25115.1—2010 中的 5.1.2 GB 25115.1—2010 中的第 5 章	 检查不应触及旋转的转笼 检验在运行中机器的触发装置并且检查旋转是否停止 功能测试
5.11.4	倾覆 ——机器的设计 ——地脚螺栓和地基的要求	 指导手册	 在物料潮湿条件下检验最大负荷下的倾斜 确认内容和正确性
5.11.5	维护 因重力而下降		 功能检验
7	机器使用的有关信息	GB 25115.1—2010 中的 7.1	检查完整性

7　机器使用的有关信息

制造商应在指导手册中提供 GB 25115.1—2010 中的 7.1 要求和本部分中第 5 章的详细资料，具体为：

——5.2.1　旋转的转笼；

——5.2.4　转笼门锁定装置的维护；

——5.2.5.2　门开启速度；

——5.2.6　不平衡测试；

——5.2.8　掉落物料的安全措施；

——5.3　采用 GB 4706.1 或采用 GB 5226.1 的选择；

——5.4.3　最低水位；

——5.4.4　观察窗；

——5.6　适用范围，见 GB 25115.1—2010 中 7.1；

——5.6.1　次氯酸盐腐蚀；

——5.6.2.1　爆炸性气体；

——5.6.3.1　消毒效果；

——5.6.3.2　供水；

——5.7　辅助设备的使用；

——5.8.1　防止摆动；

——5.9　超速检验和允许的超速；

——5.11.2　自动控制倾斜；

——5.11.4　倾覆。

ICS 97.060
C 68

中华人民共和国国家标准

GB 25115.3—2010/ISO 10472-3:1997

工业洗涤机械的安全要求 第3部分:隧道式洗涤机组和相关机械

Safety requirements for industrial laundry machinery—Part 3:Washing tunnel lines including component machines

(ISO 10472-3:1997,IDT)

2010-09-02 发布

2011-07-01 实施

中华人民共和国国家质量监督检验检疫总局
中国国家标准化管理委员会
发布

前　言

本部分的第5章、第6章、第7章为强制性条文，其余为推荐性条文。

GB 25115《工业洗涤机械的安全要求》分为六个部分：

——第1部分：通用要求；

——第2部分：洗衣机和洗脱机；

——第3部分：隧道式洗涤机组和相关机械；

——第4部分：烘干机；

——第5部分：熨平机、送料机和折叠机；

——第6部分：整烫机和粘合机。

本部分为GB 25115的第3部分。

本部分等同采用ISO 10472-3:1997《工业洗涤机械的安全要求　第3部分：隧道式洗涤机组和相关机械》（英文版）。

为便于使用，本部分做了下列编辑性修改：

——将"ISO 10472的本部分"修改为"GB 25115的本部分"；

——按照汉语习惯对一些编排格式进行了修改；

——删除了国际标准的前言和引言；

——规范性引用文件按GB/T 1.1—2000《标准化工作导则　第1部分：标准的结构和编写规则》的要求进行了编写；

——用小数点"."代替作为小数点的逗号","。

本部分由中国轻工业联合会提出。

本部分由全国服装洗涤机械标准化技术委员会归口。

本部分起草单位：成都美联利华电气有限公司、江苏海狮机械集团有限公司、三河洁神洗涤设备有限公司、青岛海尔洗衣机有限公司。

本部分主要起草人：陈振海、邬士新、游浩、阮振勇。

工业洗涤机械的安全要求
第3部分:隧道式洗涤机组和相关机械

1 范围

GB 25115的本部分与第1部分给出了如下隧道式洗涤机组和相关机械的重要危险:

——隧道式洗涤机;

——压干机或离心脱水机;

——传输系统;

——自动传送烘干机;

——装料或卸料系统的接口;

——入口平台或梯子。

本部分不适用于洗涤长浴巾的独立洗涤流水线的特殊危险。

本部分没有规定被洗涤物料可能在机器内部产生爆炸或者可燃气体的危险。

本部分引用了GB/T 15706.1和GB/T 15706.2中规定的基本要求并根据工业洗涤机械的要求作了补充,以指导设计者如何对危险作出危险性评价(见EN 1050)以及选择措施以达到所要求的安全级别。

本部分不适用于化学物品供给泵、蒸汽阀和供给管道、通风系统、物料进给系统、卸载系统和排气系统等辅助设备。

2 规范性引用文件

下列文件中的条款通过GB 25115的本部分的引用而成为本部分的条款,凡是注日期的引用文件,其随后所有的修改单(不包括勘误的内容)或修订版均不适用于本部分,然而,鼓励根据本部分达成协议的各方研究是否可使用这些文件的最新版本。凡是不注日期的引用文件,其最新版本适用于本部分。

GB 5226.1 机械安全 机械电气设备 第1部分:通用技术条件(GB 5226.1—2008,IEC 60204-1:2005,IDT)

GB/T 15706.1 机械安全 基本概念与设计通则 第1部分:基本术语和方法(GB/T 15706.1—2007,ISO 12100-1:2003,IDT)

GB/T 15706.2 机械安全 基本概念与设计通则 第2部分:技术原则(GB/T 15706.2—2007,ISO 12100-2:2003,IDT)

GB/T 16855.1—2008 机械安全 控制系统有关安全部件 第1部分:设计通则(ISO 13849-1:2006,IDT)

GB 25115.1—2010 工业洗涤机械的安全要求 第1部分:通用安全要求(ISO 10472-1:1997,IDT)

ISO 6182-1 消防自动喷水灭火系统 第1部分:洒水喷头的性能要求和试验方法

ISO 13852:1996 机械安全 防止上肢触及危险区的安全距离

ISO 14119:1998 机械安全 带防护装置的联锁装置 设计和选择原则

EN 616 连续操作装置和系统 设计、生产、安装和验收时的通用安全要求

EN 620 连续操作装置和系统 少量物料和成批物质的机械操作装置 设计、生产、安装和验收时的特殊安全要求

EN 746-2 工业热处理设备 第2部分:燃烧和燃料处理系统的安全要求

EN 953:1997 机械安全 防护装置(固定和活动式)设计和安装的一般要求

EN 1037:1995　机械安全　避免意外启动

EN 1050　机械安全　危害评估原则

EN 1760-1　机械安全　压敏防护装置　第1部分:压敏垫与压敏地板设计和试验通则

EN 1760-2　机械安全　压敏防护装置　第2部分:压敏边缘和压敏棒设计和试验通则

EN 50100-1:1994　机械安全　电子传感保护装置　第1部分:通用安全要求和测试

3　术语和定义

下列术语和定义适用于GB 25115的本部分。

3.1

隧道式洗涤机组　washing tunnel line

用于洗涤、脱水、烘干或散开成团物料的集成联合机器,包括必要的水、汽、气、电和化学品供应装置。

3.2

隧道式洗涤机　continuous tunnel washing machine

用于物料成批连续洗涤的机器。

注:本机器可以沿纵向轴转笼并经传输系统连接的分成几个独立隔仓或几个转笼或多个机器所组成。

3.3

压干机　squeeze press

通过压力把物料中的水去除的机器。

注:压干机用于从隧道式洗涤机自动接收物料并施加压力去除水分(如通过柔性隔膜)。它可包括一个或两个由液压、机械或气压驱动的压力工作台。

3.4

离心脱水机　centrifugal extraction machine

包括一个成批物料能进出的带孔转笼,通过转笼旋转所产生的离心力去除水分的机器。

3.5

传输系统　transfer conveyor system

将物料从脱水机输送到烘干机并在洗涤和烘干循环之间对物料自动贮存和处理的传输装置。

3.6

自动传输烘干机　automatic transfer tumble dryer

潮湿的物料在有热空气通过的转笼中翻转以去除水分的机器。

注:按照贯通式结构设计时,自动装料和卸料门在两侧;按照倾斜式结构设计时,装料和卸料门在同一侧。

3.7

装料或卸料系统　loading or unloading system

将物料自动输送到隧道式洗涤机并将物料从烘干机输送到后续工序的传输装置。

3.8

接口　interface

将物料从装料系统输送进隧道式洗涤机或将物料从烘干机输送到后续工序的区域。

3.9

污染的医院物料　soiled hospital work

医院病房、疗养院和手术室中可能被弄脏或污染但不具传染性的物料。

4　危险

4.1　总则

对大多数工业洗涤机械的共有危险性见GB 25115.1,针对隧道式洗涤机组和相关机械的重要危险见本部分4.2～4.8的规定。

4.2 机械危险

4.2.1 装料系统和隧道式洗涤机的接口

——装料系统或物料和洗涤机的入口之间的挤压、剪切、冲击、缠绕；

——落入装料斜道。

4.2.2 隧道式洗涤机

——旋转的转笼或驱动机构和机器结构件之间，特别是转笼和支承辊轮之间的扯入或者夹住；

——转笼凸出部分和结构件之间的剪切及凸出部分的夹住；

——由于进入机器内部清理缠绕的物料时夹住。

4.2.3 洗涤机和压干机或离心脱水机之间的传输系统：传输带和传输辊或传输系统的固定部分之间的扯入、夹住。

4.2.4 压干机：压干机的压头包括隔膜和固定零件之间的挤压、剪切。

4.2.5 离心脱水机：

——转笼的扯入；

——倾斜所产生的挤压和剪切；

——物料飞出部分或内笼中物料不平衡或超速所产生的冲击。

4.2.6 传输系统：传输系统运动件和固定件包括压干机和烘干机框架之间的挤压、剪切。

4.2.7 自动传送烘干机：烘干机门和框架之间的挤压、剪切。

4.2.8 烘干机和卸料系统之间的接口：烘干机和卸料系统之间的剪切、夹住。

4.3 电气危险

见 GB 25115.1—2010 中的 4.2。

4.4 热危险

见 GB 25115.1—2010 中的 4.3。

4.5 噪声危险

烘干机风机和相关风道、机器内风道或热回收和/或过滤系统可能产生噪声危险。

见 GB 25115.1—2010 中的 4.4。

4.6 与材料或物质相关的危险

4.6.1 燃烧和爆炸

4.6.2 生物危险

4.6.2.1 污染的医院物料产生的危险。

4.6.2.2 机器排放对公共水源的生物或化学污染。

4.7 控制系统故障

特殊危险：操作者需进入机器清理阻塞物。

4.8 与联合安装相关的危险

联合安装各组成单元间接口所产生的其他危险。

5 对第 4 章所列危险的安全要求和/或措施

5.1 总则

设计者应考虑 GB 25115.1 中规定的通用安全要求和措施，以及由本部分规定的特殊危险和措施。

5.2 机械危险

5.2.1 装料系统和隧道式洗涤机组的接口

传输机、洗涤机入口和物料之间的危险区域以及洗涤机入口应有防护装置(如通过固定防护装置，见 GB 25115.1—2010 中的 5.1.2)。

设计时应防止落入装料槽，如通过固定防护装置。

注：这些装置可以是机器的组成部分，或者由用户提供以满足制造商在说明书中所叙述的设计要求。

5.2.2 隧道式洗涤机

应在两侧和两端安装固定防护装置以防止接触旋转的转笼(见 GB 25115.1—2010 中的 5.1.2),尺寸应符合 ISO 13852:1996 中的表 2。防护装置可能与门或可拆面板安装在一起,如果打开门或拆下面板,可触及到危险区域,因此门和面板应与旋转的机器互锁,见 ISO 14119。如果门后的夹住或剪切点已被封闭或转笼的凸出部分不能卡夹衣服或人员,则不需要互锁。

制造商应在指导手册中叙述清理阻塞物的正确操作和进入机器的安全步骤。在指导手册中应有警示符号以引起注意。

5.2.3 洗涤机和压干机或离心脱水机之间的传输系统

应根据 EN 616 和 EN 620 设计这些传输系统。

5.2.4 压干机

压干机应安装与所有移动件互锁的固定防护装置或门(见 GB 25115.1—2010 中的 5.1.2),根据 EN 1037:1995 中的 7.2,应提供措施自动锁定因重力下落而造成危险的部件(如在维护或故障处理期间)。制造商应为这些部件提供机械支承和使用指南。

指导手册应提示进入压干机的潜在危险(如清理散落的物料),在机器上应有警示标志以引起注意。

5.2.5 离心脱水机

机器应全封闭,见 GB 25115.1—2010 中的表 1,可接触转笼或其他危险点的任何门应与防护锁互锁,见 GB 25115.1—2010 中的 5.7 和 ISO 14119:1998 中的第 5 章。

机器应安装转笼负载不平衡状态的检测装置。该装置应设置在一个可接受的不平衡状态范围内,当超过此范围时旋转速度应降下来。

应安装未被授权的人不能使它失效的感应装置,如在外筒上固定一个带有长孔的刚性支架,传感器刚性固定在机器框架上并使其开关臂穿入孔中。外筒任何不正常的运动都将导致传感器开关触点闭合,并使旋转速度降到安全的范围内(见图 1)。

制造商应在指导手册中描述试验不平衡状态控制系统的方法。

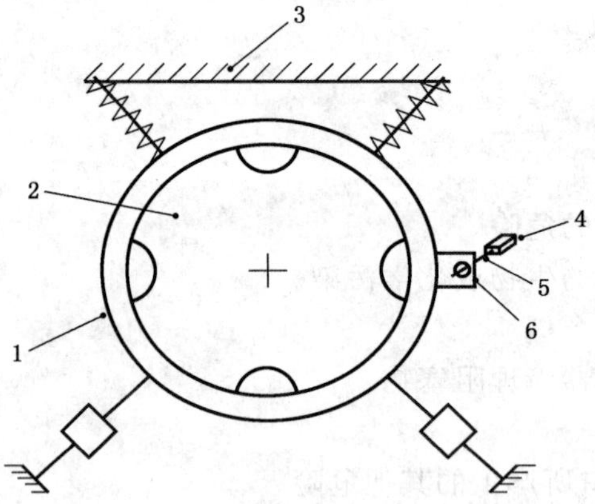

1——外筒;

2——转笼;

3——框架;

4——传感器;

5——开关臂;

6——孔。

图 1 不平衡探测装置

5.2.6 传输系统

根据 EN 616 和 EN 620,应对传输系统进行防护。根据 GB 25115.1—2010 中的附录 A,应安装带门的防护栏,将脱水机和烘干机的整个系统进行封闭。

5.2.7 自动传输烘干机

应通过如下安全措施之一避免产生与门相关的挤压危险(见 GB 25115.1—2010 中的 5.1.2):

——在门的闭合间隙小于 8 mm 之前,门的闭合力小于 150 N,动能小于 10 J 和压力小于 0.5 N/mm²(见 EN 953:1997 中的 6.2.5);

——符合 EN 50100-1:1994 中的电敏保护装置监控关门间隙;

——符合 EN 953:1997 中 3.2 的固定防护装置;

——在机器的表面安装压敏条(见 EN 1760-2);

——压敏垫或压敏地板(见 EN 1760-1)。

5.2.8 烘干机和卸料系统之间的接口

当手动启动转笼旋转卸料时,应防止进入转笼,如通过位于安全距离的止-动控制或双手控制,见 GB 25115.1—2010 中的 5.1.2。

当自动启动转笼旋转卸料时,应防止意外进入危险区域,如通过固定防护装置或栅栏,见 GB 25115.1—2010 中的 5.1.2 和附录 A。

5.3 电气危险

GB 5226.1 的要求适用于 GB 25115.1 和本部分规定的所有机器,见 GB 25115.1—2010 中的 5.2。

5.4 热危险

见 GB 25115.1—2010 中 5.3 的热表面要求。

5.5 噪声引起的危险

见 GB 25115.1—2010 中的 5.4。

5.6 与材料和/或物质相关的危险

5.6.1 燃烧与爆炸

制造商应在指导手册中注明,除非专门设计,隧道式洗涤机组不能用于洗涤可能产生爆炸性气体的物料。

对于烘干机,指导手册应有防止留在机器中的物料自燃的操作步骤细节,如在烘干完成后及时取出物料。

对于净容积大于 3 500 L 的大型燃气滚筒式烘干机,机器内应有喷淋装置(见 ISO 6182-1)。燃气滚筒式烘干机的燃烧系统应符合 EN 746-2(见 GB 25115.1—2010 中的 5.5.2)。

注:本部分没有给出关于防爆的技术指导。

5.6.2 生物危险

5.6.2.1 污染的医院物料

用于处理污染的医院物料的机器应按下列要求之一设计:

——能对机器的相关部分和物料进行消毒,如通过加热或化学品或加热和化学品组合的方法;

——受污染隔仓中的物料或水不能污染消毒后的物料和漂洗水;

——可以对漂洗区域单独进行消毒;

——直到物料被消毒后才能传输物料。

制造商应在指导手册中说明至少一种适于机器使用的验证消毒结果的方法。

注:对消毒过程的要求,可参照国家有关法规。

5.6.2.2 水源的生化污染

制造商应提供防止由于污水虹吸作用污染主要供水系统的方法,在指导手册中注明以引起用户注意有关供水的地方或国家法规。

5.7 控制系统故障

见 GB 25115.1—2010 中的 5.7.2。

应提供措施防止成倍物料进入机器引起的意外传输(如安全过程控制故障)和其他潜在的危险情况

(如水位控制故障)作为控制系统故障。

除了压干机或离心机互锁防护装置(见 5.2.4 和 5.2.5)和互锁栅栏防护(见 5.2.6)不低于类别 2 以外,其他有关安全控制系统的部件不低于类别 1(见 GB/T 16855.1—2008 中的第 6 章)。启动时应提供自动测试。

5.8 与联合安装相关的危险

见 GB 25115.1—2010 中的 5.1.4。

6 安全要求和/或措施的验证

应按 GB 25115.1 的通用安全要求和本部分第 5 章的特殊要求验证,验证项目见表 1。

表 1 验证项目

本部分条款	项 目	依 据	检 验 方 法
5.2.1	装料系统和隧道式洗涤机组的接口 固定防护装置	 GB 25115.1—2010 中的 5.1.2 指导手册	 目测、测量 确认内容和正确性
5.2.2	隧道式洗涤机 固定防护装置、门或可拆除封面 门或可拆除封面的互锁系统 门或可拆除封面后边的封闭防护装置 凸出部分 清理阻塞物并进入机器	 GB 25115.1—2010 中的 5.1.2 ISO 13852:1996 中的表 2 ISO 14119 指导手册 警示符号	 目测 测量 演示 目测、测量 目测 确认内容和正确性 目测
5.2.3	传输系统	EN 616 EN 620	
5.2.4	压干机 固定防护装置 互锁门 落下件(例如压锤) 机器支承 进入压干机	 GB 25115.1—2010 中的 5.1.2 EN 1037 指导手册 指导手册 警示符号	 目测、测量 演示 检验 确认内容和正确性 确认内容和正确性 目测
5.2.5	离心脱水机 封闭防护装置 与防护锁互锁的门 检测不平衡的装置 测试方法	 GB 25115.1—2010 中的 5.1.2 ISO 14119 指导手册	 目测、测量 当内笼旋转时演示 检验和测试 确认内容和正确性
5.2.6	传输系统 传输带防护 栅栏	 GB 25115.1—2010 中的 5.1.2 GB 25115.1—2010 中的附录 A	

表 1(续)

本部分条款	项　　目	依　　据	检　验　方　法
5.2.7	自动传输烘干机 力、动能、关闭力 电敏保护装置 固定防护系统 压敏保护装置	 EN 50100-1 GB 25115.1—2010 中的 5.1.2 EN 1760-1 EN 1760-2	 测量 演示 演示
5.2.8	烘干机和卸料系统之间的接口 止-动控制 双手控制 固定防护装置、栅栏	 GB 25115.1—2010 中的 5.1.2 GB 25115.1—2010 中的 5.1.2	
5.3	电气危险	GB 25115.1—2010 中的 5.2	
5.4	热表面	GB 25115.1—2010 中的 5.3	
5.6.1	燃烧与爆炸 机器内可燃气体 物料在机器内燃烧 燃气滚筒式烘干机 自动喷淋装置 燃气滚筒式烘干机的燃烧系统	 指导手册 指导手册 GB 25115.1—2010 中的 5.5.2 ISO 6182-1 EN 746-2	 确认内容和正确性 确认内容和正确性 目测
5.6.2.1	污染的医院物料 消毒程序的手段 漂洗区域的隔离 漂洗区域的单独消毒 没有物料传输时启动循环 消毒方法	 指导手册	 功能测试 检查制造商的技术文件 目测 功能试验 确认内容和正确性
5.6.2.2	水源的生化污染 防止由于污水虹吸作用污染主要供水系统的方法 国家法规的提示	 指导手册	 目测 确认内容和正确性
5.7	控制系统故障 防止成倍物料 控制系统与安全相关的部件	GB 25115.1—2010 中的 5.7.2 技术文件 GB/T 16855.1—2008 中的第 6 章	 确认电路图设计 检查制造商的技术文件
5.8	与联合安装相关的危险 接口	 GB 25115.1—2010 中的 5.1.4	
7.1	指导手册	GB 25115.1—2010 中的 7.1	检查完整性
7.2	警示符号	GB 25115.1—2010 中的 7.2	目测

7 机器使用的有关信息

7.1 指导手册

制造商在指导手册中应提供 GB 25115.1—2010 中 7.1 和本部分第 5 章要求的详细资料，具体为：

5.2.1 装料位置的防护装置；

5.2.2 排除故障进入步骤；

5.2.4 机械支承/进入危险；

5.2.5 失衡测试；

5.2.8 滚筒式烘干机的卸料；

5.6.1 燃烧与爆炸危险；

5.6.2.1 消毒；

5.6.2.2 供水。

7.2 警示标志

制造商应按 GB 25115.1—2010 中 7.2 和本部分第 5 章的要求设置警示标志，其标志设置在：

——进入洗涤机处(见 5.2.2)；

——进入压干机处(见 5.2.4)。

ICS 97.060
C 68

中华人民共和国国家标准

GB 25115.4—2010/ISO 10472-4:1997

工业洗涤机械的安全要求 第4部分:烘干机

Safety requirements for industrial laundry machinery—Part 4: Air dryers

(ISO 10472-4:1997,IDT)

2010-09-02 发布

2011-07-01 实施

中华人民共和国国家质量监督检验检疫总局
中国国家标准化管理委员会 发布

前　言

本部分的第5章、第6章、第7章为强制性条文，其余为推荐性条文。

GB 25115《工业洗涤机械的安全要求》分为六个部分：

——第1部分：通用要求；

——第2部分：洗衣机和洗脱机；

——第3部分：隧道式洗涤机组和相关机械；

——第4部分：烘干机；

——第5部分：熨平机、送料机和折叠机；

——第6部分：整烫机和粘合机。

本部分为 GB 25115 的第4部分。

本部分等同采用 ISO 10472-4:1997《工业洗涤机械的安全要求　第4部分：烘干机》(英文版)。

为便于使用，本部分做了下列编辑性修改：

——将“ISO 10472 的本部分”修改为“GB 25115 的本部分”；

——按照汉语习惯对一些编排格式进行了修改；

——删除了国际标准中的前言和引言；

——规范性引用文件按 GB/T 1.1—2000《标准化工作导则　第1部分：标准的结构和编写规则》的要求进行了编写；

——用小数点“.”代替作为小数点的逗号“,”。

本部分由中国轻工业联合会提出。

本部分由全国服装机械标准化技术委员会归口。

本部分起草单位：无锡小天鹅股份有限公司、三河洁神洗涤设备有限公司、深圳中施机械设备有限公司、蓬莱市大成洗涤机械有限公司。

本部分主要起草人：邱锡元、阮振勇、陈光华、孙寿杰。

工业洗涤机械的安全要求
第4部分:烘干机

1 范围

GB 25115 的本部分和第1部分给出了烘干机,尤其是转笼的净容积超过 160 L 的滚筒式烘干机以及包含相应传输装置的隧道式后整理设备和柜式烘干机的重要危险。

本部分引用了 GB/T 15706.1 和 GB/T 15706.2 中规定的基本要求并根据工业洗涤机械的要求作了补充,以指导设计者如何对危险作出危险性评价(见 EN 1050)以及选择措施以达到所要求的安全级别。

本部分不适用于烘干机的附属设备。

2 规范性引用文件

下列文件中的条款通过 GB 25115 的本部分的引用而成为本部分的条款。凡是注日期的引用文件,其随后所有的修改单(不包括勘误的内容)或修订版均不适用于本部分,然而,鼓励根据本部分达成协议的各方研究是否可使用这些文件的最新版本。凡是不注日期的引用文件,其最新版本适用于本部分。

GB 4706.1 家用和类似用途电器的安全 第1部分:通用要求[GB 4706.1—2005,IEC 60335-1:2004(Ed4.1),IDT)

GB 4706.20 家用和类似用途电器的安全 滚筒式干衣机的特殊要求(GB 4706.20—2004,IEC 60335-2-11:2002,IDT)

GB 5226.1—2008 机械安全 机械电气设备 第1部分:通用技术条件(IEC 60204-1:2005,IDT)

GB 12265.2 机械安全 防止下肢触及危险区的安全距离

GB/T 15706.1 机械安全 基本概念与设计通则 第1部分:基本术语和方法(GB/T 15706.1—2007,ISO 12100-1:2003,IDT)

GB/T 15706.2 机械安全 基本概念与设计通则 第2部分:技术原则(GB/T 15706.2—2007,ISO 12100-2:2003,IDT)

GB/T 16855.1—2008 机械安全 控制系统有关安全部件 第1部分:设计通则(ISO 13849-1:2006,IDT)

GB/T 18831 机械安全 带防护装置 设计和选择原则(GB/T 18831—2002,ISO 14119:1998,IDT)

GB 25115.1—2010 工业洗涤机械的安全要求 第1部分:通用要求(ISO 10472-1:1997,IDT)

ISO 6182-1 消防自动喷水灭火系统 第1部分:洒水喷头的性能要求和试验方法

ISO 13853:1998 机械安全 防止下肢触及危险区的安全距离

ISO 14119:1998 机械安全 带防护装置的联锁装置 设计和选择原则

EN 626-1 机械安全 减少机械产生的危险物质对健康造成的危害 第1部分:机械制造原则和规范

EN 746-2 工业热处理设备 第2部分:燃烧和燃料处理系统的安全要求

EN 953:1997 机械安全 防护装置(固定式和活动式)设计和安装的一般要求

EN 982 机械安全 流体动力系统及部件的安全要求 液压

EN 983 机械安全 流体动力系统及部件的安全要求 气动

EN 1050　机械安全　危害评估原则

EN 1760-1　机械安全　压敏防护装置　第1部分:压敏垫与压敏地板设计和试验通则

EN 1760-2:2001　机械安全　压敏防护装置　第2部分:压敏边缘和压敏棒设计和试验通则

EN 50100-1　机械安全　电子传感保护装置　第1部分:通用安全要求和测试

3　术语和定义

下列术语和定义适用于GB 25115的本部分。

3.1

滚筒式烘干机　tumble dryer

潮湿的物料在热空气通过的转笼里翻转而除去水分的机器。

注:它也可以在没有热空气的情况下机械地搅动物料。

3.1.1

前装式滚筒烘干机　front-loaded tumble dryer

门的平面与转笼轴线成直角的滚筒式烘干机。

3.1.2

贯通式滚筒烘干机　pass-through tumble dryer

装料门和卸料门在相反方向的滚筒式烘干机。

3.1.3

倾斜式滚筒烘干机　tilting tumble dryer

倾斜装料和/或卸料的滚筒式烘干机。

3.1.4

自动倾斜式滚筒烘干机　automatic tilting tumble dryer

在自动(不是手动)控制下,装料和卸料、开门和关门带有倾斜运动的滚筒式烘干机。

3.2

隧道式后整理设备　tunnel finisher

用于定型服装的干燥和后整理机器。在此机器内,传送机把挂在衣架上的湿衣服从高湿度区传送到干燥的热空气区。

3.3

柜式烘干机　cabinet dryer

对悬挂在衣架上的定型服装进行干燥的加热柜。

4　危险

4.1　总则

对大多数工业洗涤机械的共有危险见GB 25115.1,针对工业烘干机的特殊危险见本部分4.2～4.7的规定。

4.2　机械危险

4.2.1　滚筒式烘干机

4.2.1.1　旋转的转笼:在旋转转笼内缠绕或在运动件和固定件之间的缠绕。

4.2.1.2　动力操纵门:在滚筒式烘干机的门和框架之间挤压和剪切。

4.2.1.3　倾斜式滚筒烘干机(除了在4.2.1.1和4.2.1.2中描述的危险之外的危险):

——在烘干机和固定件,包括建筑物之间的以及在维修过程中重力落下引起的挤压和剪切;

——压力流体的喷射;

——倾斜式机器的倾覆。

4.2.2　隧道式后整理设备

在螺旋传送器和固定件之间扯入及夹住。

4.3 电气危险

见 GB 25115.1—2010 中的 4.2。

4.4 热危险

4.4.1 装料门周围的热表面:烫伤。

4.4.2 隧道式后整理设备的装料和卸料区:烫烧。

4.4.3 隧道式后整理设备中的蒸汽喷射:烫伤。

4.5 噪声引起的危险

滚筒式烘干机和隧道式后整理设备由风道产生的噪声可能产生的危险,见 GB 25115.1—2010 中的 4.4。

4.6 与材料和物质相关的危险

4.6.1 燃烧与爆炸

4.6.1.1 滚筒式烘干机:由烘干物料所引起的燃烧危险,由燃气装置引起的爆炸危险,由烘干含可燃气体的物料引起的爆炸危险。

4.6.1.2 隧道式后整理设备和柜式烘干机:由于烘干过程未完成,一些物料的放热引发自燃而产生的火灾危险。

4.6.2 化学危险

腐蚀性化学物质(如次氯酸盐)可能引起机器的损害。化学物质(如特定的干洗溶剂)在使用燃气装置的机器中分解可能产生有毒气体。

4.7 控制系统的故障

控制系统故障类型见 GB 5226.1—2008 中的第 4 章。

5 对第 4 章所规定危险的安全要求和/或措施

5.1 总则

设计者应考虑 GB 25115.1 中规定的通用安全要求和措施,以及由本部分规定的特殊危险和措施。

5.2 机械危险

5.2.1 滚筒式烘干机

5.2.1.1 旋转的转笼

机器的转笼容积小于 1 000 L 和在额定的潮湿负载条件下滚筒停止时间小于 6 s,可以对手动门进行互锁(见 ISO 14119:1998 中的 5.2.1)。其他机器要求对防护锁进行互锁,如加一个延迟继电器(见 ISO 14119:1998 中的 5.3)。

为防止物料自燃,在能源供应发生故障时,应当在任何情况下都可打开装料门。对于具有与装料门防护锁互锁功能的烘干机,也能打开门,如使用专用工具。

当转笼停止旋转,进行装料和卸料时,没有特殊要求。

在装料和卸料时,如果手动启动转笼的旋转,应防止手进入笼内,如安装一个位于安全距离的止动控制或双手操作控制,见 GB 25115.1—2010 中的 5.1.2。

在装料和卸料时,自动启动转笼的旋转,不应接近危险区,如用一个固定的防护装置或栅栏,见 GB 25115.1—2010 中的 5.1.2 和附录 A。

制造商应在指导手册中叙述清理物料堵塞的正确操作和进入机器的安全步骤,如下所述:

——切断能源供应,锁定关闭装置;

——切断其他能源(蒸汽、压缩空气等)和锁定关闭装置;

——如果需要,在安装时应采取措施以防止由重力引起的移动;

——制造商给出的专门操作程序(清理和进入机器的方法)。

应使用一个警示标志,以使操作者注意指导手册中所给的信息。

5.2.1.2 动力门

至少应采取下列一项安全措施进行机器设计，以防止门所产生的挤压危险(见 GB 25115.1—2010 中的 5.1.2)：

——在门的闭合间隙小于 8 mm 以前，门的闭合力小于 150 N，动能小于 10 J，压力小于 0.5 N/mm^2(见 EN 953:1997 中的 6.2.5)；

——应有一个符合 EN 50100-1 的电子传感保护装置以监视关门间隙；

——例如对于在高处装料以及通过地面上的孔卸料的滚筒式烘干机，应有一个符合 EN 953:1997 中 3.2 的保护装置；

——在机器的表面需要一个压敏边缘和压敏棒(见 EN 1760-2)或一个压敏垫和压敏地板(见 EN 1760-1)。

5.2.1.3 倾斜式滚筒烘干机

操作者应使用止-动控制装置操纵倾斜式滚筒烘干机，其位置应位于操作者可以清楚地看到但远离危险区域的地方。否则，应当有一个限位开关(如一个压敏保护装置)，当操作者进入危险区域时，限位开关应停止倾斜运动(见 GB 25115.1—2010 中 5.1.2，对于保持-运动控制和限位开关)。

对于自动倾斜式滚筒烘干机，应有防止在机器移动件和固定件或建筑物之间产生挤压、剪切和卡住的防护装置(见 GB 25115.1—2010 中的 5.1.2)。应明确在机器运动和卸料时，不应进入由开门和转笼旋转而产生的危险区域。

防护栏和电敏防护装置组成的防护装置只允许送料车进出，不允许监护人在此期间进入危险区域。

可由用户进行每个独立部分的安装设计，但制造商应当在指导手册中提供详细的设计指导。

在维修和排除故障时，应采取措施以防止由重力产生的部件掉落而产生的危险。倾斜式滚筒烘干机的液压装置应符合 EN 982，气动装置应符合 EN 983。

倾斜式滚筒烘干机应防止倾覆，如有可能，应通过设计提高机器自身的稳定性，即机器所有倾斜位置的重心的投影应落在支撑点形成的多边形内。

制造商应考虑到在潮湿状况下的最大负载质量、倾斜部件的动能及开门产生的倾覆力矩。当地脚螺栓作为防止倾翻的措施时，制造商应在指导手册中说明对地脚螺栓和地基的具体要求。

5.2.2 隧道式后整理设备

应有防止操作者手指被卷入或夹在螺旋传送器和固定件之间的防护装置(见 GB 25115.1—2010 中的 5.1.2)。

5.3 电气危险

对于设计净容积大于等于 350 L 的机器，电气应符合 GB 5226.1 以及 GB 25115.1—2010 中 5.2 的要求。

对于净容积在 160 L～350 L 之间的机器，制造商是采用 GB 4706.1 和 GB 4706.20，还是应用 GB 5226.1，见 GB 25115.1—2010 中 5.2 的要求。

制造商应在指导手册中明确以上选择。

5.4 热危险

5.4.1 热表面

对于一般的热表面以及在装料和卸料门周围特殊的热表面，应按 GB 25115.1—2010 中的 5.3 执行。

对于门把手上的温度应采取技术措施。

5.4.2 隧道式后整理设备的装料和卸料区

机器应有控制装置，如光电保护装置，当没有物料时可减少热量散发，控制装置应能探测到机器内没有衣物，以切断机器中的热能供给。

5.4.3 隧道式后整理设备中的蒸汽喷射

应有一个槽宽小于等于180 mm的(见ISO 13853:1998中的4.2)固定的保护装置(见GB 25115.1—2010中的5.1.2)防止进入机器内部;或在出口或入口处的前面提供一个与蒸汽喷发装置、传送通道和风扇互锁的压敏垫(见EN 1760-1),以防止进入通道时被烧伤。只有通过复位控制才能重新启动机器。

另外,应清楚地表示出警示标志和图形符号。指导手册应给出不应进入正在工作机器的警示。

5.5 噪声危险

见GB 25115.1—2010中的5.4。

注:指导手册中应有用户可以减少风道噪声方法的详细说明和实例。

5.6 与材料和/或物质有关的危险

5.6.1 燃烧与爆炸

5.6.1.1 滚筒式烘干机

指导手册应有防止留在机器中的物料自燃的方法,如在循环结束时,取出物料的步骤如下:

——让用户注意到物料潜在的自燃危险;

——在烘干完成后及时取出物料;

——当动力出现故障时,及时取出物料(见GB 25115.1—2010中的5.2.6)。

制造商应在指导手册中明确说明滚筒式烘干机不应用于烘干可能会产生爆炸气体的物料。

注:本部分没有给出关于防爆的技术指导。

燃气和燃油滚筒式烘干机的燃烧系统应符合EN 746-2(见GB 25115.1—2010中的5.5.2)。

对于净容积小于350 L的机器见GB 25115.1—2010中5.5.2的说明。

对于净容积大于3 500 L的大型燃气和燃油的滚筒式烘干机,机器内应有喷淋装置(见ISO 6182-1)。

为防止在使用燃气或电加热器的这种没有热交换的直接加热机器中的热量迅速积聚,加热器应当与转笼和风机互锁,当转笼旋转控制或风机控制断开时,加热控制应同时断开。

5.6.1.2 隧道式后整理机和柜式烘干机

指导手册中应有警告,说明在机器中含有可燃物质的物料可能引起火灾。

机器中应有热探测装置以探测潜在的燃烧危险并发出声音警报。容量大于200件服装的燃气机器应配备集成的喷淋系统(见ISO 6182-1)。

5.6.2 化学物质

对于滚筒式烘干机,尤其是直接燃气加热的,指导手册应有警告,说明在物料中可能含有腐蚀性或分解的化学物,它们可能损害机器和产生有害气体(见EN 626-1)。

5.7 控制系统的故障

除了隧道式后整理机进口和出口的控制系统的安全类别不低于2类,控制系统与安全有关的部件应不低于1类(见GB/T 16855.1—2008中的第6章)。

6 安全要求和/或措施的验证

应按GB 25115.1通用安全要求和本部分第5章的特殊要求进行验证,表1给出了验证项目。

表1 验证项目

本部分条款	项目	依据	检验方法
5.2.1.1	旋转的转笼		
	互锁门	ISO 14119	演示
	停止时间		测量
	具有保护锁的互锁门	ISO 14119	演示
	当动力出现故障时开门		演示
	当打开门和转笼旋转时卸料	GB 25115.1—2010中的5.1.2	演示
	进入机器清理障碍	指导手册	确认内容和正确性

表 1（续）

本部分条款	项　　目	依　　据	检验方法
5.2.1.2	动力门		
	力、压力、动能		测量
	电敏保护装置	EN 50100-1	演示
	固定的保护装置	EN 953	目测
	压敏保护装置	EN 1760-1	目测、功能检验
		EN 1760-2	目测、功能检验
5.2.1.3	倾斜式滚筒烘干机		
	手动控制倾斜：		
	——止-动控制、限位装置	GB 25115.1—2010 中的 5.1.2	功能检验
	自动倾斜：		
	——固定防护、栅栏防护	GB 25115.1—2010 中的 5.1.2	
	重力引起的掉落		功能检验
	电敏防护装置	EN 50100-1	演示
	液压系统	EN 982	
	气动系统	EN 983	
	倾覆		演示
	地脚螺栓	指导手册	确认内容和正确性
5.2.2	隧道式后整理设备		
	固定的防护装置	GB 25115.1—2010 中的 5.1.2	目测、测量
5.3	电气危险		
	机器容积大于等于 350 L	GB 25115.1—2010 中的 5.2	
		GB 5226.1	
	机器容积在 160 L～350 L 之间	GB 4706.1	
		GB 4706.20	
	选择	指导手册	确定内容和正确性
5.4.1	热表面		
	表面温度	GB 25115.1—2010 中的 5.3	至少 1 h 之后测量
5.4.2	隧道式后整理设备的装料和卸料区		
	减少热损失	GB 25115.1—2010 中的 5.4.2	演示
5.4.3	隧道式后整理设备中的蒸汽喷射		
	固定的防护装置	GB 25115.1—2010 中的 5.1.2	
	槽宽小于 180 mm		测量
	压敏垫或压敏地板：	EN 1760-1	演示
	——与蒸汽喷射、输送驱动和热风机互锁		演示
	——重新启动控制		演示
	进入机器：		
	——警示标志		目测
	——不许进入的说明	指导手册	确定内容和正确性

表 1（续）

本部分条款	项　　目	依　　据	检验方法
5.5	噪声危险	指导手册	确定内容和正确性
5.6.1.1	滚筒式烘干机 内部燃烧 有潜在可爆物料引起的爆炸 燃气和燃油的滚筒式烘干机 喷淋装置 直接加热式滚筒烘干机的互锁装置	 指导手册 指导手册 EN 746-2 ISO 6182-1 ISO 14119	 确认内容和正确性 确认内容和正确性 目测 演示
5.6.1.2	隧道式后整理机和柜式烘干机 防火警告 与声音报警装置相连的探测装置 集成喷淋装置	 指导手册 ISO 6182-1	 确认内容和正确性 演示 目测
5.6.2	化学物质	指导手册	确认内容和正确性
5.7	控制系统的故障	GB/T 16855.1—2008 中的第 6 章	检查制造商的技术文件
7.1	指导手册	GB 25115.1—2010 中的 7.1	检查完整性
7.2	警示标志	GB 25115.1—2010 中的 7.2	目测

7 有关机器使用的信息

7.1 指导手册

制造商应在指导手册中提供 GB 25115.1—2010 中 7.1 和本部分第 5 章要求的详细资料。具体为：

——5.2.1.1 滚筒式烘干机应在指导手册中叙述清理物料堵塞的正确操作和进入机器的安全步骤；

——5.2.1.3 倾斜式滚筒烘干机应在指导手册中说明对地脚螺栓和地基的具体要求；

——5.3 对于不同设计净容积的工业烘干机电器系统采用什么标准应在指导手册中明确；

——5.4.3 对于隧道式后整理设备指导手册应给出不应进入正在工作机器的警示；

——5.5 指导手册中应有用户可以减少风道噪声方法的详细说明和实例；

——5.6.1.1 指导手册中明确说明滚筒式烘干机不应用于烘干可能会产生爆炸气体的物料；

——5.6.1.2 指导手册中应有警告，说明在机器中含有可燃物质的物料可能引起火灾；

——5.6.2 指导手册应有警告，说明在物料中可能含有腐蚀性或分解的化学物，它们可能损害机器和产生有害气体。

7.2 警示标志

制造商应按 GB 25115.1—2010 中 7.2 和本部分第 5 章的要求设置标志。

隧道式后整理设备需标明不应进入正在工作机器的警示标志。

ICS 97.060
C 68

中华人民共和国国家标准

GB 25115.5—2010/ISO 10472-5:1997

工业洗涤机械的安全要求 第5部分:熨平机、送料机和折叠机

Safety requirements for industrial laundry machinery—Part 5:Flatwork ironers, feeders and folders

(ISO 10472-5:1997,IDT)

2010-09-02 发布　　2011-07-01 实施

中华人民共和国国家质量监督检验检疫总局
中国国家标准化管理委员会　发布

前言

本部分的第5章、第6章、第7章为强制性条文，其余为推荐性条文。

GB 25115《工业洗涤机械的安全要求》分为六个部分：

—— 第1部分：通用要求；

—— 第2部分：洗衣机和洗脱机；

—— 第3部分：隧道式洗涤机组和相关机械；

—— 第4部分：烘干机；

—— 第5部分：熨平机、送料机和折叠机；

—— 第6部分：整烫机和粘合机。

本部分为GB 25115的第5部分。

本部分等同采用ISO 10472-5:1997《工业洗衣机安全要求　第5部分：熨平机　送料机和折叠机》(英文版)。

为便于使用，本部分做了下列编辑性修改：

——将“ISO 10472的本部分”修改为“GB 25115的本部分”；

——按照汉语习惯对一些编排格式进行了修改；

——删除了国际标准中的前言和引言；

——规范性引用文件按GB/T 1.1—2000《标准化工作导则　第1部分：标准的结构和编写规则》的要求进行了编写；

——用小数点“.”代替作为小数点的逗号“,”。

本部分由中国轻工业联合会提出。

本部分由全国服装洗涤机械标准化技术委员会归口。

本部分起草单位：山东蓬莱小鸭洗涤设备有限公司、江苏海狮机械集团有限公司、成都美联利华电气有限公司、蓬莱市大成洗涤机械有限公司。

本标准主要起草人：孙寿杰、邬士新、陈振海、张郁利、游浩。

工业洗涤机械的安全要求 第5部分:熨平机、送料机和折叠机

1 范围

GB 25115 的本部分与第1部分给出了熨平机、送料机和折叠机的重要危险。

本部分适用于下列产品:

——工作状态接触面积大于 0.25 m^2 的滚筒式和槽式熨平机(槽式熨平机在承压状态下);

——将平面物料自动送入熨平机或折叠机的送料机;

——与滚筒式和槽式熨平机配套的自动折叠平面物料的折叠机;

——自动折叠小件物料(不包括特别长的毛巾)的折叠机;

——多功能熨平机。

本部分引用了 GB/T 15706.1 和 GB/T 15706.2 中规定的基本要求,并根据工业洗涤机械的要求作了补充,以指导设计者对危险作出危险性评价(见 EN 1050)以及如何选择措施以达到所要求的安全级别。

本部分不适用于化学物品供给泵、蒸汽阀和供气管道、通风系统、物料进给系统、卸载系统和排气系统等辅助设备。

2 规范性引用文件

下列文件中的条款通过 GB 25115 的本部分的引用而成为本部分的条款。凡是注日期的引用文件,其随后所有的修改单(不包括勘误的内容)或修订版均不适用于本部分,然而,鼓励根据本部分达成协议的各方研究是否可使用这些文件的最新版本。凡是不注日期的引用文件,其最新版本适用于本部分。

GB 4706.1 家用和类似用途电器的安全 第1部分:通用要求[GB 4706.1—2005,IEC 60335-1:2004(Ed4.1),IDT]

GB 5226.1—2008 机械安全 机械电气设备 第1部分:通用技术条件(IEC 60204-1:2005,IDT)

GB/T 15706.1—2007 机械安全 基本概念与设计通则 第1部分:基本术语和方法(ISO 12100-1:2003)

GB/T 15706.2 机械安全 基本概念与设计通则 第2部分:技术原则(GB/T 15706.2—2007,ISO 121002-2:2003)

GB/T 16855.1—2008 机械安全 控制系统有关安全部件 第1部分:设计通则(ISO 13849-1:2006,IDT)

GB 25115.1—2010 工业洗涤机械的安全要求 第1部分:通用要求(ISO 10472-1:1997,IDT)

ISO 11111:1995 纺织机械安全要求

ISO 13852:1996 机械安全 防止上肢触及危险区的安全距离

ISO 14119 机械安全 带防护装置的联锁装置 设计和选择原则

IEC 60335-2-44 家用和类似用途电器的安全 第2-44部分:熨平机的特殊要求

EN 953:1997 机械安全 防护装置(固定式和活动式)设计和安装的一般要求

EN 1050 机械安全 危害评估原则

3 术语和定义

下列术语和定义适用于 GB 25115 的本部分。

3.1

平面物料　flatwork

可以被熨平机熨平和干燥的平面形状的纺织品(如床单)。

3.2

槽式熨平机　bed ironer

有一个或多个包裹着物料包覆层的熨辊将平面物料压在被加热的熨槽上进行熨平的机器。

3.3

滚筒式熨平机　cylinder ironer

通过适当的系统,如输送带,将平面物料拉入并贴在一个或几个受热的滚筒上熨平的机器。

3.4

送料机　flatwork feeding machine

将操作者放入的湿的、未整理的平面物料拉紧、展开并送到熨平机的进给带上或再送到折叠机上的机器。

注:送料机也可用来将毯子、化纤被单和类似物料送到折叠机上。

3.5

展布器　spreader carrier

夹持和展开平面物料为进料作准备的装置。

3.6

折叠机　flatwork folding machine

通常与熨平机相连接的可自动折叠平面物料的机器。

注:该机器也可用来折叠毯子、化纤被单和类似物件。

3.7

折叠机构　folding mechanism

折叠机中折叠平面物料的运动部件。

3.8

小件折叠机　folding machine for small pieces

自动折叠毛巾、枕巾和类似物料的机器。

3.9

多功能熨平机　multi-function machine

具有送料、熨平和折叠功能的机器。

3.10

提升装置　raised machine part

在送料机的出口处,能够升起并直接接近熨平机送料台的输送桥或类似装置。

4　危险

4.1　总则

对大多数工业洗涤机械的共有危险性见 GB 25115.1,针对熨平机、送料机和折叠机的特殊危险性见本部分 4.2～4.10 的规定。

4.2　机械危险

4.2.1　槽式和滚筒式熨平机

4.2.1.1　扯入或夹住:

a)　槽式熨平机的熨辊和加热熨槽之间;

b) 滚筒式熨平机的加热滚筒和惰辊(或压紧辊)之间;

c) 滚筒和输送带或入料台的边缘之间。

4.2.1.2 输送带和驱动辊之间夹住或缠绕。

4.2.1.3 掉入熨平机或从熨平机上掉落。

4.2.2 所有类型的送料机、折叠机和多功能熨平机

4.2.2.1 辊子和辊子或输送带之间的易夹部位:扯入和夹住。

4.2.2.2 展布器:运动的夹子引起的撞击。

4.2.2.3 折叠装置:挤压、剪切或撞击。

4.2.2.4 掉入折叠机送料接口或从折叠机上掉落。

4.2.2.5 提升装置(如:送料机的提升部分):挤压、剪切。

4.2.2.6 展平辊:缠绕,特别是被夹物料产生的缠绕、摩擦或磨损不均匀产生的缠绕。

4.3 电气危险

见 GB 25115.1—2010 中的 4.2。

4.4 热危险

4.4.1 被加热的熨槽或滚筒以及加热系统:烫伤。

4.4.2 熨平机对周围工作场所的辐射:生理影响。

4.4.3 熨平后的物料:烫伤。

4.4.4 燃气和燃油加热熨平机中的燃料被引燃:灼伤。

4.5 噪声引起的危险

送料机上的吸风设备发出的噪声可能引起危险,见 GB 25115.1—2010 中的 4.4。

4.6 燃气加热熨平机燃烧或爆炸所造成的危险:灼伤

4.7 燃气加热熨平机的有毒烟雾所造成的危险:中毒

4.8 机器设计中忽视人类工效学原理所引起的危险

熨平机入料台、折叠机出料台的高度不合适或平面物料入料夹子的位置不适当而造成影响健康的姿势。

4.9 燃油加热系统的流体意外喷射产生的危险:冲击和烫伤

4.10 控制系统故障

5 对第4章所列危险的安全要求和/或措施

5.1 总则

设计者需要考虑 GB 25115.1 中规定的通用安全要求和措施,以及本部分规定的特殊危险和措施。

5.2 机械危险

5.2.1 槽式和滚筒式熨平机

5.2.1.1 扯入或夹住

a) 槽式熨平机的熨辊和加热熨槽之间

熨平机熨辊和熨槽之间入料点处的易夹部位应有防护和安全装置(GB 25115.1—2010 中的 5.1.2),如示例1～示例4所示:

示例1

带有输送带的槽式熨平机的扯入:

熨辊和熨槽之间的易夹部位可以用一个容易被触发的铰链防护装置(图1)来保护。对于带有输送带的熨平机,铰链防护罩和输送带之间的最大间隙以及该间隙到易夹部位之间的距离均不大于 ISO 13852:1996 中表4所规定的值。

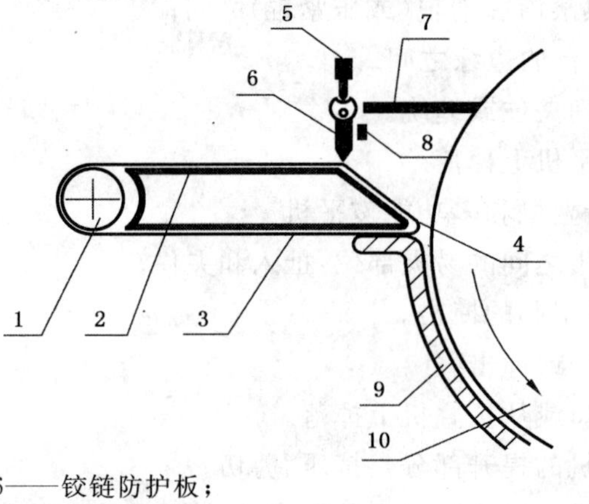

1——驱动辊；　　6——铰链防护板；
2——入料台；　　7——固定护挡板；
3——输送带；　　8——限位块；
4——输送带边缘；　　9——熨槽；
5——限位开关；　　10——熨辊。

图1　带有输送带的熨平机的安全防护

应使操作人员无法越过铰链防护装置接触到易夹部位，例如安装固定防护板。

当铰链防护板移向或移离熨辊时，应触发限位开关并使驱动辊和输送带制动，见ISO 14119。

并且应有限位块，以阻止铰链防护装置在限位开关触发后继续移向熨辊。当铰链防护装置向限位块方向移动时不应减少铰链防护板和输送带之间的间隙。

熨辊应尽快停止(制动时)。当熨辊以最大速度运行时，应在5 s内停止。如果熨平机前面安装了与熨平机互锁的送料机(见下面自动送料机的条款)，且铰链防护装置只是作为附加的安全防护装置的情况时，该要求不适用。

铰链防护板应结构坚固，并在整个机器的宽度上维持平行的间隙(见EN 953:1997中的第6章和第7章)。

输送带下垂时不应增大带与铰链防护装置之间的间隙。

自动送料机可以作为防止ISO 13852中规定的易夹部位的防护装置。制造商应在指导手册中为用户提供关于必备的侧面防护的信息。

应提供避免因送料机离位而引发危险的措施。这一点可以通过将送料机与熨平机互锁来实现，在这种情况下，指导手册应提供技术方法和充分的信息，以指导完成熨平机与送料机之间的联接。

示例2

有固定入料台的槽式熨平机的扯入：

对带有固定入料台的单辊熨平机，最大速度为6 m/min。

——铰链防护板和入料台或熨辊之间的间隙(x)应是物料能通过的最小距离，最大不应超过18 mm(见图2)。

注：ISO 13852:1996中的表4不适用于这种情况。

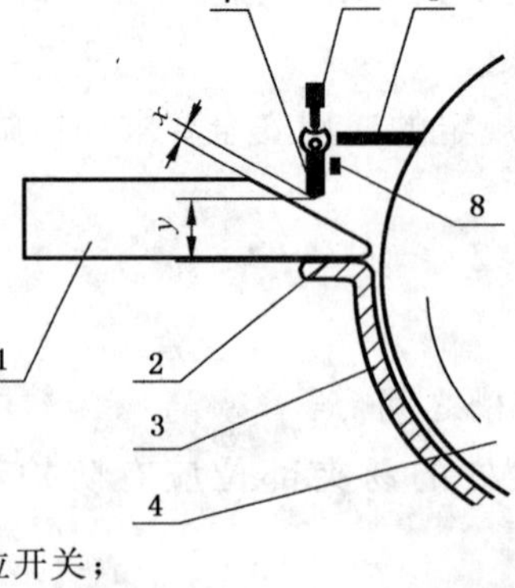

1——固定入料台；　　6——限位开关；
2——上边缘；　　7——铰链防护板；
3——熨槽；　　8——限位块；
4——熨辊；　　x——最大18 mm；
5——固定护档板；　　y——铰链防护板与熨槽上边缘的距离。

图2　带有固定入料台的熨平机的安全防护

当铰链防护板被触发后,熨辊停止转动前,转过的弧长应不超过铰链防护板与熨槽上边缘的距离(y),并且熨辊和熨槽应分开。

或

——在物体进入熨辊与熨槽之间的易夹部位前,铰链防护板(见图3)应使熨辊停止。

对于多辊熨平机,应防止进入所有熨辊与熨槽之间的易夹部位,可通过安装符合EN 953要求的侧面板或护罩来实现。

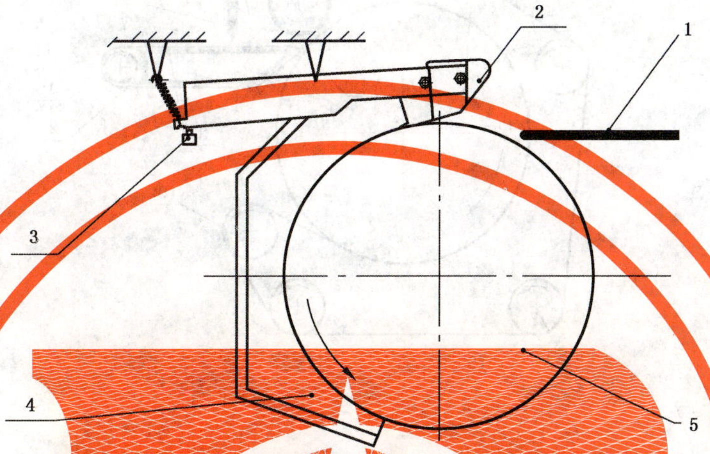

1——固定入料台;

2——铰链防护板;

3——限位开关;

4——熨槽;

5——熨辊。

图3 带有固定入料台的熨平机的安全防护(变型)

示例3

反转引起的扯入:

如有反转功能,应注意机器反转时所产生的易夹部位。

对于反转时易夹部位的防护可以结合使用前面所讲的各种方法。

对于熨辊直径小于600 mm的单辊熨平机,可通过止-动控制使反转速度等于或低于正常速度,见GB 5226.1—2008中的9.2.6.1。

对于熨辊直径大于600 mm的单辊熨平机和多辊熨平机,可通过止-动控制使反转速度等于或低于正常速度,但只有在熨辊和熨槽已经分离的情况下才能使用该控制方式。

示例4

解救被夹人员:

机器应有动力或手动的操作装置以解救被夹人员,如加大熨槽与熨辊之间的间隙。

解救被夹人员的操作步骤应标识在机器上,并应在指导手册中详细说明。

b) 滚筒式熨平机的加热滚筒和惰辊(或压紧辊)之间

应采取与槽式熨平机一样的安全措施。铰链防护板和输送带之间的间隙以及该间隙到易夹部位的距离应符合ISO 13852:1996中表4的要求。

使用铰链防护板时,应有双向的限位块(见图4)。

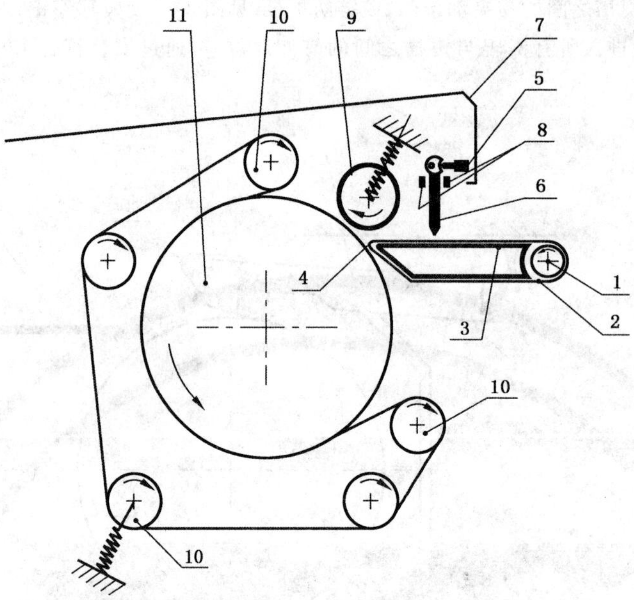

1——驱动辊；
2——输送带；
3——入料台；
4——输送带的边缘；
5——限位开关；
6——铰链防护板；
7——固定板；
8——限位块；
9——压紧辊；
10——惰辊；
11——滚筒。

图 4 滚筒式熨平机的安全防护

解救被夹人员的操作步骤应标识在机器上，并且应在指导手册中详细说明。

c) 滚筒和输送带或入料台的边缘之间

滚筒和输送带的边缘或入料台之间的易夹部位应有防护装置或安全装置，见 GB 25115.1—2010 中的 5.1.2。

注：这个位置的防护装置或安全装置通常跟熨辊与熨槽或滚筒与压辊之间的易夹部位所使用的防护装置是同一个。

5.2.1.2 输送带和驱动辊之间的夹住或缠绕

易夹部位应该受到防护以防止缠绕（如靠近驱动辊并位于输送带之间的入料台），见图 1 和图 4。入料台和驱动辊之间的距离不应超过 6 mm。

5.2.1.3 掉入熨平机或者从熨平机上掉落

对于工作宽度大于 2 100 mm 的多辊槽式熨平机，如果不在地面上完成所有的维护和故障排除（GB 25115.1—2010 中的 5.1.2），则应提供固定的防护装置（如护盖），如，可以通过如下方法：

——机器上面应有可移动的护盖，每个护盖的中部可承受 200 kg 的负载（见图 5）；

——在熨辊上应有护盖，并且在护盖之间设置通道（见图 6）。

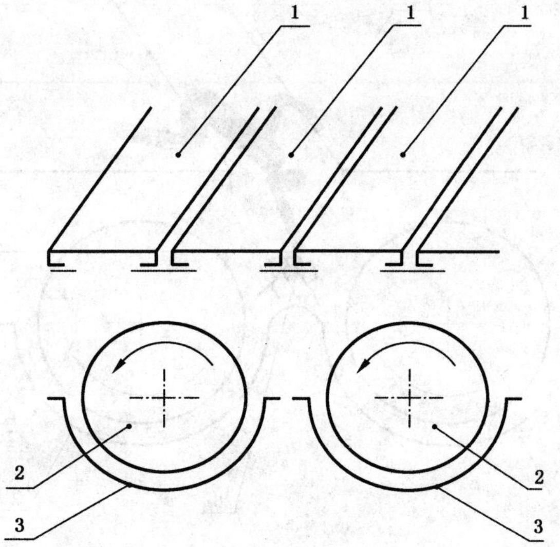

1——护盖；

2——熨辊；

3——熨槽。

图 5　可拆护盖

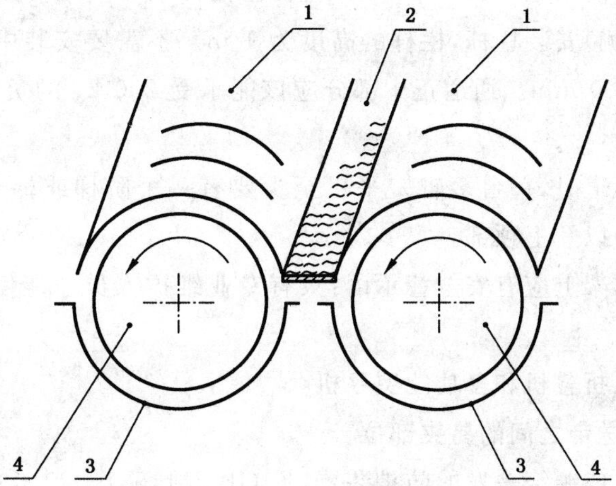

1——护盖；

2——通道；

3——熨槽；

4——熨辊。

图 6　通道护盖

当拆除护盖时，应通过止-动控制，使机器以正常或较低的速度运行。该控制可以是可远程控制的独立装置，以便于更换熨辊包覆层或进行其他维护或排除故障，且应优先于正常的机器控制。在任何情况下，应保证在控制位置可以清楚地看到危险区域。指导手册中应提供详细的更换包覆层的安全方法。

应提供措施防止在维护和排除故障时掉入机器（如扶手），除非故障点与维修工作面之间的距离小于 300 mm（见图 7）。

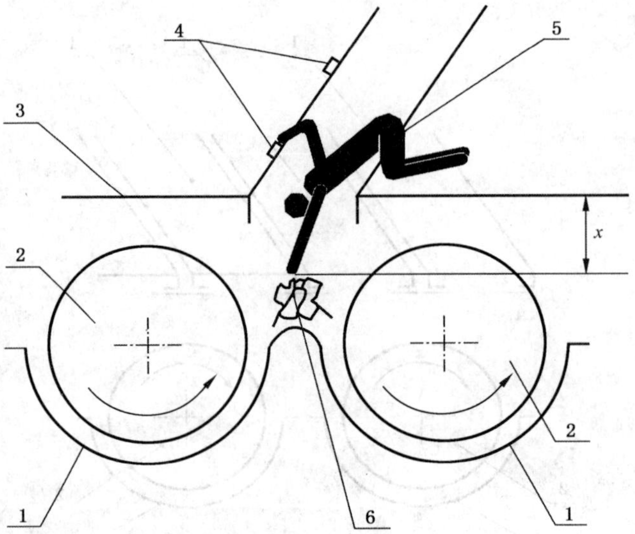

1——熨槽；　　4——扶手；
2——熨辊；　　5——专业人员；
3——护盖；　　6——故障。

注：x 的距离大于 300 mm。

图 7　维护和排除故障

机器上的侧边通道如果高出地平面 800 mm，应设置栏杆以防止维修人员掉下或掉入机器。每个通道只需在一侧（应该在外侧）安装栏杆，栏杆的高度为 1 m。不需要安装中部围护横杆和下部围护侧板。侧道的宽度至少应为 300 mm。通道正中部分应该能承受 200 kg 的负载。通道不应倾斜，表面应是防滑设计。

如有一个或多个维护通道时，每台多辊熨平机至少要有一个阶梯或梯子（可以是固定的或可移动的，但对机器是安全可靠的）以登上顶部。

在靠近阶梯或梯子的框架上应有安全警示语：只有专业维护人员才能使用阶梯或梯子。并应在指导手册中说明。

5.2.2　所有类型的送料机、折叠机和多功能熨平机

5.2.2.1　辊之间或辊与输送带之间的易夹部位

易夹部位应有防止夹手或缠绕头发的防护装置，见 GB 25115.1—2010 中的 5.1.2。有关易夹部位防护的详细说明见 ISO 11111:1995 中的图 1、图 2、图 3、图 4、图 6 和图 7。以上同样适用于辊与固定件间的易夹部位。若辊与辊之间或辊与固定件间的距离在 120 mm～150 mm 之间或者它们之间的距离大于 500 mm，则不需采取防护措施。辊与输送带之间的易夹部位应有防护装置（如采用固定防护装置）。

如果作用于辊上的扭矩产生的运转力小于 150 N（如摩擦离合器），则可不安装防护装置。指导手册应当包括这些装置相关的维护细节。

在指导手册中，制造商应提出对熨平机、送料机和折叠机之间的间隙采取防护措施的要求。

5.2.2.2　展布器

除了在装载位置，制造商应在轨道和夹具前方安装保持距离的防护装置（如面板），并确保不出现锐边（GB 25115.1—2010 中的 5.1.2）。若夹具的移动速度不超过 0.5 m/s，则可不安装防护装置。

5.2.2.3 折叠机构

制造商应为折叠机的运动部件提供防护装置(如固定防护板)(见 GB 25115.1—2010 中的 5.1.2)。

5.2.2.4 掉入折叠机、送料接口或从折叠机上掉落

对于工作宽度大于 2 100 mm,深度大于 2 000 mm 的折叠机,当高于地面 1 500 mm 处有运动部件时,制造商应提供维护通道,并在必要时根据 5.2.1.3 提供侧面通道。在这种情况下,若熨平机与折叠机顶部之间无通道,则应至少提供一架阶梯或梯子。

当与送料机连接需要地槽时,存在掉落槽中的危险,制造商应在指导手册中说明降低此类危险的方法(如固定栏杆)。

5.2.2.5 提升装置

提升运动应由止-动控制(见 GB 25115.1—2010 中的 5.1.2)。

为了便于操作,所有升起后的部件应由独立装置进行定位。如送料机的输送桥可由液压提升并由机械销锁定或把它移动到超过中心位置(避免因重力造成危险)。

5.2.2.6 展平辊

除非作用于辊的扭矩产生的切向力小于 150 N(如摩擦离合器、扭矩电动机),否则制造商应在自动入料装置的前方提供固定围栏或防护装置(见 GB 25115.1—2010 中的 5.1.2),以防止操作者进入危险区。

5.3 电气危险

对接触面积(槽式熨平机在承压状态下)不小于 1.20 m² 的熨平机,其电气设计应符合 GB 25115.1—2010 中 5.1.2 指定的 GB 5226.1 的要求。

对接触面积(槽式熨平机在承压状态下)介于 0.25 m²~1.20 m² 之间的熨平机,制造商是采用 GB 25115.1—2010 中 5.1.2 指定的 GB 4706.1 和 IEC 60335-2-44,还是采用 GB 25115.1—2010 中 5.1.2指定的 GB/T 5226.1,制造商应在指导手册中明确以上选择。

在接入送料机的软电缆线时,应有足够的防护以避免产生危险,制造商应遵守 GB 5226.1—2008 中的 13.4.3。指导手册中应有从熨平机上拆除送料机时如何确保电缆安全的说明(GB 25115.1—2010 中的 7.1)。

5.4 热危险

5.4.1 被加热的熨槽或滚筒以及加热系统

除了熨槽或滚筒的入料和末端外,应按 GB 25115.1—2010 中的 5.3 采取相应措施(如封闭型防护装置)以保护操作者不受热危险。指导手册中应有预防余热危险的警示语。

5.4.2 工作场地的热辐射

应采取技术措施(如隔热)减少来自热的熨槽或滚筒以及供热系统的热辐射。

注:有关隔热方法见 GB 25115.1—2010 中的 5.3。

5.4.3 熨平后的物料

为避免操作者被熨平后的物料烫伤,制造商应在指导手册中说明用户应当采取的相应措施(如引入冷风,带防护手套)。

5.4.4 物料燃烧

对于燃气加热和电加热的槽式熨平机,当机器停止运转时,应当立即停止热能供应,并将熨槽与熨辊分离。

对于流体加热的槽式熨平机,只需将熨槽与熨辊分离。

单辊槽式熨平机可中断热源并及时用手摇曲柄卸下物料。

制造商应在指导手册中建议用户配备灭火器以防物料起火时使用。

5.5 噪声危险

吸风装置的设计,或其他有关噪声的要求,见 GB 25115.1—2010 中的 5.4。

5.6 燃气加热的机器燃烧或爆炸引起的危险

GB 25115.1—2010 中 5.5.2 的安全要求和/或措施适用于接触面积大于或等于 1.20 m^2 的熨平机(对于槽式熨平机在承压状态下);对于接触面积小于 1.20 m^2 的熨平机(对于槽式熨平机在承压状态下),见 GB 25115.1—2010 中的 5.5.2。

5.7 燃气加热机器的有害烟雾引起的危险

机器应具有排除有害燃烧物的通风接口。

5.8 机器设计中忽视人类工效学原理引起的危险

入料装置的夹子、熨平机和送料机的输入平台及折叠机的出料台的高度应符合 GB 25115.1—2010 中的 5.6。

5.9 流体意外喷射引起的危险

应依照导热油供应商和热源供应商的建议来安装油加热管路。管路应能承受压力和腐蚀。指导手册应提供有关安装、维护及修理加热系统的信息。

5.10 控制系统故障

控制系统中与安全相关的部件类别(GB/T 16855.1—2008 中的第 6 章)不应低于 1 类,熨槽宽度大于 2 m 的熨平机上使用的铰链防护板类别不得低于 2 类。

6 安全要求和/或措施的验证

按照 GB 25115.1 的通用安全要求和本部分第 5 章的特殊要求进行验证,表 1 给出了验证项目。

表 1 验证项目

本部分条款	项 目	依 据	检 验 方 法
5.2.1.1 a)	槽式熨平机的熨辊和加热熨槽之间	GB 25115.1—2010 中的 5.1.2	
	例 1		
	带有输送带的槽式熨平机的扯入		
	铰链防护板、该间隙与易夹部位间的距离	ISO 13852:1996 中的表 4	测量间隙及平行度;演示铰链防护板的稳定性和输送带挠度
	铰链防护板上方的固定防护装置		目测
	铰链防护板的限位开关	ISO 14119	测量 功能演示(两个方向) 测试和检查 演示
	限位块		演示(位置)
	停止时间		测量
	送料机与熨平机互锁	ISO 14119 EN 953	测试和检查 目测
	送料机作为易夹部位的防护装置、侧防护	ISO 13852 指导手册	测量 确认内容和正确性
	例 2		
	有固定入料台的槽式熨平机的扯入		
	图 2:		
	铰链防护板与入料台之间的间隙		测量
	铰链防护板限位开关		功能检查
	停止距离		测量

表 1（续）

本部分条款	项　　目	依　　据	检　验　方　法
5.2.1.1 a)	图 3： 铰链防护板限位开关 多辊槽式熨平机： 防护装置 例 3 反转引起的扯入 机械反转形成的易夹部位的防护装置 止-动控制 例 4 解救被夹人员 解救方法	 EN 953 ISO 13852 ISO 13852 GB 5226.1—2008 中的 9.2.6.1 指导手册 警示语	 功能检查 目测 测量 目测 测量 检查功能和位置 确认内容和正确性 目测
5.2.1.1 b)	滚筒式熨平机的加热滚筒和惰辊(或压紧辊)之间 铰链防护与输送带间的间隙 另一限位块 解救步骤	见上面的 5.1.1.1 a) ISO 13852:1996 中的表 4 指导手册 警示语	 测量 演示 确认正确性与内容 目测
5.2.1.1 c)	滚筒和输送带或入料台的边缘之间 易夹部位防护装置或安全装置	 GB 25115.1—2010 中的 5.1.2	 目测 测量
5.2.1.2	输送带和驱动辊之间的夹住或缠绕 入料台 入料台与驱动辊之间的距离		 检查存在 测量
5.2.1.3	掉入熨平机或者从熨平机上掉落 固定防护板 平台 护盖和通道 止-动控制 更换包覆层的安全步骤 扶手 通道的宽度和高度、栏杆 倾斜 防滑设计 梯子 梯子的使用 警示语	 EN 953 EN 953 ISO 13852 GB/T 15706.1—2007 中的 3.26.3 GB 5226.1—2008 中的 9.2.6.1 指导手册 指导手册	 目测、检验和测量 目测 测量 目测和计算 检查功能与位置 确认正确性与内容 检查存在与位置 测量 演示 目测 检查存在和安全措施 确认正确性与内容 检查存在

表 1（续）

本部分条款	项　目	依　据	检验方法
5.2.2.1	辊之间或辊与输送带之间的易夹部位		
	辊与辊间的距离		测量
	易夹部位的防护装置	GB 25115.1—2010 中的 5.1.2 ISO 11111:1995 中的 6.4	
	运转力		测量
	维护摩擦离合器	指导手册	确认正确性与内容
	侧面防护装置	EN 953	目测
	——固定型	ISO 13852	测量
	——可移动型、互锁型		
	熨平机与送料机及折叠机之间的间隙	指导手册	确认正确性与内容
5.2.2.2	展布器		
	距离防护装置	GB 25115.1—2010 中的 5.1.2	目测、测量
	夹具夹紧力及速度		测量
	锐边		演示
5.2.2.3	折叠机构		
	运动件的固定防护装置	GB 25115.1—2010 中的 5.1.2	目测
5.2.2.4	掉入折叠机、送料接口或从折叠机上掉落		
	入口和侧通道	5.2.1.3	
	阶梯或梯子		检查存在
	地槽:固定栏杆	指导手册	确认正确性及内容
5.2.2.5	提升装置		
	止-动控制	GB 25115.1—2010 中的 5.1.2	演示
	在提升位置将提升件固定的方法		演示
5.2.2.6	展平辊		
	固定围栏或防护装置	GB 25115.1—2010 中的 5.1.2	目测
	力		测量
5.3	电气危险		
	接触面积≥1.20 m^2	GB 25115.1—2010 中的 5.2 GB 5226.1	
	接触面积在 0.25 m^2～1.20 m^2 之间	GB 4706.1 和 IEC 60335-2-44 或 GB 5226.1	
	选择说明	指导手册	确认正确性及内容
	电源软线联接	GB 5226.1—2002 中的 14.4.3 指导手册	确认正确性及内容
5.4.1	被加热的熨槽或滚筒以及加热系统		
	包括隔热层的热表面的温度	GB 25115.1—2010 中的 5.3	运转 30 min 后测量
5.4.2	工作场地的热辐射		
	减少工作场地热辐射的措施	GB 25115.1—2010 中的 5.3	演示
5.4.3	熨平后的物料		
	保护措施	指导手册	确认正确性及内容

表 1(续)

本部分条款	项　　目	依　　据	检　验　方　法
5.4.4	物料燃烧 中断能源供应、分离熨槽与熨辊 手摇曲柄 灭火器	 指导手册	 检查功能 检查功能 确认正确性及内容
5.5	吸风装置的噪声	GB 25115.1—2010 中的 5.4	检查和测试
5.6	燃气加热的机器燃烧或爆炸引起的危险 接触面积	GB 25115.1—2010 中的 5.5.2	 测量
5.7	燃气加热机器的有害烟雾引起的危险 通风接口		 目测
5.8	机器设计中忽视人类工效学原理引起的危险	GB 25115.1—2010 中的 5.6	目测和测量
5.9	流体意外喷射引起的危险 压力和腐蚀	指导手册	确认正确性及内容 检查制造商的技术文件
5.10	控制系统故障 类别	 GB/T 16855.1—2008 中的第 6 章	 检查制造商的技术文件
7.1	指导手册	GB 25115.1—2010 中的 7.1	检查完整性
7.2	警示标志	GB 25115.1—2010 中的 7.2	目测

7 有关机器使用的信息

7.1 指导手册

制造商应在指导手册中提供 GB 25115.1—2010 中 7.1 和本部分中第 5 章要求的详细资料，具体为：

——5.2.1.1　自动送料机作为防护装置的侧面防护的信息；
——5.2.1.1　自动送料机与熨平机互锁的技术方法和充分的信息；
——5.2.1.1　解救被夹人员的操作步骤的详细说明；
——5.2.1.3　更换包覆层步骤；
——5.2.1.3　只有专业维护人员才能使用阶梯或梯子的警示语；
——5.2.2.1　维护离合器细节；
——5.2.2.1　熨平机、送料机和折叠机之间的间隙采取防护措施的要求；
——5.2.2.4　防止掉入地槽的防护方法；
——5.3　采用 GB 5226.1 或 GB 4706 的说明；
——5.3　从熨平机上拆除送料机时如何确保电缆安全的说明；
——5.4.1　预防余热危险的警示语；
——5.4.3　避免操作者被熨平后的物料烫伤应当采取措施的建议；
——5.4.4　建议用户配备灭火器以防物料起火时使用的警示语；
——5.9　安装、维护及修理热油加热系统的信息。

7.2 警示标志

制造商应按 GB 25115.1—2010 中 7.2 和本部分第 5 章的要求设置警示标志，其标志设置在进入通道处(见 5.2.1.3)。

ICS 97.060
C 68

中华人民共和国国家标准

GB 25115.6—2010/ISO 10472-6:1997

工业洗涤机械的安全要求 第6部分:整烫机和粘合机

Safety requirements for industrial laundry machinery—Part 6:Ironing and fusing machine

(ISO 10472-6:1997,IDT)

2010-09-02 发布

2011-07-01 实施

中华人民共和国国家质量监督检验检疫总局
中国国家标准化管理委员会 发布

前　言

本部分的第5章、第6章、第7章为强制性条文,其余为推荐性条文。

GB 25115《工业洗涤机械的安全要求》分为六个部分:

——第1部分:通用要求;

——第2部分:洗衣机和洗脱机;

——第3部分:隧道式洗涤机组和相关机械;

——第4部分:烘干机;

——第5部分:熨平机、送料机和折叠机;

——第6部分:整烫机和粘合机。

本部分为GB 25115的第6部分。

本部分等同采用ISO 10472-6:1997《工业洗涤机械的安全要求　第6部分:整烫机和粘合机》(英文版)。

为便于使用,本部分做了下列编辑性修改:

——将“ISO 10472的本部分”修改为“GB 25115的本部分”;

——按照汉语习惯对一些编排格式进行了修改;

——删除了国际标准中的前言和引言;

——规范性引用文件按GB/T 1.1—2000《标准化工作导则　第1部分:标准的结构和编写规则》的要求进行了编写;

——用小数点“.”代替作为小数点的逗号“,”。

本部分由中国轻工业联合会提出。

本部分由全国服装洗涤机械标准化技术委员会归口。

本部分起草单位:浙江省黄岩服装机械厂、上海佳田制造有限公司、深圳中施机械设备有限公司。

本部分主要起草人:王仙法、刘守伦、陈光华。

工业洗涤机械的安全要求
第6部分:整烫机和粘合机

1 范围

GB 25115 的本部分与第1部分给出了在服装和洗涤机械行业中使用的整烫机和粘合机的重要危险,主要规定了如下内容:

——夹压式整烫机;

——柜式整烫机;

——抽拉式整烫机;

——旋转式和其他有多种下模头的整烫机。

本部分引用了 GB/T 15706.1 和 GB/T 15706.2 中规定的基本要求并根据工业洗涤机械的要求作了补充,以指导设计者对危险作出危险性评价(见 EN 1050)以及如何选择措施以达到所要求的安全级别。

本部分不适用于辅助装备,如蒸汽锅炉、蒸汽阀、供应管路系统、通风系统、送料和卸料系统、以及向空气中的排放。

2 规范性引用文件

下列文件中的条款通过 GB 25115 的本部分的引用而成为本部分的条款。凡是注日期的引用文件,其随后所有的修改单(不包括勘误的内容)或修订版均不适用于本部分,然而,鼓励根据本部分达成协议的各方面研究是否可使用这些文件的最新版本。凡是不注日期的引用文件,其最新版本适用于本部分。

GB 5226.1 机械安全 机械电气设备 第1部分:通用技术条件(GB 5226.1—2008,IEC 60204-1:2005,IDT)

GB/T 15706.1 机械安全 基本概念与设计通则 第1部分:基本术语和方法(GB/T 15706.1—2007,ISO 12100-1:2003,IDT)

GB/T 15706.2 机械安全 基本概念与设计通则 第2部分:技术原则(GB/T 15706.2—2007,ISO 12100-2:2003,IDT)

GB 16754 机械安全 急停 设计原则(GB 16754—2008,ISO 13850:2006,IDT)

GB/T 16855.1—2008 机械安全 控制系统有关安全部件 第1部分:设计通则(ISO 13849-1:2006,IDT)

GB 25115.1—2010 工业洗涤机械的安全要求 第1部分:通用要求(ISO 10472-1:1997,IDT)

ISO 13850-1 紧急停止装置

ISO 13852 机械安全 防止上肢触及危险区的安全距离

ISO 14119:1998 机械安全 带防护装置的联锁装置 设计和选择原则

EN 574 机械安全 双柄控制设备功能状况 设计原则

EN 626-1 机械安全 减少机械产生的危险物质对健康造成的危害 第1部分:机械制造原则和规范

EN 953 机械安全 防护装置(固定式和活动式)设计和安装的一般要求

EN 1050 机械安全 危害评估原则

EN 1760-1 机械安全 压敏防护装置 第1部分:压敏垫和压敏地板设计和试验通则

3 术语和定义

下列术语和定义适用于 GB 25115 的本部分。

3.1

整烫机 ironing machine

在两个部件之间,对织物进行压烫,使其平整或成型的机器;至少有一个部件被加热,另外,如有需要时,可配备蒸气设备。

3.2

粘合机 fusing machine

在两个部件之间,对物料进行加压,使其平整成型,并至少有一个部件被加热到能粘合温度的机器。

3.3

承压模头 pressure-bearing mouldform

由一层或多层织物包覆的整烫机部件,在其上面物料可以按需要进行摆放、定位和成型。

注:承压模头可以被加热,并配备喷蒸汽装置,和/或吸风装置,和/或吹风装置。

3.4

施压模头 pressure-generating mouldform

通过与承压模头相互作用产生所需压力的整烫机的部件。

注:通常承压模头被加热,并且可以配备喷蒸汽装置和/或吸风装置。用于水洗物料的整烫机施压模头具有光滑的金属熨烫表面;用于干燥物料的施压模头表面包有一层或多层织物。

3.5

夹压式整烫机 pressing type ironing machine

施压模头相对于静止的下承压模头做弧线运动或弧线与直线复合运动的整烫机。

3.6

柜式整烫机 cabinet ironing machine

水平移动的两个或多个垂直施压模头对运动到其间的垂直承压模头上的服装进行压烫的整烫机。

注:柜式整烫机可能有一个或多个水平移动的垂直承压模头,因而整个设备需要两个或更多的人员协调作业。

3.7

抽拉式整烫机 pull-lush ironing machine

平放的承压模头水平直线运动到施压模头下面,施压模头(或承压模头)做垂直直线运动,对模头(或施压模头)进行压烫的整烫机。

3.8

旋转式整烫机 rotary ironing machine

可旋转的承压模头,运动到不同位置上进行上料、下料、压烫的整烫机。

3.9

上行式整烫机 upload type ironing machine

由施压模头和承压模头组成,通过机械或气动方式抬升承压模头进行物料压烫定型的整烫机。

3.10

多种下模头整烫机 multi down mouldform ironing machine

与旋转式整烫机相似,承压模头做直线运动的整烫机。

4 危险

4.1 总则

对大多数工业洗涤机械的共有危险性见 GB 25115.1,针对整烫机和粘合机的特殊危险见本部分

4.2～4.8 的规定。

4.2 机械危险

4.2.1 所有整烫机和粘合机上模头、下模头的合模和加压：

——挤压，撞击；

——柜式、旋转式、抽拉式和多种下模头整烫机和粘合机下模头的移动和摆动：剪切、挤压、撞击。

4.2.2 所有整烫机和粘合机上模头或下模头的执行机构：挤压和剪切。

4.2.3 夹压式整烫机和粘合机上模头的下落：撞击和挤压。

4.3 电气危险

见 GB 25115.1—2010 中 4.2 的规定。

4.4 热危险

4.4.1 整烫机和粘合机包覆和未包覆的热表面：烫伤。

4.4.2 夹压式整烫机和粘合机影响操作者的喷射蒸气：烫伤。

4.4.3 夹压式整烫机和粘合机影响操作者的热辐射和热传导：烫伤和灼伤。

4.5 噪声危险

柜式整烫机排放压缩空气的噪声会产生危险，见 GB 25115.1—2010 中 4.4 的规定。

4.6 粘合机释放的有害烟气造成的危险

中毒。

4.7 机器设计中由于忽视了人类工效学原理而导致的危险

4.7.1 由以下原因造成不合适的姿势和用力不当：

——整烫机和粘合机下模头的高度和位置；

——自动柜式整烫机和粘合机装料下模头的高度和位置。

4.7.2 局部照明不足。

4.8 能源供给或控制系统故障导致上模头的合模或下模头的意外运动

——供给气源达不到要求或失灵；

——控制系统失灵；

——机械故障或失控。

5 对第 4 章所列危险的安全要求和/或措施

5.1 总则

设计者需要考虑 GB 25115.1 中规定的通用安全要求和/或措施，以及由本部分中规定的特殊危险和/或措施。

5.2 机械危险

5.2.1 所有整烫机和粘合机上模头和下模头的合模和加压

a) 夹压式整烫机：上模头应安装一个防止挤压而又不影响机器有效运行（见 GB 25115.1—2010 中的 5.1.2）的触发保护装置（如防护框架）。

示例：

触发装置应：

——安装在上模头的周围或仅当上模后面有固定的防护装置时，安装在前面和侧面；

——离上模头下檐的最小高度为 60 mm；

——与下模头的最大水平间隙为 75 mm；

——具有刚性结构和轻的动作压力；

——当接触到它时，在发生挤压前，可以产生反向运动；

——只有操作启动控制装置，才能重新运行。

b) 上模头包履织物的夹压式整烫机：至少采取以下措施确保安全，即上模头应由手控或脚控的止-动控制系统在较小的力(≤300 N)作用下降低到手指无法插入危险区域的高度上。只有当上模头降至间隙小于 6 mm 的安全位置上,可以通过符合 EN 574 要求的Ⅱ型双手控制系统才能释放全部压力。也可以通过其他型控制系统达到以上目的。

注：手动操作的夹压式整烫机和粘合机,无需上述措施。

c) 柜式整烫机:应提供防护和/或安全装置,以避免上模头和下模头、以及移动的下模头和固定件之间发生危险(见 GB 25115.1—2010 中的 5.1.2)。

示例：

与限位装置(如延伸到开口两侧全部高度范围的限位板)相联的固定防护装置,应通过小于 6 mm 水平运动来操作。此外,应提供宽度至少为 500 mm,长度至少等于下模头行程的压敏垫或压敏地板(见 EN 1760-1),这两个安全装置应在发生夹住之前,停止下模头的运动并使上模头返回;只有通过类型Ⅱ的双手控制操作系统(依照 EN 574),才能启动机器的工作循环,但是在工作循环启动之后,无需持续操作控制系统。

这种机器应当安装使下模停止和使上模返回的Ⅰ类(符合 ISO 13850-1)紧急停止装置。

d) 旋转柜式整烫机:整个机器应有固定防护装置包围,例如栅栏,以防止机器正常运行时,操作者进入危险区。应提供措施保护维护时进入防护区域的人员,见 GB 25115.1—2010 中的附录 A。这些措施可包括一个控制工作过程启动的钥匙开关,并能在操作位置上清楚地看到机器。制造商应在指导手册中说明操作人员和维护人员安全操作所应采取的措施和必要的培训。

e) 压烫袖子和裤子的柜式整烫机:限位杆应保护上、下模头之间以及移动的下模头与机器固定件之间的危险区域,并在 6 mm 范围内动作有效;限位杆应能使上模头的合模和下模头的移动回复,机器的工作过程只能通过类型Ⅱ的双手控制操作方式启动(应符合 EN 574)。

f) 旋转式整烫机和其他多种下模头整烫机:应有防护和/或安全装置保证消除整烫机的合模和下模头的移动运动所产生的危险(见 GB 25115.1—2010 中的 5.1.2)。

示例 1：

可以使用防护罩或围栏为危险区域提供全面保护。启动控制系统应在操作者可以清楚地看到但却不能触及危险区域的位置上(GB 25115.1—2010 中的附录 A)。

示例 2：

应采用一个或多个装置,防止接近熨烫区域,如：

——使上模头合模返回的限位框;且

——与上模头相连的固定防护装置,防止接近危险区域。

应通过栅栏防护装置,避免进入运动的下模头产生剪切、挤压和撞击的区域(见 GB 25115.1—2010 中的附录 A)。启动控制系统应在操作者可以清楚地看到但却不能触及危险区域的位置上。

注：压烫和开模的工作循环应是自动控制夹压,而不是手动控制的。

g) 上行式整烫机:应采取与夹压式整烫机安全防护相同的措施。作为选择,配备带有符合 GB/T 15706.2 以及 ISO 14119:1998 中 5.7.2.1 的互锁装置的防护装置,以确保防护装置完全关闭时,机器才能启动。可以由防护装置动作启动机器。对于控制系统的类别,依照 5.8 的要求。

h) 对于上述设备:应为被困在设备中的人员提供迅速脱身的方法。这些方法即使在能源供应故障时,上模头、下模头也能打开,如：

——手动打开上模头、下模头之间的铰链;

——液压或气动管路的导流系统。

解救被困人员的步骤应在机器上标识,并在指导手册中说明。

对于夹压式整烫机、旋转式整烫机、其他多模头整烫机及上行式的整烫机,无需紧急停止按钮。

5.2.2 所有整烫机和粘合机的上模头和下模头的执行机构

a) 夹压式整烫机:应有固定的防护装置保护执行机构(见 GB 25115.1—2010 中的 5.1.2)。

b) 柜式整烫机:用于保护上、下模头危险区域的装置,应延伸至运动的下模头的执行机构和危险区域。

对于运动的下模头的传动机构应在开口处进行防护,如通过柔性盖板(如橡胶的、金属的等)。机器上应设警示标志,标明操作人员不得站在盖板上。这项要求应在操作手册中说明。

如使用压敏垫或压敏地板(见 EN 1760-1),用户应根据制造商在指导手册中提供的详细要求,配备固定防护装置,以保护未被保护的危险区域。

c) 旋转式和多种模头的整烫机和粘合机:5.2.1 中所述的防护装置,应延伸至传动机构,或为传动机构提供单独的防护装置(见 GB 25115.1—2010 中的 5.1.2)。

5.2.3 夹压式整烫机上模头的下落

在夹压式整烫机保养、安装和检修时,应提供机器制动约束(如支撑或锁定销),以防止机器上模头非正常闭合。

应在指导手册中给出详细的资料。

5.3 电气危险

GB 5226.1 的要求适用于本部分所有类型的机器(见 GB 25115.1—2010 中的 5.2)。

5.4 热危险

5.4.1 整烫机和粘合机包覆和未包覆的热表面

根据 GB 25115.1—2010 中 5.3 提供的保护措施,对于抛光的上模头,应提供固定防护装置,防止操作人员触及工作表面(见 GB 25115.1—2010 中的表 1)。如果由于工艺需要无法满足上述要求,制造商应在操作手册中提请注意余热危险。除此之外,制造商应在危险区域设置警示标志。

对于上模头有织物包覆的整烫机和粘合机,织物表面温度不应超过 110 ℃。

5.4.2 影响操作者的喷射蒸气(夹压式整烫机)

对于上模头可能喷出蒸气的夹压式整烫机,当上模头、下模头之间的距离小于 50 mm 时才能喷射蒸气。

5.4.3 影响操作者的热辐射和热传导(夹压式整烫机和粘合机)

指导手册应向用户提供避免操作者暴露于无法承受的工作温度环境中的方法。

指导手册中应向用户说明,在环境温度为 25 ℃,相对湿度为 65%的工作环境中,正常操作位置(距离地面 1 200 mm,与机器的水平距离 500 mm)的温度不应超过 35 ℃。该说明中应包括减小蒸气压力、通风和其他方法。

5.5 噪声危险

见 GB 25115.1—2010 中的 5.4。

压缩空气排气的排放口应安装消声器。

5.6 粘合机释放的有害烟气造成的危险

指导手册中应提出警告,在粘合某些织物时,可能产生有害烟气。机器上应提供安装排气系统的装置(见 EN 626-1)。

5.7 机器设计中由于忽视了人类工效学原理而引起的危险

5.7.1 不合适的姿势和用力不当

应符合 GB 25115.1—2010 中 5.6 给出的建议。

5.7.2 局部照明不足

指导手册中应给出安全和有效操作所需照明的有关信息。

5.8 能源供给或控制系统故障

能源供给或控制系统故障,或下模头意外移动,不应导致整烫机合模。

GB 25115.1—2010 中的 5.7.2 适用于上模头包覆织物的整烫机。

上模头未包覆织物的整烫机，控制系统与相关安全的部件应至少有单故障自动防护装置(3类，见GB/T 16855.1—2008中的第6章)。

对于要求循环接近的整烫机，与相关安全的部件：

——电气控制系统至少配有双故障自动防护装置(4类，见GB/T 16855.1—2008中的第6章)；

——气动控制系统至少配有单故障自动防护装置(3类，见GB/T 16855.1—2008中的第6章)。

6 安全要求和/或措施的验证

按照GB 25115.1的通用安全要求和本部分第5章的特殊要求进行验证，表1给出了验证项目。

表1 验证项目

本部分条款	项目	依据	检验方法
5.2.1	上模头和下模头		
5.2.1a)	夹压式整烫机 触发装置(防护框) 尺寸	 GB 25115.1—2010中的5.1.2 	 检查功能 测量
5.2.1b)	上模头包覆织物的夹压式整烫机 上模头下降时的力 止-动控制 释放全部工作压力的位置 双手控制	 EN 574	 测量 检查功能和位置 位置和测量 检查类型、功能和位置
5.2.1c)	柜式整烫机 固定防护装置 限位装置 压敏垫或压敏板 双手控制 紧急停止装置	 GB 25115.1—2010中的5.1.2 EN 1760-1 EN 574 GB 16754	 目测和测量 演示和检查功能 测量和检查功能 检查类型、功能和位置 演示和检查文件
5.2.1d)	旋转柜式整烫机 栅栏 钥匙开关 安全工作程序的描述	 GB 25115.1—2010中的附录A 指导手册	 目测和测量 试验和检查 确认内容和正确性
5.2.1e)	压烫袖子和裤子的柜式整烫机 限位杆 双手控制	 EN 574	 演示、测量及检查功能 检查类型、功能和位置
5.2.1f)	旋转式整烫机和其他多种下模头整烫机 示例1 围栏防护装置 栅栏 启动控制 示例2 触发装置(防护框) 隔墙 启动控制	 GB 25115.1—2010中的5.1.2 GB 25115.1—2010中的附录A EN 953 ISO 13852 	 目测和测量 目测和测量 试验和目测 演示 目测 测量 试验和目测

表 1（续）

本部分条款	项　　目	依　　据	检验方法
5.2.1g)	上行式整烫机 受控的防护装置 类别	见本表中的夹压式整烫机 GB/T 15706.1 ISO 14119 5.8	 目测和检查功能 检查制造商的技术文件
5.2.1h)	上述所有设备 解救被困人员的方法 解救步骤 标志	 指导手册	 目测 确认内容和正确性 目测
5.2.2	上、下模头的执行机构		
5.2.2a)	夹压式整烫机 固定防护装置	 GB 25115.1—2010 中的 5.1.2	 目测
5.2.2b)	柜式整烫机 柔性盖板 警示标志 压敏垫或压敏板 固定防护装置的详细要求	 指导手册 EN 1760-1 指导手册	 演示和检查功能 确认内容和正确性 检查功能 确认内容和正确性
5.2.2c)	旋转式和多种下模头的整烫机和粘合机 单独的防护装置	见本表中的 5.2.1 GB 25115.1—2010 中的 5.1.2	
5.2.3	夹压式整烫机上模头的下落 机械约束装置 信息	 指导手册	 演示 确认内容和正确性
5.3	电气危险	GB 25115.1—2010 中的 5.2 GB 5226.1	
5.4.1	整烫机和粘合机包覆和未包覆的热表面 余热危险	GB 25115.1—2010 中的 5.3 指导手册	运转 30 min 后测量 确认内容和正确性
5.4.2	影响操作者的喷射蒸气（夹压式整烫机） 上模头、下模头的距离 与蒸气喷射的互锁		 测量 试验功能
5.4.3	影响操作者的热辐射和热传导（夹压式整烫机和粘合机） 防止高温环境的方法和装置	 指导手册	 确认内容、正确性及测量
5.5	噪声危险 消音器		 演示
5.6	粘合机释放的有害烟气造成的危险	指导手册	确认内容和正确性
5.7.1	不合适的姿势和用力不当	GB 25115.1—2010 中的 5.6	

表 1（续）

本部分条款	项　目	依　据	检验方法
5.7.2	局部照明不足	指导手册	确认内容、正确性及目测
5.8	能源供给或控制系统故障类别	GB 25115.1—2010 中的 5.7.2 GB/T 16855.1—2008 中的第 6 章	检查制造商的技术文件
7.1	指导手册	GB 25115.1—2010 中的 7.1	检查完整性
7.2	警示标志	GB 25115.1—2010 中的 7.2	目测

7 有关机器使用的信息

7.1 指导手册

制造商应在指导手册中提供 GB 25115.1—2010 中 7.1 和本部分中第 5 章要求的详细资料，具体为：

——5.2.1 操作旋转柜式机器；

——5.2.1 被困人员的解救；

——5.2.2 靠近机器的警示标识；

——5.2.2 压敏垫和防护装置；

——5.2.3 工作头的机械支撑部分；

——5.4.1 工作表面；

——5.4.3 环境温度；

——5.6 有害烟气；

——5.7.2 照明。

7.2 警示标志

制造商应提供符合 GB 25115.1—2010 中 7.2 的警示符号，此外根据本部分第 5 章的要求，应在下列部件上设置警示标志：

——柔性盖板(见 5.2.2)；

——未包履的热表面(见 5.4.1)。

ICS 97.060
C 68

中华人民共和国国家标准

GB 25116—2010/ISO 8230:1997

工业洗涤机械的安全要求 四氯乙烯干洗机

Safety requirements for industrial laundry machinery—Dry-cleaning machines using perchloroethylene

(ISO 8230:1997, Safety requirements for dry-cleaning machines using perchloroethylene, IDT)

2010-09-02 发布　　2011-07-01 实施

中华人民共和国国家质量监督检验检疫总局
中国国家标准化管理委员会　发布

前　言

本标准的第5章、第6章、第7章为强制性条文，其余为推荐性条文。

本标准等同采用ISO 8230:1997《四氯乙烯干洗机的安全要求》(英文版)。

为便于使用，本标准做了下列编辑性修改：

——用“本标准”代替“本国际标准”；

——按照汉语习惯对一些编排格式进行了修改；

——删除了国际标准中的前言和引言；

——规范性引用文件按GB/T 1.1—2000《标准化工作导则　第1部分：标准的结构和编写规则》的要求进行了编写；

——用小数点“.”代替作为小数点的逗号“,”；

—— 删除了国际标准的参考文献。

本标准由中国轻工业联合会提出。

本标准由全国服装洗涤机械标准化技术委员会归口。

本标准起草单位：上海航星机械(集团)有限公司、成都美联利华电气有限公司、深圳中施机械设备有限公司、江苏海狮机械集团有限公司、上海弘飞洗涤设备有限公司、蓬莱市大成洗涤机械有限公司。

本标准主要起草人：王益平、孙寿杰、陈振海、廖明、游浩、陈光华、邬士新。

工业洗涤机械的安全要求 四氯乙烯干洗机

1 范围

本标准适用于使用四氯乙烯溶剂的全封闭干洗机。四氯乙烯干洗机用于纺织品、皮制品、毛制品的工业干洗(包括洗染店)。

本标准不适用于安置在公共场所的机器(如自助式机器):

——使用四氯乙烯和低于大气压下工作的开启式干洗机;

——隔离式机器;

——整烫机(见 GB 25115.1 和 GB 25115.6);

——有自动门的机器;

——辅助设备,如室内通风设备、蒸馏废物收集装置、外部水冷却系统或从蒸馏箱残液中回收四氯乙烯的补偿系统。

本标准认识到由于机器的使用而引起的主要危险,特别强调溶剂的危险。其中"机器的使用"包括预期的使用和可预见的不正常情况。对于在制造、运输、试运转、拆卸、弃置等情况而引起的危险,没有给予专门的安全技术指导。本标准适用于在本标准发布之后所制造出来的干洗机。对于下面的情况,不给予专门的技术指导:

——气动系统;

——噪声;

——洗涤含可能产生爆炸气体物料导致的危险(如含有低闪点溶剂的印刷机抹布);

——被洗涤的物料可能含有导致四氯乙烯特性改变的"其他溶剂",如出现泡沫或产生致癌物;

——忽视人类工效学原理造成的危险;

——机器保压的措施。

在本标准正文中举出的安全措施例子,不是唯一可行的解决方法。允许采用其他降低风险并能达到相同安全程度的解决方法,并应写人制造商的文件中。

2 规范性引用文件

下列文件中的条款通过本标准的引用而成为本标准的条款,凡是注日期的引用文件,其随后所有的修改单(不包括勘误的内容)或修订版均不适用于本标准,然而,鼓励根据本标准达成协议的各方研究是否可使用这些文件的最新版本。凡是不注日期的引用文件,其最新版本适用于本标准。

GB 5226.1—2008 机械安全 机械电气设备 第1部分:通用技术条件(IEC 60204-1:2005,IDT)

GB/T 15706.1—2007 机械安全 基本概念与设计通则 第1部分:基本术语和方法(ISO 12100-1:2003,IDT)

GB/T 15706.2—2007 机械安全 基本概念与设计通则 第2部分:技术原则(ISO 12100-2:2003,IDT)

GB 16754 机械安全 急停 设计原则(GB 16754—2008,ISO 13850:2006,IDT)

GB/T 16855.1—2008 机械安全 控制系统有关安全部件 第1部分:设计通则(ISO 13849-1:2006,IDT)

GB 25115.1 工业洗涤机械的安全要求 第1部分:通用要求(GB 25115.1—2010,ISO 10472-1:1997,IDT)

GB 25115.6 工业洗涤机械的安全要求 第6部分:整烫机和粘合机(GB 25115.6—2010, ISO 10472-6:1997,IDT)

ISO 6178 离心机 结构和安全规则 圆柱形转鼓壳体内切向应力的计算方法

ISO 8232 封闭式干洗机 定义和机器特性的检验

ISO/TR 11688-1 消声 低噪音机械和设备的实用设计 第1部分:设计规划

ISO 13852:1996 机械安全 防止上肢触及危险区的安全距离

ISO 13853 机械安全 防止下肢触及危险区的安全距离

ISO 14119:1998 机械安全 带防护装置的联锁装置 设计和选择原则

EN 614-1:1995 机械安全 人类工效学设计原则 第1部分:术语和总原则

EN 953:1997 机械安全 防护装置(固定式和活动式)设计和安装的一般要求

EN 954-1 机械安全 控制系统部件的安全 第1部分:设计的一般原则

EN 983:1996 机械安全 流体动力系统及其部件的安全要求 气动

EN 1037 机械安全 避免意外启动

3 术语和定义

下列术语和定义适用于本标准。

3.1

干洗机 drycleaning machine

仅用四氯乙烯作为溶剂,洗涤纺织品、皮件、毛皮等物料的机器。

3.1.1

开启式干洗机 open circuit drycleaning machine

在打开装料/卸料门之前,通过吸入新鲜空气,排出机器内的四氯乙烯/气体混合物,进行除臭过程的干洗机。

3.1.2

全封闭干洗机 fully closed drycleaning machine

在除臭过程中外筒内的气体和工作场所的气体不进行交换的符合 ISO 8232 的干洗机。

3.1.3

隔离式干洗机 barrier drycleaning machine

用隔层避免干净物料和脏物料之间的直接接触和间接接触,以保证卫生的干洗机。

注:这是一种特殊情况,机器有两个门(一个进料,一个出料)在隔层的两边进行装料(物料)和卸料(物料)。

3.2

外筒 drum

转笼在里面旋转的容器。

3.3

***G* 因子 *G*-factor**

是转笼直径外测点的离心加速度和重力加速度构成的常数,用 G 表示,由式(1)得到:

$$G=5.6\times\left(\frac{n}{1\,000}\right)^2\times d \qquad \cdots\cdots(1)$$

式中:

n——转速,单位为转每分(r/min);

d——转笼直径,单位为厘米(cm)。

3.4

转笼 cage

封闭在外筒内用来装载被洗涤物料的旋转筒体。

注:ISO 8232 中规定了转笼的容量。

3.5

烘干系统　drying system

在洗涤结束时,按特定的流程通过加热和冷却气流回收物料上留有的四氯乙烯的循环通道。

3.6

除臭　deodorization

在烘干后,降低洗涤后物料和转笼内的四氯乙烯含量的过程。

3.7

烘干冷凝器　drying condensator

冷凝气体中的四氯乙烯气体和水汽的烘干系统的组件。

3.8

蒸馏冷凝器　distilling condensator

冷凝气化后的四氯乙烯气体和水汽的蒸馏系统的组件。

3.9

水分离器　water separator

把冷凝器回收的混合液分离成水和四氯乙烯的干洗机组件。

注:由于四氯乙烯微溶于水,水中会含有微量的该种溶剂。

3.10

蒸馏箱　still

加热脏溶液并使溶剂和水汽化,留下残留物的干洗机组件。

3.11

液箱　solvent tank

用于存放洗涤过程中使用的四氯乙烯并能承受应力和耐四氯乙烯化学腐蚀的容器。

3.12

绒毛过滤器　lint filter

在烘干过程中,从气体中滤除绒毛和杂质的装置。

3.13

溶剂过滤器　solvent filter

在洗涤过程中,从四氯乙烯液体中滤除杂质的装置。

3.14

钮扣收集器　button trap

在洗涤过程中,保护液泵不被硬物损坏的装置。

4　危险

本标准主要关注溶剂的危险(四氯乙烯排放在工作场所),其他危险在适当的依据中提到,作为对设计者的辅助文件。

4.1　使用干洗机的相关危险

4.1.1　机械危险

4.1.1.1　运动的传动组件:剪切、缠绕或夹住。

4.1.1.2　旋转的转笼:剪切、缠绕或夹住。

4.1.1.3　机器零件弹出:撞击。

4.1.2　电气危险

见 GB 25115.1—2010 中的 4.2 规定。

4.1.3 **供应故障引起的危险**

供应热源、电、压缩空气、冷却剂时可能产生的危险。

4.1.4 **热危险**

4.1.4.1 热表面:灼伤。

4.1.4.2 蒸汽加热表面:灼伤。

4.1.4.3 常压下使用热流体的组件:灼伤。

4.1.4.4 使用压力流体的组件:灼伤。

4.1.5 **噪声危险**

脱剂(四氯乙烯)时可能产生噪声危险。

4.1.6 **机器振动产生的危险**

机器损坏和/或机器移动、碰撞。

4.1.7 **四氯乙烯的危险**

下面的危险可能导致操作者、其他在场人员和公众吸入有害气体、四氯乙烯接触皮肤(包括脚)和眼睛,并且污染水和土壤。

4.1.7.1 装/卸门打开时四氯乙烯的散发或泄漏。

4.1.7.2 机器外未充分烘干的物料中四氯乙烯的挥发。

4.1.7.3 在操作和维护水分离器时,四氯乙烯散发到工作场所和渗入土壤或流入下水道。

4.1.7.4 四氯乙烯从活动接头、门封和软管等处泄漏。

4.1.7.5 清理绒毛过滤器时会散发或泄漏。

4.1.7.6 清理钮扣收集器时,四氯乙烯会散发或泄漏。

4.1.7.7 清理和维护溶剂过滤器时,四氯乙烯会散发或泄漏。

4.1.7.8 操作、清理和维护蒸馏装置时,四氯乙烯会散发或泄漏。

4.1.7.9 液箱加四氯乙烯过程中的散发或泄漏。

4.1.7.10 因误操作造成四氯乙烯的散发或泄漏。

4.1.7.11 烘干系统因故不能冷却引起的四氯乙烯散发或泄漏。

4.1.7.12 从机器中溅出四氯乙烯在地面自流。

4.1.7.13 四氯乙烯因热故障分解成有毒物质。

4.1.8 **忽视人类工效学原理造成的危险**

因机器装料门不适当的高度,导致操作者采用影响健康的姿势操作和卸料时过度费力。

4.2 **在使用之外与机器"寿命"有关的危险**

非机器使用过程(如运输、拆除、废弃等)可能产生的危险。

5 对第4章所列危险的安全要求和/或措施

5.1 使用干洗机相关的危险

5.1.1 **机械危险**

防护装置应符合表1的要求。

表1 防护装置的安全要求和/或措施

应　　用	依　　据
防护装置的选择	GB/T 15706.2—2007 中的 5.2 EN 953:1997 中的第 5 章
防护装置的设计和制造	GB/T 15706.2—2007 中的 5.3 EN 953:1997 中的第 6 章和第 7 章

表 1（续）

应　　用	依　　据
防护装置的固定	EN 953:1997 中的 5.4、7.2 和 7.3
防护装置的安置	ISO 13852:1996 中的表 1 和表 4 ISO 13853
防护装置的联锁	ISO 14119:1998 中的第 5 章

5.1.1.1 运动的传动组件

应由机体或防护装置防止接触到传动件。防护装置应符合表 1。

5.1.1.2 旋转的转笼

机器工作时不能接触转笼，只有在机器停稳后才能开门接触转笼。

门上应有符合 ISO 14119:1998 中第 5 章的带防护锁的联锁装置，如可安装转动感应器或延时器，只有在转笼停止转动后才能开门。

控制系统的类别应符合 GB/T 16855.1—2008 中第 6 章的 3 类和 4 类。

5.1.1.3 机器零件弹出

应采取措施防止机器快速转动使零件断裂或碎片弹出所造成的危险，在机器设计时应考虑如下：

——组件，特别是轴和轴承，应能承受制造商指导手册中所陈述的使用条件下所产生的最大力，并在设计中考虑预见到的机器疲劳、腐蚀和老化。

——对于 G 因子大于 100 的干洗机，转笼壳体上的切向应力应按 ISO 6178 计算。

5.1.2 电气危险

GB 5226.1 的安全要求、选项 1，应符合表 2 所述。

表 2　干洗机电气设备的安全要求和/或措施

安全要求和/或措施	GB 5226.1—2008 的章、条
触电	第 4、6、7、8、13、14 和 16 章
过流、超速和过载	第 7 和 8 章
环境影响	第 4、12 和 14 章
电磁兼容性	第 4、8 和 9 章
对电源中断或电压降落随后复原的保护	7.5
控制设备的检查、安置、鉴别	第 10、11 和 16 章
手动操作应考虑人机工效学原理	第 10 和 11 章
连接和布线	第 12 和 13 章
附件和照明	第 15 章
技术文件和指导手册	第 17 章
机器检验	第 18 章
防护等级	11.3

除非另有安全功能的特殊规定，控制系统与安全相关的部件应符合 1 类，见 GB/T 16855.1—2008 中的第 6 章。

应有符合 GB 16754 特殊要求的急停装置。它应使机器的所有功能停止，但冷却功能除外。

机器的总开关应能锁定，见 EN 1037。

5.1.3 供应故障

如果出现一个或多个供应故障（加热、供电、压缩空气或冷却剂），机器应能自动处于安全状态：

——门处于关闭位置并锁定,要用工具才能打开;

——所有能使四氯乙烯泄漏到机器外的阀门自动返回安全位置;

——在洗涤过程中,机器停止后重新启动时,操作程序的选择由操作者人工控制;

——监控冷却水,当流量或水压不稳定时机器自动关闭。见 5.1.7.8h)和 5.1.7.11。气动系统符合 EN 983:1996 中第 5 章的要求。

5.1.4 热危险

5.1.4.1 热表面

为避免因接触热表面而烫伤的危险,表面温度应保持低于如下数值:

——无涂层的金属　　70 ℃

——涂层金属(如:层厚 60 μm)　　80 ℃

——玻璃　　85 ℃

如果不能做到的话,表面应被防护、隔离或隔热。

由于因技术原因,设计时不能提供完全的保护措施(如蒸馏视镜),那么在机器上应有警告语,并在指导手册上注明对操作者使用、培训和个人防护的措施。

5.1.4.2 蒸汽加热表面

制造商应在指导手册中给出有关关闭蒸汽供给的独立阀的技术信息。蒸汽管道应隔热。

5.1.4.3 使用常压热流体的组件

为了防止流体温度过高,应有温度调节器,直接控制加热装置的能源供给。

温度调节器的最高温度应低于制造商推荐的热流体最高的工作温度。独立测热流体的温度,以控制温度调节器的正确运行。如果温度调节器出现故障超出工作温度的极限范围时,应发出警告。指导手册应给出正确操作的信息。

在加热箱中应安装一个储液罐,或加热箱有足够的容量,在温度调节器控制的最高温度时不会因热流体膨胀而溢出。加热箱可以通过温度调节器的温度来检查热流体的液面,如通过直接读数。

机器静止时应关闭热流体的控制阀,如使用常闭式自动阀。

指导手册应有排放管的定期清理要求,如一年清理一次以防堵塞。

5.1.4.4 使用压力流体的组件

设计有热的压力流体(蒸汽、水或油)通过的柔性组件或有脆性材料(如:玻璃)制成的组件时,应考虑防止泄漏或破裂引起的喷射或加防护装置。

5.1.5 噪声危险

本部分没有包含降低噪声的专门措施。在设计初期,应考虑噪声危险。应以最新技术为基础来选择正确措施,见 ISO/TR 11688-1。

5.1.6 机器振动产生的危险

在设计时应采取措施,降低由额定负载物料的不均匀分布所产生的最大不平衡所导致的振动(如机器的各部件应有足够强度和机器的底座要固定)。也可在机器上安装自动平衡系统。

5.1.7 四氯乙烯产生的危险

下面描述的干洗机工作现场的措施,是为了使将操作者和其他在场人员可能吸入四氯乙烯气体的危险减少到最低程度。

生产厂家在指导手册中应提供方法和作适当指导,使机器的电源与工作间通风设备联锁。以确保在没有启动通风设备的情况下,机器就不能开动。

5.1.7.1 打开装料门

四氯乙烯加入外筒后,就不能随手打开门。在烘干过程和除臭过程完成之前,门仍应保持联锁,见 5.1.7.2 和 ISO 14119:1998 中的第 5 章,安全类别应符合 5.1.1.2。

5.1.7.2 未充分烘干的物料中四氯乙烯挥发

在烘干、除臭过程没有完成之前，不能正常从机器中取出物料。通过控制回收溶剂的流量或控制连续烘干的时间，使物料烘干均匀。

烘干过程完成后才能开始除臭过程。如：通过控制持续时间或温度或笼内溶剂浓度得到相同除臭效果。

如果由于故障(如供应故障、物料过载、泵故障等)烘干和除臭过程不能全部完成，在指导手册中应有如下建议：

——如何用工具打开门(只能由经培训人员操作)；

——如何用一种对操作者和在场人员安全的方式从转笼中取出物料；

——如何在排除故障后返回到正常循环。

因技术故障使烘干过程中断时，应有声或光报警并使工作循环停止。

应提供一种接口，当外筒门关闭、物料温度高于35 ℃和气流正常时，测出外筒中残留四氯乙烯气体的浓度。

注：机器在循环结束时的四氯乙烯浓度可能有国家规定，需要专门的技术特性。

在装料门上应有标识注明转笼的额定负载(见ISO 8232)，使操作者注意，如果机器超载，存在不能完全烘干物料的危险。指导手册应有相同的内容。

5.1.7.3 在操作和维护水分离器时，存在四氯乙烯有可能散落到工作场所和渗入土壤或流入下水道的危险

水分离器的出水口应用一个管子引水到封闭集水箱，以免因故障排放四氯乙烯。

集水箱的容量应不小于机器工作一天的排出量，并应注意观测是否有四氯乙烯在集水箱中，如通过观察窗。集水箱上的标志应提醒操作者：水中含四氯乙烯，注意防护。指导手册应有相同的内容。

指导手册应要求操作者注意保证四氯乙烯要安全注入机器，并且每日要排掉机器产生的水。

水分离器和其他相关集水箱的排水，当水放尽后应经会自动关闭的手动阀直接回路到蒸馏箱或其他储水箱。

5.1.7.4 四氯乙烯从活动接头、门封和软管泄漏

所有接触四氯乙烯气体或流体的活动接头、门封和软管的结构材料应耐四氯乙烯。

有弹性密封的零件在推荐的维护期内应有弹性。

包括软管在内的部件应有足够的刚度以承受使用过程中产生的机械力，在推荐的维护期内应抗疲劳或耐磨和耐四氯乙烯。

5.1.7.5 清理绒毛过滤器时会散发或泄漏四氯乙烯

机器在门旁或其他明显的地方应有警示标志，标志应说明绒毛过滤器要在机器完全停下和冷却后清理。指导手册应包含标志上的内容。

如果绒毛过滤器的门被打开或未关好，机器就不能运转(符合ISO 14119:1998中5.3、5.4的联锁装置应阻止机器的运转)。这种联锁装置应属安全部件1类，见GB/T 16855.1—2008中的第6章。

5.1.7.6 清理钮扣收集器时会散发或泄漏四氯乙烯

5.1.7.5同样也适用于钮扣收集器。钮扣收集器的结构应设计成防止操作过程中无意打开而造成四氯乙烯的散发或泄漏。

5.1.7.7 对溶剂过滤器的操作、清理和维护时会散发或泄漏四氯乙烯

溶剂过滤器只能用工具打开。打开装置时应有效而缓慢打开并探测是否有任何液体还没有完全排放。溶剂过滤器的定位应避免外壳打开时四氯乙烯的溢流，如：垂直时，顶部打开，或横向时前面打开和安装一个固定流槽以排放四氯乙烯回到机器中。

过滤器的排出口应通向机器内部而不能通向工作间的大气中。

过滤器的高压侧应装压力表。密封件应能承受溶剂泵产生的最高压力。

注：可能有要求或禁止使用某种类型过滤器的国家法规。

5.1.7.8 操作、清理和维护蒸馏装置时会散发或泄漏四氯乙烯

a) 蒸馏箱体、蒸馏管和蒸馏冷凝器应足够大，以免被硬物堵塞。蒸馏管和蒸馏冷凝器应便于清理。冷却液流过冷凝器盘管内部和蒸馏管的最小内径值应满足表3的要求。

表3 蒸馏管最小内径

最大蒸流量/(L/min)	蒸馏管的最小内径/mm
≤3.9	42
4.5	45
6.3	53
10.6	69
14.3	80

b) 蒸馏管应装在蒸馏箱体的最高位置。安全阀用于紧急状态，指导手册应指导用户用管道排放废气从而防止污染工作间，如排放到外面。

注：应遵守压力容器的安全措施。

c) 蒸馏泄压装置应能释放因最高速度蒸馏产生大量气体造成的超压。蒸馏泄压装置应该安装得便于观察。释放压力时蒸馏箱应停止加热。指导手册中应描述观察和维护方法。

d) 自动控制系统应：

——防止过分填注蒸馏箱(大约容积的75%)，如关闭进箱阀；

——在四氯乙烯超过极限时应切断热源，如由手动阀供给。

当四氯乙烯液面低于75%限定值时可重新启动加热。

e) 蒸馏箱门应装有联锁装置以防门被打开或没关好而启动机器，见ISO 14119:1998中的5.3，5.4。互锁类别为3类或4类，见GB/T 16855.1—2008中的第6章。

f) 蒸馏箱加热表面温度应不超过150 ℃。

g) 如果手动阀供汽或蒸汽注入蒸馏箱，当操作者释放时，阀应回到关闭位置。

h) 冷却液流量应与蒸馏箱的加热互锁，当冷却液流量低于安全极限并发出能看到或能听到的报警信号时应停止加热。这可通过在冷却液装置中安装一个压力传感器或溶剂冷凝温度传感器来达到。此溶剂冷凝温度不超过55 ℃。

i) 如果用手动排放阀在出现故障时或在打开门清理前为了减少油性残留物而进行排放，当操作者释放时，此阀应自动回到关闭位置。

j) 应安装观察窗和照明灯，以便在开门清理蒸馏箱前可以观察蒸馏状态和残留物情况。

观察窗可检查蒸馏箱里的液面。观察玻璃上应有持久的、清晰的最高液位线。观察窗即使有破损，蒸馏箱也不能泄漏或有足够强度防止破损，如：使用安全型玻璃或有加强网的玻璃。

k) 应提供手段，如：用门销和工具防止意外打开清污门，直到操作者满意地认为可安全操作为止。任何稍微的液体泄漏不影响快速手动关门。

l) 门能使残留物快速排放到大小、尺寸和容量适合的有盖容器中，并最大程度地减少四氯乙烯的挥发。应随机配备此容器。

如果需要，允许使用管路系统，即直接从蒸馏箱将残留物排出而不挥发或泄漏四氯乙烯。

m) 在门上或旁边应有标志，说明只有在机器完全停止并且蒸馏箱处于室温时，才能进行清理。指导手册应包含标志上的内容。

5.1.7.9 液箱加四氯乙烯过程中的散发或泄漏

液箱之间应连接,允许相互间溢流。连接处应在箱与箱最高位置处。

液箱应装有液面指示,以标示出实际液位,并持久、清楚地标出最高允许液位。操作者在填注溶剂时可看到液位指示。

通过手动阀锁定的气体平衡管路,可使用机器的液泵填加四氯乙烯,当手释放后,阀关闭。

5.1.7.10 因误操作造成四氯乙烯的散发或泄漏

应有一个模式选择器以避免手动控制器和自动控制器同时启动,见 GB/T 15706.2。

机器控制器能自动执行各个过程的程序。

可手动操作机器,如:执行一次附加的烘干过程。

控制系统内部联锁应防止因编程不正确而使机器进入不安全状态。

通过目测电脑控制面板以确定所进行的洗涤过程,如:卡片控制器的卡片位置,或记忆板上指示灯或电脑控制面板上相关的显示。

只有使用工具才能打开检查门。

有检查门并能释放四氯乙烯的机器部件应有四氯乙烯液面显示装置。

5.1.7.11 烘干系统因故不能冷却引起的四氯乙烯散发或泄漏

冷却液流量与烘干系统的加热联锁,当冷却液流量低于制造商对流量的要求时,应停止烘干、除臭过程。如:通过压力传感器测量冷却水的供应。

机器应自动停在安全状态,并给出看到和/或听到报警信号。重新启动机器,见 5.1.3。

5.1.7.12 四氯乙烯从机器中泄漏

为了限制因机器事故而导致四氯乙烯的自行溢流,机器应安装防漏底槽,底槽应能防止四氯乙烯渗透并有足够强度,能承受机器所产生的力。

防漏底槽容量应是其液箱总容量的一半,或是最大液箱的总容量或更大,并至少有 30 mm 的凸出边缘。

注:可能有与溢流有关的特殊要求的国家法规。

5.1.7.13 四氯乙烯因热故障分解成有毒物质

机器的加热系统不应使四氯乙烯被加热到分解成有毒物的温度,如蒸馏箱加热,见 5.1.7.8f)。

5.1.8 由于忽视机器结构中的人类工效学原理的危险

本标准不包含有关排除或减小由于忽视机器结构中人类工效学原理而产生危险的措施。

装/卸门的高度应符合 EN 614-1:1995 中的附录 A。

5.2 在使用之外与机器"寿命"有关的危险

本标准规定的安全要求适用于机器的使用,对于机器的其他阶段,如:

a) 运输与验收:

——组装、安装;

——调整。

b) 拆除和废弃机器:

根据 GB/T 15706.1—2007 中的第 5 章,减小风险的策略。根据 GB/T 15706.2—2007 中的 6.5.1 a)、b)和 f)给出有关机器的使用信息。

6 安全要求和/或措施的验证

表 4 列出了第 5 章和第 7 章所有要求的检查方法和/或依据。

表 4 验证项目

本标准的条款	项　　目	依　　据	检验方法
5.1.1.1	运动的驱动部件		
	防护装置	表 1	检验、测试和测量
5.1.1.2	转动的转笼		
	通过门接触		目测
	与防护锁联锁的门	ISO 14119	检查功能
	控制器分类	EN 954-1	检查制造商的技术文件
5.1.1.3	机器零件弹出		
	最大力		检查制造商的技术文件
	切向力	ISO 6178	计算
5.1.2	电气危险	表 2	目测或检查制造商的技术文件
	控制器分类	GB/T 16855.1	检查制造商的技术文件
	紧急停止	GB 16754	检查存在和功能
	锁紧故障	EN 1037	检查存在和功能
5.1.3	供应故障		
	门保持锁紧		断电并测试
	门可用工具打开		用工具开门
	阀返回安全位置		依次关掉供应、目测
	重新启动		停止并依次开、关每项操作
	冷却水流量	EN 983	检查功能
	气动系统		
5.1.4.1	热表面		
	表面温度		测量
	保护		目测和测量
	标志	指导手册	目测、确认内容及正确性
5.1.4.2	蒸汽加热		
	阀	指导手册	确认内容及正确性
	管道		目测
5.1.4.3	常压下的热流体		
	温度调节器		检查控制线路连接
	温度极限		温度比较
	温度传感器、警示		检查存在和功能
	加热箱中储液罐		加热并检查
	热液面		目测
	自动阀		关闭加热器
	通风管清理	指导手册	确认内容及正确性
5.1.4.4	有压力的流体		
	柔性、脆性部件		目测
5.1.6	振动产生的危险		计算和评估
5.1.7	四氯乙烯产生的危险		
	与工作场所通风装置联锁		检查功能
5.1.7.1	打开装料门		
	与防护锁联锁	ISO 14119:1998 中的 5.3 和 5.4	检查功能和检查制造商技术文件

表 4（续）

本标准的条款	项　　目	依　　据	检验方法
	物料中四氯乙烯挥发		
	烘干控制		检查功能、测量
	除臭控制		检查功能、测量
	门锁紧装置		检查功能
5.1.7.2	异常停止后门打开	指导手册	检查程序
			关掉冷却液、检查功能
	供应故障		目测和测试
	浓度测量方法	指导手册	目测、确认内容及正确性
	负载标志		目测
	水分离器		
	密封的集水箱		目测和评估
	连接和容量		
5.1.7.3	视窗		目测
	集水箱标志	指导手册	目测、确认内容及正确性
	排放说明	指导手册	确认内容及正确性
	水分离器排放、阀		目测和检查功能
5.1.7.4	活动接头等		检查材料和检查制造商的技术文件
	绒毛过滤器		
5.1.7.5	标志	指导手册	目测、确认内容及正确性
	联锁	ISO 14119:1998 中的 5.3 和 5.4	检查功能
	类别	GB/T 16855.1	检查制造商技术文件
	钮扣收集器		
5.1.7.6	如本表 5.1.7.5		
	防止溢流		检查功能
	溶剂过滤器		
	只能用工具打开		检查功能
5.1.7.7	避免泄漏		目测
	过滤器出口		目测
	压力表		目测
	蒸馏装置		
	a) 蒸馏箱体、管、冷凝器便于清理		目测并评估
	管的直径	表 3	测量
	b) 安全阀	指导手册	确认内容及正确性
	c) 安全装置	指导手册	确认内容及正确性
5.1.7.8	测试方法		功能测试
	切断热源		检查功能
	d) 过量加液控制		检查功能
	e) 门联锁	ISO 14119:1998 中的 5.3 和 5.4	检查功能
	类别	GB/T 16855.1	检查制造商技术文件
	f) 蒸馏箱加热表面		测量

表 4（续）

本标准的条款	项　目	依　据	检验方法
5.1.7.8	g) 气/蒸汽喷射阀 h) 缺少冷却液 冷凝温度 i) 手动排气阀 j) 观察窗和照明 液位标志 k) 门打开 l) 将残留物转移到有盖容器 使用管道将残留物排出 m) 清理指导标志	指导手册	关闭气/蒸汽喷射、检查功能 检查功能 测量 检查功能 目测、评估 目测 检查功能 目测 目测、确认内容及正确性
5.1.7.9	液箱加料 液箱之间连接 液位指示器 通过泵加液		 目测 目测和实际检查 检查功能
5.1.7.10	误操作 手动和自动控制同时启动 通过门接近 溶剂液位指示	GB/T 15706.1—2007 中的 A.1.2.5	 检查功能 实际检查 目测
5.1.7.11	烘干系统的冷却故障 冷却液流量传感器 循环停止、警报信号		 目测、检查制造商技术文件 检查功能
5.1.7.12	防漏底槽 强度和容量		 测量和评估、检查制造商技术文件
5.1.7.13	四氯乙烯热分解	5.1.7.8f)	测量
5.1.8	门的高度	附录 A	测量
5.2	“寿命”阶段	GB/T 15706.1 GB/T 15706.2	
7.2	机器铭牌	GB/T 15706.2—2007 中的 6.4	目测
7.3	警告标志	GB/T 15706.2—2007 中的 6.4	目测
7.4 和 7.5	指导手册	GB/T 15706.2—2007 中的 6.5	检查完整性

7 机器使用的有关信息

7.1 总则

每台机器应提供足够的信息，以便有效和安全地操作机器。机器使用的信息通常包含三部分：

a) 包含机器基本技术数据的铭牌（见 7.2）；

b) 在机器上应有其他警示标志（见 7.3），如要说明四氯乙烯的危险性和在遇到紧急状态时应采取的措施，如四氯乙烯泄漏；

c) 指导手册应详细说明如何安全地安装和操作机器，并描述机器如何工作（见 7.4 和 7.5）。

7.2 机器铭牌

字迹清楚的铭牌应给出符合 GB/T 15706.2—2007 中 6.4 的有关数据。

应包括干洗机的附加数据，特别是干洗机四氯乙烯的总容量。

如果是模块式干洗机，每个模块，如：洗涤装置(液箱、外筒、通道)、蒸馏装置(液箱、蒸馏箱、过滤器、独立控制面板)应有独立标志和各自的铭牌。

机器铭牌应永久地固定在干洗机上，与机器的使用寿命匹配。表 5 给出所需最少数据的典型布局的铭牌举例。

任何图形符号应符合 GB/T 15192 的规定。

表 5 机器铭牌举例

制造商：________				
地址：________				
类型：________	编号：________			
生产日期：________				
干物料最大负载：________	kg			
四氯乙烯容量：________	L			
电源：________	V ________	相 ________	Hz	
最大功率：________	kW			
最大电流：________	A			
最大蒸汽压力：________	MPa			
水压：________	MPa			
气压：________	MPa			
注意：维修和操作，参阅指导手册。				

7.3 警示标志

警示标志应固定在操作者能清楚地看到的机器位置上，应详细说明四氯乙烯的危险性和在四氯乙烯泄漏或吸入四氯乙烯气体的情况下应采取的措施。

任何由于疏忽可使四氯乙烯从机器中泄漏出来而导致危险的装有四氯乙烯的容器上都应有其他警示标志。如：用来收集从水分离器中排出水的容器，如果处置不当，会导致排放四氯乙烯的危险。

7.4 指导手册

制造商应提供 GB/T 15706.2—2007 中 6.5 所描述的指导手册。

制造商应提供符合 GB/T 15706.2 中有关噪声的信息。

制造商应提供 GB 5226.1—2008 中第 17 章要求的信息。

此外，指导手册应包含三种资料：

——包含机器铭牌和警示标志的内容，如果丢失或损坏，可以正确更换。

——解释如何操作机器、有关危险(尤其来自四氯乙烯)的信息和将这些危险降到最低程度的安全措施；

——有关下列内容的安全指导：

- 安装；
- 操作人员培训；
- 操作和操作者进行的维护[1)]；
- 紧急情况下采取的措施[1)]；
- 工程师培训；
- 工程维护[1)]；
- 安全监控[1)]。

1) 应逐步叙述，以用于培训。

注：应简要叙述如何操作机器、危险和安全措施以便对操作者和工程师培训后适于发放资料。

7.5 资料和指导手册的特殊内容

四氯乙烯干洗机包含一些特殊危险,应在指导手册中特别说明。表6不是详尽的无遗漏但包括了这些需要特别说明的内容。

表6 指导手册需要包含的特殊内容

说明书	依 据	要 求
机器标志和警示标志	5.1.7.2最后一段	规定转笼额定负载的机器标志的详细内容。
	5.1.7.3	集水箱的标志说明水中含有四氯乙烯的内容。
	5.1.7.5	绒毛过滤器的标志上说明只有当机器完全停止并且烘干过程完成后,才能清理绒毛过滤器以最少吸入四氯乙烯气体、灰尘或纺织纤维。
	5.1.7.6	钮扣收集器的标志上说明只有当机器完全停止并且烘干过程完成后,才能清理钮扣收集器。
	5.1.7.8c)	蒸馏箱的标志上说明最大工作压力的内容。
	5.1.7.8m)	蒸馏箱清污门旁边的标志上说明只有在机器完全停止并且蒸馏箱处于室温时,才能清理蒸馏箱的内容。
安装	5.1.4.3	所使用的任何热流体的最高工作温度,说明蒸馏箱温度控制器所设置的最高温度的意义和安全原因。
	5.1.7第二段	在安装时,如何将工作场所通风装置和机器的操作联锁,以保证在通风装置运转之前,不能启动机器的详细内容。
		要引起用户注意有关国家法规对操作者和公众接触四氯乙烯的规定。这些可能涉及到气体排放、残留物处理或含有四氯乙烯的水处理。
	GB 5226.1—2008中的第17章	机器电气和控制系统的电气布线图足以能证实与安全有关的控制系统和电路的安全水平。
	5.1.7.8b)	提示用户在机器安装时,应将蒸馏箱的安全阀和管道连接,使四氯乙烯气体安全排出而不污染工作场所。
	5.1.7.10	用户所要求的操作顺序的详细内容和编制自动程序的详细指南(如:通过穿孔卡或计算机来完成)。
标准操作程序		机器操作和维护指南应尽量减少四氯乙烯液体和气体的泄漏,如:当转笼门关闭时,辨认出没有完全烘干的物料。
		安全操作蒸馏箱的指南应使蒸馏速率达到最佳而不产生危险化学物,也不导致四氯乙烯溢出。
	5.1.7.9	添加液箱时,应避免四氯乙烯溢出或四氯乙烯气体挥发。
非标准操作程序	5.1.7.2第三段	意外停机后,输入适当指令来烘干物料,以便打开转笼门并取出物料。
		由于故障而导致机器自动停机后,应采取措施的指南。
操作者维护	5.1.7.3	集水箱的安全排水指南。
	5.1.7.6	关于如何清理钮扣收集器时,尽量减少四氯乙烯气体挥发到工作场所并避免皮肤接触四氯乙烯的指南。
	5.1.7.7	如何识别溶剂过滤器需要清理和清理步骤的指南,并解释不遵守将产生的安全隐患。
		推荐在什么情况下需戴手套和戴呼吸保护器,以及规格和制造商。
工程维护		有关维护步骤的指南应尽量减少维护工程师和其他人员吸入四氯乙烯气体和冷却剂气体。

表 6（续）

说明书	依 据	要 求
工程维护		蒸馏压力释放的细节。
		在工程师维护过程中，有关要求工程师戴合适手套和呼吸保护器的建议，以及推荐的规格和制造商。
安全监控		用四氯乙烯泄漏数值（人员监控）显示机器有故障。
	5.1.7.8c)	用户可以检查蒸馏箱安全阀正常工作的方法。
	5.1.7.2 第三段	用户如何能在烘干过程结束时测量转笼里四氯乙烯浓度的说明。
		用户如何识别在烘干过程中的任何异常情况，以避免从干洗机取出的物料会加大四氯乙烯的挥发，对工作场所造成污染。
		四氯乙烯泄漏测试程序以及进行这些测试的周期建议。

ICS 29.280
S 35

中华人民共和国国家标准

GB/T 25117.1—2010/IEC 61377-1:2006

轨道交通　机车车辆　组合试验 第1部分:逆变器供电的交流电动机及其控制系统的组合试验

Railway applications—Rolling stock—Combined testing—Part 1:Combined testing of inverter-fed alternating current motors and their control system

(IEC 61377-1:2006,IDT)

2010-09-02 发布　　2011-02-01 实施

中华人民共和国国家质量监督检验检疫总局
中国国家标准化管理委员会　发布

前言

GB/T 25117《轨道交通 机车车辆 组合试验》由以下三部分组成：

——第1部分：逆变器供电的交流电动机及其控制系统的组合试验；

——第2部分：斩波器供电的直流牵引电动机及其控制系统的组合试验；

——第3部分：间接变流器供电的交流电动机及其控制系统的组合试验。

本部分是GB/T 25117的第1部分。

本部分采用翻译法等同采用IEC 61377-1:2006《轨道交通 机车车辆 组合试验 第1部分：逆变器供电的交流电动机及其控制系统的组合试验》(英文版)。

为便于使用，本部分做了下列编辑性修改：

——"本国际标准"一词改为"本部分"；

——用"."代替作为小数点的逗号","；

——删除国际标准的前言；

——对于IEC 61377-1:2006引用的国际标准中，有被等同采用为我国标准的本部分用引用我国标准代替国际标准，其余未有等同采用为我国标准的，在标准中均被直接引用；

——对3.4的图增加编号，原后续图号调整；

——将IEC 61377-1中的表1，单独作为一条，即增加"7.8 试验项目"；

——增加参考文献，按照GB/T 1.1—2000的要求，将注中引用的标准列入参考文献中。

本部分附录A为规范性附录。

本部分由中华人民共和国铁道部提出。

本部分由全国牵引电气设备与系统标准化技术委员会(SAC/TC 278)归口。

本部分主要起草单位：株洲南车时代电气股份有限公司。

本部分参加起草单位：南车青岛四方机车车辆股份有限公司、南车株洲电力机车研究所有限公司、永济新时速电机电器有限责任公司。

本部分主要起草人：刘可安、马文俊。

本部分参加起草人：李益丰、邓学寿、高永军、王肃清。

轨道交通 机车车辆 组合试验
第1部分:逆变器供电的交流电动机及其控制系统的组合试验

1 范围

GB/T 25117 的本部分适用于机车车辆上电动机、逆变器及其控制系统所构成的组合系统,其目的是规定:

——机车车辆逆变器、交流电动机和相关控制系统所组成的电传动系统的性能特性;

——验证这些性能特性的试验方法。

组合系统分为以下两种类型:

a) 由逆变器供电的交流电动机(主要是辅助电动机,例如冷却通风电动机),其机械输出(转矩、转速)和逆变器之间无任何控制,可视为电动机通过汇流排(变频变压或定频定压)供电工作。

b) 在机械输出和逆变器之间存在受控的(并联或非并联)交流电动机。

第一类系统按照 IEC 60349-2:2002 和 IEC 61287-1:2005 进行试验。

本部分适用于第二类,主要是牵引传动系统,如图1所示。

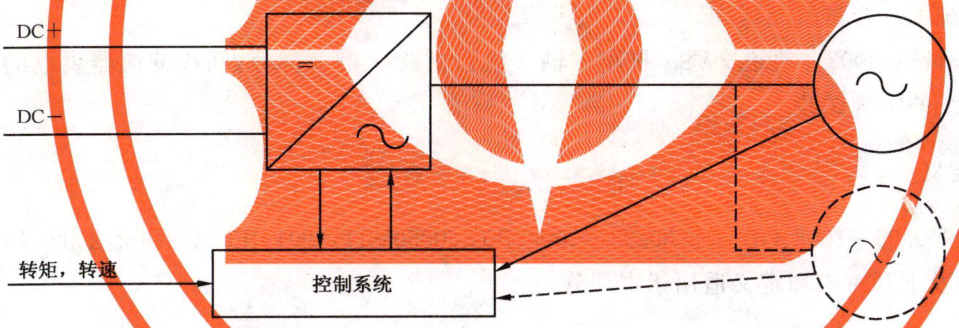

图1 牵引传动系统

IEC 60349-2:2002 适用于变流器供电的交流电动机,IEC 61287-1:2005 适用于电力电子变流器,IEC 60571:2006 适用于电子设备,本部分适用于由电动机、逆变器及其控制系统所构成的组合系统。因而 IEC 60349-2:2002 阐述的是验证电动机是否符合其技术条件的试验方法,IEC 61287-1:2005 阐述的是验证逆变器是否符合其技术条件的试验方法。显然,本部分中的一些试验可以取代上述标准中的相应试验。用户与制造商双方应达成协议,以避免重复试验。

完整地进行全套组合试验很繁杂,而且常常需要很大的功率,在工厂不一定能实施。因此,用户和制造商可以协商,试验可以在工厂内进行或者在机车车辆上进行。试验也可以分开做,一部分在工厂内做,一部分在线路上做。

本部分起草时,仅有下列电动机-逆变器的组合形式已经用于牵引传动系统:

——电压源逆变器供电的异步电动机;

——电流源逆变器供电的异步电动机;

——电流源逆变器供电的同步电动机。

本部分也可适用于将来可能使用的其他组合形式。

逆变器的直流输入可以是供电网、整流器、斩波器、输入变流器、带整流器的柴油发电机组等。

2 规范性引用文件

下列文件中的条款通过 GB/T 25117 的本部分的引用而成为本部分的条款。凡是注日期的引用文件,其随后所有的修改单(不包括勘误的内容)或修订版均不适用于本部分,然而,鼓励根据本部分达成协议的各方研究是否可使用这些文件的最新版本。凡是不注日期的引用文件,其最新版本适用于本部分。

GB/T 2900.25—2008 电工术语 旋转电机(IEC 60050-411:1996,International electrotechnical vocabulary—Part 411:Rotating electrical machines+Amd 1:2007,IDT)

GB/T 2900.33—2004 电工术语 电力电子技术(IEC 60050-551:1998,International electrotechnical vocabulary—Part 551:Power electronics,IEC 60050-551-20:2001,International electrotechnical vocabulary—Part 551-20:Power electronics—Harmonic analysis,IDT)

IEC 60050-811:1991 电工术语 电力牵引

IEC 60349-2:2002 电力牵引 轨道机车车辆和公路车辆用旋转电机 第 2 部分:电子变流器供电的交流电动机

IEC 60571:2006 轨道交通 机车车辆电子装置

IEC 60850 铁路应用 牵引系统的供电电压

IEC 61287-1:2005 轨道交通 机车车辆用电力变流器 第 1 部分:特性和试验方法

IEC 61377-2:2002 轨道交通 机车车辆 组合试验 第 2 部分:斩波器供电的直流牵引电动机及其控制系统的组合试验

IEC 61377-3:2002 轨道交通 机车车辆 组合试验 第 3 部分:间接变流器供电的交流电动机及其控制系统的组合试验

3 术语和定义

GB/T 2900.25—2008、GB/T 2900.33—2004、IEC 60050-811:1991、IEC 60349-2:2002 及IEC 61287-1:2005 确立的及下列术语和定义适用于本部分。

3.1

组合系统 combined system

由逆变器、电动机、相关控制系统、等效的连接电缆和等效的冷却装置所构成的系统。

3.2

用户 user

订购组合系统的组织(见图 2)。用户通常是使用机车车辆或设备的组织,除非由主要签约者或咨询人负责代理。

3.3

制造商 manufacturer

对所提供的组合系统承担技术责任的组织(见图 2)。

注:上述定义的制造商可以供应电动机、逆变器、控制系统三者之一,或三者都供应,或三者都不供应。

3.4

供应商 supplier

提供组合系统中的一个或多个部件的组织(见图 2)。

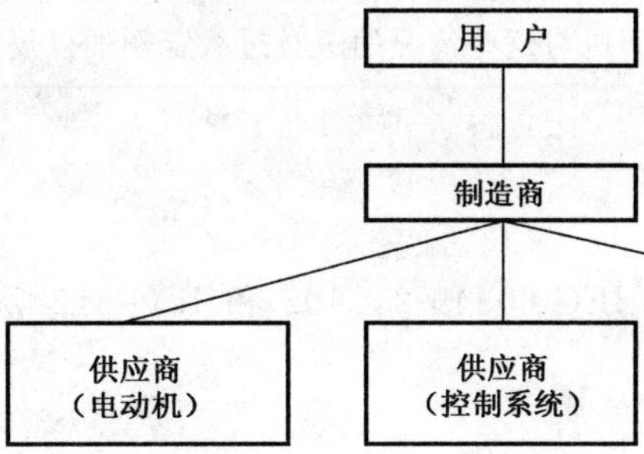

图2 组合系统—相关团体

3.5

制造工厂 manufacturer's works

通常是进行试验的场所。

3.6

工作制 duty

对组合系统负载情况的描述。如有应用，负载情况可以包括电制动、空载、静止和无电期，以及它们的持续时间和实时控制顺序。

3.7

机车车辆工作制周期/负载分布曲线 duty cycle of vehicle/load profile

列车速度、运量与时间的函数关系。

逆变器的负载分布曲线根据机车车辆工作制周期计算。负载分布曲线（电流/功率与时间的函数关系）是在规定条件下负载电流/功率的周期重复，例如起动和制动，同时也应考虑逆变器输入电压。

3.8

组合系统定额 rating of combined system

制造商给组合系统规定的同一时刻对应的一组电参量和机械量，以及它们的持续时间和时间顺序。

3.9

额定值 rated value

定额中包含的所有参量的数值。

3.10

持续定额 continuous rating

组合系统在试验台上以给定转速长时间运行，其温升不超过 IEC 60349-2:2002 和 IEC 61287-1:2005 给出的温升限值时所能提供的机械输出。

注：可以规定若干个持续定额。

3.11

短时定额 short-time rating（例如：1 h）

组合系统在试验台上以给定转速在规定的时间内运行，而其温升不超过 IEC 60349-2:2002 的表 2 和 IEC 61287-1:2005 所给出的温升限值时，同时还满足 IEC 60349-2:2002 和 IEC 61287-1:2005 的所有其他要求时所能提供的机械输出，试验从冷态开始。

3.12

短时过载定额 short-time overload rating

组合系统在试验台上以给定转速在规定的时间内运行时，所能提供的机械输出。试验应按 IEC 60349-2:2002 的 8.1.6 规定的要求进行，其温升不应超过 IEC 60349-2:2002 的表 3 和 IEC 61287-1:

2005 所给出的温升限值。

注：短时过载定额对于确定组合系统的适应性是有价值的，如组合系统的负载在相当长的时间里工作于持续定额之下，而在随后的一段时间内工作于持续定额之上，这些情况很可能在机车应用上发生。但与城市快速运输的重复短时负载及其他类似工作制无关，因此，不应对这些情况的短时过载定额加以规定。

3.13

断续工作制定额　intermittent duty rating

断续定额

组合系统在任何运行点上的温升均不超过 IEC 60349-2:2002 和 IEC 61287-1:2005 所给温升限值时的负载周期。

3.14

周期性工作制定额　periodic duty rating

组合系统在任何运行点上的温升均不超过 IEC 60349-2:2002 和 IEC 61287-1:2005 所给温升限值时的周期性负载。

4　环境条件

电动机、逆变器和控制系统的环境条件详见 IEC 60349-2:2002、IEC 61287-1:2005 和 IEC 60571:2006。

5　组合系统特性

5.1　规定特性

通常，组合系统技术条件应包含特性曲线。这些称之为“规定特性”的曲线应绘到每个变量设计的极限值。绘制的特性曲线所对应直流输入电压即为牵引系统供电电压规定的标称值时的电压。如果用户和制造商双方同意，可分别绘制在最高牵引系统供电电压和最低牵引系统供电电压时的特性曲线。这些特性曲线应按电动机绕组基准温度为 150 ℃、逆变器各部件的温度为供应商所估计的值时来绘制。

图 3 给出在安全测量条件下所定义的直流电压和电流测量点的若干示例。

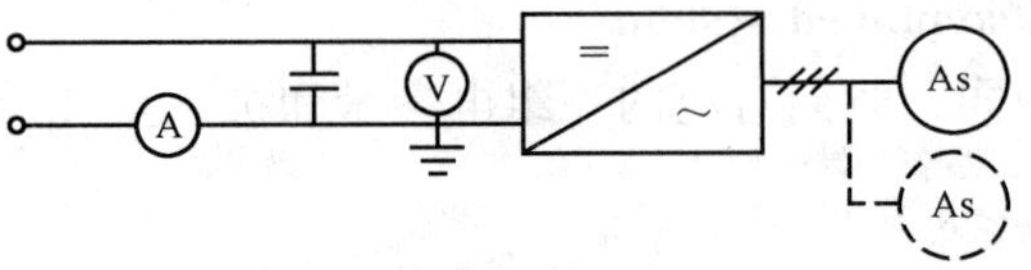

a)

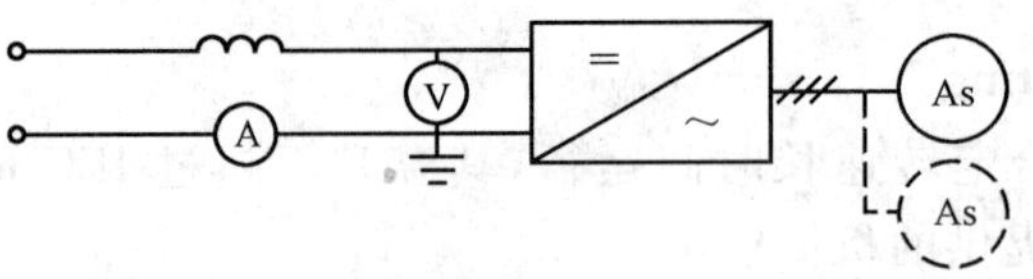

b)

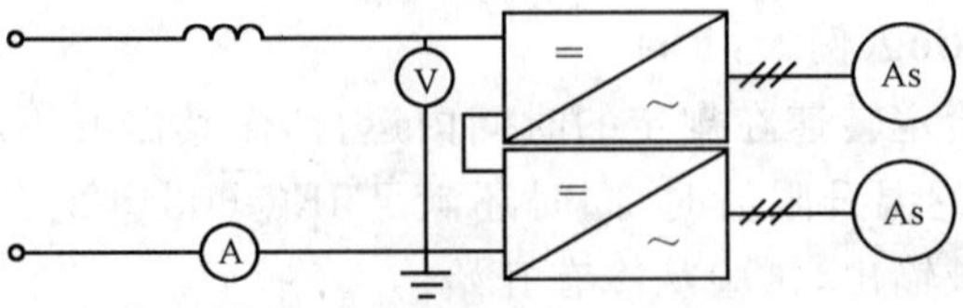

c)

图 3　直流输入测量点示例

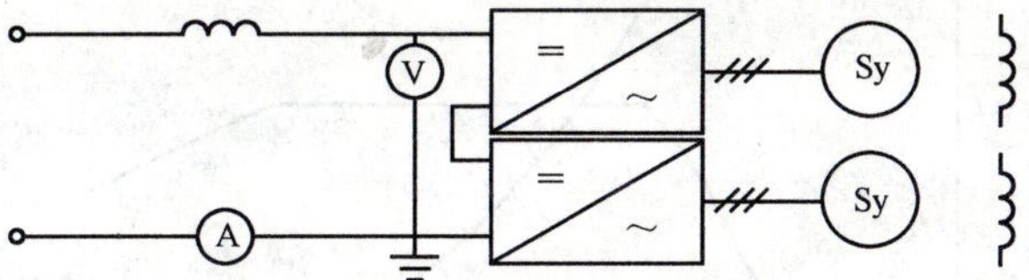

d)

A——安培表，V 伏特表；

As——异步电动机；

Sy——同步电动机。

图 3（续）

在特性曲线中，可用轮周牵引力和机车车辆速度分别替代电动机转矩和转速。此时，应在特性曲线上标明齿轮传动比、轮径和传动损耗。如果传动损耗采用约定值，则约定值应与 IEC 60349-2:2002 中图 B.1 一致。

除非另有规定，在签订组合系统订单之前，应将其规定特性提供给用户。

牵引系统供电电压值应由用户规定。该电压值宜采用 IEC 60850 规定的标准值。

5.2 典型特性

典型特性曲线是按照 7.5 所做的型式试验结果而得到的。

5.3 组合系统特性

组合系统的规定特性和典型特性为在整个应用范围内各变量与转速之间的函数关系，分为：

a) 外部特性，如平均机械转矩，组合系统直流输入量（电压、电流和功率）的平均值。

b) 内部特性，如逆变器输出电流的方均根值、逆变器输出电流和电压基波分量的方均根值、异步电动机的转差率以及同步电动机的励磁电流。

c) 内部值，如转换瞬态值，转换瞬态值是指逆变器多相输出的线间电压和线对地电压的峰值、温度等。

注：内部转换瞬态值用于检验部件的绝缘试验电压。

如果效率是一个重要的参数，应要求给出关于效率的特性曲线。效率对用于电传动热力机车车辆或者蓄电池供电的车辆上的组合系统尤为重要。

组合系统的效率特性应考虑电动机、逆变器、电缆和其他相关的部件。

如果需要测量效率，对于同步电动机还应包括励磁损耗。

特性曲线应至少分别绘制在牵引工况下和制动工况（如有电制动）下，在整个应用速度范围内对应最大基准转矩（主控制器指令）的特性曲线。

仅外部特性和最大内部转换瞬态值是强制性的。其他内部特性和数据也应测量，但其结果不应影响组合系统的验收。

图 4～图 7 给出最为常见的强制性特性曲线的示例。

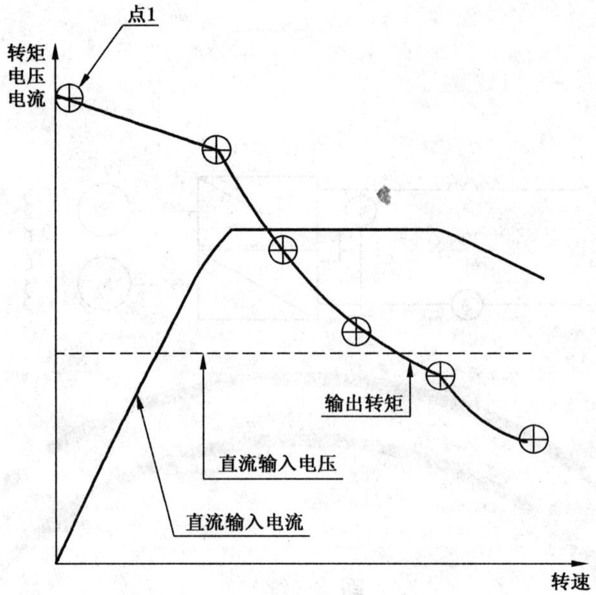

a）电压源异步组合系统特性：例1

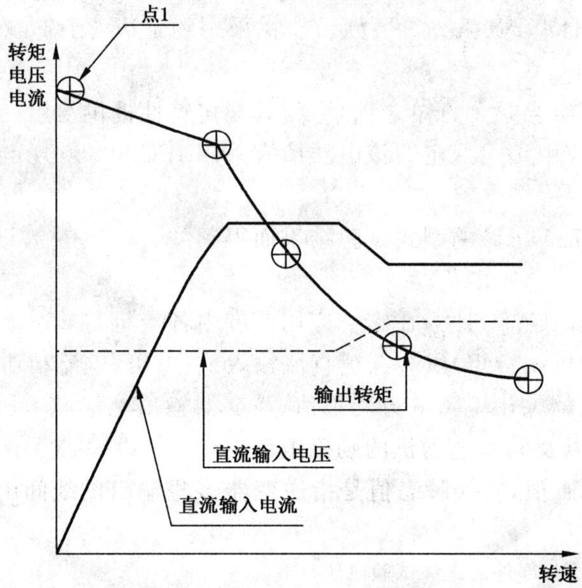

b）电压源异步组合系统特性：例2

图4　强制性外部特性——电压源异步组合系统

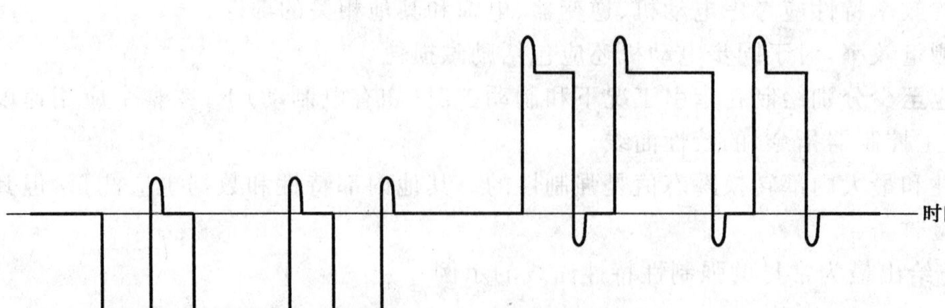

a）线间电压

图5　强制性内部值——电压源异步组合系统

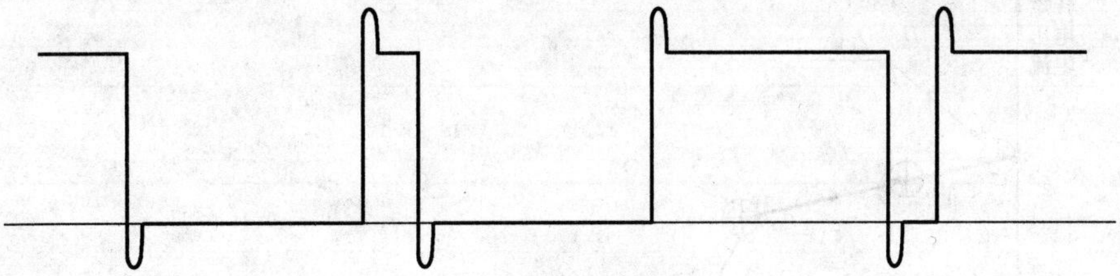

b）线对地电压

图 5（续）

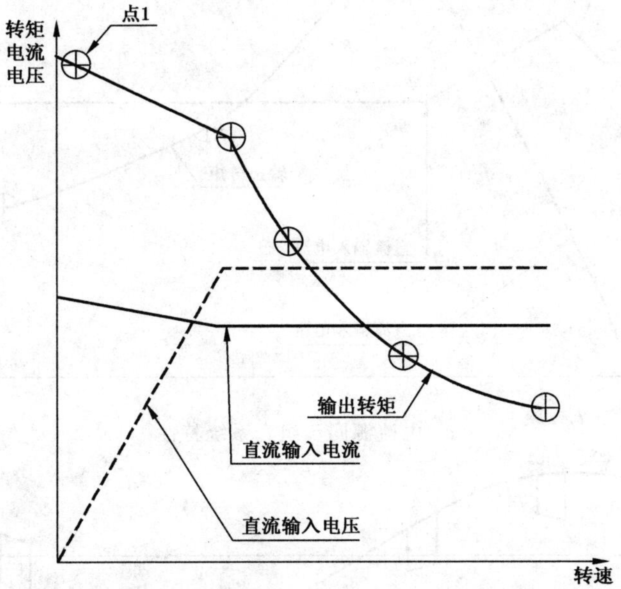

a）电流源异步组合系统特性

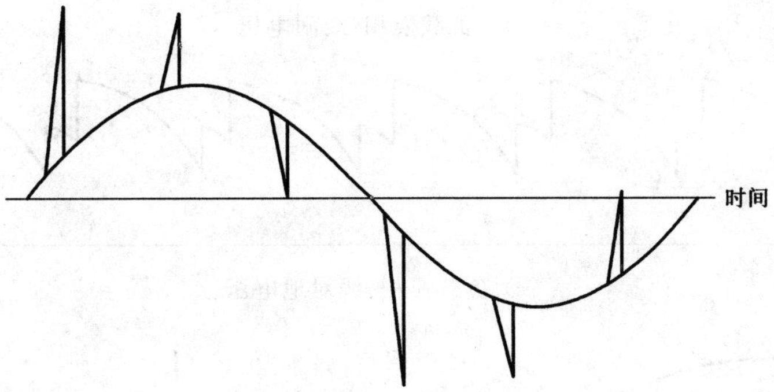

b）线间电压

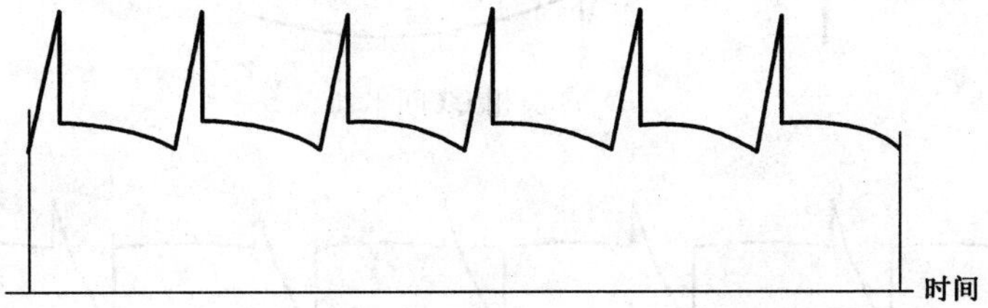

c）线对地电压

图 6　强制性特性——电流源异步组合系统

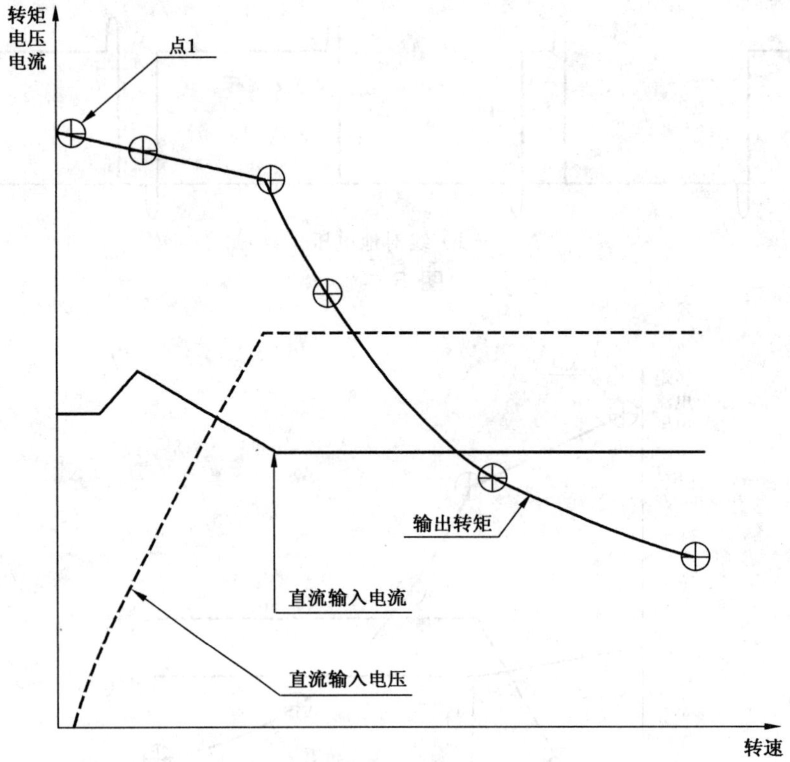

a）电流源同步组合系统特性

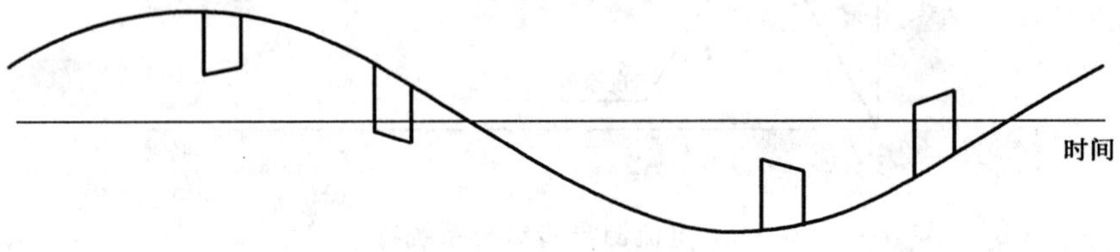

b）负载换相:线间电压

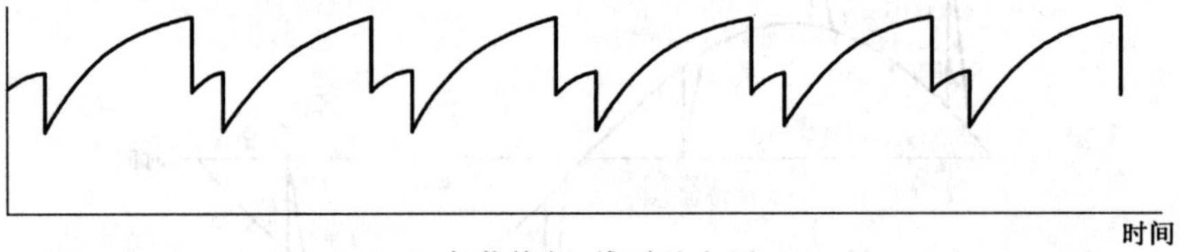

c）负载换相:线对地电压

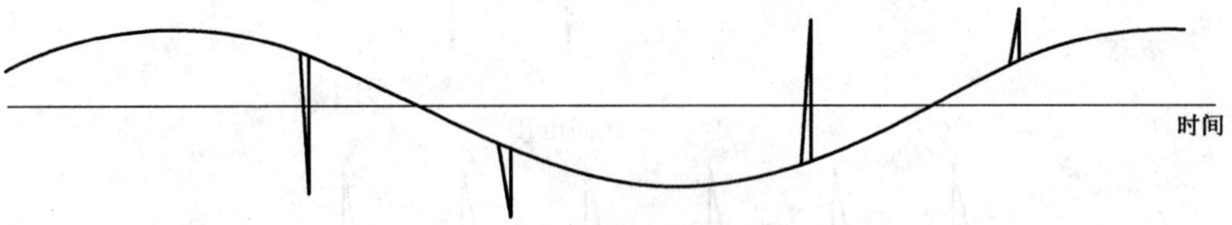

d）自换相:线间电压

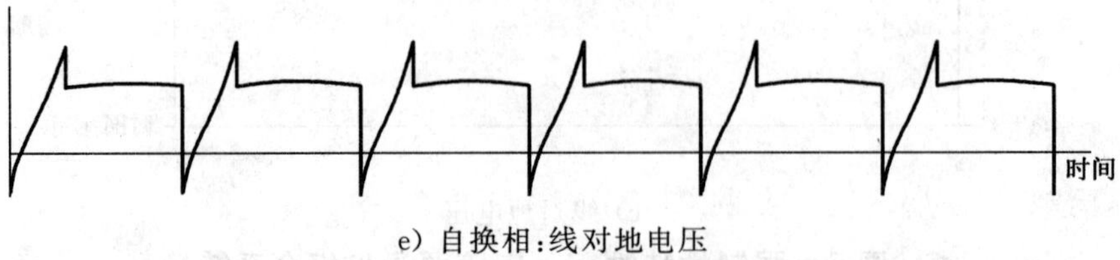

e）自换相:线对地电压

图7 强制性特性——电流源同步组合系统

5.4 信息交换和责任

IEC 60349-2:2002 和 IEC 61287-1:2005 规定,电动机供应商和逆变器供应商之间需要交换信息,以确保组合系统能满足上述标准的要求,信息交换的记录文件作为电动机技术条件和逆变器技术条件的一个组成部分。

3.3 将制造商定义为承担所提供的组合系统技术责任的组织。因此,制造商有责任使组合系统各组成部件的技术条件满足本部分的要求。

6 试验分类

6.1 概述

试验有三类:

——型式试验;

——研究性试验;

——例行试验。

本部分不直接涉及例行试验。系统的各部件的例行试验根据其相关标准进行。

6.2 型式试验

型式试验用以验证一种新型组合系统的定额、特性和性能。对于每种新设计的组合系统,应选一套进行型式试验。

如果在组合系统进行型式试验后,决定修改设计或零部件的制造工艺,则应评估这些修改对该组合系统性能所造成的影响。这时用户和制造商双方可协商是否不再做型式试验或仅做某些型式试验项目。

如果制造商能提供一份设计相同的组合系统的完整的型式试验报告,即有相同的冷却条件,相同的或较高的定额,则经用户和制造商协商,该新型组合系统可不必做型式试验。

6.3 研究性试验

研究性试验的目的是为了获得有关给电动机供电的逆变器,或由逆变器供电的电动机或组合系统的控制系统等方面的补充信息。研究性试验仅在用户和制造商双方事先达成协议的条件下才进行。除非用户和制造商双方另有协议,研究性试验结果一般不应影响该系统的验收。

7 试验

7.1 概述

组合试验为按照使用中的实际参数来考核组合系统的各个组成部分提供了可能。电动机转矩、中间直流电路电压、逆变器输出电流和电压等,均为在实际应用中的值。

在试验开始前,制造商应向用户提供试验大纲,该试验大纲应包含有为满足合同要求而按照本部分进行的试验内容。试验完成之后,制造商应向用户提供完整的试验报告。

7.2 试验条件

7.2.1 试验中的冷却

组合系统试验时的冷却系统应与机车车辆实际使用时的配置相同,包括作为机车车辆组成部分的风道和过滤器,或者依照已知的等效条件来进行。可通过对有关参数(流量、压力、温度等)的测量,来确认其冷却条件与车上的使用情况相等效。

由于机车车辆运动所产生的冷却对自然冷却的部件很重要,因此对于这些部件,可以模拟机车车辆运动所产生的冷却效果。

冷却系统所有的模拟应以协议为依据。

有关每个部件冷却的详细要求已在相应标准中给出。

7.2.2 电源

电源可以来自机车车辆直流电源或来自试验台上可获得的电源，如果电源系统中的电感、电容和电阻的值对试验结果有影响，则均应予以考虑。

7.2.3 机械输出量的测量

机械输出可直接在电动机轴上测出(转矩测量仪)或间接在电动机轴上测出(校准电机)。机械输出的测量准确度应符合本部分相关条款中规定的值。

另外，如果用户和制造商双方同意，机械输出量可以通过损耗总和法或背靠背试验方法(如有两套组合系统)而得出。这两种方法已得到了验证，图8给出了背靠背试验方法在试验台上配置的示例。

注：损耗总和法包括对下列损耗的估算：

——电动机所产生的损耗，根据测量电动机的交流输入求得(IEC 60349-3:1995 为关于损耗总和法确定电动机损耗的技术报告，在该报告中规定了测量的准确度)；

——逆变器所产生的损耗，通过测量逆变器直流输入求得；

——组合系统工作所必需的电感(如有)、电缆和电阻(如有)所产生的损耗。

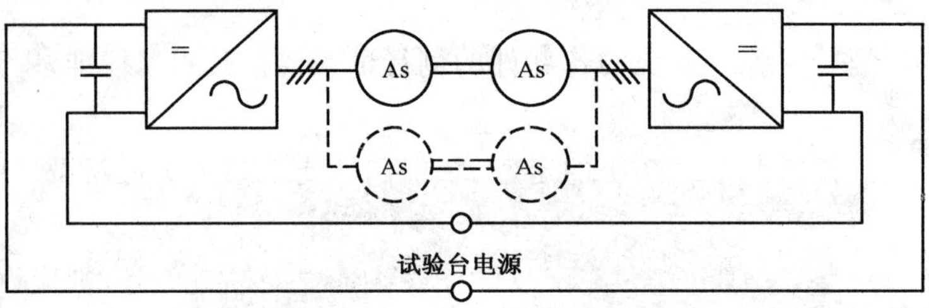

As——异步电动机。

图8 异步组合系统背靠背试验的试验台配置

7.2.4 并联异步电动机的特殊条件

当几台异步电动机并联由单台逆变器供电时，轮径偏差会使某些电动机在其最恶劣的负载情况下工作(情形1)。控制系统可以这样设计：可以通过降低牵引力而使所有电机的负荷均保持在没有轮径偏差时的负荷以内(情形2)。因此，轮径偏差的存在会影响转矩特性，或影响电动机的温升，或同时影响转矩特性和电动机的温升。轮径的最大允许偏差应由用户和制造商双方商定。

特性和温升试验应按不存在轮径偏差的情况来做。

如果所设计的控制系统会使某些电动机工作在其最恶劣的负载情况下(情形1)，则应对电动机做附加温升试验。如果设计的控制系统通过降低牵引力使所有的电动机均保持在某个负荷以内(情形2)，根据用户和制造商双方的协商情况，可以通过计算得到附加转矩特性，或者采用全部并联电机一起做完整的试验来得到附加转矩特性。

7.3 温升试验

7.3.1 概述

本试验应在经双方同意的系统定额下进行。

注：对于并联电动机，可以根据7.2.4的要求进行附加试验。

在持续定额试验时，可以通过加大试验开始时的负载，或降低系统中某些局部的通风，来缩短达到稳定温度的时间。随后，至少要连续保持额定条件2 h，或者能通过适当的方法证明已达到稳定的温度为止。

对于周期性工作制定额试验，可以首先以计算的等效定额开始试验，以缩短达到稳定温度的时间，然后再以重复的工作周期继续试验。

5.4 规定了组合系统制造商的技术责任，因此，供应商就不必按组合系统的各部件的相应标准对部件进行温升试验。如果组合试验时的温升未超过部件标准中规定的温升限值，则可认为部件已通过温升试验，如果在部件标准中没有规定温升限值，则制造商与用户可商定具体的温升限值。即使在试验时，电气参数与制造商和供应商双方商定的值不完全一致，此条仍然有效。

7.3.2 温度的测量

组合系统各部件温度的测量在相关标准中规定。

7.4 并联异步电动机的附加试验

用户和制造商双方协商确定附加试验的试验条件。

7.4.1 单台电动机的温升试验

对于7.2.4规定的情形1，应进行本试验。

除非另有规定，应认为本试验中单台电动机驱动具有最大轮径偏差的轮对。由于存在轮径偏差，控制的基准值应加以修正，以使得电动机的转差率对应于最恶劣负载条件。图9给出轮径偏差对转矩特性影响和转差率变化的示例。

注：对应的转差率等于：

$$s \pm (\Delta D/D)[(n-1)/n]$$ （牵引时取"+"，制动取"−"）

式中：

s——标幺值，为特性试验期间所测量到的转差率(电动机热态，参见7.5.1.2)；

n——并联电动机台数；

$\Delta D/D$——最大轮径偏差(标幺值)。

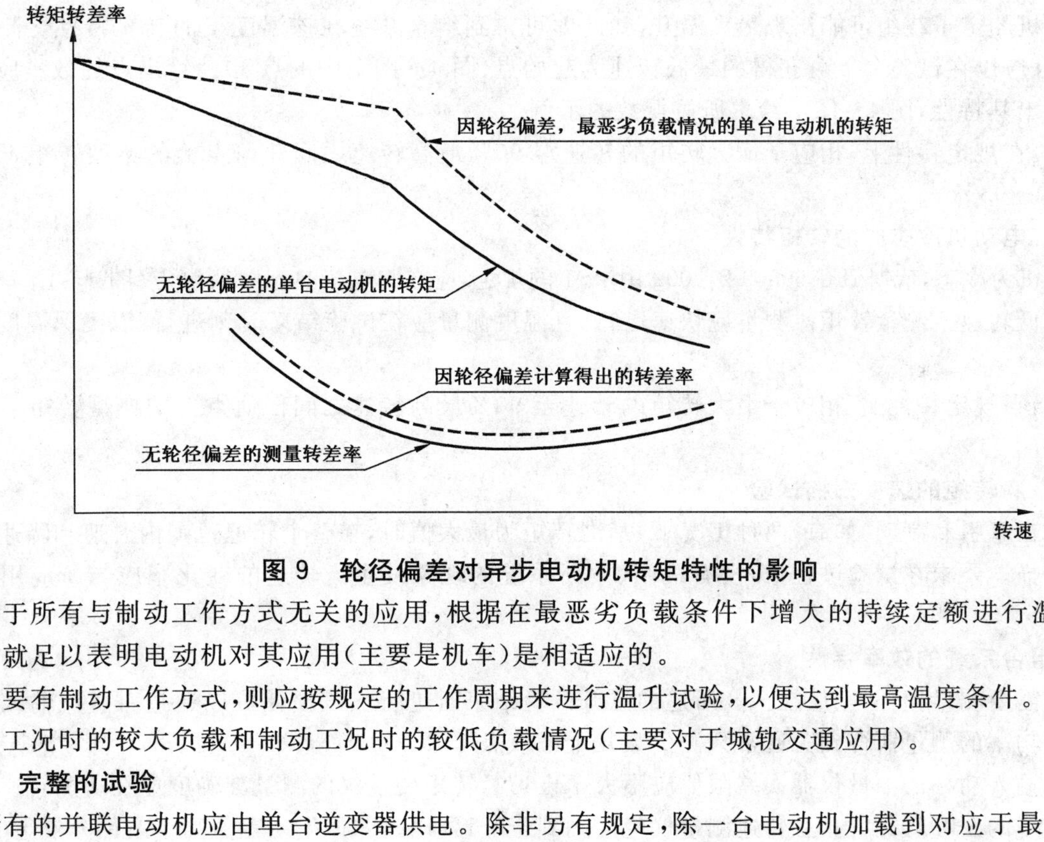

图9 轮径偏差对异步电动机转矩特性的影响

对于所有与制动工作方式无关的应用，根据在最恶劣负载条件下增大的持续定额进行温升试验。这通常就足以表明电动机对其应用(主要是机车)是相适应的。

只要有制动工作方式，则应按规定的工作周期来进行温升试验，以便达到最高温度条件。这就考虑了牵引工况时的较大负载和制动工况时的较低负载情况(主要对于城轨交通应用)。

7.4.2 完整的试验

所有的并联电动机应由单台逆变器供电。除非另有规定，除一台电动机加载到对应于最大允许轮径偏差量的转速外，其余电动机均应加载到具有正常轮径时的转速。

注：本试验需要特殊的试验台。如果用户和制造商双方同意，可用减少牵引力(通过计算得到)来代替本试验。

7.5 特性试验和容差

7.5.1 转矩特性

7.5.1.1 概述

为验证转矩特性是否符合规定，将电动机运转到给定转速，将基准转矩(主控制器指令)输入到控制单元，以测量组合系统的特性。然后测量电动机输出转矩(平均值)和逆变器直流输入侧的电压(平均值)、电流(平均值)和功率(平均值)。

特性曲线至少应绘出牵引工况和制动(如有电制动)工况下,在整个速度范围内对应最大基准转矩(主控制器指令)的曲线。如果用户和制造商双方同意,也可以绘出在任意速度点上转矩为1/4、1/2和3/4最大基准转矩时的特性曲线。

注:对于并联电动机,可根据7.4的要求做附加试验。

测量仪器误差的限值不应大于:

——在所测量的转速点上最大机械转矩基准值的±2%;

——对于直流电压、电流和功率的平均值,±1%;

——对于交流值,±2%。

假如在组合系统试验中所测得的转矩特性满足本部分的要求,则认为电动机已通过IEC 60349-2:2002中的转矩特性试验。即使在试验时,电参数没有完全达到供应商和制造商双方的商定值,此条仍然有效。

温度是一个重要的参数,尤其对于异步电动机传动系统,其对输出转矩的影响程度取决于控制性能。转矩特性的测量为检查发热对输出转矩的影响提供了条件。

7.5.1.2 电动机热态时的转矩特性

转矩特性的测量应在依据7.3所做的温升试验结束时刻进行,这时异步电动机的鼠笼式转子或者同步电动机的定子绕组可能出现最大温升,如此即可得到组合系统在该温度下的转矩特性。测量应快速进行,且应以在试验台上可获得的最低转速为起始点(图4～图7中的点1)。给出点的数量应足以精确地表示出其特性,图4～图7给出所需点数的示例。

容差:在规定特性上,相应于最大转矩的转速至90%最高转速之间任何点上的典型转矩不应小于所规定值的95%。

7.5.1.3 电动机冷态时的转矩特性

电动机为冷态,依据IEC 60349-2:2002中A.1的规定,应在与电机热态时所测点(图4～图7的点1)相同的最低转速下测量转矩。测量应快速进行,且温度测量应在试验结束时刻进行,以确保温度无明显的变化。

容差:在规定特性上,相应于最大转矩的转速至90%最高转速之间任何点上的典型转矩不应小于所规定值的95%。

7.5.1.4 满转矩的速度扫描试验

分别在牵引和制动(如有)两种工况下,基准转矩为最大值时,在整个转速范围内升速和降速两个方向进行扫描。要求在试验过程中,没有跳闸、关断系统的现象发生。转速的变化率应与所应用的工况相当。

7.5.2 组合系统的效率特性

如果需要测量损耗,则应在7.3所述的温升试验结束时进行。该损耗可以通过对直流输入功率和机械输出功率的测量而得到。通常只测少数几个考核点即可。

直流输入功率的测量仪器误差限值应不大于±1%,转矩测量仪的测量准确度应在所测转速点上最大基准转矩的±0.5%以内,且转速测量仪应准确到±0.1%以内。如果误差值高于本部分规定的限值,这些容差可由用户和制造商双方协商。所采用的误差限值以及所产生的效率容差应在效率特性中指明。

如果用户和制造商双方同意,可以采用在7.2.3所提到的损耗总和法或背靠背测量法。

注:在高效率的装置中,宜采用更高准确度的测量系统。

7.6 其他试验

7.6.1 保护系统试验

7.6.1.1 组合系统控制装置电源

当控制电源在规定范围内发生变化时,组合系统均能正常工作而无任何系统中断或故障迹象。当一台或几台控制电源失电时，应能使组合系统中的逆变器脱离工作状态，而无任何失效或功能紊乱。当控制电源重新恢复时，系统应能以某种被控方式重新起动。

控制装置的电源应与牵引传动系统的输入供电电源相互独立。

7.6.1.2 牵引传动系统供电电压

调节直流供电电压，使其在组合系统的规定工作范围内从最大值变化到最小值，来检查控制系统是否工作正常，以及对组合系统的调节输出和控制是否符合商定的特性曲线。图10给出了电压源组合系统工作范围的示例。

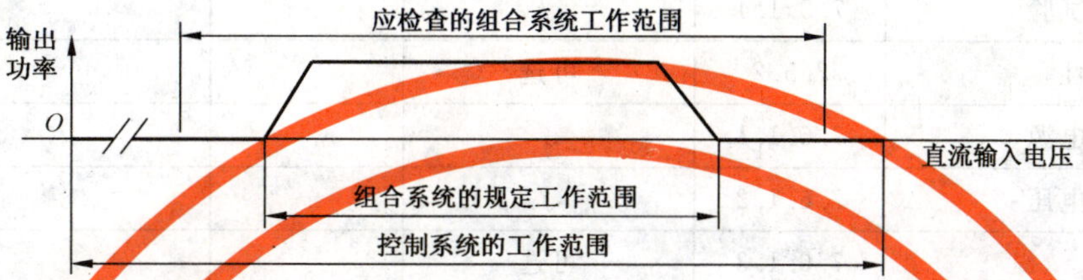

图10 电压源组合系统工作范围示例

7.6.1.3 牵引供电电压中断

试验进行时，在规定的时间内，可通过依次操作两个接触器来产生牵引供电的短时中断。

IEC 61377-2:2002中图10或IEC 61377-3:2002中图10给出了可能的试验电路图的示例。

7.6.1.4 牵引供电电压突变

可使用一个接触器与电阻器并联后进行试验。IEC 61377-2:2002中图11或IEC 61377-3:2002中图11给出了可能的试验电路图。

牵引与制动时都应进行该试验。

7.6.2 逆变器输入电流的谐波

逆变器可能会对铁路信号系统、供电系统或其他静止的和车载的设备造成干扰。这是由于逆变器所产生的直流侧谐波电流引起的。由于这个原因，在不同的定子频率下测量逆变器直流输入电流中的交流谐波含量就显得很重要。

用户应规定最大允许谐波电流(值与持续时间)与组合系统输入电流频率的函数关系。

考虑了车辆所用逆变器的总台数和电网滤波器的设计等因素以后，该测量结果有助于计算车辆的总谐波干扰电流。

注1：对于这种测量，应采用高精度电流传感器和频率分析仪。

注2：在测量总谐波分量时，应考虑直流电源自身的谐波。

7.6.3 干扰试验

试验应按IEC 61287-1:2005中4.2.8进行。

7.7 研究性试验

试验应根据用户和制造商的要求进行。

7.7.1 失效状态

反馈信号丢失等。

7.7.2 负载突变

滑行状态等。

7.8 试验项目

本部分要求进行的试验项目见表1。

用户和制造商协议的项目见附录A。

表1 试验项目列表

试验项目	条款	型式试验	研究性试验	可能与 IEC 60349-2:2002 和 IEC 61287-1:2005 重复的试验
温升试验	7.3	√		√
并联异步电动机的附加试验	7.4	如果试验条件允许		
电动机热态时的转矩特性	7.5.1.2	√		
电动机冷态时的转矩特性	7.5.1.3	√		
满转矩的速度扫描试验	7.5.1.4	√		
组合系统的效率特性	7.5.2	可选		√
组合系统控制装置电源	7.6.1.1	√		
牵引传动系统供电电压	7.6.1.2	√		
牵引供电电压中断	7.6.1.3	可选		
牵引供电电压突变	7.6.1.4	可选		
逆变器输入电流的谐波	7.6.2	可选		
干扰试验	7.6.3	可选		√
失效状态	7.7.1		√	
负载突变	7.7.2		√	
注：所有可选试验应根据用户和制造商的协议进行。				

附　录　A
（规范性附录）
用户和制造商之间的协议项目

用户规定的和制造商同意的特殊要求

条款	项目
	范围和目的
	重复的试验
	在工厂的试验或车上的试验
5.1	绘制牵引供电的高压特性和低压特性
6.2	型式试验不要求或不应再试验的情形
6.3	研究性试验
7.2.1	冷却模拟
7.2.3	用损耗总和法或背靠背法测量机械输出
7.2.4	最大允许轮径偏差
7.2.4	并联电动机的某些使用情况下的附加转矩特性
7.3.1	温升试验
7.4	并联异步电动机的附加试验
7.5.1.1	绘制的特性曲线数目
7.5.2	效率特性:容差和试验方法
7.7	研究性试验
表1	注:可选试验

参 考 文 献

[1] IEC 60349-3:1995 电力牵引 轨道机车车辆和公路车辆用旋转电机 第3部分:用损耗总和法确定变流器供电的交流电动机总损.

ICS 29.280
S 35

中华人民共和国国家标准

GB/T 25117.2—2010

轨道交通　机车车辆　组合试验
第2部分：斩波器供电的直流牵引电动机及其控制系统的组合试验

Railway applications—Rolling stock—Combined testing—
Part 2: Combined testing of chopper-fed direct current traction motors and their control system

(IEC 61377-2:2002, MOD)

2010-09-02 发布　　2011-02-01 实施

中华人民共和国国家质量监督检验检疫总局
中国国家标准化管理委员会　发布

前言

GB/T 25117《轨道交通 机车车辆 组合试验》由以下三部分组成：

——第1部分：逆变器供电的交流电动机及其控制系统的组合试验；

——第2部分：斩波器供电的直流牵引电动机及其控制系统的组合试验；

——第3部分：间接变流器供电的交流电动机及其控制系统的组合试验。

本部分是GB/T 25117的第2部分。

本部分采用重新起草法修改采用IEC 61377-2:2002《轨道交通 机车车辆 组合试验 第2部分：斩波器供电的直流牵引电动机及其控制系统的组合试验》(英文版)。在附录A中列出了本部分章条号与IEC 61377-2:2002章条号的对照一览表。

本部分与IEC 61377-2:2002存在技术性差异，这些差异涉及的条款的页边空白处用垂直单线(|)进行标示。本部分与IEC 61377-2:2002的技术性差异及其原因如下：

——规范性引用文件IEC 60050-811、IEC 60349-1、IEC 60571、IEC 61287-1、IEC 61287-2分别用对应修改采标的国家标准替代；

——参考GB/T 25117.1—2010，将3.7和3.8合并为3.7；

——IEC 61377-2中无环境条件的规定，本部分增加一章，即"4 环境条件"；

——在7.6.6中，IEC 61377-2规定干扰试验参见IEC 61287-1:1995的2.4.6.23，在本部分中改为"试验应按GB/T 25122.1—2010的4.2.8进行"。

为便于使用，本部分还做了下列编辑性修改：

——"本国际标准"一词改为"本部分"；

——用"."代替作为小数点的逗号","；

——删除国际标准的前言；

——对3.4的图增加编号，原后继图号递增；

——在7.6.2中增加了电压源组合系统工作范围的示例，方便理解；

——将IEC 61377-2中6.7的表1，单独作为一条，即"7.8 试验项目"；

——增加附录A"本部分章条与IEC 61377-2:2002章条对照"。

本部分附录A、附录B为资料性附录。

本部分由中华人民共和国铁道部提出。

本部分由全国牵引电气设备与系统标准化技术委员会(SAC/TC 278)归口。

本部分主要起草单位：株洲南车时代电气股份有限公司。

本部分参加起草单位：南车株洲电力机车研究所有限公司、永济新时速电机电器有限责任公司。

本部分主要起草人：刘可安、马文俊。

本部分参加起草人：李益丰、张晋芳、王肃清。

轨道交通　机车车辆　组合试验
第2部分：斩波器供电的直流牵引电动机及其控制系统的组合试验

1　范围

GB/T 25117的本部分适用于直流电动机、斩波器及其控制系统所构成的组合系统，其目的是规定：

——由斩波器、直流电动机和相关控制系统组成的电传动系统的性能特性；

——验证这些性能特性的试验方法。

在牵引传动系统中，存在一种由斩波器和直流电动机所组成的组合系统，该组合系统的机械输出与斩波器之间没有任何控制装置，由于这种组合系统不常见，因此在本部分中不予考虑。

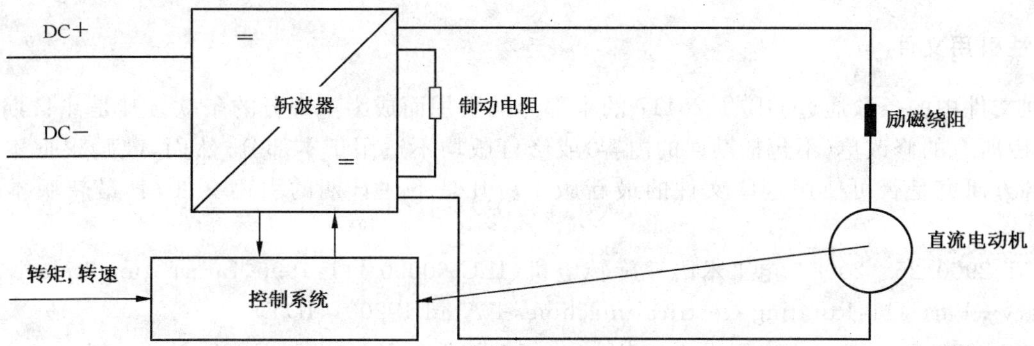

a）串励直流电动机组合系统

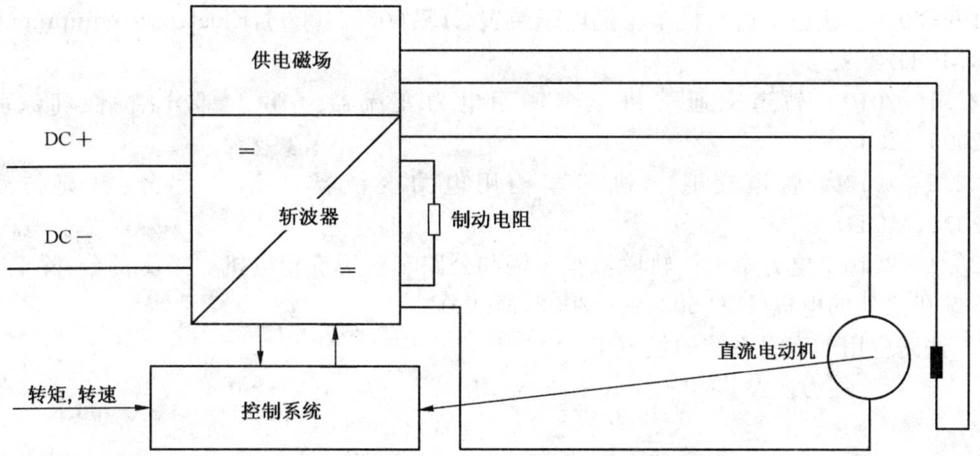

b）他励直流电动机组合系统

注：平波电抗器认为是斩波器的一部分。

图1　牵引传动系统

GB/T 25123.1—2010适用于斩波器供电的直流电动机，GB/T 25122.1—2010适用于电力电子变流器，GB/T 25119—2010适用于电子装置。

本部分适用于由电动机、斩波器及其控制系统构成的组合系统。因而，GB/T 25123.1—2010 阐述的是验证电动机是否满足其技术条件的试验方法，而 GB/T 25122.1—2010 阐述的是验证斩波器是否满足其技术条件的试验方法。很显然，本部分中一些试验可以取代上述标准中的相应的试验。进行试验的各方之间可以协商所能取代的试验，以避免重复进行相同的试验。

完整地进行全套组合试验很繁杂，而且常常需要很大的功率，在工厂不一定能实施。因此，用户和制造商可以协商，试验可以在工厂内进行或者在机车车辆上进行。

本部分起草时，仅有下列电动机-斩波器的组合形式已经用于牵引传动系统：

——斩波器供电的直流串励电动机(一个或多个电动机串联和/或并联)[见图 1a)]；

——斩波器供电的直流他励电动机(一个或多个电动机串联)[见图 1b)]。

本部分也可适用于将来可能使用的其他组合形式。

如果采用电制动，则上述两种形式包含电制动电路。

对于串励电动机，单独励磁电路及其控制系统或分流电路及其控制系统被看作为组合系统的一部分。

可能存在的系统组合的详细信息见 GB/T 25122.2—2010。

直流输入可以是供电网、整流器、斩波器、输入变流器、带整流器的柴油发电机组等。

2 规范性引用文件

下列文件中的条款通过 GB/T 25117 的本部分的引用而成为本部分的条款。凡是注日期的引用文件，其随后所有的修改单(不包括勘误的内容)或修订版均不适用于本部分，然而，鼓励根据本部分达成协议的各方研究是否可使用这些文件的最新版本。凡是不注日期的引用文件，其最新版本适用于本部分。

GB/T 2900.25—2008 电工术语 旋转电机(IEC 60050-411:1996, International electrotechnical vocabulary—Part 411: Rotating electrical machines+Amd 1:2007, IDT)

GB/T 2900.33—2004 电工术语 电力电子技术(IEC 60050-551:1998, International electrotechnical vocabulary—Part 551: Power electronics, IEC 60050-551-20:2001, International electrotechnical vocabulary—Part 551-20: Power electronics—Harmonic analysis, IDT)

GB/T 2900.36—2003 电工术语 电力牵引(IEC 60050-811:1991, MOD)

GB/T 25119—2010 轨道交通 机车车辆电子装置(IEC 60571:2006, Electronic equipments used on rail vehicles, MOD)

GB/T 25122.1—2010 轨道交通 机车车辆用电力变流器 第1部分：特性和试验方法(IEC 61287-1:2005, MOD)

GB/T 25122.2—2010 轨道交通 机车车辆用电力变流器 第2部分：补充技术资料(IEC 61287-2:2001, MOD)

GB/T 25123.1—2010 电力牵引 轨道机车车辆和公路车辆用旋转电机 第1部分：除电子变流器供电的交流电动机之外的电机(IEC 60349-1:2002, MOD)

IEC 60850 铁路应用 牵引系统的供电电压

3 术语和定义

GB/T 2900.25—2008、GB/T 2900.33—2004、GB/T 2900.36—2003、GB/T 25123.1—2010 确立的以及下列术语和定义适用于本部分。

3.1

组合系统 combined system

由斩波器、牵引和制动装置、电动机、相关控制系统、等效的连接电缆及等效的冷却系统所构成的系统。

3.2

用户　user

订购组合系统的组织(见图 2)。用户通常是使用机车车辆或设备的组织,除非由主要签约者或咨询人负责代理。

3.3

制造商　manufacturer

对所提供的组合系统承担技术责任的组织(见图 2)。

上述定义的制造商可以提供电动机、斩波器、控制系统三者之一,或三者都供应,或三者都不供应。

3.4

供应商　supplier

提供组合系统中的一个或多个部件的组织(见图 2)。

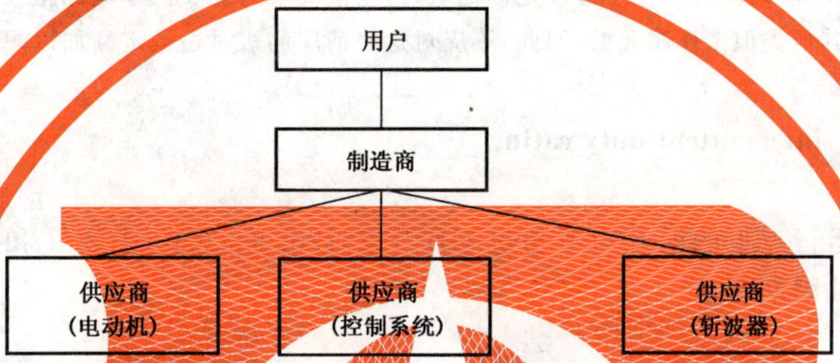

图 2　组合系统—相关团体

3.5

制造工厂　manufacturer's works

通常是进行试验的场所。

3.6

工作制　duty

对组合系统负载情况的描述,其中包括(如有应用):电制动、空载、静止和无电期,它涉及到持续时间和实时控制顺序。

3.7

机车车辆工作制周期/负载分布曲线　duty cycle of vehicle/load profile

列车速度、运量与时间的函数关系。

斩波器的负载分布曲线根据机车车辆负载周期计算。负载分布曲线(电流/功率与时间的函数关系)是在规定条件下负载电流/功率的周期重复,例如起动和制动,同时也应考虑斩波器输入电压。

3.8

组合系统定额　rating of combined system

制造商给组合系统规定的同一时刻对应的一组电参量和机械量,以及它们的持续时间和时间顺序。

3.9

额定值　rated value

定额中包含的所有参量的数值。

3.10

持续定额　continuous rating

组合系统在试验台上以给定转速长时运行,而其温升未超过 GB/T 25123.1—2010 和 GB/T 25122.1—2010 给出的温升限值时所能提供的机械输出。

注:可以规定若干个持续定额。

3.11

短时定额 short-time rating(例如:1 h)

组合系统在试验台上以给定转速在规定的时间内运行,而其温升不超过 GB/T 25123.1—2010 的表 2 和 GB/T 25122.1—2010 所给出的温升限值时,同时还满足 GB/T 25123.1—2010 和 GB/T 25122.1—2010 的所有其他要求,所能提供的机械输出,试验从冷态开始。

3.12

短时过载定额 short-time overload rating

组合系统在试验台上以给定转速在规定的时间内运行时,所能提供的机械输出。试验应按 GB/T 25123.1—2010 的 8.1.5 规定的要求进行,其温升不应超过 GB/T 25123.1—2010 的表 3 和 GB/T 25122.1—2010 所给出的温升限值。

注:短时过载定额对于确定组合系统的适应性是有价值的,如组合系统的负载在相当长的时间里工作于持续定额之下,而在随后的一段时间内工作于持续定额之上,这些情况很可能在机车应用上发生。但与城市快速运输的重复短时负载及其他类似工作制无关,因此,不应对这些情况的短时过载定额加以规定。

3.13

断续工作制定额 intermittent duty rating

断续定额

组合系统在任何运行点上的温升均不超过 GB/T 25123.1—2010 中表 2 和 GB/T 25122.1—2010 所给温升限值时的负载周期。

3.14

周期性工作制定额 periodic duty rating

组合系统在任何运行点上的温升均不超过 GB/T 25123.1—2010 中表 2 和 GB/T 25122.1—2010 所给温升限值时的周期性负载。

4 环境条件

电动机、斩波器及其控制系统的环境条件详见 GB/T 25123.1—2010、GB/T 25122.1—2010 和 GB/T 25119—2010。

5 组合系统接口及特性

5.1 规定接口

斩波器组合系统规定的外部接口有:

a) 与供电网之间的接口;

b) 与机械输出之间的接口;

c) 与机车车辆控制系统之间的接口。

内部接口有:

a) 斩波器与电动机之间的接口;

b) 斩波器与控制系统之间的接口;

c) 电动机与控制系统之间的接口;

d) 与机车车辆冷却系统之间的接口。

5.2 规定特性

通常,组合系统技术条件应包含特性曲线。这些称之为"规定特性"的曲线应绘到每个变量设计的极限值。如果有中间直流环节可控,绘制的特性曲线所对应直流输入电压为控制器控制的规定直流输入电压,此时牵引系统供电电压为规定的标称值。如果中间直流环节不可控,绘制的特性曲线所对应直流输入电压即为牵引系统供电电压为规定的标称值时的电压。如果用户和制造商双方同意,可分别绘制在最高牵引系统供电电压和最低牵引系统供电电压时的特性曲线。这些特性应按电动机绕组基准温度为 150 ℃、斩波器各部件的温度为供应商所估计的值时来绘制。

在特性曲线中，可用轮周牵引力和机车车辆速度分别替代电动机转矩和转速。此时应在特性曲线上标明齿轮传动比、轮径和传动损耗。如果替代方法中采用约定值，特性曲线应与 GB/T 25123.1—2010 中的图 B.10 一致。

除非另有规定，在签订组合系统订单之前，应将其规定特性提供给用户。

牵引系统供电电压值应由用户规定。这些电压值宜采用 IEC 60850 规定的标准值。

5.3 典型特性

典型特性曲线按照 7.5 所做的型式试验结果而得出。

5.4 组合系统特性及数值

组合系统的规定特性、典型特性及数值是转速的函数，其在整个应用范围内分为：

a) 外部特性及数值，例如：

——直流输入量的平均值：组合系统的电压、电流（包括谐波）和功率；

——平均机械转矩。

b) 内部特性及数值，例如：

——斩波器输出电流的方均根值；

——斩波器输出电流的峰峰值；

——串励电动机或他励电动机励磁电流方均根值；

——电压波形和开关瞬态值，开关瞬态值是指斩波器的线间电压和线对地电压的峰值；

——温度等。

注：内部开关瞬态值用来检查这些部件的绝缘试验电压。

如果效率是一个重要的参数，应要求给出关于效率的特性曲线。对于在电传动热力机车车辆或蓄电池机车车辆上使用的组合系统来说，效率是一个很重要的参数。

组合系统效率特性应考虑电动机、斩波器、励磁电阻、电缆和其他相关部件。

特性曲线至少应绘出牵引和制动（如有电制动）工况下，在整个应用速度范围内对应最大基准转矩（主控制器指令）的情况。如果用户和制造商双方同意，也可以绘出在任意速度点上转矩为 1/4、1/2 和 3/4 最大基准转矩时的特性曲线。

仅外部特性和最大内部开关瞬态值是强制性的。如果需要测量效率，应包括励磁损耗。虽然也应测量其他内部特性和数据，但其结果不应影响组合系统的验收。

图 3～图 6 给出了最为常见的强制性特性曲线的示例。

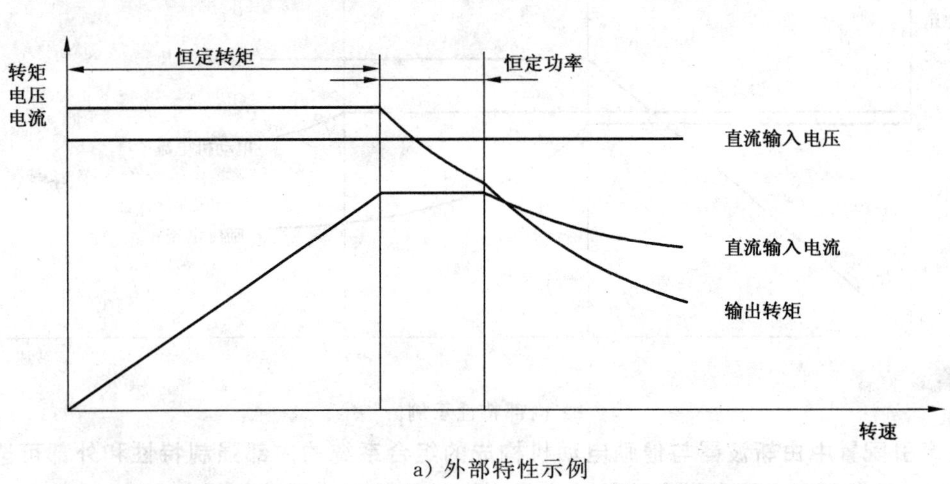

a) 外部特性示例

图 3 在牵引配置中由斩波器与串励电动机构成的组合系统的内部强制特性和外部可选特性

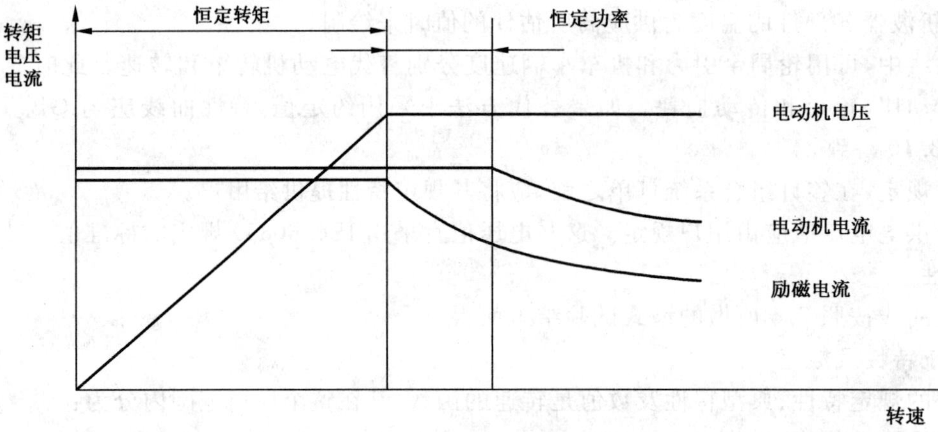

b）内部特性示例

图 3（续）

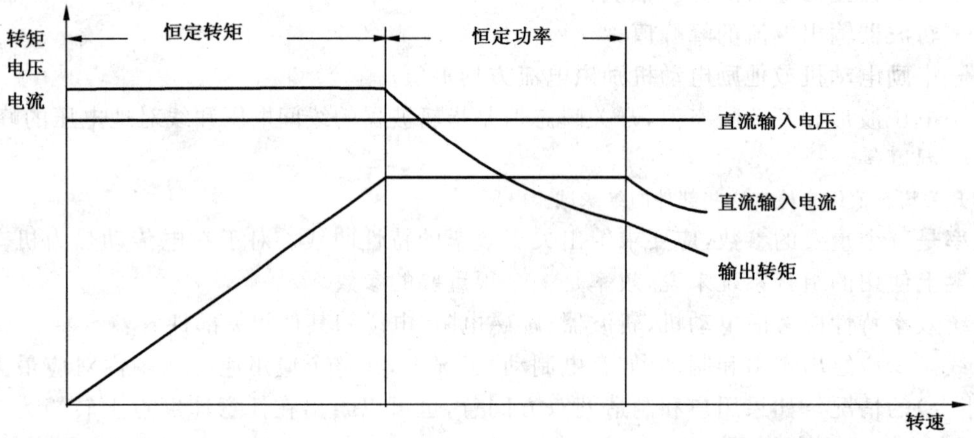

a）外部特性示例

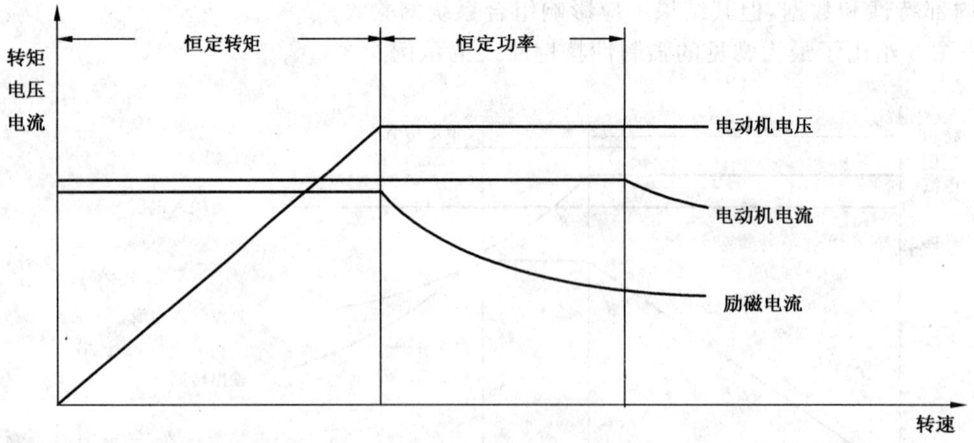

b）内部特性示例

图 4　在牵引配置中由斩波器与他励电动机构成的组合系统的内部强制特性和外部可选特性（在高速区牵引电流的减少是由电动机的换向限值所引起的）

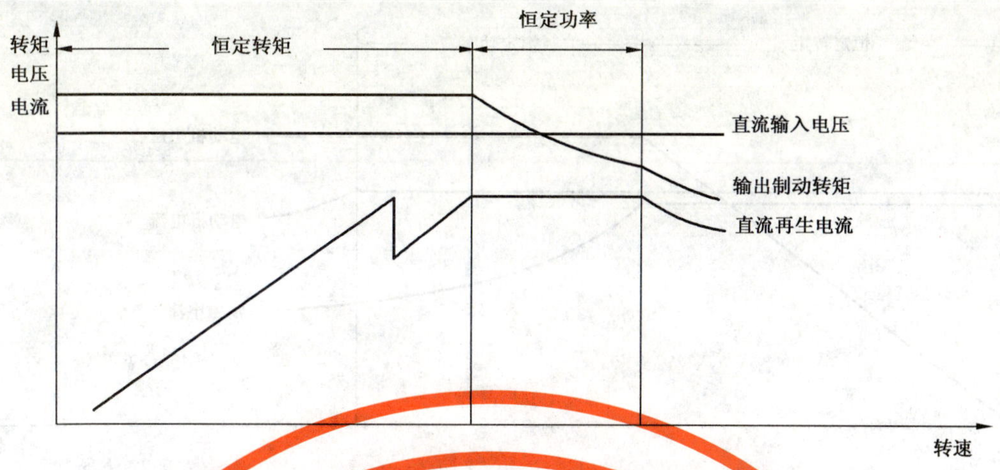

a）外部特性示例

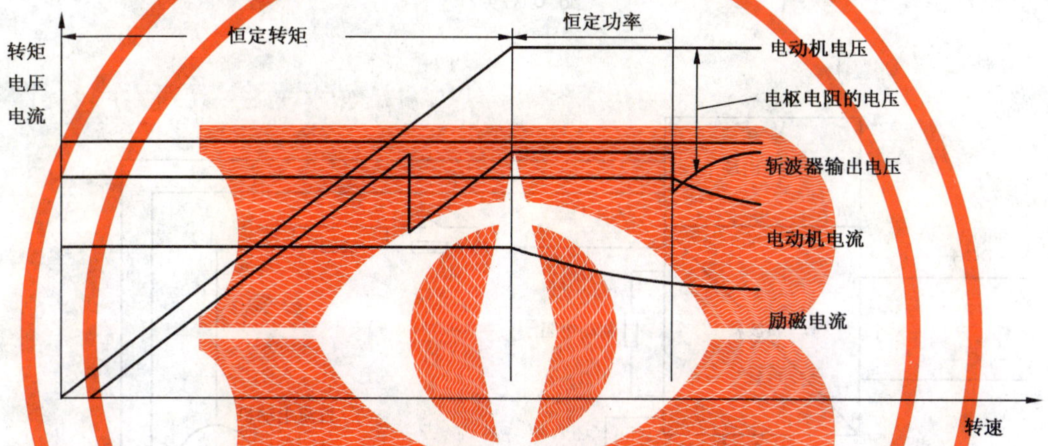

b）内部特性示例

图 5　有斩波器和串励或他励直流电动机的组合系统在制动电路结构中的内部强制特性和外部可选特性（图 7 所示的主电路中电动机与两个电阻器串联在一起）

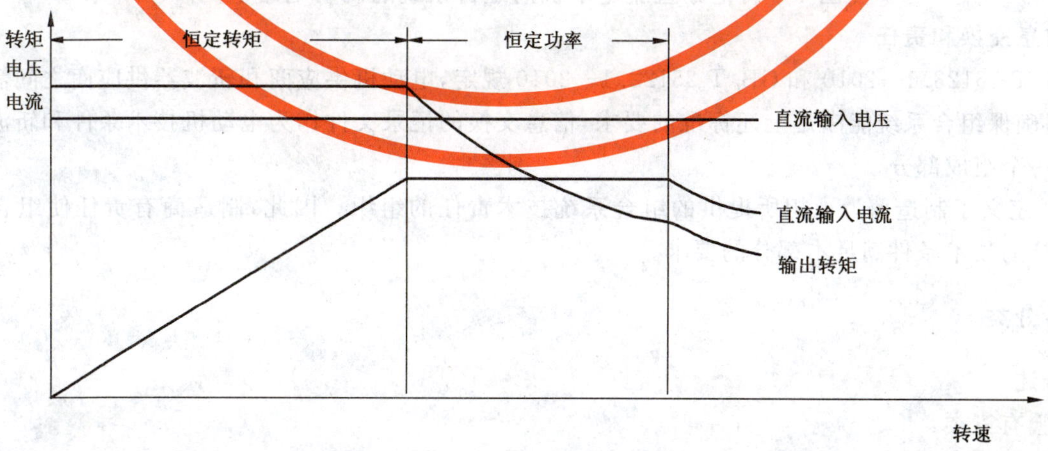

a）外部特性示例

图 6　有斩波器和串励或他励直流电动机的组合系统在制动电路结构中的内部强制特性和外部可选特性（没有电阻器串联到电动机）

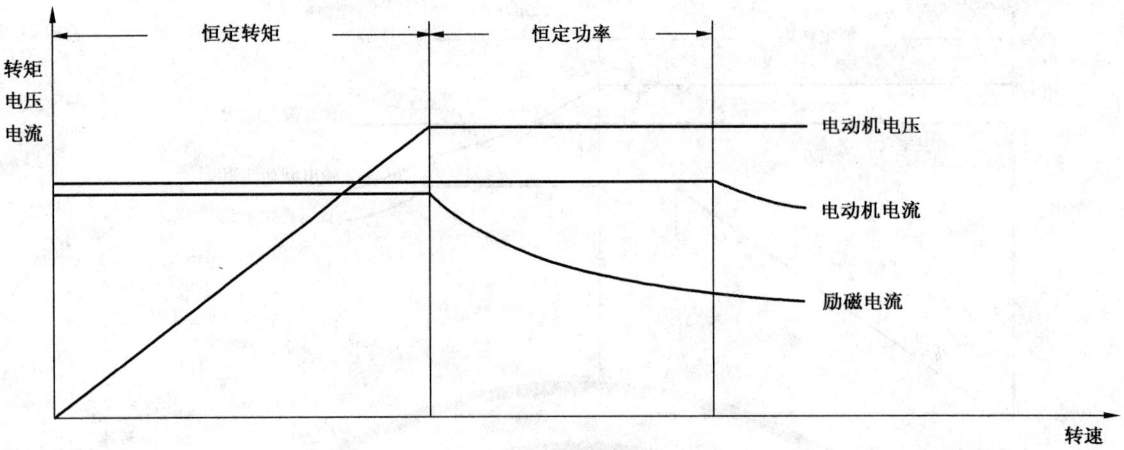

b）内部特性示例

图 6（续）

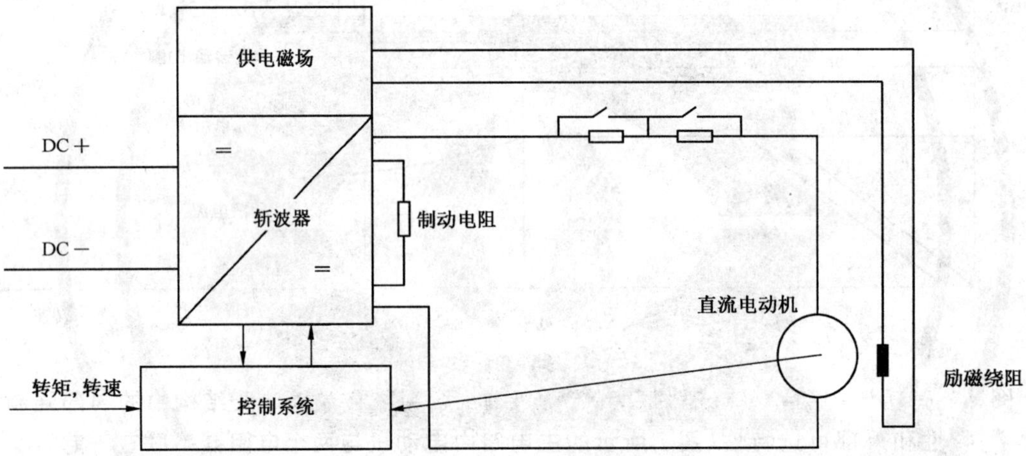

图 7　有他励直流电动机的组合系统的制动电路示例

5.5　信息交换和责任

GB/T 25123.1—2010 和 GB/T 25122.1—2010 规定，电动机供应商和斩波器供应商之间需要交换信息，以确保组合系统能满足上述标准的要求，信息交换的记录文件作为电动机技术条件和斩波器技术条件的一个组成部分。

3.3 定义了制造商为承担所提供的组合系统技术责任的组织。因此，制造商有责任使组合系统各组成部分的技术条件满足本部分的要求。

6　试验分类

6.1　概述

试验有三类：

——型式试验；

——研究性试验；

——例行试验。

本部分不直接涉及例行试验。系统的各部件的例行试验根据其相关标准进行。

6.2 型式试验

型式试验用以验证一种新型组合系统的定额、特性和性能。对于每种新设计的组合系统，应选一套进行型式试验。

如果在组合系统进行型式试验后，决定修改设计或零部件的制造工艺，则应评估这些修改对该组合系统性能造成的影响。这时，用户和制造商双方可协商是否不再做型式试验或仅做某些型式试验项目。

如果制造商能提供一份设计相同的组合系统的完整的型式试验报告，即有相同的冷却条件，相同的或较高的定额，则经用户和制造商协商，该新型组合系统可不必做型式试验。

6.3 研究性试验

研究性试验的目的是为了获得有关给电动机供电的斩波器，或由斩波器供电的电动机或组合系统的控制部分等方面的补充信息。研究性试验仅在用户和制造商双方事先达成协议的条件下才进行。除非用户和制造商双方另有协议，研究性试验结果一般不应影响该系统的验收。

7 试验

7.1 概述

组合试验为按照使用中的实际参数来考核组合系统的各个组成部分提供了可能。电动机转矩、中间直流环节、斩波器输出电流和电压等均为在实际应用中的工作值。

在试验开始前，制造商应给用户提供一份试验大纲，该大纲应包含有为满足合同要求而按照本部分进行的试验内容。试验完成之后，制造商应向用户提供完整的试验报告。

7.2 试验条件

7.2.1 试验中的冷却

组合系统试验时的冷却系统应与机车车辆实际使用时的配置相同，包括作为机车车辆组成部分的风道和过滤器，或者依照已知的等效条件来进行。可通过对有关参数(流量、压力、温度等)的测量，来确认其冷却条件与车上的使用情况相等效。

由于机车车辆运动所产生的冷却对自然冷却的部件很重要，因此对于这些部件，可以模拟机车车辆运动所产生的冷却效果。

冷却条件的所有模拟应以协议为依据。

有关每个部件冷却的详细要求在相关的标准中给出。

7.2.2 电力电缆

推荐采用与热和电磁方面规定条件等效的方式来布置电力电缆。电力电缆最好是装车实际使用的，当然也可以采用等效的。如果要求有关电力电缆及其配置的所有资料，制造商应予提供。

注：假如在试验台上模拟了当地的最恶劣条件，则该电缆无需完全按照装车情况来布置。例如，如果能合理地预测到最高温升出现在电缆敷设线路 2 m 的部位，则应在试验台上模拟该部位的发热情况，而对于电缆敷设线路其他部位的情况，可以不予考虑。

7.2.3 电源

电源可以来自机车车辆直流电源或来自试验台上可获得的电源，如果电源系统中的电感、电容和电阻的值对试验结果有影响，则均应予以考虑。

7.2.4 机械输出量的测量

机械输出可直接在电动机轴上测出(转矩测量仪)或间接在电动机轴上测出(校准电机)。机械输出的测量准确度应符合本部分相关条款中规定的值。

另外，如果用户和制造商双方同意，机械输出量可以通过损耗总和法或背靠背试验方法(如有两套组合系统)而得出。图 8 给出了背靠背试验方法在试验台上配置的示例。

注：损耗总和法包括对下列部件损耗的估算：

——电动机，来自对电动机直流输入的测量(试验方法按 GB/T 25123.1—2010)；

——斩波器，通常来自对直流输入的测量；

——组合系统工作所必需的电缆、电阻(如有)和电感(如有)。

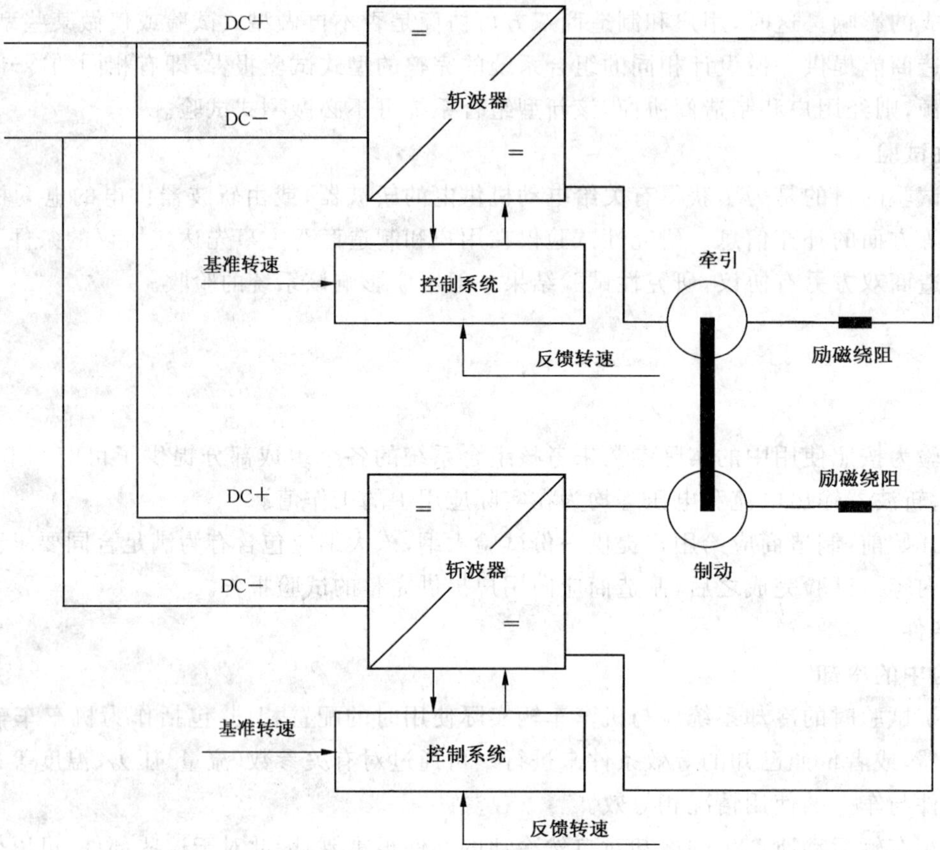

图 8　斩波器和直流电动机构成的组合系统背靠背试验法的试验台配置

7.3　温升试验

7.3.1　概述

本试验应在经双方同意的系统定额下进行。

在持续定额试验时，可以通过加大试验开始时的负载，或降低系统中某些局部的通风，来缩短达到稳定温度的时间。随后，应至少持续保持额定条件 2 h，或者能通过适当的方法来证明已达到稳定的温度为止。

对于周期性工作制定额试验，可以首先以计算的等效定额开始试验，以缩短达到稳定温度的时间，然后再以重复的周期继续进行。

5.5 规定了组合系统制造商的技术责任，因此，供应商就不必按组合系统的各部件的相应标准对部件进行温升试验。如果组合试验时的温升未超过部件标准中规定的温升限值，则可认为部件已通过温升试验，如果在部件标准中没有规定温升限值，则制造商与用户可商定具体的温升限值。即使在试验时，电参数与制造商和供应商双方商定的值不完全一致，此条仍然有效。

7.3.2　温度的测量

组合系统各部件温度的测量在相关部件的标准中阐述。

7.4　换向试验

直流电动机上的换向试验应按 GB/T 25123.1—2010 执行。

在牵引和制动工况时，都应按 GB/T 25123.1—2010 中 8.3.2 和 8.3.3 的规定在换向点 1(Com1)进行换向试验，此时直流电动机运行在最大速度，电流为在此时所能取得的最大值且电压为能产生最差纹波状况的值。

在上述相同条款的规定下在换向点 3(Com3)进行在最差纹波状况的试验。

7.5　特性试验和容差

7.5.1　转矩特性

7.5.1.1　概述

验证转矩特性是否符合规定转矩特性，将电动机运转到给定转速。接着应将基准转矩(主控制器指令)送入控制单元，以便测量组合系统的特性。然后应在斩波器直流侧测量电动机输出转矩(平均值)、电压(平均值)、电流和功率。

注：5.4 规定"转矩特性曲线应根据最大基准转矩来绘制"。

测量仪器的误差限值不应大于：

——在所测量的速度点上，最大机械转矩基准值的±2%；

——直流电压、电流和功率的±1%。

对于温升试验，如果在组合系统试验中所测量的转矩特性满足本部分的要求，则认为电动机已通过 GB/T 25123.1—2010 中的转矩特性试验。即使电参数与制造商和供应商双方商定的值不完全一致，此条仍然有效。

容差：对于在最大转矩和最大转速 90%所对应的值之间的规定特性，在任何转速所测得的转矩不应小于规定值的 95%。

7.5.1.2　满转矩的转速扫描试验

分别在牵引和制动(如有)两种工况下，基准转矩为最大值时，在整个转速范围内升速和降速两个方向进行扫描。要求在试验过程中，没有跳闸、关断系统的现象发生。转速的变化率应与所应用的工况相当。

7.5.2　组合系统的效率特性(损耗特性)

如果需要测量损耗，则应在 7.3 所述的温升试验结束时刻进行。该损耗可以通过对直流输入功率和机械输出功率的测量而得到。通常只测少数几个考核点即可。

直流输入功率的测量仪器的误差限值不应大于±1%，转矩测量仪的测量准确度应在所测转速点上最大基准转矩的±0.5%以内，且转速测量仪应精准到±0.1%以内。这些容差可根据用户和制造商双方的协议而改变。所采用的误差限值以及所产生的效率容差应在效率特性中指明。

如果用户和制造商双方同意，可采用 7.2.4 的损耗总和法或背靠背测量法。

7.6　其他试验

7.6.1　控制装置电源

当控制电源在规定范围内发生任何变化时，组合系统均能正常工作而无任何系统中断或故障迹象。当一台或几台控制电源失电时，应能使组合系统中的斩波器脱离工作状态，而无任何失效或功能紊乱。当控制电源重新恢复时，系统应能以某种被控方式重新起动。

7.6.2　直流供电电源

应通过调节直流供电电压，使组合系统的规定工作范围从最大值变到最小值，来检查控制系统是否工作正常，以及对组合系统的调节输出和控制是否符合商定的特性曲线。图 9 给出了电压源组合系统工作范围的示例。

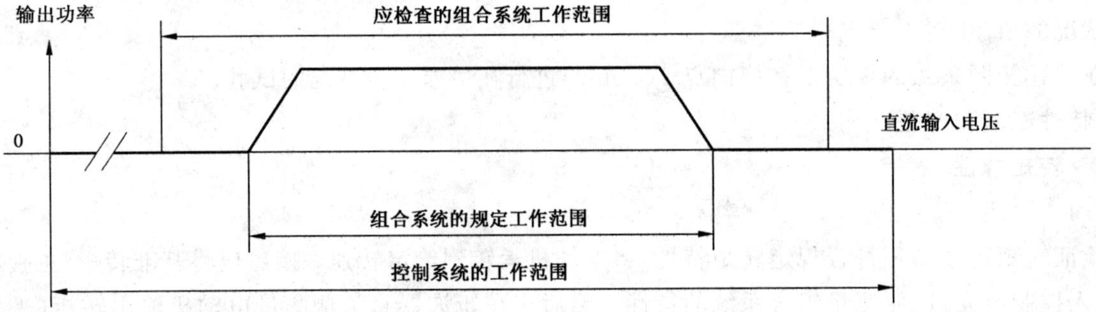

图 9　电压源组合系统工作范围示例

7.6.3　**直流供电电源短时中断(可选型式试验)**

该试验可通过按顺序操作两个接触器在规定的持续时间内产生一个短时中断。

图 10 给出了可能存在的试验电路示例。

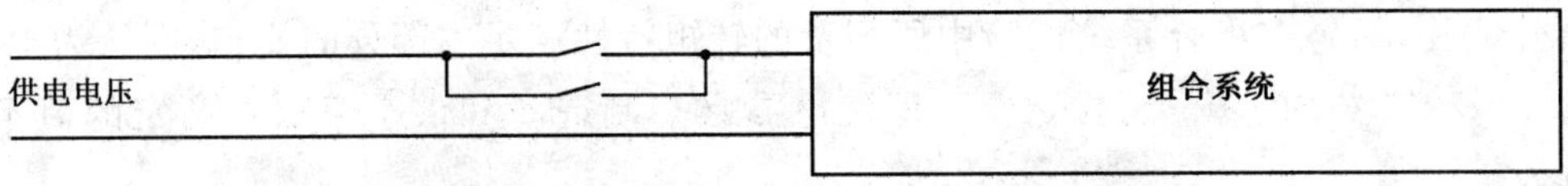

图 10　直流电源短时中断连线图示例

7.6.4　**供电电压的突变(可选型式试验)**

应按照图 11 用一个接触器与一个电阻器并联来进行此试验,图 11 给出了可能存在的电路图配置。

牵引和制动时都应进行该试验。

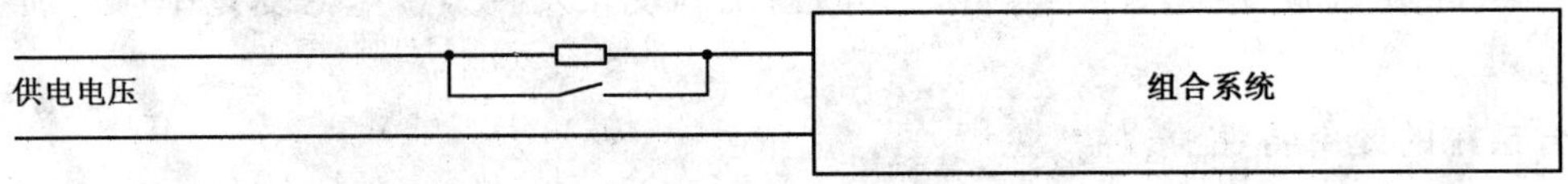

图 11　供电电压突变连线图示例

7.6.5　**斩波器输入电流的谐波(可选型式试验)**

由于在直流侧产生谐波电流,斩波器可能会对铁路信号系统、供电系统或其他静止的或车载设备造成干扰,所以在电动机不同的电压和电流条件下,测量在斩波器直流输入电流中的交流含量很重要。

用户应规定组合系统的直流输入电流的最大谐波含量与频率的函数关系。

考虑了车辆所用斩波器的总台数和电网滤波器的设计等因素以后,该测量结果有助于计算车辆的总谐波干扰电流。

注 1:测量时应使用高精度的电流传感器和频率分析仪。

注 2:测量总谐波分量时应考虑直流电源自身的谐波。

7.6.6　**干扰试验(可选型式试验)**

试验应按 GB/T 25122.1—2010 中 4.2.8 进行。

7.7　**研究性试验**

组合系统试验可以用来检验系统的性能,例如:

——在再生制动时,突然丧失再生能力;

——失效状态:转速信号丢失等;

——失效状态时的瞬时电压和电流波形。

这些试验应取决于制造商和用户的协议项目。

7.8 试验项目

本部分要求进行的试验项目见表1。

用户和制造商的协议项目见附录A。

表1 试验项目一览表

试验项目		条款	型式试验	研究性试验	可能与GB/T 25123.1—2010和GB/T 25122.1—2010重复的试验
温升试验		7.3	√		√
换向试验		7.4	√		√
特性试验	转矩特性	7.5.1	√		√
	满转矩的转速扫描试验	7.5.1.2	√		
	组合系统的效率特性(损耗特性)	7.5.2	可选		√
保护试验	控制装置电源	7.6.1	可选		
	直流供电电源	7.6.2	可选		
	直流供电电源短时中断	7.6.3	可选		
	供电电压的突变	7.6.4	可选		
	斩波器输入电流的谐波	7.6.5	可选		
	干扰试验	7.6.6	可选		√
研究性试验		7.7		√	√
注：所有的可选试验应根据用户和制造商的协议进行。					

附 录 A
（资料性附录）
本部分章条与 IEC 61377-2:2002 章条对照

A.1 表 A.1 给出了本部分章条与 IEC 61377-2:2002 章条对照的一览表。

表 A.1 本部分章条与 IEC 61377-2:2002 章条对照

本部分章条	IEC 61377-2:2002 章条
1 范围	1 范围和目的
2 规范性引用文件	2 规范性引用文件
3 术语和定义	3 术语和定义
4 环境条件	无
5 组合系统接口及特性	4 组合系统接口及特性
6 试验分类	5 试验分类
7 试验	6 试验
7.8 试验项目	无
附录 A 本部分章条与 IEC 61377-2:2002 章条对照	无
附录 B	附录 A

附 录 B
（资料性附录）
用户和制造商的协议项目

用户和制造商商定的条款清单

条款	项目
	重复的试验
5.2	绘制牵引供电的高压特性和低压特性
5.4	应绘制的特性曲线数
6.2	型式试验不要求或不应再试验的情形
6.3	研究性试验
7.2.1	冷却条件的模拟
7.2.4	用损耗总和法或背靠背法测量机械输出
7.5.2	效率特性
7.7	研究性试验

ICS 29.280
S 35

中华人民共和国国家标准

GB/T 25117.3—2010

轨道交通 机车车辆 组合试验 第3部分:间接变流器供电的交流电动机及其控制系统的组合试验

Railway applications—Rolling stock—Combined testing—Part 3:Combined testing of alternating current motors,fed by an indirect converter,and their control system

(IEC 61377-3:2002,MOD)

2010-09-02 发布 2011-02-01 实施

中华人民共和国国家质量监督检验检疫总局
中国国家标准化管理委员会 发布

前　言

GB/T 25117《轨道交通　机车车辆　组合试验》分为以下部分：

——第1部分：逆变器供电的交流电动机及其控制系统的组合试验；

——第2部分：斩波器供电的直流牵引电动机及其控制系统的组合试验；

——第3部分：间接变流器供电的交流电动机及其控制系统的组合试验。

本部分是GB/T 25117的第3部分。

本部分采用重新起草法修改采用IEC 61377-3:2002《轨道交通　机车车辆　组合试验　第3部分：间接变流器供电的交流电动机及其控制系统的组合试验》(英文版)。在附录A中列出了本部分章条号与IEC 61377-3:2002章条号的对照一览表。

本部分与IEC 61377-2:2002存在技术性差异，这些差异涉及的条款的页边空白处用垂直单线(|)进行标示。本标准与IEC 61377-2:2002的技术性差异及其原因如下：

——规范性引用文件IEC 60050-811、IEC 60349-2、IEC 60571、IEC 61287-1分别用对应修改采标的国家标准替代；

——参考GB/T 25117.1—2010，将3.7和3.8合并为3.7；

——IEC 61377-2中无环境条件的规定，本标准增加一章，即“4 环境条件”；

——在7.6.3中，IEC 61377-3规定干扰试验参见IEC 61287-1:1995的2.4.6.23，在本部分中改为“试验应按GB/T 25112.1—2010的4.2.8进行”。

本部分与IEC 61377-3:2002相比，主要差异如下：

——“本国际标准”一词改为“本部分”；

——用“.”代替作为小数点的逗号“,”；

——删除国际标准的前言；

——将IEC 61377-3中的图1变为图2，图2变为图1；

——将IEC 61377-3中的表1，单独作为一条，即“7.8 试验项目”；

——增加附录A“本部分章条与IEC 61377-3:2002章条对照”；

——增加参考文献，按照GB/T 1.1—2000的要求，将注中引用的标准列入参考文献中。

本部分附录A、附录B为资料性附录。

本部分由中华人民共和国铁道部提出。

本部分由全国牵引电气设备与系统标准化技术委员会(SAC/TC 278)归口。

本部分主要起草单位：株洲南车时代电气股份有限公司。

本部分参加起草单位：南车株洲电力机车研究所有限公司、永济新时速电机电器有限责任公司。

本部分主要起草人：刘可安、马文俊。

本部分参加起草人：李益丰、高永军。

轨道交通 机车车辆 组合试验 第3部分：间接变流器供电的交流电动机及其控制系统的组合试验

1 范围

GB/T 25117 的本部分适用于机车车辆上电动机、间接变流器及其控制系统所构成的组合系统，其目的是规定：

——机车车辆变流器、交流电动机及其控制系统所构成的电传动系统的性能特性；

——验证这些性能特性的试验方法。

组合系统分为以下两种类型：

a) 由间接变流器供电的交流电动机(主要是辅助电动机，例如冷却通风电动机)，其机械输出(转矩、转速)和变流器之间无任何控制，可视为电动机通过汇流排(变频变压或定频定压)供电工作；

b) 在机械输出和间接变流器之间存在受控的(并联或非并联)交流电动机。

第一类系统按照 GB/T 25123.2—2010 和 GB/T 25122.1—2010 进行试验。

本部分适用于第二类，主要是牵引传动系统。

GB/T 25123.2—2010 适用于变流器供电的交流电动机，GB/T 25122.1—2010 适用于电力电子变流器，GB/T 25119—2010 适用于电子设备，本部分适用于电动机、变流器及其控制系统所构成的组合系统。因而 GB/T 25123.2—2010 阐述的是验证电动机是否符合其技术条件的试验方法，GB/T 25122.1—2010阐述的是验证变流器是否符合其技术条件的试验方法。显然，本部分中的一些试验可以取代上述标准中的相应试验。用户与制造商双方应达成协议，以避免试验重复。

完整地进行全套组合试验很繁杂，而且常常需要很大的功率，在工厂不一定能实施。因此，用户和制造商可以协商，试验可以在工厂内进行或者在机车车辆上进行。试验也可以分开做，一部分在工厂内做，一部分在线路上做。

本部分起草时，仅有下列电动机-逆变器的组合形式已经用于牵引传动系统：

——电压源逆变器供电的异步电动机；

——电流源逆变器供电的异步电动机；

——电流源逆变器供电的同步电动机。

本部分也可适用于将来可能使用的其他组合形式。

逆变器的直流输入(见图 1)可以是供电网或中间直流环节，它们由交流电网整流(GB/T 25122.1—2010 中 2.2.1)或由直流电网斩波(GB/T 25122.1—2010 中 2.2.2)或由自备电源(如车载发电机、蓄电池或其他的电子电源，见 GB/T 25122.1—2010 中 1.1)提供。

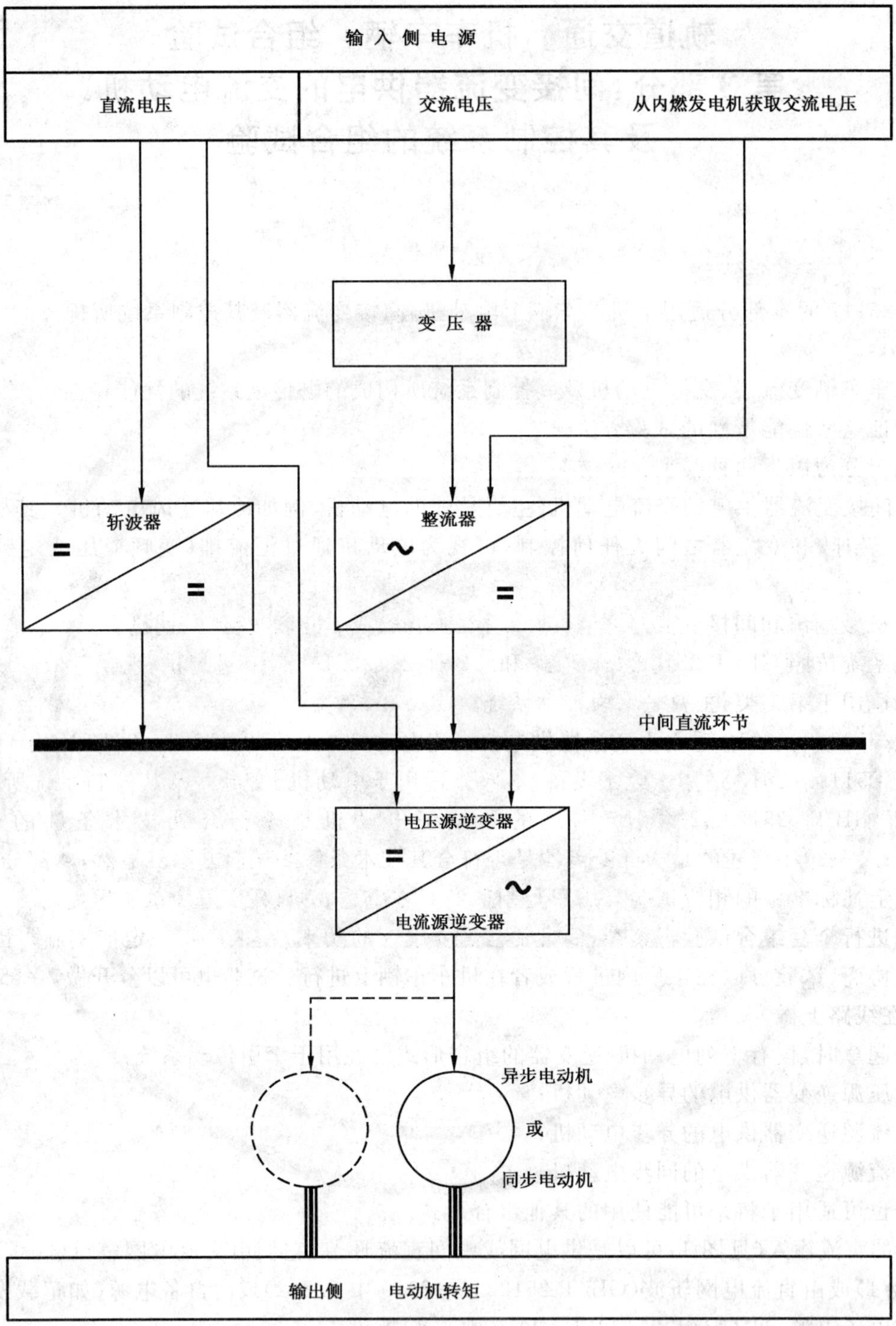

图 1　牵引传动系统

2　规范性引用文件

下列文件中的条款通过 GB/T 25117 的本部分的引用而成为本部分的条款。凡是注日期的引用文件，其随后所有的修改单(不包括勘误的内容)或修订版均不适用于本部分，然而，鼓励根据本部分达成协议的各方研究是否可使用这些文件的最新版本。凡是不注日期的引用文件，其最新版本适用于本部分。

GB/T 2900.25—2008 电工术语 旋转电机(IEC 60050-411:1996,International electrotechnical vocabulary—Part 411:Rotating electrical machines+Amd 1:2007,IDT)

GB/T 2900.33—2008 电工术语 电力电子技术(IEC 60050-551:1998,International electrotechnical vocabulary—Part 551:Power electronics,IEC 60050-551-20:2001,International electrotechnical vocabulary—Part 551-20:Power electronics—Harmonic analysis,IDT)

GB/T 2900.36—2003 电工术语 电力牵引(IEC 60050-811:1991,MOD)

GB/T 25119—2010 轨道交通 机车车辆电子装置(IEC 60571:2006,Electronic equipments used on rail vehicles,MOD)

GB/T 25122.1—2010 轨道交通 机车车辆用电力变流器 第1部分:特性和试验方法(IEC 61287-1:2005,MOD)

GB/T 25123.2—2010 电力牵引 轨道机车车辆和公路车辆用旋转电机 第2部分:电子变流器供电的交流电动机(IEC 60349-2:2002,MOD)

IEC 60850 铁路应用 牵引系统的供电电压

3 术语和定义

GB/T 2900.25—2008、GB/T 2900.33—2008、GB/T 2900.36—2003、GB/T 25123.2—2010 及 GB/T 25122.1—2010 确立的及下列术语和定义适用于本部分。

3.1

组合系统 combined system

由间接变流器、电动机、相关控制系统、等效的连接电缆和等效的冷却装置所构成的系统。

3.2

用户 user

订购组合系统的组织(见图2)。用户通常是运用机车车辆或设备的组织,除非由主要签约者或咨询人负责代理。

3.3

制造商 manufacturer

对所提供的组合系统承担技术责任的组织(见图2)。

注:上述定义的制造商可以供应电动机、间接变流器、控制系统三者之一,或三者都供应,或三者都不供应。

3.4

供应商 supplier

提供组合系统中的一个或多个部件的组织(见图2)。

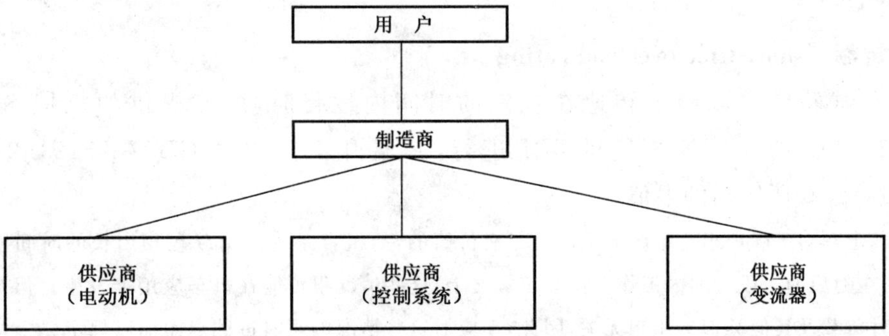

图2 组合系统-相关团体

3.5

制造工厂 manufacturer's works

通常是进行试验的场所。

3.6

工作制 duty

对组合系统负载情况的描述,如有应用,负载情况可以包括电制动、空载、静止和无电期,以及它们的持续时间和实时控制顺序。

3.7

机车车辆工作制周期/负载分布曲线 duty cycle of vehicle/load profile

列车速度、运量与时间的函数关系。

变流器的负载分布曲线根据机车车辆工作制周期计算。负载分布曲线(电流/功率与时间的函数关系)是在规定条件下负载电流/功率的周期重复,例如起动和制动,同时也应考虑变流器输入电压。

3.8

组合系统定额 rating of combined system

制造商给组合系统规定同一时刻对应的一组电参量和机械量,以及它们的持续时间和时间顺序。

3.9

额定值 rated value

定额中包含的所有参量的数值。

3.10

持续定额 continuous rating

组合系统在试验台上以给定转速长时运行,其温升未超过 GB/T 25123.2—2010 和 GB/T 25122.1—2010 给出的限值时所能提供的机械输出。

注:可以规定若干个持续定额。

3.11

短时定额 short-time rating(例如:1 h)

组合系统在试验台上以给定转速在规定的时间内运行,而其温升不超过 GB/T 25123.2—2010 的表 2 和 GB/T 25122.1—2010 所给出的温升限制时,同时还满足 GB/T 25123.2—2010 和 GB/T 25122.1—2010的所有其他要求,所能提供的机械输出,试验从冷态开始。

3.12

短时过载定额 short-time overload rating

组合系统在试验台上以给定转速在规定的时间内运行时,所能提供的机械输出。试验应按 GB/T 25123.2—2010的 8.1.6 规定的要求进行,其温升不应超过 GB/T 25123.2—2010 表 3 和 GB/T 25122.1—2010所给出的限值。

注:短时过载定额对于确定组合系统的适应性是有价值的,如组合系统的负载在相当长的时间里工作于持续定额之下,而在随后的一段时间内工作于持续定额之上,这些情况很可能在机车应用上发生。但与城市快速运输的重复短时负载及其他类似工作制无关,因此,不应对这些情况的短时过载定额加以规定。

3.13

断续工作制定额 intermittent duty rating

组合系统在任何运行点上的温升均不超过 GB/T 25123.2—2010 和 GB/T 25122.1—2010 所给稳

升限值时的负载周期。

3.14

周期性工作制定额 periodic duty rating

组合系统在任何运行点上的温升均不超过 GB/T 25123.2—2010 和 GB/T 25122.1—2010 所给温升限值时的周期性负载。

4 环境条件

电动机、变流器和控制系统的环境条件详见 GB/T 25123.2—2010、GB/T 25122.1—2010 和 GB/T 25119—2010。

5 组合系统特性

5.1 规定特性

通常组合系统技术条件应包含特性曲线。这些称之为“规定特性”的曲线应绘到每个变量设计的极限值。绘制的特性曲线所对应的直流或交流输入电压即为牵引系统供电电压规定的标称值时的电压。如果用户和制造商双方同意，可分别绘制在最高牵引系统供电电压和最低牵引系统供电电压时的特性曲线。这些特性应按电动机绕组基准温度为 150 ℃、变流器各部件的温度为供应商所估计的值时来绘制。

在特性曲线中，可用轮周牵引力和机车车辆速度分别替代电动机转矩和转速。此时，应在特性曲线上标明齿轮传动比、轮径和传动损耗。如果传动损耗采用约定值，则约定值应与 GB/T 25123.2—2010 中的图 B.1 一致。

除非另有规定，在发出组合系统订单之前，应将其规定特性提供给用户。

牵引系统供电电压值应由用户规定。该电压值宜采用 IEC 60850 规定的标准值。

5.2 典型特性

典型特性曲线是按照 7.5 所做的型式试验结果而得到的。

5.3 组合系统特性

组合系统的规定特性和典型特性为在整个应用范围内各变量与转速之间的函数关系，分为：

a) 外部特性，如平均机械转矩、组合系统的输入值(电压、电流和功率)；

b) 内部特性，如中间直流环节的电压和电流、逆变器输出电流的方均根值、逆变器输出电流和电压基波分量的方均根值、异步电动机的转差率以及同步电动机的励磁电流；

c) 内部值，如转换瞬态值，转换瞬态值是指逆变器多相输出的线间电压和线对地电压的峰值、温度等。

注：内部转换瞬态值用于检验部件的绝缘试验电压。

如果效率是一个重要的参数，应要求给出关于效率的特性曲线。效率对用于电传动热力机车车辆或者蓄电池供电的车辆上的组合系统尤为重要。

组合系统的效率特性应考虑电动机、变流器、电缆和其他相关的部件。

如果需要测量效率，对于同步电动机还应包括励磁损耗。

仅外部特性和最大内部转换瞬态值是强制性的。其他内部特性和数据也应测量，但其结果不应影响组合系统的验收。

图 3～图 6 给出最为常见的强制性特性曲线的示例。

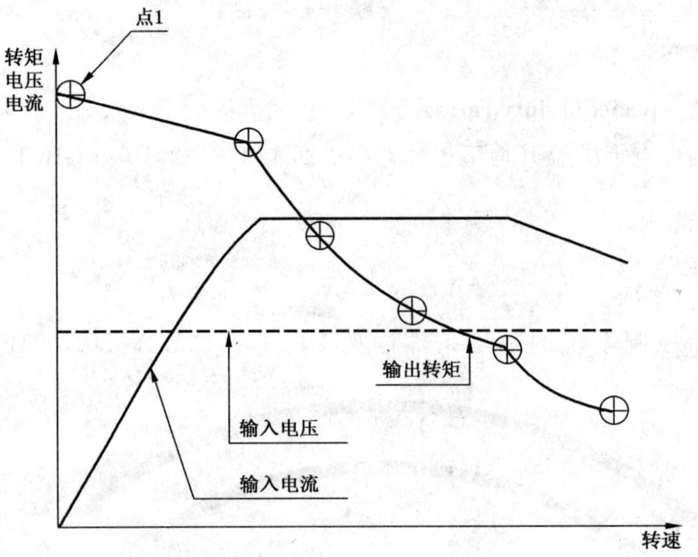

a) 例 1:电压源组合系统特性

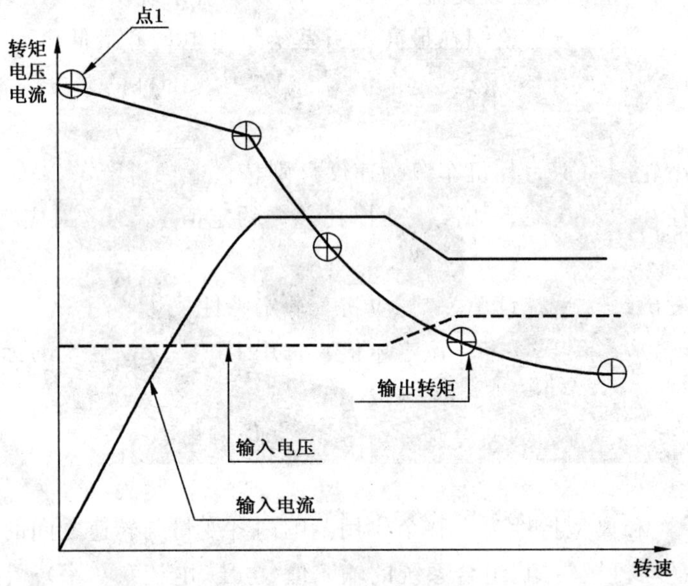

b) 例 2:电压源组合系统特性

图 3　强制性外部特性——电压异步组合系统(两个示例)

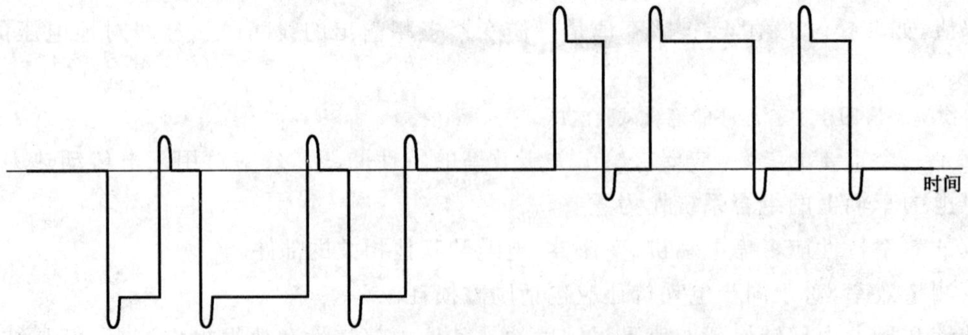

a) 线间电压

图 4　强制性内部值——电压源异步组合系统

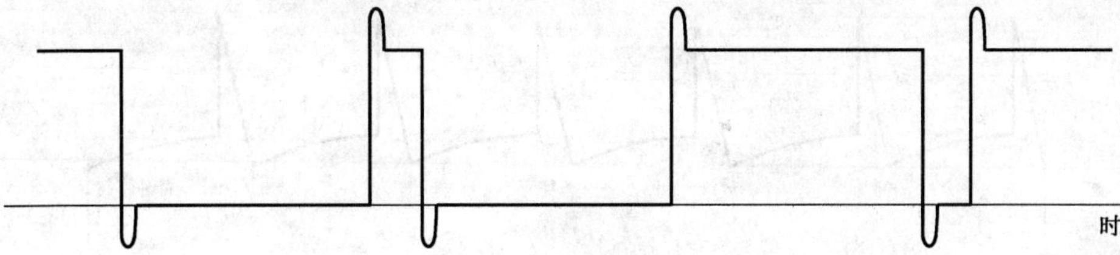

b）线对地电压

图 4（续）

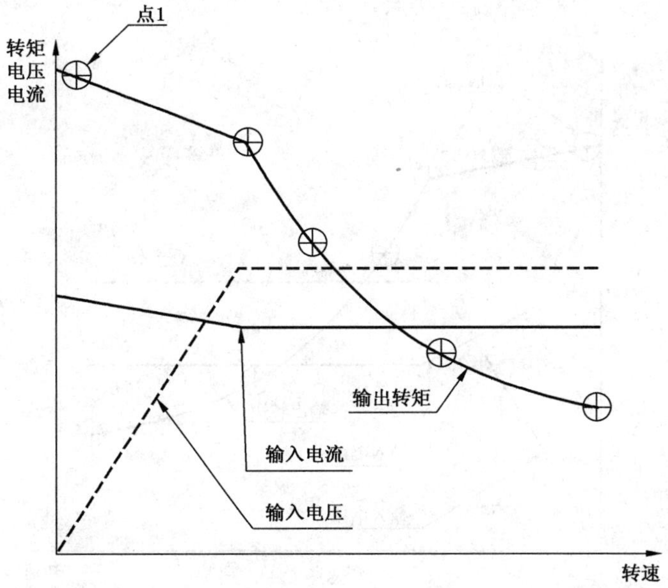

a）电流源异步组合系统特性

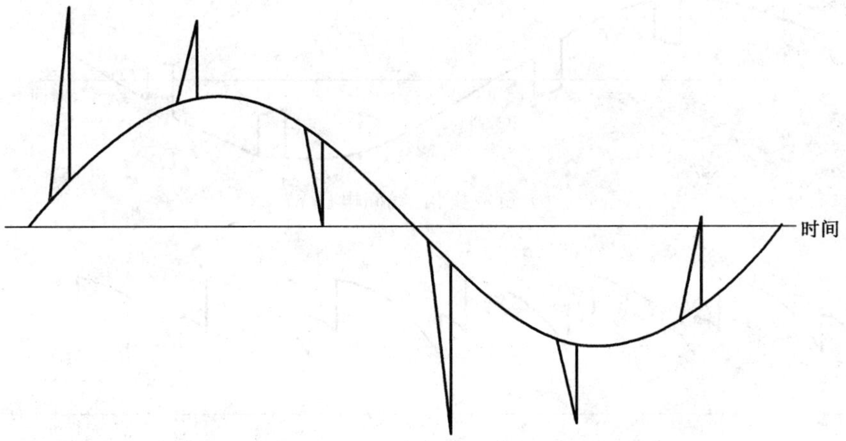

b）线间电压

图 5　强制特性和曲线——电流源异步组合系统

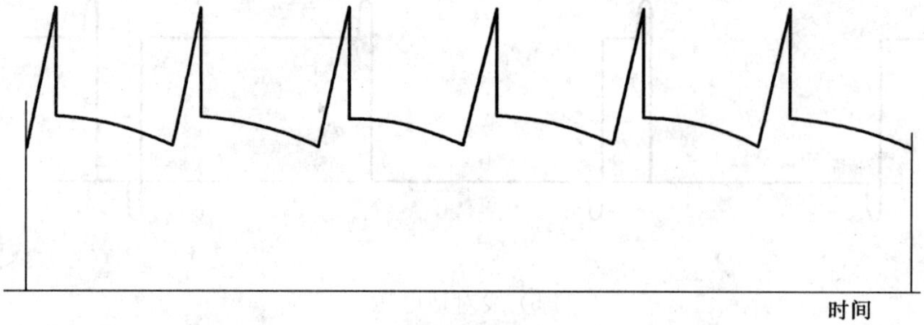

c）线对地电压

图 5（续）

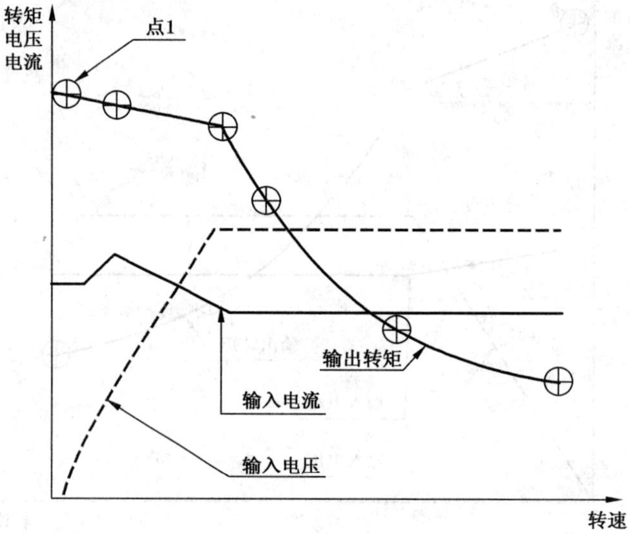

a）电流源同步组合系统特性

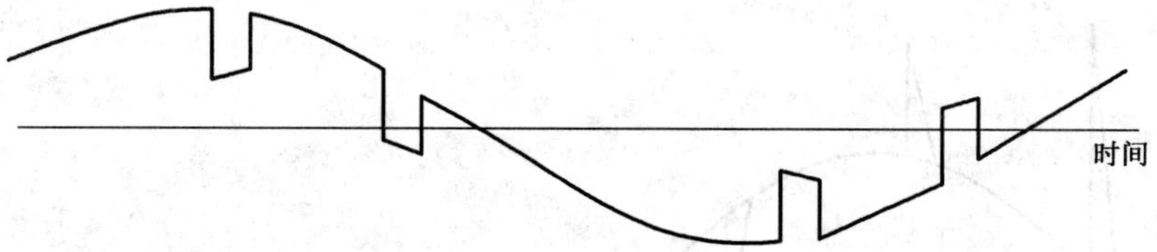

b）负载换相:线间电压

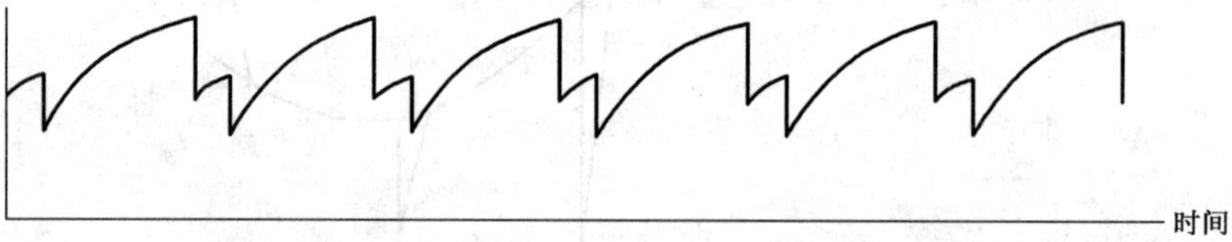

c）负载换相:线对地电压

图 6　强制特性和曲线——电流源同步组合系统

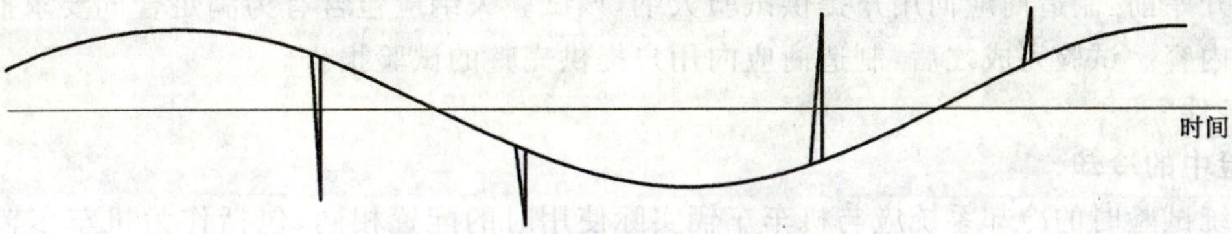

d) 自换相:线间电压

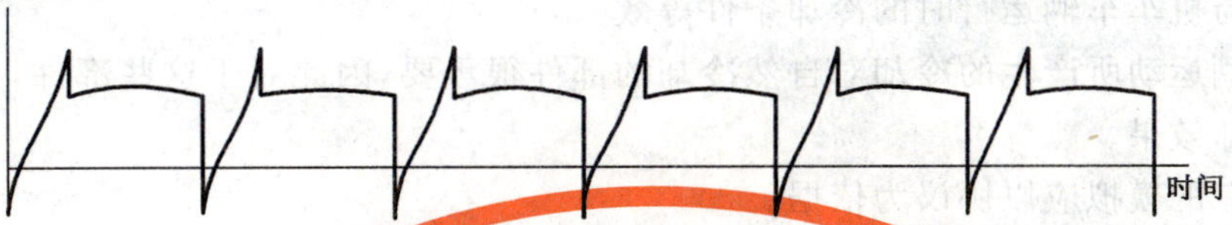

e) 自换相:线对地电压

图 6 (续)

5.4 信息交换和责任

GB/T 25123.2—2010 和 GB/T 25122.1—2010 规定,电动机供应商和变流器供应商之间需要交换信息,以确保组合系统能满足上述标准的要求,信息交换的记录文件作为电动机技术条件和变流器技术条件的一个组成部分。

3.3 定义了制造商为承担所提供的组合系统技术责任的组织。因此,制造商有责任使组合系统各组成部分的技术条件满足本部分的要求。

6 试验分类

6.1 概述

试验有三类:

——型式试验;

——研究性试验;

——例行试验。

本部分不直接涉及例行试验。系统的各部件的例行试验根据其相关标准进行。

6.2 型式试验

型式试验用以验证一种新型组合系统的定额、特性和性能。对于每种新设计的组合系统,应选一套进行型式试验。

如果在组合系统进行型式试验后,决定修改设计或零部件的制造工艺,则应评估这些修改对该组合系统性能所造成的影响。这时,用户和制造商双方可协商是否不做型式试验或仅做某些型式试验项目。

如果制造商能提供一份设计相同的组合系统的完整的型式试验报告,即有相同的冷却条件,相同的或较高的定额,则经用户和制造商协商,该新型组合系统可不必做型式试验。

6.3 研究性试验

研究性试验的目的是为了获得有关给电动机供电的变流器,或由变流器供电的电动机或组合系统的控制系统等方面的补充信息。研究性试验仅在用户和制造商双方事先达成协议的条件下才进行。除非用户和制造商双方另有协议,研究性试验结果一般不应影响该系统的验收。

7 试验

7.1 概述

组合试验为按照使用中的实际参数来考核组合系统的各个组成部分提供了可能。电动机转矩、中间直流电路电压(在电流源变流器的情况下,为中间直流环节电流)、变流器输出电流和电压等均为在实际应用中的值。

在试验开始前，制造商应向用户提供试验大纲，该试验大纲应包含有为满足合同要求而按照本部分进行的试验内容。试验完成之后，制造商应向用户提供完整的试验报告。

7.2 试验条件

7.2.1 试验中的冷却

组合系统试验时的冷却系统应与机车车辆实际使用时的配置相同，包括作为机车车辆组成部分的风道和过滤器，或者依照已知的等效条件来进行。可通过对有关参数（流量、压力、温度等）的测量，确认试验的冷却条件与机车车辆运行时的冷却条件等效。

由于机车车辆运动所产生的冷却对自然冷却的部件很重要，因此对于这些部件，可以模拟机车车辆运动所产生的冷却效果。

冷却系统所有的模拟应以协议为依据。

有关每个部件冷却的详细要求已在相应标准中给出。

7.2.2 电力电缆

推荐采用与规定的热和电磁方面条件等效的方式来布置电力电缆。电力电缆最好是装车实际使用的，当然也可以采用等效的。如果要求有关电力电缆及其配置的所有资料，制造商应予提供。

注：假如在试验台上模拟了当地的最恶劣条件，则该电缆无需完全按照装车情况来布置。例如，如果能合理地预测到最高温升出现在电缆敷设线路 2 m 的部位，则应在试验台上模拟该部位的发热情况，而对于电缆敷设线路其他部位的情况，可以不予考虑。

7.2.3 电源

电源可以来自机车车辆直流电源或来自试验台上可获得的电源。应考虑电压波形、电源频率、系统内电感、电容和电阻对试验结果可能造成的影响。

7.2.4 机械输出量的测量

机械输出可直接在电动机轴上测出（转矩测量仪）或间接在电动机轴上测出（校准电机）。机械输出的测量准确度应符合本部分相关条款中规定的值。

另外，如果用户和制造商双方同意，机械输出量可以通过损耗总和法或背靠背试验方法（如有两套组合系统）而得出。这两种方法已得到了验证，图 7 给出了背靠背试验方法在试验台上配置的示例。

注：损耗总和法包括对下列部件损耗的估算：

——电动机，根据测量电动机的交流输入求得（IEC 60349-3:1995 为关于损耗总和法确定电动机损耗的技术报告，在该报告中规定了测量的准确度）；

——变流器，通过测量变流器输入求得；

——组合系统工作所必需的电缆、电阻（如有）和电感（如有）。

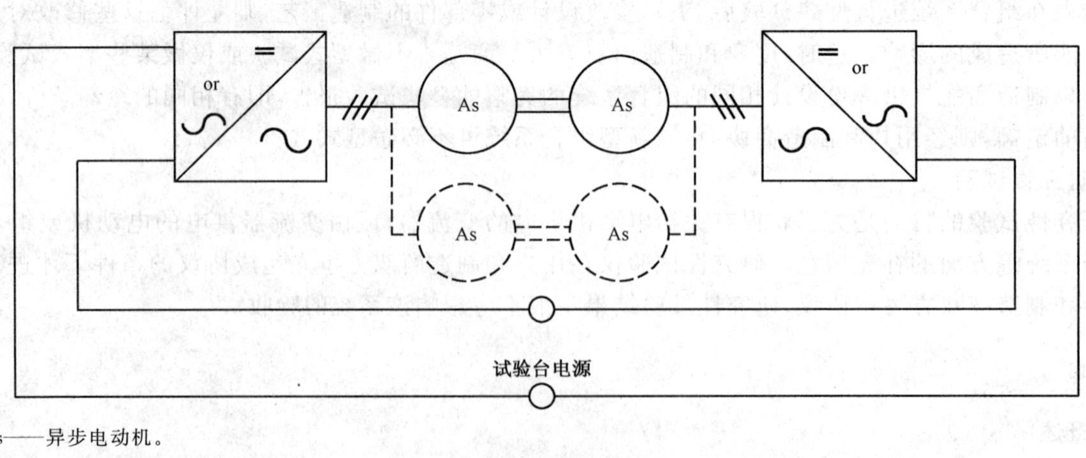

As——异步电动机。

图 7 异步组合系统背靠背试验法用试验台配置

7.2.5 并联异步电动机的特殊条件

当几台异步电动机并联由单台变流器供电时,轮径差会使某些电动机在其最恶劣的负载情况下工作(情形1)。控制系统可以这样设计:可以通过降低牵引力而使所有电动机的负荷均保持在没有轮径偏差时的负荷以内(情形2)。可见,轮径偏差的存在会影响转矩特性,或影响电动机的温升,或同时影响转矩特性和电动机的温升。轮径的最大允许偏差应由用户和制造商双方商定。

特性和温升试验应按不存在轮径偏差的情况来做。

如果所设计的控制系统会使某些电动机工作在其最恶劣的负载情况下(情形1),则应对电动机做附加温升试验。如果设计的控制系统通过降低牵引力使所有的电动机均保持在某个载荷以内(情形2),根据用户和制造商双方的协商情况,可以通过计算得到附加转矩特性,或者采用全部并联电机一起做完整的试验来得到附加转矩特性。

7.3 温升试验

7.3.1 概述

本试验应在经双方同意的系统定额下进行。

注:对于并联电动机,可以根据7.2.5的要求进行附加试验。

在持续定额试验时,可以通过加大试验开始时的负载,或降低系统中某些局部的通风,来缩短达到稳定温度的时间。随后,至少能连续保持额定条件2 h,或者能通过适当的方法证明已达到稳定的温度为止。

对于周期性工作制定额试验,可以首先以计算的等效定额开始试验,以缩短达到稳定温度的时间,然后再以重复的工作周期继续试验。

5.4规定了组合系统制造商的技术责任,因此,供应商就不必根据该系统的相关标准对部件做温升试验。如果组合试验时的温升未超过部件标准中规定的限值,则可认为部件已通过温升试验,如果在部件标准中没有规定温升限值,则制造商与用户可商定具体的温升限值。即使在试验时,电参数与制造商和供应商双方商定的值不完全一致,此条仍然有效。

7.3.2 温度的测量

组合系统各部件温度的测量在相关标准中规定。

7.4 并联异步电动机的附加试验

用户和制造商双方协商确定附加试验的试验条件。

7.4.1 单台电动机的温升试验

对于7.2.5规定的情形1,应进行本试验。

除非另有规定,应认为本试验中单台电动机驱动具有最大轮径偏差的轮对。由于存在轮径偏差,控制的基准值应加以修正,以使得电动机的转差率对应于最恶劣负载条件。图8给出轮径偏差对转矩特性影响和转差率变化的示例。

注:对应的转差率等于:

$$s \pm (\Delta D/D)[(n-1)/n] \quad (\text{牵引时取“}+\text{”,制动时取“}-\text{”})$$

式中:

s——标幺值,为特性试验期间所测量到的转差率(电动机热态,参见7.5.1.2);

n——并联电动机台数;

$\Delta D/D$——为最大轮径偏差(标幺值)。

对于所有与制动工作方式无关的应用,根据在最恶劣负载条件下增大了的持续定额进行温升试验。这通常就足以表明电动机对其应用(主要是机车)是相适应的。

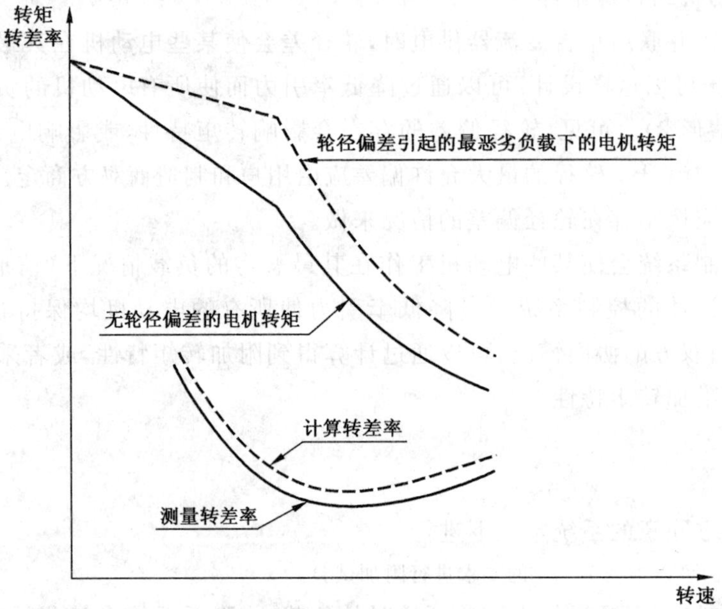

图 8　轮径偏差对异步电动机转矩特性的影响

只要有制动工作方式，则应按规定的工作周期来进行温升试验，以便达到最高温度条件。这就考虑了牵引工况时的较大负载和制动工况时的较低负载情况（主要对于城轨交通应用）。

7.4.2　完整的试验

所有的并联电动机应由单台逆变器供电。除非另有规定，除一台电动机加载到对应于最大允许轮径偏差量的转速外，其余电动机均应加载到具有正常轮径时的转速。

注：本试验需要特殊的试验台。如果用户和制造商双方同意，可用减少牵引力（通过计算得到）来代替本试验。

7.5　特性试验和容差

7.5.1　转矩特性

7.5.1.1　概述

为验证转矩特性是否符合规定，试验应在标称输入电压下将电动机运转到给定转速。将基准转矩（主控制器指令）输入到控制单元，以测量组合系统的特性。然后测量电动机输出转矩（平均）和变流器直流输入侧的电压（平均）、电流（平均）和功率（平均）。

特性曲线至少应绘出牵引工况和制动（如有电制动）工况下，在整个速度范围内对应最大基准转矩（主控制器指令）的曲线。如果用户和制造商双方同意，也可以绘出在任意速度点上转矩为 1/4、1/2 和 3/4 最大基准转矩时的特性曲线。

注：对于并联电动机，可根据 7.4 的要求做附加试验。

测量仪器误差的限值不应大于：

——在所测量的转速点上最大机械转矩基准值的±2%；

——对于直流电压、电流和功率的平均值，±1%；

——对于交流电压、电流和功率的平均值，±2%。

如在组合系统试验中所测得的转矩特性满足本部分的要求，则认为电动机已通过 GB/T 25123.2—2010 中的转矩特性试验。即使在实验，电参数没有完全达到供应商和制造商双方的商定值，此条仍然有效。

温度是一个重要的参数，尤其对于异步电动机传动系统，温度对输出转矩的影响程度取决于控制性能。转矩特性的测量为检查发热对输出转矩的影响提供了条件。

7.5.1.2　电动机热态时的转矩特性

转矩特性的测量应在依据 7.3 所做的温升试验结束时刻进行，这时异步电动机的鼠笼式转子或者同步电动机的定子绕组可能出现最大温升，如此即可得到组合系统在该温度下的转矩特性。测量应快速进行，且应以在试验台上可获得的最低转速为起始点(图3、图5和图6中的点1)。给出点的数量应足够精确观察出特性，图3～图6给出了所需点数的示例。

容差：在规定特性上，相应于最大转矩的转速至90%最高转速之间任何点上的典型转矩不应小于所规定值的95%。

7.5.1.3 **电动机冷态时的转矩特性**

电动机为冷态，依据GB/T 25123.2—2010中A.1的规定，应在与电机热态时所测点(图3、图5和图6的点1)相同的最低转速下测量转矩。测量应快速进行，且温度测量应在试验结束时刻进行，以确保温度无明显的变化。

容差：在规定特性上，相应于最大转矩的转速至90%最高转速之间任何点上的典型转矩不应小于所规定值的95%。

7.5.1.4 **满转矩的速度扫描试验**

分别在牵引和制动(如有)两种工况下，基准转矩为最大值时，在整个转速范围内升速和降速两个方向进行扫描。要求在试验过程中，没有跳闸、关断系统的现象发生。转速的变化率应与所应用的工况相当。

7.5.2 **组合系统的效率特性(可选型式试验)**

如果需要测量损耗，则应在7.3所述的温升试验结束时进行。该损耗可以通过对输入功率和机械输出功率的测量而得到。通常只测少数几个考核点即可。

直流输入功率的测量仪器误差限值不应大于±0.6%，转矩测量仪的测量准确度应在所考虑的转速点上最大基准转矩的±0.25%以内，且转速测量仪应精准到±0.1%以内。这些容差可根据用户和制造商双方的协议而改变。所采用的误差限值以及所产生的效率容差应在效率特性中指明。

如果用户和制造商双方同意，可以采用在7.2.4所提到的损耗总和法与背靠背测量法。

注：在高效率的装置中，宜采用更高准确度的测量系统。

7.6 **其他试验**

7.6.1 **保护系统试验**

7.6.1.1 **组合系统控制装置电源**

当其控制电源在规定范围内发生任何变化时，组合系统均能正常工作而无任何系统中断或故障迹象。当一台或几台控制电源失电时，应能使组合系统中的变流器脱离工作状态，而无任何失效或功能紊乱。当控制电源重新恢复时，系统应能以某种受控方式重新起动。

7.6.1.2 **牵引传动系统供电电压**

调节供电电压，使组合系统的规定工作范围从最大值变化到最小值，来检查控制系统是否工作正常，以及对组合系统的调节输出和控制是否符合商定的特性曲线。图9给出了电压源组合系统工作范围的示例。

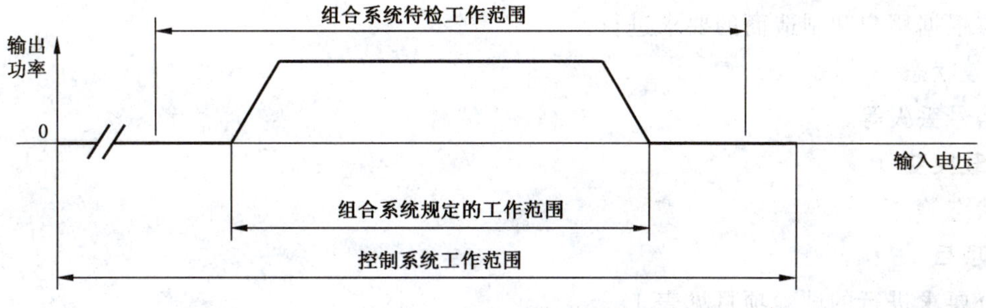

图9 组合系统工作范围示例

控制装置的电源应与牵引传动系统供电的输入供电电压分开。

7.6.1.3 **牵引供电电压中断(可选型式试验)**

试验进行时,在规定的时间内,应通过依次操作两个接触器来产生牵引供电的短时中断。

图 10 给出了试验电路图的示例。

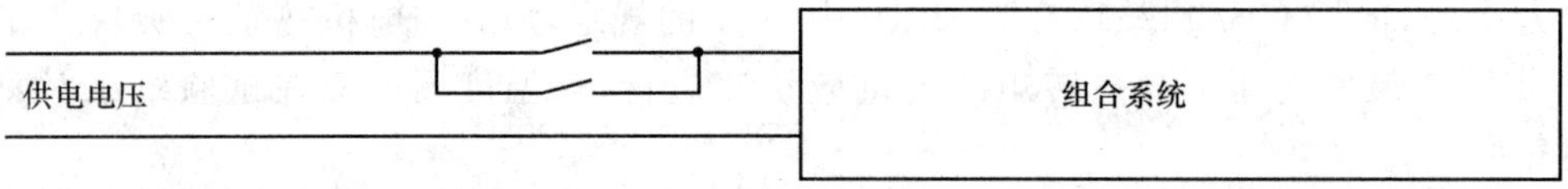

图 10 直流电源短时中断连线图示例

7.6.1.4 **牵引供电电压突变(可选型式试验)**

可使用一个接触器与电阻器并联后进行试验,图 11 给出了可能的试验电路图。

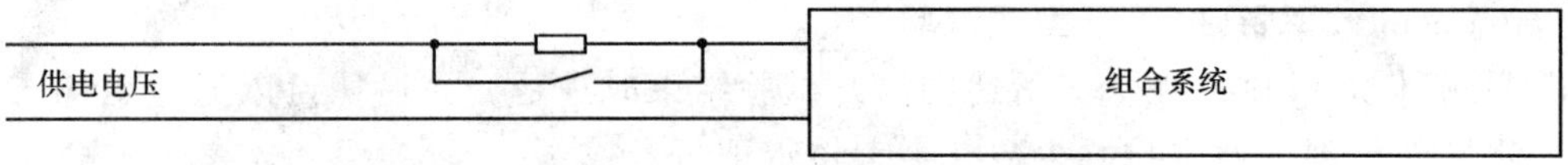

图 11 供电电压突变连线图示例

牵引与制动时都应进行该试验。

7.6.2 **变流器输入电流的谐波(可选型式试验)**

变流器可能会对轨道交通信号系统、供电系统或其他静止的和车载的设备造成干扰。这是由于变流器电源侧所产生的谐波电流引起的。由于这个原因,在不同的定子频率下测量变流器输入电流中的交流谐波含量就显得很重要。

用户应规定最大允许谐波电流(值与持续时间)与组合系统输入电流频率的函数关系。

考虑了车辆所用变流器的总台数和电网滤波器的设计等因素以后,该测量结果有助于计算车辆的总谐波干扰电流。

注 1:对于这种测量,应采用高准确度电流传感器和频率分析仪。

注 2:在测量总谐波分量时,应考虑电源自身的谐波。

7.6.3 **干扰试验(可选型式试验)**

试验应按 GB/T 25122.1—2010 中 4.2.8 进行。

7.7 **研究性试验**

试验应根据用户和制造商的要求进行。

7.7.1 **失效状态**

反馈信号丢失等。

7.7.2 **负载突变**

滑行状态等。

7.8 **试验项目**

本部分要求进行的试验项目见表 1。

用户和制造商之间的协议项目见附录 A。

表 1 试验项目列表

试验项目	条款	型式试验	研究性试验	可能与 GB/T 25123.2—2010 (IEC 60349-2:2002,MOD) 和 GB/T 25122.1—2010 (IEC 61287-1:2005,MOD)重复的试验
温升试验	7.3	√		√
并联异步电动机的附加试验	7.4	如果试验条件允许		
电动机热态时的转矩特性	7.5.1.2	√		
电动机冷态时的转矩特性	7.5.1.3	√		
满转矩的速度扫描试验	7.5.1.4	√		
组合系统的效率特性	7.5.2	可选		√
组合系统控制装置电源	7.6.1.1	√		
牵引传动系统供电电压	7.6.1.2	√		
牵引供电电压中断	7.6.1.3	可选		
牵引供电电压突变	7.6.1.4	可选		
变流器输入电流谐波	7.6.2	可选		
干扰试验	7.6.3	可选		√
失效状态	7.7.1		√	
负载突变	7.7.2		√	
注：所有的可选试验应根据用户和制造商的协议进行。				

附　录　A
（资料性附录）
本部分章条与 IEC 61377-3:2002 章条对照

A.1　表 A.1 给出了本部分章条与 IEC 61377-3:2002 章条对照的一览表。

表 A.1　本部分章条与 IEC 61377-3:2002 章条对照

本标准章条	IEC 61377-3:2002 章条
1　范围	1　范围和目的
2　规范性引用文件	2　规范性引用文件
3　术语和定义	3　术语和定义
4　环境条件	无
5　组合系统特性	4　组合系统接口及特性
6　试验分类	5　试验分类
7　试验	6　试验
附录 A　本部分章条与 IEC 61377-3:2002 章条对照	无
附录 B	附录 A
参考文献	无

附 录 B
（资料性附录）
用户和制造商之间的协议项目

用户规定的且制造商同意的特殊要求

条款	项目
1	范围
	重复的试验
	在工厂的试验或车上的试验
5.1	绘制牵引供电的高压特性和低压特性
6.2	型式试验不要求或不应再试验的情形
6.3	研究性试验
7.2.1	冷却模拟
7.2.4	用损耗总和法或背靠背法测量机械输出
7.2.5	最大允许轮径偏差
7.2.5	并联电动机在某些使用情况下的附加转矩特性
7.3.1	温升试验
7.4	并联异步电动机的附加试验
7.5.1.1	绘制的特性曲线数目
7.5.2	效率特性:容差和试验方法
7.6.1.2	牵引传动供电电压
7.7	研究性试验
表1	注:可选试验

参 考 文 献

[1] IEC 60349-3:1995 电力牵引 轨道机车车辆和公路车辆用旋转电机 第3部分:用损耗总和法确定变流器供电的交流电动机总损耗.

ICS 29.280
S 35

中华人民共和国国家标准

GB/T 25118—2010/IEC 60322:2001

轨道交通　机车车辆电气设备
开启式功率电阻器规则

Railway applications—Electric equipment for rolling stock—Rules for power resistors of open construction

(IEC 60322:2001,IDT)

2010-09-02 发布　　2011-02-01 实施

中华人民共和国国家质量监督检验检疫总局
中国国家标准化管理委员会　发布

前 言

本标准采用翻译法等同采用IEC 60322:2001《轨道交通 机车车辆电气设备 开启式功率电阻器规则》(英文版)。

为便于使用,本标准做了下列编辑性修改:

——“本国际标准”一词改为“本标准”;

——用“.”取代原文中作为小数点的“,”;

——删除原国际标准前言。

本标准是在TB/T 1393—2003《铁路应用 机车车辆电气设备 开启式功率电阻器规则》的基础上制定。

本标准附录A为规范性附录。

本标准由中华人民共和国铁道部提出。

本标准由全国牵引电气设备与系统标准化技术委员会(SAC/TC 278)归口。

本标准主要起草单位:株洲南车时代电气股份有限公司。

本标准参加起草单位:西南交通大学。

本标准主要起草人:陈义正。

本标准参加起草人:郭小舟。

轨道交通 机车车辆电气设备 开启式功率电阻器规则

1 范围

本标准规定了机车车辆主电路和辅助电路用的各种功率电阻器(如制动电阻、加热电阻、吸收电阻和滤波电阻)的使用规则,而不考虑它们所应用的电路和机车车辆的类型。

这类电阻器通常由开启式结构组成,而且在有污染区域使用。这种结构的电阻元件通常由栅、板、条、带或线等形状构成。

注:经过用户和制造商同意,这些规则的某些条款适用于其他车辆,如矿用机车、无轨电车等用的电气设备。

本标准规定了:

——电阻参数;

——功率电阻应满足的使用条件;

——验证使用条件的试验和试验方法;

——电阻上的标识及其参数。

本标准不再重复 GB/T 21413.1—2008 中已作规定的一般使用条件及通用规则。

为了得到部件相应范围试验和要求的一致性,避免按不同的标准进行试验,本标准修改了 GB/T 21413.1—2008 中的通用规则以适用于机车车辆用功率电阻器。

2 规范性引用文件

下列文件中的条款通过本标准的引用而成为本标准的条款。凡是注日期的引用文件,其随后所有的修改单(不包括勘误的内容)或修订版均不适用于本标准,然而,鼓励根据本标准达成协议的各方研究是否可使用这些文件的最新版本。凡是不注日期的引用文件,其最新版本适用于本标准。

GB/T 21413.1—2008 铁路应用 机车车辆电气设备 第1部分:一般使用条件和通用规则(IEC 60077-1:1999,IDT)

GB/T 21563—2008 轨道交通 机车车辆设备 冲击和振动试验(IEC 61373:1999,IDT)

IEC 60050-811:1991 国际电工词汇(IEV) 第811部分:电力牵引

IEC 60364-4-41:1992 建筑物电气装置 第4-41部分:安全防护 电击防护

IEC 60943:1998 关于电气设备部件(特别是端子)允许温升的指南

IEC 61133:1992 轨道交通 机车车辆 机车车辆制成后投入使用前的试验方法

3 术语和定义

IEC 60050-811:1991 确立的以及下列术语和定义适用于本标准。

3.1

电阻元件 resistor element

构成电阻箱或电阻构件的电阻导体,通常呈栅、板、条、带或线状,可以有中间抽头。

注:电阻元件一般是可更换的组合部件。

3.2

电阻器 resistor

本标准中用来说明下述各种电阻形态的通用术语。

3.2.1

电阻箱　resistor case

电阻构件　resistor frame

由一组电阻元件组成的一个单独结构。

注1：电阻箱是安装在强迫风冷风道的箱体内的一个或多个电阻元件组成的电阻器。

注2：电阻构件是安装在自然空气冷却的普通框架内的一个或多个电阻元件组成的电阻器。

3.2.2

电阻段　resistor section

两个接线端子之间的电阻电路，连接外部设备以实现电气功能。

注：电阻段可以由电阻箱或电阻构件的一部分或者是由几个电阻箱或电阻构件组成。

3.3

双重绝缘　double insulation

两级绝缘，第一级介于带电导体与中间构架之间，第二级介于中间构架与车体之间。

注1：中间构架是金属的(见附录A)。

注2：本文的双重绝缘不涉及到防止电击的双重绝缘(见IEC 60364-4-41:1992)。

3.4

多重绝缘　multi-stage insulation

具有两级或两级以上绝缘，且在连续级间有一个中间构架的绝缘系统。

注1：只有一级绝缘的绝缘系统称之为“单重绝缘”。

注2：在具有两级或两级以上绝缘的系统中，那些不同于初级绝缘的绝缘系统通常称之为“次级绝缘”。

3.5

初级绝缘　primary insulation

多级绝缘中在带电压导体和中间构架层之间的第一级绝缘。

3.6

功能绝缘　functional insulation

导电零、部件之间，保证设备正常工作所必需的绝缘。

3.7

基本绝缘　basic insulation

带电体的绝缘，用于对电击进行起码的防护，以保证人身安全。

3.8

最高温度(T_m)　maximum temperature

在指定条件下(负载、冷却、材料等)电阻元件最热点的温度。

3.9

最大允许温度　maximum permissible temperature

不造成电阻构件或电阻箱及其外部连接的任何部分损害(例如永久变形)情况下电阻元件的最热点的温度。

3.10

额定工作电流(I_e)　rated operational current

在指定条件下根据工作周期由制造商确定的电流值。

注：额定工作电流可以是等效持续电流。

3.11

额定工作电压(U_e)　rated operational voltage

用于确定电阻构件或电阻箱正常工作和试验的电压值，该值通常由制造商给定。

3.12

工作电压(U_w) working voltage

在开路或正常工作条件下，不考虑瞬态过程，在额定工作电压下任一绝缘上可能出现的局部的最大的交流方均根(r. m. s.)电压值或直流电压值。

注：对于在故障条件下的电阻器，如果故障条件产生的值大于正常条件时，此工作电压就是在故障条件下产生的值。

3.13

额定绝缘电压(U_i) rated insulation voltage

与介电试验电压和爬电距离相关的电压值。

它的值至少等于在连续的一段时期内存在于电极之间并通过爬电距离的最大的方均根(r. m. s.)电压值(即忽略不重复瞬态电压值)。

3.14

制造商 manufacturer

有制造电阻器技术能力的组织机构。

3.15

买方 purchaser

订购电阻器并负责和制造商直接协商的组织机构。

4 产品信息

4.1 概述

在制造商和买方之间应有达成一致的技术条件，该技术条件包含的性能和试验要求应与本标准相一致。

4.2 信息的类型

在制造商给每台电阻箱或电阻构件的产品目录或用户手册中应给出下述信息，这些信息涉及标识和特性。

4.2.1 标识

——制造商的名称或商标；

——型号或序列号；

——更改情况；

——制造商声明遵守的产品标准代号。

4.2.2 特性

下述列项并不详尽，使用时可按需选择。

——冷却方式；

——额定工作电压；

——额定绝缘电压；

——额定工作电流；

——总电阻值(20 ℃时)，如果需要，也可以是在连线端之间的部分电阻值。

4.3 标志

设备上的标志至少应包含以下信息：

——制造商的名称或商标；

——型号；

——出厂序号或制造日期或制造代码；

——已实行的更改状况。

为了从制造商那里获得完整数据，这些标志应耐久、清晰可见。如有铭牌，这些标志应标明在铭牌上。

5 正常使用条件

正常使用条件应符合 GB/T 21413.1—2008 第 7 章的规定。使用条件可以包括特殊的结构要求（例如雨水对高温电阻元件的影响）。

6 结构和性能要求

6.1 结构要求

结构要求见 GB/T 21413.1—2008 的 8.1 并作如下补充。如果需要更高的结构要求，应在技术条件中说明。

6.1.1 电阻段的阻值

如果电阻段由两个或两个以上的电阻箱或电阻构件组成，阻值应该包括电阻箱或电阻构件之间的连接电阻值。

换算至温度 20 ℃时，电阻测量值的允差见表 1。在基准温度 20 ℃时的电阻值应说明它在最高温度（T_m）时发生的变化。

表 1 电阻段阻值允差

<table>
<tr><th colspan="2">电 阻 用 途</th><th>允差/
%</th></tr>
<tr><td colspan="2">起动电阻
制动电阻
固定分流电阻</td><td>+7
−5</td></tr>
<tr><td rowspan="3">直流或脉流电机磁场削弱用分路电阻</td><td>削弱磁场为满磁场的 100%～50%之间</td><td>±5</td></tr>
<tr><td>削弱磁场为满磁场的 50%以下</td><td>±3</td></tr>
<tr><td>可调电阻</td><td>+7
−5</td></tr>
<tr><td colspan="2">单相换向器电动机附加极用分路电阻</td><td>±3</td></tr>
<tr><td colspan="2">分断电路用电阻</td><td>±10</td></tr>
<tr><td colspan="2">消弧电阻、阻尼电阻、其他电阻</td><td>±10</td></tr>
<tr><td colspan="3">注：除技术条件另有规定外，使用本文规定的上面的数值。</td></tr>
</table>

6.1.2 电阻元件的阻值

在基准温度 20 ℃时电阻元件阻值的允差见表 2。

如果电阻元件作为电阻段时，则按表 1 规定。

表 2 电阻元件阻值的允差

电阻元件的种类	允差/ %
栅状铸件	±10
带状、丝状等	±5

6.1.3 电感

特殊用途时，电感限值可以在技术条件中规定。

6.1.4 绝缘

在电阻元件和车体之间应有基本绝缘。

电阻器基本绝缘的爬电距离和电气间隙取决于其所接入电路的额定绝缘电压 U_i 值。

在特殊应用中，例如，制动电阻器或其他处在严酷环境中的电阻器，应使用包含有中间层的双重绝缘，这类电阻器为多重绝缘电阻器。

使用多重绝缘时(例如两重绝缘)，有下列要求：

a) 中间构架中的导电部件是带电的，应采取各种措施防止与其直接接触。

电阻元件与电阻器中间构架之间的绝缘按功能绝缘确定绝缘等级；根据 GB/T 21413.1—2008 中 8.2.6 规定，中间构架与车体之间的绝缘为基本绝缘，其绝缘等级根据额定绝缘电压 U_i 确定。

b) 电阻箱或电阻构件中所有电阻元件的每点之间应根据各点之间的工作电压 U_w 设置功能绝缘。

c) 工作电压等于安装在中间构架上的电阻元件的电压降。

d) 任何两个中间构架之间的功能绝缘应按其间的工作电压 U_w 确定绝缘等级。

附录 A 规定了电阻器的几种绝缘结构。

6.1.5 最高温度

6.1.5.1 电阻器的最高温度

电阻器的最高温度(T_m)不应超过最大允许温度，同时要考虑隔板、电源插件和相邻的附件(电缆、接线端子等)所能够承受的温度。在技术条件中可规定较低的最高温度。

6.1.5.2 温升限值

考虑环境空气温度，表 3 给出了相邻部件的温升限值。应防止电阻与易燃物质接触以及与人员的意外接触。

表 3 相邻部件的温升限值

相邻部件		最高环境空气温度下的温升限值/K	最高温度/℃
靠近电缆线的电阻器机壳外部	金属	40	80
	非金属	50	90
电阻器机壳外部		200	
电阻器通道出口的空气		200	

注：经过用户和制造商协商，可以超过 200 K 的温升限值，例如自然冷却电阻器安装在顶部。接受这个要求的用户有责任防止危害发生，制造商应提供电阻器的相关信息。

6.1.6 接线端子

螺栓连接要牢固锁住，保证所有的端子连线牢固且能保证持久。

接线端子、螺栓和螺母的设计应符合 IEC 60943:1998 的要求。尤其考虑到高温的影响，要采取措施防止由于腐蚀作用或材料疲劳导致接触电阻增加。

6.1.7 防腐蚀

电阻器的所有零、部件，包括接线端子的接触面，应有充分的防腐蚀措施。

6.1.8 材料

考虑健康和安全因素，选用的材料应对人和动物无伤害，并符合机车车辆用户国家有关方面的法律。

6.1.9 接地端子

根据 GB/T 21413.1—2008 中 8.1.2 的要求，当绝缘失效时外露导电部分会带电，这时电阻箱或电阻构件应有起保护作用的接地连接。通常由一个接线端子单独提供此功能，该端子被称为接地端子。

接地端子放在易接触到的位置，便于与车辆结构相连，当盖板或其他部件拆除后，便于对保护导体进行维修。

接地端子应能够防止被腐蚀。

6.1.10 电磁兼容(EMC)

在设备的设计和配置中,应保证产生的电磁场在规定的限值内。

注:本项仍在考虑中。

6.1.11 防火

防火要求应符合 GB/T 21413.1—2008 中 8.1.5 的规定。

材料只能产生少量的烟,烟的不透明性和毒性应为最小限度(应考虑定量限值)。

易燃物质应防止高温热源的影响,选取的材料应保证有阻燃能力。

6.2 性能要求

6.2.1 概述

应符合 GB/T 21413.1—2008 中 8.2 的规定并作如下补充,补充性能的具体要求在技术条件中给出。

6.2.2 工作性能

电阻器应具有额定工况的性能,可以包括过载或故障情况下的性能。

6.2.3 耐雨雪性能

电阻器安装在机车车辆上如果暴露在雨雪环境中使用,应能承受这种环境的影响,不造成机械或电气损伤。

6.2.4 噪声

应考虑通过电阻器的电流波形和特殊材料结合而产生的噪声。噪声要求应在技术条件中规定。此外,还应考虑系统振动所产生的噪声。

强迫风冷电阻器风机产生的噪声不包括在本标准中。

6.2.5 介电性能

电气间隙和爬电距离应符合 GB/T 21413.1—2008 中 8.2.6 的规定。

6.2.6 冲击和振动耐受能力

电阻器应能承受 GB/T 21563—2008 规定的冲击和振动试验。

7 试验分类

7.1 概述

应通过试验证明符合本标准的要求。技术条件应给出本标准中没有说明的相关试验信息和结果。

试验分类如下:

——型式试验;

——例行试验;

——研究性试验。

试验应在设备装车之前由制造商进行,可以在其工厂,也可在其选择的适合的试验室。

7.2 型式试验

型式试验的电阻器应首先完成例行试验。

型式试验的目的是验证设计是否符合技术条件的要求,要在组成电阻段的电阻元件、电阻箱或电阻构件上进行。若无其他协议,对每次电阻器的设计或技术条件的更改应执行表 4 中列出的所有型式试验项目。

如果需要,型式试验可在两个或两个以上的样品上进行。

试验报告应记录所有型式试验结果的详细数据以证明符合技术条件。制造商应提供试验报告。

如果电阻器的设计或用途改变,只需进行与变化相关的型式试验项目。

7.3 例行试验

电阻段和每个电阻箱或电阻构件均应进行例行试验。电阻元件仅在单独使用时才做例行试验,如作维修用途时。

7.4 研究性试验

研究性试验是专门用于考核电阻器特殊性能及特性的试验，由制造商主动进行，也可由制造商和用户协商进行。这些试验包括 IEC 61133:2006 中所规定的装车试验。

7.5 一般试验条件

被试电阻器应符合设计要求。

除非另有规定：

——试验应在试验现场的环境条件下进行；

——对于型式试验，如果机车车辆预期环境条件影响电阻器的性能，电阻器应完整地安装在适当的环境下。

8 试验

8.1 概述

在电阻器上进行的型式试验和例行试验见表 4 所述，表中还列出了试验所对应的标准中的条款。

除非另有规定，试验应在试验现场的环境温度下进行。

型式试验的每一个项目结束后，应检查电阻箱或电阻构件是否有由于试验而产生的损伤，如紧固件松动、绝缘件破裂、不正常的变形等。

不论何种形式的损伤导致电阻箱或电阻构件不能正常工作，都认为这个电阻器或电阻构件没有通过试验。

表 4 试验项目表

试验项目	型式试验条款	例行试验条款
电阻值测量	8.2.2 8.2.3	8.2.1
电感值测量	8.2.4	
电磁辐射测量[a]	8.2.5	
噪声测量[a]	8.2.6	
温升试验	8.3	
冲击和振动试验	8.4	
介电性能试验[b]	8.5.1	
介电强度试验[b]		8.5.2
耐湿性能试验[a]	8.6	
故障电流试验[a]	8.7	
淋雨试验[c]	8.8	

a 如果需要，试验按技术条件要求执行。

b 该试验不适用于电阻元件。

c 本试验仅适用于暴露于雨、雪环境中的机车车辆电阻器。

8.2 测量

8.2.1 电阻值测量(试验前，冷态)

应测量电阻箱、电阻构件或电阻段的电阻值。通过电阻器的电流应足以消除接触电阻而产生的误差。

如果需要，测量值应按基准温度 20 ℃修正，测量值允许的误差见表 1。

电阻元件作维修用途时也应测量其电阻值，测量值允许的误差见表 2。

8.2.2　电阻值测量(热态)

在按8.3要求的温升试验结束时,应再次测量电阻值,电阻值不应超过技术条件规定的值。

8.2.3　电阻值测量(温升试验后,冷态)

温升试验完成后,待电阻器冷却到环境温度,重新测量电阻值并与温升试验前的测量值进行比较。在任何情况下,第二次测量值的变化范围不能超过第一次测量值的3%,测量值的误差仍在表1给定的范围之内。

8.2.4　电感值测量

技术条件有要求时,应测量电感值。

8.2.5　电磁辐射测量

技术条件有要求时,应进行电磁辐射测量。

8.2.6　噪声测量

技术条件有要求时,应进行噪声测量。

8.3　温升试验

8.3.1　概述

温升试验应在电阻段上进行。包括各连接部位在内的冷却条件应在技术条件中规定,以便模拟出包括连接导线截面在内的工作条件。

在电阻元件以及必要时接线端子的温升试验中,应记录估计为最热各点的温度值。在测量时,可用合适的方法找出最热点并在试验报告中记录下这些最热点的位置和温度值。

8.3.2　电阻箱或电阻构件的试验

在电阻箱或电阻构件的试验中,施加技术条件规定工况的额定工作电流 I_e,直至达到稳定温度。

试验中,所测得温度不应超过技术条件规定的限值。

仅在很短时间内使用的电阻器,如限流电阻或过渡电阻器,可按技术条件规定的方法,用实验确定热容量来代替工作周期进行试验。

温升试验完成后,电阻器应处于完好的工作状态。特别是应能承受8.5.2规定的介电强度试验。

8.4　冲击和振动试验

振动冲击试验按GB/T 21563—2008中规定的相关方法执行。试验结束后,电阻器应有能力承受8.5.2规定的介电强度试验。

8.5　介电试验

8.5.1　介电性能试验

这些试验用来考核电气间隙和爬电距离是否符合要求。试验按照GB/T 21413.1—2008中9.3.3.1和9.3.3.2的规定执行。

8.5.2　介电强度试验

8.5.2.1　概述

每一个电阻箱或电阻构件用工频试验电压进行试验。试验方法和试验电压的方均根(r.m.s.)值如下所述。试验电压频率为50 Hz或60 Hz,电压波形为近似正弦波。

试验电压在10 s内逐渐增加到规定值,保持60 s±5 s,然后减小到零。

8.5.2.2　基本绝缘试验电压

试验电压施加于电阻元件与接地端之间和在多级绝缘的最后一层中间构架与接地端之间。

试验电压值由电路额定绝缘电压 U_i 来决定,见表5。

表5　基本绝缘试验电压

	额定绝缘电压 U_i/V			
	$U_i<300$	$300=U_i<660$	$660=U_i<1\,200$	$U_i=1\,200$
工频耐受电压/V	1 500	2 500	$2U_i+1\,500$	$2.5U_i+2\,000$

8.5.2.3 功能绝缘试验电压

试验电压施加于：

——电阻元件与中间构架之间；

——同一绝缘系统的中间构架之间；

——不同绝缘系统的中间构架之间(见图 A.1)。

试验电压值由被试绝缘层间的工作电压 U_w 来决定，见表 6。

表 6 功能绝缘试验电压

	额定绝缘电压 U_w/V			
	$U_w<300$	$300=U_w<660$	$660=U_w<1\ 200$	$U_w=1\ 200$
工频耐受电压/V	1 500	1 500	$1.6U_w+500$	$1.6U_w+1\ 000$

8.5.2.4 试验合格标准

无击穿放电发生。

8.6 耐湿性能试验

电阻箱或电阻构件放在 20 ℃～25 ℃、相对湿度至少为 95%的箱内 24 h。

当潮湿环境移去后，在 5 min 内进行 8.5.2 规定的介电强度试验，试验电压为表 5 和表 6 中规定试验电压值的 75%。

8.7 故障电流试验

电阻箱或电阻构件应能承受技术条件规定的故障工作条件，例如过流、工作电流的异常持续、冷却不足等。

试验时不超过最大允许温度，不产生任何永久变形、损伤或烧损。

当故障电流试验结束后，电阻器应冷却到环境温度。

重新测量电阻值，其值与原始测量值的变化不应超过 3%。进行 8.5.2 规定的介电强度试验，试验电压为表 5 和表 6 中规定试验电压值的 75%。

8.8 淋雨试验

电阻箱或电阻构件通以适当电流使其达到最高温度 T_m。停止供电后，用温度在 10 ℃～20 ℃之间的水喷射到电阻箱或电阻构件上。

如无其他协议，喷射方向与垂直平面之间成 45°角，降水量 3 mm/min，喷射 5 min。

试验进行三次，不应产生任何有害的影响，如绝缘子破裂。

试验结束后，进行 8.5.2 规定的介电强度试验，试验电压为表 5 和表 6 中规定试验电压值的 75%。

附 录 A
（规范性附录）
双重绝缘电阻器

A.1 双重绝缘电阻器的典型构造见图 A.1。

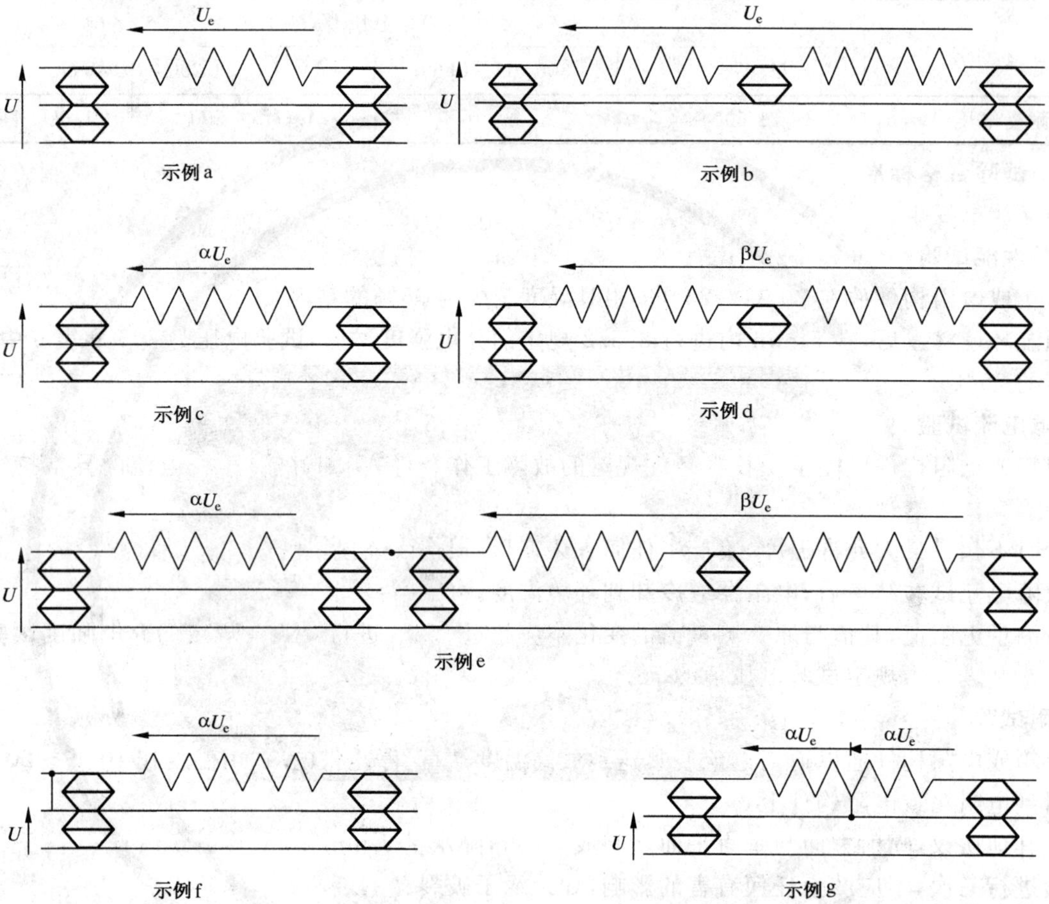

图 A.1 双重绝缘电阻器的典型构造

电阻器的绝缘设计用来承受其接线端之间的额定工作电压 U_e。通常，结构上要求将电阻段划分为若干个电阻，每个电阻上的电压降 αU_e、βU_e 等与它们各自的电阻值成比例。

电阻器的绝缘设计还用来承受电路和车体之间的电压 U。电阻器的额定绝缘电压 U_i 至少等于电压 U。

电阻元件与车体之间的基本绝缘由额定绝缘电压 U_i 决定。

在电阻元件与中间构架之间的功能绝缘由工作电压 U_w 决定，在图 A.1 示例 a 和示例 b 中工作电压 U_w 至少等于 U_e，在图 A.1 示例 c 到示例 g 中，工作电压 U_w 至少等于 αU_e 或 βU_e。

两个中间构架间的功能绝缘是基于工作电压 U_w，在图 A.1 示例 e 中至少等于 $(\alpha+\beta)U_e$。

ICS 29.280
S 35

中华人民共和国国家标准

GB/T 25119—2010

轨道交通　机车车辆电子装置

Railway applications—Electronic equipments used on rail vehicles

(IEC 60571:2006, Electronic equipments used on rail vehicles, MOD)

2010-09-02 发布　　　　2011-02-01 实施

中华人民共和国国家质量监督检验检疫总局
中国国家标准化管理委员会　发布

前　言

本标准采用重新起草法修改采用 IEC 60571:2006《机车车辆电子装置》(英文版)。

本标准与 IEC 60571:2006 存在下列结构变化:

——根据 GB/T 1.1—2000,将 IEC 60571 的第 1 章分成 3 章:1　范围、2　规范性引用文件、3　术语和定义。因而此后的其他条款号顺延;

——在 12.2.6(原文的 10.2.6)增加子章节 12.2.6.1 总则,原子章节编号增 1;

——增加 12.2.15、第 13 章、附录 A。

考虑到我国国情,本标准在采用国际标准时进行了修改。这些技术性差异用垂直单线标识在它们所涉及的条款的页边空白处。在附录 A 中给出了这些技术差异及其原因的一览表以供参考。

为便于使用,本标准还做了下列编辑性修改:

——"本国际标准"一词改为"本标准";

——用"."取代原文中作为小数点的",";

——删除原国际标准前言;

——将 IEC 60571 在范围中关于 IEC 62278 和 IEC 62279 的内容,分别移至 7.3.1 和 10.2 中。

本标准是在 TB/T 3021—2001《铁道机车车辆电子装置》的基础上制定。

本标准的附录 A 和附录 B 为资料性附录。

本标准由中华人民共和国铁道部提出。

本标准由全国牵引电气设备与系统标准化技术委员会(SAC/TC 278)归口。

本标准主要起草单位:株洲南车时代电气股份有限公司。

本标准参加起草单位:中国北车集团大同电力机车有限责任公司、中国北车集团四方车辆研究所。

本标准主要起草人:严云升、范祚成。

本标准参加起草人:梁镇中、李大鹏。

轨道交通　机车车辆电子装置

1　范围

本标准规定了电子装置的使用、设计、制造和试验要求，还规定了装置耐久可靠所必须具备的软、硬件基本要求。如果合适，在其他标准或规范中的附加要求可作为本标准的补充要求。本标准双方可协商达成协议的条款参见附录B。

本标准适用于轨道交通车辆(包括地铁、城轨车辆)上安装的所有控制、调节、保护、供电等电子装置。这些装置可由车上蓄电池或发电机供电，也可能由直接或间接与接触网相连的低压电源(变压器、分压器、辅助电源)供电；在本标准中，电子装置是指以半导体器件和其他通用元器件为主组成的装置，这些元器件通常安装在印制板上。

注：本标准也适用于(电流、电压、速度等)传感器和电力电子装置触发板，但成套触发装置应符合GB/T 25122.1。

本标准不适用于主电路和辅助电路的电力电子装置。

2　规范性引用文件

下列文件中的条款通过本标准的引用而成为本标准的条款。凡是注日期的引用文件，其随后所有的修改单(不包括勘误的内容)或修订版均不适用于本标准，然而，鼓励根据本标准达成协议的各方研究是否可使用这些文件的最新版本。凡是不注日期的引用文件，其最新版本适用于本标准。

GB/T 2423.1　电工电子产品环境试验　第2部分：试验方法　试验A：低温(GB/T 2423.1—2008,IEC 60068-2-1:2007,Environmental Testing—Part 2-1:Tests—Test A:Cold,IDT)

GB/T 2423.2　电工电子产品环境试验　第2部分：试验方法　试验B：高温(GB/T 2423.2—2008, IEC 60068-2-2:2007,Environmental testing—Part 2-2:Tests—Test B:Dry heat,IDT)

GB/T 2423.4　电工电子产品环境试验　第2部分：试验方法　试验Db：交变湿热(12 h+12 h循环)(GB/T 2423.4—2008,IEC 60068-2-30:2005,Environmental testing—Part 2-30:Tests—Test Db:Damp heat,cyclic(12 h+12 h cycle),IDT)

GB/T 2423.17　电工电子产品环境试验　第2部分：试验方法　试验Ka：盐雾(GB/T 2423.17—2008,IEC 60068-2-11:1981,Basic environmental testing procedures—Part 2:tests—Test Ka:Salt mist,IDT)

GB 4208—2008　外壳防护等级(IP代码)(IEC 60529:2001,IDT)

GB/T 4588.1　无金属化孔单双面印制板分规范(GB/T 4588.1—1996,idt IEC/PQC 89:1990)

GB/T 4588.2　有金属化孔单双面印制板分规范(GB/T 4588.2—1996,idt IEC/PQC 90:1990)

GB/T 4588.3　印制板的设计和使用(GB/T 4588.3—2002, eqv IEC 60326-3:1991)

GB/T 4728　(所有部分)电气简图用图形符号(IEC 60617)

GB/T 5080　(所有部分)设备可靠性试验(IEC 605)

GB/T 6988.1　电气技术用文件的编制　第1部分：规则(GB/T 6988.1—2008,IEC 61082-1:2006,IDT)

GB 9254　信息技术设备的无线电骚扰限值和测量方法(GB 9254—2008,IEC/CISPR 22:2006,IDT)

GB/T 12629　限定燃烧性的薄覆铜箔环氧玻璃布层压板(制造多层印制板用)(GB/T 12629—1990,eqv IEC 60249-2-12:1987)

GB/T 13555　印制电路用挠性覆铜箔聚酰亚胺薄膜(GB/T 13555—1992,eqv IEC 60249-2-13:1987)

GB/T 17626.2 电磁兼容 试验和测量技术 静电放电抗扰度试验(GB/T 17626.2—2006,IEC 61000-4-2:2001,Electromagnetic compatibility(EMC)—Part 4-2:Testing and measurement techniques—Electrostatic discharge immunity test,IDT)

GB/T 17626.3 电磁兼容 试验和测量技术 射频电磁场辐射抗扰度试验(GB/T 17626.3—2006,IEC 61000-4-3:2002,Electromagnetic compatibility(EMC)—Part 4-3:Testing and measurement techniques—Radiated,radio-frequency,electromagnetic field immunity test,IDT)

GB/T 17626.4—2008 电磁兼容 试验和测量技术 电快速瞬变脉冲群抗扰度试验(IEC 61000-4-4:2004,IDT)

GB/T 17626.5 电磁兼容 试验和测量技术 浪涌(冲击)抗扰度试验(GB/T 17626.5—2008,IEC 61000-4-5:2005,IDT)

GB/T 17626.6 电磁兼容 试验和测量技术 射频场感应的传导骚扰抗扰度(GB/T 17626.6—2008,IEC 61000-4-6:2006,IDT)

GB/T 18290.2 无焊连接 第2部分:无焊压接连接 一般要求、试验方法和使用导则(GB/T 18290.2—2000,idt IEC 60352-2:1996)

GB/T 19001 质量管理体系 要求(GB/T 19001—2008,ISO 9001:2008,IDT)

GB/T 19520.12 电子设备机械结构 482.6 mm(19 in)系列机械结构尺寸 第3-101部分:插箱及其插件(GB/T 19520.12—2009,IEC 60297-3-101:2004,IDT)

GB/T 21562—2008 轨道交通 可靠性、可用性、可维修性和安全性规范及示例(IEC 62278:2002,IDT)

GB/T 21563 轨道交通 机车车辆设备 冲击和振动试验(GB/T 21563—2008,IEC 61373:1999,IDT)

IEC 60321:1970 用于印制板上安装的元器件的设计和使用导则

IEC 60352-1:1997 无焊连接 第1部分:无焊绕接 一般要求、试验方法和使用导则

IEC 60850:2007 铁路应用 牵引系统的供电电压

IEC 61188-5(所有部分) 印制电路板和印制电路板组件 设计和使用

IEC 61249(所有部分) 印制板和其他互连结构用材料

IEC 62279:2002 轨道交通 通信、信号和处理系统 轨道控制和防护系统软件

3 术语和定义

本标准采用以下术语和定义。

3.1

印制板 printed board

可分割成各种尺寸的基板材料,包括全部的孔,至少具有一种导电类型。

印制板通常按结构(如单、双面板或多层板)或基板材料的性质(如刚性或挠性)划分。

3.2

印制板组件 printed board assembly

装有电气和机械元器件、附属印制板且已完成焊接、涂覆等生产工序的印制板。

3.3

插件 plug-in unit

插入插件箱、由导轨支持的各种单元,如盒式单元或装在框架内的一块印制板组件。

3.4

插件箱 subrack

安装印制板组件、插件的结构单元。

3.5

机箱 rack

可拆换或固定的构架,用于安装电气或电子装置(如插件箱)。

3.6

机柜 cubicle

用于安装电气、电子装置的封闭体。

3.7

在线可替换单元 line replaceable unit (LRU)

车上故障诊断之后用作替换的单元,如插件箱或插件。

3.8

性能检测 performance check

在环境试验期间及之后进行的简单试验,用于验证装置已经受环境试验且能正常工作。

3.9

控制系统电源 control system voltage supply

给机车车辆控制装置供电的电源。

该电源可以是车上的蓄电池。蓄电池可由电子调节的蓄电池充电机、辅助逆变器和交流电动发电机组或直流电动发电机组来充电。

当控制系统由蓄电池供电时,控制系统的标称电压由5.1规定。未装蓄电池的,则控制系统标称电压为该电压的正常值。

3.10

车内布线 vehicle wiring

能与控制系统电源连接的所有布线,以及电子装置的所有外部连线。

3.11

电源过电压 supply over voltage

由电源控制装置引起的、对控制系统电源的电气干扰。如浪涌就是一种电源过电压。

3.12

浪涌 surge

两个稳态之间非周期的且较短暂的、或正或负或两者都存在的电压或电流。

它可能由车内装置的正常操作而产生,一般是在感性电路投入、切除时由于电能释放而引起。

浪涌可能出现在控制系统电源上或与投入、切除的感性电路直接相连的线路中,或从这些线路通过静电或电磁方式耦合到其他线路中。

瞬态的源阻抗有效值取决于其产生和耦合的方式。

3.13

快速瞬变脉冲群 burst

在一定的时间间隔内发生的重复脉冲。

它可能发生在机车车辆正常运行期间,一般是由不稳定的电弧状态引起的。

3.14

失效 failure

装置的某部分无法继续正常工作。

只要:a) 误动作之后能自动恢复而不影响正常工作;

b) 对机车乘务人员而言,误动作不明显,如故障指示灯不亮;则暂时性的误动作不算失效。

注:装置的一处发生暂时性误动作可能引起与之相连的另一处产生失效。

3.15

损坏 damage

机械总成的变化或可见的外观改变。

3.16

使用寿命 useful life

在规定的条件下，从规定时间开始，保持允许的失效率或到失效不可修复为止的使用时间。

注：可修复部件的使用寿命可能因失效不可修复而终止。

4 环境条件

4.1 通常使用条件

4.1.1 海拔

不超过 1 400 m。

对预定工作在海拔 2 500 m 等级的设备，其工频耐受电压应乘海拔修正系数 K_a(K_a=1.145)。

4.1.2 环境温度

机车车辆外界环境温度为－25 ℃～＋40 ℃，内部空气温度为－25 ℃～＋45 ℃，但是，直接邻近电子元件处的空气温度可能在－25 ℃～＋70 ℃之间变化，短时(10 min)可达 85 ℃。根据装置的布置与通风方式，用户与制造商可以另行商定最高温度的极限值。

电子装置应允许在不低于－40 ℃环境温度下存放。

应考虑通过隧道时外部环温的迅速变化。此时外界温度变化率应定为 3 ℃/s，最大变化值为 40 ℃。

4.1.3 冲击和振动

装置应能承受使用时的冲击和振动而无损坏或失效。

装置应能通过 12.2.11 中的冲击和振动试验，以证明在使用条件下具有规定的使用寿命。

为此，电子装置应按指定方式固定并采取防振措施。

4.1.4 相对湿度

最湿月月平均最大相对湿度不大于 95%(该月月平均最低温度为 25 ℃)。

4.1.5 安装条件

一般安装在能防止风、沙、雨、雪直接侵袭的车体内或车体外部的箱体内。

4.2 特殊使用条件

当使用条件与 4.1 有差别时，应由用户和制造商双方协商决定采取特殊措施。为了验证这些措施的效果，可以规定选择性试验项目，按双方商定的方法，在试验室或机车车辆上进行试验。

5 电气要求

5.1 电源

5.1.1 由蓄电池供电

对于由蓄电池供电的装置，其标称电压(U_n)为 24 V、48 V、72 V、96 V 和 110 V。

注：这些标称电压值只作为装置设计的标准值，不应视为蓄电池的空载电压；蓄电池的空载电压由蓄电池类型、单体电池数量、运营条件综合考虑确定。

5.1.1.1 电源电压的变化

由蓄电池供电的电子装置，应在表 1 的所有供电电压(在装置输入端测量)下正常工作。

表 1　由蓄电池供电的电子装置的供电电压

供电电压	供电方式	
	由不带电压调整器的蓄电池供电	由带电压调整器的蓄电池供电
最低电压	$0.7U_n$	$0.8U_n$
标称电压	U_n	U_n
最高电压	$1.25U_n$	$1.1U_n$
不超过 0.1 s 的电压波动不应引起功能异常[a]	$0.6U_n \sim 1.4U_n$	$0.7U_n \sim 1.3U_n$
不超过 1 s 的电压波动不应引起损坏，允许功能降级	$1.25U_n \sim 1.4U_n$	$1.1U_n \sim 1.3U_n$
[a] 如辅机起动或充电机电压振荡。		

电子装置的供货商应指明其功耗以便于计算蓄电池电缆配线。

热机的情况同时也见 5.1.1.3。

5.1.1.2　**电源断电**

输入电压间断 10 ms 以下时定义如下：

——S1 级：无间断；

——S2 级：间断 10 ms。

这种间断不应引起装置的任何失效。规定的时间是针对标称电压而言，级别应由系统设计者选择。

5.1.1.3　**热力机车车辆上的电源变化**

电源系统的设计应保证热机在整个起动过程中对主要的电子装置供电。

5.1.1.4　**直流纹波因数**

充电时，所有蓄电池均存在脉动电压。除非另有规定，其直流纹波因数应按公式(1)计算，一般不应大于 15%：

$$直流纹波因数 = (U_{max} - U_{min})/(U_{max} + U_{min}) \times 100\% \quad \cdots\cdots (1)$$

式中：

U_{max} 和 U_{min} 分别为脉动电压的最大值和最小值。

最低电压和最高电压不应超过 5.1.1.1 的规定。

5.1.2　**由静止变流器或旋转机组供电**

对于由稳定电源（如静止变流器或带调整器的旋转电动发电机组）供电的装置，供电电压在 $0.9U_n \sim 1.1U_n$ 之间时，电子装置应工作良好，其中 U_n 是直流或交流标称电压。

此外，装置运行时，允许有 $0.7U_n \sim 1.25U_n$ 之间、不超过 1 s 和 $0.6U_n \sim 1.4U_n$ 之间、不超过 0.1 s 的电压波动。

5.1.3　**电源转换**

对于由蓄电池和稳定电源（直流）交替供电的装置，在 5.1.1、5.1.1.1、5.1.1.4 和 5.1.2 规定的条件下，电源转换时该装置应能正常工作。

C1 级：最低电压，时间 100 ms（无间断）；

C2 级：供电间断 30 ms。

5.1.4　**由架空线或第三轨供电**

对于由架空线或第三轨直接供电的电子装置（如自起动静止变流器的电子控制装置），在 IEC 60850:2007 规定的接触网网压下装置应能正常工作。

5.2　**电源过电压**

电子装置中，与控制系统电源相连的所有连接线都应能承受：

a)　5.1.1.1、5.1.2 中规定的电源过电压；

b) 按 12.2.6.1 的规定施加的电源过电压。

大于 1.25U_n、时间超过 0.1 s 的电源过电压可认为仅在控制系统电源失效时才出现。

5.3 安装

应尽量用单独导体使电子装置与供电电源直接相连，该导体只用于向电子电路供电。

电子装置的安装应尽量减小外界电气干扰的影响。

对电气干扰源应加以抑制。

如果车上的蓄电池有一个极连至车体，则应对此加以说明。

由几个制造商同时供货的电子装置，有公共线直接相连时，应约定一个等电位的参考点。

5.4 浪涌和静电放电

5.4.1 要求

所有电子装置均应能承受浪涌和静电放电，使装置在车上工作期间不因此而发生损坏和失效。

电子装置应满足 12.2.6 规定的浪涌和静电放电试验要求。

浪涌是非重复性的，产生的间隔不小于 10 s。

浪涌是在装置布线接口处施加于电子装置的。通过多芯连接器与电子装置相连时，连接器和有关的布线线束应看作电子装置的一部分。

如果装置附近(一般在装置 1 m 范围之内)没有专门的浪涌保护装置，则应满足 5.4.2 的要求。

5.4.2 浪涌等级

设计时应考虑到电子装置可能承受一种或多种形式的电气干扰：

a) 电子装置上，与控制系统电源相连的所有连接，都应能承受 12.2.6.2 的浪涌；

b) 电子装置上，未连至控制系统电源但与车上布线相连的、易受其他线路电磁耦合影响的全部连接，都应能承受 12.2.6.2 的浪涌。电子装置配线有屏蔽时(如屏蔽电缆)，这些连接可以不按上述要求。

浪涌可以是正的或负的，且无论控制系统电源电压有无都可能产生浪涌。如果电路的输入阻抗(相对于浪涌的源阻抗)较高，则浪涌将呈电压波形，否则呈电流波形。

5.5 电磁兼容性

应使装置不受传导干扰或辐射干扰的不利影响，它应满足 12.2.7 和 12.2.8.1 有关干扰试验的要求。

此外，装置产生的射频骚扰不应超出 12.2.8.2 中表 3 规定的等级。

6 可靠性、可维修性和预期的使用寿命

6.1 装置的可靠性

6.1.1 预期的可靠性

用户可以要求制造商提供可靠性数据或满足用户的可靠性指标。在招标时，用户和制造商应按共同认可的标准商定计算的方法。

6.1.2 可靠性的验证

用户规定了可靠性等级时，下列操作是必要的：

——仔细监测装置性能；

——制造商和用户协商记录装置执行的所有操作；

——为论证装置的可靠性等级，在共同认可的期限(里程或使用小时)结束后，应提供缺陷分析报告，指明更换的元器件(元器件代号、型号、生产厂、生产批号、里程和/或工作小时等)、故障的定义和原因(设计的弱点、软件、元器件问题等)；

——为了表明装置满足规定的可靠性要求，对装置应进行可靠性评估，可采用 GB/T 5080 作为指南。合同中应说明具体的可靠性评估程序。

6.2 使用寿命

除非装置制造商和用户在投标时另有协议，电子装置的使用寿命应为20年。

当制造商打算采用的元器件其寿命短于电子装置使用寿命时，应由双方商定这些元器件的使用和定期更换程序。

6.3 可维修性

除非另有协定，装置的设计一般应做到无需定期维修。

如有特殊维修要求，用户应在招标时提出。

应能够单独测试印制板组件、插件箱。

此外，装置制造商应说明必要和禁止的维修工艺。

6.4 维护等级

6.4.1 车上诊断

用户和制造商应商定车上故障诊断后互换单元的性质(如插件箱或插件)。这些单元称为在线可替换单元，在设计时要考虑容易互换。

用户和制造商亦应商定维修过程中如何使用所需专用工具。

在装置设计时，应考虑能够按测试说明用便携式测试装置或自动诊断装置查出有故障的在线可替换单元。

6.4.2 地面诊断和修复

在装置设计时，应考虑能够由检修中心的专业人员按测试说明使用测试装置来全面诊断和证实各种装车装置的性能。

装置结构应保证诊断和修复时易于接近，且对部件或配线不造成损坏或过度干扰。

此外，印制板组件应留有测试位置(如测试孔、测试点等)，以便于诊断和修复。

6.5 自动诊断

应使用指示器显示输入数据、输出数据、主要控制功能、电源等状态，以帮助诊断维修。

自检程序应能清楚地指示装置的运行状态。

用于测试而不是监控的自动诊断装置应有适当的联锁，以免在非测试状态下干扰装置的正常工作。

自动诊断所用的额外部件不应对装置可靠性影响太大，且在可靠性计算中要予以考虑。

6.6 自动测试装置

用户可以要求使用一种专用自动测试装置在车上或地面查找故障部位。

需要时，用户应在招标时提出测试装置的详细要求和与车上装置的接口，如(地面修复用)针孔或导向探针或(车上诊断用)装置连接器。

允许拔除不影响装置功能的插件，以便于连接自动测试装置。

6.7 故障诊断的替代方法

制造商也可以向检修中心提供开发和测试车载电子装置时所用的测试装置，作为替代的故障诊断方法。

6.8 专用测试装置和专用工具

使用专用工具而不是现成的工业用工具时，应事先得到用户的同意。

用户正规维修程序需要专用测试装置、专用工具时，应向用户提供此装置或提供详细的采购规范。

测试装置不一定要执行本标准。

7 设计

7.1 总则

7.1.1 质量管理

整个设计应按GB/T 19001的要求或等效的质量管理体系进行。

应对整个设计过程进行跟踪和评审。

用户招标评估时,如果需要详细了解该过程,则应在标书中提出。

特别要注意的是 GB/T 19001 隐含的要求,即系统的所有硬件和软件设计均应按照明确规定的功能和接口技术条件进行。

7.1.2 寿命周期

整个设计应按照质量计划中的寿命周期模型来进行。

7.2 硬件要求

7.2.1 接口

所有接口都应使装置在电位差、电磁兼容性、人身安全等方面满足要求,并控制因外部故障而引起的失效扩散。

用户可以指定采用电路隔离的方法来满足上述要求,在这种情况下,应在招标时说明其要求和范围。

图 1 给出电磁兼容性(EMC)的不同区域的系统接口示例。

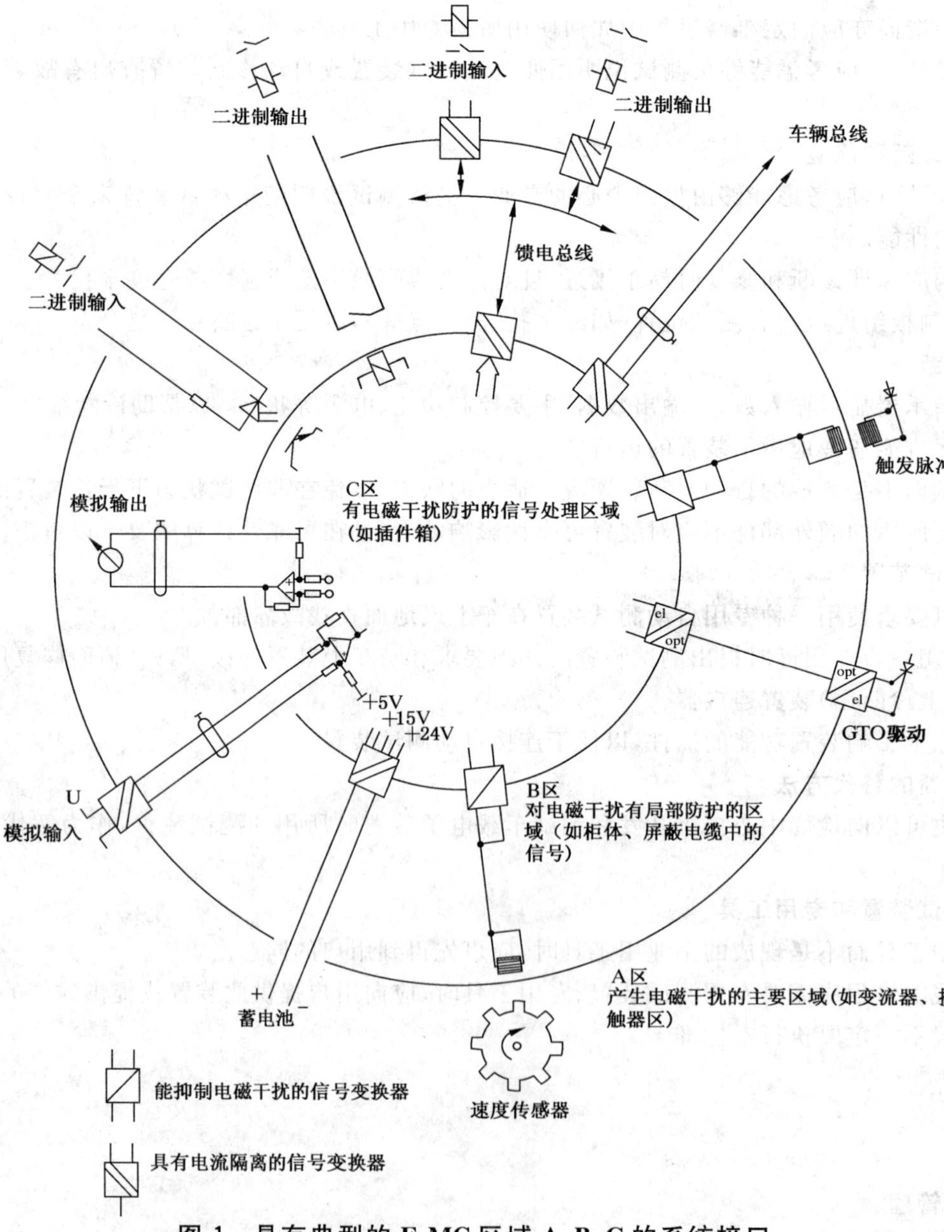

图 1 具有典型的 E MC 区域 A、B、C 的系统接口

7.2.2 故障保护

引出电缆的定额至少要达到该电路保护装置的电流限值。

装置要进行保护以防止外来故障(如短路或开路)的影响。向电子装置供电的可调电源装置应有限流措施以减少使用熔断器。如果用户不想在装置内部使用熔断器,招标时应说明。在输出电路中接有跳闸式保护装置时,短路时的有效电流应足以使之动作。此外,人为复位的装置应易于接近。

保护装置应尽量使装置内部火灾危害减至最小。

7.2.3 电源接地

电路隔离的电源装置,其输出不允许浮动。当该输出不是以某一电源(如蓄电池或电压源)作为基准时,可将电源的一根母线接到车底架上或规定的接地点。对接地点和接地方式应做出规定并经双方认可。

7.2.4 互换性

系统中每个印制板组件,在功能上应完整,并能与同一功能的其他单元互换,在板插入系统之后硬件无需重新校准。

7.2.5 供电电压的降低

供电电压处于或低于规定下限时,不论电压变化率如何,装置均不应损坏。此外,装置不应产生错误的输出从而导致其他装置的失效。

7.2.6 极性反向

为防止损坏装置,应采取电气或机械措施确保对电源极性反向的保护。

7.2.7 瞬态起动电流

装置设计时,应考虑通电时可能产生的瞬态起动电流,使保护装置不动作,而且不发生损坏。

7.2.8 备用容量

在装置寿命周期内,如果用户要求留有裕量(如备用输入、备用输出、CPU 负荷等),以便于系统的扩充或修改,应在招标时提出,设计过程中就应考虑这些要求。

7.3 软件要求

7.3.1 一般要求

软件应符合 GB/T 19001 的要求。

GB/T 19001 的要求和推荐内容属于强制性的。当存在残余安全性风险以及必须由软件驱动的可编程电子系统执行时,软件安全完整性级别定为 1 级或更高,软件应符合 IEC 62279 的要求。

配置管理应贯穿于整个寿命周期,包括全部软件及其研制和维护工具。

寿命周期内的各项事宜和软件研制文件的编制均应包括在内。

软件研制应按内容分阶段进行。

应记录与软件设计有关的所有信息。

最小阶段及其所需文件如下:

a) 软件要求阶段

此阶段应收集软件的所有要求并编写在软件要求规范中,包括系统与外部环境的接口和与其他软件的接口。

b) 软件设计阶段

此阶段应将软件确定结构、划分模块、编写代码,以确保各部分符合软件要求规范。此外,还应考虑 7.3.2 的规定。

c) 软件测试阶段

此阶段包括软件每个层次的测试,以确保其正确性且符合规范。测试结果应作记录。

d) 软硬件集成测试

此阶段应对硬件和软件进行集成和测试,以确保符合系统要求(如软件要求规范)。测试结果应作记录。

e） 软件维护阶段

软件修正、改版或升级时不应降低其可靠性。应确定方法并形成文件。

7.3.2 软件设计方法

一般应采用下列方法。

注：相关内容详见 IEC 62279。

7.3.2.1 模块法

可将复杂软件分解成独立的小段，其中包括限定模块大小和确定接口等。

7.3.2.2 成熟的编译程序

应采用经过实践验证的编译程序，以免在软件包研制、检验和维护过程中因编译程序的问题而造成麻烦。

7.3.2.3 记录

开发软件时，应记录全部数据、决定和方法以便于验证、确认、评定和维护。

7.3.2.4 结构法

结构法着眼于在产品寿命初期提高软件研制的质量。该方法按逻辑顺序和结构，通过准确直观的(计算机辅助的)步骤和符号来说明必要的要求和执行特征。

7.3.2.5 设计和编码方法

设计和编码时，应确保设计文件和生成代码格式的一致性，并采用整体程序设计和标准设计方法。

7.3.2.6 结构程序的编制和分析

程序的设计和执行应便于程序分析。在分析的基础上，应可以全面测试程序性能。

7.3.2.7 编程语言

所选用的编程语言应便于代码的检验和程序的开发、验证、维护。

7.3.2.8 行之有效的技巧

应采用行之有效的技巧，例如：

a） 概略的方法

——逻辑/功能框图；

——程序流程图；

——数据流程图；

——判定/真值表。

b） 测试方法

——边界值分析；

——等效级别和输入分区测试；

——过程模拟。

7.4 对装置的要求

装置应具备以下特点，以便在各种条件下运行。

7.4.1 存储器检验

通电和初始化过程中，装置应进行检测，以确认：

a） 所需存储器齐全且正常；

b） 分布在单个集成电路或印制板组件中的所有程序存储器，功能上应是兼容的。

存储器与相应的印制板组件、组件与相应插件箱的对应关系，应采用内部编码或在装置壳体上标明。所用的方法应向用户说明。

7.4.2 自检

装置的自检功能应尽可能在每次初始化时验证系统是正常的。如果自检失败，应尽可能提供诊断信息，有效地指示故障范围。可能的话，系统应进入恢复状态。

7.4.3 程序监控

装置应具备程序监控功能，在软件运行失效时（如因异常瞬态干扰而使软件进入死循环时）进入恢复状态。

7.4.4 出错指示

检测到出错时，处理器应先对该事件进行记录或指示，然后进入恢复状态。

7.4.5 恢复

装置应尽可能自动从故障或出错状态中恢复而不影响正常的功能。此时，处理器可能要重新初始化。如果某些状态无法恢复或无法安全恢复时，制造商应说明此时强行恢复对装置的影响。

8 元器件

8.1 采购

8.1.1 所有元器件都应符合有关元器件功能和物理参数的详细规范。

8.1.2 采用的所有元器件都应按照 GB/T 19001 或其他等效质量管理体系的要求来生产。

8.1.3 上述元器件规范应与以下的一项标准或文件一致：

a) 国家标准或行业标准；

b) IEC 规范或其他国际性标准或规范；

c) 元器件制造商的规范；

d) 装置制造商的规范。

对于 c)和 d)，应尽可能采用 a)及 IEC 通用规范。

8.1.4 除 8.1.5 的情况外，应采用能由多个制造商供货的元器件，本标准中，“多个制造商供货”指按照 8.1.1 的规范在安装尺寸和功能方面能完全互换。

8.1.5 应采用独家供货的元器件时，制造商在投标时应提请用户注意。

8.1.6 选择元器件及其系列时，应尽可能考虑到在装置投入使用以后能长期供货。采取这些预防措施后，如果仍有某些元器件在装置供货合同期内采购不到，电子装置制造商应通知用户并提供其他代用办法。

8.1.7 对于专用元器件，如定做的混合电路和专用集成电路，可提供准确详尽的规范以便能按此再设计或从其他制造商获得可以完全互换的器件。

8.2 应用

8.2.1 所有元器件均应适合于实际应用并满足本标准的各项要求（如环境、质量、预期的寿命等）。

8.2.2 对于从未在轨道交通上应用过的元器件或工艺，用户可以要求证实这些元器件或工艺符合本标准的要求。

8.2.3 所有元器件都应：

a) 遵守元器件制造商的基本规范；

b) 不致降低装置寿命或性能。

8.2.4 应由制造商负责选择元器件的温度范围、降额、装配和屏蔽等。

如果在投标时用户要求，制造商应（通过计算或其他方式）证明装置满足本标准的所有要求，尤其是第 6 章中的元器件可靠性和寿命要求。元器件的预期寿命一般不应低于装置的使用寿命，但 6.2 情况下的元器件除外。

9 制造

9.1 装置的结构

9.1.1 机械防护

无论在线可替换单元的哪个面放在平整面上都不致造成元件机械损坏。必要时应安装机械保护装置。

9.1.2 定位和防插错

用户可以要求在线可替换单元装有机械式防插错编码或定位装置以防止插错位置。

9.1.3 尺寸要求

机箱、插件箱和插件应符合 GB/T 19520.12 的要求。推荐采用高度为 3 U 和 6 U,长度为 160 mm 或 220 mm 的印制板。

9.1.4 插座和连接器

招标时,用户可以提出禁止使用集成电路插座和/或边缘连接器。

9.2 元器件安装

装置应符合 IEC 60321 及以下结构要求。

9.2.1 布局

元器件的布置、固定和处置应考虑其结构和相互影响,使得在检查、去除和更换器件时不致损坏或影响其他部件及布线。

安装后,元器件的标记应尽可能明显可见。

设计时,装置上元器件不应直接与接线端子相连,除非能可靠固定或有辅助印制板组件而且保留了元器件标识。

安装的散热元件不应损害印制板或其他元器件。

9.2.2 固定

如果元器件没有机械固定,由于装置使用时产生的振动,其重量将在焊点处造成应力或损坏时,则应加固在印制板上。

加固方式应确保更换器件时不致损坏印制板。

所有元器件应按器件制造商的要求进行安装。没有要求时,应保证对器件或装置(包括焊点)的性能没有不利影响。

9.2.3 元器件端接

应保证元器件连接处的机械应力或热应力不超过其极限值。

元器件引脚成形时,不应对元器件及其引脚根部产生损坏或永久应力。

9.2.4 预置控制

在运行时,如果需要采用预置控制进行调节(而不是内部校正),应保证在整机和邻近装置运行的情况下也能够进行。

在正常状态下,控制应能保持其设置值并能防止误调节。

9.2.5 调试用元器件

为了便于调试时拆换,用于调试的元器件应焊在元器件安装支架上。

9.3 电连接

9.3.1 焊接

只能对允许焊接的元器件进行焊接。

软、绞合导线和柔性金属编织线不应焊接只能压接,电连接前应消除应力。

镀银或镀金的导线或元器件不应焊接,除非镀层很薄而对焊点无不利影响。

焊接的导线和元器件应尽可能在拆卸时不影响其他接点。

焊剂应是非腐蚀性的。

9.3.2 压接

压接应符合 GB/T 18290.2 的规定。

9.3.3 绕接

所有的绕接至少应符合 IEC 60352-1 的规定且为其改进型。同一位置不应既有焊接又有绕接。绕接线应适合于选定的绕接工序且至少应紧绕三匝以上。

9.3.4 其他连接

只有事先与用户达成协议才能采用其他连接方式如压合等。

9.4 内部(光、电)柔性连接

在弯曲导线的接头附近及沿线适当位置应有适当线夹、护套或支架。

布线应保证在极限温度下其性能不受影响。

导线弯曲半径不应小于制造商规定的最小值。若未规定最小半径,电缆弯曲处内侧半径不应小于导线(包括绝缘层)的外径。

导线穿过可能引起磨损的材料时应加套筒或套管。

内部连线应通过夹紧、埋入、导槽或其他类似方法充分固定。

对于连入插头和插座内部的导线,应避免使其连接处在正常使用和搬运时承受不利的拉伸和扭力。

可能的话,每个导线端部都应留有适当余量以便重新连接。

屏蔽电缆应有绝缘护套。

所有连线应易于按接线图或接线表进行查找。

9.5 挠性印制导线

挠性印制导线应按 GB/T 4588.1 和 GB/T 4588.2 设计和制作。

挠性印制导线上不应有其他元器件(连接器除外)。

基板材料的温度范围和机械特性应能满足使用要求,应阻燃、耐滴漏。

应尽可能避免过度弯曲。最小弯曲半径不应造成基板材料或表层的破裂和损坏。

过渡端接处应足够牢固,以保证基板材料或垫层不发生分离。

采用这一技术的端接处都应能重新连接而不损坏布线系统。

9.6 挠性和刚性印制板

9.6.1 印制板类型

可使用以下类型的印制板:

——刚性单、双面板;

——挠性和半挠性单、双面板;

——刚性多层板。

除对外部故障状态采取特殊防护以外,内层信号线不应与车内布线直接相连。

所有焊孔都应有镀层,两面都应有焊盘。

在用户事先同意的情况下,可采用其他类型。

9.6.2 采购

应按 GB/T 4588.3 的规定采购和制造印制板。

在用户事先同意情况下,可以采用等效的替换标准。

9.6.3 印制板布局

印制板应按 GB/T 4588.3 布局,并考虑本标准中的使用条件。

9.6.4 材料

根据 GB/T 12629,刚性印制板和多层印制板的基板材料应为耐燃性(竖置燃烧试验)环氧玻璃纤维层压板。

按 GB/T 13555,挠性印制板的基板材料应为耐燃性(竖置燃烧试验)挠性覆铜箔聚酰亚胺薄膜。

也可采用满足或超过上述基板材料性能的其他材料。

9.7 印制板组件的涂覆

为了防止因潮湿和空气污染而产生的氧化或损坏,所有印制板组件上有印制电路的面都应涂覆透明的保护层。保护层不应对使用的元器件或其他材料产生不利影响。

集成电路座、测试点或连接器界面等不应涂保护层。

应能修复有保护层的印制板组件而不应去除整个保护层。

修复后，印制板应能就地再次进行涂覆。

9.8 标识

9.8.1 印制板裸板标识

印制板上应有足够的信息(包括版本号)以便于正确识别。

9.8.2 插件箱和印制板组件的标识

插件箱和印制板组件的标记应确保能进行正确识别(包括序号和版本号)。所有标记应清晰、醒目、简明和耐久。

在线可替换单元的标记也应包括标识名及序号，如有可能还应标明制造商或商标。

应提供一些方法，使得在插件箱和印制板组件上能记录其装配、外形和功能的变化。

可能的话，识别标记应放在插件面板上。

为便于维修，也希望将修改标记放在面板上。

9.8.3 插件箱和印制板组件的安装位置

每个安装位置都应标明该处安装的插件箱或印制板组件的类型。

9.8.4 熔丝和电池标识

所有熔丝定额都应标示在其附近。

装置内部使用电池时，应在装有电池的模块的面板上标明，并尽可能标明建议的更换日期。

9.9 组装

应确保组装后装置能在规定的使用条件下工作。

——对主要装置而言，组装包括机柜以及若干机箱、插件箱和印制板组件；

——对小型集中装置而言，组装包括单个密封的机箱。

两种情况下，其外壳都应具有对使用条件下的必要防护措施(GB 4208—2008 的 IP 代码)，还应允许拆卸和修复内部的装置。

对于封装的情况(如印制板组件用硅橡胶、松香或其他材料覆盖)，不应另外进行防护，除非在特殊环境条件下(如远处独立安装的传感器)。

如果制造商希望采用封装，应尽早告知用户。

注：本条不适用于分立器件，如混合电路、ASIC 等。

9.10 冷却和通风

不应采用将空气强迫吸入装置机壳内的方式进行冷却，除非双方协商采取措施防止杂物进入影响装置寿命。

如果使用风机辅助冷却，应确保冷却系统发生失效时装置不致损坏。相关的保护装置动作之前，所有的性能指标都应保持正常。

注：本标准中，因元器件工作条件超出最大定额而影响装置寿命也属于损坏。

9.11 材料和上漆

材料和上漆应符合使用条件，选择时应考虑环境、磨耗和老化因素以及对人身的毒害影响。

所有材料都应不易变形、不吸湿、防止长霉以及不易燃或阻燃。

用户应提供国家法律禁止或控制的材料清单。

另外，制造商应指明含有毒材料元器件的处置办法。

10 安全

本章适用于主机装置，也适用于维护装置、工具或作业过程。

10.1 总则

(按合同)设计、制造和安装的装置，应完全符合国家现行安全法规。

10.2 功能性安全要求

装置或系统的安全相关功能以及他们特定的安全完整性要求应根据 GB/T 21562—2008 中 4.3、4.6、4.7 来规定。

注：软件的安全完整性等级和安全相关的功能关联，取决于该功能采取的外部风险降低设施或保护系统的级别。例如：一个硬连线的失效安全电路或一个失效安全机械装置。当这种措施已覆盖所有安全性风险时，则与此相关的软件就不是安全相关的，其软件安全完整性等级为 0 级。

10.3 人身安全要求

招标时，用户可就人身安全对装置、制造和使用材料提出要求。

11 文件编制

第 7 章已提到，装置设计时应按 GB/T 19001 或等效的质量管理体系编制文件。

11.1 文件的提供和保存

供应商和用户应就以下几点达成书面协议：

a) 用户所需文件的份数、范围、内容、表述、媒质和更新方式；

b) 供应商文件的保存范围、条件和期限。

以上协议只有写入合同方可认为有效。

11.2 硬件和软件文件

以下清单列出了用户可能要求提供的文件，实际上可能提供的文件由供需双方协商。

11.2.1 硬件文件

硬件文件清单如下：

a) 装置的名称和型号；

b) 装置的功能；

c) 成套装置的组成；

d) 工作原理；

e) 使用说明和预置值；

f) 电路说明，包括电压、电流波形和上升时间等；

g) 接口的功能说明；

h) 更改情况；

i) 某些生产文件(电路图、接线图等)；

j) 车上和地面诊断步骤及所需的试验装置；

k) 存放要求；

l) 带有说明的功能框图；

m) 布置图和机械结构图；

n) 元器件明细表；

o) 元器件(包括 ASIC、FPGA 等)和货源(即制造商)信息；

p) 测试点；

q) 寿命有限的元器件清单；

r) 装置内经用户同意使用的有害物质的情况；

s) 装置本身或搬运使用过程中可能爆炸或压碎的情况。

11.2.2 软件文件

软件文件清单如下：

a) 软件要求规范，描述制造商为满足系统要求所采取的方法；

b) 软件说明，描述能满足软件要求规范的软件结构和设计；

c) 每个模块的性能描述(如输入、输出、功能)、源代码清单、测试要求和测试结果;
d) 定义全局变量和全局常数的数据清单;
e) 系统存贮器的分配;
f) 硬件相关性(即软件对硬件的要求);
g) 所用的开发系统的具体情况;
h) 软件开发工具的具体情况;
i) 集成测试要求和结果。

11.3 文件编制要求

11.3.1 文件

向用户提供的文件都应有图号和名称以说明其内容和图的类型。

所有文件和元器件明细表都应有发布或更改标记和修改记录。

所有图形符号应符合 GB/T 4728,文件编制应符合 GB/T 6988.1 的规定。

11.3.2 电路图

成套装置上的每个印制板组件和插件都应有电路图。

所有的电路图应尽可能按从左至右或从上至下的信号流向绘制。

每个单元的电路图应尽可能各自独立、完整、与其他电路图关系明确,且应表明:

——供电电压和互连关系;
——低压电路间的连接关系;
——低压电路、电子装置、传感器、监测控制装置之间的连接关系;
——金属部件的接地;
——0 V 电子电路之间的连接;
——机壳及其连接;
——屏蔽线或绞接线。

正常工作所必需的分立元器件,如果不在印制板组件或插件上,则应在电路图上用虚线框出并适当加注说明。

所有元器件符号都应标有项目代号,如果图中未列出元件明细表,元器件的标称值应标在电路图上。

如果元器件具有三个或更多连接处,则应标明连接点。

所有控制、开关和指示器件的功能都应与装置铭牌上一致。旋转控制符号应标有(按操作角度来看)顺时针方向的箭头。

继电器应表示释放状态。

11.3.3 元器件明细表

元器件明细表应标明每个元器件的项目代号及其规格。

11.3.4 元器件布置图

元器件布置图应标明印制板组件或插件上每个元件的位置,并标明其项目代号、外形和极性。

11.3.5 框图

框图应表明系统各部分之间的信息流向。

11.3.6 接线图

接线图和接线表应表明装置内部单元接线及其用途(如供电、配电和报警等)。

11.3.7 互连接线图

互连接线图(表)应表明装置和与之相连的所有装置之间的外部电缆连接关系。

它们还应表明连接电缆的类型以及为减小干扰而采用的特殊接口或特殊布线措施。

11.3.8 装置概略图

装置概略图应表明安装在机箱或插件箱内的主要部件的布局、机柜内各单元和分单元的布置，以及所有柜体、机箱、插件箱、插件和印制板组件的基本机械特征。

12 试验

12.1 试验分类

试验分为三类：

——型式试验；

——例行试验；

——研究性试验。

招标时，用户应指定需要达成协议的所有试验（见12.2）。

制造商应以书面形式提供所有的试验计划及其技术要求。

进行型式试验和例行试验时，装置不应误动作，性能不应超出其极限规定。

注：对于可以达成协议的某些试验，如果费用较高，建议只进行必要的试验。如果用户要求参加并检查试验结果，应在合同中写明。

12.1.1 型式试验

型式试验用于验证产品符合规定的要求。

型式试验应在符合设计和制造工序要求的一台装置上进行。

如果整台装置或其中的一部分基本接近于先前曾试验过的产品，则制造商可以出示先前（五年内）进行试验的证明。这样，与用户达成协议后，就不应对被试装置（EUT）进行重复试验。

定型产品用于其他型号的机车车辆时，应进行12.2.15.1和12.2.15.2两项试验。

根据用户和制造商之间的协议，可以经常从现有产品或货品中抽样，重做部分或全部试验，以确认产品质量始终满足指定要求。

在下列情况下，用户可要求制造商重做全部或部分型式试验：

——经常生产的定型产品每五年应进行一次型式试验；

——对装置进行了改进而可能影响其功能和操作方法时；

——型式试验或例行试验失败或参数改变时；

——停产三年以上恢复生产时；

——制造地点改变时。

12.1.2 例行试验

例行试验用于在正常环境条件下验证产品特性与型式试验中测得的一致。制造商对每台装置均应做例行试验。

12.1.3 研究性试验

研究性试验的目的在于获得电子装置规定性能之外的补充信息。可以由用户或制造商提出并应写入合同。

研究性试验的结果不作为拒收装置或要求罚款的理由。

注：本标准中未列出这些试验项目。

12.2 试验项目

表2列出了电子装置的型式试验和例行试验项目。新产品还需按12.2.15进行装车运行试验。

表 2 型式试验和例行试验的试验项目

序号	试验	型式试验	例行试验	条款
1	外观检查	√	√	12.2.1
2	性能试验	√	√	12.2.2
3	低温试验	√	—	12.2.3
4	高温试验	√	—	12.2.4
5	交变湿热试验	√	—	12.2.5
6	电源过电压、浪涌和静电放电试验	√	—	12.2.6
7	电快速瞬变脉冲群抗扰度试验	√	—	12.2.7
8	射频干扰试验	√	—	12.2.8
9	绝缘试验	√	√	12.2.9
10	盐雾试验	—	—	12.2.10
11	振动、冲击试验	√	—	12.2.11
12	水密性试验	—	—	12.2.12
13	强化筛选试验	—	—	12.2.13
14	低温存放试验	√	—	12.2.14
注1：标有“√”号的为强制性试验。 注2：标有“—”号取决于用户与制造商之间的合同要求。 注3：以上试验时，环境温度规定为+25 ℃±10 ℃。				

12.2.1 外观检查

外观检查的目的在于确保装置结构可靠及尽可能满足指定要求。

外观检查也用于在型式试验后检查装置是否损坏。

12.2.2 性能试验

测量应在环境温度下进行。

型式试验中的性能试验包括对装置特性进行一系列测量，以证明其性能符合该装置功能要求，包括产品技术条件中的特殊要求。

例行试验中的性能试验应与型式试验中的相同，但下面的电源波动和断电试验除外。

除非另有协议，型式试验应包含以下内容：

a) 电源波动

对于直流供电的装置：该试验用于验证在标称电压和规定的上、下极限值情况下能正常工作。

对于交流供电的装置：该试验用于验证在下列情况下能正常工作：

1) 标称电压和频率；

2) 电压和频率上、下限值的所有实际可能的组合。

b) 断电试验

注：本试验不适用于5.1.1.2中定义的S1级断电情况。

试验应在标称电压下进行。将被试装置输入电源分别按5.1.1.2和5.1.3间断一段时间再恢复。装置应能保持正常工作而无需操作者人为干预或复位。试验应随机重复10次。试验时，应始终监视装置输出，以确保没有误动作发生。

对于电气条件相同的输出信号群，则应监测4个输出信号或其中的20%(两者中取大者)。

如果装置与牵引供电电源一次侧相连，而不是由中间蓄电池供电，则应按电源断电的情况进行试验。

12.2.3 **低温试验**

该试验应按 GB/T 2423.1 进行。

印制板组件、插件、插件箱或机箱在不通电的情况下放置于试验箱中。在等于或大于 0.5 h 内将箱温从正常试验环境温度 25 ℃±10 ℃逐渐降至－25 ℃±3 ℃，在试验箱中达到热稳定后，被试品放置 2 h。放置时间终了，在保持低温状态下对装置通电，并进行性能检测。恢复后，在正常室温下重新进行性能检测。

试验验收要求：

——不产生失效和损坏；

——性能检测中，所有结果都不应超出容差范围。

应在试验技术条件中详细规定验收判据。

12.2.4 **高温试验**

该试验按 GB/T 2423.2 进行，一般采用自然通风，除非装置本身采用强迫通风。

建议在较小功能单元(如印制板组件、插件、插件箱)上进行高温试验。然而应当保证散热装置同时工作，在试验中无散热装置时，应当模拟其效果。

装置通电后，放在试验箱内，在等于或大于 0.5 h 内将箱温从正常试验环境温度 25 ℃±10 ℃逐渐升高到 70 ℃±2 ℃。待温度稳定后，保温 6 h，然后，在已升高的温度下进行性能检测。

再选择一种重要工况，在 85 ℃下保持 10 min，功能不应异常，此后冷却至环境温度，再次进行性能检测。

试验验收要求：

——不产生失效和损坏；

——容差不超过限值。

应在试验技术条件中详细规定验收判据。

12.2.5 **交变湿热试验**

试验箱中的空气温度和湿度应可控并应提供实时记录这些数据的手段。

冷凝水应排出试验箱，不应再使用。如果采用喷水产生湿度，水的电阻率不应低于 500 Ω·m。冷凝水不应滴落到被试装置上。试验箱内气候条件应尽量保持均匀(必要时可采用循环方式)，被试装置(因散热、吸湿等)对环境条件产生的影响不应超过规定容差。本试验应按 GB/T 2423.4 进行。除性能检测外，不应对被试装置通电。

温度：＋55 ℃和＋25 ℃

周期数：2(呼吸效应)

时间：2×24 h

试验方法：

先将箱温调至 25 ℃±3 ℃并保持此值，相对湿度调至 45%～75%进行 2 h～6 h 稳定温度处理。在最后 1 h 内，将箱内相对湿度提高至不低于 95%，温度仍保持 25 ℃±3 ℃。

稳定阶段之后循环开始，使箱温在 2.5 h～3 h 内由 25 ℃±3 ℃连续上升到 55 ℃±2 ℃，这期间除最后 15 min 内相对湿度不低于 90%外，升温阶段相对湿度都不应低于 95%，以使试品表面产生凝露，但不应在大型试验样品上产生过量凝露。然后在温度为 55 ℃±2 ℃的高温高湿环境下保持到从循环开始算起 12 h±0.5 h 止。这一阶段的相对湿度，除最初的 15 min 和最后的 15 min 不低于 90%外，均应为(93±3)%。

然后在 3 h～6 h 内，将箱温由 55 ℃±2 ℃降至 25 ℃±3 ℃。最初 1.5 h 的降温速率为 10 ℃/h，这期间的相对湿度除最初的 15 min 内不低于 90%外，其他时间均不低于 95%。

降温之后，温度保持 25 ℃±3 ℃，相对湿度不低于 95%，从循环开始算起 24 h 为一周期。

两周期试验结束后，将样品放在正常的试验大气条件下恢复 1 h～2 h，恢复时可以用手摇动，或用室温空气吹风来去除表面水滴。

恢复后立即进行外观检查、绝缘试验和性能试验。试验结果应在允许的容差范围内。

12.2.6 电源过电压、浪涌和静电放电试验

对于被试电子装置，5.2 规定的电源过电压、5.4 规定的浪涌和静电放电所要求的连接点，均应依次按本条中定义的相应试验波形进行试验。

每个连接点均应进行试验，但在信号群情况下，可只取 4 个连接点或该群中的 20%（两者取大者）。“群”定义为电气特性相同的一组输入或输出电路。选取的试验点应反映不同位置并靠近敏感元件。

如果某些装置应通过与被试装置并联的负载放电。此时，负载电阻不应小于装置标称源阻抗的 10 倍。

12.2.6.1 电源过电压

产生的电源过电压应为：

a) 图 2 所示梯形电压波形；

b) 或图 3 所示替换试验中的波形。

试验波形的极性应与控制系统电源电压相同，试验波形的施加前后都应为正常供电电压。

测量电压时，应以控制系统电源回线电位为基准。

作为上述方法的替换，经用户同意后，制造商可以通过计算来证明装置能承受该波形。

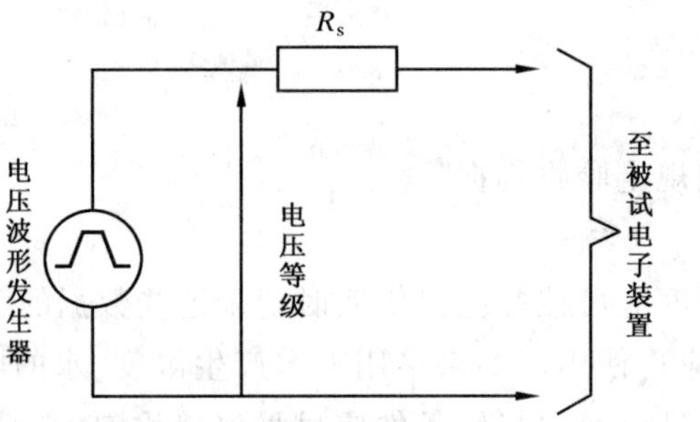

a) 试验电路

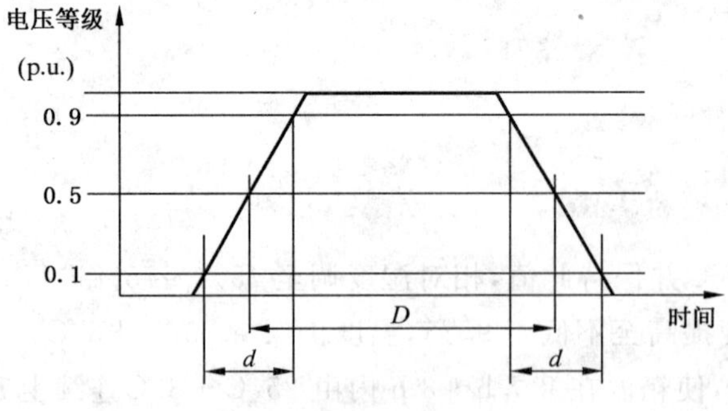

b) 试验波形

(最低)电压	时间 d(最大值)	时间 D(最大值)	串联电阻 R_s(容差±12%)	供电电源
$1.3U_n$	0.1 s	1.0 s	1 Ω	有电压调整功能的蓄电池
$1.4U_n$				不带电压调整的蓄电池

图 2 电源过电压

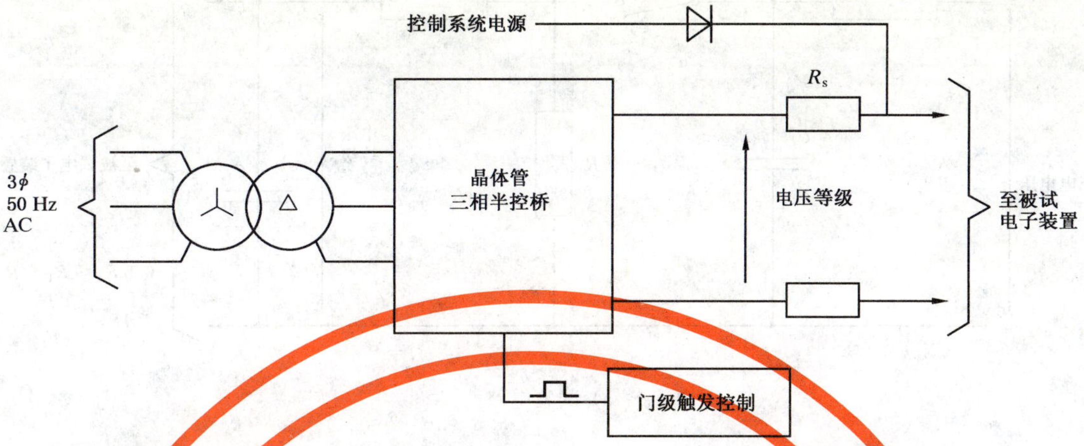

a）典型试验电路

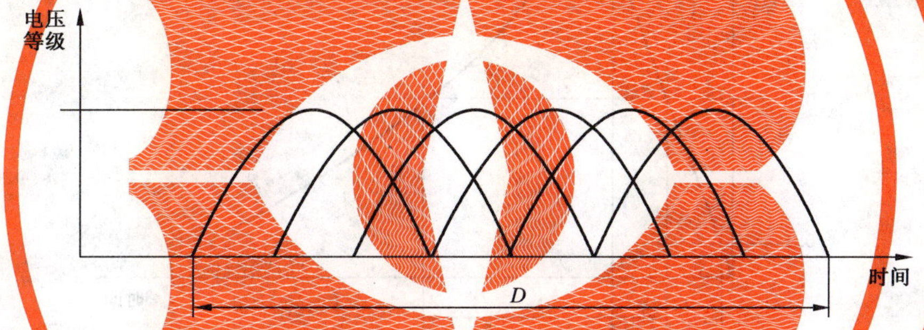

b）试验波形

（最低）电压	时间 D（最小值）	串联电阻 R_s^a（容差±12%）	供电电源
1.3U_n	1.0 s	1 Ω	有电压调整功能的蓄电池
1.4U_n			不带电压调整的蓄电池
a 包括源阻抗。			

图 3　可采用的电源过电压试验

12.2.6.2　浪涌

浪涌波形的产生和试验应：

a）　按图 4 中的电路进行；

b）　或采用 GB/T 17626.5 的发生器和波形。

对于每个试验，都应在电源正线和负线之间或者在控制系统电源正负线和装置接地端之间产生试验波形。试验波形应是任意极性的。

试验应在控制系统供电情况下进行，此时应采取措施防止浪涌能量流入该电源。

当使用耦合滤波器时，产生的波形符合上述要求，则浪涌波形的振荡可以接受。

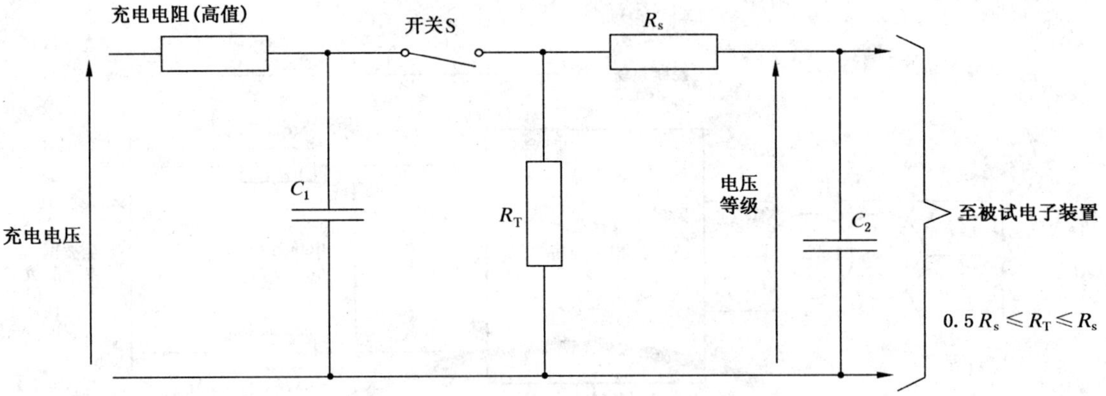

a）试验电路

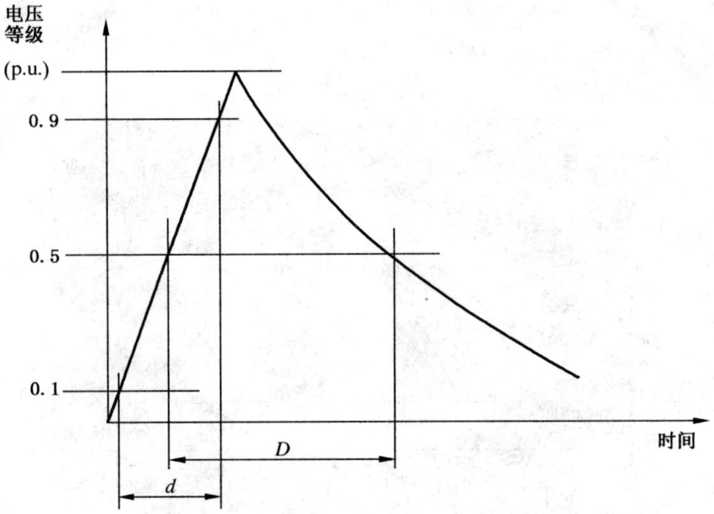

b）试验波形

干扰类型	（最低）电压	时间 d（最大值）	时间 D（容差±20%）	串联电阻 R_s^a（容差±10%）
浪涌	3 级，线对线 1 kV；线对地 2 kV	5 μs	50 μs	100 Ω
[a] 当车上或系统中存在更高浪涌等级时，浪涌的源阻抗可降低至最小值 5 Ω。				

图 4　电容放电浪涌试验

12.2.6.3　电源过电压和浪涌试验要求

除 12.2.6.1 和 12.2.6.2 的要求外，还应满足以下试验要求。

所有情况下，校正试验波形的电压和时间时，都应将试验发生器与被试装置断开。

为了将发生器和被试装置之间的连接线上回路电感减小到最低限度，连接线长度不应超过 3 m，并应将其绝大部分长度的线段绑扎在一起。

施加每种波形时，对于每个电压等级和规定极性，被试装置都应反复承受五次试验。连续施加试验波形时，其时间间隔不应超过 1 min。

所有试验波形都应通过 5.4.1 中定义的装置接线端口施加到被试装置上。

试验中，应监测该装置，观察是否有失效或误动作。

试验验收要求：

——无失效；

——当采用非线性浪涌吸收器抑制浪涌时，试验完成后应进行检测以确认装置性能未降低。

12.2.6.4 **静电放电试验**

只对司乘人员和旅客通常能触及的装置进行此项试验。

装置应按实际工作情况安装在机壳内，装好所有盖板及面板，且接好地线。

按 GB/T 17626.2 进行试验，严酷等级一般定为 3 级(接触放电 6 kV，空气放电 8 kV)。

12.2.6.5 **试验条件**

除 12.2.6 中所述条件外，还应满足以下条件。

被试装置的装配和连接应按其正常安装要求进行。

应按制造商的安装要求将被试装置连至接地系统。不应有其他的接地连接。所有接地连接都应保证在环境条件下产生的电感最小。

12.2.7 **电快速瞬变脉冲群抗扰度试验**

本试验目的在于模拟电磁场耦合到被试装置的输入输出电路和/或电源线上的传导效应。

对于所有的试验，被试装置都应尽可能按实际安装情况进行布置，包括有关的连线和商定的端接。装置应装入机壳中并装好所有盖板和面板，与用户另有协议者除外。

如果对装置的引入和引出线未作规定，则应采用非屏蔽线，并使之从连接点到被试装置有 1 m 长度处于电磁场中。应记录装置的实际布局，包括走线。

试验应按 GB/T 17626.4—2008 进行，严酷等级一般电源定为 3 级，I/O 线及通信接口为 4 级(2 kV，5 kHz)。

对于直接耦合，参照 GB/T 17626.4—2008 的图 8 或图 10。

对于容性耦合，参照 GB/T 17626.4—2008 的图 9。

12.2.8 **射频干扰试验**

12.2.8.1 **射频抗扰度试验**

对于所有的试验，被试装置都应尽可能按实际安装情况进行布置，包括有关的连线和商定的端接。

装置应装入机壳中并装好所有盖板和面板，与用户另有协议者除外。

如果对装置的引入和引出线未作规定，则应采用非屏蔽线，并使之从连接点到被试装置有 1 m 长度处于电磁场中。应记录装置的实际布局，包括走线。

对于射频电磁场引起的传导干扰，应按 GB/T 17626.6，严酷等级一般定为 3 级(10 Vr.m.s.)。

对于射频电磁场引起的辐射干扰，应按 GB/T 17626.3，严酷等级一般定为 3 级(10 V/m)。

对装于客室、司机室及车外(车顶、车下)的设备，严酷等级一般定为 4 级(20 V/m)。

12.2.8.2 **射频骚扰试验**

对于所有的试验，被试装置都应尽可能按实际安装情况进行布置，包括有关的连线和商定的端接。

装置应装入机壳中并装好所有盖板和面板，与用户另有协议者除外。

如果对装置的引入和引出线未作规定，则应采用非屏蔽线，并使之从连接点到被试装置有 1 m 长度处于电磁场中。应记录装置的实际布局，包括走线。

装置应按 GB 9254 的要求进行试验。对外干扰不应超过表 3（相当于 GB 9254 的 A 级)。

表 3 电子装置对外干扰的限值

类　型	频率范围 MHz	允　许　值
传导干扰	0.15～0.5	99 dBμV
	0.5～30	93 dBμV
辐射干扰(10 m 法)	30～230	40 dBμV/m
	230～1 000	47 dBμV/m

12.2.9 **绝缘试验**

对装配完工的插件，绝缘试验的目的是检查 PCB 走线、元件安装是否过于靠近周围金属部件。对于无金属框架的插件，试验按实际工作位置放置和接线，试验电压加在互相短接的插头(座)芯子和装置的金属机箱之间。对带有金属框架的插件，试验电压则加在互相短接的插头(座)芯子和框架之间。

对装配完工的整机，绝缘试验的目的主要是检查机箱在布线和安装电气或电子部件后的绝缘性能。试验时机箱不带插件，试验电压加在：

a) 互相短接的对外接线端子和插座(头)芯子对金属机箱；

b) 相互绝缘的各电路之间。

如果绝缘试验作为例行试验的一部分已通过，则在型式试验中不应再重复。

12.2.9.1 绝缘测试

绝缘电阻应用直流 500 V 兆欧表进行测试并记录。测量部位与绝缘试验相同。

耐压试验之前和之后，应重做该试验。产品的最低绝缘电阻在其技术条件中规定。

试验验收要求：

从初次测量开始，其基本性能不应降低。

12.2.9.2 耐压试验

应尽可能采用 50 Hz 的交流电压。否则，应采用相对于交流电压峰值的直流电压。通过逐渐升压，将试验电压加到装置上，并在规定电压等级上保持 1 min。标称直流输入电压或交流输入电压是试验电压的决定性因素。

试验电压的正弦方均根值应为：

——500 V，对应于 72 V 以下的标称直流电压(或交流 50 V)；

——1 000 V，对应于 72 V～125 V 的标称直流电压(或交流 50 V～90 V)；

——1 500 V，对应于 125 V～315 V 的标称直流电压(或交流 90 V～225 V)。

电路隔离的电源二次侧电路除外，此时，试验电压可取相对较低的范围。

当电子装置某处与主电路有电连接时，装置的该部分应承受与主电路同样的介电试验。

试验验收要求：不产生击穿或闪络。

12.2.10 盐雾试验

12.2.10.1 总则

如果电子装置需进行盐雾试验，则应在标书中提出，并按 GB/T 2423.17 执行。

12.2.10.2 盐溶液

产生盐雾的溶液是用 50 g±1 g 分析纯氯化钠溶解在蒸馏水或软水中，最后制成 20 ℃下体积为 1.00 L±0.02 L 的溶液，其 pH 值应在 6.5～7.2 之间，否则该溶液不应使用。

12.2.10.3 试验程序

试验过程中，试验箱内的温度应保持在 35 ℃±2 ℃。

用于产生盐雾的溶液和空气的温度应与试验箱内相同。

装置试验时，应按实际使用情况进行，即装好保护盖板且尽可能将装置安排在实际使用中的位置。

在整个试验过程中，试验箱应保持封闭，盐溶液不应断喷洒。

该过程持续时间应为：

ST1 级：4 h；

ST2 级：16 h；

ST3 级：48 h；

ST4 级：96 h。

试验终了，装置应用自来水冲洗 5 min，再在蒸馏水或软水中漂洗，然后干燥以去除水滴并置放于试验区标准大气条件下，时间不小于 1 h，但不超过 2 h。

然后，对装置作外观检查。

试验验收要求：

——无明显损坏；

——性能检测正常。

12.2.11 冲击和振动试验

整个柜体或机箱，连同其附件和安装配件(如果装置是设计成装在减振机构上的则要包括其减振机构)，应按 GB/T 21563 进行试验。

首先在同一个方向进行增强随机振动量级的模拟长寿命试验，其次做冲击试验，最后做功能性随机振动试验。一个方向完成后，再在其他两个方向上进行试验。

长寿命试验为每个方向各 5 h，合计 15 h。冲击试验为每个方向正、反各冲击 3 次，合计 18 次。功能性试验每个方向通常不少于 10 min。

表 4 为长寿命试验及功能性试验时各个方向的随机振动谱密度(ASD)及加速度均方根值(r. m. s.)。冲击试验时，垂向及横向的加速度幅值为 30 m/s^2，纵向为 50 m/s^2。

表 4 功能性和长寿命振动试验要求

类型	取向	功能性试验		长寿命试验	
		ASD $(m/s^2)^2/Hz$	r. m. s. (m/s^2)	ASD$(m/s^2)^2/Hz$	r. m. s. (m/s^2)
A 级 (车体上直接安装的柜体、部件、设备和零件)	垂向	0.016 4	0.75	1.034	5.9
	横向	0.004 1	0.37	0.250	2.9
	纵向	0.007 3	0.50	0.452	3.9
B 级 (车体上直接安装的箱体内部的物体)	垂向	0.029 8	1.00	1.857	7.9
	横向	0.006 0	0.45	0.366	3.5
	纵向	0.014 4	0.70	0.901	5.5
对于安装在转向架或轴上的传感器及设备应选用 GB/T 21563 中更严酷的等级。					

试验验收要求：

——无损坏；

——性能检测时无失效且测试结果不超过容差范围。

12.2.12 水密性试验

一般情况下，电子装置都是装在车内或外部的箱体中，因此，不应进行水密性试验，除非用户与制造商之间特别商定。

12.2.13 强化筛选试验

为了消除潜在的制造或元器件缺陷，用户可以要求对整机或其某一部分进行筛选试验。

试验可能包括：

——增加温度后工作；

——热循环；

——振动。

对于被试装置采取的措施及进行的试验应在招标阶段达成协议。

该试验的条件不应超过装置或部件的使用条件。

12.2.14 低温存放试验

如果装置所处环境的温度低于其最小工作温度，则应进行低温存放试验。该试验应符合 GB/T 2423.1。

试验温度应为－40 ℃且持续时间最少为 16 h。试验完毕后，应在箱内温度恢复到室温后才取出被试产品。然后在环境温度下进行性能检测。

试验验收要求：

——无损坏；

——性能检测时无失效且测试结果不超过容差范围。

产品技术条件中应详述验收要求。

12.2.15 **装车运行试验**

本试验的目的是对已安装在机车车辆上的电子装置验证其动作的正确性。其中12.2.15.1和12.2.15.2是在制造完工和投入运用前的机车车辆上的试验。12.2.15.3则是电子装置在机车车辆上进行运行考核。

12.2.15.1 **性能试验**

检验工作性能应在接触网电压、蓄电池电压和空气压力等处于正常情况下进行。

特别应检查当辅助设备(例如辅助机组、压缩机、通风机、照明设备等)和主电路设备(斩波器、内燃机等)起动时是否发生干扰。若发现干扰现象,可由电子装置制造商和用户等有关方面协商采取合适的布置或适当的保护措施。

若机车车辆要与其他动力车连挂,而且要求由一个司机室驾驶时,应作如下检验:

a) 能从一个司机室操纵最长编组的列车中各动力车运行所需的各种电子控制装置;

b) 控制信号不应因通过机车车辆间的连接器而受干扰;

c) 多单元重联运行中的信号传输方法是否干扰机车车辆其他装置,如电话、数据传输、安全装置等。

若存在干扰,应由制造商、用户等有关方面协商决定采取适当的保护措施。

12.2.15.2 **浪涌保护检验**

为了保证施加于电子装置上的实际浪涌电压不超过12.2.6.2规定的值,应检查机车车辆上采取的措施是否有效,否则应由制造商和用户等有关方面商定适当的改善措施。

12.2.15.3 **运行考核**

为了考核电子装置对机车车辆实际环境条件、电源条件、浪涌电压等的适应能力,考核电子装置设计和工艺的正确性,新产品在通过各项目型式试验之后,还应通过运行考核。

运行考核期限由产品技术条件根据产品复杂程度、在机车车辆功能上的重要性确定。一般机车车辆运行考核里程不应少于1×10^5 km(调车机车和地下铁道车辆不少于3×10^4 km),而且考核时间不少于1年。投入运行考核的样品数量一般不应少于装备2台(辆)机车车辆的用量。具体数量应根据产品特点在合同中或产品技术条件中规定。运行考核期间不应发生由于设计不合理或工艺不良而引起的失效。

13 产品标志和包装

13.1 标志

每台产品均应有铭牌,标明下列内容:

a) 产品型号和名称;

b) 主要技术参数;

c) 重量;

d) 出厂序号;

e) 出厂年月;

f) 制造商名。

13.2 包装

电子装置的包装应能防潮、防尘、防静电和防止运输过程造成损伤。

每台电子装置出厂时应有合格证。对每个用户至少应提供互连接线图和使用维护说明书各一份。备品和专用工具按双方协议规定提供。

附　录　A
（资料性附录）
本标准与 IEC 60571:2006 技术性差异及其原因

A.1　表 A.1 给出了本标准与 IEC 60571:2006 的技术性差异及其原因。

表 A.1　本标准与 IEC 60571:2006 技术性差异及其原因

本标准的章条编号	本标准	IEC 60571:2006	原　因
2	GB/T 4588.3（GB/T 4588.3—2002，eqv IEC 60326-3:1991）	IEC 60326-3	国内已有对应的适用国标
	GB/T 12629(GB/T 12629—1990,eqv IEC 60249-2-12:1987)	IEC 60249-2-12	
	GB/T 13555(GB/T 13555—1992,eqv IEC 60249-2-13:1987)	IEC 60249-2-13	
	GB/T 25122.1（GB/T 25122.1—2010，IEC 61287-1:2005,MOD）	IEC 61287-1	
	GB 9254	IEC 62236-3-2	内容变化导致引用文件变化
4.1.1　工作海拔	1 400 m	1 200 m	执行 GB/T 21413.1—2008
4.1.2	机车车辆外界环境温度为－25 ℃～＋40 ℃，内部空气温度为－25 ℃～＋45 ℃，但是，直接邻近电子元件处的空气温度可能在－25 ℃～＋70 ℃之间变化，短时(10 min)可达 85 ℃。根据装置的布置与通风方式，用户与制造商可以另行商定最高温度的极限值	见原文的 2.1.2 的第 3 段和表 1	直接写明温度，方便执行
	电子装置应允许在不低于－40 ℃环境温度下存放	—	我国实际需求
4.1.3	删除原文“冲击试验典型值参见 IEC 61373”等内容	2.1.3	后继冲击试验章节 12.2.11直接写出有关值
4.1.4	删除原文“运行过程中不允许潮湿导致装置失效或损坏，特别是穿越隧道时。”	2.1.4	根据实际需求
4.1.4	删除原文“对于外围装置（如测量传感器）或分散配置的装置，应在设计时考虑潮湿条件超出限值的情况”	2.1.4	根据实际需求
4.1.5	安装条件：一般安装在能防止风、沙、雨、雪直接侵袭的车体内或车体外部的箱体内	—	根据实际需求

表 A.1（续）

本标准的章条编号	本标准	IEC 60571:2006	原　因
5.1.1.1	增加一组带电压调整器的蓄电池供电条件下电压的变化数据，见表1	—	明确特定电压下的指标要求，便于考核
11.2	实际上可能提供的文件由供需双方协商	—	预留知识产权保护权利
12.1.1	经常生产的定型产品每五年应进行一次型式试验	—	提高考核要求
12.2	[所有试验项目直接规定了考核参数值和程序]	—	明确操作，方便执行
12.2.6.2	—	断电下的浪涌试验	通电的浪涌试验要求高于断电的浪涌试验，减少不必要的试验
12.2.6.2 浪涌电压要求	保留原文中的A型试验，且电压提高到2 kV（见图4）	A、B两种试验，且A型中电压为1 800 V	本标准规定浪涌试验只在控制系统通电时进行，因为它比不通电考核更为严酷，没有必要在系统不通电时重复浪涌试验。浪涌试验中试验电压由1 800 V提高为2 kV，与GB/T 17626.5的T3保持一致
12.2.8.2	装置应按GB 9254的要求进行试验。对外干扰不应超过表3（相当于GB 9254的A级），……	试验要求按照IEC 62236-3-2中表4、表5和表6的规定	跟GB 9254保持一致
12.2.10 增加总则	如果电子装置需要进行盐雾试验，应在标书中提出，并按GB/T 2423.17执行	—	为我国某些地区环境可能不需要考核产品的耐盐雾能力
12.2	12.2.15 整条	—	保证机车车辆投入运营前有关产品的可靠性
13	13章整章	—	包装对产品可靠性影响大，标志对于产品使用有影响

附 录 B
（资料性附录）
（用户和制造商）双方之间可以达成协议的条款

4.1.1 海拔
4.2 特殊使用条件
5.1.1 由蓄电池供电
5.3 安装
6.1.1 预期的可靠性
6.1.2 可靠性的验证
6.2 使用寿命
6.3 可维修性
6.4.1 车上诊断
7.2.3 电源接地
7.3.2 软件设计方法
9.3.4 其他连接
11.1 文件的提供和保存
12.1.1 型式试验
12.1.3 研究性试验
12.2.2 性能试验
12.2.7 电快速瞬变脉冲群抗扰度试验
12.2.8.1 射频抗扰度试验
12.2.8.2 射频骚扰试验
12.2.13 强化筛选试验

参 考 文 献

[1] GB/T 25122.1 轨道交通 机车车辆用电力变流器 第1部分：特性和试验方法(GB/T 25122.1—2010,IEC 61287-1:2005,MOD).

ICS 29.280
S 35

中华人民共和国国家标准

GB/T 25120—2010

轨道交通 机车车辆牵引变压器和电抗器

**Railway applications—
Traction transformers and inductors on board rolling stock**

（IEC 60310:2004,MOD）

2010-09-02 发布　　2011-02-01 实施

中华人民共和国国家质量监督检验检疫总局
中国国家标准化管理委员会　发布

前　言

本标准采用重新起草法修改采用 IEC 60310:2004《轨道交通　机车车辆牵引变压器和电抗器》(英文版)。

考虑到我国国情,本标准在采用国际标准时进行了修改。这些技术性差异用垂直单线标识在它们所涉及的条款的页边空白处。在附录 A 中给出了这些技术差异及其原因的一览表以供参考。

本标准还做了下列编辑性修改:

——“本国际标准”一词改为“本标准”;

——用小数点“.”代替作为小数点的逗号“,”;

——删除国际标准的前言;

——增加了资料性附录 A 以及参考文献。

本标准在 TB/T 1680—2006《铁路应用　机车车辆牵引变压器和电抗器》的基础上制定。

本标准的附录 A 和附录 B 为资料性附录。

本标准由中华人民共和国铁道部提出。

本标准由全国牵引电气设备与系统标准化技术委员会(SAC/TC 278)归口。

本标准主要起草单位:南车株洲电机有限公司。

本标准参加起草单位:株洲南车时代电气股份有限公司、南车青岛四方机车车辆股份有限公司、中国北车集团大同电力机车有限责任公司。

本标准主要起草人:龙谷宗、梁湘湘。

本标准参加起草人:陈立峰、邓桂美、戴笑丰。

轨道交通
机车车辆牵引变压器和电抗器

1 范围

本标准规定了机车车辆上安装的牵引变压器和电抗器的术语和定义、使用条件、一般特性、试验项目和试验方法等要求。

本标准适用于机车车辆牵引变压器,也适用于电传动机车车辆上主电路和辅助电路中接入的各种类型的电抗器。

注1:上述的电抗器可包括滤波电抗器、平波电抗器、换流电抗器、静止电力变流器中的保护电抗器、牵引电动机用分流电抗器、调压开关间过渡电抗器、制动电路电抗器和抑制干扰电抗器。

注2:当GB 1094的要求与本标准或涉及牵引应用的国家标准不相矛盾时,可适用于牵引变压器。

注3:对于静止电力变流器用变压器和电抗器,还需参见GB/T 25122.1。

经过用户和制造商协商,本标准也可适用于电动车组的三相交流网侧牵引变压器和机车车辆的单相与多相辅助电路中接入的变压器,但仅用互感器和额定输出功率单相小于1 kVA和多相小于5 kVA的变压器除外。

本标准不适用于安装在变压器或电抗器上的附属设备,如分接开关、电阻器、散热器、风机等,它们应分别依照相关标准进行试验。

当分接开关为完整变压器的一部分时,变压器试验时不能将其分开。

使用条件参见GB/T 21413.1—2008的第7章。

2 规范性引用文件

下列文件中的条款通过本标准的引用而成为本标准的条款。凡是注日期的引用文件,其随后所有的修改单(不包括勘误的内容)或修订版均不适用于本标准,然而,鼓励根据本标准达成协议的各方研究是否可使用这些文件的最新版本。凡是不注日期的引用文件,其最新版本适用于本标准。

GB 1094.1—1996 电力变压器 第1部分:总则(eqv IEC 60076-1:1993)

GB 1094.2—1996 电力变压器 第2部分:温升(eqv IEC 60076-2:1993)

GB 1094.3—2003 电力变压器 第3部分:绝缘水平、绝缘试验和外绝缘空气间隙(IEC 60076-3:2000,MOD)

GB 1094.5—2008 电力变压器 第5部分:承受短路的能力(IEC 60076-5:2006,MOD)

GB/T 1094.10 电力变压器 第10部分:声级测定(GB/T 1094.10—2003,IEC 60076-10:2001,MOD)

GB/T 10229—1988 电抗器(eqv IEC 60289:1987)

GB/T 11021—2007 电气绝缘 耐热性分级(IEC 60085:2004,IDT)

GB/T 21563—2008 轨道交通 机车车辆设备 冲击和振动试验(IEC 61373:1999,IDT)

IEC 60850 轨道交通 牵引系统供电电压

3 术语和定义

GB 1094.1—1996和GB/T 10229—1988确立的以及下列术语和定义适用于本标准。

3.1

变压器的分类 classification of transformers

根据负载下改变主电路二次侧电压的方法,牵引变压器可以分为固定电压比变压器、低压侧调压变压器和高压侧调压变压器。

3.2

电抗器的分类　classification of inductors

电抗器根据应用场合可分为以下几类：

——交流电抗器：流过交流电流的电抗器，例如用于分接开关级间转换的过渡电抗器、交流换向器电动机制动电路电抗器和抑制干扰电抗器等；

——直流电抗器：流过交流分量很小的或可忽略的直流电流的电抗器，如直流滤波电抗器、牵引电动机分流电抗器和直流电机制动电路电抗器等；

——脉流电抗器：接在流过有明显周期性脉动电流的直流电路中的电抗器，如牵引电动机的平波电抗器；

——变流电抗器：接在电力电子变流器中用作换相、保护或滤波的电抗器。

3.3　**电感的定义　definitions for inductance**

电抗器的电感值与使用种类有关，因而根据电抗器在测量中所采用的电流种类，规定电感值定义如下。

3.3.1

交流电感　a. c. inductance

在电抗器上施加规定数值和频率的正弦交流电压时，测量通过电抗器的交流电流值而求得的电感，见公式(1)。

$$L=\frac{E}{2\pi fI} \quad \cdots\cdots(1)$$

式中：

f——基波频率，单位为赫兹(Hz)；

E——绕组感应电势，单位为伏特(V)。

绕组感应电势 E 和绕组感应电流 I 均指方均根值。

3.3.2

瞬态电感　transient inductance

由电抗器的电流示波记录或测量磁通量变化而求得的电感，见公式(2)。试验用直流电进行，采用电路突然闭合或电抗器突然短接的方式测量。

$$L=\frac{|-E|}{\frac{\mathrm{d}i}{\mathrm{d}t}}=\frac{W\mathrm{d}\phi}{\mathrm{d}i} \quad \cdots\cdots(2)$$

绕组感应电势、绕组电流以及所产生的磁通均指瞬时值。

3.3.3

脉流电感　incremental inductance

当电抗器通过规定的脉动电流时，根据电抗器的端电压和电流的示波器记录而求得的基波电感，见公式(3)。

$$L=\frac{E}{2\pi fI} \quad \cdots\cdots(3)$$

式中：f——指基波频率。

绕组感应电势和绕组电流均指基波方均根值。

注：脉动因数用百分数表示，通常由公式(4)决定：

$$\frac{I_{\max}-I_{\min}}{I_{\max}+I_{\min}}\times 100\% \quad \cdots\cdots(4)$$

式中：

$I_{\max}$——电流波形的最大值；

I_{min}——电流波形的最小值。

脉动因数未超过2%的电流，可看作直流。

3.3.4

电抗器的额定值 rated values of inductors

在试验进行前，额定值和使用条件(电流、电压、频率、持续时间、工作周期、通风等)应由制造商保证，或由制造商在与用户的合同中提出，国家技术标准有规定的除外。

3.3.5

额定电压 U_N rated voltage U_N

额定频率下施加在绕组线圈端子间的电压。

3.3.6

最大工作电压 U_{max} maximum operating voltage U_{max}

电抗器在额定频率下不超过规定温升时能持续工作的最大电压值。

3.3.7

额定绝缘电压 U_{Nm} rated insulation voltage U_{Nm}

额定频率下施加在绕组的任一端子与其他电路或与绕组相连的外部导电部分间的电压。

3.3.8

额定容量 Q_N rated power Q_N

在额定电压和额定频率下工作的无功功率。

3.3.9

额定电流 I_N rated current I_N

根据额定容量和额定电压所得的电抗器的电流。

4 主分接

为改变变压器的电压比，可在一个或多个绕组上装有中间分接，后者应在图表中和技术文件中标出，并声明其极限工作特性。

当变压器网侧以额定电压和额定频率供电，牵引电动机通以额定电流时，能使牵引电动机在其端子处获得额定电压的分接称为主分接。

当网侧绕组和牵引绕组都有中间分接时，应指出主分接。

5 变压器绕组的额定电压

5.1 网侧额定电压

网侧额定电压是指在正常工作条件下，施加于网侧绕组上的电压方均根值。如果绕组有分接，额定电压应指主分接上的电压。

除非用户和制造商另有规定，网侧额定电压规定为牵引系统的标称电压。

注：IEC 60850 规定了牵引系统标称电压。

5.2 二次侧额定电压

变压器二次侧绕组的额定电压是指当变压器网侧绕组的主分接在额定频率下供给额定电压时，绕组端子处的空载电压的方均根值。

6 额定容量

牵引变压器通常有几个二次侧绕组(例如：牵引绕组、辅助绕组、列车采暖绕组等)。变压器的技术条件应指出每个绕组的额定容量(单位kVA)，其值定义为绕组的额定电压与额定电流的乘积。

变压器的额定容量是指持续工作制下的值。

绕组的额定电流是指该绕组能长期承受且不超过第8章规定的温升限值的电流。对于牵引绕组，额定电流应与主分接的电流一致。其他绕组的额定电流是指该绕组处于额定工况时的工作电流。

注：允许变压器网侧绕组的额定容量小于各个二次侧绕组额定容量的总和，例如：变压器采用单拍联结方式与静止电力变流器相连，或一台牵引变压器，它有一个供暖用的二次侧绕组，但仅当寒冷季节时才使用。

7 变压器和电抗器冷却方式的标志

7.1 标志符号

应根据采用的冷却方式识别变压器和电抗器。每种冷却方式使用的有关字母符号见表1所示。

表1 字母符号

冷却介质的种类	符　号
矿物油或燃点＝300 ℃的合成绝缘液体	O
燃点＞300 ℃的合成绝缘液体	K
燃点高于沸点的合成绝缘液体	L
气体	G
水	W
空气	A
循　环　种　类	**符　号**
自然循环	N
强迫(非导向油)循环	F
强迫导向油循环	D

在强迫导向油循环的变压器和电抗器中，一部分绕组的油流是强迫导向的，但有些绕组，如单独的分接绕组、辅助绕组和稳定绕组中的油流可以是不导向的。

7.2 符号的排列

7.2.1 带防护外壳的变压器和电抗器

变压器和电抗器的每一种冷却方式用四个字母标识，冷却方式由制造商规定。

所规定的符号顺序如表2所示。应采用斜线来分开表示不同冷却方式的组成符号。

表2 符号顺序

第1个字母	第2个字母	第3个字母	第4个字母
用来表示与绕组相接触的冷却介质		用来表示与外部冷却系统相接触的冷却介质	
冷却介质种类	循环种类	冷却介质种类	循环种类

例如，强迫导向油循环和强迫风循环油浸式变压器可用ODAF标识。

对于可能选用非导向油流自然冷却或强迫冷却油浸式变压器，典型的标志是ONAN/ONAF、ONAN/OFAF。

对于带非通风防护外壳的干式变压器，外壳内部和外部均为自然风冷，标志是ANAN。

7.2.2 不带防护外壳的干式变压器和电抗器

不带防护外壳的干式变压器和电抗器用两个字母标识，仅用于表示与绕组接触的冷却介质，或采用整体涂覆(例如环氧树脂浇注)绕组的涂覆表面相接触的冷却介质。

不带防护外壳或带通风外壳和采用自然风冷的干式变压器用AN标识。

7.3 空气冷却

当变压器或电抗器是由机车车辆走行或由不与变压器或电抗器一起做试验的强迫空气冷却系统所产生的气流来冷却时，以变压器或电抗器额定容量为基准的风量(或风速)应由用户规定。

8 温升限值

8.1 绝缘材料的分类

对本标准适用的变压器和电抗器，其绕组绝缘目前所使用的固体材料的分类见表3。这些固体材料的规定见GB/T 11021—2007。

空气冷却或气体冷却干式变压器或电抗器的绕组绝缘用主要固体材料的耐热等级应由制造商确定。

8.2 温升限值

变压器和电抗器各部件在承受温升试验时，其超出环境温度的温升值不应超过表3规定的值。

表3 温升限值

设备的部位	绕组的耐热等级	温升/K		极限温度/℃
		1类工况	2类工况	
绕组(平均)	A	75	75	120
	E	95	95	135
	B	130	105	170
	F	155	130	195
	H	180	160	220
	200	200	180	240
	220	220	200	260
	250	250	230	290
O类液体		65	65	105
K类液体		150	150	190

注：对于导向油流冷却方式，绕组温升限值可以增加5 K。
对于O类液体，只有A类耐热等级的极限温升是允许的。对于K类液体，绕组和液体的极限温升如上表底下的单元格所示。
当使用某些绝缘材料(防潮纸、耐热纸和特殊的绝缘材料)时，经过制造商与用户协商，可采用较高的限值。
对充气单元而言，考虑所用气体的特性，气体和绕组的温升限值由制造商和用户规定。对绕组而言，极限值不应超过表中所规定的极限温度。

上表规定了两种可供选择的温升，分别与1类工况(正常工作制)和2类工况(大负荷工作制)相一致。在变压器或电抗器使用寿命之外的使用期，变压器或电抗器在满载时的工作周期与2类工况一致。

表3规定的极限温度仅起指导作用，而温升是主导的限值。

注1：1类工况规定的温升考虑了车载牵引设备不是持续负载，且有相当长的时间工作在欠负荷和空载工况，这样就减缓了在GB/T 11021—2007中考虑的绝缘材料的老化。而且，对工作在1类工况的车载牵引设备而言，应根据最高日平均温度有关的温升来修正其温升。最高日平均温度的温升值是指极限环境温度(不超过50 ℃)与+25 ℃的差值，对2类工况，极限环境温度降为40 ℃。极限温度更大时，两类工况下的温升应为减去规定极限值(分别是2类40 ℃，1类50 ℃)的差值。此处的“环境”是指冷却所采用的环境。

注2：设备的额定功率应与实际工况下负载电流的焦耳积分有关。如果不一致，温升试验考核的实际额定功率应由用户和制造商协商一致。

表3得出的温升适用下述方法所测得的温度：

——用变电阻法推导绕组平均温度的方法；

——用(水银或电)温度计测量除绕组之外的各个部位的温度。

变压器或电抗器的铁心及其他部件的温升不应达到损害这些部件和其相邻部件的值。

在K类液体的情况下，液体类型应经过用户认可。

9 铭牌

9.1 变压器铭牌

除非用户与制造商另有协议，每个变压器应装有铭牌，铭牌上至少应标出以下内容：

——制造商的名称；

——型号；

——出厂序列号；

——制造日期；

——接线图；

——主分接；

——每个绕组的额定容量和额定电压；

——额定频率；

——冷却介质与类型；

——冷却介质的体积或质量；

——冷却方式标识；

——总质量。

9.2 电抗器铭牌

除非用户与制造商另有协议，每个电抗器应装有铭牌，铭牌上至少应标出以下内容：

——制造商的名称；

——出厂序列号；

——电抗器型号；

——接线图；

——额定电流(方均根值，或平波电抗器的直流平均值)；

——(在一个或多个规定的基准电流下的)电抗值；

——额定频率；

——冷却介质与类型；

——冷却方式标识；

——总质量。

10 试验

10.1 试验分类

10.1.1 概述

试验可以分为三类：

——型式试验；

——例行试验；

——研究性试验。

10.1.2 型式试验

型式试验为对某一特定设计的产品进行的单件产品试验。试验应在首批产品中的一个产品上进行。

如果制造商能提供正式的型式试验报告，证明已在先前生产的相同产品上进行过型式试验，则成批生产的同类产品认为已通过型式试验，可以免做。

可选型式试验仅当订货合同中要求时才进行。

10.1.3 例行试验

例行试验在同批生产的所有产品上进行。经过用户和制造商协商，某类产品的例行试验可用在一批产品中随机抽取部分产品进行试验的方法来代替。

10.1.4 研究性试验

研究性试验是为了获得产品性能的附加信息，在单个产品上对某个可选特性进行的特殊性试验，仅当订货合同中规定时才进行。

试验结果不应影响产品的验收，除非在订货合同中规定影响产品的验收。

10.2 变压器试验

10.2.1 概述——试验一览表

牵引变压器上进行的检查、测量和试验见表 4，同时也规定了试验类型和应参照的条款。

过渡电抗器的试验不应脱离变压器，应与变压器的试验一起进行。如果需要，用户和制造商应达成一致的协议，在作为独立设备的电抗器上进行这些试验，用以保证它们满足本标准的所有要求。

用户与制造商需协商的项目，或需由用户或制造商提供进一步资料或规范的项目参见附录 B。

表 4 牵引变压器的检查和试验项目一览表

试验项目	条款		
	型式试验	例行试验	研究性试验
初步检查	—	10.2.3	—
绕组电阻测量	10.2.4	10.2.4	—
变压比测量	10.2.5	10.2.5	—
原边空载电流与损耗的测量	10.2.6.1	10.2.6.2	—
阻抗电压测量	10.2.7	10.2.7	—
负载损耗测量	10.2.8.2	10.2.8.3	—
总损耗测定	10.2.9		—
温升试验	10.2.10		
介电试验：			—
耐受感应电压试验	10.2.11.1	10.2.11.1	—
耐受工频电压试验	10.2.11.2	10.2.11.2	
耐受全波冲击电压试验	10.2.11.3		—
短路条件下的性能试验			10.2.12
冲击和振动试验	10.2.13		—
噪声测量			10.2.14

组成静止电力变流器一部分的牵引变压器，其试验还应参考 GB/T 25122.1。

注：检查内部产生浪涌，雨、雪或沙浸入等预防措施的有效性，只有在整车上才能准确地进行。如果要求进行某些试验，应参考 IEC 61133。

10.2.2 额定性能数据的允差

牵引变压器的额定性能数据的允差不应超过表 5 的规定。

当某个试验项目的允差未作规定时，表示该项目的数值不受限制。

表 5 额定性能数据的允差

参数(和条款)	允 差
1 a)总损耗	总损耗的+10%
b)部件损耗(10.2.6、10.2.8、10.2.9)	每个部件损耗允差为+15%,但不超过总损耗的允差
2 主分接的空载电压比(额定电压比,10.2.5)	铭牌所标电压比的±0.5%,或标出的等于额定负载时实际阻抗电压百分数的 1/10 的百分数,取两者中较小的值
3 (主分接)阻抗电压(10.2.7)	该分接所标明阻抗电压的±15%[a]
4 空载电流(10.2.6)	已经标明的空载电流的+30%

[a] 对其他分接,允差应由用户与制造商商定。在特殊应用中,经过用户与制造商商定,允差可以减至 10%。

10.2.3 初步检查

初步检查包括检查电路图、端子标志、电压矢量(对三相变压器)、极性和铭牌上的项目。

10.2.4 绕组电阻测量

当绕组为冷态时,应用直流电测量每个绕组的易接近端子间的电阻。为使自感效应最小化和正确测量绕组的温度,应按照 GB 1094.1—1996 规定的方法进行。应记录测量时的环境温度。

对于型式试验:

a) 如果某个绕组具有调节牵引电路电压的多个分接,则对于每个分接,应测量这些绕组的带电部分的总电阻;

b) 如果某些辅助绕组有几段,则应测量每段的电阻。

对于例行试验:

——a)项的测量只限于绕组的主分接;

——b)项的测量在整个辅助绕组上进行。

10.2.5 电压比的测量

对绕组的所有分接,应测量各对绕组间的不同电压比。

如果高压侧调压变压器有多个二次牵引绕组,且假设在测量这些二次侧绕组间的电压比时,已经记录下正确的电压比,则只要测量任一二次侧绕组与网侧绕组的所有分接间的电压比即可。

组成高压侧调压变压器一部分的固定变比的牵引变压器,其电压比的测量是型式试验。

10.2.6 一次侧空载电流与损耗的测量

测量应在额定频率,施加电压波形近似为正弦波的条件下进行。

试验电压为非正弦波的情形下,应按照 GB 1094.1—1996 使用校正方法。电压应施加在变压器的适当绕组上;如果变压器采用高压侧调压控制,分接开关和固定比牵引变压器的原边应连在电路中,但任何情况下,所有的其他绕组应是开路的。

10.2.6.1 型式试验

空载电流与损耗的测量应在网侧电压为 0.8U、0.9U、1.0U 和 1.1U 下进行,U 为网侧额定电压。

如果变压器采用高压侧调压,应在分接开关的三个位置上进行测量,其中一个位置对应于主分接。

10.2.6.2 例行试验

测量按 10.2.6.1 进行,但仅在额定电压 U 对主分接进行测量。

10.2.7 阻抗电压的测量

对绕组的下列组合,阻抗电压应按照 GB 1094.1—1996 规定的程序进行测量:

a) 网侧绕组对所有共用的牵引绕组(型式试验和例行试验);

b) 网侧绕组对同时或几乎同时换相的每组绕组(型式试验);

c) 网侧绕组分别对每个独立的牵引绕组(型式试验和例行试验);

d) 网侧绕组分别对每个辅助绕组(型式试验)。

在型式试验 a)、b)、c)中,应在全部分接上进行测量,而对型式试验 d)和例行试验,试验只需要在网侧绕组的主分接和辅助绕组的指定分接上进行。

如果要求对其他分接或绕组的其他组合进行附加测量，应由用户与制造商达成一致。

阻抗电压应在额定频率、近似正弦波电压供电的情况下进行测量。测量可在额定电流的25%～100%间的任一电流下进行。施加在任一绕组上的电压不应超过其额定电压的50%或通过的电流不超过其额定值。

测量值应根据额定电流与试验电流的比值来修正，即按额定电流对试验电流之比乘以实际的电抗值来修正，修正后的值还应折算到10.2.9给出的相应基准温度。

10.2.8 负载损耗的测量

10.2.8.1 概述

在对变压器阻抗电压进行型式试验和例行试验(见10.2.7)过程中，应记录负载损耗，该值可用额定电流对试验电流比的平方与它们相乘来修正。

获得的负载损耗应修正到相应于10.2.9规定的相应基准温度，把I^2R(R为直流电阻)看成与电阻成正比，其他损耗与电阻成反比。应按10.2.4的规定测量电阻。

应对下述各对绕组的组合进行负载损耗的测量：

a) 网侧绕组/全部二次侧绕组并联或串联；

b) 网侧绕组/每个二次侧辅助绕组。

组成静止电力变流器一部分的变压器，其负载损耗应参考GB/T 25122.1。

注：所有电路的总损耗，不能简单地用在上面规定的各对绕组上测得的损耗的算术和来获得。

有些情况下，可以根据每个绕组的直流电阻和相应电流进行计算，并加上试验中产生的附加损耗。

10.2.8.2 型式试验

应测量10.2.8.1定义的组合a)和b)的负载损耗。对组合a)，应分别在调压开关的三个级位上进行测量：

——对主分接；

——牵引绕组中产生最大负载损耗的分接；

——其他一个分接。

10.2.8.3 例行试验

只对10.2.8.1中规定的组合a)且只对主分接进行负载损耗的测量。

10.2.9 总损耗测量

总损耗是空载损耗(10.2.6)与换算到相应基准温度的绕组负载损耗(10.2.8)之总和，基准温度见表6。

表6 基准温度

耐热等级	基准温度/℃
A E	85
B	130
F H 200 220 250	150

牵引变压器牵引电路的总损耗是通过对主分接和对产生最大牵引负载损耗的分接的计算得到的。

牵引变压器的总损耗是通过对额定牵引负载和额定辅助电路负载的结合而计算得到的。在用户与制造商协商一致的前提下，列车采暖的损耗通常包含在此计算中。变压器辅助设备(油泵、风机等)的功率消耗不包括在总损耗中。

若无其他规定，对除牵引变压器以外的变压器，总损耗根据所有绕组同时带有额定负载的条件计算得到。

10.2.10 温升试验

进行温升试验时，变压器工作在额定容量下(第6章)，分接绕组工作在主分接或指定的分接位置上。

试验中，用作冷却系统的冷却和循环的所有附件按照在机车车辆上的条件进行布置。

对于采用强迫风冷或与7.3类似的冷却方式的变压器，试验应在给定的风量(或风速)下进行。

制造商可采用 GB 1094.2—1996 给出的试验方法，例如：

——直接负载法；

——背靠背法；

——短路法。

还应参照 GB 1094.2—1996 进行：

——不同温度的测量；

——试验的持续时间；

——绕组温升的测量；

——读数的必要修正。

此类变压器普遍采用直接负载法或背靠背法，主要是当有限定值时，方法的详细内容由用户与制造商协商一致。

短路法按 GB 1094.2—1996 进行。

对于组成静止电力变流器一部分的变压器，其温升试验和绕组中热等效电流的测定宜参考 GB/T 25122.1。变压器不同部分的温升终值不应超过表3所给出的限值。如果不能再现变压器的工作波形，用户与制造商应对温升试验的采用方法协商一致。

10.2.11 介电试验

在室温下新造变压器装有对介电试验有影响的附属装置后，其介电试验在制造商的工厂里进行。

鉴于有几种不同的接线，所以对每一种特定情况均应规定这些试验所采用的电路，但是：

——应保留变压器在运用时绕组与地相连的接地线；

——对于高压侧调压的变压器，应将调压开关连接到主分接。

介电试验包括：

——耐受感应电压试验(见10.2.11.1)；

——耐受工频电压试验(见10.2.11.2)；

——耐受全波冲击电压试验(见10.2.11.3)。

对于工频电压和感应电压试验所采用的试验电压方均根值见表7和表8。可用测量电压峰值的方法代替方均根值的测量；峰值除以$\sqrt{2}$就等于表中所给出的方均根值。

表 7　直接与接触网相连的绕组的介电试验电压

牵引系统的标称电压 U_n/V	额定绝缘电压 U_{Nm}/V (小于)	试验电压 U'/V	
		耐受工频电压试验(方均根值)	耐受冲击电压试验(峰值)
750[a]	900	2 800	6 000
1 500[a]	2 300	5 500	12 000
3 000[a]	3 700	11 500	25 000
15 000	17 250	38 000	95 000
20 000	24 000	44 000	95 000
25 000	27 500	60 000	150 000
50 000	60 000	120 000	300 000
[a] 与连至直流电网的感应绕组有关。			
注：对于特殊情况，经过用户与制造商同意，可以采用超过表中规定的试验电压值。			

表 8　其他绕组的介电试验电压 U'(V)(耐受感应电压试验或耐受工频电压试验)

额定绝缘电压/V(小于)	有一个绕组直接连至接触网的牵引和辅助变压器	不与接触网相连的其他绕组
300	—	1 500
660	—	2 500
900	4 000	3 300
1 200	4 700	3 900
1 600	5 600	5 200
2 300	7 000	6 600
3 000	8 000	8 000
3 700	10 000	9 400
4 800	13 000	11 600
6 500	17 000	15 000

10.2.11.1　耐受感应电压试验

本试验的主要目的是检查所有有关绕组的匝间、层间和分接间的绝缘。

对于凡有一端或一个分接永久接地的所有绕组，本试验对绕组的非接地端同时要求耐受工频电压试验。关于采用的试验电压，试验持续时间随频率的变化等宜参照 GB 1094.3—2003 的规定。试验时，油箱和耦合绕组(不包括供电绕组)应通过某一端子接地。

在绕组的感应电压试验中，应注意在同一磁路上的不同绕组的感应电压不能超过表 7 和表 8 给出的值。

10.2.11.2　耐受工频电压试验

本试验适用于不与接触网或变压器自身永久接地相连的所有变压器绕组。进行工频电压试验时，采用供给单相电压的外部电源，依次施加在每个受试端子和共同连接油箱并接地的所有绕组之间。试验电压的波形、最小频率、施加电压和试验持续时间的详细说明应参照 GB 1094.3—2003 的规定。

与接触网相连并和变压器本身无永久性接地的绕组，应按用户和制造商协商一致的电压值进行耐受工频电压试验。该电压值取决于绕组电压端的绝缘水平。对于全绝缘变压器(即绕组的首末端绝缘水平相同)，绕组首末端的工频绝缘水平和耐受工频电压值一致。对于分级绝缘变压器(即绕组的首末端绝缘水平不同)，工频耐压的试验值和绝缘水平较低的一端的工频绝缘水平一致。

10.2.11.3　耐受全波冲击电压试验

试验直接在接触网供电的牵引和辅助变压器上进行。冲击电压应施加在变压器的网侧端子上。

在试验期间：

——油箱和所有易接近的二次侧端子应直接接地；

——网侧绕组的接地端应直接接地或通过低阻抗接地；

——应移去或断开任何与使用中的网侧端子相连的过电压保护装置；

——如果采用高压侧调压控制，调压开关应与主分接相连。

全波电压试验采用标准冲击波形 1.2/50 μs，施加电压峰值按表 7 中所给出的值。试验方法、故障指示等应参照 GB 1094.3—2003 的规定，不宜进行截波试验。

10.2.12 短路条件下的性能

本试验应在招标说明书中要求或由用户与制造商在合同中协商一致，且按 GB 1094.5—2008 的规定。

变压器应能承受在所有二次侧绕组的端子间的短路热效应和机械效应而无损坏。对于辅助绕组，则应考虑相应电路中的阻抗、保护装置(熔断器、开关等)。

机车车辆输入端可达到的短路容量应由用户和制造商规定。

考核电压是牵引系统电压的最大值，电压值符合 IEC 60850 的规定。

10.2.13 冲击和振动试验

见 GB/T 21563—2008。

可只对变压器附属的可拆卸部件进行性能试验。

除非用户和制造商另有协议，冲击和振动试验后应重复如下性能试验：

a) 空载电流和损耗的测量；

b) 阻抗电压的测量；

c) 耐受感应电压或耐受工频电压试验。

如果 a)项和 b)项的试验结果与最初试验中的测量值相比误差小于 2%，则认为变压器通过了耐冲击振动试验。对于 c)项中的试验，施加试验电压应为最初试验中采用值的 75%，试验中不应发生击穿或闪络。

10.2.14 噪声测量

按照 GB/T 1094.10—2003 的规定进行噪声测量。

10.3 电抗器试验

10.3.1 试验一览表

电抗器上进行的检查、测量和试验项目如表 9 所示，表中也规定了试验类型及试验应参照的条款。

表 9 电抗器的检查和试验一览表

试验项目	条款		
	型式试验	例行试验	研究性试验
初步检查	—	10.3.3	—
绕组电阻测量	—	10.3.4	—
损耗测定	10.3.5	—	—
电感测量	10.3.6	10.3.6	—
温升试验	10.3.7	—	—
介电试验：			
——端子间的耐受电压试验	10.3.8.1	10.3.8.1	
——耐受工频电压试验	10.3.8.2	10.3.8.2	—
——耐受全波冲击电压试验	10.3.8.3		—
冲击和振动试验	10.3.9		

10.3.2 允差

表 10 中第一栏表示“设计”允差，即保证值或设计值与样机型式试验的测得值之间的差值。如果用户和制造商同意，表中给出的值是可行的。

“制造”一栏给出的值适用于例行试验所测值与样机上所测值之间的允差。

表 10 允差

参数(条款)	允差	
	设计	制造
1 绕组电阻(10.3.4)	—	±10%
2 损耗(10.3.5)		用交流测量：±10%
3 电抗(10.3.6)	用与电抗器种类相一致的电流测量：±15%	用交流测量：±10%

如果有其他值，允差应按 GB/T 10229—1988 的规定。

10.3.3 初步检查

初步检查包括端子标识、极性和铭牌上的每一项目的检查。

10.3.4 绕组电阻测量

应在环境温度下通以直流电来测量绕组的电阻，应尽可能减小自感效应的影响。应记录测量时的温度，并将所测电阻值修正到基准温度时的值(见 10.2.9)。

10.3.5 损耗测定

应在等效于工作电流的工频交流下测量交流和脉流电抗器的损耗。等效电流是由用户规定的谐波分量或波形中推导出来的方均根值，还应考虑试验条件与使用条件不同对损耗的估计影响。

应在直流电下测量直流电抗器的损耗，也要求对铁心的损耗进行计算。

对装有铁心或屏蔽罩的电抗器，除非另有规定，应在与实际使用条件接近的频率和/或波形下测量损耗。

10.3.6 电感测量

通常，应用与电抗器类型相应的电流进行型式试验，但是例行试验应在交流下进行。不同条件下测得的电感量与给定的电感量可以不同，制造商与用户可以型式试验的结果为基础，协商一致一个值用于例行试验。

对耦合电抗器，互感的测量(见 GB/T 10229—1988)可以要求作为型式试验。

10.3.6.1 交流电抗器和变流电抗器的测量

10.3.6.1.1 型式试验

电抗器应供以额定频率交流电，并绘制电抗器在整个使用范围内阻抗或电感对电流的曲线。如果用户要求，在产品开始批量生产之前，饱和曲线应由用户和制造商协商一致。

对于空心电抗器，应只在额定电流下进行试验。

对于变流电抗器，可以要求测定品质因数 Q(见 GB/T 10229—1988,33.6)。

10.3.6.1.2 例行试验

交流电抗应在额定频率和电流下进行测量。

10.3.6.2 直流电抗器的测量

10.3.6.2.1 型式试验

应在电抗器的整个使用范围内，绘制瞬态电感对电流的曲线。如果用户要求，在产品开始批量生产前，饱和曲线应由用户和制造商协商一致。

应记录通过上述型式试验的电抗器在协商一致工频下不同电流值时的交流阻抗和电感值，但这些电流不能使电抗器的电压达到危险值。然后用户和制造商应协商一致在所绘制的阻抗曲线上选择某一个点，该点作为后续产品例行试验的基准点。

10.3.6.2.2　例行试验

交流阻抗应在协商一致的频率下，并在对应上述定义“基准”点的电流下进行测量。

10.3.6.3　脉流电抗器的测量

10.3.6.3.1　型式试验

电感曲线应是电感对整个工作范围内电流的函数曲线。空心电抗器的电感根据交流工频下测得的电抗值计算而得。

铁心电抗器电感的测量应考虑叠加在直流上的纹波电流，并由用户与制造商协商一致。

电感的测量应在电抗器整个应用范围内，均作为脉动电流算术平均值的函数来进行。

通过上述型式试验的电抗器，应记录下其在协商一致工频下的交流阻抗和电感值，但这些电流值不能使电抗器的电压达到危险值。

用户和制造商应协商一致在绘制的阻抗/电流曲线上选择某个点，该点作为后续产品例行试验的基准点。如果用户要求，在产品开始批量生产之前，饱和曲线应由用户和制造商协商一致。

10.3.6.3.2　例行试验

交流电感值应在协商一致的频率下，并在对应上述定义“基准”点的电流下进行测量。

10.3.7　温升试验

温升试验按 GB/T 10229—1988 进行，特殊要求如下所述：

电抗器的温升试验在 10.3.5 规定的等效电流下进行。

电抗器的安装条件与机车车辆上的相等效。

对于强迫风冷电抗器，应在规定的风量(或风速)下进行测量(见 7.3)。

在试验期间，电抗器各个部位的温升不应超过表 3 规定的限值。

对于不能与牵引变压器分开的电抗器，其温升试验参照 10.2.10 进行。

注：对于工作在非正弦交流或脉流下的电抗器，很难根据损耗来估算等效电流，因此宜采用与使用中类似的电流波形进行研究性试验。

10.3.8　介电试验

新造电抗器的介电试验在制造商进行，电抗器处于室温环境，并且在安装好可能影响试验结果的附属装置之后进行。

介电试验包括：

——端子间的耐受电压试验(见 10.3.8.1)；

——耐受工频电压试验(见 10.3.8.2)；

——耐受冲击电压试验(见 10.3.8.3)。

10.3.8.1　端子间的耐受电压试验

该试验的主要目的是检查所有有关绕组的线匝、线圈和分接之间的绝缘。

在正常使用条件或故障条件下，试验在电抗器承受电应力的端子间进行。

在试验期间，油箱与绕组(不包括受试绕组)应按使用时的状态进行连接。

试验电压峰值 U_{peak} 应为表 7 和表 8 中所给值的 2 倍。表 8 中第二栏不可应用。试验时，在两端子上施加一脉冲电压，其上升时间长得足以使电压沿着绕组规则地分布(经过用户和制造商同意，试验可用交流电压进行，但选择交流频率时应使试验电流不超过额定值的 1.2 倍)。

10.3.8.2　耐受工频电压试验

试验电压应施加在绕组与地之间 1 min，如果有单独绕组，还需施加在单独的绕组之间。

试验电压应为交流，尽可能接近正弦波，频率在 $\left(16\frac{2}{3}\sim100\right)$ Hz 之间。在双重绝缘的条件下，其方均根值应在表 7 和表 8 中选取，每层绝缘均能承受上面所提到的值。在表 8 中，第二栏是不可应用的。

但如果电抗器接在整流的电路中，故障(阳极电抗器或平波电抗器)时该电路的对地电位可能达到较高数值，应参照 GB/T 25122.1 的规定，以便确定要施加的较高的试验电压。

对于接在单相机车车辆高压电路中的电抗器，其试验电压值应由用户与制造商协商一致。

10.3.8.3 耐受冲击电压试验

此试验仅适用于直接与架空接触网相连的电抗器。冲击电压应加在电抗器的网侧端子上。

对于与交流接触网相连的电抗器，试验应用 1.2/50 μs 标准全波电压进行，施加电压的峰值按表 7 的规定。

对于与直流接触网相连的电抗器，试验应由用户与制造商协商后进行。如果有避雷器，应该考虑避雷器的特性。

经用户和制造商同意，此项试验可用于与接触轨相连的直流电抗器。

进行试验的方法，根据 GB 1094.3—2003 的要求，应由用户和制造商协商一致。

10.3.9 冲击和振动试验

可只对电抗器附属的可拆卸部件进行性能试验。

除非另有规定，在冲击和振动试验(GB/T 21563—2008 第 12 章)后要进行如下性能试验：

a) 电感测量；

b) 耐受工频电压试验。

如果试验 a)的结果与最初试验测得的值的误差小于 2%，则认为电抗器通过了冲击和振动试验。对于试验 b)，试验电压应为最初试验电压的 75%，且不应发生击穿或闪络。

附 录 A
（资料性附录）
本标准与 IEC 60310:2004 技术性差异及其原因

A.1 表 A.1 给出了本标准与 IEC 60310:2004 的技术性差异及其原因。

表 A.1 本标准与 IEC 60310:2004 技术性差异及其原因

本标准的章条编号	本 标 准	IEC 60310:2004	原 因
2	（相关文件移入参考文献）	IEC 60077-1、IEC 61287-1、IEC 61133	在文中为参考资料，不属于规范性文件
	GB 1094.1—1996	IEC 60076-1:1993	执行强制性国家标准
	GB 1094.2—1996	IEC 60076-2:1993	
	GB 1094.3—2003	IEC 60076-3:2000	
	GB 1094.5—2008	IEC 60076-5:2000	
	GB/T 10229—1988	IEC 60289:1988	采用非等效的国家标准
	GB/T 11021—2007	IEC 60085:1984	执行最新版的国家标准
3.3.1	$L=\frac{E}{2\pi fI}$	—	增加公式，便于使用
3.3.2	$L=\frac{\lvert -E\rvert}{\frac{di}{dt}}=\frac{W d\phi}{di}$	—	
3.3.3	$L=\frac{E}{2\pi fI}$	—	
表 4 型式试验项目	10.2.4、10.2.11.1、10.2.11.2	—	增加试验考核项目
表 4 例行试验项目	10.2.3	—	
表 4 研究性试验项目	10.2.14	—	
9.1 变压器铭牌标示内容	型号	—	满足实际需求
10.2.6.1	空载电流和损耗的测量应在网侧电压的 0.8U、0.9U、1.0U 和 1.1U 下进行	空载电流和损耗的测量应在网侧电压的 0.8U、0.9U 和 1.1U 下进行	增加考核电压分级，细化考核
10.2.11.1 绕组的感应电压试验	感应电压不能超过表 7 和表 8 给出的值	感应电压不能超过表 7 给出的值	进一步明确表 7 和表 8 的要求要同时满足
10.2.11.2	对于全绝缘变压器（即绕组的首末端绝缘水平相同），绕组首末端的工频绝缘水平和耐受工频电压值一致。对于分级绝缘变压器（即绕组的首末端绝缘水平不同），工频耐压的试验值和绝缘水平较低的一端的工频绝缘水平一致	—	细化原文的“该电压值取决于绕组电压端的绝缘水平”，明确全绝缘变压器和分级绝缘变压器不同的取值方法
10.2.14	10.2.14 整条	—	增加声级考核指标
表 9 型式试验项目	10.3.8.2	—	提高试验考核要求

附　录　B
（资料性附录）
用户与制造商需协商的项目，或需由用户或制造商提供进一步资料或规范的项目

注：下文中的数字是指涉及到的条款。

B.1　用户与制造商协商的项目

变压器和电抗器

1	标准范围的扩大
1	特殊使用条件与可能有关的试验
5.1	额定网侧电压
8.2	表3——注：较高的温升限值
8.2	工况选择
8.2	在温升试验时温度计所检查的位置
10.1.3	抽样试验代替例行试验
10.1.4	研究性试验及其影响

变压器

10.2.1	认为与变压器相连的过渡电抗器的试验
10.2.2	表5：分接（不包括主分接）的阻抗电压的公差
10.2.7	应测量阻抗电压的成对绕组的组合
10.2.11	阻抗电压的补充测量
10.2.11	介电试验所采用的布局
10.2.11	表7——注：较高的介电试验电压
10.2.11.2	变压器内非永久性接地绕组的试验电压值
10.2.12	短路试验

电抗器

10.3.6.2.1	直流电抗器阻抗曲线上"基准"点的选择
10.3.6.3.1	脉流铁心电抗器的电感测试方法
10.3.6.3.1	脉流电抗器阻抗曲线上"基准"点的选择
10.3.8.2	接在高压电路中的电抗器耐受电压试验
10.3.8.3	与直流架空接触网相连的电抗器的耐受冲击电压试验
10.3.8.3	与直流接触轨相连的电抗器的耐受冲击电压试验
10.3.8.3	电抗器进行耐受冲击电压试验的方法

B.2　用户向制造商提供的资料

变压器和电抗器

1	入口空气的温度
1	冲击和振动
7.3	气流或速度

变压器

10.2.12	机车车辆可获得的短路容量的最大值

电抗器

3.3.4	电路的额定电压

B.3　制造商向用户提供的资料

变压器和电抗器

	值的保证
8.2	绝缘材料耐热等级

电抗器

3.3.4	电抗器的额定值和使用条件

参 考 文 献

[1] GB/T 21413.1—2008 铁路应用 机车车辆电气设备 第1部分:一般使用条件和通用规则(IEC 60077-1:1999,IDT).

[2] GB/T 25122.1 轨道交通 机车车辆用电力变流器 第1部分:特性和试验方法(GB/T 25122.1—2010,IEC 61287-1:2005,MOD).

[3] IEC 61133 轨道交通 机车车辆 机车车辆制成后投入使用前的试验方法.

ICS 29.280
S 35

中华人民共和国国家标准

GB/T 25121—2010

轨道交通 机车车辆设备 电力电子电容器

Railway applications—Rolling stock equipment—Capacitors for power electronics

(IEC 61881:1999,MOD)

2010-09-02 发布　　　　2011-02-01 实施

中华人民共和国国家质量监督检验检疫总局
中国国家标准化管理委员会　发布

前言

本标准采用重新起草法修改采用 IEC 61881:1999《轨道交通 机车车辆设备 电力电子电容器》(英文版)。附录 A 给出本标准章节与 IEC 61881 的章节对应关系。

本标准与 IEC 61881:1999 存在技术性差异,这些差异涉及的条款的页边空白处用垂直单线(|)进行标示。本标准与 IEC 61881:1999 的技术性差异及其原因如下:

——由于 IEC 60080 和 IEC 60166 已经废止,故删除;

——规范性引用文件中引用了采用对应于国际标准的我国标准;并增加 GB/T 16935.1;

——由于在 GB/T 21413.1—2008 中,正常工作海拔为 1 400 m,故本标准也作相应更改;

——在 9.3 原文基础上增加 9.3.1 概述,后继子章节递增;

——9.8 原文为"正在考虑中",本标准对此具体化,改为"套管、对地绝缘子、台架间绝缘子等均应符合 GB/T 16935.1,要确保所有有关气候条件,尤其是湿度急剧变化等必要条件,需经制造厂和购买方共同确定。"。

为便于使用,本标准还做了下列编辑性修改:

——修改了在 IEC 61881:1999 存在的错误:

a) 2.15.4 和 2.15.5 中所引用的条款错误,分别应为"2.15.2"和"2.15.2 和 2.15.4",在本标准中改为"5.15.2"和"5.15.2 和 5.15.4";

b) 2.16.2 中引用条款"2.17.5"应为"2.17.4",在本标准中改为"5.17.4";

c) 试验 Nb 无转换时间,应该是试验 Na;

d) IEC 61881 表 6 注 3 中 $U_t=U_r=(1.25\div1.35)U_N$,在本标准中改为"$U_t=U_r=(1.25$ 或 $1.35)U_N$"。

——5.2 增加表 2《试验项目一览表》,原表 2 及后表序号顺序递增。

本标准是在 TB/T 3075—2003《铁路应用 机车车辆设备 电力电子电容器》的基础上制定。

本标准的附录 C、附录 D 是规范性附录,附录 A、附录 B 是资料性附录。

本标准由中华人民共和国铁道部提出。

本标准由全国牵引电气设备与系统标准化技术委员会(SAC/TC 278)归口。

本标准主要起草单位:宁波市江北九方和荣电气有限公司。

本标准参加起草单位:株洲南车时代电气股份有限公司、西南交通大学。

本标准主要起草人:于智强。

本标准参加起草人:冯晓云、王秋华。

轨道交通 机车车辆设备 电力电子电容器

1 范围

本标准适用于轨道交通机车车辆中使用的电力电子电容器。

本标准所涉及的电容器的额定电压最高到 10 000 V。

采用此类电容器系统的工作频率通常低于 2 500 Hz，而脉冲频率可高达几千赫，在某些情况下可能超过 10 000 Hz。

电容器分为交流电容器和直流电容器两种。

电容器作为部件安装在壳体中。

注：本标准适用的电容器技术范围很广，包括过电压保护、直流和交流滤波器、开关电路、直流储能、辅助变流器等许多应用中使用的电容器。

本标准不适用于以下电容器：

——频率在 40 Hz～24 000 Hz 之间的感应加热装置用电容器(见 GB/T 3984.1 和 GB/T 3984.2)；

——交流电动机使用的以及类似的电容器(见 GB/T 3667.1)；

——用于电力供电网中抑制一种或多种谐波的电路中使用的电容器；

——用于荧光灯和放电灯用的小型交流电容器(见 GB 18489 或 GB/T 18504)；

——抑制电磁干扰用的电容器(见 GB/T 14472)；

——额定电压 1 000 V 以上交流电力系统用并联电容器(见 GB/T 11024.1、GB/T 11024.2)；

——额定电压 1 000 V 及以下的交流电力系统用自愈式并联电力电容器(见 GB/T 12747.1、GB/T 12747.2)；

——额定电压 1 000 V 及以下的交流电力系统用非自愈式并联电力电容器(见 GB/T 17886.1、GB/T 17886.2 和 GB/T 17886.3)；

——用于非主电路的电子电容器；

——电力系统用串联电容器(见 GB/T 6115.1、GB/T 6115.2 和 GB/T 6115.3)；

——耦合电容器及电容分压器(见 GB/T 19749)；

——用于要求储存能量/大电流放电，如影印机和激光机中的电容器；

——微波炉用电容器。

示例在第 9 章中给出。

2 规范性引用文件

下列文件中的条款通过本标准的引用而成为本标准的条款。凡是注日期的引用文件，其随后所有的修改单(不包括勘误的内容)或修订版均不适用于本标准，然而，鼓励根据本标准达成协议的各方研究是否可使用这些文件的最新版本。凡是不注日期的引用文件，其最新版本适用于本标准。

GB/T 2423.3 电工电子产品环境试验 第 2 部分：试验方法 试验 Cab：恒定湿热试验(GB/T 2423.3—2006，IEC 60068-2-78：2001，Environmental testing—Part 2-78：Tests—Test Cab：Damp heat，steady state，IDT)

GB/T 2423.22—2002 电工电子产品环境试验 第 2 部分：试验方法 试验 N：温度变化

(IEC 60068-2-14:1984, Basic environmental testing procedures—Part 2:Tests—Test N:Change of temperature, IDT)

GB/T 2423.28 电工电子产品环境试验 第2部分:试验方法 试验T:锡焊(GB/T 2423.28—2005,IEC 60068-2-20:1979,Basic environmental testing procedures—Part 2:Test—Test T:Soldering, IDT)

GB/T 4798.5 电工电子产品应用环境条件 第5部分:地面车辆使用(GB/T 4798.5—2007, IEC 60721-3-5:1997, Classification of environmental conditions—Part 3:Classification of groups of environmental parameters and their severities—Section 5:Ground vehicle installations, MOD)

GB 13539.1 低压熔断器 第1部分:基本要求(GB 13539.1—2008,IEC 60269-1:2006,IDT)

GB/T 16935.1 低压系统内设备的绝缘配合 第1部分:原理、要求和试验(GB/T 16935.1—2008,IEC 60664-1:2007,IDT)

GB/T 21563 轨道交通 机车车辆设备 冲击和振动试验(GB/T 21563—2008,IEC 61373:1999,IDT)

IEC 60068-2-21:1992 电子电工产品基本环境试验规程 第2部分:试验方法 试验U:引出端及整体安装件强度

3 术语和定义

下列术语和定义适用于本标准。

3.1

电容器元件(或元件) capacitor element (or element)

电容器不可再分的部件,它由被电介质隔开的两个电极构成。

3.2

电容器单元(或单元) capacitor unit (or unit)

由一个或多个电容器元件组装于同一外壳中并有引出端子的组装体。

3.3

电容器组 capacitor bank

电气上连接在一起的两个或多个电容器单元的组装体。

3.4

电容器 capacitor

在不需表明其是元件、单元或电容器组时所用的一般术语。

3.5

电容器设备 capacitor equipment

电容器单元和用来连接到网络上的附件的组合体。

3.6

电力电子电容器 capacitor for power electronics

用于电力电子设备中,并能在正弦及非正弦电流和电压下连续运行的电力电容器。

3.7

金属箔电容器(非自愈式) metal-foil capacitor (non self-healing)

电极通常由电介质隔开的金属箔构成的电容器。如果电介质被击穿,电容器不能够自行恢复。

3.8

自愈式金属化电介质电容器 self-healing metallized dielectric capacitor

采用金属化层(通常需蒸镀)作为电极的电容器。如果电介质被击穿,电容器能够自行恢复。

3.9

交流电容器　a. c. capacitor

设计用于在交流电压下工作的电容器。

注：只有在得到电容器制造商的认可后，交流电容器方可用于其额定电压及以下的直流电压场合。

3.10

直流电容器　d. c. capacitor

设计用于在直流电压下工作的电容器。

注：只有在得到制造商的认可后，直流电容器才可用于交流电压场合。

3.11

模型电容器　model capacitor

电气试验中，在电气、热力和机械状况的严酷度均不降低的条件下，模拟完整单元或元件的较小单元。

注：应考虑综合应力，例如，温度、机械条件与电气强度的综合。

3.12

内部(元件)熔丝　internal (element) fuse

装在电容器内部的，当发生击穿时断开一个或一组元件的器件。

3.13　过压力装置

3.13.1

过压力隔离器　overpressure disconnector

在电容器内，设计用于在电容器失效时切断电流通路的隔离装置。

3.13.2

过压力检测器　overpressure detecror

通过电气开关/信号检测内部压力异常增加并间接切断电流通道的装置。

3.14

内部放电器件　internal discharge device

装在电容器内部，接在单元的两端，在电容器与电源断开后能迅速有效地将电容器上的剩余电压降到零的器件。

3.15

交流额定电压(U_N)　rated a. c. voltage

设计电容器时所采用的、波形可正负变换的、在任一极性下的最高工作峰值周期电压。

注1：波形可能有多种形状，附录B给出了示例。

注2：波形的平均值可能是正值或负值。

注3：要注意交流额定电压不是方均根值。

注4：本标准所用的定义不同于GB/T 21413.1。

3.16

直流额定电压(U_{NDC})　rated d. c. voltage

设计电容器时，考虑连续运行状态所采用的、但不能变换方向的任一极性的最高工作峰值电压。

用于门极关断晶闸管(GTO)的阻尼电容器可以看作纹波电压等于额定直流电压($U_{NDC}=U_r$)的直流电容器。

在反向电压情况下，使用时应经用户与制造商商定。

注：如果反向电压较小(小于额定电压的10%)，电压波形可认为没有反向。基于实验目的，U_{NDC}和U_r应该增加反向电压U。

3.17

纹波电压(U_r)　ripple voltage

单向电压的峰到峰的交流分量。

3.18

不重复浪涌电压(U_s)　non-recurrent surge voltage

由于通断或系统其他干扰所导致的峰值电压,此电压只允许持续比基本周期短的时间和出现有限的次数。

3.19

绝缘电压(U_i)　insulation voltage

电容器端子对外壳或对地的绝缘正弦波电压的方均根值。如果不作规定,绝缘电压的方均根值就等于额定电压除以$\sqrt{2}$。

3.20

最大峰值电流($\hat{I}$)　maximum peak current

在连续工作期间可能发生的最大峰值电流。

3.21

最大电流(I_{max})　maximum current

连续运行时的最大方均根电流。

3.22

最大浪涌电流($\hat{I}_s$)　maximum surge current

由于通断或系统其他干扰所导致的允许峰值电流,此电流只允许出现有限的次数。

3.23

脉冲频率(f_p)　pulse frequency

周期性电流脉冲的重复频率。

3.24

电流脉冲宽度(τ)　current pulse width

电容器从一个电压值充电或放电到另一个电压值的过程中电流流过的时间。

注:脉冲电流波形的示例参见附录B。

3.25

谐振频率(f_r)　resonance frequency

电容器阻抗为最小值时的最低频率。

3.26　**工作周期**

3.26.1

持续工作周期　continuous duty

在大多数时间里电容器处于热平衡状态的工作时间。

3.26.2

间断工作周期　intermittent duty

不连续工作或变动负荷工作,它们应以"通/断"或"高/低"周期与持续时间来标识。

3.27

工作温度　operating temperature

在热平衡状态时电容器外壳最热点的温度。

3.28

最低工作温度(θ_{min})　lowest operating temperature

电容器可以赋能的最低温度。

3.29

外壳温升($\Delta\theta_{case}$)　container temperature rise

外壳最热点的温度与冷却空气温度的差值。

3.30

冷却空气温度(θ_{amb})　cooling-air temperature

在稳态条件下,两单元之间中间点测得的电容器最热位置的冷却空气的温度。

如果所涉及的仅为一个单元,此温度则指在大约离电容器外壳 0.1 m 和距其基底 2/3 高处所测得的空气温度。

3.31

最高工作温度(θ_{max})　maximum operating temperature

电容器可以工作的最高外壳温度。

3.32

稳态　steady-state conditions

在恒定输出和恒定冷却空气温度下电容器达到的热平衡。

3.33

电容器损耗　capacitor losses

电容器所消耗的有功功率。

注:除非另有说明,电容器的损耗应理解为包括作为电容器组成部分的熔丝和放电电阻的损耗。

在高频时,电容器的损耗主要为连接件、接触点和电极引起的损耗。

3.34

电容器损耗角正切($\tan\delta$)　tangent of the loss angle of a capacitor

在规定的正弦交流电压和频率下,电容器等效串联电阻与容抗的比值。

3.35

电容器的等效串联电阻　equivalent series resistance of a capacitor

一个有效电阻,当它和所考核的电容器有相等电容值的理想电容器相串联时,在规定的运行条件下,该电阻中的损耗功率将等于该电容器中耗散的有功功率。

3.36

最大损耗功率(P_{max})　maximum power losses

在最高外壳温度条件下,电容器可承载的最大损耗功率。

3.37

最大损耗功率和最大电流时的最高频率(f_2)　maximum frequency for maximum power loss and maximum current

指电容器在最大电流(I_{max})时产生最大损耗功率(P_{max})时的频率。

4　使用条件

4.1　正常使用条件

4.1.1　海拔

不超过 1 400 m。

注:如果海拔超过 1 400 m,应考虑海拔对于对流冷却和外部绝缘的影响。

4.1.2　温度

气候环境温度由 GB/T 4798.5 的 5K2 类中得出,其范围从－25 ℃～＋40 ℃。

环境温度超出这个范围,应由用户和制造商商定。

电容器可以工作的外壳温度上限值 θ_{max}应在 55 ℃、70℃和 85 ℃值中选择。

4.1.3 强迫冷却下的运行温度

如果用流动介质对电容器进行强迫冷却，则应遵守4.1.2中规定的工作温度条件。

应优先采用表1所提供的冷却液体的温度；

表1 无时间限制时冷却介质的最高温度

入口温度/℃	出口温度/℃
35	40
45	50
55	60

冷却液的最低入口温度可以是－25 ℃。

有两种方法规定冷却介质的温度上限，既可使用入口温度也可使用出口温度。

除非另有协议，方法的选择一般应由电容器制造商决定。

对于使用入口温度的方法，应规定冷却介质的流量。

4.2 非正常使用条件

除非制造商与买方另有协议，本标准不适用于那些使用条件通常不符合本标准要求的电容器。

非正常使用条件要求增加测试，以保证即使在这些非正常使用条件下也能遵循本标准的条件。

5 质量要求和试验

5.1 试验要求

5.1.1 概述

本条给出电容器单元的试验要求。

5.1.2 试验条件

除非对于特殊的试验或测量另作规定，电容器电介质的温度应在＋5 ℃～＋35 ℃范围内。

如需校正，除非制造商与买方之间另有协议，基准温度应为＋20 ℃。

注：如果电容器在恒定的环境温度下为了达到热平衡状态保持不赋能状态一段适当的时间，则可以认为电介质温度与环境温度相同。

除非另有规定，交流试验和测量应在50 Hz或60 Hz正弦电压下进行。

5.2 试验类别

5.2.1 概述

表2列出了电容器应进行的试验项目和试验类别。

表2 试验一览表

试验类型	型式试验	例行试验	条　款
电容值和tanδ的测量		√	5.3
电容器损耗角正切(tanδ)测量	√		5.4
端子间的电压试验	√	√	5.5
端子与外壳间的交流电压试验	√	√	5.6
内部放电器件的试验	√	√	5.7
密封性试验		√	5.8
浪涌放电试验	√		5.9
热稳定试验	√		5.10
自愈性试验	√		5.11

表 2（续）

试验类型	型式试验	例行试验	条　款
谐振频率的测量	√		5.12
环境试验	√		5.13
机械试验	√		5.14
目检		√	5.14.2
耐久性试验	√		5.15
破坏性试验	√		5.16
熔丝的断开试验	√		5.17
局部放电测量[a]	√		5.18
[a] 该试验为可选型式试验。			

5.2.2　**例行试验**

在交货之前，制造商应对每一个电容器做例行试验。

如有要求，制造商应提供详细说明该类试验结果的证明书。

试验顺序如上所示。

5.2.3　**型式试验**

除非另有规定，每一个用于型式试验的电容器样品应首先满足所有例行试验的要求。

型式试验是用来验证电容器设计的完善性及电容器在按本标准所详述的条件下运行的适应性。

型式试验应由制造商进行，在有要求时应向买方提供详列这些试验结果的证明书。

这些试验应在与合同具有相同设计要求的一个电容器上进行，或者在试验中给出的相同或更严格的试验条件所设计的一个电容器上进行。

不要求全部型式试验都在同一个电容器样品上进行。

5.2.4　**验收试验**

按照与买方的协议，制造商可能要进行的例行试验或型式试验或其中的某些试验。

作这些重复试验的试品数量、验收准则以及是否允许发送这些单元中的任何一件，均应由制造商与买方商定并应在合同中加以说明。

5.3　**电容值与 tanδ 的测量**

5.3.1　**测量程序**

电容值和 tanδ 的测量应在制造商选择的电压和频率下进行。

采用的测量方法应足以排除由于谐波或被测电容器外部附件(例如测量电路中的电抗器和隔直电路)所引起的误差。

测量方法的准确度应予以规定，对于电容值的测量，准确度应优于 0.2%，对 tanδ 的测量准确度应优于 10%，但当测试频率在 50 Hz～60 Hz 时，准确度不必优于 1×10^{-4}。

电容值测量应在端子间的电压试验(见 5.5)之后进行。

对于有内部熔丝的电容器，在电压试验之前也应进行电容值测量。

5.3.2　**电容的允许偏差**

若无其他规定，所测得的电容值与额定电容值之差(T_{ol})应在－10%～＋10%的范围之内。

5.3.3　**损耗要求**

有关电容器损耗的要求可由制造商与买方双方商定。

注：制造商可根据协议规定提供在温度范围内，在额定输出的稳态条件下，电容器损耗与环境温度的函数曲线或表格。

5.4 电容器损耗角正切(tanδ)的测量

5.4.1 测量

5.4.1.1 交流电容器

电容器损耗角正切(tanδ)的测量应在热稳定试验(见5.10)结束时进行。测量电压应为热稳定试验的电压,频率应在50 Hz～120 Hz的范围内。

5.4.1.2 直流电容器

该测量应在50 Hz～60 Hz的频率范围内,在$\frac{1}{2\sqrt{2}}U_r$(U_r为纹波电压)下进行。

注:电极、连接件、引线和端子中的损耗皆为频率的函数,并且能够计算。

5.4.2 损耗要求

按5.4.1所测得的tanδ不应超过制造商所声明的值或制造商和买方双方商定的值。

5.5 端子间的电压试验

5.5.1 概述

试验应按表3进行。

表3 端子间的试验电压

	交流电容器		直流电容器	
	非自愈式	自愈式	非自愈式	自愈式
交流试验电压方均根值	$1.5U_n$	$1.25U_n$		
直流试验电压	$2.15U_n$	$1.75U_n$	$2U_n$	$1.5U_n$

如果电容器用于间断工作周期(见3.26)或短时制,则表3中标明的试验电压值可以降低,新的电压值可由用户和制造商商定。对于直接接至电网的电容器,端子间的试验电压可根据制造商和用户达成的协议增加。

注1:假如电压增加10%,持续时间可以减少到2 s。

注2:交流试验电压频率可为50 Hz或60 Hz。

5.5.2 例行试验

每个电容器在环境温度下应承受5.5.1中任一项试验,持续时间为10 s,由制造商选择。在试验过程中,不允许出现击穿和闪络。

允许自愈性击穿。

对于所有元件并联的单元来说,如果电容值的允许偏差仍满足要求,那么内部元件熔丝的熔断是允许的。

注:如果必要,该试验仅可重复进行一次。

5.5.3 型式试验

电容器在最高外壳温度时,应承受5.5.1中任一项电压试验,持续1 min。

由制造厂选择来做。

在端子间进行电压试验后,对电容值和tanδ进行测量。

5.6 端子与外壳间的交流电压试验

5.6.1 例行试验

所有端子均与外壳绝缘的单元应能承受施加在连接在一起的端子与外壳间的电压,持续10 s。

试验电压值如下:

$$U_{t,case}=(2U_i+1\ 000\ \text{V})\text{或}2\ 000\ \text{V,取两者中较大值。}$$

式中:

U_i——绝缘电压。

电容器的绝缘电压值应由用户规定。除非另有规定，绝缘电压等于电容器额定电压的 $1/\sqrt{2}$。

在试验过程中，不应出现击穿和闪络。即使某个端子拟在使用中连接外壳，也要进行此项试验。对于一个端子固定连接到外壳的单元，则不应进行该试验。

注 1：如果电容器(带金属外壳)装有外部过压力检测器，则检测器的端子应短接后再与外壳相连。

注 2：过压力检测器与外壳之间的电压试验宜由制造商与买方商定。

注 3：如果必要，该试验仅可重复进行一次。

5.6.2 型式试验

所有端子均与外壳绝缘的单元均应用与 5.6.1 中相同的电压值进行试验，但持续时间为 1 min。对于直接与电网相连的电容器，试验电压可根据用户与制造商达成的协议增加。

对外壳绝缘的电容器在试验期间应有一层金属箔紧紧包裹在四周。

5.7 内部放电器件的试验

内部放电器件(如有)的电阻，应以测量电阻值或以测量自放电速率来检验。

该试验应在 5.5 中规定的电压试验之后进行。

5.8 密封性试验

无能量的电容器单元应均匀地加热到至少比最高运行温度高 5 ℃，并应在此温度下至少保持三倍的热常数时间，但不应少于 2 h。

不应发生渗漏。建议使用合适的指示器。

电容器的渗漏源可目测。

电容器单元的试验位置按照制造商和用户之间的协议进行，同时考虑装置的使用位置。

注：如果电容器不含有液态物质，则由制造商来选择试验方法，并可抽样进行试验。

5.9 浪涌放电试验

应以直流源对单元充电，然后通过尽量靠近电容器的放电器进行放电。单元应在 10 min 内承受 5 次这样的放电。

试验电压应等于 $1.1U_N$。

在此试验以后的 5 min 内，对单元作端子间的电压试验见 5.5。

在放电试验之前和电压试验之后均应对电容器进行测量。测量值的变化量应低于相当于一个元件击穿或一个内部熔丝熔断的变化量。

对于自愈式电容器，电容值的变化量应小于±1%。

采用公式(1)进行核算：

$$\tan\delta = 1.2\tan\delta_0 + 1\times10^{-4} \qquad (1)$$

式中：

$\tan\delta$——试验后的值；

$\tan\delta_0$——试验前的值。

然而如果规定了最大浪涌电流，那么应通过改变充电电压和放电回路阻抗，将放电电流调整到公式(2)中的值：

$$\hat{I}_{test} = 1.4\hat{I}_s \qquad (2)$$

5.10 热稳定试验

5.10.1 概述

本试验在交流电容器和直流电容器上进行，本试验旨在提供有关被试电容器的下列信息：

a) 确定电容器在过载条件下的热稳定性；

b) 电容器能进行再现性损耗测量的条件。

5.10.2 测量程序

应将电容器单元放置在一个密闭箱中，其冷却温度应为：

a) 对于自然冷却,为制造商给出的温度值(θ_{amb})加 5 ℃;

b) 对于强迫冷却,为规定的出口冷却温度加 5 ℃。

在电容器的各个部位均达到冷却介质的温度后,电容器应能承受基本上为正弦波形的交流电压至少 48 h。

在整个试验过程中,电压值和频率值保持不变。

电流值应为 $1.1I_{max}$。

电源条件按附录 C 所示,其功率$=1.21P_{max}$。

在 6 h 内,外壳靠近顶部的温度至少应测量 4 次。在此 6 h 期间,温升增量不应超过 1 ℃。

如果观察到温度变化较大,试验应继续进行,直至在每 6 h 内的 4 次连续测量结果满足上述要求。

试验前后应在 5.1.2 规定的温度范围内测量电容值,并且应将两次测量值校正到同一电介质温度。两测量值的差值应小于相当于一个元件击穿或内部熔丝熔断情况下的变化值。该试验结束时,测量 $\tan\delta$(见 5.4.1)。

注 1:当检验电容器损耗或温度条件是否满足要求时,试验过程中电压的波动、频率和冷却介质温度变化都应予以考虑。为此,可将这些参数和外壳温度绘制成时间的函数关系曲线。

注 2:如果电流值和功率损耗值分别保持为 $1.1I_{max}$ 和 $1.2P_{max}$,则试验可以按照制造商和购买方达成的协议用非正弦电压进行。

5.11 自愈性试验

若被试元件与单元使用的元件相同,并且其工作条件与单元的工作条件相似,则该试验可以在一个完整的单元上或者一个分离的元件上或者单元中的一组元件上进行,由制造商自行选择。

电容器单元或元件应承受 10 s 的直流电压,该直流电压取 1.1 倍不重复浪涌电压(U_s)或例行试验电压(交流电容器为 $1.75U_N$、直流电容器为 $1.5U_N$)两者中的较大者。

如果在此期间,击穿发生的次数不足 5 次,则应缓慢地增加电压直至从试验开始算起发生 5 次击穿为止,或者直至电压达到 $3.5U_N$ 为止。

如果当电压已达到 $3.5U_N$ 时,击穿发生的次数还不足 5 次,则可通过增高电压、提高温度、增加样品继续进行试验,直至发生 5 次击穿;也可以中断试验并在另一个相同的单元上重新进行。采用哪一种方法由制造商自行选择。

试验前后,应对电容值和 $\tan\delta$ 进行测量。电容值的变化不得大于或等于 0.5%。

对于 $\tan\delta$ 采用公式(3)进行核算:

$$\tan\delta = 1.1\tan\delta_0 + 1\times10^{-4} \quad\cdots\cdots(3)$$

式中:

$\tan\delta$——试验后的值;

$\tan\delta_0$——试验前的值。

5.12 谐振频率的测量

谐振频率应在 5.1.2 中规定的温度范围进行测量,应采用由连接线和附件所导致的误差最小的方法。

恰当的测量方法可从附录 D 所给出的两个示例中选择。

并非所有的应用需要进行此项测量。

注:自感可通过谐振频率计算,其值不宜超过制造商和用户之间的商定值。

5.13 环境试验

5.13.1 温度变化

买方和制造商商定电容器的上限和下限温度后,温度变化试验应按 GB/T 2423.22—2002 中的试验 Na 或 Nb 进行。

试验 Na 应在大约 1 h 的转换时间(1 ℃/min)下进行。

5.13.2 **恒定湿热**

恒定湿热试验(见表4)应按照GB/T 2423.3,用与电容器的工作位置类别一致的严酷等级进行。

在长时试验开始之前,应进行室温下的电容值测量。在恒定试验完成之后,电容器按照5.5.1进行端子之间的电压试验和按照5.6进行端子与外壳的介电强度试验。

最后依照5.3.1中的规定,在恒定的室温下测量电容值。

试验样品不得发生击穿和闪络,但允许自愈式击穿,电容值的变化不应超过2%。

表4 湿热试验

电容器应用类别	试验	试验环境	持续时间
	Ca	40 ℃/93%	56 d
	Ca	40 ℃/93%	21 d

5.14 **机械试验**

5.14.1 **端子的机械试验**

端子的强度应依照表5和表6进行试验。

表5 端子的强度试验

序 号	试验或测量	性 能		试验要求
1	连接电缆与焊接连接件的拉伸强度	IEC 60068-2-21	U_{a1}	单个电容器重量(=10 N)
2	连接线的柔韧度		U_{b1}	弯曲圈数:2
3	焊接与扁插连接片连接的柔韧度		U_{b2}	对于导线与焊接连接片连接弯曲圈数也为:2
4	同轴连接的扭转阻力		U_c	严酷等级2
5	螺母与螺栓连接的扭断阻力		U_d	严酷等级2
6	焊接连接件的可靠性与热阻	GB/T 2423.28		烙铁在350 ℃,尺寸A

表6 螺杆接线端子和螺栓通过电流的能力示例

最大持续电流有效值/A	螺栓的螺纹	螺栓材料	扭距/N·m	
			最大值	最小值
10	M3.5	黄铜	0.8	0.4
16	M4		1.2	0.6
25	M5		2.0	1.0
63	M6		3.0	1.5
100	M8		6.0	3.0
160	M10		10.0	5.0
250	M12		15.5	7.5
315	M16		30.0	15.0
400	M20		52.0	26.0

5.14.2 **目检**

应对电容器表面状态和标志进行目测检查。

5.14.3 **冲击和振动**

见GB/T 21563。

5.15 **耐久性试验**

耐久性试验的目的是检验电容器在实际运行条件下的性能。

耐久性试验至少应在两个完整的电容器单元或模型电容器上进行。

5.15.1 **试验前单元的预处理**

被试单元置于温度不低于+10 ℃的静止空气中、承受 $1.1U_N$ 的电压保持 16 h～24 h。

注：此项程序由制造商自行选择。

5.15.2 **初始电容值和损耗角正切测量**

经预处理的被试单元放置在 30 ℃±2 ℃的通风箱体内处于通电状态至少 12 h。

在相同的环境温度下，施加电压 5 min 后，按 5.3 进行测量。

5.15.3 **耐久性试验**

试验箱应加热至接近试验温度。

被试单元应放置在加热了的试验箱内，并在表 7 所述的相适应的条件下通电。交流电容器和直流电容器应进行制造商所确定的适宜的试验。当被试单元已达到试验温度时，应调整冷却/加热条件，以使该试验温度能保持稳定。在初始稳定之后，不容许冷却/加热温度变化。

表 7 耐久性试验

电容器类别	U_t	试验步骤	温　度	放电时间或次数
直流	$1.4U_{NDC}$	$1.4U_{NDC}$	试验温度	250 h
		$2\hat{I}$	室温	1 000 次
		$1.4U_{NDC}$	试验温度	250 h
	$1.3\ U_{NDC}$	$1.3U_{NDC}$	试验温度	500 h
		$2\hat{I}$	室温	1 000 次
		$1.3U_{NDC}$	试验温度	500 h
交流	$1.35U_N$（见注 1）	$1.35U_N$	试验温度	250 h
		$2\hat{I}$	室温	1 000 次
		$1.35U_N$	试验温度	250 h
	$1.25\ U_N$（见注 1）	$1.4U_N$	试验温度	500 h
		$2\hat{I}$	室温	1 000 次
		$1.25U_N$	试验温度	500 h

注 1：在试验中的条件可以不同于使用条件，例如所有的交流电容器采用 50 Hz 或 60 Hz 的频率。

注 2：如果外壳的温度超过 θ_{max}，可采用强迫通风液体槽冷却。

注 3：通过用户与制造商之间的协议，用于门极可关断晶闸管(GTO)的吸收电容器可以象交流电容器一样采用纹波电压(单方向的)$U_t=U_r=(1.25$ 或 $1.35)U_N$ 进行试验。

在最大持续工况下(即不包括短时和异常工况)，试验温度为最高工作温度(θ_{max}，见 3.31)。

应施加试验电压 U_t(峰值电压等于 U_N 乘以加速因子的纯直流或交流正弦电压)。可根据表 7 来选择不同的加速因子/试验持续温度。

耐久性试验进行到一半时，电容器应停止通电，并在环境温度下的静止空气中冷却，然后按 5.9 的规定放电 1 000 次，但其峰值电流为 $2\hat{I}$，这里 $\hat{I}$ 为最大峰值电流(见 3.20)。这些由制造商进行选择。

放电频率应由制造商自行决定。

在尽可能短的时间里，重新给电容器通电以便完成该项试验。

5.15.4 **最终电容值和 tanδ 的测量**

测量应按 5.15.2 中所示的，在耐久性试验结束后的 2 d 内进行。

5.15.5 验收标准

在5.15.2和5.15.4中所测得的两次电容值之差不应大于初始值的3%。对于用作滤波电容器直接连接到电网的电容器，用户与制造商可商定更严格的允差。

损耗应予报告。

如果一个电容器发生了失效，试验需要重新进行，并且不允许再次发生失效。

5.16 破坏性试验

5.16.1 概述

进行本试验是为了评定电容器在使用寿命结束时的性能。

本试验适用于所有的自愈式电容器以及无内部熔丝的非自愈式电容器，但应考虑下列注释：

注1：用内部熔丝保护的非自愈式电容器宜遵守5.17中的规定。对于该种电容器，其内部熔丝可以等效考虑。

注2：无隔离装置、拟装过压力检测器的电容器宜承受该试验，并且应标上"仅装有过压力检测器才能安全工作"。

注3：具有内部熔丝的自愈式电容器宜进行该试验，而不应进行5.17中的试验。

注4：由于使用时的实际条件可能大不相同，所以使用寿命结束时的电容器性能也可能不同，在应用中应考虑储存能量、预期短路电流、故障电流持续时间等。

5.16.2 交流电容器的试验程序

试验应在一个电容器单元上进行。

如制造商要求，可采用一个已通过耐久性试验的电容器。

试验原理是为了通过具有高内阻抗的直流电源来加速元件失效，然后施加交流电压以检查电容器的性能。无内部熔丝的非自愈式电容器的失效可以根据5.17.4中的程序来加速，但由制造商自行选择。电容器应装在有循环空气的烘箱内，烘箱温度为电容器温度类别中的最高环境空气温度。

当电容器所有的部件均已达到烘箱温度时，则用图1所示电路按下列试验顺序进行。如果电容器由过压力检测器保护，则用过压力检测器控制的断路器来代替图1中的熔丝。

a) 选择开关H和K分别置于"1"和"a"的位置，交流电压源N调到1.3U_N，并记录电容器电流；

b) 按制造商的规定设定直流电源T的电压和短路电流值，然后将开关H置于位置2；

c) 开关H置于位置3，开关K置于位置"b"，以便给电容器施加直流试验电压，并保持一段由制造商规定的时间；

d) 然后开关K再置回位置"a"，以便给电容器施加交流试验电压5 min，并再次记录电流值。

可能有以下几种情况：

——电流表I和电压表U均指示为零，则应检查熔丝或过压力检测器的状态。如果熔丝已熔断，应进行更换。然后给电容器施加电压"N"，如果熔断器再次熔断，或者过压力检测器动作，则中断该试验程序。

如果熔丝未熔断或过压力检测器未动作，则仅使用开关K继续进行如c)和d)所述给电容器施加"T"和"N"电压的试验程序；

——如果电流表I指示为零，并且电压表U指示1.3U_n，则中断该试验程序；

——如果电流表I指示值大于零，则按照b)、c)和d)项继续本试验程序。

如果该程序重复数次后，剩余电容值仍大于0%，可以采用另一个样品，和/或可以增加试验电压和试验时间，或者该单元承受外部过压力，直至断路器或过压力检测器动作。此压力值应由制造商给出。

当中断本试验程序后，电容器冷却到环境温度，并且按5.5和5.6中进行端子之间的、端子与外壳之间的电压试验。如果过压力检测器动作，就不应进行端子之间的电压试验。在冷却降至环境温度之后，应报告检测器的状态。

在电容器接线端子上电压源N的短路电流宜大于5I_{max}。

熔断器的额定电流 I 不应小于 $2I_{max}$。

应使用符合 GB 13539.1 的熔丝。

注 1：如果电容器单元与其他单元并联使用，则宜在给电压源 N 并联上相应的电容后进行试验。

注 2：如果电容器单元太大或太小以致不能满足试验参数的要求，则宜按照制造商和买方之间的协议进行试验。

注 3：对于无保护的电容，爆炸的风险性与短路电流的持续时间有关。

当制造商声明 I^2t 时，用户可以给出一个理论信息以适当地帮助设计者估计爆炸的风险性。

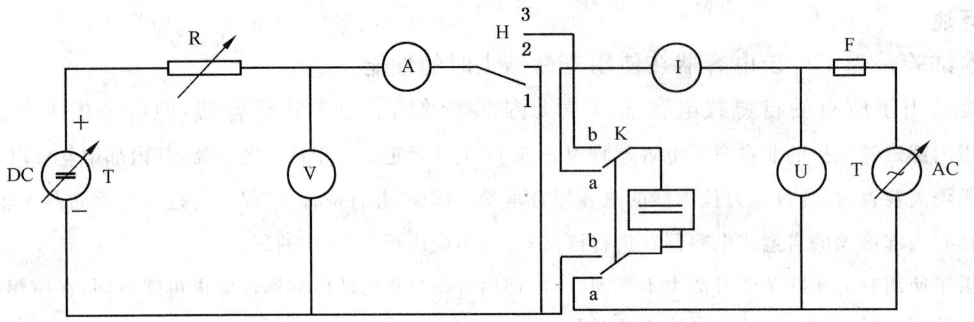

图 1　破坏性试验电路图

5.16.3　直流电容器的试验程序

试验应在电容器单元上进行。如制造商要求，可采用一个已通过耐久性试验的电容器。试验的原则是通过内部高阻抗的直流电源来加速元件中的失效，然后施加叠加有交流分量的直流高电压或具有低内部阻抗的直流低电压，以检测电容器的性能。

无内部熔丝的非自愈式电容器失效可根据 5.17.4 中的程序来加速，但由制造商自行选择。

电容器应装在有循环空气的烘箱内，烘箱温度为电容器温度类别中的最高环境温度。当电容器的所有部位均已达到烘箱温度时，应采用图 1 所示电路按下列试验顺序进行，图中电源 N 为叠加有纹波电压(交流分量)的直流发生器。

发生器 N 示例见图 2。

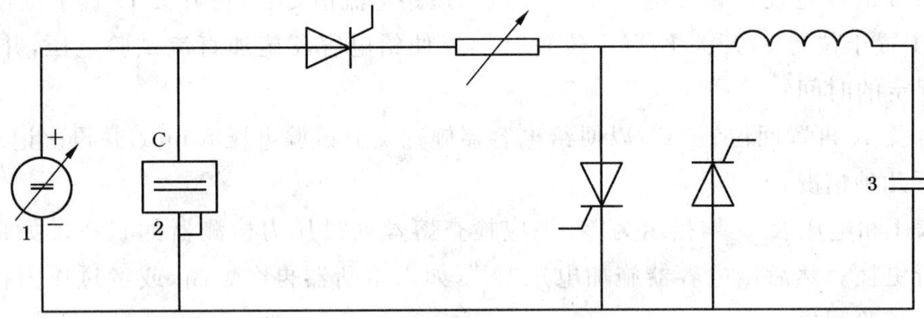

图中：

1——高电压、大电流直流发生器；

2——被试样品；

3——逆变装置。

图 2　直流＋交流电源 N

熔丝的额定电流不应小于 $2I_{max}$。应使用符合 GB 13539.1 的熔丝。如果电容器由过压力检测器进行保护，则采用过压力检测器控制的断路器来代替图 2 中的熔断器。

a)　选择开关 H 和 K 置于位置“1”和“a”，电压源 N 设定到 $1.3U_N$ 和 $1.1I_N$；

b)　直流电压源 T 设定在制造商规定的值，然后开关 H 置于位置 2；

c)　开关 H 置于位置 3，且开关 K 置于位置 b，以便给电容器施加直流试验电压“T”，并保持一段由制造商规定的时间；

d) 然后开关 K 重新置于位置“a”，以便给电容器施加叠加的试验电压“N”持续 5 min，并记录电流值。

可能有以下几种情况：

——电流表 I 和电压表 U 指示为零。

在此情况下，如果熔丝已熔断，应进行更换。然后给电容器施加电压“N”，如果熔断器再次熔断，或者过压力检测器动作，则中断该试验程序。如果熔丝未熔断或过压力检测器未动作，则仅使用开关 K 继续进行如 c）和 d）所述给电容器施加“T”和“N”电压的试验程序。

——如果电流表 I 指示为零，且电压表 U 指示为 1.3U_N。

在此情况下，中断该程序并检查电容值。

如果电容值大于零，按 b）、c）和 d）继续这项程序。

——如果电流表 I 的指示大于零。

在此情况下，则按 b）、c）和 d）继续进行该程序。

如果在重复该程序数次后，剩余电容值仍大于 0%，可以采用另一个样品。和/或可以增加试验电压和试验时间，或该单元承受外部过压力，直至隔离器或过压力检测器动作。该压力值应由制造商给出。

当中断该程序时，电容器冷却到环境温度，并且按 5.5 和 5.6 进行端子之间的、端子和外壳之间的电压试验。

如果过压力检测器发生动作，就不应进行端子之间的电压试验。

如果图 2 中的装置不可用，可以采用图 3 中的电源 N。在此情况下，由二极管整流桥产生一个直流大电流。直流和交流发生器应是可调的。

此时 5.16.3a）应修改为：选择开关 H 和 K 分别置于位置 1 和位置“a”，电压源 N 应设定到 1.3U_N。在电容器端子上电压源 N 的短路电流宜大于 5I_{max}。

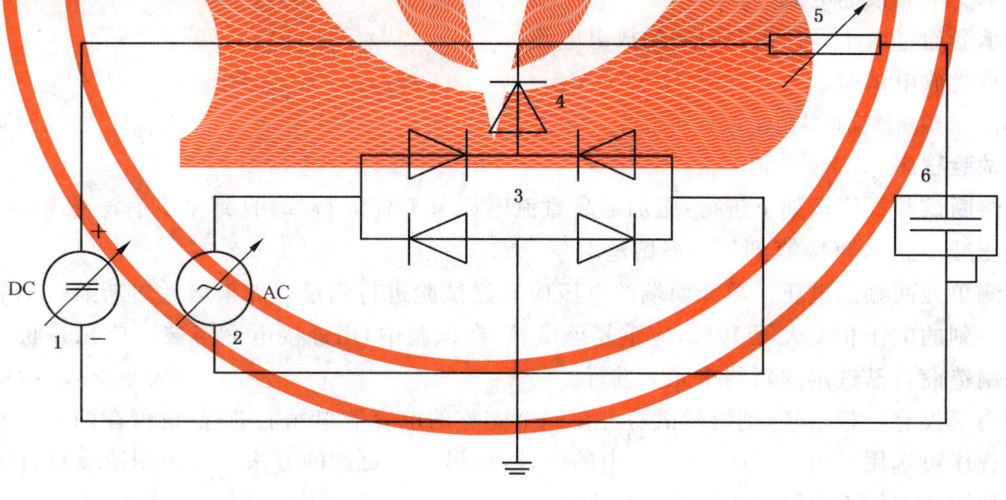

图中：

1——高电压、小电流（300 mA）直流发生器；

2——低电压、大电流交流发生器；

3——低压整流桥；

4——阻断高电压整流器；

5——短路电流调节；

6——试品。

图 3 直流电源 N

注 1：如果电容器单元与其他单元并联使用，则应在给电源 N 并联上相应的电容后进行试验。

注 2：图 2 中交流电压应按照系统短路电流值大小选择。

5.17 熔丝的断开试验

5.17.1 概述

本试验适用于装有内部电流熔丝的非自愈型电容器。

熔丝与元件串联，如果元件出现故障，可用该熔丝来隔离。熔丝的电流和电压范围取决于电容器的设计，在某些情况下也取决于所连接的电容器组的设计。

内部熔丝的熔断通常由如下的一个或两个因素决定：

——与故障元件或单元并联的元件或单元的放电能量；

——通过熔丝的故障电流。

注：如果单元由外部熔断器保护，则试验采用电容器制造商建议的外部熔断器来进行。

5.17.2 断开要求

当元件在电压范围内出现电击穿时，熔丝应能断开故障的元件。在故障瞬间，单元接线端子之间的最低电压值为 u_1，最高电压值为 u_2。

u_1 和 u_2 的推荐值如下：

$u_1=0.8U_N$，u_2 见表 3。

注：上述 u_1 和 u_2 的值是根据在元件电击穿瞬间可能出现在电容器单元端子之间的电压确定的。如果 u_1 和 u_2 的值不同于上述值，买方宜予以规定。

5.17.3 耐受电压要求

熔丝动作之后，熔丝装置应能承受全部元件电压加上由于熔丝动作所产生的任何不平衡电压，以及在电容器使用寿命期内的任何正常经受的短时瞬态过电压。

在电容器使用寿命期里，内部熔丝应能：

——承受连续通过的 $1.1I_{max}$ 电流；

——承受单元浪涌电流（$\hat{I}_s$）；

——承受通过由于元件击穿引起的放电电流；

——承受放电试验。

注：熔丝和隔离器保护导则在 9.13 中给出。

5.17.4 试验程序

熔丝熔断试验程序按如下进行：施加最高直流电压 u_2（见 5.17.2）直到至少有一根熔丝熔断，然后立即将电压减小到 $0.8U_N$ 直到下一根熔丝熔断。

应检测单元两端的电压。单元两端的电压应通过试验进行测量。如果熔丝熔断前一刻的电压与熔丝熔断后一刻的电压相差大于 10%，应重复该试验，在试验中，用外接电容与被试单元并联。该重复试验可以在制造商自己选定的新的单元上进行。

如果内部仅有一根熔丝，则熔丝试验可在一个完整的电容器单元上进行，也可在两个单元上进行。

试验程序可选用下列 a)、b)、c)和 d)中的一种，或另一个可选的方法。这由制造商自行选择。

最好选用能在标准单元上进行的试验方法。

a) 元件的机械刺破

元件的机械刺穿就是将一个钉子通过预先在外壳上钻好的孔强行打入元件。

注 1：不需保证只刺破一个元件。

注 2：为了限制沿着钉子或通过钉子打穿的洞对外壳放电的可能性，可使用由绝缘材料制造的“钉子”和/或在与外壳固定连接的或在试验时与外壳连接的元件上进行刺穿。

b) 元件的电击穿（第一种方法）

例如在试验单元内的一些元件的电介质层间插入插片，每一个插片连接到各自的端子上。

为使装有插片的元件击穿，在改装的元件的任一极板与插片之间施加一个足够高的冲击电压。

在试验过程中，应记录电容器的电流和/或电压。

c) 元件的电击穿(第二种方法)

在试验单元内的某些元件的电介质层间插入一个与两个附加插片连接的短熔丝线，每一个插片连接到各自的绝缘端子上。

为使装有熔丝线的元件击穿，用一台充有足够能量的单独电容器对熔丝线放电，以使元件击穿。

在试验过程中，应记录电容器的电流和/或电压。

d) 元件的电击穿(第三种方法)

在制造时将单元内一个元件(或几个元件)电介质的一小部分除去并换成较差的电介质。例如：除去膜-纸-膜电介质 10 cm^2～20 cm^2，换成两层薄纸。

在电压上限点，允许连接到完好元件的一根附加熔丝(或直接并联的熔断元件的十分之一)被熔断。

击穿后试验电压应保持至少 10 s，以保证熔丝确已起到断开作用，而无需断开电源。

对于特殊情况，可能需要延长试验直至电容器元件发生了两次或更多次的击穿。在此情况下，每个电压限值上的击穿次数应遵守制造商和买方之间的协议。如果超过了击穿次数，5.17.7中所述的电压可能需要增加。

注1：当进行该试验时，应当采取预防措施，以防止电容器单元可能的爆炸。

注2：如果电容器所有的内部元件串联，每次试验之后，建议对所有的串联元件组放电。

5.17.5 电容测量

试验之后，应测量电容以确认熔丝已熔断。

应采用具有足够灵敏的测量方法，以便检测出由于一根熔丝熔断而引起的电容变化。

5.17.6 目检

断开试验之后，外壳不应出现明显的变形。

5.17.7 电压试验

被试单元应承受 10 s 的试验电压而没有熔丝再熔断。除非制造商与买方之间依照 5.17.4d)中的规定达成了另外的协议，该耐受的试验电压一般应等于表3中所规定的试验电压。

5.18 局部放电测量

经用户和制造商同意，可进行该项试验以确定局部放电不影响电容器的寿命特性。

6 最高允许电压

电容器单元应适合于在表8所示的电压等级下工作，并且使用寿命不会有任何明显的缩短。

表8 最高允许电压

过电压	在 1 d 内的最大持续时间	说　明
$1.1U_N$	有载持续时间的 30%	系统调整
$1.15U_N$	30 min	系统调整
$1.2U_N$	5 min	系统调整
$1.3U_N$	1 min	系统调整

注：在电容器的寿命周期内，持续 30 ms 的 $1.5U_N$ 过电压允许出现 1 000 次。

可以耐受而不显著降低电容器寿命的过电压的幅值取决于它们的持续时间、施加次数和电容器的温度。

并且，这些值的确定还假定有些过电压可能是在电容器内部温度低于 0 ℃但仍在温度类别之内时发生的。

7 安全要求

7.1 放电装置

对于某些电力电子电容器，采用放电电阻并不适合。当买方要求时，每个电容器单元或电容器组应装有一种装置，使得每个单元在 3 min 内能从初始直流电压 U_{N} 或 U_{NDC} 放电到 60 V 或更低。

对于 U_{N} 或 U_{NDC} = 1 000 V 的电容器，放电时间不应大于 10 min。

注：无放电电阻而具有大于 100 J 能量的电容器，在交货前应将端子间、端子与外壳间短接。

在电容器单元与该放电装置之间，不应接入开关、熔断器或任何其他隔离装置。

在装卸搬运前，放电装置不能用作电容器端子之间和电容器对地的短路设备。

只要电路特性是确保电容器在上述规定的时间内放电，当其与可提供放电通路的其他电器设备直接连接时，应认为此电容器是能适当放电的。

放电电路应有足够的载流能力，能以最高过电压的峰值给电容器放电。

7.2 外壳连接

为了固定电容器金属外壳的电位，使在电容器发生对外壳击穿时能承受住故障电流，外壳上应备有一个能承受故障电流的连接件，或者留有一块适用于用装设接线夹的未着漆、抗腐蚀的金属区域。

7.3 环境保护

当电容器浸渍在不允许扩散到环境中的物质中时，应采取预防措施。在某些国家，存在这方面的法律要求。

买方应规定适于安装地区对电容器标牌的任何特殊的要求（见 8.2）。

7.4 其他安全要求

当电容器安装在国家有关安全规程规定的任何特殊场合时，买方应详细说明特殊要求。

8 单元的标志

8.1 铭牌

在每个电容器单元的铭牌上应给出下列信息：

——制造商；

——编号和制造日期；

——制造日期可以是编号的一部分或者以符号形式标出；

——实测电容值 C　　(μF)；

——电容偏差 T_{ol}　　(%)；

——额定电压 U_{N} 或 U_{NDC}　　(V)；

——绝缘电压 U_{i}　　(Va.c.)(如有规定，见 3.19)；

——最大损耗功率 P_{max}　　(W)(可选)；

——最高频率 f_{2}　　(Hz)(可选)；

——最大电流 I_{max}　　(A)(可选)；

——最大浪涌电流 $\hat{I}_{s}$　　(A)(如有)；

——最低工作温度 θ_{min}　　(℃)；

——最高工作温度 θ_{max}　　(℃)；

——最大的安装扭矩　　(N·m)(见注 2)；

——冷却介质的类型和温度(仅对于强迫冷却而言，见第 4 章)。

——本标准的编号。

如有应用，应加上下列符号：

——内部放电器件：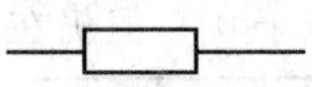

——内部熔丝或隔离器：

——自愈式电容器：SH 或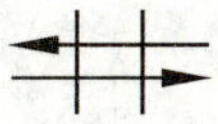

注 1：电容器单元铭牌的位置宜由用户和制造商商定。

注 2：对于较小的单元，在铭牌中不可能给上述所有的信息，有些信息可以在说明书中说明。

注 3：另外的一些数据可由用户和制造商协商商定后，加至铭牌上。

8.2 警告牌

如果电容器单元含有可能污染环境或可能有其他危险性的材料，则应根据用户所属国家的相关法律(用户应告诉制造商这些法律)规定装有标牌。

8.3 数据表

为了估计电容器中的损耗，在数据表中应给出作为频率 f_1、f_2 和 P_{max} 的函数的 tanδ 值。

9 安装及应用导则

9.1 概述

超负载和过热都会缩短电容器的使用寿命，因此宜严格控制其工作(即温度、电压和冷却)条件。

由于电容器的类型不同和涉及的因素很多，不可能用简单的规则概括所有可能情况下的安装和运行。

在下列的信息中给出有关应该考虑到的较重要的方面，此外，应遵循制造商的说明和供电部门的规定。

电容器主要有七项应用：

a) 内部过电压保护：缓冲电容器上作用的是两部分正弦波电压，两者均可与一定量的含有叠加成分的直流电压交替作用；

b) 直流谐波滤波：在电容器上施加的电压通常为叠加有非正弦交流电压的直流电压；

c) 切换电路：换向电容器上的电压通常为梯形电压；

d) 外部交流过电压保护；

e) 外部直流过电压保护；

f) 内部交流谐波滤波；

g) 直流贮能：在辅助电容器上通常施加直流电压，并以较大的峰值电流进行周期性充放电。

9.2 额定电压的选择

电容器的额定电压应等于周期性电压峰值，这不是因为内在应力，而是因为电力电子系统中较高的 dV/dt 会引起局部放电和损耗，从而影响电容器的使用寿命。

电力电子系统中的大多数应用情况都是变化的负载，因此制造商和用户双方有必要详细探讨额定电压和真实的电应力。

仅在紧急情况下，电容器才能同时在最高允许电压和最高工作温度下工作，但仅持续一个较短的时间(见表 7)。

注：制造商可以给出使用电压作为频率和环境温度(θ_{amb})函数的曲线图。

9.3 工作温度

9.3.1 概述

因为电容器工作温度对其寿命有很大的影响，所以对它应予以注意。

超过 θ_{max} 的温度将加速电介质的电化学性能衰减。

低于 θ_{min} 的温度或温度从热至冷的快速变化，有可能导致电介质的局部放电性能降低。

9.3.2 安装

电容器的安装位置应能使电容器损耗产生的热量能通过传导和辐射方式充分散发。

工作场所的通风和电容器单元的布置，应给每个单元周围提供良好的空气循环。这对于单元成行叠层安装是尤为重要的。

受到来自太阳或任何高温面的辐射，电容器的温度将增高。

安装之后，应检验在最高使用条件(电压、电流和冷却温度)下，电容器外壳温度是否低于 θ_{max}。

根据冷却空气温度、冷却效率以及辐射的强度和持续时间，可能需要采取如下措施之一：

——防止电容器受到辐射；

——选择为用于高的环境空气温度工作而设计的电容器或采用额定电压高于第 4 章中规定值的电容器；

——安装在较高海拔(大于 1 400 m)的电容器的散热条件将降低，在确定单元的功率时，应予以考虑。

9.3.3 非正常冷却条件

在异常情况下，入口温度(见表 1)可以超过最高值 55 ℃，且应使用特殊设计的电容器或具有较高额定电压的电容器。

9.4 特殊使用条件

除了高的环境温度外，还应考虑热带地区容易遇到其他不利的使用条件。当买方了解这些情况时，在定购电容器时应告知制造商。

此信息也应告知为电容器安装用的所有配套设备的供货商。

9.5 过电压

表 7 规定了过电压倍数。

如果制造商同意，当过电压的估算值较低时或当温度条件没有那么苛刻时，可以增大过电压倍数。

易于遭受的雷击过电压的电容器应采取充分的保护。如果使用避雷器，应设置得尽量靠近电容器。

在非正常使用条件因为瞬时过电压，可能需要选择更高额定电压的电容器。

当过电压高于表 8(例如直接连接到电网的电容器)中的允许值时，经制造商和用户商定，可能要求进行更高的电压试验。

9.6 过电流

电容器绝对不应在电流超过 3.20、3.21 和 3.22 中定义的最大电流的情况下运行。

当电容器投入到电路或设备投切时，可能出现较高幅值和频率的瞬时过电流，有必要将该瞬时过电流减小到电容器和设备可被接受的数值。

如果电容器装有内部熔丝或外部熔断器，由于投切操作所引起的过电流峰值应限制在 $\hat{I}_s$ 值内。

9.7 投切和保护装置

投切和保护装置及其连接件均应能承受发生在接通或切断时，有高幅值和频率的瞬时过电流所引起的电动应力和热应力。

如果考虑电动应力和热应力会导致电容器体积过大时，为了防止过电流的影响，应采取一些特殊的预防措施。

注：特别是应选择有足够的热容量的熔丝。

9.8 爬电距离和电气间隙的选择

套管、对地绝缘子、台架间绝缘子等均应符合 GB/T 16935.1，要确保所有有关气候条件，尤其是湿度急剧变化等必要条件，需经制造厂和购买方共同确定。

9.9 连接件

连接到电容器的电流引线能够散发从电容器传来的热量，反过来，它们也可能把外部连接件中产生的热量传到电容器中，因此需要保持连接到电容器的连接件的温度总是低于电容器本身的温度。

电容器电路中的任何不良接触都可能引起电弧，造成高频振荡，这可能使电容器过热和过电压。

因此建议定期对所有电容器设备的接触点和电容器连接件进行检查。

9.10 电容器的并联

当设计具有并联电容器的电路时,需格外小心,因为存在两种可能的危险:

a) 电流支路中电阻和电感的少许不同都会影响到电流的分配,而致使其中一个电容器可能容易过载。

b) 由于在电力电子系统中常遇到的是较高的频率,内部连接通常应设计为低电感和低电阻。

因此,当一个电容器出现短路故障时,电容器组的全部能量将通过击穿点迅速泄放。

通常不可能通过一个限流熔断器来断开单元。

在此情况下应采取特别的预防措施。

9.11 电容器的串联

由于单元中绝缘电阻变化,应通过电阻分压器来确保单元之间电压的均衡分配。

交流电压和间断式直流应用具有较长断开时间不需要专用分压器,因为内部放电装置将泄放掉所有剩余电荷。

单元的绝缘电压应适合于串联布置。

9.12 磁损耗和涡流

在电力电子系统中导体的强磁场可以使磁性外壳引起反复磁化,并在任何金属部件中感应出涡流,因而产生热量。

因此首先应将电容器放置在离开大电流导体一个安全距离的地方,其次应尽可能避免使用磁性材料。

9.13 熔丝和隔离器保护导则

熔丝与元件串联,如果元件出了故障,利用熔丝起隔离作用。

在元件击穿后,与其连接的熔丝将熔断,因而将其与电容器的其余部分隔离,并允许单元继续运行。当采用串联方式时,一根或多根熔丝熔断,将在电容器组内部引起电压变化。

完好单元两端的电压不应超出 5.17 给出的值。

一根或多根熔丝熔断也可能在单元内部引起电压变化,这取决于单元的内部连接。

串联组中的其余元件的工作电压将会增加,如有要求,制造商应给出由于熔丝熔断所引起电压升高的详细数据。

由于电容器的自愈特性,击穿并不危险,并且电流也不会明显增加,而一旦压力增大(例如由热不稳定引起的,这可能发生在电容器使用寿命结束的时候,或者在某些情况下,由于极度过载大大超过自愈式击穿的次数),自愈式电力电容器应由过压隔离器或过压力检测器加以保护。

过压隔离器或过压力检测器的性能取决于单元的并联个数。如有要求,制造商应给出并联的最大单元个数。

附 录 A
（资料性附录）
本标准章条与 IEC 61881:1999 章条对照

A.1 表 A.1 给出了本标准章条与 IEC 61881:1999 章条对照的一览表。

表 A.1 本标准章条与 IEC 61881:1999 章条对照

本标准章条	IEC 61881:1999 章条
1 范围	1.1 范围
2 规范性引用文件	1.2 规范性引用文件
3 术语和定义	1.3 术语和定义
4	1.4
5	2
6	3
7	4
8	5
9	6
附录 A	无
附录 B	附录 A
附录 C	附录 B
附录 D	附录 C
参考文献	

附　录　B
（资料性附录）
波　　形

B.1　通过梯形电压波的实例来解释电力电子电容器波形的定义，见图 B.1。

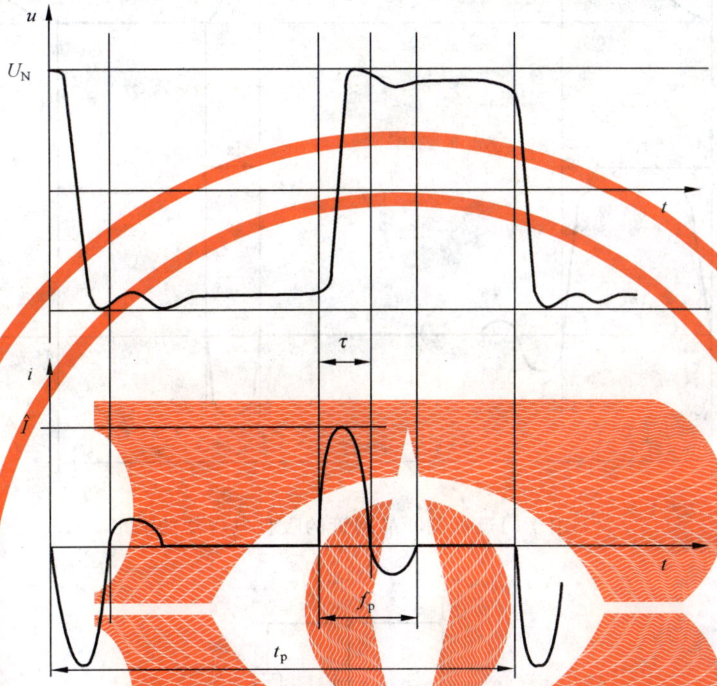

a）换流波形

$$f_p = \frac{1}{t_p} \qquad \tau = \pi \times \sqrt{L \times C}$$

图中：

τ——电容器电流脉冲宽度；

t_p——系统脉冲持续时间；

f_p——系统脉冲频率；

U_N——重复峰值电压；

$\hat{I}$——峰值电流；

L——电容器等效串联电感值；

C——电容器电容值。

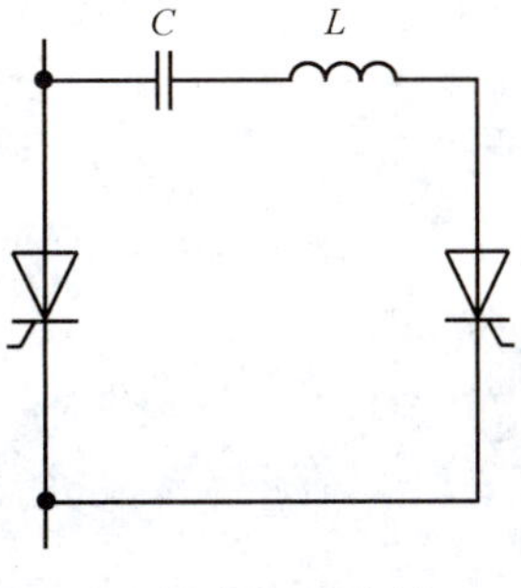

b）换流电路示例

图 B.1　电流脉宽示例

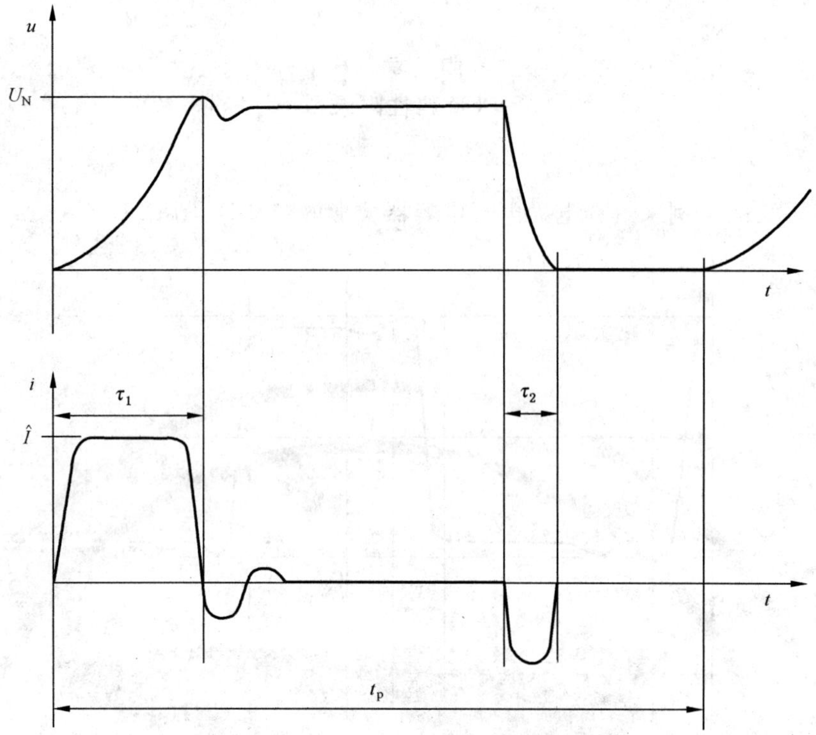

c）用于门极可关断晶闸管的吸收电容器的波形

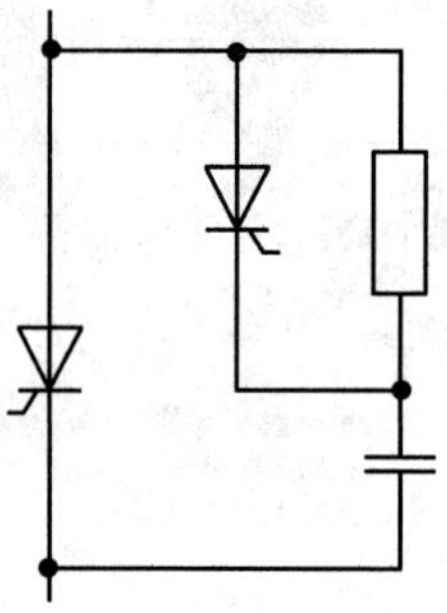

d）吸收电路示例

图 B.1（续）

附 录 C
(规范性附录)
在作为频率函数的正弦电压和最高温度(θ_{max})下电容器的运行限值

C.1 供电条件见图C.1。

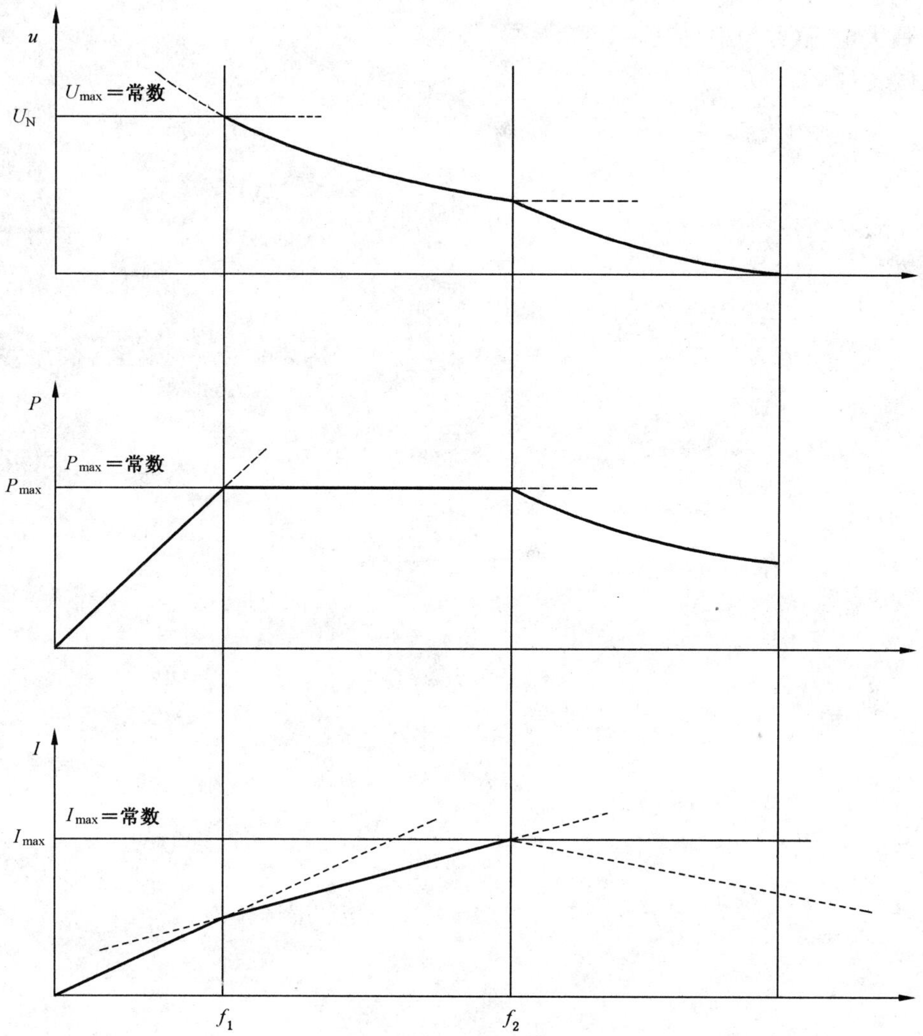

图C.1 供电条件

最高电压通常是电介质的厚度(a)、内部电场强度(E_D)和温度(θ)的函数：

$U_{max}=f(E_D,a,\theta)$。

在频率 $f=f_1$ 范围内，有：

$U_{max}=U_N$；

f_1——电容器功率损耗最大时的频率，$P_{max}=\frac{U_N^2}{2}\omega\times C\tan\delta_1$，$\omega=2\pi f_1$；

f_2——最大电流(I_{max})在电容器中产生最大功率损耗(P_{max})时的频率。

对于 f_1 到 f_2 的频率范围：

P_{max}=常数；

f_2——有效电流达到其最大值时的频率：$I=I_{max}$；

超过最高频率时，由于集肤效应，最大电流将降低。

电容器的特性值如下：

U_{max}——最高电压；

P_{max}——最大功率损耗；

$\tan\delta_1$——频率为 f_1 时的电容器损耗角正切；

$\tan\delta_2$——频率为 f_2 时的电容器损耗角正切；

f_2——对于满功率损耗和最大电流下的最高频率；

I_{max}——最大电流(方均根)值。

注：建议热稳定试验条件为：

$$1.21P_{max}=\frac{U^2}{2}\times\omega_2\times C\times\tan\delta_2=1.21\times\frac{I_{max}^2}{\omega_2\times C}\times\tan\delta_2\quad \omega_2=2\pi f_2$$

附　录　D
（规范性附录）
谐振频率的测量方法　示例

下面给出了谐振频率测量方法的两个示例。

D.1　方法Ⅰ

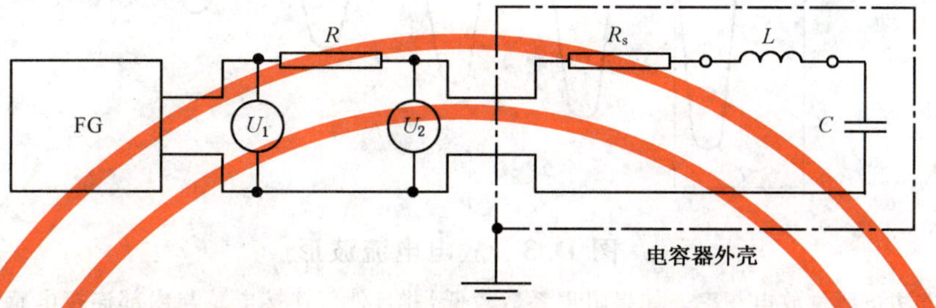

图中：

FG——可变频率发生器；

R——负载电阻（非感性的，直接连接到被试电容器的接线端子）；

R_s——电容器等效串联电阻；

L——电容器等效串联电感；

C——电容器电容值；

U_1、U_2——电子电压表。

图 D.1　测量电路

通过改变频率和保持 U_1 恒定，可以绘制出表示电容器两端电压与供电频率之间关系的图形，见图 D.2。

$U_{2\,min}$ 对应于谐振频率(f_r)。

连接线应尽可能短。

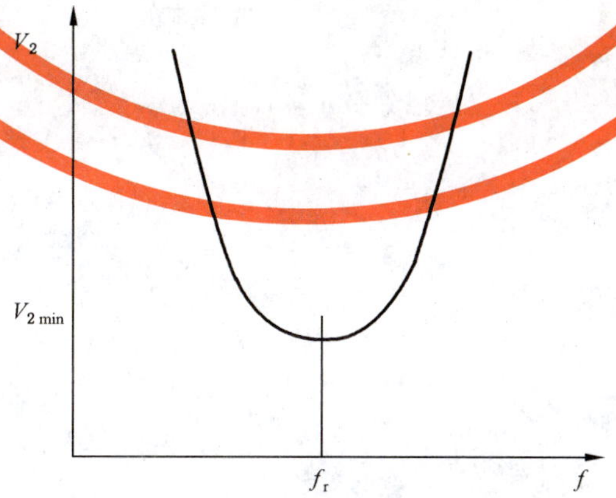

图 D.2　电容器两端的电压与电源频率之间的关系

D.2　方法Ⅱ

单元应通过直流充电，然后通过直接位于电容器端子处的间隙放电。

通过示波器记录放电电流波形。

谐振频率 f_r 可通过计算与时间轴的交点数来进行估算。

放电波形的形状为等效串联电阻和杂散电感的函数。

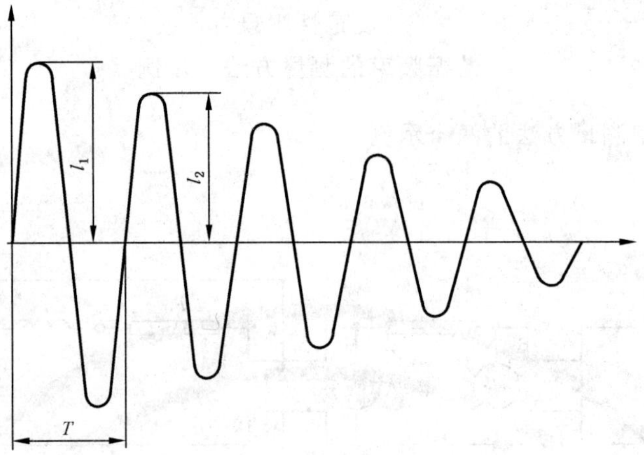

图 D.3　放电电流波形

注：用第二种方法可测量放电频率。如果阻尼系数较低，并且外部连接电感与内部连接电感相比较可以忽略，那么放电频率就等于自激振荡频率。

在任何情况下，可考虑用阻尼系数来计算自感。

参 考 文 献

[1] GB/T 3667.1 交流电动机电容器 第1部分:总规则——性能、试验和定额——安全要求——安装和运行导则(GB/T 3667.1—2005,IEC 60252-1:2001,IDT).

[2] GB/T 3859.1 半导体变流器 基本要求的规定(GB/T 3859.1—1993,eqv IEC 60146-1-1:1991).

[3] GB/T 3984.1 感应加热装置用电力电容器 第1部分:总则(GB/T 3984.1—2004,IEC 60110-1:1998,IDT).

[4] GB/T 3984.2 感应加热装置用电力电容器 第2部分:老化试验、破坏试验和内部熔丝隔离要求(GB/T 3984.2—2004,IEC TS 60110-2:2000,IDT).

[5] GB/T 6115.1 电力系统用串联电容器 第1部分:总则(GB/T 6115.1—2008,IEC 60143-1:2004,MOD).

[6] GB/T 6115.2 电力系统用串联电容器 第2部分:串联电容器组用保护设备(GB/T 6115.2—2002,IEC 60143-2:1994,IDT).

[7] GB/T 6115.3 电力系统用串联电容器 第3部分:内部熔丝(GB/T 6115.3—2002,IEC 60143-3:1998,IDT).

[8] GB/T 11024.1 标称电压1 kV以上交流电力系统用并联电容器 第1部分:总则 性能、试验和定额安全要求 安装和运行导则(GB/T 11024.1—2001,eqv IEC 60871-1:1997).

[9] GB/T 11024.2 标称电压1 kV以上交流电力系统用并联电容器 第2部分:耐久性试验(GB/T 11024.2—2001,idt IEC/TS 60871-2:1999).

[10] GB/T 12747.1 标称电压1 kV及以下交流电力系统用自愈式并联电容器 第1部分:总则——性能、试验和定额——安全要求——安装和运行导则(GB/T 12747.1—2004,IEC 60831-1:1996,IDT).

[11] GB/T 12747.2 标称电压1 kV及以下交流电力系统用自愈式并联电容器 第2部分:老化试验、自愈性试验和破坏试验(GB/T 12747.2—2004,IEC 60831-2:1995,IDT).

[12] GB/T 14472 电子设备用固定电容器 第14部分:分规范 抑制电源电磁干扰用固定电容器(GB/T 14472—1998,idt IEC 60384-14:1993).

[13] GB/T 17702.1 电力电子电容器 第1部分:总则(GB/T 17702.1—1999,idt IEC 61071-1:1991).

[14] GB/T 17702.2 电力电子电容器 第2部分:熔丝的隔离试验、破坏试验、自愈性试验及耐久性试验的要求(GB/T 17702.2—1999,idt IEC 61071-2:1994).

[15] GB/T 17886.1 标称电压1 kV及以下交流电力系统用非自愈式并联电容器 第1部分:总则——性能、试验和定额——安全要求——安装和运行导则(GB/T 17886.1—1999,idt IEC 60931-1:1996).

[16] GB/T 17886.2 标称电压1 kV及以下交流电力系统用非自愈式并联电容器 第2部分:老化试验和破坏试验(GB/T 17886.2—1999,idt IEC 60931-2:1995).

[17] GB/T 17886.3 标称电压1 kV及以下交流电力系统用非自愈式并联电容器 第3部分:内部熔丝(GB/T 17886.3—1999,idt IEC 60931-2:1996).

[18] GB 18489 管形荧光灯和其他放电灯线路用电容器 一般要求和安全要求(GB 18489—2008,IEC 61048:2006,IDT).

[19] GB/T 18504 管形荧光灯和其他放电灯线路用电容器性能要求(GB/T 18504—2001,eqv IEC 61049:1991).

[20] GB/T 19749 耦合电容器及电容分压器(GB/T 19749—2005,IEC 60358:1990,MOD).

[21] GB/T 21413.1 铁路应用 机车车辆电气设备 第1部分:一般使用条件和通用规则(GB/T 21413.1—2008,IEC 60077-1:1999,IDT).

[22] GB/T 21413.2 铁路应用 机车车辆电气设备 第2部分:电工器件 通用规则(GB/T 21413.2—2008,IEC 60077-2:1999,IDT).

[23] GB/T 21413.3 铁路应用 机车车辆电气设备 第3部分:电工器件 直流断路器规则(GB/T 21413.3—2008,IEC 60077-3:2001,IDT).

[24] GB/T 21413.4 铁路应用 机车车辆电气设备 第4部分:电工器件 交流断路器规则(GB/T 21413.4—2008,IEC 60077-4:2003,IDT).

[25] GB/T 21413.5 铁路应用 机车车辆电气设备 第5部分:电工器件 高压熔断器规则(GB/T 21413.5—2008,IEC 60077-5:2003,IDT).

[26] GB/T 25122.1—2010 轨道交通 机车车辆用电力变流器 第1部分:特性和试验方法(GB/T 25112.1—2010,IEC 61287-1:2005,MOD).